住房城乡建设部土建类学科专业"十三五"规划教材
全国高校园林与风景园林专业规划推荐教材

ORNAMENTAL BOTANY

观赏植物学

LANDSCAPE

臧德奎 ◎主编

中国建筑工业出版社

图书在版编目（CIP）数据

观赏植物学/臧德奎主编. —北京：中国建筑工业出
版社，2012.7（2023.12重印）
（全国高校园林与风景园林专业规划推荐教材）
ISBN 978-7-112-14525-6

Ⅰ.①观… Ⅱ.①臧… Ⅲ.①观赏植物-植物学
Ⅳ.①S68

中国版本图书馆 CIP 数据核字（2012）第 166786 号

责任编辑：孙立波　杨　琪　陈　桦
责任设计：赵明霞
责任校对：王誉欣　刘　钰

为了更好地支持相应课程的教学，我们向采用本书作为
教材的教师提供课件，有需要者可与出版社联系。
建工书院：http：//edu.cabplink.com
邮箱：jckj@cabp.com.cn　电话：（010）58337285
教师 QQ 群：544715217

住房城乡建设部土建类学科专业“十三五”规划教材
全国高校园林与风景园林专业规划推荐教材
ORNAMENTAL BOTANY
观赏植物学
臧德奎　主编
*
中国建筑工业出版社出版、发行(北京西郊百万庄)
各地新华书店、建筑书店经销
北京红光制版公司制版
天津翔远印刷有限公司印刷
*
开本：787×1092毫米　1/16　印张：26½　字数：700千字
2012年11月第一版　2023年12月第十一次印刷
定价：49.00元（赠教师课件）
ISBN 978-7-112-14525-6
（22570）

本书编委会

主　编：臧德奎　山东农业大学
副主编：马　燕　山东农业大学
　　　　季梦成　浙江农林大学
　　　　闫双喜　河南农业大学
编　委：（按姓名拼音排序）
　　　　布风琴　山东建筑大学
　　　　曹　兵　宁夏大学
　　　　丁彦芬　南京林业大学
　　　　冯立国　扬州大学
　　　　郝日明　南京农业大学
　　　　胡绍庆　浙江理工大学
　　　　黄　莹　桂林理工大学
　　　　季春峰　江西农业大学
　　　　李俊俊　西双版纳职业技术学院
　　　　刘　军　四川农业大学
　　　　刘龙昌　河南科技大学
　　　　欧　静　贵州大学
　　　　史佑海　海南热带农业大学
　　　　汪小飞　黄山学院
　　　　邢树堂　山东农业大学
　　　　杨　霞　云南艺术学院
　　　　周树军　浙江大学

前言

　　正确地识别种类繁多的观赏植物，很好地掌握其观赏特点、生长发育规律和对环境的要求，才能在景观和艺术设计中正确地运用它们，以发挥其最大的美化功能和生态功能。观赏植物学是研究观赏植物的形态、分布、习性及园林景观应用的综合性学科，是风景园林和艺术设计等专业的专业基础课，属于应用学科范畴。本教材力求做到在阐述基本概念、基本理论的前提下，努力反映本学科的发展现状和趋势，并注重本学科的系统性以及与后续课程的联系。

　　本书内容包括绪论、总论和各论三部分。绪论介绍了该课程的研究内容和学习方法，以及我国观赏植物资源的特点。总论主要从理论上讲授观赏植物的分类、习性和美学特性及造景应用形式，并针对城市规划、艺术设计等专业没有植物类先修课程基础的实际，结合专业特点增加了相关的植物形态解剖学知识。各论以种为单位，在编写格局上一般按照形态特征、分布与习性、繁殖方法、观赏特性及园林用途进行论述，共收录各类观赏植物900多种，其中重点介绍的有478种，各地在讲授时可根据具体情况进行取舍。本书的编写方针是以总论为理论指导，各论为主体；对各论的编写以植物识别为基础，分布和生态习性为中心，应用为最终目的。

　　本教材面向全国，适于风景园林、城市规划、景观设计、建筑学及观赏园艺、环境艺术等相关专业及方向的本科生及相关专业人员使用。

　　本书许多材料和图片引自国内外已出版的植物学、植物造景、园林树木学、花卉学等教材和其他教学参考书，以及中国植物志、中国树木志、中国高等植物图鉴等志书，在此向原作者表示衷心的感谢。

　　由于编者水平有限，错误和不当之处在所难免，敬请使用人员提出宝贵意见，以便今后进一步修订和提高。

编者

2012 年 4 月

>01
contents 目录

目录 >02
contents

> 03
contents 目录

目录 >04
contents

绪　论

一、植物与观赏植物

(一) 植物及其基本类群

学习观赏植物学，首先需要认识什么是植物这个最基本的问题。地球上存在着各种各样的生命形式，植物是其中最重要的一大类。随着科学的发展，人类对植物和其他生物的认识也在不断加深，对植物的确定特征和所包含的类群也不断地有新的看法。为此，首先有必要对生物如何分界和植物在生物分界中的地位作一简要回顾。

1735 年，林奈(C. Linnaeus)将整个生物划分为植物界(Plantae)和动物界(Animalia)两界，认为植物是一类具细胞壁、营固着生活、自养的生物，而动物是一类能运动和异养的生物。林奈的二界系统把植物界分为藻类植物、菌类植物、地衣植物、苔藓植物、蕨类植物和种子植物六大类群。其中，藻类、菌类和地衣植物，没有根、茎、叶的分化，生殖过程中不产生胚，故称为无胚植物或低等植物；苔藓、蕨类和种子植物合称为高等植物，生殖过程中可产生胚，又称为有胚植物。蕨类和种子植物具有维管束，合称为维管束植物；藻类、菌类、地衣、苔藓和蕨类植物用孢子繁殖，又称为孢子植物，由于不开花、不结果，所以也叫隐花植物。裸子植物和被子植物用种子繁殖，称为种子植物，其中被子植物也叫显花植物。苔藓和蕨类植物的雌性生殖器官为颈卵器，裸子植物中也有退化的颈卵器，因此三者合称颈卵器植物。

随着显微镜的广泛使用，人们发现有些生物兼有动物和植物的特征：如单细胞、多核的黏菌在营养生长期，原生质体裸露、无细胞壁，能运动摄食，与动物中的变形虫相似，但在生殖期或不良环境条件下，其个体能产生具纤维素的细胞壁，并营固着生活，或形成具纤维素细胞壁的孢子；裸藻为单细胞、有鞭毛、能运动、无细胞壁，但体内含叶绿体，能进行光合作用。这样在动物和植物之间就失去了截然的界线。

因此，1868 年，海克尔(E. Haeckel)提出在植物界和动物界之间建立原生生物界(Protista)，主要包括原始的单细胞(菌类、低等藻类和海绵)，从而形成"三界系统"；1938 年，科帕兰(Copeland)提出了"四界系统"，区分出原核生物界(Prokaryotes)(包括蓝藻和细菌)和原始有核界(Protoctista)(包括低等的真核藻类、原生动物、真核菌类)；1969 年，魏泰克(R. H. Whittaker)将不含叶绿素的真菌类生物独立出一个真菌界(Fungi)或称菌物界(Myceteae)，形成五界之说，即植物界、动物界、原生生物界、原核生物界和菌物界。我国昆虫学家陈世骧(1905~1988 年)根据病毒(Virus)与类病毒(立克次氏体、类菌质体)不具任何细胞形态、不能自我繁殖、在游离的情况下无生命的特点，将其独立为病毒界(Viri)或非胞生物界，从而形成了"六界系统"。因为两界系统建立较早且简单直观，所以仍然是目前使用最广的系统。

(二) 观赏植物的定义和作用

观赏植物是具有一定观赏价值，适用于室内外布置，能够改善和美化环境的草本和木本植物的总称。其中木本习性的植物称为观赏树木或园林树木，草本习性的植物则泛称为花卉。广义的花卉与观赏植物含义基本相同，泛指有观赏和应用价值的草本和木本植物。

观赏植物以其色、香、韵、姿、趣以及在改善生态环境方面的不可替代作用而成为城乡园林绿化的重要材料，在园林的构建中起着骨干和主体作用。充分认识、科学选择和合理应用观赏植物，对于提高城乡园林绿化水平、改善城乡生态环境以及维持生态平衡等都具有重要意义。

各类观赏植物，不论是树木还是花卉，只要科学选择、合理配植，均能发挥其绿化美化环境、保护环境、改善环境等重要作用。观赏植物的作用大体可以归纳为以下三方面：

（1）美化作用。观赏植物能构成美丽如画的园林景观，又随环境、季节和年龄的变化而丰富和发展，如春季梢头嫩绿、花团锦簇，夏季绿叶成荫、浓影覆地，秋季嘉实累累、色香俱备，冬季白雪挂枝、银装素裹，春夏秋冬景色各异。

（2）生态作用。观赏植物具有杀菌滞尘、净化水质、减弱噪声、碳氧平衡、蒸腾吸热、防风固沙、保持水土和养分循环、维持生物多样性、防灾减灾等多种生态功能，在改善城市生态环境方面起着至关重要的作用。

（3）经济作用。随着国民经济的增长和人们生活水平的提高，社会对观赏植物的需求和消费越来越强劲，由此带动了花卉产业和旅游的蓬勃发展，产生了巨大的经济效益。

二、我国丰富的观赏植物资源

我国幅员辽阔，地理、气候和自然生态环境复杂多样，是世界上植物资源最丰富的国家之一。全世界约有高等植物30多万种，我国3万多种，约占1/10，不但物种丰富度高，并且具有特有种属多、区系起源古老、栽培植物种质资源丰富等特点，在全球植物多样性中具有十分重要的地位。

（一）我国观赏植物资源的特点

中国既有热带、亚热带、温带、寒温带的观赏植物，又有高山、岩生、沼生以及水生的观赏植物，资源十分丰富，是世界八大观赏植物原产地分布中心之一，也是世界观赏植物栽培种和品种的三大起源中心之一，素有"园林之母"、"花卉王国"的美誉。

1. 种类繁多

中国拥有高等植物3万多种，仅次于马来西亚和巴西，居世界第3位。世界种子植物中含有万种以上的兰科、菊科、豆科和禾本科4个特大科，在中国也都有千种以上。许多著名观赏植物主要分布在我国，如山茶属（*Camellia*）全世界共120种，我国97种，杜鹃属（*Rhododendron*）全世界共1000种，我国571种，报春花属（*Primula*）全世界共500种，我国有300种。据初步统计，在观赏植物中，原产我国的约有113科532属，种类达数千种之多，其中将近100属有半数以上的种产自中国（表0-1）。

部分中国原产观赏植物种类与世界种类比较　　　　　　　　表0-1

属名	世界种数	国产种数	国产占世界比例（%）	属名	世界种数	国产种数	国产占世界比例（%）
刚竹 *Phyllostachys*	50	50	100.0	箬竹 *Indocalamus*	23	22	95.7
猕猴桃 *Actinidia*	54	52	96.3	蜘蛛抱蛋 *Aspidistra*	55	49	89.1

续表

属名	世界种数	国产种数	国产占世界比例（%）	属名	世界种数	国产种数	国产占世界比例（%）
兰 *Cymbidium*	55	49	89.1	杓兰 *Cypripedium*	47	32	68.1
箭竹 *Fargesia*	90	78	86.7	牡竹 *Dendrocalamus*	40	27	67.5
五味子 *Schisandra*	22	19	86.4	八角 *Illicium*	40	27	67.5
溲疏 *Deutzia*	60	50	83.3	花楸 *Sorbus*	100	67	67.0
木犀 *Osmanthus*	30	25	83.3	蜡瓣花 *Corylopsis*	30	20	66.7
南蛇藤 *Celastrus*	30	25	83.3	锦鸡儿 *Caragana*	100	66	66.0
绿绒蒿 *Meconopsis*	45	37	82.2	鹅耳枥 *Carpinus*	50	33	66.0
润楠 *Machilus*	100	82	82.0	枸子 *Cotoneaster*	90	59	65.6
丁香 *Syringa*	27	22	81.5	柃木 *Eurya*	130	83	63.9
山茶 *Camellia*	120	97	80.8	蓝钟花 *Cyananthus*	30	19	63.3
簕竹 *Bambusa*	100	80	80.0	报春花 *Primula*	500	300	60.0
石蒜 *Lycoris*	20	15	75.0	女贞 *Ligustrum*	45	27	60.0
胡颓子 *Elaeagnus*	90	67	74.4	葡萄 *Vitis*	60	36	60.0
槭 *Acer*	129	96	74.4	沿阶草 *Ophiopogon*	55	33	60.0
点地梅 *Androsace*	100	73	73.0	翠雀 *Delphinium*	250	150	60.0
木莲 *Manglietia*	40	29	72.5	落新妇 *Astilbe*	25	15	60.0
石楠 *Photinia*	60	43	71.7	菊 *Chrysanthemum*	37	22	59.5
杨 *Populus*	100	71	71.0	杜鹃花 *Rhododendron*	1000	571	57.1
绣线菊 *Spiraea*	100	70	70.0	含笑 *Michelia*	70	39	55.7
卫矛 *Euonymus*	130	90	69.2	马先蒿 *Pedicularis*	600	329	54.8
紫堇 *Corydalis*	440	300	68.2	乌头 *Aconitum*	400	211	52.8

中国观赏植物资源丰富的原因主要在于：①陆地区域辽阔，地理因子梯度巨大。自南至北地跨热带、亚热带、温带和寒带，自东到西有海洋性湿润森林地带、半湿润半干旱森林和草原过渡地带以及大陆性干旱半荒漠和荒漠地带，南北跨纬度 50°、东西跨经度 62°，海拔梯度跨度 8000m 以上，使得中国成为北半球乃至全世界唯一具有各类植被类型的国家，中国几乎拥有温带的全部木本属。②植物演化历史悠久，气候相对稳定。中国大部分地区中生代已上升为陆地，第四季冰期又未遭受大陆冰川的直接影响，成为植物"避难所"，保存了很多其他地区已经灭绝的白垩纪、第三纪古老孑遗植物，如水杉（*Metasequoia glyptostroboides*）、银杏（*Ginkgo biloba*）、银杉（*Cathaya argyrophylla*）、鹅掌楸（*Liriodendron chinense*）、杜仲（*Eucommia ulmoides*）等。③中国大陆是地质构造活动性极强的古老大陆，地质历史上活跃的地质运动造成了陆地生境复杂多样，为生物多样性创造了优越条件。

2. 特有、珍稀植物多

我国不仅是世界植物物种多样性最丰富的国家之一，而且拥有众多特有分类群。特有科有银杏科、杜仲科、伯乐树科等，在高等植物中约有 256 个特有属，尤其裸子植物特有属比例高达 25%。

如具有较高观赏价值的金钱槭属（*Dipteronia*）、青钱柳属（*Cyclocarya*）、拟单性木兰属（*Parakmeria*）、秤锤树属（*Sinojackia*）、独花兰属（*Changnienia*）、蜡梅属（*Chimonanthus*）、珙桐属（*Davidia*）、山桐子属（*Idesia*）、猬实属（*Kolkwitzia*）等。特有种的比率更是高达 50%～60%，约 15000～18000 种，著名的如牡丹（*Paeonia suffruticosa*）、金花茶（*Camellia petelotii*）、珙桐（*Davidia involucrata*）、银杏、水杉、金钱松（*Pseudolarix amabilis*）、云南山茶（*Camellia reticulata*）等。同时，中国是世界上保存北半球"中新世"古老子遗植物最丰富的区域之一，拥有大量的子遗物种，许多是具有"活化石"之称的珍稀植物，如水杉、银杏、银杉、鹅掌楸、桫椤（*Alsophila spinulosa*）、金钱松、百山祖冷杉（*Abies beshanzuensis*）、香果树（*Emmenopterys henryi*）、红豆杉（*Taxus wallichiana* var. *chinensis*）、金花茶和攀枝花苏铁（*Cycas panzhihuaensis*）等。

3. 类型丰富

由于我国得天独厚的自然环境条件，植物形成了众多变异类型。以杜鹃属为例，其植株习性、形态特点和生态要求等差别极大，变幅甚广。生活型方面，既有极为低矮的灌木如高仅 5～10cm 的平卧杜鹃（*Rhododendron saluenense* var. *prostratum*）、高约 10～25cm 的牛皮杜鹃（*R. chrysanthum*）、高 1～3m 的普通灌木如映山红（*R. simsii*）和黄杜鹃（*R. molle*），也有高 8～10 m 的小乔木类如猴头杜鹃（*R. simiarum*）和云锦杜鹃（*R. fortunei*），更有高达 25m 的大树杜鹃（*R. protistum* var. *giganteum*）；生态习性方面，既有耐干旱的如大白花杜鹃（*R. decorum*）和马缨杜鹃（*R. delavayi*），也有喜湿的如凝毛杜鹃（*R. phaeochrysum*）和淡黄杜鹃（*R. flavidum*）。花序、花形、花色、花香等方面差异也很大，既有花单生的一朵花杜鹃（*R. monanthum*）、数朵簇生的映山红和圆叶杜鹃（*R. williamsianum*），也有伞形或总状花序的大树杜鹃和云锦杜鹃；既有花冠管状的管花杜鹃（*R. keysii*）、花冠钟形的花坪杜鹃（*R. chunienii*）、花冠漏斗状的泡泡叶杜鹃（*R. edgeworthii*），也有花冠碟形的碟花杜鹃（*R. aberconwayi*）；既有花色红艳的映山红和马缨杜鹃、花色粉红似霞的云锦杜鹃和美容杜鹃（*R. calophytum*）、花色鲜黄的鲜黄杜鹃（*R. xanthostephanum*），也有花色洁白的大白花杜鹃（*R. decofum*），且拥有众多花香浓郁的种类，如皱叶杜鹃（*R. denudatum*）、大白花杜鹃、百合花杜鹃（*R. liliflorum*）、云锦杜鹃。叶形方面，凸尖杜鹃（*R. sinogrande*）叶片长达 70～90cm，宽达 30cm，而密枝杜鹃（*R. fastigiatum*）的叶片可小至 6～8mm。

同时，我国观赏植物栽培历史悠久，具有丰富的种内变异，品种资源丰富。如牡丹在宋朝时品种曾达到 600～700 多个；桂花（*Osmanthus fragrans*）有金桂、银桂、丹桂和四季桂 4 个类型 150 多个品种；梅花（*Prunus mume*）拥有直枝梅、垂枝梅、龙游梅、杏梅等多个类型 300 多个品种；凤仙花（*Impatiens balsamina*）有极矮型（20cm）、矮型（25～35cm）、中型（40～60cm）和高型（80cm 以上）4 个类型 200 多个品种。我国其他传统名花品种资源也十分丰富，如荷花（*Nelumbo nucifera*）有 600 多个品种，山茶花（*Camellia japonica*）有 300 多个品种，菊花（*Chrysanthemum grandiflorum*）品种更是多达 3000 多个，而世界上普遍栽培的月季品种，其种质大多来源于我国。

4. 品质优良、特色突出

我国观赏植物遗传多样性丰富，奇异品种多，品质优良、特色突出。如四季开花者有月季花（*Rosa chinensis*）及其品种'月月红'、'月月粉'、'微球月季'，四季米兰（*Aglaia odorata* var. *macrophylla*），四季桂，四季荷花，四季丁香（*Syringa microphylla*）等；早花种类及品种有梅花、蜡梅（*Chimonanthus praecox*）、迎春（*Jasminum nudiflorum*）、瑞香（*Daphne odora*）、冬樱花（*Prunus majestica*）

等；珍稀黄色的种类与品种有金花茶、金缕梅（*Hamamelis mollis*）、梅花品种'黄香梅'等，因多数植物分类群缺乏黄色的遗传基因，因此黄色的种和品种是极为珍贵的种质资源；芳香种类与品种有桂花、香水月季（*Rosa odorata*）、米兰、春兰、栀子（*Gardenia jasminoides*）、蜡瓣花（*Corylopsis sinensis*）、蜡梅、瑞香和姜花属（*Hedychium*）等。另外，我国原产的很多观赏植物具有良好的抗寒、抗旱、抗病、耐热、耐盐碱等特性，对世界观赏植物的育种起到了重要作用。如西北原产的疏花蔷薇（*Rosa laxa*）与现代月季（*Rosa × hybrida*）杂交培育出耐 - 38℃ 的聚花月季新品种'无忧女'（'Carefree Beauty'）。

（二）我国观赏植物对世界的贡献

早在 2500 多年前，观赏植物就在我国人民美化生活、表达情感方面起着非常重要的作用，并且培育了许多举世闻名的绚丽花卉。《诗经》中有关桃花、芍药和萱草的诗歌就很好地表明了这一点。不仅如此，中国的观赏植物很早就通过丝绸之路传入西方，如桃花（*Prunus persica*）、梅花、杏（*P. armeniaca*）、百合和萱草（*Hemerocallis fulva*）等在 2000 多年前就传入欧洲。到了近代，随着西方各国社会经济的进步，园林艺术的迅速发展，他们对我国的奇花异草产生了更为强烈的兴趣。从 16 世纪开始，西方各国纷纷派人来华搜集观赏植物资源，从中国引进了大量珍贵观赏植物，如棣棠（*Kerria japonica*）、南天竹（*Nandina domestica*）、珙桐，血皮槭（*Acer griseum*）等多种槭树，山玉兰（*Magnolia delavayi*）等多种木兰、云锦杜鹃、似血杜鹃（*Rhododendron haematodes*）、大树杜鹃等多种杜鹃花，以及绿绒蒿类（*Meconopsis* spp.）、报春花类（*Primula* spp.）、龙胆（*Gentiana* spp.）等大量高山花卉。

我国观赏植物在欧美园林中占有十分重要的地位。据苏雪痕 1984 年统计，英国爱丁堡皇家植物园引自中国的植物就有 1527 种，如杜鹃属 306 种、报春属 40 种、蔷薇属 32 种、小檗属 30 种、忍冬属 25 种、花楸属 21 种、樱属 17 种等。大量源于中国的观赏植物不但装点着西方园林，并且以其为亲本，培育出许多优良杂种或品种。如英国在花园中常展示中国稀有、珍贵的植物，建立了诸如墙园、杜鹃园、蔷薇园、槭树园、花楸园、牡丹芍药园、岩石园等众多专类园，增添了公园中的四季景观和色彩。邱园的槭树园中收集了近 50 种来自中国的槭树，成为园中优美的秋色树种，如血皮槭、青皮槭（*Acer cappadocicum*）、青榨槭（*A. davidii*）、疏花槭（*A. laxiflrum*）、茶条槭、桐状槭（*A. platanoides*）、红槭（*A. rubescens*）、鸡爪槭（*A. palmatum*）等；岩石园中常用原产中国的栒子属植物和其他球根、宿根花卉及高山植物来重现高山植物景观，如匍匐栒子（*Cotoneaster adpressus*）、平枝栒子（*C. horizontalis*）、黄杨叶栒子（*C. buxifolius*）、小叶黄杨叶栒子（f. *vellaeus*）、矮生栒子、长柄矮生栒子（*C. dammerii* var. *radicans*）、小叶栒子（*C. microphyllus*）、白毛小叶栒子（var. *cochleatus*）等。

现代月季品种多达 2 万，被誉为"花中皇后"，但回顾其育种历史，原产中国的蔷薇属植物起了极为重要的作用；我国丰富的杜鹃花资源也对世界杜鹃花育种产生了重大影响，如云锦杜鹃以其抗性强、花大芳香的特点，成为 20 世纪杜鹃花育种中最著名的亲本之一，被西方园艺学家认为"对杜鹃花育种和栽培者具有难以估量的价值"。正如威尔逊在《中国——花园之母》序言中所说："中国确是花园之母，因为我们所有的花园都深深受惠于她所提供的优秀植物，从早春开花的连翘、玉兰；夏季的牡丹、蔷薇；到秋天的菊花，显然都是中国贡献给世界园林的珍贵资源。"

由此可见，我国观赏植物种质资源极为丰富，也有着悠久的观赏植物栽培历史，观赏植物文化十分发达，为世界观赏园艺的发展作出了重要贡献。但是，我国花卉业却十分落后，目前商品花卉和观赏植物品种绝大多数从国外引进。据估计，商品花卉生产中约有90%的品种是从国外引进的，如香石竹类、唐菖蒲类、郁金香类、菊花类、南洋杉类、樱花类和现代月季等。中国观赏植物种质资源多数仍未有效开发利用，如我国有1200多个兰花原生种，但是与周边的泰国、马来西亚等国家相比，中国兰花却在国际市场上少有表现。同时，我国野生观赏植物资源破坏又十分严重，不少珍奇植物种质资源大量流失或者已成为濒危物种甚至灭绝，如麻栗坡兜兰（*Paphiopedilum malipoense*）、杏黄兜兰（*P. armeniacum*）和硬叶兜兰（*P. micranthum*）是十分珍稀的优良种质，但在原产地现在很难找到它们的踪迹。

三、观赏植物学的内容与学习方法

观赏植物学是以观赏植物为对象，研究其形态特点、分布、习性和繁殖栽培以及观赏价值和园林景观应用的综合性学科，与普通植物学、植物生理生态学、园林树木学、花卉学、草坪学、园林植物栽培学等均存在密切联系。其他课程侧重于某一方面，本课程则全面讲授观赏植物的概念、功能作用、资源、分类、应用，是风景园林、景观设计和艺术设计类专业以及城市规划类专业的重要专业基础课。

观赏植物学的主要研究对象是具有较高观赏价值、能够美化环境和改善环境的观赏植物，包括木本观赏植物、观赏花卉、草坪和地被植物，其主要任务是研究其分类识别、生物学和生态学特性、繁殖栽培特点、观赏特性和园林应用价值。内容包括绪论、总论和各论三部分。绪论主要介绍观赏植物学的研究内容和学习方法，以及我国观赏植物资源的特点；总论部分主要讲授观赏植物的形态解剖和分类学基础知识，观赏植物的习性和观赏特性及造景应用；各论部分讲授各地常见及重要观赏植物的形态特征、分布与习性、观赏价值与具体园林应用方式。其中，观赏植物的识别、分布和习性是本课程的基础，只有正确地识别种类繁多的观赏植物，很好地掌握其观赏特点、生长发育规律和对环境的要求，才能在景观和艺术设计中正确地运用它们，以发挥其最大的美化功能和生态功能。

观赏植物学是一门实践性很强的学科，在学习时必须理论联系实际。尤其是观赏植物的形态和分类内容，需要多观察、勤思考，多作分析、比较和归纳工作，只有这样，才能抓住重点。植物各器官之间、植物与环境之间既相互依存，又相互制约，所以学习时还需树立辩证的观点和生态学观点。

第一章　植物形态学和解剖学基础

第一节　植物细胞

　　植物有机体，无论是高大乔木、低矮草本，还是微小的多细胞藻类都是由细胞组成的。细胞是生命活动的基本单位，植物的一切生命现象都建立在细胞活动基础上。

　　细胞的发现依赖于显微镜的发明和改进。1665 年，英国人 Robert Hooke 用显微镜观察了软木切片，首次将在软木中"完全中空的……彼此独立的小室"称为"细胞"，他所看到的实际上是植物死细胞的细胞壁。首次观察到活细胞的是荷兰科学家列文虎克（A. van Leeuwenhoek），他在 1677 年用自制显微镜观察到池塘水中的原生动物。直到 19 世纪 30 年代，显微镜制造技术有了明显的改进，分辨距离提高到 $1\mu m$ 以内，同时由于切片机的制造成功，使显微解剖学取得了许多新进展。1831 年，布朗（R. Brown）在兰科植物和其他几种植物的表皮细胞中发现了细胞核。施莱登（M. J. Schleiden）把他看到的核内的小结构称之为核仁。1839 年，解剖学家浦金野（Purkinje）首先提出原生质的概念。德国植物学家施莱登和动物学家施旺（T. Schwann）在 1838～1839 年提出了细胞学说，即："一切生物，从单细胞到高等动、植物都是由细胞组成的；细胞是生物形态结构和功能活动的基本单位。"论证了生物界的统一性和共同起源。

　　细胞是生物有机体的基本结构单位，也是代谢和功能的基本单位，它是一个独立有序的、能够进行自我调控的代谢与功能体系。细胞还是有机体生长发育的基础，生物有机体的生长发育主要通过细胞分裂、生长和分化来实现。细胞又是遗传的基本单位，具有遗传上的全能性。根据细胞在结构、代谢和遗传活动上的差异，可以把细胞分为两大类，即原核细胞（procaryotic cell）和真核细胞（eukaryotic cell）。原核细胞没有典型的细胞核，其遗传物质分散在细胞质中且通常集中在某一区域，遗传信息的载体仅为一环状 DNA 分子构成的染色体，不与或很少与蛋白质结合，没有分化出以膜为基础的具有特定结构和功能的细胞器，通常体积很小，直径为 $0.2\sim10\mu m$ 不等。由原核细胞构成的生物称原核生物，原核生物主要包括支原体、衣原体、立克次氏体、细菌、放线菌和蓝藻等，几乎所有的原核生物都是由单个原核细胞构成。真核细胞具有典型的细胞核结构，染色体数目 2 个以上，主要集中在由核膜包被的细胞核中，同时还分化出以膜为基础的多种细胞器，代谢活动如光合作用、呼吸作用、蛋白质合成等分别在不同的细胞器中进行或由几种细胞器协同完成。由真核细胞构成的生物称真核生物，高等植物和绝大多数低等植物均由真核细胞构成（图 1-1）。

一、植物细胞的形状与大小

　　植物细胞的体积通常很小。在种子植物中，细胞直径一般介于 $10\sim100\mu m$ 之间，但亦有特殊细胞超出这个范围，如棉花（*Gossypium hirsutum*）种子表皮毛细胞有的长达 70mm，成熟的西瓜和番茄（*Lyco-*

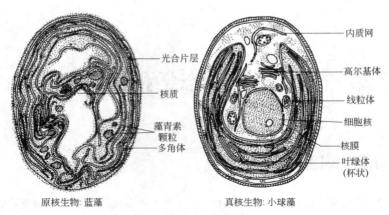

原核生物: 蓝藻　　　　　　　　　真核生物: 小球藻

图 1-1　原核生物和真核生物的细胞

persicon esculentum)果实的果肉细胞直径约 1mm，苎麻属(*Boehmeria*)植物茎中的纤维细胞长达 550mm。细胞体积越小，相对表面积就越大。小体积大面积，对物质的迅速交换和内部转运是非常有利的。

植物细胞的形状多种多样，有球状体、多面体、纺锤形和柱状体等(图 1-2)。单细胞植物体或离

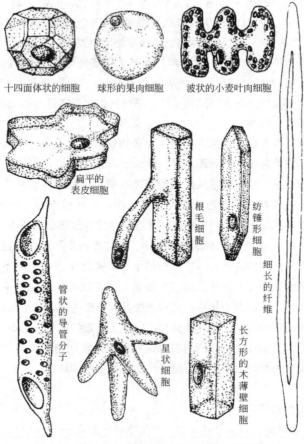

图 1-2　种子植物各种形状的细胞（仿周云龙）

散的单个细胞，因细胞处于游离状态，形状常近似球形。在多细胞植物体内，细胞是紧密排列在一起的，由于相互挤压，大部分细胞呈多面体。种子植物的细胞具有精细分工，形状变化多端，如输送水分和养料的细胞(导管分子和筛管分子)呈长管状，并连接成相通的"管道"，以利于物质的运输；起支持作用的细胞(如纤维)一般呈长梭形并聚集成束，加强支持功能；幼根表面吸收水分的细胞，向着土壤延伸出细管状突起(根毛)以扩大吸收表面积。

二、植物细胞的基本结构

真核植物的细胞由细胞壁和原生质体两部分组成(图 1-3)。原生质体是活细胞中细胞壁以内各种结构的总称，是细胞内各种代谢活动进行的场所，包括细胞膜、细胞质、细胞核等结构。植物细胞中还常有一些贮藏物质和代谢产物，称后含物。

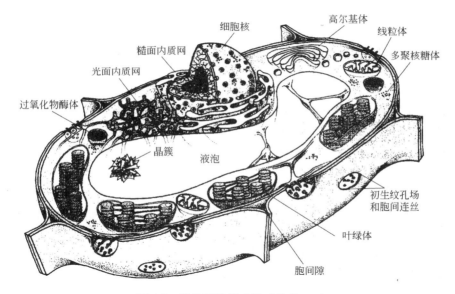

图 1-3　植物细胞模式图（依 Raven）

(一) 原生质体

1. 质膜

质膜又称细胞膜，位于原生质体表面。细胞内还有构成各种细胞器的膜，称为细胞内膜。相对于内膜，质膜也称外周膜。外周膜和细胞内膜统称为生物膜。质膜厚约 8.0nm，电子显微镜下可以看到具有黑—白—黑 3 个层次。

质膜主要由脂类和蛋白质分子组成，外表还常含有糖类，形成糖脂和糖蛋白，它们以一定的方式组合装配成质膜(图 1-4)。膜的流动性指在膜内部的分子运动性，是生物膜结构的基本特征之一，与物质的跨膜运输和抗逆性等密切相关。脂类分子可以侧向扩散、旋转运动、左右摆动、伸缩振荡等，甚至脂类分子可从脂类双分子层的一层翻转到另一层。蛋白质分子也可以进行扩散和旋转运动。适宜的流动性是实现生物膜正常功能的必要条件。

质膜具有选择透性，能控制细胞与外界环境间的物质交换。许多质膜上还存在激素的受体、抗

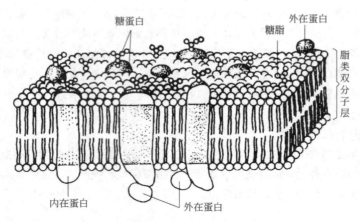

图 1-4 质膜结构模型

原结合点以及其他有关细胞识别的位点，在细胞识别、细胞间的信号传导、新陈代谢的调控等过程中也具有重要的作用。

2. 细胞质

真核细胞的质膜以内、细胞核以外的部分称为细胞质。在光学显微镜下，细胞质透明、黏稠且能流动，其中分散着许多细胞器；细胞器之外是无一定形态的细胞质基质。

(1) 细胞器：是存在于细胞质中具有一定形态、结构与生理功能的微小结构，大多数细胞器是由膜所包被的。

① 质体：是植物细胞特有的细胞器。根据所含色素及结构不同，可分为叶绿体、有色体与白色体。叶绿体含有叶绿素、叶黄素和胡萝卜素，是进行光合作用的质体，普遍存在于植物的绿色细胞中，形状、数目和大小随不同植物和不同细胞而异。高等植物的叶绿体通常呈椭圆形或凸透镜形。有色体仅含有类胡萝卜素与叶黄素等色素，成熟的番茄果实以及树木秋天叶色变黄主要因细胞中含有这类质体。白色体不含任何色素，存在于植物贮藏组织的细胞中，有贮藏淀粉的造粉体、贮藏蛋白质的蛋白体、贮藏脂类的造油体。有时，质体间可相互转化，如马铃薯(*Solanum tuberosum*)块茎中的造粉体在光照下可转变为叶绿体，有色体可从造粉体通过淀粉消失、色素沉积形成。而德国鸢尾(*Iris germanica*)和卷丹(*Lilium tigrinum*)的花瓣内的有色体是直接从前质体发育而来的。

② 线粒体：普遍存在于真核细胞内，是细胞进行呼吸作用的主要场所，是"能量提供中心"。贮藏在营养物质中的能量，在线粒体中经氧化磷酸化作用转化为细胞可利用的化学能。线粒体形态多样，有圆形、椭圆形、圆柱形，有的呈不规则的分枝状，与细胞类型和生理状况密切相关。

③ 内质网：是由一层膜围成的小管、小囊或扁囊构成的网状膜系统，是细胞内的管道系统，与细胞内和细胞间的物质运输有关。内质网主要有两种类型，即粗糙型内质网(膜的外表面附有核糖体)和光滑型内质网(膜上无核糖体)。

■ 液泡：成熟的植物细胞具有大的中央液泡，这是植物细胞区别于动物细胞的显著特征。中央大液泡可占据细胞90%以上的空间，充满了称为细胞液的液体，其中溶有多种无机盐、有机酸、糖类、生物碱、酶、色素等复杂成分。液泡在调节细胞渗透压，贮藏、保存各种代谢物等方面发挥着重要作用。

其他细胞器还有：高尔基体，与植物细胞的分泌作用有关；溶酶体，可以分解生物大分子；圆球体，具有溶酶体的性质，还能积累脂肪；糊粉粒，多存在于植物种子的子叶和胚乳中，具贮存蛋白质功能，同时也具溶酶体性质；微体，一种是过氧化物酶体，另一种是乙醛酸循环体，前者含有多种氧化酶，存在于绿色细胞中，后者含乙醛酸循环酶，存在于油料植物萌发的种子中；核糖体或核糖核蛋白体，是合成蛋白质的细胞器。

（2）细胞质基质：细胞质中除细胞器以外均匀半透明的液态胶状物质称为细胞质基质。细胞骨架及各种细胞器分布于其中。细胞中各种复杂的代谢活动是在细胞质基质中进行的，它为各个细胞器执行功能提供必需的物质和介质环境。在生活细胞中，细胞质基质处于不断的运动状态，能带动其中的细胞器在细胞内作有规则的持续流动，这种运动称胞质运动。

3. 细胞核

细胞核是细胞遗传与代谢的控制中心。真核细胞由于出现核被膜而将细胞质和细胞核分开，这是生物进化过程中的重要标志。细胞核的形状在不同的植物和不同的细胞中往往有较大差异，典型的细胞核为球形、椭圆形、长圆形等，但禾本科植物保卫细胞的核呈哑铃形。在幼嫩细胞中，细胞核常居于中央；细胞生长扩大，细胞腔中央渐为液泡所占据，细胞核则随着细胞质转移被挤而靠近细胞壁。细胞核由核被膜、染色质、核仁和核基质组成。

（1）核被膜：包括核膜和核膜以内的核纤层两部分。核被膜由内外两层膜组成，外膜表面附着有大量核糖体，内质网常与外膜相通连，内膜和染色质紧密接触；核被膜的内膜内侧有一层蛋白质网络结构，称为核纤层，由中间纤维网络组成，构成核纤层的中间纤维蛋白是核纤层蛋白。

（2）染色质：染色质是细胞中遗传物质存在的主要形式，由大量的 DNA 和组蛋白构成，含少量非组蛋白和 RNA。按形态与染色性能分为常染色质和异染色质。

（3）核仁：是细胞核中椭圆形或圆形的颗粒状结构，没有膜包围。在光学显微镜下核仁是折光性强、发亮的小球体，富含蛋白质和 RNA。

（4）核基质：核内充满着一个主要由纤维蛋白组成的网络状结构，称之为核基质，其基本形态与细胞骨架相似又与其有一定的联系，所以也称为核骨架。

4. 细胞骨架

细胞骨架是真核细胞的细胞质内普遍存在的，与细胞运动和保持细胞形状有关的一些蛋白质纤维网架系统，包括微管系统、微丝系统和中间纤维系统。分别由不同蛋白质分子以不同方式装配成直径不同的纤维，相互连接形成具柔韧性及刚性的三维网架，把分散在细胞质中的各种细胞器及膜结构组织起来，相对固定在一定的位置，使细胞内的代谢活动有条不紊地进行。细胞骨架系统还是细胞内能量转换的主要场所。在细胞及细胞内组分的运动、细胞分裂、细胞壁的形成、信号传导以及细胞核对整个细胞生命活动的调节中具有重要作用。微管为中空的管状结构，由微管蛋白和微管结合蛋白组成；微丝是主要由肌动蛋白组成的直径 6～7nm 的细丝；中间纤维是直径 8～10nm 的中空管状蛋白质丝。

（二）细胞壁

细胞壁是植物细胞区别于动物细胞的又一显著特征。细胞壁具有支持和保护原生质体的作用。在多细胞植物体中，细胞壁能保持植物体的正常形态，影响植物的很多生理活动，在植物细胞的生长、物质吸收、运输、分泌、机械支持、细胞间相互识别、细胞分化、防御、信号传递等生理活动中都具有重要作用。

1. 细胞壁的结构与组成

高等植物细胞壁的主要成分是多糖和蛋白质，多糖包括纤维素、半纤维素和果胶。细胞壁厚度变化很大，与各类细胞在植物体中的作用和细胞的年龄有关。根据形成的时间和化学成分的不同可将细胞壁分成三层：胞间层、初生壁和次生壁(图 1-5)。

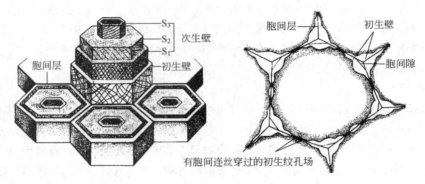

有胞间连丝穿过的初生纹孔场

图 1-5　细胞壁及初生纹孔场（依张宪省）

(1) 胞间层：又称中层，位于细胞壁的最外面、两细胞之间，主要由果胶组成，有很强的亲水性和可塑性，易被酸或酶分解，从而导致细胞分离。

(2) 初生壁：是细胞生长过程中或细胞停止生长前由原生质体分泌形成的细胞壁层，较薄，除纤维素、半纤维素和果胶外，还有多种酶类和糖蛋白。初生壁生长时通常不是均匀增厚的，其上常有初生纹孔场。

(3) 次生壁：次生壁是在细胞停止生长、初生壁不再增加表面积后，由原生质体代谢产生的壁物质沉积在初生壁的内侧而形成的壁层，与质膜相邻，较厚，通常分三层，即内层(S_3)、中层(S_2)和外层(S_1)，各层纤维素微纤丝的排列方向不同。

具有支持作用的细胞、起输导作用的细胞会形成次生壁以增强机械强度，这些细胞的原生质体也往往死去，留下厚的细胞壁执行支持植物体的功能。次生壁中纤维素含量高，且多有木质素沉积，比初生壁坚韧，硬度增强而延展性差。次生壁形成时，原生质体常分泌不同性质的化学物质填充在细胞壁内，与纤维素密切结合而使细胞壁的性质发生各种变化。常见的变化有木质化、角质化、栓质化和矿质化。

2. 纹孔与胞间连丝

(1) 初生纹孔场：细胞壁在生长时并不是均匀增厚的，在初生壁上有一些明显凹陷的较薄区域称初生纹孔场。初生纹孔场中集中分布有一些小孔，其上有胞间连丝穿过(图 1-5)。

(2) 胞间连丝：穿过细胞壁上的小孔连接相邻细胞的细胞质丝称为胞间连丝。胞间连丝多分布在初生纹孔场上，沟通了相邻的细胞，一些物质和信息可以经胞间连丝传递。

(3) 纹孔：次生壁形成时，往往在原有的初生纹孔场处不形成次生壁，这种无次生壁增厚的区域称为纹孔。相邻细胞壁上的纹孔常成对形成，两个成对的纹孔合称纹孔对。

（三）后含物

后含物是植物细胞原生质体代谢过程中的产物，包括贮藏的营养物质、代谢废弃物和植物次生物质。它们可以在细胞生活的不同时期产生、贮存或消失。

后含物种类很多，有糖类(碳水化合物)、蛋白质、脂肪及其有关的物质(角质、栓质、蜡质、磷脂等)，还有成结晶状态的无机盐和其他有机物，如单宁、树脂、树胶、橡胶和植物碱等。这些物质有的存在于原生质体中，有的存在于细胞壁上。许多后含物对人类具有重要的经济价值。

三、植物细胞的分裂、生长与分化

细胞增殖是生命的主要特征，植物个体的生长以及个体的繁衍都是以细胞增殖为基础的。对于单细胞植物而言，通过细胞增殖可以增加个体的数量，繁衍后代；对于多细胞有机体来说，细胞增殖与细胞扩大构成了有机体生长的主要方式。细胞增殖即细胞数目的增加是通过细胞分裂来进行的。细胞分裂的方式分为有丝分裂、减数分裂、无丝分裂三种。前两者属同一类型，减数分裂是有丝分裂的一种独特形式。在有丝分裂和减数分裂过程中，细胞核内发生极其复杂的变化，形成染色体等一系列结构。而无丝分裂则是一种简单的分裂形式。

(一) 细胞周期

细胞周期是指从一次细胞分裂结束开始到下一次细胞分裂结束之间细胞所经历的全部过程。不同细胞的细胞周期所经历的时间不同。绝大多数真核生物的细胞周期从几个小时到几十个小时不等，与细胞类型和外界因子有关。细胞周期分为分裂间期和分裂期。

1. 分裂间期

分裂间期是从前一次分裂结束到下一次分裂开始前的一段时间。间期细胞核结构完整，细胞进行着一系列复杂的生理代谢活动，特别是完成了 DNA 的复制，为细胞分裂作准备。

2. 分裂期

细胞经过间期后进入分裂期，细胞中已复制的 DNA 将以染色体的形式平均分配到两个子细胞中去，每一个子细胞将得到与母细胞同样的一组遗传物质。细胞分裂期由核分裂和胞质分裂两个阶段构成。

(二) 有丝分裂

有丝分裂是植物中普遍存在的分裂方式，主要发生在植物根尖、茎尖及生长快的幼嫩部位的细胞中，通过有丝分裂增加细胞的数量。在有丝分裂过程中，因细胞核中出现染色体与纺锤丝，故称有丝分裂。有丝分裂包括两个过程，第一个过程是核分裂，根据染色体的变化过程，又人为地将其分为前期、中期、后期和末期；第二个过程是细胞质分裂，分裂结果形成两个新的子细胞(图 1-6)。

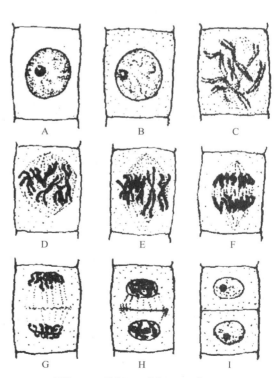

A. 间期　B-D. 前期　E. 中期　F. 后期
G-H. 末期　I. 两个子细胞

图 1-6　植物有丝分裂过程图解(依张宪省)

1. 细胞核分裂

(1) 前期：染色质逐渐凝聚成染色体，每个染色体由两条染色单体组成，它们通过着丝点连接在一起；核膜周围的细胞质中出现大量微管，最初的纺锤体开始形成。到前期的最后阶段，核仁模糊以至最终消失，核膜开始破碎成零散的小泡，最后全面瓦解。

(2) 中期：染色体排列到细胞中央的赤道板上，纺锤体形成。此时的染色体缩短到最粗短程度，是观察研究染色体的最佳时期。

(3) 后期：构成每条染色体的两个染色单体从着丝点处裂开，分成两条独立的子染色体，子染色体分成两组分别在染色体牵丝牵引下，向相反的两极运动。

(4) 末期：到达两极的染色体弥散成染色质，核膜、核仁重新出现，形成子细胞核。至此，细胞核分裂结束。

2. 细胞质分裂

胞质分裂是在两个新的子核之间形成新细胞壁，把母细胞分隔成两个子细胞的过程。一般情况下，胞质分裂在核分裂后期之末、染色体接近两极时开始，这时在分裂面两侧，由密集的、短的维管相对呈圆盘状排列，构成一桶状结构，称为成膜体。此后一些高尔基体小泡和内质网小泡在成膜体上聚集破裂释放果胶类物质，小泡膜融合于成膜体两侧形成细胞板，细胞板在成膜体的引导下向外生长直至与母细胞的侧壁相连。小泡的膜用来形成子细胞的质膜；小泡融合时，其间往往有一些管状内质网穿过，这样便形成了贯穿两个子细胞之间的胞间连丝；胞间层形成后，子细胞原生质体开始沉积初生壁物质到胞间层的内侧，同时也沿各个方向沉积新的细胞壁物质，使整个外部的细胞壁连成一体。

在有丝分裂过程中，由于每次核分裂前都进行一次染色体复制，分裂时每条染色体分裂为两条子染色体，平均地分配给两个子细胞，保证了每个子细胞具有与母细胞相同数量和类型的染色体。因此，每一子细胞都有着和母细胞同样的遗传特性。

（三）减数分裂

减数分裂是与生殖细胞或性细胞形成有关的一种分裂，高等植物在开花过程中形成雌、雄性生殖细胞——卵和精子，必须经过减数分裂。减数分裂是一种特殊的有丝分裂，即在连续两次核分裂中，DNA 只复制一次，因此，所形成的子细胞染色体较母细胞染色体数减少一半，由 $2n$ 变成 n。故精子和卵细胞的染色体数都是 n。植物的有性生殖过程必须经过精子和卵细胞的结合。这样融合后的细胞——合子，染色体又恢复原来的数目 $2n$(图 1-7)。

减数分裂全过程包括两次连续的分裂。减数分裂的第一次分裂，即减数分裂Ⅰ包括前期Ⅰ、中期Ⅰ、后期Ⅰ、末期Ⅰ共 4 个时期，其中前期Ⅰ经历时间最长、变化最大，又分细线期、偶线期、粗线期、双线期和终变期。细线期染色体成极细的线状，已包括 2 个染色单体，但在光学显微镜下还难以分辨；偶线期分别来自父本和母本的同源染色体两两配对即联会，形成联会复合体；粗线期染色体逐渐变粗变短，成对的同源染色体各自纵裂形成 2 条染色单体，同源染色体上的染色单体与另一条同源染色体上的染色单体常发生交叉、互换染色体片段，从而改变了原来的基因组合，使后代发生变异；双线期以后同源染色体趋于分开；终变期染色体更为缩短，并移向核的周围，核仁、核膜逐渐消失。中期Ⅰ与有丝分裂一样，也是染色体排列到细胞的赤道板上，但由于在前期Ⅰ发生了同源染色体的联会，因而中期Ⅰ同源染色体不分开，仍是成对地排列到细胞中央。后期Ⅰ由于染色体牵丝的牵

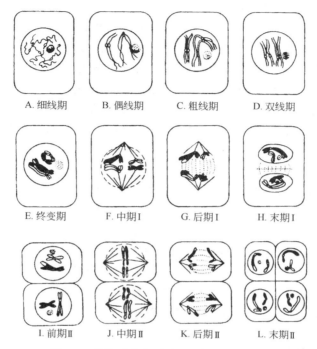

图 1-7 植物减数分裂过程图解(依张宪省)

引，2 条同源染色体(各含两条染色单体)分别向细胞两极移动，结果使细胞两极各有一组染色体。末期 I 染色体解螺旋变细，但不完全伸展，仍然保持可见的染色体形态，每个子核中染色体数目只有母细胞的一半。

减数的第二次分裂实际上就是一般的有丝分裂，也分 4 个时期，即前期 II、中期 II、后期 II、末期 II。

与有丝分裂相比，减数分裂有如下特点：减数分裂只发生在植物的生殖过程中，由两次连续的分裂来完成，形成 4 个子细胞称为四分体；子细胞内染色体数目是母细胞的半数；减数分裂过程中染色体有配对、交换和分离等现象。减数分裂具有重要的生物学意义，是有性生殖中必须的一个过程，经过减数分裂，后代染色体数目才能维持不变。

(四) 无丝分裂

相对于有丝分裂和减数分裂，无丝分裂的过程比较简单。细胞分裂开始时，细胞核伸长，中部凹陷，最后中间分开，形成两个细胞核，在两核中间产生新壁形成两个细胞。无丝分裂有各种方式，如横缢、纵缢、出芽等，最常见的是横缢。无丝分裂多见于低等植物中，但在高等植物中也较普遍，例如在胚乳发育过程中和愈伤组织形成时均有无丝分裂发生。

(五) 生长与分化

1. 植物细胞的生长

细胞生长是指在细胞分裂后形成的子细胞体积和重量的增加。细胞生长是植物个体生长发育的基础，对单细胞植物而言，细胞的生长就是个体的生长，而多细胞植物体的生长则依赖于细胞的生长和细胞数量的增加。

植物细胞的生长包括原生质体生长和细胞壁生长两个方面。原生质体生长过程中最为显著的变化是液泡化程度的增加，最后形成中央大液泡，细胞质的其余部分则变成一薄层紧贴于细胞壁，细胞核也移至侧面。此外，原生质体中的其他细胞器在数量和分布上也发生着各种复杂的变化。细胞壁的生长包括表面积的增加和厚度加厚，原生质体在细胞生长过程中不断分泌壁物质，使细胞壁随原生质体长大而延伸，同时壁的厚度和化学组成也发生相应的变化。

植物细胞的生长是有一定限度的，当体积达到一定大小后，便会停止生长。细胞最后的大小，随植物细胞的类型而异，即受遗传因子的控制，同时，细胞的生长和细胞的大小也受环境条件的影响。

2. 植物细胞的分化

多细胞植物体上的不同细胞往往执行不同的功能，与之相适应，细胞常常在形态或结构上表现出各种变化。如茎、叶表皮细胞执行保护功能，在细胞壁的表面就形成明显的角质层以加强保护作用；叶肉细胞中发育形成了大量的叶绿体以适应光合作用的需要；疏导水分的细胞发育成长管状、侧壁加厚、中空以利于水分的输导。然而，这些细胞最初都是由合子分裂、生长、发育而成。这种在个体发育过程中，细胞在形态、结构和功能上的特化过程，称为细胞分化。植物的进化程度愈高，植物体结构愈复杂，细胞分工就愈细，细胞的分化程度也愈高。细胞分化使多细胞植物体中的细胞功能趋于专门化，这样有利于提高各种生理功能的效率。

四、植物细胞全能性

植物细胞全能性的概念是 1902 年由德国植物学家 Haberlandt 首先提出的，他认为高等植物的器官和组织可以不断分割直至单个细胞，每个细胞都具有进一步分裂和发育的能力。植物细胞全能性是指生活的体细胞可以像胚性细胞那样，经过诱导能分化发育成完整的植物体，并且具有母体植物的全部遗传信息。植物体的所有细胞都来源于一个受精卵的分裂。当受精卵均等分裂时，染色体进行复制。这样分裂形成的两个子细胞里均含有和受精卵同样的遗传物质——染色体。因此，经过不断的细胞分裂所形成的成千上万个子细胞，尽管它们在分化过程中会形成不同的器官或组织，但它们都具备相同的基因组成，都携带着亲本的全套遗传特性，即在遗传上具有"全能性"。理论上说，只要培养条件适合，所有离体培养的活细胞就有发育成一株植物的潜在能力。细胞和组织培养技术的发展和应用，从实验基础上有力地验证了植物细胞"全能性"的理论。

第二节　植物组织

一、组织的概念

植物组织是指具有相同来源的同一种或数种类型细胞组成的结构和功能单位。构成组织的细胞群可以来源于一个细胞，也可以由同一群分生细胞生长、分化形成。植物组织是植物细胞分裂、生长、分化、脱分化的结果。分裂、脱分化反映了植物组织的来源，生长、分化的结果则体现出组织的形态结构和功能。在植物个体发育中，组织的形成始终贯穿由受精卵开始，经胚胎阶段，直至植株成熟的整个过程。

单细胞的低等植物无组织形成，单独的一个细胞就可以行使多种不同的生理功能，其他较低等的植物也无典型的组织分化。植物进化程度越高，组织分化越明显，分工越细致，形态结构也更复杂。植物体内的各种组织在形态构成及功能上具有相对独立性，某些组织在一定程度上可以相互转化。

二、植物组织的类型

构成植物体的各种组织，类型多样且形态结构、生理功能差异较大。通常按细胞生长发育程度不同，将植物组织分为分生组织和成熟组织两大类。前者的细胞能持续或周期性地进行分裂，而后者的细胞则分化成熟，除脱分化的细胞外，一般不再进行细胞分裂。

（一）分生组织

在植物胚胎发育的早期阶段，所有胚性细胞均能进行细胞分裂，随着胚进一步生长发育，细胞分裂逐渐局限于植物体的特定部分。在成熟植物体中，这些存在于特定部位、分化程度较低、保持胚性细胞特点并能继续进行分裂活动的细胞组合称为分生组织(图 1-8)。

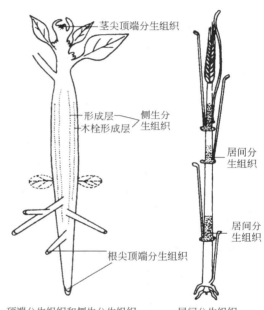

分生组织细胞排列紧密，一般无细胞间隙，细胞壁薄，细胞核相对较大，细胞质丰富，有较多的细胞器和较发达的膜系统；渗透压高，通常缺乏贮藏物质和晶体，无液泡和质体分化，或只有前液泡或前质体存在。分生组织的上述细胞学特征也会出现一些变化。其中，维管形成层细胞多呈扁平形，含有较多的液泡，在一定的阶段也会出现增厚的半径壁；木栓形成层细胞中可能出现少量叶绿体；某些裸子植物顶端分生组织的部分细胞可能呈现厚壁特征。

图 1-8 分生组织在植物体内的分布示意图
（依 Esau）

1. 原分生组织、初生分生组织和次生分生组织

根据分生组织的来源和性质，可分为原分生组织、初生分生组织和次生分生组织。

原分生组织来源于胚胎或成熟植物体中转化形成的胚性原始细胞，有较强的持续分裂能力，存在于根尖、茎尖等处，是产生其他组织的最初来源。

初生分生组织是由原分生组织衍生而来，位于原分生组织的后方。这些细胞一方面继续分裂，但分裂速度减慢，另一方面已开始分化为原表皮、原形成层和基本分生组织。

次生分生组织起源于成熟组织，是由某些成熟组织经过脱分化重新恢复分裂能力而来。细胞呈扁平长形或为近短轴的扁多角形，明显液泡化。束间形成层和木栓形成层是典型的次生分生组织。

2. 顶端分生组织、侧生分生组织和居间分生组织

根据分生组织在植物体中的分布位置，可分为顶端分生组织、侧生分生组织和居间分生组织。顶端分生组织位于根和茎主轴的顶端和各级侧枝、侧根的顶端。从组织发生的性质分析，顶端分生

组织的最前端为原分生组织，紧接其后则为初生分生组织性质的细胞。

侧生分生组织包括维管形成层和木栓形成层，它们分布于植物体内的周围，平行排列于所在器官的近边缘。从其性质来看，侧生分生组织主要具有次生分生组织的特点。

居间分生组织位于茎、叶、子房柄、花梗等器官中的成熟组织之间，是由于顶端分生组织衍生而遗留在某些器官的局部区域的分生组织，属于初生分生组织，只能保持一定时间的分生能力，以后则完全转变为成熟组织。禾本科植物茎的节间基部，葱、韭、松叶的基部均有居间分生组织分布。小麦(*Triticum aestivum*)等禾谷类作物的拔节、抽穗就是这种分生组织的细胞旺盛分裂和迅速生长的结果。

(二) 成熟组织

分生组织衍生的大部分细胞，不再进行分裂，而是经过生长和分化，逐渐转变为成熟组织。成熟组织在生理功能和形态结构上具有一定的稳定性，通常不再进行分裂，因此又称为永久组织。但是，某些成熟组织(如基本组织)的细胞分化程度较低，具有一定的分裂潜能，有时能随着植物的发育，进一步转化为另一类组织；或在一定的条件下，经过脱分化而恢复分裂活动，成为次生分生组织。因此，组织的"成熟"或"永久"是相对的。

细胞的分化过程包括细胞内化学成分的变化，质体的转变，新陈代谢产物的积累，细胞壁不同程度的加厚等。为适应特定的生理功能，植物体上的某些细胞出现更为明显的特化，如细胞壁显著加厚，细胞伸长成管状，或原生质体消失成为死细胞等。这样，就形成了各种不同的成熟组织。

1. 薄壁组织

薄壁组织或称基本组织，在植物体内分布最广，担负吸收、同化、贮藏、通气、传递等功能。薄壁组织虽有多种形态，但皆由薄壁细胞所组成(图 1-9)。这类细胞含有质体、线粒体、内质网、高尔基体等细胞器，液泡较大，排列疏松，胞间隙明显，细胞壁薄，仅有初生壁；分化程度较低，具有潜在的分裂能力，在一定的条件下可经脱分化进而转化为分生组织，也可以进一步分化为其他组织。根据薄壁组织的主要功能，可以将其分为五类。

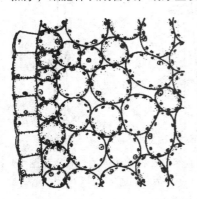

图 1-9　金莲花的表皮和薄壁组织
(依 A. W. Haupt)

(1) 同化组织：细胞中含有大量叶绿体，能够进行光合作用，制造有机物，叶片中叶肉细胞为典型的同化组织。茎的幼嫩部分和幼嫩的果实也有这种组织。

(2) 吸收组织：具有吸收水分和营养物质的功能，并将吸收的物质转送到输导组织中。根尖根毛区表皮的细胞壁和角质膜都较薄，有的外壁向外突出形成许多根毛，属吸收组织，可从土壤中吸收水分和无机养分(图 1-10)。

(3) 贮藏组织：具有贮藏营养物质的功能。主要存在于块根、块茎、果实和种子中，以及根茎的皮层和髓中。贮藏的营养物质有淀粉、蛋白质、脂肪，以及某些特殊物质如单宁、橡胶等次生代谢物质。贮藏组织有时可特化为贮水组织，如仙人掌(*Opuntia dillenii*)、芦荟(*Aloe vera*)的光合作用器官中，除绿色同化组织外，还存在一些无叶绿体而充满水分的薄壁细胞形成的贮水组织。

(4) 通气组织：功能为贮存和输导气体，水生植物和湿生植物常有通气组织。其胞间隙发达，形成大的气腔或曲折贯通气道，蓄含大量空气(图 1-10)。

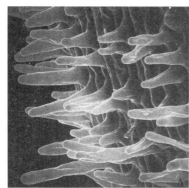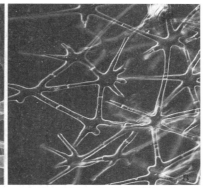

A. 根毛扫描电镜图(引自Moore) B. 灯心草茎的通气组织(引自Buvat)

图 1-10 吸收组织及通气组织

(5) 传输组织：由一类高度特化的传递细胞组成，与物质短途快速传递密切相关。多出现在与大量溶质集中的短途运输有关的部位，如叶的细脉周围、茎或花序轴节部的维管组织、胚珠、种子的子叶、胚乳、胚柄中。传递细胞间连丝发达，细胞壁一般为初生壁并明显向内伸入细胞腔，形成许多指状或鹿角状的不规则突起，称为传递壁或壁突。传递壁使紧贴在壁内侧的质膜面积大大增加，有利于细胞内外物质释放与吸收，起到物质迅速传递的作用。

2. 输导组织

输导组织是植物体中担负物质长距离运输的组织。它们的细胞分化成管状结构，并相互连接，贯穿在植物体的各种器官中，形成一个复杂而完善的输导系统。根据它们运输的主要物质不同，可分为两大类：一类是输导水分及溶于水中无机盐的导管或管胞，输导方向自下而上；另一类是运输有机物的筛管或筛胞，输导方向自上而下(图 1-11)。

(1) 导管：普遍存在于被子植物的木质部，由许多长管状的、细胞壁木化的死细胞纵向连接而成。组成导管的每一个细胞称为导管分子。导管分子直径一般为 0.04～0.08mm，长度 0.4～0.6mm，由其连接成的导管的长度通常在 20cm 到数米之间。

导管分子端壁消融形成不同形式的穿孔，有利于水分和溶于水中的无机盐类的纵向运输。此外，导管也可以通过侧壁上的未增厚部分或纹孔与相邻的其他细胞进行横向输导。

根据导管分子发育先后和次生壁木化增厚的方式不同，可将导管分子(简称为导管)分为环纹导管、螺纹导管、梯纹导管、网纹导管和孔纹导管等五种类型。其中，环纹、螺纹导管较早分化，它们的口径较小，输导能力较弱，一般存在于原生木质部中；反之，梯纹、网纹和孔纹导管的次生壁坚固，口径更大，输导能力强，多位于后生木质部或次生木质部中。

(2) 管胞：是绝大部分蕨类植物和裸子植物的唯一输水结构，而在大多数被子植物中，管胞和导管同时存在于木质部中。管胞是两端斜尖、长梭形的细胞，成熟时原生质体已解体，成为死细胞，仅剩下木化增厚的细胞壁。细胞壁的增厚也有环纹、螺纹、梯纹、网纹和孔纹五种类型。

管胞直径较小，端壁不形成穿孔，而是相互以偏斜的末端穿插连接，水分主要通过侧壁上相邻的纹孔向上输送，每一个管胞自成一个导水单位，输导功效不及导管。由于管胞的壁部较厚，细胞腔小，加之斜端彼此贴合，增加了结构的坚固性，因此管胞兼有较强的机械支持功能。

(3) 筛管和伴胞：筛管存在于被子植物韧皮部，是运输有机物质的输导组织，由一系列长管形

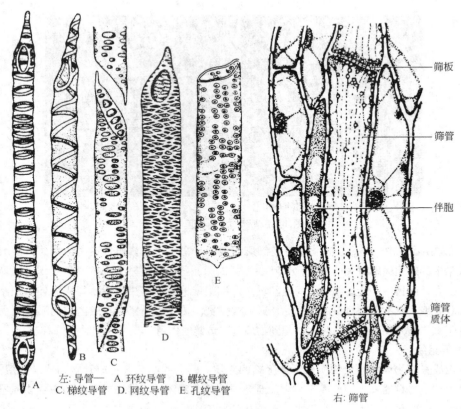

左:导管— A.环纹导管 B.螺纹导管
C.梯纹导管 D.网纹导管 E.孔纹导管

右:筛管

筛板
筛管
伴胞
筛管质体

图 1-11 输导组织(引自李扬汉)

的生活细胞连接而成,每一细胞称为筛管分子。筛管分子的细胞壁为初生壁性质,由纤维素和果胶构成。筛管分子在发育早期有细胞核,浓厚的细胞质中有线粒体、高尔基体、内质网、质体和黏液体,其中黏液体是筛管分子所特有的蛋白质,可能与有机物的运输有关。

筛管分子的侧壁往往紧邻着一至数个高度特化的薄壁细胞,称为伴胞,与筛管分子有相同的起源,即维管束形成层细胞不均等纵裂,形成一大一小或一大数小的细胞,较小的细胞发育成伴胞。伴胞狭长形,原生质体代谢旺盛,与筛管分子紧密连接,担负着将物质运进或运出筛管、细胞间短距离横向运输的作用。

(4)筛胞:蕨类植物和裸子植物不具筛管,韧皮部中输导有机物的是一种较筛管分子细长、末端斜尖的细胞,称筛胞。筛胞是活细胞,成熟后无核,不形成筛板,以斜壁或侧壁相连而纵向迭生,输导能力不及筛管,是较原始的输导结构。筛胞旁侧没有与其共起源的伴胞。

3. 机械组织

机械组织在植物体内担负固定支持作用,最大的特点是细胞壁全面或局部增厚,具有抗压、抗张和抗曲挠的能力(图 1-12)。植物的幼苗或器官的幼嫩部位以及一些水生植物中,没有机械组织或机械组织很不发达,植物体依靠细胞的膨压维持直立和伸展状态。随着器官发育及成熟,器官内部逐渐分化出机械组织。机械组织的形成与功能强化,体现了植物对陆生环境的适应。根据细胞形态结构和细胞壁增厚方式的不同,机械组织可分为厚角组织和厚壁组织。

（1）厚角组织：细胞都具有生活的原生质体，并且含叶绿体，有一定的分裂潜能。细胞呈长棱柱形，排列紧密，彼此重叠连接成束，没有细胞间隙或间隙很小。

厚角组织细胞壁的成分主要是纤维素，也含有果胶质和半纤维素，细胞壁增厚不均匀，增厚部分一般位于细胞角隅部分，既有一定的坚韧性，又有可塑性和延伸性，既可起到支持作用，又能适应器官的迅速生长。该类组织普遍存在于正在生长或经常摆动的部位，如植物幼茎、叶柄、花梗的表皮内侧，以及较大叶脉的一侧或两侧。一般植物的根中不存在厚角组织；在许多草质茎和叶中，厚角组织起主要的机械支持作用。

（2）厚壁组织：厚壁组织细胞具有均匀增厚的木质

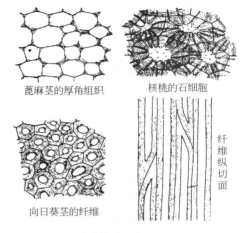

蓖麻茎的厚角组织　　核桃的石细胞

向日葵茎的纤维　　纤维纵切面

图 1-12　机械组织（依 A. W. Haupt）

化次生壁，细胞腔很小，成熟细胞原生质体分解，成为只留有细胞壁的死细胞。厚壁组织机械支持能力强，可单个（如某些石细胞）或成束（如纤维）分散于其他组织之间。根据细胞形态，厚壁组织可分为纤维和石细胞。

纤维是两端尖细的长纺锤形细胞，细胞壁强烈增厚，木化而坚硬，胞腔狭窄，壁上有少数小纹孔。纤维互以尖端穿插连接，对器官产生坚强支持。纤维可分为韧皮纤维和木纤维。韧皮纤维细胞横切面呈多角形、长卵形、圆形等，一般长 1～2mm，但苎麻的最长可达 550mm。次生细胞壁极厚，且主要由纤维素组成，故坚韧而有弹性。木纤维存在于被子植物的木质部中，较韧皮纤维为短，通常约 1mm，细胞增厚的情况、细胞的长度随植物而异。如蒙古栎（*Quercus mongolica*）、板栗（*Castanea mollissima*）的木纤维细胞壁很厚，杨树、柳树的木纤维细胞壁较薄。木纤维壁木质化程度高，硬度大，抗压力强，可增强树干的支持力和坚实性，还会失去弹性。

石细胞通常由成熟的薄壁组织细胞经过硬化作用转变而成，细胞壁极度增厚、木化，有时也可栓化或角化，壁上具有很多表面观为圆形的单纹孔。石细胞形状差异较大，有等径的，也有较长的或多分枝的，或呈不规则星状。在植物茎的皮层、韧皮部、髓、果皮、种皮，甚至叶中均可见到。通常单个或数个集合成簇包埋于薄壁组织中，有时也连续成片分布。桃、李（*Prunus salicina*）、樱桃（*P. pseudocerasus*）、核桃（*Juglans regia*）等果实的内果皮，紫藤（*Wisteria sinensis*）等豆科植物的种皮，因具多层石细胞而变得坚硬。梨果肉中坚硬的颗粒也是成簇的石细胞；茶树（*Camellia sinensis*）、桂花的叶肉细胞间散布有单个的分枝状石细胞；睡莲（*Nymphaea tetragona*）和萍蓬草（*Nuphar pumilum*）叶柄的通气组织内存在星状石细胞。

4. 保护组织

保护组织是覆盖于植物体外表起保护作用的一类组织。通常由一层或数层细胞构成，可以防止水分过度蒸腾，控制植物与环境的气体交换，抵抗机械损伤和其他生物的侵害，维护植物体内正常的生理活动。保护组织包括初生保护组织表皮和次生保护组织周皮（图 1-13）。

（1）表皮：初生分生组织，常由一层生活细胞组成，分布于植物幼嫩的茎、叶、花、果等的表面。表皮由表皮细胞、气孔器的保卫细胞和副卫细胞以及表皮毛、鳞片等附属物组成，其中表皮细

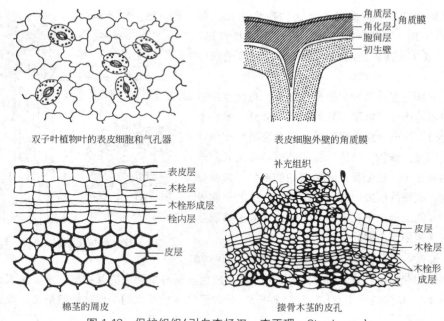

双子叶植物叶的表皮细胞和气孔器　　　　表皮细胞外壁的角质膜

棉茎的周皮　　　　　　　　　接骨木茎的皮孔

图 1-13　保护组织(引自李扬汉、李正理、Strasburger)

胞是最基本的成分。少数植物的表皮由多层细胞构成，称复表皮，如夹竹桃(*Nerium indicum*)的叶、兰科植物的气生根。

表皮细胞通常扁平，相互嵌合、排列紧密，无细胞间隙；含有大液泡，一般无叶绿体，但有时可有白色体或有色体。水生植物和某些生长于阴湿处的植物，表皮细胞内可形成发育良好的叶绿体。

表皮细胞壁的厚度在不同植物或同一植物的不同部位都不一样。细胞壁常具有不同程度的角质化，并在外壁的表面形成角质膜，主要由角质、纤维素、果胶和蜡质构成。某些植物表皮角质膜外面还覆盖着蜡质，称为蜡被，如甘蔗(*Saccharum officinarum*)的茎秆外表和葡萄(*Vitis vinifera*)、李、柿树(*Diospyros kaki*)的成熟果实表面，鹤望兰(*Strelitzia reginae*)叶的下表皮。角质膜和蜡被具有高度不渗透的特点，可有效防止病菌孢子的附着及萌发，减低水分蒸腾，避免强光灼伤。芦苇(*Phragmites australis*)等禾本科植物，蕨类植物木贼的表皮细胞会发生硅质化，使得器官外表粗糙坚实。

叶片的表皮普遍都有气孔器存在，它是调节水分蒸腾和进行气体交换的结构，由两个特化的保卫细胞围合而成，彼此间可形成一个开口，称气孔。保卫细胞内含有丰富的细胞质，以及较多的叶绿体和淀粉粒。某些植物如禾本科、莎草科、景天科、石竹科石竹属植物，保卫细胞的侧面或周围，有一至数个与表皮细胞形状不同的细胞，称副卫细胞。

表皮还会有各种类型的毛状附属物存在，这些毛状附属物称为表皮毛，可以起到保护和防止水分损失的作用。不同植物表皮毛的有无、形态差异比较明显，植物经典分类常借助此特征。

(2) 周皮：是取代表皮的次生保护组织，存在于次生增粗或老熟器官中，如裸子植物、双子叶植物的老根、老茎的外表。它是侧生分生组织木栓形成层活动的结果。木栓形成层进行平周分裂，形成径向成行排列的细胞，这些细胞向外分化成木栓层，向内分化成栓内层。木栓层、木栓形成层和栓内层合称周皮。

木栓层具多层细胞，细胞成多棱梭形、扁平，横切面呈长方形；无细胞间隙，细胞壁较厚并且高度栓化，细胞成熟时原生质体解体，细胞腔内充满空气。高度不透水，并有抗压、隔热、绝缘、质地轻、有弹性等特征，使木栓层在植物表面形成有效的保护层。栓内层位于木栓形成层的内侧，只有一层细胞，细胞壁薄，为生活细胞，常含有叶绿体。

在周皮的某些特定部位，木栓形成层细胞比其他部分更为活跃，向外衍生出许多圆球形排列疏松的薄壁细胞，形成补充组织。补充组织细胞数目不断增加，逐渐向外突破周皮形成小裂口，即为皮孔。皮孔是周皮上的通气结构，位于周皮内的生活细胞能通过它们与外界进行气体交换。在木本观赏植物的茎、枝上常可见到的横向、纵向或点状的突起就是皮孔。皮孔形态各异，是木本观赏植物冬态描述及分类的特征之一。

5. 分泌结构

某些植物在新陈代谢中，细胞能合成一些特殊的有机物或无机物，并将代谢产物(分泌物质)聚积体内或通过一定的结构排出体外。凡能生产分泌物质的细胞或组织称分泌结构(图 1-14)。

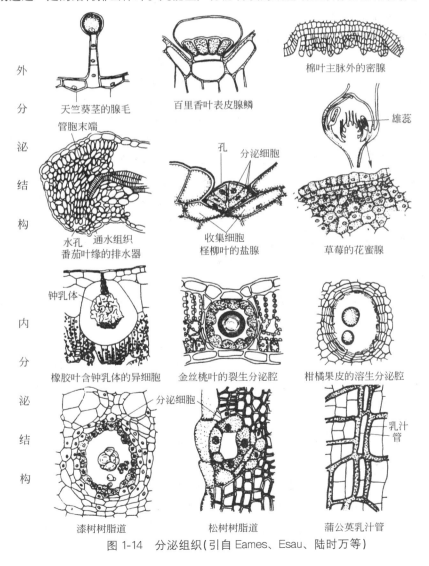

图 1-14　分泌组织(引自 Eames、Esau、陆时万等)

植物分泌物种类繁多，有糖类、有机酸、生物碱、单宁、树脂、油类、蛋白质、杀菌素、生长素、维生素及多种无机盐等。许多植物分泌物，如杜仲胶、橡胶、生漆、芳香油、蜜汁等，对人类生产生活有重要的经济价值。植物产生分泌物的细胞形态多样，来源、分布及所产生的分泌物质也不同。通常根据分泌物是否排出体外，将分泌结构分为外部分泌结构和内部分泌结构。

(1) 外部分泌结构：分布在植物体体表部分的分泌结构，其分泌物排出体外，如蜜腺、腺毛、腺鳞、排水器等。

蜜腺是一种分泌糖液的外分泌结构，分布于植物体外表的某些特定部位。一般位于花萼、花冠、子房或花柱的基部，称为花蜜腺，如刺槐(*Robinia pseudoacacia*)、二月兰(*Orychophragmus violaceus*)、酸枣(*Ziziphus jujuba var. spinosa*)等虫媒花一般都有花蜜腺。蜜腺还可发生于茎、叶、托叶、花柄处，称花外蜜腺，如棉花叶中脉、蚕豆托叶及李属植物的叶缘上。

腺毛是具有分泌功能的表皮毛状附属物，由单个或多个分泌细胞组成。天竺葵(*Pelargonium hortorum*)等植物的茎和叶均有腺毛分布，唇形科、菊科、荨麻科某些植物的腺毛呈鳞片状，柄部极短，顶部分泌细胞较多。腺毛的分泌物主要是挥发油和黏液，对植物起保护作用。食虫植物的变态叶可以产生多种腺毛分别分泌蜜露、黏液和消化酶，有引诱、黏着和消化昆虫的作用。

盐腺在柽柳(*Tamarix chinensis*)等盐生植物中较常见，一般由位于基部的收集细胞和位于头部的分泌细胞两部分构成，二者间有胞间连丝相连，盐分由收集细胞进入分泌细胞，最后通过角质膜中的裂隙泌出体外，维持植物体内的盐分平衡。

排水器是植物将体内过剩的水分排出体表的结构，主要由水孔和通水组织构成，其排水过程称为吐水。睡莲、地榆以及一些禾本科草坪草都有明显的吐水现象，暖湿的夜间或清晨较易发生。

(2) 内部分泌结构：是将分泌物积贮于植物体内部的分泌结构。常见类型有分泌细胞、分泌腔、分泌道、乳汁管等。

分泌细胞单个散布于植物各种器官的薄壁组织中，可以是生活细胞，也可能是死细胞。与周围的薄壁细胞相比，分泌细胞一般体积较大，细胞壁稍厚，多呈圆球形、椭圆形、囊状、分枝状，因此也被称为异细胞。根据分泌物质不同可分为油细胞(如樟科、木兰科、蜡梅科植物)、黏液细胞(如百合科、落葵科、锦葵科植物)、含晶细胞(如桑科、鸭跖草科、石蒜科植物)、鞣质细胞(多见于葡萄科、壳斗科、豆科植物)、芥子酶细胞(白花菜科、十字花科植物中常有)。

分泌腔一般位于植物器官表皮之下或接近器官表面部位，常形成透明小斑点，是由多细胞组成的贮藏分泌物的囊状结构。分泌腔内的分泌物质通常是具各种芳香味的挥发油。分泌腔有溶生型和裂生型两种，前者由具有分泌能力的细胞群细胞壁破裂而形成腔室，分泌物积贮在腔中，如佛手(*Citrus medica var. sarcodactylus*)、柑橘(*C. reticulata*)、花椒(*Zanthoxylum bungeanum*)等芸香科植物的果皮和叶中常见；后者则是由于胞间层溶解、细胞相互分开而形成，可见于桉树(*Eucalyptus* spp.)、金丝桃(*Hypericum monogynum*)等的叶中。

分泌道是由一些分泌细胞彼此分离形成的长管状分枝复杂的腔道，周围一层分泌细胞称为上皮细胞，上皮细胞产生的树脂、树胶、挥发油、黏液等分泌物质贮存于腔道中。根据分泌物质不同，分泌道的命名也不同：松柏类植物的分泌道称为树脂道；漆树(*Rhus vernicifluum*)的树脂道含漆汁，特称漆汁道；一些菊科和伞形科植物体的分泌道含挥发油，称为油道；美人蕉(*Canna indica*)、椴树(*Tilia*)的分泌道贮藏黏液，称为黏液道。

乳汁管是植物体内分泌乳汁的管状结构，通常分布在与韧皮部相邻的部位或韧皮部中。乳汁管可分为两种类型：无节乳汁管和有节乳汁管。无节乳汁管由单个长管状细胞发育而成，该类细胞具有强烈的伸长生长能力，随植物体的增长而延伸、分枝，贯穿在植物体中，如桑科、大戟科、萝藦科、夹竹桃科植物的乳汁管。有节乳汁管由许多管状细胞在发育过程中端壁彼此相连，后连接壁解体或部分消融而形成，如菊科、罂粟科、番木瓜科、旋花科、桔梗科植物的乳汁管。橡胶树(*Hevea brasiliensis*)的乳汁管兼具两种类型。

三、复合组织和组织系统

(一) 复合组织

由单细胞至多细胞、简单到复杂、水生到陆生是植物演化的重要方向。凡此，均涉及细胞的分化，复合组织、维管组织、维管束和维管系统的形成与演化，最终建立起完善的组织系统。

凡由同种类型细胞构成的组织，称简单组织，如分生组织、薄壁组织；而由多种类型细胞构成的组织，称复合组织，如表皮、周皮、木质部、韧皮部。植物体内由导管、管胞、木纤维和木薄壁细胞等组成的结构，称为木质部；而韧皮部则一般包括筛管、伴胞(蕨类植物及裸子植物为筛胞，无伴胞)、韧皮纤维、韧皮薄壁细胞等组成部分。木质部、韧皮部的组成包含输导组织、薄壁组织和机械组织等，所以它们被认为是一种复合组织。

木质部和韧皮部是由原形成层分化而来的，通常共同组成束状结构，称维管束。维管束也属于复合组织。根据维管束内形成层的有无，可将维管束分为有限维管束和无限维管束。前者原形成层分裂产生的细胞全部分化为木质部和韧皮部，没有保留具有分裂能力的形成层，大多数单子叶植物中的维管束属此类；后者反之，即原形成层分裂产生的细胞，除大部分分化成木质部和韧皮部外，在两者之间还保留少量分生组织——束中形成层。无限维管束可以一直保留不进行分裂活动的形成层(如双子叶植物叶的主脉)，或者以后通过形成层的分生活动，能产生次生韧皮部和次生木质部而继续扩大。绝大多数双子叶植物和裸子植物的维管束为无限维管束。

另外，还可根据木质部与韧皮部的位置和排列情况，将维管束分为四种类型。①外韧维管束：韧皮部排列在外侧，木质部在内侧，如无患子(*Sapindus saponaria*)、冬青(*Ilex chinensis*)、月季、菊花、毛竹(*Phyllostachys edulis*)等茎的维管束；②双韧维管束：木质部内、外两侧都有韧皮部的维管束，如观赏南瓜(*Cucurbita pepo var. ovifera*)、冬珊瑚(*Solanum pseudocapsicum*)、马铃薯等茎的维管束；③周木维管束：木质部围绕韧皮部呈同心圆状的维管束，如香蒲(*Typha orientalis*)、水烛(*T. angustifolia*)的根状茎中；■周韧维管束：韧皮部围绕木质部呈同心圆状的维管束，如秋海棠属(*Begonia*)植物的茎及许多观赏蕨类植物根状茎中的维管束。

木质部或韧皮部主要由管状结构的细胞组成，因此，通常将木质部和韧皮部或其中之一称为维管组织。维管组织的形成，是植物在系统进化过程中对陆生生活的适应。蕨类植物和种子植物体内，都有维管组织的分化，种子植物则更为发达。

(二) 组织系统

植物体是一个有机的整体，构成这一有机体的结构和功能单元则是器官。各个器官除了具有功能上的相互联系外，在内部结构上也必然具有连续性和统一性。具有不同功能的器官都由不同种类的组织构成，组织的类型不同，排列方式、所占比例也不同，由此则形成了组织系统。

植物器官或植物体中，各类组织组成的结构和功能复合单位，称为组织系统。维管植物的组织可归并为三种组织系统，即皮组织系统、维管组织系统、基本组织系统。

（1）皮组织系统：简称皮系统，包括表皮、周皮，覆盖于植物体的表面，形成一个包裹整个植物体的保护层，起着不同程度的保护作用。

（2）维管组织系统：简称维管系统，是植物全部维管组织的总称。维管组织错综复杂，几乎连续贯穿于整个植物体中，组成一个以输导和固定支持为主要功能的完整构架。

（3）基本组织系统：又称为基本系统，包括各种薄壁组织、厚角组织、厚壁组织，它们分布于皮系统和维管系统之间，是植物体的基本组成部分。

维管植物的整体结构表现为维管系统包埋于基本系统之中，而外面又覆盖着皮系统。各个器官结构上的变化，除表皮或周皮始终包被在最外面外，主要表现在维管组织和基本组织的构成类型、相对比例及分布上的差异。

第三节　植物的营养器官

一、根

根是植物长期演化过程中适应陆生生活的产物，是绝大多数种子植物和蕨类植物所特有的重要营养器官之一。根一般生长在土壤中，构成植物体的地下部分，主要起吸收和输导作用，还有固定支持、合成、分泌等作用。有些植物的根还有特殊的形态及相应的功能，如贮藏、繁殖、呼吸、攀缘等功能。

（一）根的形态

1. 根的类型

根据发生的部位不同，将根分为定根（主根和侧根）和不定根两大类。种子萌发时，胚根突破种皮，直接长成主根。主根生长达到一定长度，才在一定部位上产生侧根，二者之间往往形成一定角度，侧根达到一定长度时又能生出新的侧根。从主根上生出的侧根可称为一级侧根，一级侧根上生出的侧根称为二级侧根，以此类推。主根和侧根都从植物体固定的部位生长出来，均属于定根。许多植物除产生定根外，由茎、叶、老根或胚轴上也能产生根，这些根的发生位置不固定，故称为不定根。

2. 根系的概念和类型

一株植物地下部分所有根的总体，称为根系（图 1-15）。银杏、油松（*Pinus tabuliformis*）、虞美人（*Papaver rhoeas*）、花菱草（*Eschscholzia californica*）、大豆等的根系有明显而发达的主根，主根上再生出各级侧根，这种根系称为直根系，是裸子植物和绝大多数双子叶植物根系的主要特征之一。但有些植物的直根系，由于侧根发育强盛，其主根相对也不太显著。主根生长缓慢或停止，主要由不定根组成的根系，称为须根系。须根系中各条根的粗细差不多，呈丛生状态。这是大多数单子叶植物根系的特征，如百合（*Lilium brownii var. viridulum*）、棕榈（*Trachycarpus fortunei*）的根系。

根系在土壤中的生长和分布决定于不同植物的遗传特性，也受到环境条件影响。具有发达主根的直根系常分布在较深的土层，多属于深根性，而须根系往往分布于较浅的土层，多属于浅根性。

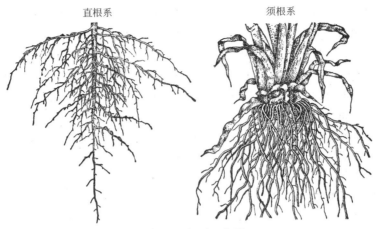

图 1-15　根系示意图

(二) 根的初生生长和初生结构

根尖是指从根的顶端到着生根毛的部位。不论主根、侧根还是不定根都具有根尖。根尖是根中生命活动最旺盛的部分,是根进行吸收、合成、分泌等作用的主要部位,与根系扩展有关的伸长生长也是在根尖进行。

1. 根尖的结构及其生长发育

根尖从顶端起,可依次分为根冠、分生区、伸长区和根毛区,总长约 1~5cm(图 1-16)。各区的细胞形态结构不同,从分生区到根毛区逐渐分化成熟,除根冠外,各区之间并无严格的界限。

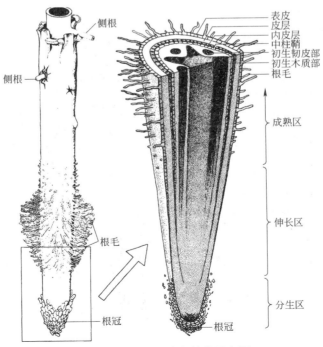

图 1-16　根尖形态和结构示意图

(1) 根冠：是位于根尖最前端、由薄壁细胞组成的帽状结构，保护着被其包围的分生区，并与根的向地性有关。在根的生长过程中，根冠外部细胞不断脱落，由其内方的分生区不断产生新的细胞补充，因而根冠始终维持相对稳定的体积。

(2) 分生区：也称生长点，是位于根冠内方的顶端分生组织，长 1～3mm，是分裂产生新细胞的部位。在原分生组织的后方，一部分细胞开始分化为初生分生组织，根尖中初生分生组织由原表皮、原形成层和基本分生组织构成，它们以后分别发育成表皮、皮层和维管柱。分生区分裂的细胞少部分补充到根冠，大部分分化为伸长区。同时，仍有一部分分生细胞保持分生区的体积和功能。另外，许多植物根尖分生组织中有一群分裂活动甚弱的细胞，称为静止中心，其功能尚不十分清楚。

(3) 伸长区：位于分生区后方，细胞分裂活动逐渐减弱，分化程度逐渐增高。细胞纵向伸长，体积增大，液泡化程度加强。在伸长区后端相继分化出原生韧皮部的筛管和原生木质部的导管。其中原生韧皮部的分化较原生木质部略早。此区是初生分生组织向成熟区初生结构的过渡区。

(4) 根毛区：由伸长区细胞分化形成，位于伸长区后方，全长从数毫米到数厘米。这一区域的细胞停止伸长，已分化为各种成熟组织，故亦称为成熟区。该区因密生根毛而得名，如在湿润环境中苹果根毛区的表皮每平方毫米有 300 根，豌豆的有 230 根。该区是根部行使吸收作用的主要部分。根毛为表皮细胞外壁向外突出形成的顶端封闭的管状结构，成熟根毛长约 0.5～10mm，寿命一般 2～3 周或更短，个别植物的根毛可长期存活，但后期常木质化、变粗，如菊科的一些植物。

2. 根的初生结构

根的初期生长是由根尖的顶端分生组织经过分裂、生长、分化发展而来，称为根的初生生长，初生生长产生的各种组织都属于初生组织，它们组成根的初生结构。根的初生结构始于根毛区。从横切面上观察，双子叶植物根的初生结构自外而内可分为表皮、皮层、维管柱三个基本部分（图 1-17）。

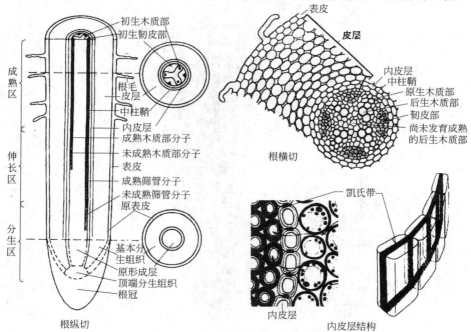

图 1-17 双子叶植物根的初生结构

(1) 表皮：是位于成熟区最外面的一层生活细胞，细胞整体近似长方体形，长径与根的纵轴平行，排列紧密、整齐。许多表皮细胞向外突出形成根毛，扩大了根的吸收面积。水生植物和极少数陆生植物不具根毛，某些热带附生兰科植物的气生根亦无根毛。

(2) 皮层：位于表皮之内、维管柱之外的多层薄壁细胞，由基本分生组织分化而来，在根中占很大比例。皮层是水分和溶质从根毛到维管柱的横向输导途径，又是贮藏营养物质和通气的部分，一些水生和湿生植物还在皮层中发育形成气腔、通气道。多数植物的皮层最外一或数层细胞形状较小，排列紧密而整齐，称为外皮层，当根毛枯死表皮脱落时，外皮层细胞壁增厚、栓质化，代替表皮起保护作用。中部皮层薄壁细胞的层数较多，细胞体积最大，排列疏松，有明显的胞间隙，细胞中常贮藏有各种后含物，以淀粉粒最为常见。皮层最内方有一层形态结构和功能都较特殊的细胞，称为内皮层，其细胞的径向壁和上下横壁有带状的木质化和栓质化加厚区域，称为凯氏带(图 1-17)，对根的选择性吸收有特殊意义。

(3) 维管柱：为内皮层以内的柱状部分，由原形成层分化而来，包括中柱鞘、初生木质部、初生韧皮部和薄壁组织。中柱鞘是维管柱的最外部，有潜在分裂能力，如分裂分化形成侧根、不定根、不定芽、部分维管形成层和木栓形成层等。初生木质部在中柱鞘内方，呈束状与初生韧皮部束相间排列，其束数因植物而异，双子叶植物一般为 2~6 束，分别称为二原型、三原型、四原型……。初生木质部是由外向内呈向心式逐渐分化成熟的，这种分化方式称为外始式。外方先成熟的部分只具管腔较小的环纹和螺纹导管，称为原生木质部，内方较晚分化成熟的部分称为后生木质部，导管为管腔较大的梯纹、网纹和孔纹。初生韧皮部位于初生木质部辐射角之间，也为外始式，即原生韧皮部在外、后生韧皮部在内，原生韧皮部通常缺少伴胞，而后生韧皮部主要由筛管与伴胞组成，亦有少数韧皮薄壁细胞，只有少数植物有韧皮纤维存在。初生木质部与初生韧皮部之间存在一层到几层特殊的薄壁细胞，在双子叶植物和裸子植物中，是原形成层保留的细胞，将来成为维管形成层的组成部分，与根的增粗生长有关，而在单子叶植物中两者之间则不具这类特殊的薄壁细胞。大多数双子叶植物根的后生木质部分化到根中央，少数中心由薄壁组织构成髓。

禾本科等多数单子叶植物根的初生结构也可分为表皮、皮层、维管柱三个基本部分，但在下列几方面不同：①只具初生结构，不形成次生分生组织，没有次生结构；②外皮层在根发育后期常形成栓化的厚壁组织，替代表皮行保护作用；③中柱鞘在根发育后期常部分或全部木化，初生木质部一般为多原型，常为七原型以上，可多至二十原型，维管柱中央有发达的髓。

3. 侧根的发生

植物的主根或不定根在初生生长后不久，将产生分枝，即出现侧根。侧根上又能依次长出各级侧根，这些侧根构成了直根系或须根系的主要部分。侧根是由侧根原基发育形成的，侧根原基由母根皮层以内中柱鞘的部分细胞经脱分化、恢复分裂能力形成，故称之为内起源。侧根原基向着母根皮层一侧生长，逐步分化形成根冠、分生区和伸长区，穿过皮层和表皮伸出母根外，进入土壤。

(三) 根的次生生长和次生结构

大多数双子叶植物和裸子植物，特别是木本植物的根，在初生生长结束后经次生生长形成次生结构。根的次生生长是次生分生组织活动的结果，次生分生组织包括维管形成层和木栓形成层，前者不断地侧向添加维管组织，后者形成周皮，使根不断增粗。就整条根来说，次生生长是向顶进行的，虽然发生时间较伸长生长稍后，但一经开始，便常与伸长同时进行。单子叶植物的根一般不加粗，少数则以较为特殊的方式进行。

1. 维管形成层的产生及其活动

维管形成层由根的初生结构中保留下来的一部分原形成层细胞和一部分恢复分裂能力的中柱鞘细胞共同组成。

(1) 维管形成层的形成：首先，由保留在初生韧皮部内侧的原形成层细胞进行平周分裂，形成了几个弧形片段式的形成层，在横切面上细胞常为切向扁平形。接着，这些形成层片段的两端的细胞也开始分裂，使形成层片段沿初生木质部放射角扩展至中柱鞘处。此时对着原生木质部处的中柱鞘细胞脱分化，恢复分裂能力，成为形成层的一部分，并使整个形成层连接为一圈，这就是形成层环，为波浪形的筒状，横切面上则如波浪形环状，其凸起数与根的原型数相同。所以在二原型根中略呈卵形，三原型根中近似三角形，四原型根中呈四角形。

(2) 维管形成层的活动：维管形成层发生后，主要进行平周分裂，向内分裂、分化形成次生木质部，向外分裂、分化形成次生韧皮部，两者合为次生维管组织。由于形成层环各处分裂速度不等，波浪状形成层环的凹段是最先形成和最早进行细胞分裂的部分，分裂速度快，而且向内形成的次生木质部细胞多于向外形成的次生韧皮部细胞，因此在次生生长过程中，波浪状环的凹部逐渐被向外推移，使整个形成层成为圆筒(环)状。形成层变为圆环后，形成层各区段分裂速度相等，不断使根加粗，维管形成层的位置不断向外移。除平周分裂外，形成层细胞还有少量垂周分裂，以扩大本身的周径，适应根的增粗。一般植物的根中，形成层活动产生的次生木质部远多于次生韧皮部，因此在横切面上次生木质部所占比例要比韧皮部大得多。

形成层向外产生的次生韧皮部包括筛管、伴胞、韧皮薄壁细胞和较少的韧皮纤维；向内产生的次生木质部包括导管、管胞、木纤维和木薄壁细胞。两个部分的薄壁组织都较发达，这与根部具有贮藏功能有关，其中一部分薄壁细胞沿径向作放射状排列，贯穿于次生维管组织中，称为维管射线，其中在次生木质部中的一段为木射线，在次生韧皮部中的一段为韧皮射线。

2. 木栓形成层的产生及其活动

维管形成层的活动使中柱愈来愈粗，外围的皮层和表皮常因不能进行相应的径向扩展而破裂脱落。在此之前，中柱鞘细胞通过脱分化，进行径向(增加圆周长)和切向分裂而形成木栓形成层。木栓形成层向外分裂产生多层木栓细胞，称为木栓层；向内产生少数几层薄壁细胞，称为栓内层。木栓层、木栓形成层和栓内层组成了周皮。

在多年生的根中，木栓形成层每年重新发生，配合维管形成层的活动，其位置是在原有的木栓形成层内方并逐年向内推移，最终可由次生韧皮部中的部分薄壁细胞发生。

3. 根的次生结构

维管形成层和木栓形成层活动的结果形成了根的次生结构(图 1-18)：自外而内依次

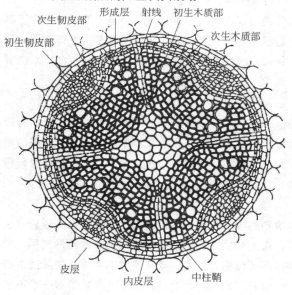

图 1-18 双子叶植物根的次生结构

为周皮(木栓层、木栓形成层、栓内层)、成束的初生韧皮部(常被挤毁)、次生韧皮部(含径向的韧皮射线)、维管形成层和次生木质部(含木射线)。呈辐射状态的初生木质部则仍然保留于根的最中心,这是区分老根和老茎的标志之一。

根的次生结构有以下特点:次生维管组织中,次生木质部居内,次生韧皮部居外,相对排列,与初生维管组织中初生木质部与初生韧皮部二者的相间排列完全不同。维管射线是新产生的组织,它的形成,使维管组织内有轴向和径向系统之分。形成层每年向内、外增生新的维管组织,特别是次生木质部的增生,使根的直径不断增大。次生结构中以次生木质部为主,而次生韧皮部所占比例较小,在粗大的树根中几乎大部分是次生木质部。

(四) 根瘤与菌根

根系分布于土壤中,与土壤内的微生物有着密切关系。有些土壤微生物能侵入植物的根部,被入侵部位常形成特殊结构,彼此间有直接的营养物质交流,建立起互助互利的共存关系,称为共生。根瘤和菌根便是高等植物的根部所形成的这类共生结构(图 1-19)。

1. 根瘤

根瘤是由固氮细菌、放线菌侵染宿主根部细胞而形成的瘤状共生结构。它与宿主互利的共生关系表现在:宿主供应其所需的碳水化合物、矿物盐类和水,而根瘤菌则能将宿主不能直接利用的分子氮在其固有的固氮酶的作用下,形成宿主可直接吸收利用的含氮化合物,这种作用称为固氮作用。

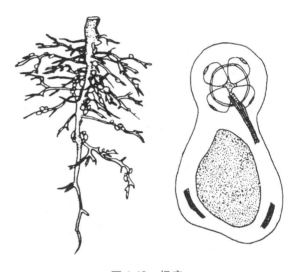

图 1-19 根瘤

根瘤的形状、大小因植物种类而异,与农业生产关系最密切的是豆科植物的根瘤,由根瘤菌入侵后形成。根瘤菌属(*Rhizobium*)共有十余种,每一类群的根瘤菌常与一定种类的豆科植物共生。如豌豆根瘤菌(*R. teguminosarum*)只能在豌豆(*Pisum sativum*)、蚕豆等植物根上形成根瘤,而不能在大豆、苜蓿等植物根上形成根瘤;大豆根瘤菌(*Rhizobium japonicum*)只能在大豆根上形成根瘤,却不能使豌豆、苜蓿(*Medicago sativa*)根形成根瘤。除豆科植物外,人们发现自然界还有一百多种植物能形成根瘤,如木麻黄(*Casuarina equisetifolia*)、罗汉松(*Podocarpus macrophyllus*)和杨梅(*Myrica rubra*)等,与非豆科植物共生的固氮菌多为放线菌类。

2. 菌根

菌根是高等植物根部与土壤中的某些真菌形成的共生体。根据菌丝在根中生长分布的不同情况,可分为外生菌根、内生菌根、内外生菌根。

(1) 外生菌根:与根共生的真菌菌丝大部分生长在幼根外表,形成称为菌丝鞘的丝状覆盖层,少数菌丝侵入根的表皮和皮层的细胞间隙中,但不侵入细胞内。只有少数植物如杜鹃花科、松科、桦木科、壳斗科等植物形成这类菌根。

(2) 内生菌根:真菌的菌丝通过细胞壁,侵入根的表皮和皮层细胞内,并在其中形成一些椭圆或圆形泡囊和树枝状菌丝体。如银杏，禾本科、兰科植物，以及胡桃属、葡萄属、杨属植物的根内都具有内生菌根。

(3) 内、外生菌根：共生真菌既能形成菌丝鞘又能进入细胞内的菌根，如苹果、银白杨(*Populus alba*)等。

真菌与高等植物共生，促进了植物的生长发育，如外生菌根的菌丝能代替根毛的作用，提高根吸收水分和磷、锌、铜、硫等无机盐类的能力。菌根的专一性较小，某种真菌能与多种植物建立共生关系，同时，数种真菌也可与同一种植物共生。因而，菌根是植物界中最广泛的一种共生体。

二、茎

茎由胚芽发育而成，在系统演化上先于叶、根出现，一般生长在地上。茎的主要功能是支持和输导。此外，有些植物的茎也具有贮藏、繁殖作用，绿色的幼茎可进行光合作用，如假叶树、仙人掌类植物，有些植物茎的分枝变为刺，具有保护作用，如皂荚(*Gleditsia sinensis*)。

多数植物茎的顶端能无限地向上生长，与着生的叶形成庞大的枝系。高大乔木和藤本植物的茎往往长达几十米，甚至百米以上；矮小的草本植物如蒲公英(*Taraxacum mongolicum*)，并非无茎植物，而是茎短缩得几乎看不出来，被称为莲座状植物。

(一) 茎的形态

1. 茎的外形

多数植物茎的外形呈圆柱形，也有少数植物的茎呈三棱形(如莎草)、方柱形(如薄荷)或扁平状(如仙人掌)。茎内有机械组织和维管组织，具有支持和输导能力。不同植物的茎在长期进化过程中因适应不同的外界环境，产生了各式各样的生长习性，能使叶在空间合理分布，主要有直立茎、缠绕茎、攀缘茎和匍匐茎。

茎上着生叶的部位，称为节；两个节之间的茎，称为节间(图 1-20)。在叶腋和茎的顶端具有芽。

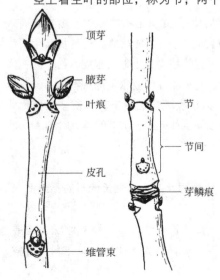

木本植物着生叶和芽的茎特称为枝条。不同种类的植物，节间的长度是不同的。在木本植物中，节间显著伸长的枝条称为长枝；节间极度短缩甚至难以分辨的枝条称为短枝。短枝上的叶因节间短缩而呈簇生状态，如银杏。果树如梨和苹果，在长枝上生有许多短枝，花着生在短枝上，因此短枝就是果枝，并常形成短果枝群。有些草本植物的节间短缩，叶排列成基生的莲座状，如蒲公英、车前草、十字花科植物。大多数植物的节部稍微膨大，但有些植物茎的节部显著膨大，如毛竹、红蓼(*Polygonum orientale*)以及石竹科植物；荷花粗壮的根状茎(藕)上的节也很显著，但节间膨大，节部缩小。

多年生落叶乔灌木的冬枝，除了节、节间和芽以外，还可以看到叶痕、维管束痕、芽鳞痕和皮孔等。木本植物叶片脱落后在茎上留下的疤痕称为叶痕，形状和颜色因植

图中标注：顶芽　腋芽　叶痕　节　节间　皮孔　芽鳞痕　维管束

图 1-20　茎的外形

物种类而异。叶痕内的点线状突起是叶柄与茎的维管束断离后留下的痕迹，称叶迹，又叫维管束痕。芽鳞痕是鳞芽于生长季展开生长时，其芽鳞脱落后留下的痕迹。鳞芽每年春季展开一次，因此可以根据芽鳞痕来辨别茎的生长量和生长年龄。木本植物老茎上还可看到皮孔，它是木质茎内外交换气体的通道。皮孔的形状、颜色和分布的疏密程度也因植物而异。因此，落叶乔灌木的冬枝，叶痕、芽鳞痕、皮孔等的形态特征可作为鉴别植物种类、植物生长年龄等的依据。

2. 芽的类型

芽是未伸展的枝、花或花序，可以分为以下几种类型(图 1-21)。

(1) 依据芽在枝上的位置，可分为定芽和不定芽。

定芽又可分为顶芽和腋芽。顶芽是生在主干或侧枝顶端的芽，腋芽是生长在枝的侧面叶腋内的芽，也称侧芽。有些树种的顶芽败育，而位于枝顶的芽由最近的侧芽发育形成，即假顶芽，如榆、椴、板栗等。一般植物的叶腋内只有一个芽，即单芽。有些植物则具有两个或两个以上的芽，直接位于叶痕上方的侧芽称为主芽，其他的芽称为副芽。当副芽位于主芽两侧时，这些芽称为并生芽，如山桃(Prunus davidiana)、牛鼻栓(Fortunearia sinensis)；当副芽位于主芽上方时，这些芽称为叠生芽，如桂花、皂荚、核桃、野茉莉(Styrax japonica)。有的腋芽包被于叶柄内，直到叶落后芽才显露出来，称为叶柄下芽，如悬铃木属；有些部分包被，可称为半柄下芽，如国槐(Sophora japonica)、刺槐、黄檗(Phellodendron amurense)。有叶柄下芽的叶柄，基部往往膨大。

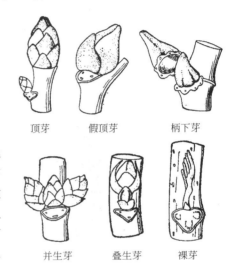

图 1-21　芽的类型

不着生在枝顶或叶腋内的芽，称为不定芽，如甘薯(Ipomoea batatas)、蒲公英、榆、刺槐等生在根上的芽，落地生根(Kalanchoe pinnata)叶上的芽，桑、柳等老茎或创伤切口上产生的芽。植物的营养繁殖常利用不定芽，这在农、林、园艺上具有重要意义。

(2) 依据芽鳞的有无，芽可分为裸芽和鳞芽。

多数木本植物的越冬芽，无论是叶芽还是花芽，外面都有鳞片包被，称为鳞芽。鳞片也称芽鳞，是叶的变态，起着保护幼芽的作用。所有一年生植物、多数二年生植物的芽没有芽鳞，称为裸芽。温带树种只有少数具有裸芽，如枫杨(Pterocarya stenoptera)、木绣球(Viburnum macrocephalum)、苦木(Picrasma quassioides)、山核桃(Carya cathayensis)等。

(3) 依据芽开放后发育成的器官性质，芽可分为叶芽、花芽和混合芽。

开放后形成枝和叶的芽称为叶芽；开放后形成花或花序的芽称为花芽；开放后形成枝叶和花或花序的芽称为混合芽，如紫丁香(Syringa oblata)、西府海棠(Malus micromalus)。叶芽包括顶端分生组织、叶原基、幼叶和腋芽原基；花芽是产生花或花序的原始体，外观常较叶芽肥大，内含花或花序各部分的原基。

(4) 依据芽的生理活动状态，芽可分为活动芽和休眠芽。

活动芽能在生长季节形成新枝、花或花序。一年生草本植物，当年由种子萌发形成的幼苗，逐渐成长至开花结果，植株上多数芽都是活动芽。温带的多年生木本植物，许多枝上往往只有顶芽和近上端的一些腋芽活动，大部分腋芽在生长季节不生长，保持休眠状态，称为休眠芽或潜伏芽。有些多年生植物的休眠芽长期不活动，只有在植株受到创伤和虫害时才打破休眠，开始活动。

3. 茎的分枝方式

分枝是植物生长时普遍存在的现象。主干的伸长和侧枝的形成是顶芽和腋芽分别发育的结果。侧枝和主干一样，也有顶芽和腋芽，因此，侧枝上继续产生侧枝，依此类推，可以产生大量分枝，形成枝系。分枝有多种形式，取决于顶芽与腋芽生长势的强弱、生长时间及寿命等，与植物的遗传特性和环境条件的影响有关。

植物的分枝方式主要有下列几种类型(图 1-22)。

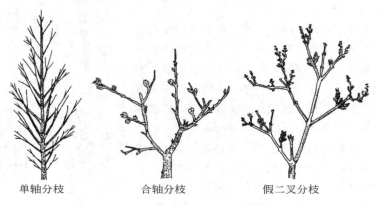

单轴分枝　　　　合轴分枝　　　　假二叉分枝

图 1-22　茎的分枝方式(仿高信曾)

(1) 单轴分枝：也称总状分枝。主干具有明显的顶端优势，由顶芽不断向上生长而形成，侧芽发育形成侧枝，侧枝又以同样的方式形成次级侧枝，但主干的生长明显占优势。如水杉、金钱松等裸子植物和麻栎(*Quercus acutissima*)、毛白杨等被子植物。

(2) 合轴分枝：没有明显的顶端优势，其主干或侧枝的顶芽经过一段时间生长后，便生长缓慢或停止生长，或分化成花芽，或成为枝刺等变态器官，这时紧邻下方的侧芽生长出新枝，代替原来的主轴向上生长。一段时间后又被下方的侧芽所取代，如此更迭，形成曲折的枝干。这种主干是许多腋芽发育而成的侧枝联合组成，所以称为合轴。这种分枝在幼嫩时呈显著曲折状，在老枝上由于加粗生长不易分辨。大多数被子植物具有这种分枝方式，如垂柳(*Salix babylonica*)、白榆(*Ulmus pumila*)等。

(3) 假二叉分枝：具对生叶的植物在顶芽停止生长或变成花芽开花后，由顶芽下的两腋芽同时发育形成，实际上是合轴分枝的特殊形式，和顶端分生组织本身一分为二形成真正的二叉分枝不同。如紫丁香、茉莉(*Jasminum sambac*)、接骨木(*Sambucus williamsii*)、石竹(*Dianthus chinensis*)等。

真正的二叉分枝多见于低等植物，在部分高等植物如苔藓植物的苔类和蕨类植物的卷柏(*Selaginella tamariscina*)中也存在。

4. 禾本科植物的分蘖

禾本科植物如水稻(*Oryza sativa*)、小麦及一些禾草类植物的分枝比较特别，它们是由地面下和近地面的分蘖节(根状茎节)上产生腋芽，腋芽形成具不定根的分枝，这种方式的分枝称为分蘖。分蘖上又可继续形成分蘖，依次形成一级分蘖、二级分蘖，依此类推。不同种类的分蘖能力强弱不同，如水稻、小麦分蘖力较强，可形成大量分蘖，而玉米(*Zea mays*)、高粱(*Sorghum bicolor*)一般不产生分蘖。

（二）茎的初生生长和初生结构

茎尖顶端分生组织中的初生分生组织的细胞，分裂、生长、分化而形成的各种结构，称为茎的初生结构。

1. 茎尖分区与茎的初生生长

（1）茎尖分区：茎与根在形态建成中同样经历伸长、分枝的过程，但由于茎与根所处的生活环境不同，且茎上又着生侧生器官，因此茎与根在初生生长上既有共性，又有各自的特殊性。叶芽是短缩的枝条，其纵切面可见茎尖分为分生区、伸长区和成熟区三个部分(图 1-23)。茎没有类似根冠的结构，但有幼叶或芽鳞的包被、覆盖。

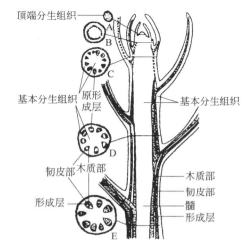

A. 分生区 B、C. 伸长区 D、E. 成熟区

图 1-23 茎尖各区的大致结构

（引自高信曾）

分生区位于茎尖的前端，与根尖分生区相似，也由原分生组织及其衍生的初生分生组织构成，前者具有很强的分裂能力，后者具一定的分裂能力并开始分化形成原表皮、基本分生组织和原形成层。在茎尖顶端以下的四周，有叶原基和腋芽原基。伸长区的特点是细胞的迅速伸长，其内部已由原表皮、基本分生组织和原形成层三种初生分生组织逐渐分化出一些初生组织，细胞的有丝分裂活动逐渐减弱。细胞学特征与根基本相同，但该区的长度远较根长，常包括几个尚未伸长的节与节间。当进入休眠期时，伸长区可变得很短甚至难以辨认。成熟区的细胞有丝分裂和伸长生长都趋于停止，各种组织已基本分化成熟，具备幼茎的初生结构。

（2）茎的初生生长：茎的初生生长方式较根复杂，可分为顶端生长与居间生长。

① 顶端生长：在生长季节里，苗端分生组织不断进行分裂、伸长生长和分化，使茎的节数增加，节间伸长，同时产生新的叶原基和腋芽原基。这种由苗端分生组织的活动而引起的生长，称为顶端生长。叶原基和腋芽原基的形成和发育次序均是向顶的。

② 居间生长：某些植物茎的伸长除了以顶端生长方式进行外，还有居间生长。这是由于在顶端生长时，在节间留下了称为居间分生组织的初生分生组织区，这时的节间很短。随着居间分生组织细胞的分裂、生长(主要是伸长)与分化成熟，节间才明显伸长。这种生长方式称为居间生长。

如冬小麦的冬前生长仅是顶端生长，向顶依次形成叶原基、腋芽原基和芽，但节间不伸长；春季生长时，苗端又分化出少数几个节和节间、叶和芽后，苗端就转化为花芽，顶端生长停止。此时遗留在节间的居间分生组织开始进行居间生长，即是栽培学中称为的"拔节"。

居间分生组织通常位于节间的基部，如禾本科、石竹科、蓼科、石蒜科植物；但有些植物的居间分生组织位于节间顶部，如薄荷。由于茎的各个节间都能进行伸长生长，所以居间生长十分迅速，如啤酒花(*Humulus lupulus*)的茎一个月内可伸长2m以上。

2. 双子叶植物茎的初生结构

茎的初生结构由表皮、皮层和维管柱三部分组成(图1-24),但皮层与维管束的比例较根的小,且普遍具较大的髓部。兼有输导和支持作用的维管组织呈束状分布于髓与皮层的薄壁组织之间。

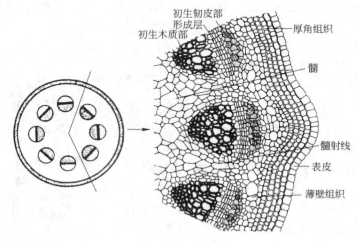

图 1-24　双子叶植物茎的初生结构

(1)表皮:分布在茎的最外面,通常由单层的生活细胞组成,由原表皮发育而来,是茎的初生保护组织。有些植物茎的表皮细胞含花青素,呈红、紫等色,如蓖麻(*Ricinus communis*)。表皮细胞在横切面上呈长方形或方形,长径和茎的纵轴平行。旱生植物茎的表皮,角质层显著增厚,而沉水植物表皮上的角质层一般较薄甚至不存在。表皮除表皮细胞外往往有气孔,是水分和气体出入的通道。表皮上有时还分化出各种形式的毛状体,包括分泌挥发油、黏液等的腺毛。

(2)皮层:位于表皮内方,是表皮和维管柱之间的部分,为多层细胞所组成,由基本分生组织分化而成。皮层包含多种组织,但主要是薄壁组织。嫩茎中近表皮的薄壁组织细胞具叶绿体,能进行光合作用。水生植物茎皮层的薄壁组织具发达的胞间隙,构成通气组织。紧贴表皮内方的一至数层皮层细胞常分化为厚角组织,在方形(薄荷、蚕豆)或多棱形(芹菜)的茎中,厚角组织常分布在四角或棱角部分。有些植物茎的皮层还存在纤维,如南瓜的皮层中纤维与厚角组织同时存在。

通常幼茎皮层的最内层不具根的内皮层特点,但部分植物的地下茎或水生植物的茎例外。某些草本双子叶植物如益母草属(*Leonurus*)、千里光属(*Senecio*),在开花时皮层最内层出现凯氏带;有些植物如旱金莲(*Tropaeolum majus*)、南瓜、蚕豆等茎的皮层最内层,即相当于内皮层处的细胞富含淀粉粒,称为淀粉鞘。

(3)维管柱:维管柱是皮层以内的中央柱状部分。多数双子叶植物茎的维管柱包括维管束、髓和髓射线等部分,不存在中柱鞘,因此皮层和维管柱间的界限不易划分。

维管束是由初生木质部和初生韧皮部共同组成的束状结构,由原形成层分化而来,多数植物排成环状,由束间薄壁组织隔离而彼此分开。双子叶植物的维管束在初生木质部和初生韧皮部间存在着形成层,可以继续发育,产生新的木质部和新的韧皮部,因此称无限维管束;单子叶植物的维管束不具形成层,称有限维管束。

初生木质部由导管、管胞、木薄壁组织和木纤维等多种类型的细胞组成。茎内初生木质部的发育顺序和根的不同，是内始式，原生木质部居内方，由口径较小的环纹或螺纹导管组成，后生木质部居外方，由口径较大的梯纹、网纹或孔纹导管组成，它们是初生木质部中起主要作用的部分，其中以孔纹导管较为普遍。初生韧皮部由筛管、伴胞、韧皮薄壁组织和韧皮纤维共同组成。初生韧皮部的发育顺序和根的相同，也是外始式，即原生韧皮部在外方，后生韧皮部在内方。维管形成层在初生韧皮部和初生木质部之间，是原形成层在初生维管束的分化过程中遗留下的具有潜在分生能力的组织，在以后茎的次生生长，特别是木质茎的增粗中，将起主要作用。

茎的初生结构中，由薄壁组织构成的中心部分称为髓。有些植物茎的髓部有石细胞，如樟(*Cinnamomum camphora*)；有些植物髓的外方有小型壁厚的细胞，围绕着内部大型细胞，这外围区常被称为环髓带，如椴；还有的植物髓中有晶细胞、单宁细胞、黏液细胞等异细胞。伞形科、葫芦科等植物的茎，髓部成熟较早，随着茎的生长，节间部分的髓被拉破从而形成空腔即髓腔；有些植物(如胡桃、枫杨)的茎，在节间还可看到存留着一些片状的髓组织。

髓射线是维管束间的薄壁组织，由基本分生组织发育而来，也称初生射线。髓射线连接皮层和髓，在横切面上呈放射状，有横向运输的作用。

3. 单子叶植物茎的结构

多数单子叶植物的茎，只有初生结构，在横切面上可看到表皮、基本组织和维管束三部分。大多数单子叶植物的维管束仅由木质部和韧皮部组成，不具形成层(束中形成层)。维管束彼此很清楚地分开，属于外韧维管束，也是有限维管束。一般有两种排列方式：一种是无规则地分散在整个基本组织内，皮层和髓很难分辨，如玉米、高粱、甘蔗；另一种排列较规则，一般成两圈，中央为髓(图 1-25)。

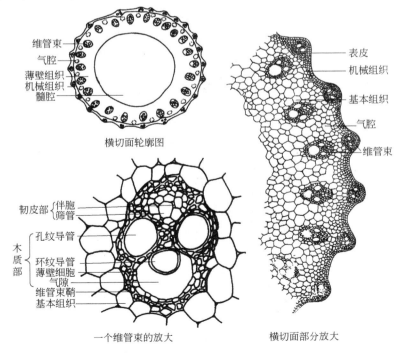

横切面轮廓图

一个维管束的放大　　　横切面部分放大

图 1-25　水稻茎横切面

　　少数单子叶植物茎可以加粗，有其特殊的加粗方式。玉米、棕榈等的茎，虽不能像双子叶树木的茎一样长大，但也有明显的增粗。其增粗的原因有两种：一方面是初生组织内的细胞长大导致总体的增大；另一方面，在茎尖的正中纵切面上可以看到，在叶原基和幼叶的内方，有几层由扁长形细胞组成的初生加厚分生组织，也称初生增粗分生组织。初生加厚分生组织整体如套筒状，它们和茎表面平行，进行平周分裂增生细胞，沿伸长区向下分裂频率逐渐减弱，常终止于成熟区。初生加厚分生组织的活动，使顶端分生组织的下面就几乎达到成熟区的粗度。初生加厚分生组织由顶端分生组织衍生，属于初生分生组织，所产生的加粗生长称为初生加粗生长。

　　（三）茎的次生生长与次生结构的形成

　　茎的侧生分生组织细胞的分裂、生长和分化使茎加粗，这个过程称为次生生长，次生生长所形成的次生组织组成了次生结构。侧生分生组织包括维管形成层和木栓形成层。

　　1. 维管形成层的产生及其活动

　　（1）维管形成层的来源和细胞组成

　　初生分生组织中的原形成层在形成成熟组织时，并没有全部分化成维管组织，而是在维管束的初生木质部和初生韧皮部之间留下了一层具有潜在分生能力的组织，即束中形成层；同时，初生结构的髓射线即维管束之间的薄壁组织中，与束中形成层相对应部位的一些细胞恢复分生能力，称为束间形成层。束间形成层和束中形成层衔接起来，形成层成为完整的一环。束中形成层由原形成层转变而来，束间形成层由薄壁细胞恢复分生能力而成，但以后二者在分裂活动和分裂产生的细胞性质以及数量上，都协调一致，共同组成了次生分生组织(图 1-26)。

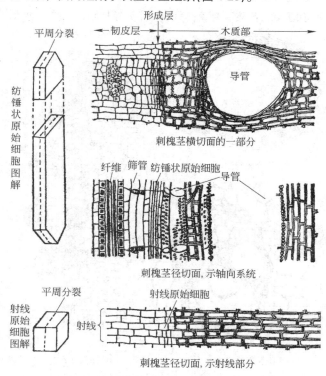

图 1-26　维管形成层及其衍生组织的关系(引自陆石万、徐祥生)

形成层的细胞组成有纺锤状原始细胞和射线原始细胞两种类型。纺锤状原始细胞两端尖锐，长比宽大数倍，细胞的切向面比径向面宽，长轴与茎的长轴相平行；射线原始细胞从稍为长形到近乎等径。两种原始细胞分裂后衍生的细胞一部分形成次生韧皮部、次生木质部以及射线细胞，但另一些细胞仍然始终保持继续分裂的特性。

（2）维管形成层的活动

形成层开始活动时，细胞都是进行切向分裂，增加细胞层数，向外形成次生韧皮部母细胞，以后分化成次生韧皮部，添加在初生韧皮部的内方；向内形成次生木质部母细胞，以后分化成次生木质部，添加在初生木质部的外方。同时，髓射线部分也由于细胞分裂不断地产生新细胞，也就在径向上延长了原有的髓射线。形成层形成的次生木质部细胞的数量，远比次生韧皮部细胞多。生长2~3年的木本植物的茎，绝大部分是次生木质部。树木生长的年数越多，次生木质部所占的比例越大。次生木质部是木材的主要来源，因此次生木质部有时也称为木材。

双子叶植物茎内的次生木质部包括导管、管胞、木薄壁组织和木纤维。导管类型以孔纹导管最为普遍，梯纹和网纹导管为数不多；木薄壁组织贯穿在次生木质部中成束或成层，在各种植物的茎中，围绕或沿着导管分子有多种分布方式，是木材鉴别的根据之一；木纤维是茎内产生机械支持力的结构，也是除导管外的主要组成分子；木射线由射线原始细胞向内方产生的细胞发育而成，是次生木质部特有的结构，为薄壁细胞，但细胞壁常木质化。次生韧皮部的组成成分基本上和初生韧皮部中的后生韧皮部相似，包括筛管、伴胞、韧皮薄壁组织和韧皮纤维，有时还有石细胞。次生韧皮部中还有韧皮射线，是射线原始细胞向次生韧皮部衍生的细胞作径向伸长而成的，通过维管形成层的射线原始细胞和次生木质部中的木射线相连接共同构成维管射线(图 1-27)。

木本双子叶植物每年由形成层产生新的维管组织，也同时增生新的维管射线，横向贯穿在次生木质部和次生韧皮部内。

（3）维管形成层的季节性活动

形成层的活动受季节影响。温带的春季或热带的湿季，形成层活动旺盛，形成的次生木质部中的细胞径大而壁薄；温带的夏末、秋初或热带的旱季形成层活动逐渐减弱，形成的细胞径小而壁厚，管胞数量增多。前者在生长季节早期形成，称为早材，也称春材；后者在生长季后期形成，称为晚材，也称夏材或秋材。早材质地比较疏松、色泽稍淡，晚材质地致密、色泽较深。在上年晚材和当年早材间可看到明显的分界。

在一个生长季节内，早材和晚材共同组成一轮

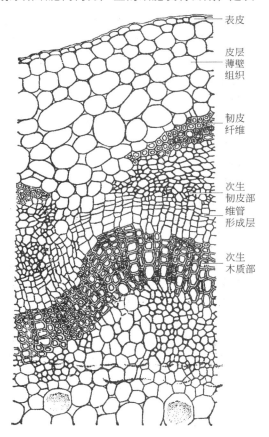

表皮

皮层薄壁组织

韧皮纤维

次生韧皮部

维管形成层

次生木质部

图 1-27 双子叶植物茎的次生结构

显著的同心环层，代表着该生长季形成的次生木质部。在有显著季节性气候的地区，不少植物的次生木质部每年形成一轮，因此习惯上称为年轮。但也有不少植物在一年内的正常生长中，不止形成一个年轮，如柑橘属植物一年中可产生三个年轮，因此又称为假年轮。气候异常、虫害发生、出现多次寒暖或叶落交替，也可能形成假年轮。没有干湿季节变化的热带地区，树木的茎内一般不形成年轮。

2. 木栓形成层的产生及活动

在次生生长初期，茎内近外方某些部位的细胞，恢复分生能力，形成木栓形成层。木栓形成层是次生分生组织，只含一种类型的原始细胞，这些原始细胞在横切面上呈狭窄的长方形，在切向切面上呈较规则的多边形，以平周分裂为主，向内形成栓内层，向外形成木栓层，并共同组成周皮，代替了表皮的保护作用。

第一次产生的木栓形成层，在各种植物中有不同起源。最普遍的是由紧接表皮的皮层细胞所转变的，如杨、胡桃、榆。有些则来源于皮层的第二、三层细胞，如刺槐、马兜铃（*Aristolochia debilis*），或来源于近韧皮部内的薄壁组织细胞，如葡萄、石榴，或直接由表皮细胞转变而成，如栓皮栎（*Quercus variabilis*）、柳和梨。木栓形成层的活动期限因植物而异，大多数植物是有限的，一般只几个月。有些植物的第一个木栓形成层活动期较长，甚至保持终生，如梨和苹果可保持 6～8 年，石榴、杨属可保持活动二三十年。

第一个木栓形成层停止活动后，可在其内方再产生新的木栓形成层，形成新的周皮。以后不断依次向内产生新的木栓形成层。这样，木栓形成层发生的位置也就逐渐内移，在老树干内可深达次生韧皮部。新周皮的每次形成，外方所有的活组织由于水分和营养供应的终止而相继死亡，结果在茎的外方产生较硬的层次并逐渐积累，人们常把这些外层称为树皮。树皮的特征常成为鉴定树种的依据之一。

皮孔是分布在周皮上的具有许多胞间隙的新的通气结构，是周皮的组成部分。皮孔的形状、色泽、大小在不同植物上是多种多样的。因此，落叶树冬枝上的皮孔，可作为鉴别树种的根据之一。皮孔的色泽一般有褐、黄、赤锈等，形状有圆、椭圆、线形等，大小从 1mm 到 2cm 以上。

3. 单子叶植物茎的次生结构

多数单子叶植物没有次生生长，因而也没有次生结构。其茎的增粗是由于细胞的长大或初生加厚分生组织平周分裂的结果。但少数热带或亚热带的单子叶植物茎，除一般初生结构外，有次生生长和次生结构出现，如龙血树（*Dracaena draco*）、朱蕉（*Cordyline fruticosa*）、丝兰（*Yucca smalliana*）、芦荟等的茎。其维管形成层的发生和活动情况不同于双子叶植物，一般是在初生维管组织外方产生形成层，形成新的维管组织（次生维管束），因植物不同而有各种排列方式。

现以龙血树为例加以说明。龙血树茎内，在维管束外方的薄壁组织细胞，能转化成形成层，它们进行切向分裂，向外产生少量的薄壁组织细胞，向内产生一圈基本组织，在这一圈组织中，有一部分细胞直径较小，细胞较长，并且成束出现，将来能分化成次生维管束。这些次生维管束也是散列的，比初生的更密，在结构上也不同于初生维管束，因为所含韧皮部的量较少，木质部由管胞组成，并包于韧皮部的外周，形成周木维管束。而初生维管束为外韧维管束，木质部由导管组成。

三、叶

叶的主要生理功能是进行光合作用和蒸腾作用。此外，叶还有吸收能力；少数植物的叶具有繁殖能力，如落地生根在叶缘上产生不定芽，芽落地后便可长成一新植株。

（一）叶的形态

1. 叶的组成

植物的叶一般由叶片、叶柄和托叶三部分组成，不同植物的叶片、叶柄和托叶的形状是多种多样的。具叶片、叶柄和托叶三部分的叶称为完全叶，如白梨（*Pyrus bretschneideri*）、月季；有些叶只具其中一或两个部分，称为不完全叶，其中无托叶的最为普遍，如紫丁香。还有些植物的叶甚至没有叶片，只有一扁化的叶柄着生在茎上，称为叶状柄，例如台湾相思树（*Acacia confusa*）等。

叶片通常是一薄的绿色扁平体，具有较大的表面积。在叶片上分布有粗细不同的叶脉，其中一至数条大的叶脉称为主脉，主脉的分枝称为侧脉。托叶是叶柄基部的附属物，常成对而生。很多双子叶植物的叶具有托叶，单子叶植物的叶一般没有托叶。托叶具有各种不同的形状，有线形、针刺形、薄膜状等，一般都很小。蓼科植物的托叶绕茎而生并且彼此连接起来形成一种鞘状构造，叫托叶鞘。一般植物的托叶通常早落，仅在叶发育早期起保护幼叶的作用。

2. 叶序

叶在茎上的排列方式称为叶序，有互生、对生、轮生几种类型（图1-28）。无论哪种叶序，叶在茎节上着生的位置、方向不同，叶柄长短不一，且叶柄可以扭曲生长，使叶片之间交互排列，减少遮盖，形成镶嵌式排列，利于充分接受阳光照射，叶的这种排列特性称为叶镶嵌。

（1）互生：每节着生一片叶，节间明显。互生可分为两类。二列状互生，如榆科植物、板栗；螺旋状互生，如红皮云杉（*Picea koraiensis*）、麻栎、石楠（*Photinia serrulata*）。另外，当节间很短时，多数叶片成簇着生于短枝上可形成簇生状，如银杏、金钱松。阔叶树中存在叶片集生枝顶的现象，如厚朴（*Magnolia officinalis*）、杜鹃花等，也是由于节间缩短引起的，其本质的排列方式仍是属于互生。

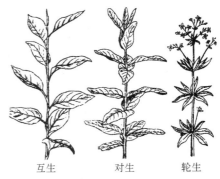

互生　　　对生　　　轮生

图 1-28　叶的着生

（2）对生：每节相对着生两叶，如小蜡（*Ligustrum sinense*）、桂花、蜡梅、元宝枫（*Acer truncatum*）。

（3）轮生：每节有规则地着生3枚或3枚以上的叶片，如楸（*Catalpa bungei*）、夹竹桃、黄蝉（*Allemanda schottii*）、糖胶树（*Alstonia scholaris*）等。

3. 叶的类型

叶的类型包括单叶和复叶（图1-29）。叶柄上着生1枚叶片，叶片与叶柄之间不具关节，称为单叶；叶柄上具有2片以上的叶片称为复叶。复叶有以下几类。

（1）单身复叶：外形似单叶，但小叶片和叶柄间具有关节，如柑橘、柚子（*Citrus maxima*）。

（2）三出复叶：叶柄上具有3枚小叶。可分为：掌状三出复叶，如枸橘（*Poncirus trifoliata*）、酢浆草；羽状三出复叶，如胡枝子（*Lespedeza bicolor*）。

（3）掌状复叶：几枚小叶着生于总叶柄的顶端，如七叶树（*Aesculus chinensis*）、木通（*Akebia quinata*）、五叶地锦（*Parthenocissus quinquefolia*）。

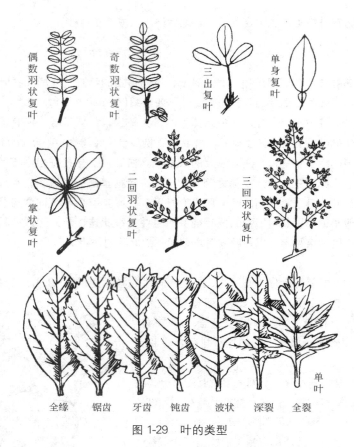

图 1-29　叶的类型

（4）羽状复叶：复叶的小叶排列成羽状，生于叶轴的两侧，形成 1 回羽状复叶，分为奇数羽状复叶如化香（*Platycarya strobilacea*）、国槐、盐肤木（*Rhus chinensis*），和偶数羽状复叶如黄连木（*Pistacia chinensis*）、锦鸡儿（*Caragana sinica*）。若 1 回羽状复叶再排成羽状，则可形成 2 回以至 3 回羽状复叶，如合欢（*Albizia julibrissin*）、苦楝（*Melia azedarach*）。复叶中的小叶大多数对生，少数为互生，如黄檀（*Dalbergia hupeana*）、北美肥皂荚（*Gymnocladus dioicus*）。

复叶和单叶有时易混淆，这是由于对叶轴和小枝未加仔细区分。叶轴和小枝实际上有着显著的差异，即：①叶轴上没有顶芽，而小枝具芽；②复叶脱落时，先是小叶脱落，最后叶轴脱落，小枝上只有叶脱落；③叶轴上的小叶与叶轴成一平面，小枝上的叶与小枝成一定角度。

4. 叶片的形状和特征

叶片是叶的主要组成部分，在植物鉴定和识别中，常用的形态主要有叶形、叶先端、叶基、叶缘等。

（1）叶形：被子植物常见的叶形有鳞形，如柽柳；披针形，如山桃、蒲桃（*Syzygium jambos*）；卵形，如女贞（*Ligustrum lucidum*）；椭圆形，如柿树；圆形，如中华猕猴桃（*Actinidia chinensis*）、莲；菱形，如乌桕（*Sapium sebiferum*）；三角形，如加拿大杨（*Populus canadensis*）、白桦；倒卵形，如白玉兰（*Magnolia denudata*）；倒披针形，如雀舌黄杨（*Buxus bodinieri*）。很多植物的叶形可能介于两种形状之间，如三角状卵形、椭圆状披针形、卵状椭圆形、广卵形或阔卵形、长椭圆形等。

裸子植物的叶形主要包括针形，如白皮松（*Pinus bungeana*）、雪松（*Cedrus deodara*）；条形，如日本冷杉（*Abies firma*）、水杉；四棱形，如红皮云杉；刺形，如杜松（*Juniperus rigida*）；钻形或锥形，如柳杉（*Cryptomeria japonica* var. *sinensis*）；鳞形，如侧柏（*Platycladus orientalis*）、龙柏（*Sabina chinensis* 'Kaizuca'）。

（2）叶尖：指叶片先端的形状。主要有：渐尖，如麻栎、鹅耳枥（*Carpinus turczaninowii*）；突尖，如大果榆（*Ulmus macrocarpa*）、红丁香（*Syringa villosa*）；锐尖，如金钱槭（*Dipteronia sinensis*）、鸡麻（*Rhodotypos scandens*）；尾尖，如郁李（*Prunus japonica*）、乌桕；钝，如广玉兰（*Magnolia grandiflora*）；平截，如鹅掌楸；凹缺以至 2 裂，如凹叶厚朴（*Magnolia officinalis* subsp. *biloba*）、中华猕猴桃。

（3）叶基：指叶片基部的形状。主要有：下延，如圆柏（*Sabina chinensis*）、宁夏枸杞（*Lycium barbarum*）；楔形（包括狭楔形至宽楔形），如木槿；圆形，如胡枝子；截形或平截，如元宝枫；心形，如紫荆（*Cercis chinensis*）；耳形，如辽东栎（*Quercus wutaishanica*）；偏斜，如欧洲白榆（*Ulmus laevis*）、秋海棠等。

（4）叶缘：即叶片边缘的变化，包括全缘、波状、有锯齿和分裂等。全缘叶的叶缘不具任何锯齿和缺裂，如女贞、白玉兰。波状的叶缘呈波浪状起伏，如樟树、胡枝子。锯齿的类型众多，主要有：单锯齿，如光叶榉（*Zelkova serrata*）；重锯齿，如大果榆；钝锯齿，如豆梨（*Pyrus calleryana*）；尖锯齿，如青檀（*Pteroceltis tatarinowii*）。有的锯齿先端有刺芒，如麻栎、樱花（*Prunus serrulata*）；有的锯齿先端有腺点，如臭椿（*Ailanthus altissima*）。分裂的情况有三裂、羽状分裂（裂片排列成羽状，并具有羽状脉）和掌状分裂（裂片排列成掌状，并具有掌状脉），并有浅裂（裂至中脉约 1/3）、深裂（裂至中脉约 1/2）和全裂（裂至中脉）之分。

5. 叶脉

叶脉是贯穿于叶肉内的维管组织及外围的机械组织。双子叶植物的叶脉连接成网，称为网状脉序；单子叶植物的叶脉大部分近乎平行排列，称为平行脉序。裸子植物银杏的叶脉为二叉分枝式，可有多级分枝，称叉状脉序，是一种比较原始的脉序，此种脉序在蕨类植物中多见，而在种子植物中少见。常见的叶脉类型有：

（1）羽状脉：主脉明显，侧脉自主脉两侧发出，排成羽状，如白榆、麻栎。

（2）三出脉：三条近等粗的主脉由叶柄顶端或稍离开叶柄顶端同时发出，如天目琼花（*Viburnum opulus* var. *calvescens*）、枣树（*Ziziphus jujuba*）。如果主脉离开叶柄顶端（叶片基部）发出，则称为离基三出脉，如樟树。

（3）掌状脉：三条以上近等粗的主脉由叶柄顶端同时发出，在主脉上再发出二级侧脉，如元宝枫、水青树（*Tetracentron sinense*）、洋紫荆（*Bauhinia variegata*）。掌状脉常见的有五出、七出，有些树种可为九至十一出脉。

（4）平行脉：叶脉平行或侧脉与主脉几乎垂直排列，如禾本科、芭蕉科植物。

（二）叶的发生与叶的生长

叶是由叶原基生长发育形成的，而叶原基是茎尖生长锥周围的原套和原体的一至几层细胞分裂产生的。双子叶植物的叶原基通常由分生组织表面的第二、三层细胞进行平周分裂产生，而单子叶植物的叶原基通常是由表层细胞进行平周和垂周分裂产生的。

叶原基形成后先由位于顶端的顶端分生组织进行顶端生长使其延长，不久在其两侧形成边缘分生组织进行边缘生长，形成有背、腹性的扁平的雏叶，如果是复叶，则通过边缘生长形成多数小叶。边缘生长进行一段时间后，顶端生长停止，当幼叶从芽内伸出、展开后，边缘生长也停止，此时整个叶片基本上由居间分生组织(初生分生组织)组成，并由其进行近似平均的初生生长，称为居间生长，使叶片一边继续长大，一边形成成熟的初生结构。在此过程中居间分生组织因本身分化为成熟组织而逐渐消失，以后也不再形成新的分生组织，所以叶的生长和根、茎的无限生长不一样，是一种有限生长。

（三）叶的基本结构

1. 双子叶植物叶片的结构

双子叶植物的叶片，虽然形状、大小多种多样，但其内部结构基本相似。在横切面上，可分为表皮、叶肉和叶脉三个基本部分(图 1-30)。

（1）表皮：表皮包被在整个叶片的外表，起保护作用，属于保护组织。大多数植物的表皮为一层生活细胞，由表皮细胞、气孔器、表皮附属物组成。

表皮细胞一般形状不规则、扁平，没有细胞间隙，外壁较厚，角质化并具有角质层，有的还有蜡被。一般上表皮的角质层较下表皮的发达。气孔器是由两个肾脏形的保卫细胞和它们之间形成的细胞间隙即气孔所组成。有些植

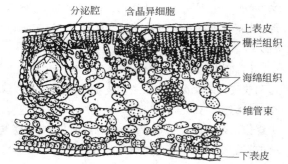

图 1-30　蜜柑叶的结构

物如甘薯等在保卫细胞旁还有较整齐的副卫细胞。气孔在表皮上的数目、位置和分布与植物种类和生态条件有关。一般草本双子叶植物下表皮气孔数目多于上表皮，木本双子叶植物叶片的气孔集中分布于下表皮。水生植物浮水叶的气孔通常只分布在上表皮，如睡莲的叶；而沉水植物的叶，一般没有气孔。多数植物的气孔与表皮细胞位于同一平面上，而旱生植物的气孔下陷，湿生植物气孔的位置则稍高于表皮。表皮上常具有表皮毛，它是由表皮细胞向外突出分裂形成的。种类很多，有单细胞的、多细胞的，有的是分枝状，有的呈星形或鳞片状。

（2）叶肉：位于表皮内方，是叶片进行光合作用的主要部分，由同化组织组成。多数双子叶植物叶片的叶肉细胞分化为栅栏组织和海绵组织，为背腹叶；有些植物的叶两面受光几乎均等，叶肉细胞没有分化为栅栏组织和海绵组织，或上下两面都同样具有栅栏组织，这种叶称为等面叶。栅栏组织位于靠近上表皮处，通常由一至几层圆柱形的细胞组成，细胞长径与表皮成垂直方向较整齐地排列如栅栏状，细胞内含有大量叶绿体，光合作用较强；海绵组织位于栅栏组织与下表皮之间，细胞形状不规则，胞间隙发达，含叶绿体较少。

（3）叶脉：分布于叶肉之中，交错成网状，起输导和支持作用。主脉和较大的侧脉由机械组织、薄壁组织和维管束组成。机械组织有的为厚角组织，有的为厚壁组织。机械组织的内方是薄壁组织，维管束则位于薄壁组织之中。维管束中的木质部在上方，韧皮部在下方，二者之间有较少的形成层，分裂能力较弱，活动时间较短。叶脉越分越细，其结构也越来越简单，首先是束中形成层消失，其次是机械组织逐渐减少以至不存在，木质部与韧皮部的组成分子也逐渐减少，最后到

细脉脉梢的韧皮部仅有筛管分子或薄壁细胞，而木质部则只有 1～2 个螺纹管胞，它常较韧皮部分子伸得更远。

2. 禾本科植物叶片的结构

禾本科植物的叶片也是由表皮、叶肉和叶脉三个部分组成（图 1-31），但各个部分的结构与双子叶植物叶片都有所不同。

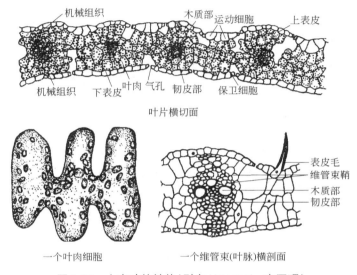

图 1-31　小麦叶的结构（引自 Hayward、李正理）

（1）表皮：表皮也分上表皮和下表皮，由表皮细胞、泡状细胞和气孔器等组成。表皮细胞形状较规则，分为长细胞和短细胞。长细胞外壁不仅角质化，且高度矿质化，形成硅质和栓质的乳突；短细胞又分为硅细胞和栓细胞，许多植物的硅细胞常向外突出如齿状或成为刚毛。泡状细胞为一组大型薄壁细胞，分布于两个叶脉之间的上表皮，与叶片的卷曲和张开有关，又叫运动细胞。气孔器除了由两个哑铃形的保卫细胞和气孔组成外，还有近似菱形的副卫细胞。禾本科植物叶片的上、下表皮均分布有气孔，且数目相差不大。

（2）叶肉：没有栅栏组织和海绵组织的分化，属于等面叶。小麦、水稻的叶肉细胞排列为整齐的纵行，细胞间隙小，细胞壁向内皱褶，形成具有"峰、谷、腰、环"的多环结构。

（3）叶脉：主脉和侧脉一般无明显区别，由维管束及其外围的维管束鞘组成。维管束与茎中的维管束基本相似，属有限外韧维管束，但木质部位于上方，韧皮部位于下方。维管束鞘有两层细胞（外层为薄壁细胞、内层为厚壁细胞），或者只有一层薄壁细胞，但毗邻着一层排列成环状或近于环状的叶肉细胞，构成了"花环形"结构。

四、营养器官的变态

有些植物的营养器官，形态结构和生理功能发生了显著的变异（有时甚至难于分辨该器官的来源），这种变异叫做变态。营养器官的变态明显而稳定，已成为物种的遗传特性。这种现象是植物对环境的长期适应及长期人工选择的结果，是健康的、正常的，而非偶然的、病理性的（图 1-32）。

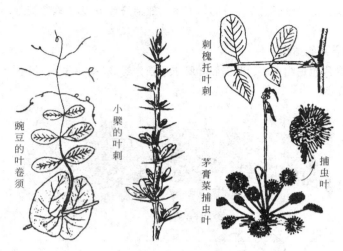

图 1-32 几种变态叶(引自徐汉卿)

(一) 根的变态

1. 贮藏根

这类变态根生长在地下，肥大，通常具三生结构。根内富含薄壁组织，主要适应于贮藏大量的营养物质。

(1) 肉质直根：由主根发育而成，所以每株植物只有一个。上部由下胚轴发育而成，无侧根；下部由主根基部发育而成，具数列侧根。常见于二年生或多年生的草本双子叶植物，如萝卜(*Raphanus sativus*)、胡萝卜(*Daucus carota var. sativus*)、甜菜(*Beta vulgaris*)、人参(*Panax ginseng*)等。虽然它们的外形相似，但加粗的方式和贮藏组织的来源却不完全相同。萝卜根的增粗主要是形成层活动形成大量次生木质部的结果，导管较少，没有纤维，大部分是木薄壁细胞，有些部位的木薄壁细胞可以恢复分裂能力，转变成副形成层，活动再产生三生木质部和三生韧皮部，共同构成三生结构。胡萝卜根的增粗主要是形成层活动形成大量次生韧皮部的结果，其中韧皮薄壁组织非常发达，贮藏大量的营养物质，木质部所占比例较少。甜菜根的增粗主要是副形成层的多次形成并由此产生了发达的三生结构的结果。

(2) 块根：块根是由不定根或侧根经过增粗生长而形成的，在一株上可形成多个。其形成不含下胚轴的部分，外形也不如肉质直根规则，如甘薯、大丽花(*Dahlia pinnata*)、何首乌等。如甘薯的不定根膨大，开始是形成层活动产生次生结构，其中有大量木薄壁组织和分散在其中的导管；以后，导管周围的木薄壁细胞恢复分裂能力，转变为副形成层，形成块根的三生结构。三生结构的薄壁细胞中贮藏大量糖分和淀粉，三生韧皮部中还可形成乳汁管。副形成层可多次发生，使块根迅速膨大。

2. 气生根

凡露出地面，生长在空气中的根均称气生根。气生根因所担负的生理功能不同，又可分为以下几种类型。

(1) 支持根：有些植物，常从茎节上生出不定根伸入土中，并继续产生正常侧根，这些根仍有从土壤中吸收水分和无机盐的作用，而且显著增强了根系对植物体的支持作用，因此称为支持根，如玉米、高粱、甘蔗、榕树（ *Ficus microcarpa* ）等。

（2）攀缘根：有些藤本植物从茎的一侧产生许多很短的不定根，这些根的先端扁平，且常可分泌黏液，易固着在其他树干、山石或墙壁等物体的表面攀缘上升，这类气生根称为攀缘根。如凌霄（ *Campsis grandiflora* ）、常春藤（ *Hedera helix* ）等。

（3）呼吸根：一些生长在沼泽或热带海滩的植物，如落羽杉（ *Taxodium distichum* ）及红树林植物，可产生一些垂直向上生长、伸出地面的根，这些根中常有发达的通气组织，可将空气输送到地下，供给地下根进行呼吸，因此这些根称为呼吸根。

3. 寄生根

寄生根又称吸器。一些寄生植物，利用寄生根钻入寄主体内，吸收所需的水分和有机营养物质，因而会对寄主植物造成严重危害，如菟丝子（ *Cuscuta chinensis* ）、列当（ *Orobanche coerulescens* ）等。

（二）茎的变态

1. 地下茎的变态

（1）根状茎：横生于地下，外形与根相似，但顶端具顶芽，具明显的节和节间，节上有不定根、退化的鳞片状叶及腋芽，腋芽可发育为地上枝。根状茎既是繁殖器官，又是贮藏器官。如芦苇、竹子、菊芋（ *Helianthus tuberosus* ）、荷花的根状茎。

（2）块茎：由地下茎的先端不规则膨大并积累养料而形成。典型的块茎是马铃薯，表面按叶序方式排列着许多凹陷的芽眼，内具数个腋芽，在每个芽眼之下有鳞叶脱落后留下的痕迹，称为芽眉。块茎内部由外至内是周皮、皮层、外韧皮部、形成层、木质部、内韧皮部及髓。

（3）鳞茎：是单子叶植物常见的一种营养繁殖器官，茎因节间极度短缩而成扁平状、半球状或圆锥状，称为鳞茎盘；正中有顶芽，将来可发育为花序；四周有肉质及膜质鳞叶，鳞叶的叶腋处生有腋芽；鳞茎盘下端生有不定根。如百合、石蒜（ *Lycoris radiata* ）。

（4）球茎：是圆球形或扁圆球形的地下茎，节和节间明显，节上具膜状的鳞片状叶、数圈圆形鳞叶痕、一个粗壮的顶芽和数个腋芽。球茎贮藏有大量营养物质，为特殊的营养繁殖器官。有的球茎由地下葡匐枝末端膨大形成，如慈姑（ *Sagittaria trifolia* ）等，有的由植物主茎的基部膨大形成，如唐菖蒲（ *Gladiolus gandavensis* ）。

2. 地上茎的变态

植物的地上茎也会发生变态，通常有下列几种类型。

（1）茎卷须：有些藤本植物部分腋芽或顶芽不发育成枝条，而形成卷曲的细丝用以缠绕其他物体，使植物得以攀缘生长，称之为茎卷须，如葡萄。

（2）葡匐茎：有些植物的地上茎细长，葡匐地面而生，称为葡匐茎，如蛇莓（ *Duchesnea indica* ）。

（3）茎刺：有些植物的部分芽（多为腋芽）可发育为刺，对植物有保护作用，称为茎刺或枝刺，如山楂、皂荚、柑橘等。

（4）肉质茎：这种变态茎呈扁圆形、柱状或球形等，肥大多汁，常为绿色，不仅可以贮藏水分和养料，还可以进行光合作用。多数仙人掌科的植物具有这种肉质茎。

（5）叶状茎：此类植物的叶多退化成鳞片状，茎则为绿色且扁平呈叶状，能进行光合作用。在叶状茎的腋部可开花，这是识别叶状茎的一个典型特征。如昙花（ *Epiphyllum oxypetalum* ）、假叶树（ *Ruscus aculeata* ）。

（三）叶的变态

1. 苞片

是着生于花柄上、在花之下的变态叶，具有保护花和果实的作用，可为绿色或其他颜色，通常明显小于正常叶。苞片多数而聚生在花序外围的称为总苞，如向日葵（*Helianthus annus*）花序外面的总苞。

2. 鳞叶

叶变态成鳞片状，称为鳞叶。鳞叶有两种情况，一种是木本植物如杨树、玉兰、胡桃等植物鳞芽外的鳞叶，多呈褐色，有保护幼芽的作用，也称芽鳞；另一种是地下茎上的鳞叶，有肉质和膜质两种，肉质鳞叶出现在鳞茎上，如百合的鳞茎盘周围着生的肉质鳞叶，荸荠（*Eleocharis dulcis*）球茎上则有膜质鳞叶。

3. 叶卷须

由叶的一部分变成卷须状，称为叶卷须，适于攀缘生长。如豌豆复叶顶端的 2～3 对小叶可变为卷须，其他叶仍保持正常形态，炮仗藤（*Pyrostegia ignea*）也是如此。

4. 叶刺

有些植物的叶或叶的一部分变为刺状，称为叶刺。如小檗（*Berberis thunbergii*）的叶刺，刺槐、酸枣的托叶刺等。

蔷薇、月季等植物的茎上也有许多刺，它们是与表皮毛相似的表皮突出物，称为皮刺，其分布不规则。皮刺也可出现于叶片、花部、果实等部位。

5. 捕虫叶

食虫植物的部分叶可特化成瓶状、囊状及其他一些形状，其上有分泌黏液和消化液的腺毛，能捕捉昆虫并将昆虫消化吸收，如猪笼草（*Nepenthes mirabilis*）、狸藻（*Utricularia ulgaris Linn.*）、茅膏菜（*Drosera peltata*）等。

（四）同功器官及同源器官

凡来源不同，但形态相似、功能相同的变态器官称为同功器官，如块根与变态的地下茎、茎卷须与叶卷须、茎刺与叶刺等。它们是来源不同的器官长期适应相似的环境、执行相同的生理功能而逐渐变态形成的。

凡是来源相同，但功能不同、形态各异的变态器官称为同源器官。它们是相同来源的器官经长期适应不同的环境、执行不同的功能而逐渐变态形成的，如茎卷须、根状茎、鳞茎等都是茎的变态。

第四节　植物的生殖器官

被子植物的种子萌发后，首先进行根、茎、叶等营养器官的生长即营养生长。经过一定时间的营养生长后，植物体在光照、温度等环境因子和内部发育信号的共同作用下，开始分化花芽。以后经过开花、传粉、受精，结出果实和种子。花、果实和种子是被子植物的生殖器官，它们的形成和生长过程属于生殖发育。

一、花

（一）花的组成

花从外向里是由花萼、花冠、雄蕊群和雌蕊群组成的，下面还有花托和花梗。在花的组成中，会出现部分缺失的现象，这样的花称为不完全花，四个部分都具有的花为完全花(图1-33)。

1. 花梗与花托

(1) 花梗：又称花柄，是着生花的小枝，也是花朵和茎相连的短柄。不同植物花梗长度变异很大，也有的不具花梗。

(2) 花托：花托是花梗的顶端部分，花部按一定方式排列其上，形态各异，一般略呈膨大状，还有圆柱状(白玉兰)、凹陷呈碗状(桃)、壶状(蔷薇)、膨大呈倒圆锥形(荷花)、圆锥形(草莓)等。有时花托在雌蕊基部形成膨大的盘状，称为花盘，如葡萄、枣树均具花盘。

图 1-33　花的结构(引自 H. von Guttenberg)

2. 花被

花被是花萼和花瓣的总称。花萼由萼片组成，花冠由花瓣组成，花萼和花瓣的数目、形状、颜色等特征，是分类的重要依据。花萼位于花的最外轮，由若干萼片组成，通常绿色。萼片彼此完全分离的，称为离生萼；萼片多少连合的，称为合生萼，下端的连合部分为萼筒，上端的分离部分为萼裂片。在花萼的下面，有的植物还有一轮花萼状物，称为副萼，如木槿、木芙蓉(*Hibiscus mutabilis*)。花萼不脱落，与果实一起发育的，称为宿萼，如枸杞(*Lycium chinense*)、柿、辣椒(*Capsicum annuum*)。

花冠位于花萼内侧，由若干花瓣组成，排列为一轮或几轮。当花瓣离生时，为离瓣花，如紫薇(*Lagerstroemia indica*)；当花瓣合生时，为合瓣花，如柿树，连合部分称为花冠筒，分离部分称为花冠裂片。花冠的对称性是系统分类的重要依据，包括辐射对称如海棠花、连翘，以及两侧对称如刺槐、毛泡桐等。花冠的形状，根据花瓣数目、形状及离合状态，以及花冠筒的长短、花冠裂片的形态等特点，通常有蔷薇形、十字形、蝶形、漏斗状、钟状、轮状、唇形、钟形、高脚碟状、坛状、辐状、舌状、筒状等。

花萼与花瓣二者齐备的花为双被花；只有花萼而无花瓣或者花萼和花瓣不分化的花称为单被花，每一片称为花被片。前者如国槐、日本樱花(*Prunus yedoensis*)，后者如白玉兰、百合；花萼、花瓣同时缺失的花，为无被花，又称裸花，如杨柳科植物。

3. 雄蕊群

雄蕊群是一朵花内全部雄蕊的总称，在完全花中，位于花被和雌蕊群之间。雄蕊通常由花丝和花药两部分组成，有的植物无花丝。花药的开裂方式有纵裂、横裂、孔裂、瓣裂等。

不同类群的植物，雄蕊数目与合生程度常有差异，是植物分类的依据之一。有些植物的雄蕊很多而无定数，如莲、桃、海棠、山茶等，有些植物的雄蕊数目少且常有定数，如丁香的雄蕊2枚、鸢尾的3枚、牵牛花(*Ipomoea nil*)的5枚、酢浆草的10枚等。除了普通的离生雄蕊外，常见的还有二强雄蕊如荆条(*Vitex negundo* var. *heterophylla*)、四强雄蕊如萝卜、单体雄蕊如木槿、二体雄蕊如刺槐、多体雄蕊如金丝桃、聚药雄蕊如菊花等(图1-34)。

4. 雌蕊群

雌蕊群位于花的中央，是一朵花内全部雌蕊的总称。一朵花中可以有一至多枚雌蕊，每个雌蕊

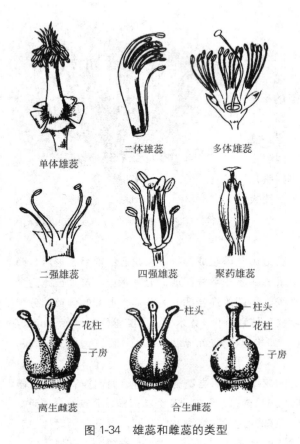

单体雄蕊   二体雄蕊   多体雄蕊

二强雄蕊   四强雄蕊   聚药雄蕊

离生雌蕊   合生雌蕊

图 1-34 雄蕊和雌蕊的类型

一般可分为柱头、花柱和子房三部分。

心皮是构成雌蕊的基本单位，是具有生殖作用的变态叶。心皮的数目、合生情况和位置也是植物分类和识别的基础，是科、属分类的重要特征。一朵花中的雌蕊由一个心皮组成的为单雌蕊，如豆科；由多数心皮组成，但心皮之间相互分离的为离生雌蕊，如木兰科；由 2 个或者 2 个以上心皮合生组成的为合生雌蕊，如多数植物的雌蕊(图 1-34)。

子房是雌蕊基部的膨大部分，有或无柄，着生在花托上，其位置有以下几种类型：①上位子房：花托平坦或多少凸起，子房只在基底与花托中央最高处相接，或花托多少凹陷，与在它中部着生的子房不相愈合。前者由于其他花部位于子房下侧，称为下位花，如郁金香、牡丹；后者由于其他花部着生在花托上端边缘，围绕子房，故称周位花，如蔷薇属。②半下位子房：花托或萼片一部分与子房下部愈合，其他花部着生在花托上端内侧边缘，与子房分离，这种花也为周位花，如圆锥绣球 (*Hydrangea paniculata*)。③下位子房：子房位于凹陷的花托之中，与花托全部愈合，或者与外围花部的下部也愈合，其他花部位于子房之上，这种花则为上位花，如白梨、南瓜等各种瓜类。

雌蕊的子房中，着生胚珠的部位称为胎座。由于心皮的数目和连接情况以及胚珠着生的部位等不同，形成不同种类的胎座。

(二) 花序

当枝顶或叶腋内只生长一朵花时，称为单生花，如白玉兰。当许多花按一定规律排列在分枝或不分枝的总花柄上时，则形成了各式花序，总花柄称为花序轴。花序着生的位置有顶生和腋生。

花序的类型复杂多样，表现为主轴的长短、分枝与否、花柄有无以及小花的开放顺序等的差异。根据各花的开放顺序，可分为两大类(图 1-35)。

1. 无限花序

无限花序的主轴在开花时，可以继续生长，不断产生花芽，各花的开放顺序是由花序轴的基部向顶部依次开放，或由花序周边向中央依次开放。它又可分为以下几种常见的类型。

(1) 总状花序：花序轴单一，较长，小花有柄近等长，开花顺序自下而上，如十字花科植物，以及刺槐、文冠果(*Xanthoceras sorbifolia*)。总状花序再排成总状则为圆锥花序或复总状花序，如国槐、珍珠梅(*Sorbaria kirilowii*)。

(2) 伞房花序：与总状花序相似，但上面着生花柄长短不等的花，越下方的花其花梗越长，使

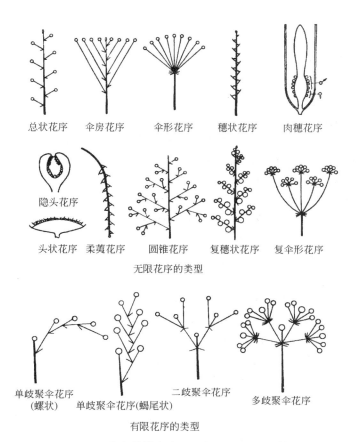

图 1-35　花序的基本类型(引自 Hill、Popp 等)

花几乎排列于一个平面上，如梨。若花序轴上的分枝成伞房状排列，每一分枝又自成一伞房花序即为复伞房花序，如花楸(*Sorbus pohuashanensis*)、粉花绣线菊(*Spiraea japonica*)。

(3)伞形花序：花自花序轴顶端生出，各花的花柄近于等长，如常春藤、笑靥花(*Spiraea pruni-folia*)。若花序轴顶端丛生若干长短相等的分枝，每分枝各自成一伞形花序则为复伞形花序，如刺楸(*Kalopanax septemlobus*)以及胡萝卜等伞形科植物。

(4)穗状花序：花序轴直立、较长，上面着生许多无柄的花，如车前、胡桃楸(*Juglans mand-shurica*)、山麻杆(*Alchornea davidii*)的雌花序。若花序轴膨大、肉质化，其上着生许多无柄的单性花，则称为肉穗花序，如玉米、香蒲的雌花序，而天南星科植物的肉穗花序下面常包有一片大型的苞片，称佛焰苞。

(5)柔荑花序：花轴上着生许多无柄或短柄的单性花，常下垂，一般整个花序一起脱落，如杨属、柳属等。

(6)头状花序：花轴短缩而膨大，花无梗，各花密集于花轴膨大的顶端，呈头状或扁平状，各苞片常聚成总苞。如向日葵、蒲公英、四照花(*Dendrobenthamia japonica* var. *chinensis*)。

(7)隐头花序：花轴特别膨大，中央部分向下凹陷，其内着生许多无柄的花，如无花果(*Ficus carica*)等榕属的种类。

2. 有限花序

有限花序也称聚伞类花序，开花顺序为花序轴顶部或中间的花先开放，再向下或向外侧依次开花，有单歧聚伞花序如矮雪轮（Silene pendula）和唐菖蒲、二歧聚伞花序如大叶黄杨（Euonymus japonicus）、多歧聚伞花序如西洋接骨木（Sambucus nigra）。聚伞花序可再排成伞房状、圆锥状等，如柚木（Tectona grandis）的圆锥花序由二歧聚伞花序组成。

（三）花的形成和发育

植物进行营养生长到一定阶段，在环境条件(如日照长度、低温)和内部发育信号的共同作用下，使茎的顶端分生出组织，不再产生叶原基，而成为花的各部分原基或花序的各部分原基，最后发育形成花或花序。这一过程即为花芽分化。

花芽分化时，茎的顶端分生组织表面积明显增大，有些植物如桃、梅、棉、水稻、小麦、玉米等的生长锥出现伸长，基部加宽，呈圆锥形；但也有的植物，如胡萝卜等伞形科植物的生长锥却不伸长，而是变宽呈扁平头状。以后，随着花各部分原基(萼片原基、花瓣原基、雄蕊原基和心皮原基)或花序各部分原基的依次发生，生长锥的面积又逐渐减小，当花中心的心皮和胚珠形成之后，顶端分生组织则完全消失。

花的各部分原基的分化顺序，通常是由外向内进行，萼片原基发生最早，以后依次向内产生花瓣原基、雄蕊原基、心皮原基。以桃为例，在尚未进入花形态分化的阶段，桃的苗端生长锥比较窄小，呈低圆丘形，其旁侧尚有小的叶原基发生。进入夏季时，花芽开始分化，生长锥的直径加大，且稍隆起，呈宽圆锥形，其旁侧已无新的叶原基出现。以后，生长锥高隆呈短柱状，顶端逐渐平宽，并从生长锥的周围依次产生5个萼片原基和5个与之互生的花瓣原基。秋季萼片继续伸长并向内曲，在花瓣原基的内侧陆续分化出许多雄蕊原基。在此发育过程中，由萼片、花瓣基部和雄蕊贴生而形成的花筒向上升高，最后，生长锥中央渐渐隆起，形成一个较大的雌蕊心皮原基。雄蕊的发育较雌蕊快，在秋季即分化出花药和花丝，花药内部亦开始分化。雌蕊内部的分化稍慢，待心皮边缘完全愈合后，分化出柱头、花柱和子房。子房内部的分化要延至次年早春。

花芽分化过程中，雄蕊原基经细胞分裂、分化，逐渐伸长，以后顶端膨大发育为花药，基部伸长形成花丝。花丝的结构比较简单，最外一层为表皮，内为薄壁组织，中央有维管束直达花药。花药通常由4个(少数植物为2个)花粉囊组成，中间由药隔相连，来自花丝的维管束进入药隔之中。花粉囊是产生花粉的地方。花粉成熟时，花药开裂，花粉粒由花粉囊内散出而传粉。花粉粒的形状多种多样，有圆球形、椭圆形、三角形、四方形、五边形以及其他形状。花粉粒的大小差别悬殊，大型的如南瓜花粉粒，直径为$15\sim60\mu m$之间，而大白菜的花粉粒直径约$20\mu m$。花粉粒外壁的形态变化多端，有的比较光滑，有的形成刺状、粒状、瘤状、棒状、穴状等各式雕纹。外壁上的萌发孔或萌发沟的形状、数目等也常随不同植物而异，如水稻、小麦等禾本科植物只有1个萌发孔，桑有5个，棉的萌发孔可达8～16个，油菜、大白菜等十字花科植物有3条萌发沟(图1-36、图1-37)。

雌蕊包括柱头、花柱和子房三部分。柱头处于雌蕊的顶端，是接受花粉和花粉萌发的部位，一般膨大或扩展为不同的形状，柱头的表皮细胞常形成乳突或毛状物，以利于接受花粉。花柱为连接柱头和子房之间的部分，是花粉管进入子房的通道，花粉管萌发时沿引导组织的胞间隙生长。雌蕊基部膨大的部分为子房，由子房壁、胎座和胚珠组成，子房中的胚珠通过胎座着生在腹缝线上。胚珠由珠柄、珠心、珠被、珠孔、合点和胚囊组成。胚囊位于珠心的中央，珠心基部与珠被汇合的部

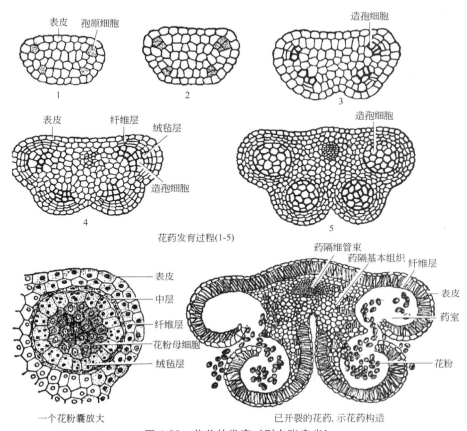

图 1-36　花药的发育（引自张宪省）

位称为合点。胚珠发育时，由于各部分生长速度的不同，形成不同类型的胚珠，主要为直生胚珠、横生胚珠、弯生胚珠和倒生胚珠。

当珠被刚开始形成时，由薄壁细胞组成的珠心内部发生了变化，在近珠孔端的珠心表皮下分化出一个体积较大的孢原细胞。孢原细胞平周分裂一次，形成外方的周缘细胞和内方的造孢细胞，前者再行各个方向的分裂产生多个细胞、参与珠心组成，造孢细胞则发育为胚囊母细胞（又称大孢子母细胞），有些植物（如向日葵、水稻、小麦）的孢原细胞直接长大而起胚囊母细胞的作用。胚囊母细胞经减数分裂形成 4 个大孢子，通常是纵行排列，一般珠孔端的 3 个退化，仅合点端的 1 个为功能大孢子。功能大孢子发育成胚囊的过程中，细胞体积逐渐增大，发育成单核胚囊。以后连续进行 3 次核分裂：首次分裂形成 2 核，分别移

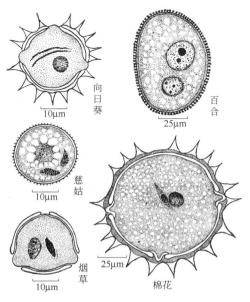

图 1-37　几种被子植物的成熟花粉

向两端，称为二核胚囊；然后此2核分裂一次形成4个核，称为四核胚囊；再由4核分裂成8核，称为八核胚囊，各有4核位于胚囊两端。不久，两端各有1核移向胚囊中央，并互相靠近，它们被称为极核。随着核分裂的进行，胚囊体积迅速增大，沿纵轴扩延更为明显。最后，各核之间产生细胞壁，形成细胞。珠孔端的3核，中间的1个分化为卵细胞，其他2个分化为助细胞；合点端的3核分化为3个反足细胞；2个极核所在的大型细胞则称为中央细胞。至此，功能大孢子已发育成为7细胞8核的成熟胚囊，它是被子植物的雌配子体，其中所含的卵细胞则为雌配子（图1-38）。这种由近合点端的一个大孢子经3次有丝分裂形成7细胞8核胚囊的过程，称为蓼型胚囊。在被子植物中约有81%的科具有这种发育形式的胚囊。

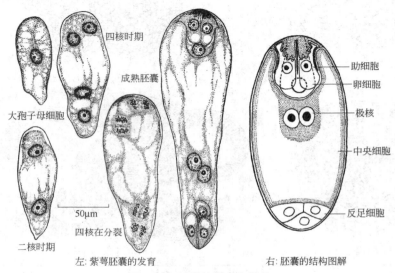

图1-38　胚囊的发育和结构

（四）开花、传粉与受精

1. 开花与传粉

当植物生长发育到一定阶段，雄蕊的花粉粒和雌蕊的胚囊发育成熟，或其中之一已经成熟，花被展开，雄蕊和雌蕊露出，这种现象称为开花。开花是被子植物生活史上的一个重要阶段，除少数闭花受精植物外，是大多数植物性成熟的标志。

成熟花粉传送到雌蕊柱头上的现象，称为传粉。传粉是受精的前提，是有性生殖过程的重要环节。传粉有两种不同方式，一种是自花传粉，另一种为异花传粉。

自花传粉指同一朵花中雄蕊的花粉传送到雌蕊柱头上的过程。异花传粉是被子植物有性生殖中较普遍的传粉方式，是指一朵花的花粉传到另一朵花的雌蕊柱头上的过程。

异花传粉主要有风媒和虫媒。以风为传粉媒介的植物称风媒植物，如杨、核桃、麻栎等，它们的花称风媒花。借助昆虫如蜂、蝶、蛾、蝇、蚁等传粉的植物称为虫媒植物，如向日葵、泡桐等，它们的花称为虫媒花。虫媒花一般具有大而艳丽的花被，常有香味或其他气味，或有分泌花蜜的蜜腺，这些都是招引昆虫的适应特征。

2. 受精作用

受精是指雄配子（精细胞）和雌配子（卵细胞）的融合。在被子植物中，产生卵细胞的雌配子体（胚囊)深藏于雌蕊子房的胚珠内,含有精细胞的花粉粒(雄配子体)必须经过萌发,形成花粉管,并通过花粉管将精细胞送入胚囊,才能使两性细胞相遇而结合,完成受精全过程(图 1-39)。

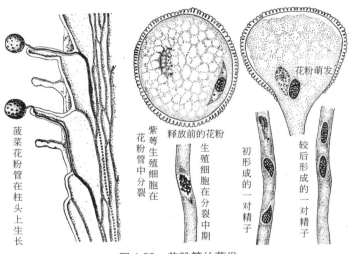

图 1-39　花粉管的萌发

生活的花粉粒传到柱头上后,很快就开始了相互识别的作用,被雌蕊柱头"认可"的亲和花粉粒,从周围吸水,代谢活动加强,内壁由萌发孔突出伸长为花粉管,花粉管向花柱中生长、进入子房,沿着子房壁内表面生长,最后从胚珠的珠孔进入胚囊,进行受精作用。

花粉管到达胚囊后,顶端或亚顶端一侧形成一小孔,释放出营养核、两个精细胞和花粉管物质。其中一个精细胞与卵细胞融合,另一个精细胞与中央细胞的两个极核(或一个次生核)融合,这种现象称为双受精作用(图 1-40)。双受精作用是被子植物有性生殖中的特有现象。

二、果实和种子

被子植物的花经过传粉、受精之后,雌蕊内的胚珠逐渐发育为种子。与此同时,子房生长迅速,连同其中所包含的胚珠,共同发育为果实。

(一)果实的基本形态、结构

单纯由子房发育而成的果实称为真果。真果的外面为果皮,内含种子。果皮由子房壁发育而来,通常可分为外、中、内三层,如桃、梅的果实,也有些植物果实的三层果皮分界不明显。外果皮指表皮或包括表皮下面数层厚角组织,一般较薄,常有气孔和角质膜与蜡被的分化,有的外果皮上还生有毛、钩、刺、翅等附属物。中果皮最厚,维管束分布其中,不同植物的中果皮在结构上变化较多,有的可能全

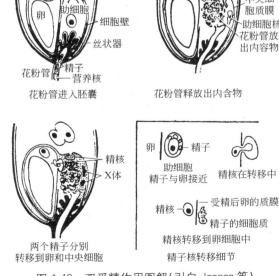

图 1-40　双受精作用图解(引自 Jensen 等)

由富含营养物质和水分的薄壁细胞组成，有的则由薄壁细胞和厚壁细胞共同组成，果实成熟时，果皮干缩。内果皮也有不同的结构变化，可由单层细胞（如番茄）或多层细胞组成，有的革质化形成薄膜，有的木质化形成果核，也有的发育成囊状，其内表层细胞为多汁毛状突起。

还有一些植物的非心皮组织与子房一起共同参与果实的形成和发育，这种果实称为假果。如苹果、梨的果实食用部分主要是由花筒（托杯）发育而成，由子房发育而来的中央核心部分所占比例很少；瓜类的果实也属假果，其花托与外果皮结合为坚硬的果壁，中果皮和内果皮肉质；桑葚和菠萝的果实由花序各部分共同形成。

（二）果实的类型（单果、聚花果、聚合果）

一朵花中如果只有一枚单雌蕊或复雌蕊、只形成一个果实的，称为单果。一朵花中有许多离生单雌蕊，每一离生雌蕊形成一个小果，相聚在同一花托之上，称为聚合果。根据小果的种类不同，又可分为聚合瘦果，如草莓；聚合核果，如悬钩子；聚合坚果，如莲；聚合蓇葖果，如望春玉兰（*Magnolia biondii*）、芍药；聚合翅果，如领春木（*Euptelea pleiosperma*）、鹅掌楸。若果实是由整个花序发育而来，则称为聚花果或复果，如桑、无花果、菠萝（*Ananas comosus*）。

单果的类型复杂多样。如果按果皮的性质来划分，有肥厚肉质的肉果，也有果实成熟后果皮干燥无汁的干果，肉果和干果又各分为若干类型。常见的果实类型有以下几种（图 1-41）。

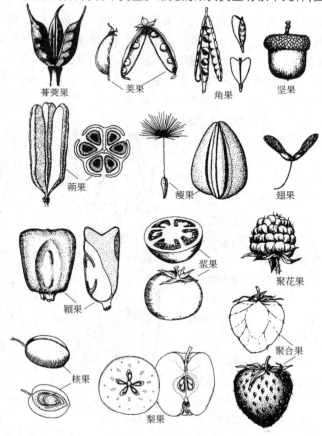

图 1-41 果实的类型

（1）浆果：由一朵花中一个或几个心皮组成的雌蕊发育而来，外果皮膜质，中果皮、内果皮肉质多浆，种子多数。如葡萄、柿、番茄、猕猴桃等。

（2）核果：通常由单雌蕊发育而成，外果皮膜质，中果皮肉质，内果皮坚硬，内含1枚种子，如桃、李、杏、枣等。

（3）梨果：多为下位子房的花发育而来，果实由花托和心皮愈合后共同形成，属于假果，如梨、苹果等。

（4）瓠果：葫芦科（瓜类）所特有的一类浆果，是由下位子房发育而成的假果，中果、内果皮肉质，胎座常发达。

（5）柑果：由复雌蕊发育而成，中轴胎座。外果皮革质，有很多油囊分布，中果皮疏松有维管束，内果皮向内突出形成肉质多浆的汁囊细胞，是食用的主要部分。如柠檬、佛手、柑、柚等芸香科植物。

（6）荚果：单心皮发育而成的果实，成熟后沿背缝线和腹缝线两向开裂，如刺槐。有的虽具荚果形式但并不开裂，如花生、合欢、皂荚等。

（7）蓇葖果：由单心皮发育而成，成熟后只沿一条缝线开裂，如沿心皮腹缝线开裂的牡丹、梧桐（*Firmiana simplex*），沿背缝开裂的白玉兰、含笑。

（8）蒴果：由合生心皮的复雌蕊发育而成的果实，子房1室至多室，每室种子多粒，成熟时开裂，如金丝桃、紫薇、百合、牵牛、山茶等。

（9）角果：由2心皮的复雌蕊发育而成，子房1室，如十字花科植物的果实。可分为长角果和短角果。

（10）瘦果：由1～3个心皮发育而成，果皮硬，不开裂，果内含1枚种子，成熟时果皮与种皮易于分离。如向日葵、大花金鸡菊（*Coreopsis grandiflora*）、荞麦等。

（11）颖果：果皮薄，革质，只含1枚种子，果皮与种皮愈合不易分离，为禾本科植物特有的果实类型。

（12）翅果：果皮延展成翅状，如榆属、槭属。

（13）坚果：外果皮坚硬木质，含1枚种子的果实，如板栗、麻栎、榛子（*Corylus heterophylla*）等。

此外，还有分果、胞果等。

（三）种子

1. 种子的形态和结构

不同植物种类的种子，其大小差别很大，如椰子树（*Cocos nucifera*）产生的种子很大，直径可达15～20cm，而兰科植物的种子往往细如尘埃。种子的形状差异也较显著，如肾形的大豆、蜀葵（*Althaea rosea*），圆球形的豌豆、无患子、卵形的桂竹香（*Cheiranthus cheiri*）。种子的颜色也各有不同，有单色的如黄色、青色、褐色、白色或黑色等，也有具彩纹的如蓖麻。种子的形态特征是鉴别植物种类的重要依据。

虽然种子的形态有差异，但是种子的基本结构却是一致的，一般由胚、胚乳和种皮三部分组成。胚是构成种子的最重要部分，由胚根、胚芽、胚轴和子叶四部分组成。有两片子叶的称为双子叶植物，如豆类、瓜类、番茄等，有一片子叶的称为单子叶植物，如水稻、小麦、玉米等。胚乳位于种皮和胚之间，是种子中营养物质贮藏的场所，有些植物在种子生长发育过程中，胚乳的养料被胚吸收，转入子叶中贮存，所以成熟种子无胚乳，少数植物种子在形成过程中，胚珠中的一部分珠心组织保留下来，在种子中形成类似胚乳的营养组织，称外胚乳。种皮是种子外面的保护层，厚薄、色泽和层数因植物种类不同而异(图 1-42)。

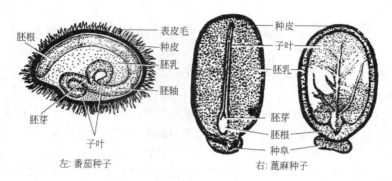

图 1-42　种子的结构

2. 种子的类型

根据种子在成熟时是否具有胚乳，将种子分为有胚乳种子和无胚乳种子。

有胚乳种子由种皮、胚和胚乳三部分组成，如双子叶植物中的蓖麻、番木瓜 (*Carica papaya*)、烟草、桑、柿等植物的种子和单子叶植物中的水稻、小麦、玉米、高粱、洋葱等植物的种子，都属于该类型。

无胚乳种子由种皮和胚两部分组成，养分贮藏在子叶中，双子叶植物如花生、棉花、山茶、豆类、瓜类及柑橘类的种子，以及单子叶植物慈姑的种子都属于无胚乳种子。

3. 种子的形成

构成种子的胚、胚乳和种皮分别由合子(受精卵)、初生胚乳核(受精极核)和珠被发育而来。在种子的形成过程中，原来胚珠内的珠心和胚囊内的助细胞、反足细胞一般均被吸收而消失。

(1) 胚的发育：从合子开始，经过原胚和胚的分化发育阶段，最后达到成熟。合子形成后通常经过一段时间的"休眠"期后便开始分裂。从合子第一次分裂形成的二细胞原胚开始，直至器官分化之前的胚胎发育阶段，称为原胚时期。双子叶植物和单子叶植物在原胚时期有相似的发育过程和形态，但在以后的胚分化过程中和成熟胚的结构则有较大差异。

十字花科植物荠菜的合子经过休眠后，进行不均等的横向分裂，形成大小不等的两个细胞，近珠孔的细胞较长，高度液泡化，称为基细胞；远珠孔的细胞较小，细胞质浓，称为顶细胞。随后，基细胞产生的细胞继续进行多次横向分裂，形成单列多细胞的胚柄，通过胚柄的延伸，将胚体推向胚囊中部。顶细胞首先发生一次纵向分裂，接着进行与第一次壁垂直的第二次纵向分裂，形成四分体胚体。然后各个细胞分别进行一次横向分裂，形成八分体。八分体再经过各个方向的连续分裂，形成多细胞的球形胚体。胚体继续增大，在顶端两侧部位的细胞分裂较快，形成两个突起，称为子叶原基，此时整个胚体呈心形。继而子叶原基生长延伸，形成 2 片形状、大小相似的子叶，紧接子叶基部的胚轴也相应伸长，整个胚体呈鱼雷形。以后，在 2 片子叶基部相连凹陷处的部位分化出胚芽；与胚芽相对的一端，由胚体基部细胞和与其相接的一个胚柄细胞不断分裂，共同参与胚根的分化。至此，幼胚分化完成。随着幼胚的发育，胚轴和子叶显著延伸，最终，成熟胚在胚囊内弯曲成马蹄形，胚柄退化消失(图 1-43)。

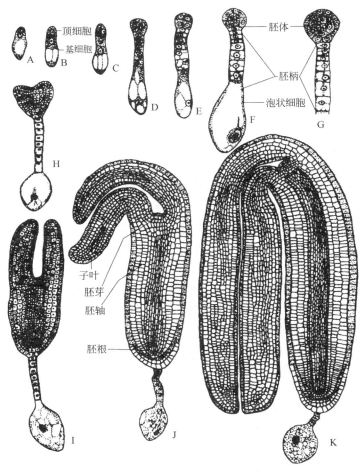

A. 合子　B. 二细胞原胚　C. 基细胞横裂为二细胞胚柄, 顶细胞纵裂为二分
体胚体　D. 四分体胚体　E. 八分体胚体　F、G. 球形胚体　H. 心形胚体
I. 鱼雷形胚体　J、K. 马蹄形胚体, 出现胚的各部分结构

图 1-43　荠菜胚的发育(引自 Maheshwari)

　　单子叶植物胚发育的早期阶段，与双子叶植物的基本一致，但后期发育过程则差异较大。小麦合子经两次分裂形成四细胞原胚，以后，继续进行各个方向的分裂，形成基部较长的梨形原胚。不久，梨形原胚偏上一侧出现小凹沟。凹沟以上区域将来形成盾片的主要部分和胚芽鞘的大部分；凹沟以下的部分将来形成胚芽鞘的其余部分以及胚芽、胚轴、胚根、胚根鞘和一片不发达的外子叶；原胚的基部形成盾片的下部和胚柄。

　　(2) 胚乳的发育：被子植物胚乳的发育是从初生胚乳核(受精的极核)开始。初生胚乳核一般是三倍体结构，通常不经休眠或经短暂的休眠后，即开始第一次分裂。胚乳核的初期分裂速度较快，因此，当合子进行第一次分裂时，胚乳核已达到相当数量。胚乳核的发育进程较早于胚的发育，为幼胚的生长发育及时提供必需的营养物质。胚乳的发育形式一般分为核型胚乳和细胞型胚乳两种基本类型。核型胚乳是被子植物中最普遍的胚乳发育形式，初生胚乳核分裂和以后核的多次分裂，都不相伴产生细胞壁，众多细胞核游离分散于细胞质中，胚乳细胞壁的形成通常从胚囊最外围开始，以后逐渐向内产生细胞壁而形成胚乳细胞，最后整个胚囊被胚乳细胞充满。细胞型胚乳是从初生胚乳核分裂开始，随即伴随细胞壁的形成，以后各次分裂也都是以细胞形式出现，无游离核时期。大多数双子叶合瓣花植物，如番茄、烟草等，其胚乳的发育均属细胞型。胚乳为胚的生长发育或种子的萌发和出苗提供养料。有些植物的胚乳在种子发育和成熟过程中，其养料多转贮于子叶之中，有的则保持到种子成熟时，供萌发之用。

(3) 种皮的结构：种皮是由珠被发育而来的保护结构。具单层珠被的胚珠只形成一层种皮，如向日葵、番茄、胡桃等；具双层珠被的，通常相应形成内、外两层种皮，如蓖麻、油菜、苹果等。种孔由珠孔发育而来。当成熟种子从母体上脱落时在种皮上留下的痕迹称为种脐，种脊位于种脐的一侧，是倒生胚珠的外珠被与珠柄愈合形成的纵脊遗留下来的痕迹，其内有维管束贯穿。

少数植物的种子具有肉质种皮，如石榴的种子成熟过程中，外珠被发育为坚硬的种皮，而种皮的表层细胞却辐射向外扩伸，形成多汁含糖的可食部分。裸子植物中的银杏其外种皮亦为肥厚肉质结构。还有一些植物的种子，它们的种皮上出现毛(如棉)、刺、腺体、翅等附属物，对于种子的传播具有适应意义。此外，还有少数植物的种子具有假种皮，假种皮是由珠柄或胎座发育而来、包于种皮之外的结构，常含有大量油脂、蛋白质、糖类等贮藏物质，如龙眼(*Dimocarpus longan*)、荔枝(*Litchi chinensis*)果实的肉质多汁的可食部分即是。

4. 种子的萌发与幼苗的形成

成熟的种子，在适当的条件下，经过一系列同化和异化作用，开始萌发，逐渐形成幼苗。

(1) 种子萌发的条件：种子的胚从相对静止状态转入生理活跃状态，开始生长，并形成幼苗，这一过程即为种子萌发，种子萌发的前提是种子已成熟，并具有生活力。

有些植物的种子成熟后，在适宜的环境下能立即萌发，但有些植物的种子即使环境适宜，仍不能进入萌发阶段，而必须经过一定时间的休眠才能萌发。种子休眠的原因有多种，有的胚在形态上(如人参、银杏)或生理上(如苹果、桃)尚未完全成熟，有的由于种皮太坚厚、不易使水分透过，豆科植物中某些属种子内部产生有机酸、植物碱、植物激素等抑制物质，使种子萌发受到阻碍。这类种子，需要通过休眠，后熟，或使种皮透性增大，呼吸作用和酶的活性增强，内源激素水平发生变化，抑制萌发的物质含量减少，才能使种子萌发。

种子萌发的主要外界条件是充足的水分、适宜的温度和足够的氧气，少数植物种子萌发还受光照有无的调节。烟草的种子萌发需光，而番茄、洋葱、瓜类的种子只有在黑暗条件下才能顺利萌发。

(2) 幼苗的形成和类型：发育正常的种子，在适宜的条件下开始萌发。通常是胚根首先突破种皮向下生长形成主根，伸入土壤，然后胚芽突出种皮向上生长，伸出土面而形成茎和叶，逐渐形成幼苗。具有直根系的植物种类如大豆、棉花、蚕豆等，主根以后即成为根系的主轴，在上面将生长出各级侧根，形成幼苗的根系。但具有须根系的植物种类如水稻、小麦等禾本科植物，它们的胚根突破胚根鞘伸长不久，就在胚轴基部两侧生出数条不定根，参与根系的形成(图 1-44)。

根据种子萌发时子叶的位置，将幼苗分为子叶出土幼苗和子叶留土幼苗两大类。子叶出土幼苗在种子萌发时，随着胚根突出种皮，下胚轴迅速伸长，将子叶和胚芽推出土面，随后子叶渐大而展开。大豆等种子的肥厚子叶继续将贮存养分运往根、茎、叶，棉花的子叶展开后进行一段时间的光

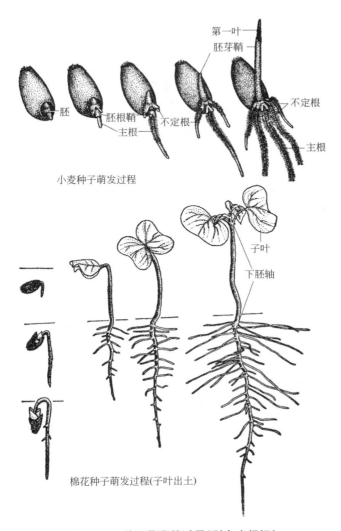

第一叶
胚芽鞘
不定根
主根
胚
胚根鞘
主根
不定根

小麦种子萌发过程

子叶
下胚轴

棉花种子萌发过程(子叶出土)

图 1-44　种子萌发的过程(引自李扬汉)

合作用。此过程中，胚芽则相继发育为茎叶系统。单子叶植物中，也有形成子叶出土幼苗的，如洋葱等。子叶留土幼苗在种子萌发时，仅上胚轴或中胚轴伸长生长，它们连同胚芽向上伸出土面，形成植物的茎叶系统，下胚轴并不伸长或伸长极其有限，而使子叶和种皮藏留于土壤中。双子叶植物如蚕豆、豌豆、柑橘、荔枝的无胚乳种子，核桃、橡胶树的有胚乳种子，以及单子叶植物的小麦、玉米的有胚乳种子，幼苗均属子叶留土型。

（四）果实与种子的传播

在长期的进化过程中，果实形成了多种形态特征以适应不同媒介传播种子的需要。果实和种子的散布，有利于扩大后代植株生长分布的范围，使种族繁衍昌盛。

1. 借风力传播的果实和种子

适应风力传播的果实和种子，一般体积小而轻，常具毛、翅等附属物，有利于随风传播。例如，兰科植物的种子细小质轻，易飘浮空中而被吹送到远处。蒲公英的果实顶端生有冠毛；垂柳、毛白杨的种子外有细绒毛；榆、槭、枫杨的果实具翅；这些都是适应风力传播的结构。

2. 借水力传播的果实和种子

一般水生植物的果实或种子多形成有利于漂浮的结构，以适应以水为媒介，进行传播。如莲的聚合果，其花托组织疏松，形成"莲蓬"，可以漂载果实进行传播。生于海边的椰子，其果实的外果皮平滑，不透水，中果皮疏松，呈纤维状，充满空气，可随海水漂流到远处海滩，在海滩上萌发。此外，农田沟渠边生长着许多种类的杂草，如苋属、藜属、酸模属的一些杂草，它们的果实成熟后散落水中，常随水漂流至远处的湿润土壤上，萌发生长。

3. 借动物和人类活动传播的果实和种子

有些植物如苍耳、葎草、鬼针草等，它们的果实外面生有钩刺，能附着于动物的皮毛上或人们的衣服上，而被携至远方；马鞭草及鼠尾草属的一些种，果实具有宿存黏萼，易粘附在动物毛皮上面而被传播。有些植物果实或种子具坚硬的果皮或种皮，被动物吞食不易受消化液的侵蚀，以后随粪便排出体外而散播。

第二章　观赏植物的分类

我国是世界上植物种类最丰富的国家之一，仅高等植物就有 30000 种以上，其中木本植物约有8000 种。面对如此繁多的植物种类，首先必须有科学、系统的分门别类，然后才能进一步研究和利用它们。观赏植物的分类方法很多，主要有按照植物进化系统分类的植物分类学方法和按照观赏特性和园林应用的实用分类方法。

植物分类学是各种应用植物学的基础，也是观赏植物栽培和应用的基础，它根据植物的亲缘关系和进化地位对植物进行描述记载、鉴定、分类和命名，理论性强；而实用分类方法是人为的，不考虑植物之间的亲缘关系，以实用性为主要原则，观赏植物可以分为观赏树木和花卉两大类，而园林应用中，还可以根据生长习性、观赏特性和园林用途进一步分类。

第一节　植物分类学方法

一、植物分类的等级

《国际植物命名法规》(International Code of Botanical Nomenclature) 规定的植物分类等级有界、门、纲、目、科、属、种等 12 个主要等级，各主要等级之下根据需要还可设"亚门"、"亚纲"等次要等级，从而形成金字塔式的阶层系统。这些等级必须按照法规所规定的顺序在严格意义上使用。现以百合(*Lilium brownii* var. *viridulum*) 为例，说明植物分类的等级(表 2-1)。

植物分类的各级单位　　　　　　　　　　　　表 2-1

分类等级			举例	
中名	拉丁名	英名	中名	拉丁名
界	Regnum	Kingdom	植物界	Plantae
亚界	Subregnum	Subkingdom	有胚植物亚界	Embryobionta
门	Divisio	Division	木兰植物门(被子植物门)	Magnoliophyta
亚门	Subdivisio	Subdivision		
纲	Classis	Class	百合植物纲(单子叶植物纲)	Liliopsida
亚纲	Subclassis	Subclass	百合亚纲	Lilidae
目	Ordo	Order	百合目	Liliales
亚目	Subordo	Suborder		
科	Familia	Family	蔷薇科	Liliaceae
亚科	Subfamilia	Subfamily		
族	Tribus	Tribe	百合族	Lilieae

续表

分类等级			举例	
中名	拉丁名	英名	中名	拉丁名
亚族	Subtribus	Subtribe		
属	Genus	Genus	百合属	*Lilium*
亚属	Subgenus	Subgenus		
组	Sectio	Section		
亚组	Subsectio	Subsection	百合组	Sect. Lilium
系	Series	Series		
亚系	Subseries	Subseries		
种	Species	Species	野百合	*Lilium brownii*
亚种	Subspecies	Subspecies		
变种	Varietas	Variety	百合	*Lilium brownii* var. *viridulum*
亚变种	Subvarietas	Subvariety		
变型	Forma	Form		
亚变型	Subforma	Subform		

当然，如表中所示的例子，当不需要某些等级时，也可以完全省略。"种"是植物分类的基本单位，由许多形态相似、亲缘关系较近的种集合为"属"；具有许多共同特征、亲缘关系相近的若干"属"则归属于一个"科"。以此类推，相近的"科"归属于"目"，相近的"目"则集合为高一级的"纲"，相近的"纲"归属于"门"。在植物分类等级中，最常用的等级是科、属、种以及一些种下等级。

(一) 种及常用的种下等级

1. 种(species)

"种"是物种的简称，但如何给种一个确切的定义仍然是没有解决的问题。一般而言有两种观点，即形态学种和生物学种。形态学种的划分主要根据植物的形态差别和地理分布，指具有一定形态特征并占据一定自然分布区的植物类群。同一个物种的个体间具有形态学上的一致性，与近缘种之间存在着地理隔离。生物学种指出自同一祖先、遗传物质相同的一群个体。同一个物种可以进行基因交流，产生能育后代，而不同物种(包括近缘种)之间存在生殖隔离。要全面地认识种的概念，既要考虑形态学上的标准，也要考虑遗传学和生态地理学上的标准。

种往往具有较大的分布区域，由于气候和生境条件的差异会导致种群分化为不同的生态型、生物型和地理宗，这是植物本身适应环境的结果。根据种内变异的大小，可以划分出不同的种下等级。

2. 亚种(subspecies)

"亚种"指形态上有比较大的差异，并具有较大范围地带性分布区域的变异类型。例如，沙棘(*Hippophae rhamnoides* L.)在我国有5个亚种，它们不但在叶片着生方式、腺鳞颜色、果实形状、枝刺等形态方面不同，而且各自具有较大的分布区，中国沙棘(subsp. *sinensis*)产于西北、华北至四川西部，云南沙棘(subsp. *yunnanensis*)产于云南西北部、西藏拉萨以东以及四川宝兴、康定以南，中亚沙棘(subsp. *turkestanica*)产于新疆以及塔吉克斯坦、吉尔吉斯斯坦、乌兹别克斯坦、阿富汗等地，蒙古沙棘(subsp. *mongolica*)产于新疆伊犁等地以及蒙古西部，江孜沙棘(subsp. *gyantsensis*)产于西藏拉萨、江孜和亚东一带。

3. 变种(variety)

"变种"为使用最广泛的种下等级，一般指具有不同形态特征的变异居群，但没有大的地带性分布区域。如圆柏的变种偃柏(*Sabina chinensis* var. *sargentii*)、珙桐的变种光叶珙桐(*Davidia involu-crata* var. *villmorimiana*)、薜荔的变种爱玉子(*Ficus pumila* var. *awkeotsang*)。

4. 变型(form)

"变型"指形态上变异比较小的类型，如花色、叶色的变化等，而且没有一定的分布区，往往只有零星的个体存在。如圆柏的变型垂枝圆柏(*Sabina chinensis* f. *pendula* (Franch.) W. C. Cheng et W. T. Wang)与圆柏不同之处在于，枝条细长、小枝下垂、全为鳞叶，产于甘肃东南部等地。不过，很多植物的栽培类型被早期的分类学家作为变型命名，如国槐的变型龙爪槐(*Sophora japonica* f. *pendula*)，桃(*Prunus persica*)的变型白碧桃(f. *albo-plena*)、碧桃(f. *duplex*)、紫叶桃(f. *atropurpurea*)等。

此外，在生产实践中，还存在着一类由人工培育的栽培植物，它们在形态、生理、生化等方面具有特异的性状，当达到一定数量、成为生产资料并产生经济效益时可称为该种植物的栽培品种或品种(cultivar)。因此，品种是栽培学上常用的名词，不是植物分类的等级，但在园林、园艺、农业等领域广泛应用。如圆柏的品种龙柏(*Sabina chinensis* 'Kaizuca')、匍地龙柏('Kaizuca Procum-bens')、塔柏('Pyramidalis')、球柏('Globosa')等。

(二) 属

属(Genus)是形态特征相似、亲缘关系密切的种的集合。如毛白杨(*Populus tomentosa*)、山杨(*P. davidiana*)、银白杨(*P. alba*)、小叶杨(*P. simonii*)等，都具有"顶芽发达、芽鳞多数，花序下垂，花具有杯状花盘、苞片不规则分裂"等特点，而集合成杨属(*Populus*)；同样的，旱柳(*Salix matsudana*)、垂柳(*S. babylonica*)、白柳(*S. alba*)、河柳(*S. chaenomeloides*)等具有"无顶芽，侧芽芽鳞1枚，花序直立，花有腺体，无花盘，苞片全缘"等特点，集合成柳属(*Salix*)。再如，百合(*Lilium brownii* var. *viridulum*)、卷丹(*L. tigrinum*)、山丹(*L. pumilum*)因相似的特点而结合成百合属(*Lilium*)。

属的学名是一个拉丁词，第一个字母要大写。属名来源很多，有的来源于希腊语、拉丁语、阿拉伯语等的古名，如雪松属(*Cedrus*)、小檗属(*Berberis*)、黄杨属(*Buxus*)，有的是地名拉丁化形成的，如台湾杉属(*Taiwania*)、福建柏属(*Fokienia*)，有的由人名拉丁化形成，如珙桐属(*Davidia*)、重阳木属(*Bischofia*)。

(三) 科

科(Family)是形态特征相似、亲缘关系相近的属的集合。如杨属(*Populus*)和柳属(*Salix*)具有"花单性异株，柔荑花序，无花被，侧膜胎座，蒴果，种子基部有白色丝状长毛，无胚乳"等共同特点而组成杨柳科(Salicaceae)。其他如桑科(Moraceae)、蔷薇科(Rosaceae)、百合科(Liliaceae)、木犀科(Oleaceae)等，均由亲缘关系相近的属集合而成。科的大小差别很大，最小的科只有1属1种，如银杏科(Ginkgoaceae)、杜仲科(Eucommiaceae)，而禾本科约700属10000种，豆科则拥有650余属18000余种。

科的学名由模式属的词干加词尾"-aceae"构成，如松科(Pinaceae)的模式属是松属(*Pinus*)，其词干部分"Pin"加上词尾"-aceae"则构成了松科的学名。此外，有8个科具有两个合法的学名，如豆科(Leguminosae 或 Fabaceae)、藤黄科(Guttiferae 或 Clusiaceae)、禾本科(Gramineae 或 Poaceae)。

二、植物的命名

每一种植物都有自己的名称而区别于别种植物，但由于各国对同一种植物所叫的名字不同，即使同一个国家的不同地区亦不尽相同，有时同一名称在不同地区代指不同的植物。这样就造成了"同名异物"和"同物异名"的现象，不利于学术交流和生产实践的应用。因此，有必要找出一种大家共同遵守、共同使用的名称，这就是植物的拉丁学名。

植物的命名，受《国际植物命名法规》的管理和制约。1753年，瑞典著名的博物学家林奈发表了植物分类历史上著名的《植物种志》，用拉丁文记载并描述了当时所知的植物，并固定地采用了"双名法"给每种植物命名。1867年，在巴黎召开的第一次国际植物学会颁布了简要的植物法规，规定以"双名法"作为植物学名的命名法。

所谓双名法，就是指植物的学名由两个拉丁词构成，第一个词是植物所隶属的属名，词首字母大写，第二个词是种加词，起着标志这一植物种的作用，此外还要加上命名人姓氏的缩写。如银杏的学名为"*Ginkgo biloba* Linn."，其中"*Ginkgo*"为银杏属的属名，"*biloba*"为种加词，意为"二裂的"，指银杏的叶片先端常常二裂，"Linn."是命名人瑞典博物学家 Linnaeus 的姓氏缩写。

如果命名人为两人，则在两人名间用"et"或"&"相连，如水杉(*Metasequoia glyptostroboides* Hu et W. C. Cheng)由我国分类学家胡先骕和郑万钧共同发表；如果由一人命名，由另外的人正式发表，则在两人名间连以"ex"，前者为命名人，后者为发表的作者，如细叶桢楠(*Phoebe hui* W. C. Cheng ex Yang)。如果为杂交种，则将"×"加在种加词前面，或将母本和父本的种加词以"×"相连，如什锦丁香(*Syringa × chinensis* Wall.)是花叶丁香和欧洲丁香的天然杂交种。

种下等级的命名，则在种名之后，加上亚种、变种或变型等的缩写词(亚种为 subsp. 或 ssp.、变种为 var.、变型为 f.)，再加上亚种、变种或变型的加词，最后附以命名人的姓氏缩写。如厚朴的亚种凹叶厚朴学名为 *Magnolia officinalis* Rehd. et Wils. subsp. *biloba* (Rehd. et Wils.) W. C. Cheng et Law，黄荆的变种荆条学名为 *Vitex negundo* L. var. *heterophylla* (Franch.) Rehd.，雪球荚蒾的变型蝴蝶荚蒾学名为 *Viburnum plicatum* Thunb f. *tomentosum* (Thunb.) Rehd.。

栽培品种的命名受《国际栽培植物命名法规》(International Code of Nomenclature for Cultivated Plants，ICNCP)的管理。品种名称它所隶属的植物种或属的学名，加上品种加词构成，品种加词必须放在单引号(' ')内，词首字母大写，用正体。如鸡爪槭的品种红枫 *Acer palmatum* 'Atropurpureum'、月季品种和平 *Rosa* 'Peace'。

三、植物分类检索表的编制和使用

植物分类检索表是鉴别植物种类的重要工具之一，各类植物志、树木志在科、属、种的描述前常编写有相应的分类检索表。当需要鉴定一种不知名的植物时，可以利用相关工具书内的分科、分属和分种检索表，查出植物所属的科、属以及种的名称，从而鉴定植物。

检索表是根据二歧分类的原理，以对比的方式编制的。就是把各种植物的关键特征进行综合比较，找出区别点和相同点，然后一分为二，相同的归在一项下，不同的归在另一项下。在相同的一项下，又以另外的不同点分开，依此类推，最终将所有不同的种类分开。编制检索表时，应选择那些最容易观察到、区别显著的特征，不要选择那些模棱两可的特征。区别时先从大的方面区别，再从小的方面区别。

常用的检索表有定距式和平行式两种。定距式检索表也叫阶梯式检索表，即每一序号排列在一定的阶层上，下一序号向右错后一位；平行式检索表也叫齐头式检索表，检索表各阶层序号都居每行左侧首位。

在使用检索表时，必须对所要鉴定树种的形态特征进行全面细致地观察，这是鉴定工作能否成功的关键所在。然后，根据检索表的编排顺序逐条由上向下查找，直到检索到需要的结果为止。

(1) 为了确保鉴定结果的正确性，一定要防止先入为主、主观臆测和倒查的倾向。

(2) 检索表的结构都是以两个相对的特征编写的，而两个对应项号码是相同的，排列的位置也是相对称的。鉴定时，要根据观察到的特征，应用检索表从头按次序逐项往下查，绝不允许随意跳过一项或多项而去查另一项，因为这样特别容易导致错误。

(3) 要全面核对两项相对性状，也即在看相对的两项特征时，每查一项，必须对另一项也要查看，然后再根据植物的特征确定到底哪一项符合你要鉴定的植物特征，要顺着符合的一项查下去，直到查出为止。假若只看一项就加以肯定，极易发生错误。在整个检索过程中，只要查错一项，将会导致整个鉴定工作的错误。因此，在检索过程中，一定要克服急躁情绪，按照检索步骤小心细致地进行。

(4) 在核对了两项性状后仍不能作出选择时，或植物缺少检索表中的要求特征时，可分别从两个对立项下同时检索，然后从所获得的两个结果中，通过核对两个种的描述作出判断。如果全部符合，证明鉴定的结论是正确的，否则还需进一步加以研究，直至完全正确为止。

以松科为例，编制检索表如下。

定距式检索表

1. 仅具长枝，无短枝；叶条形扁平或具四棱，螺旋状散生。
  2. 叶上面中脉凹下，稀两面隆起但球果下垂。
    3. 球果成熟后种鳞宿存。
      4. 球果顶生，通常下垂，稀直立。
        5. 叶枕微隆起或不明显；叶扁平，仅下面有气孔线。
          6. 球果较大，苞鳞伸出种鳞之外，先端3裂；小枝无或微有叶枕 ………… 黄杉属 *Pseudotsuga*
          6. 球果小，苞鳞不露出，稀微露，先端不裂或2裂；小枝有隆起或微隆起的叶枕 …………… ……………………………………………………………………………………… 铁杉属 *Tsuga*
        5. 叶枕显著隆起；叶四棱状或扁棱状条形、四面有气孔线，或条形扁平、仅上面有气孔线 …… ……………………………………………………………………………………… 云杉属 *Picea*
      4. 球果腋生，初直立后下垂，苞鳞短，不露出；叶在节间上端排列紧密，似簇生状 … 银杉属 *Cathaya*
    3. 球果成熟后种鳞自中轴脱落；球果腋生，直立 …………………………………… 冷杉属 *Abies*
  2. 叶两面中脉隆起；球果直立 …………………………………………………… 油杉属 *Keteleeria*
1. 具长枝和短枝，叶条形扁平或针形，在长枝上散生，在短枝上簇生，或成束着生。
  7. 具长枝和发达的短枝；叶条形或针形，在长枝上散生，在短枝上簇生。

8. 叶扁平条形，柔软，落叶性；球果当年成熟。

 9. 雄球花单生于短枝顶端；种鳞宿存；芽鳞先端钝；叶宽 2mm 以内 ·················· 落叶松属 *Larix*

 9. 雄球花簇生于短枝顶端；种鳞脱落；芽鳞先端尖；叶宽 2～4mm ·················· 金钱松属 *Pseudolarix*

8. 叶针形，坚硬；常绿性；球果翌年成熟，成熟时种鳞自中轴脱落 ·················· 雪松属 *Cedrus*

7. 具长枝和不发达短枝；叶针形，成束着生；球果 2～3 年成熟，种鳞宿存，背面上方具鳞盾和鳞脊
 ·················· 松属 *Pinus*

平行式检索表

1. 仅具长枝，无短枝；叶条形扁平或具四棱，螺旋状散生 ······································· 2

1. 具长枝和短枝，叶条形扁平或针形，在长枝上散生，在短枝上簇生，或成束着生 ··············· 7

2. 叶上面中脉凹下，稀两面隆起但球果下垂 ··· 3

2. 叶两面中脉隆起；球果直立 ··· 油杉属 *Keteleeria*

3. 球果成熟后种鳞宿存 ··· 4

3. 球果成熟后种鳞自中轴脱落；球果腋生，直立 ······································· 冷杉属 *Abies*

4. 球果顶生，通常下垂，稀直立 ··· 5

4. 球果腋生，初直立后下垂，苞鳞短，不露出；叶在节间上端排列紧密，似簇生状 ········· 银杉属 *Cathaya*

5. 叶枕微隆起或不明显；叶扁平，仅下面有气孔线 ······································· 6

5. 叶枕显著隆起；叶四棱状或扁棱状条形、四面有气孔线，或条形扁平、仅上面有气孔线 ······ 云杉属 *Picea*

6. 球果较大，苞鳞伸出种鳞之外，先端 3 裂；小枝无或微有叶枕 ······················· 黄杉属 *Pseudotsuga*

6. 球果小，苞鳞不露出，稀微露，先端不裂或 2 裂；小枝有隆起或微隆起的叶枕············· 铁杉属 *Tsuga*

7. 具长枝和发达的短枝；叶条形或针形，在长枝上散生，在短枝上簇生 ······················· 8

7. 具长枝和不发达短枝；叶针形，成束着生；球果 2～3 年成熟，种鳞宿存，分化为鳞盾和鳞脊 ··· 松属 *Pinus*

8. 叶扁平条形，柔软，落叶性；球果当年成熟 ··· 9

8. 叶针形，坚硬；常绿性；球果翌年成熟，成熟时种鳞自中轴脱落 ······················· 雪松属 *Cedrus*

9. 雄球花单生于短枝顶端；种鳞宿存；芽鳞先端钝；叶宽 2 mm 以内 ·················· 落叶松属 *Larix*

9. 雄球花簇生于短枝顶端；种鳞脱落；芽鳞先端尖；叶宽 2～4mm ·················· 金钱松属 *Pseudolarix*

第二节 观赏植物在园林应用中的分类

一、观赏树木的分类

(一) 根据植物的生长习性分类

生活型是植物对综合环境条件长期适应而反映出来的外貌。树木的生活型可以分为乔木、灌木和木质藤本三类。

1. 乔木类

树体高大(通常高在 5m 以上)、具有明显而高大主干的树木称为乔木。依成熟期高度，可分为大乔木、中乔木和小乔木。大乔木高 20m 以上，如毛白杨、雪松等，中乔木高 11～20m，如合欢、白玉兰等，小乔木高 5～10m，如海棠、梅花等。乔木还可分为常绿乔木和落叶乔木、针叶乔木和阔叶乔木等。

2. 灌木类

树体矮小(通常高在 5m 以下)、主干低矮或无明显的主干、分枝点低的树木称为灌木。有些乔木

树种因环境条件限制或人为栽培措施可能发育为灌木状。灌木也有常绿和落叶、针叶和阔叶之分。灌木还可分为丛生灌木、匍匐灌木和半灌木等类别。丛生灌木无主干而由近地面处多分枝，如千头柏（*Platycladus orientalis* 'Sieboldii'）、棣棠等；匍匐灌木干枝均匍地生长，如铺地柏（*Sabina procumbens*）、平枝枸子等；半灌木的茎枝上部越冬枯死，仅基部为多年生、木质化，如富贵草（*Pachysandra terminalis*）、金粟兰（*Chloranthus spicatus*）等。

3. 藤本类

即木质藤本植物，指自身不能直立生长，必须依附他物而向上攀缘的树种，也称为攀缘植物。按攀缘习性的不同，藤本类可分为缠绕类、卷须类、吸附类等。缠绕类依靠自身缠绕支持物而向上延伸生长，如紫藤、中华猕猴桃等；卷须类依靠特殊的变态器官——卷须而攀缘，如具有茎卷须的葡萄，具有叶卷须的炮仗花（*Pyrostegia ignea*）；吸附类具有气生根或吸盘，依靠吸附作用而攀缘，如具有吸盘的爬山虎（*Parthenocissus tricuspidata*），具有气生根的扶芳藤（*Euonymus fortunei*）等。

4. 竹类植物和棕榈植物

竹类植物和棕榈植物均为常绿性，有乔木、灌木，也有少量藤本。由于其生物学特性、生态习性和繁殖栽培方式均比较独特，不同于一般的观赏树木，故常单列为一类。如乔木型的桂竹（*Phyllostachys reticulate*）、槟榔（*Areca catechu*）、蒲葵（*Livistona chinensis*），灌木型的阔叶箬竹（*Indocalamus latifolius*）、棕竹（*Rhapis excelsa*）。

（二）根据树木的观赏特性分类

1. 形木类

即观形树种，指树形独特，以树形为主要观赏要素的树种。如雪松、南洋杉（*Araucaria cunninghamii*）、垂柳、龙爪槐、苏铁（*Cycas revoluta*）、棕榈等。

2. 叶木类

即观叶树种，指叶形或叶色奇特、美丽，以观叶为主要目的的树种。如叶形奇特的变叶木（*Codiaeum variegatum*）、龟甲冬青（*Ilex crenata* 'Mariesii'）、八角金盘（*Fatsia japonica*）；秋叶红艳的黄栌（*Cotinus coggygria*）、枫香（*Liquidambar formosana*）、鸡爪槭；叶片在整个生长期内呈红紫色的红枫（*A. palmatum* 'Atropurpureum'）、紫叶小檗（*Berberis thunbergii* 'Atropurpurea'）。

3. 花木类

即观花树种，指花朵秀美芳香，以观花为主要目的的树种。如山茶、牡丹、含笑（*Michelia figo*）、扶桑、白玉兰、棣棠、金丝桃、木棉（*Bombax ceiba*）、山梅花（*Philadelphus incanus*）等。

4. 果木类

即观果树种，指果实色泽艳丽或果形奇特，而且挂果期长，以观果为主要目的的树种。如杨梅、南天竹、佛手、木瓜（*Chaenomeles sinensis*）、紫珠（*Callicarpa japonica*）等。

5. 枝干类

即观枝干树种，指树干、枝条奇特或具有异样色彩，可供观赏的树种。如白皮松、红瑞木（*Swida alba*）、白桦（*Betula platyphylla*）、血皮槭、龟甲竹（*Phyllostachys edulis* 'Heterocycla'）等。

（三）根据树木的园林用途分类

1. 孤植树类

指个性较强，观赏价值高，在园林中适于孤植、可独立成景的树种，也叫园景树、独赏树或标本树。一般要求树体高大雄伟、树形美观，或具有特殊观赏价值，且寿命较长。如雪松、南洋杉、榕树、白玉兰、银杏、鹅掌楸等。

2. 绿阴树类

指枝叶繁茂，可防夏日骄阳，以取绿阴为主要目的，并形成景观的树种。一般要求树体高大、树冠宽阔、枝叶茂盛。其中植于庭院、公园、草坪、建筑周围的又称庭荫树，植于道路两边的又称行道树。因行道树在树种选择、栽培管理方面比较特别，常单列为一类。

3. 行道树类

凡是植于道路两边，供遮荫并形成景观的树种称行道树。按道路类型，行道树又可分为街道树、公路树、园路树、甬道树(墓道树)等。在北方，行道树一般选用落叶乔木树种，常用的有悬铃木(*Platanus hispanica*)、国槐、毛白杨、白蜡(*Fraxinus chinensis*)等。

4. 绿篱树类

凡是用来分隔空间、屏障视线，作范围或防范之用的树种称为绿篱树。常用的绿篱树种有黄杨(*Buxus sinica*)、大叶黄杨、小叶女贞(*Ligustrum quihoui*)等。依用途，绿篱可分为保护篱、观赏篱、境界篱等；依高低，可分为高篱、中篱和矮篱；依配植及管理方式，则可分为自然篱、散植篱、整形篱。

5. 垂直绿化类

指在园林中用作棚架、栅栏、凉廊、山石、墙面等处作垂直绿化的植物，主要为藤本类。

6. 木本地被类

指园林中用于覆盖地面的低矮灌木和部分藤本植物。如沙地柏(*Sabina vulgaris*)、铺地柏、箬竹、地被月季、小叶扶芳藤(*Euonymus fortunei* 'Minimus')等。

7. 花灌木类

指花朵美丽芳香或果实色彩艳丽的灌木和小乔木类，也包括一些观叶类。因此，花灌木一般是观花、观果、观叶或具有奇特观赏价值的灌木和小乔木的总称。花灌木种类繁多，用途广泛，是园林中最重要的绿化材料。如日本晚樱(*Prunus serrulata* var. *lannesiana*)、棣棠、碧桃、丁香、木槿、夹竹桃、南天竹、红桑(*Acalypha wilkesiana*)等。

8. 盆栽及造型类

主要指适于盆栽观赏和制作树桩盆景的树种。这类树木要求生长缓慢、枝叶细小，耐修剪、易造型。如常用的榔榆(*Ulmus parvifolia*)、六月雪(*Serissa japonica*)等。

9. 防护树类

指适于用作防护林的树种，如城市、水库、河流周围起防风、防噪、防尘、防沙、固堤、防火等作用的林带或片林。防护类树木大多抗逆性较强。

10. 室内装饰类

主要指那些耐阴性强、观赏价值高、适于室内盆栽观赏的树种，如散尾葵(*Dypsis lutescens*)、鹅掌柴(*Schefflera heptaphylla*)、瓜栗(*Pachira aquatica*)等。

二、观赏花卉的分类

花卉主要根据生态习性结合形态进行分类。

（一）根据生态习性分类

1. 一、二年生花卉

种子发芽后，在当年开花结实、完成生命周期而枯死的为一年生花卉。一年生花卉不耐寒，一般春季播种，夏秋开花结实，入冬前死亡，如鸡冠花（*Celosia cristata*）、百日草（*Zinnia elegans*）、半支莲（*Portulaca grandiflora*）、翠菊（*Callistephus chinensis*）等。园艺上常将那些虽非自然死亡，但入冬为霜害杀死的花卉也作为一年生花卉。

二年生花卉的种子发芽当年只进行营养生长，翌年春夏开花结实，完成生命周期。其生活时间常不足一年，但跨越了两个年头，故又称为越年生。这类花卉有一定的耐寒能力，但不耐高温，如紫罗兰（*Matthiola incana*）、桂竹香等。典型的二年生花卉第一年进行大量生长并形成贮藏器官。实际应用中，有些多年生花卉也常作为二年生花卉栽培，如蜀葵、三色堇（*Viola tricolor*）等。

由于各地气候及栽培条件不同，一、二年生花卉常无明显的界限，园艺上常将二者通称为一、二年生花卉。

2. 宿根花卉

宿根花卉指地下部分器官形态未变态成球状或块状的多年生草本观赏植物。依据耐寒能力不同，宿根花卉可分为耐寒性和不耐寒宿根花卉。

耐寒性宿根花卉一般原产温带，性耐寒或半耐寒，可以露地栽培，在冬季有完全休眠的习性，地上部的茎叶秋冬枯死，地下部进入休眠，到春季气候转暖时，地下部着生的芽再萌发、生长、开花。如芍药、荷包牡丹（*Lamprocapnos spectabilis*）、玉簪（*Hosta plantaginea*）、鸢尾（*Iris tectorum*）等。不耐寒宿根花卉大多原产热带、亚热带和温带的温暖地区，耐寒力弱，在冬季温度过低时停止生长，叶片保持常绿，呈半休眠状态。如鹤望兰、花烛（*Anthurium andraeanum*）、君子兰（*Clivia miniata*）等。

3. 球根花卉

球根花卉的地下部分具肥大的变态根或变态茎，以度过寒冷的冬季或干旱炎热的夏季（呈休眠状态）。大多数种类在休眠期地上部分枯死，如块根类的大丽花，球茎类的唐菖蒲、番红花，块茎类的菊芋，鳞茎类的百合、郁金香（*Tulipa gesneriana*），根茎类的美人蕉；少部分则终年常绿，如葱兰（*Zephyranthes candida*）、晚香玉（*Polianthes tuberosa*）等。

4. 仙人掌及多浆植物

该类花卉共同的特点是具有旱生的生态生理特点、植物体含水分多，茎或叶特别肥厚呈肉质多浆的形态。约有 55 个科含有多浆植物，如仙人掌科、景天科、番杏科、萝藦科、菊科、百合科、大戟科等。其中，仙人掌科种类最多，常单称仙人掌类。常见的如仙人掌（*Opuntia dillenii*）、金琥（*Echinocactus grusonii*）、令箭荷花（*Nopalxochia ackermannii*）、蟹爪兰（*Zygocactus truncatus*）等仙人掌类，生石花（*Lithops pseudotruncatella*）、燕子掌（*Crassula portulacea*）、落地生根、芦荟、树马齿苋（*Portulacaria afra*）等多浆植物。

5. 兰科花卉

兰科是植物中的第二大科，因其具有相似的形态、生理和生态特点，可采用近似的栽培和繁殖方式，一般把兰科植物单独列为一类。兰科植物均为多年生，地生或附生，许多种类具有变态茎假鳞茎（由长短不一的根状茎顶部膨大而成，具有数节，含有大量水分和养分）。著名花卉有兰属（*Cymbidium*）、石斛属（*Dendrobium*）、蝴蝶兰属（*Phalaenopsis*）、兜兰属（*Paphiopedilum*）等。

6. 草坪草

凡是适宜建植草坪的都可以称作草坪草，现代草坪主要应用禾本科植物。根据草坪草的地理分布和对温度条件的适应性，可分为冷季型和暖季型两大类。暖季型草坪草大多起源于热带及亚热带地区，如狗牙根(*Cynodon dactylon*)、结缕草(*Zoysia japonica*)等；冷季型草坪草大多原产于北欧和亚洲的森林边缘地区，如草地早熟禾(*Poa pratensis*)、高羊茅(*Festuca arundinacea*)、黑麦草(*Lolium parenne*)、匍茎翦股颖(*Agrostis stolonifera*)等。

(二) 其他分类方法

1. 根据栽培类型分类

可分为露地花卉、温室花卉两大类，其中花境草花以及地被植物大多属于露地花卉。温室花卉则可根据对温度的要求，分为低温温室花卉和暖温室花卉。低温温室花卉要保证室内不受冻害，夜间最低温度维持 5℃ 即可，如报春花、仙客来(*Cyclamen persicum*)等；暖温室花卉要求夜间最低温度 10～15℃，日温 20℃ 以上，如大岩桐(*Sinningia speciosa*)、非洲菊(*Gerbera jamesonii*)等。

2. 根据用途分类

可分为切花类、盆花类、地栽类等。切花类的栽培目的是为了剪取花枝作瓶花或其他装饰用，如香石竹(*Dianthus caryophyllus*)、菊花、唐菖蒲、非洲菊主要作为切花栽培，木本观赏植物中的月季也是重要的切花植物。

此外，根据经济用途则可分为药用花卉、香料花卉、食用花卉等。

3. 根据观赏部位分类

可以分为观花类，如金鱼草(*Antirrhinum majus*)、三色堇等；观果类，如五色椒(*Capsicum frutescens*)、乳茄(*Solanum mammosum*)、冬珊瑚(*S. pseudocapsicum*)、观赏南瓜等；观叶类，如竹芋(*Maranta arundinacea*)、蜘蛛抱蛋(*Aspidistra elatior*)等；观茎类，如竹节蓼(*Homalocladium platycladum*)、仙人掌等。

4. 根据生态因子分类

根据对水分的要求，可以分为：水生花卉，如荷花、睡莲；湿生花卉，如风车草(*Cyperus involucratus*)；中生花卉，如大多数花卉；旱生花卉，如仙人掌类。

根据对温度的要求，可以分为：耐寒花卉，如荷包牡丹、荷兰菊等；喜凉花卉，如三色堇、雏菊、紫罗兰等；中温花卉，如报春花、金鱼草等；喜温花卉，如瓜叶菊(*Senecio cruentus*)、非洲菊及大多数一年生花卉；耐热花卉，如竹芋科、凤梨科、天南星科花卉等。

根据对光照强度的要求，可以分为：喜光花卉(阳性花卉)，如荷花、半支莲等；耐阴花卉(中性花卉)，如天竺葵等；喜阴花卉，如玉簪、秋海棠类、蜘蛛抱蛋、虎耳草等。

依据对光周期的要求，则可分为：短日性花卉，如菊花、蟹爪兰等，在自然条件下秋季开花的一年生花卉多为短日性；长日性花卉，如唐菖蒲、瓜叶菊、桂竹香等，在自然条件下春夏开花的二年生花卉大都属于长日性；中日性花卉，如天竺葵、仙客来、香石竹、矮牵牛(*Petunia hybrida*)等。

第三章　观赏植物的美学特性

第一节　观赏植物的形态美

观赏植物的形态美即其形状与姿态给人带来的美感，它们有的苍劲雄伟、有的婀娜多姿、有的古雅奇特、有的提根露爪、有的俊秀飘逸、有的挺拔刚劲、有的形影婆娑，可谓千姿百态，不同姿态的形体给人以不同的感觉。形态美是其外形轮廓、体量、质地、结构等特征的综合体现。一般分为自然形态美与人工整形美两大类。观赏植物不同姿态的形成，与植物本身的分枝习性及年龄有关。

单轴分枝者，若主干延续生长远大于侧枝生长时，则形成柱形、塔形树冠，如钻天杨(*Populus nigra* var. *italica*)等，若侧枝的延长生长与主干的高生长相差较小时，则形成圆锥形树冠，如冷杉、云杉等。假二叉分枝者，若高生长稍强于侧向的横生长，树冠多呈椭圆形，相接近时则近圆形。合轴分枝者，若侧枝开张角度小，形成的树冠则接近于单轴式的树冠，若侧枝开展则接近于假二叉式的树冠。

一、观赏植物的整体形态

植物的外形，尤其是观赏树木的树形是重要的观赏要素之一，对园林景观的构成起着至关重要的作用，对乔木树种而言更是如此。不同的树形可以引起观赏者不同的视觉感受，因而具有不同的景观效果，若经合理配置，树形可产生韵律感、层次感等不同的艺术效果。草本植物的外形在造景中也应考虑，但与栽培方式的关系更为密切。

(一) 自然树形

木本植物的树形指正常生长下成年树整体上呈现的外部轮廓，主要有以下几种(图 3-1)。

1. 圆柱形

顶端优势明显，中央领导干较长，分枝角度小，树冠不开展，上、下部直径相差不大，冠高远远超过冠径。树冠构成以垂直线为主，给人以雄健、庄严的感觉，通过引导视线向上的方式突出了空间的垂直面，能产生较强的高度感染力，尤其列植时更为明显。常见的有塔柏(*Sabina chinensis* 'Pyramidalis')、窄冠型池

圆柱形　　尖塔形　　圆球形

卵圆形　　垂枝形　　棕榈形

图 3-1　部分树形示意图

杉、钻天杨、新疆杨(*Populus alba* var. *pyramidalis*)、箭杆杨(*P. nigra* var. *thevestina*)等。

2. 尖塔形

顶端优势明显，中央主干生长较旺，树冠剖面基本以树干为中心，整体呈金字塔形，顶部形成尖头。不但端庄，而且给人一种刺破青天的动势，常可作为视线的焦点，充当主景。如雪松、日本金松(*Sciadopitys verticillata*)以及幼年期南洋杉、银杏和水杉等。

3. 圆锥形

树冠较丰满，呈或狭或阔的圆锥体状，有严肃、端庄的效果。常绿树如北美香柏(*Thuja occiden-talis*)、柳杉、竹柏(*Nageia nagi*)、华山松(*Pinus armandii*)、罗汉柏(*Thujopsis dolabrata*)、广玉兰，落叶树如水杉、落羽杉、鹅掌楸、灯台树(*Bothrocaryum controversum*)等。

4. 卵球形和圆球形

主干不明显或至有限的高度即分枝，整体树形呈现球形、卵球形、扁球形、半球形等。树形的构成以弧线为主，多有朴实、圆润、柔和效果。这类树种繁多，乔木树种如樟树、苦槠(*Castanopsis sclerophylla*)、元宝枫、重阳木(*Bischofia polycarpa*)、梧桐、黄栌、无患子、乌桕、枫香、杜仲、白蜡、杏树等；灌木如海桐、千头柏、大叶黄杨、榆叶梅、绣球、棣棠等。

5. 垂枝形及伞形

垂枝形树种常具有明显悬垂或下垂的细长枝条，能够形成优雅、飘逸和柔和的气氛，给人以轻松、宁静之感，适植于水边、草地等处。常见的有垂柳、龙爪槐、垂枝桑(*Morus alba* 'Pendula')、垂枝桦(*Betula pendula*)等。此外，合欢、鸡爪槭、千头椿以及老年期的油松等具伞形树冠，与垂枝形有相似的效果。

6. 偃卧及匍匐形

灌木树形。植株主干和主枝匍匐地面生长，上部分枝直立或否。树形构成要素以水平线为主，引导视线沿水平方向移动，容易使空间产生一种宽阔感和外延感。如偃柏、鹿角桧(*Sabina chinensis* 'Pfitzriana')、铺地柏、沙地柏、平枝栒子等，适于用作木本地被或植于坡地、岩石园。

7. 拱垂形

灌木树形。枝条细长而拱垂，株形自然优美，多有潇洒之姿，宜供点景用，或在坡地、水边及自然山石旁适当配植。如连翘、云南黄馨(*Jasminum mesnyi*)、迎春、笑靥花(*Spiraea prunifolia*)等。

8. 藤蔓形

藤本植物的树形。如常春藤、爬山虎、紫藤、凌霄等。

9. 棕榈形

主干不分枝，叶片大型，集生于主干顶端。树体特异，能展现热带风光，如棕榈、蒲葵、椰子等棕榈植物，苏铁科和番木瓜科的植物，桫椤等木本蕨类。

10. 风致形

该类植物形状奇特，姿态百千。如黄山松(*Pinus taiwanensis*)长年累月受风吹雨打的锤炼，形成特殊的扯旗形，还有一些在特殊环境中生存多年的老树、古树，具有或歪或扭或旋等不规则姿态。这类植物通常用于视线焦点，孤植独赏。此外，还有钟形、椭圆形、倒卵形等。

（二）树木人工造型

除自然树形外，造景中还常对一些萌芽力强、耐修剪的树种进行整形，将树冠修剪成人们所需要的各种人工造型(图3-2)，以增加植物的观赏性。造型形式多种多样，如修剪成球形、柱状、立方体、梯形、圆锥形等各种几何形体，或者修剪成孔雀开屏、花瓶、亭、廊、组字等，用于园林点缀。选用的树种应该是枝叶密集、萌芽力强的种类，否则达不到预期的效果，常用的有黄杨、雀舌黄杨、小叶女贞、大叶黄杨、海桐、枸骨(*Ilex cornuta*)、金叶假连翘(*Duranta repens* 'Golden Leaves')、龙柏、六月雪等。

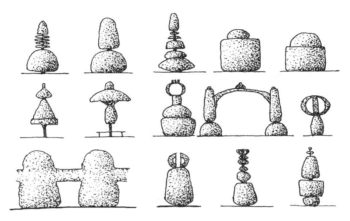

图3-2　人工树形示意图

(三) 草本植物的形态

相对于木本植物而言，草本植物多以群体形式出现，因而其个体形态往往被群体形态所掩盖(图3-3)。而且，草本植物的形态在营养生长期和花期往往会有较大差别，并与栽培方式密切相关，因而在造景应用中一般涉及较少。

具有优美形态的草本观赏植物大多是观叶植物，整株植物的形态美主要是叶的着生方式形成的。有些植物枝叶较柔软，集生或簇生，叶直立而向四周开展，外形上形成圆球形或半圆球形，如春兰(*Cymbidium goeringii*)、玉簪、竹芋，以及肾蕨(*Nephrolepis auriculata*)、波士顿蕨、铁线蕨(*Adiantum capillus-veneris*)、鸟巢蕨(*Neottopteris nidus*)等蕨类植物，而仙人球、金琥属植物则是自然圆球形。有些植物枝较坚实，较高而直立生长，如美人蕉、

图3-3　部分草本植物的株型

凤梨科植物、旱伞草、蜀葵、虎尾兰(*Sansevieria trifasciata*)等。有些植物叶基生、开展如扇形，如君子兰、鸢尾类、朱顶红等。有些植物枝叶下垂，如吊兰(*Chlorophytum comosum*)、吊竹梅(*Zebrina pendula*)等。有些植物匍匐生长，如垂盆草(*Sedum sarmentosum*)等。

此外，有些草本观赏植物形态特殊，花叶分布的空间较大，如荷花的形态美，既包括荷叶、荷花等单个部分，也包括叶、莲蓬、花、莲藕所组成的整体形态美。

二、观赏植物各部分的形态

观赏植物除了整体的形态美以外，各部分的形态也是重要的观赏要素，如叶、花、果的形态及其排列方式。

（一）叶

观赏植物叶的形状、大小以及在枝干上的着生方式各不相同。以大小而言，小的如侧柏、柽柳的鳞形叶长 2～3mm，大的如棕榈类的叶片可长达 5～6m 甚至 10m 以上。一般而言，叶片大者粗犷，如泡桐、臭椿、悬铃木等，小者清秀，如黄杨、胡枝子等。有些叶形奇特的植物，以叶形为主要观赏要素，如银杏呈扇形、鹅掌楸呈马褂状、琴叶榕（*Ficus lyrata*）呈琴肚形、槲树（*Quercus dentata*）呈葫芦形、龟背竹（*Monstera deliciosa*）形若龟背，其他如龟甲冬青、变叶木、龙舌兰、羊蹄甲等亦叶形奇特，而芭蕉、软叶刺葵（*Phoenix roebelenii*）、苏铁、椰子等大型叶具有热带情调，可展现热带风光。

（二）花

花的形态美既表现在花朵或花序本身的形状上，也表现在花朵在枝条上排列的方式上。花朵有各式各样的形状和大小，有些植物的花形特别，极为优美。如金丝桃的花朵金黄色，细长的雄蕊灿若金丝；珙桐头状花序上 2 枚白色的大苞片如同白鸽展翅；吊灯花（*Hibiscus schizopetalus*）花朵下垂、花瓣细裂、蕊柱突出，宛如古典宫灯；蝴蝶荚蒾花序宽大，周围一轮白色不孕花似群蝶飞舞，而中间的可孕花如同珍珠，故有"蝴蝶戏珠花"之称；红千层（*Callistemon rigidus*）的花序则颇似实验室常用的试管刷。

就观赏树木而言，花或花序在树冠、枝条上的排列方式及其所表现的整体状貌称为花相。根据是否先叶开花可以将花相分为纯式和衬式两大类，前者开花时无叶，后者为常绿树或开花时已经展叶。按照花朵的排列情况，花相可以分为以下几种类型(图3-4)。独生花相：花序一个，生于干顶，

| 独生花相 | 干生花相 | 线条花相 |
| 星散花相 | 团簇花相 | 覆被花相 |

图3-4　花相

如苏铁等；干生花相：花或花序生于老茎上，如紫荆、槟榔、木菠萝 (*Artocarpus heterophyllus*) 等；线条花相：花或花序较稀疏地排列在细长的花枝上，如迎春、连翘、蜡梅；星散花相：花或花序疏布于树冠的各个部分，如珍珠梅、鹅掌楸等；团簇花相：花或花序大而多，密布于树冠各个部位，具有强烈的花感，如玉兰、木绣球等；覆被花相：花或花序分布于树冠的表层，如合欢、泡桐、七叶树、金银木 (*Lonicera maackii*) 等；密满花相：花或花序密布于整个树冠中，如毛樱桃、樱花等。

（三）果实

果实形态一般以奇、巨、丰为标准。如铜钱树 (*Paliurus hemsleyanus*) 的果实形似铜币，滨枣 (*P. spina-christi*) 的果实呈草帽状，腊肠树 (*Cassia fistula*) 的果实形似香肠，秤锤树 (*Sinojackia xylocarpa*) 的果实形似秤锤，紫珠的果实宛若晶莹透亮的珍珠，其他还有佛手、杨桃 (*Averrhoa carambola*) 等。巨者，单果或果穗巨大也，如柚子单果径达 15～20cm，重达 3kg，其他如石榴、柿树、苹果、木瓜 (*Chaenomeles sinensis*) 等均果实较大，而火炬树 (*Rhus typhina*)、葡萄、南天竹等呈虽果实不大，但集生成大果穗。丰者，指全株结果繁密，如火棘、紫珠、花楸、金橘等。

（四）枝干

乔灌木的枝干也具重要的观赏要素。树木主干、枝条的形态千差万别、各具特色，或直立、或弯曲、或刚劲、或细柔。如酒瓶椰子 (*Hyophorbe lagenicaulis*) 的树干状如酒瓶、佛肚树 (*Jatropha podagrica*) 的树干状如佛肚，干枝光滑的柠檬桉 (*Eucalyptus citriodora*)、紫薇，树皮呈片状剥落、斑驳的白皮松，小枝下垂的垂柳、龙爪槐，小枝蟠曲的龙爪柳 (*Salix matsudana* f. *tortuosa*)、龙桑 (*Morus alba* 'Tortuosa')，枝干具刺毛的楤木 (*Aralia chinensis*)、红腺悬钩子 (*Rubus sumatranus*) 等。榕树的气生根和支柱根、落羽杉和池杉的呼吸根、人面子 (*Dracontomelon duperreranum*) 的板根均极为奇特。

三、观赏植物的质感

质感也是植物重要的观赏特性之一，指植物材料可视或可触的表面性质，是人们对植物整体上直观的感觉。不同质感给人们带来不同的心理感受，如纸质或膜质的叶片呈半透明状，给人以恬静之感；革质叶片厚而色深，具有较强的反光能力，有光影闪烁的感觉；粗糙多毛的叶片给人以粗野之感。

质感与植物叶片大小、表面粗糙程度、叶缘形状、枝条长短与排列、综合生长习性等有关。一般而言，叶片较大、枝干疏松而粗壮、叶表面粗糙多毛、叶缘不规整、植物的综合生长习性较疏松者，质感也粗壮，如构树 (*Broussonetia papyrifera*)、泡桐等；反之，则质感细腻，如合欢、文竹 (*Asparagus plumosus*) 等。

根据植物的质地在景观中的特性与潜在用途，可分为三类：粗质型、中质型、细质型（图 3-5）。粗质型植物通常具有大而多毛的叶片、粗壮而稀疏的枝干 (无细小枝条)、疏松的树形，如木芙蓉、棕榈、广玉兰、鸡蛋花、梧桐、木棉等。中质型植物指具有中等大小叶片、枝干具有适度密度的植物，多数植物属于此类，如女贞、国槐、银杏、紫薇、木槿、金盏菊 (*Calendula officinalis*) 等。细质型植物具有许多细小叶片和微小脆弱的小枝，以及具有整齐密集而紧凑的冠型特性，如文竹、天门冬 (*Asparagus cochinchinensis*)、鸡爪槭、合欢、金凤花 (*Caesalpinia pulcherrima*)、地肤 (*Kochia scoparia*)、沿阶草 (*Ophiopogon japonicus*)、酢浆草及刘剪后的草坪等。

图 3-5　粗质型和细质型对比

第二节　观赏植物的色彩美

植物色彩美是构成园林美的主要角色，包括叶、花、果、枝干的色彩。不同色彩会让人产生不同的心理感受，如红色、黄色暖色调的植物给人以热闹、温暖的感觉，蓝色、青色等冷色的植物给人以宁静的感觉。不同色彩的搭配，也能渲染出不同的气氛。

一、叶

在植物的生长周期中，叶片出现的时间最久。叶色与花色及果色一样，也是重要的观赏要素。大多数植物的叶为绿色，但不同种类和生长期的叶色深浅各有不同，如垂柳初发叶时由黄绿逐渐变为淡绿，夏秋季为浓绿。一般而言，常绿树的叶色较深，落叶树尤其是其春季新叶叶色较浅。多数阔叶树早春的叶色为嫩绿色，如刺槐、银杏、悬铃木、合欢、落叶松（*Larix gmelini*）、水杉等一些落叶阔叶树和部分针叶树为浅绿色，大叶黄杨、女贞、枸骨、柿树、樟树等叶色深绿，油松、华山松、侧柏、圆柏等多数常绿针叶树以及山茶等常绿阔叶树为暗绿色。此外，翠柏为蓝绿色，桂香柳（*Elaeagnus angustifolia*）、胡颓子为灰绿色。

除了常见的绿色以外，许多植物尤其是观赏树木的叶片在春季、秋季，或在整个生长季内甚至常年呈现异样的色彩，像花朵一样绚丽多彩。利用观赏植物的不同叶色可以表现各种艺术效果，尤其是运用秋色叶树种和春色叶树种可以充分表现园林的季相美。色叶植物也称彩叶植物，是指叶片呈现红色、黄色、紫色等异于绿色的色彩，具有较高的观赏价值，以叶色为主要观赏要素的植物。色叶植物的叶色表现主要与叶绿素、胡萝卜素和叶黄素以及花青素的含量和比例有关。气候因素如温度，环境条件如光强、光质，栽培措施如肥水管理等，均可引起叶内各种色素尤其是胡萝卜素和花青素比例的变化，从而影响色叶植物的色彩。根据叶色变化的特点，可以将其分为春色叶植物、常色叶植物、斑色叶植物和秋色叶植物等几类。

（1）春色叶类：春季，许多观赏植物的新叶呈现出如花般的色彩。春色叶植物春季新发生的嫩叶呈现红色、紫红色或黄色等。常见的有石楠、山麻杆(*Alchornea davidii*)、樟树、山杨、马醉木 (*Pieris polita*)、臭椿等。"一树春风千万枝，嫩于金色软于丝"，白居易的《杨柳枝词》把早春垂柳枝条的那种纤细柔软、嫩黄似金的色彩描绘得生动可人。在南方暖热地区，有许多常绿树的新叶不限于在春季发生，只要发出新叶就会具有美丽色彩，如铁力木等。

(2) 秋色叶类：秋色叶树种指秋季树叶变色比较均匀一致，持续时间长、观赏价值高的树种。如秋叶红色的枫香、鸡爪槭、黄连木、黄栌、乌桕、槲树、盐肤木、连香树、卫矛(*Euonymus alatus*)、花楸等；秋叶黄色的银杏、金钱松、鹅掌楸、白蜡、白桦、无患子、黄檗等；秋叶古铜色或红褐色的水杉、落羽杉、池杉、水松(*Glyptostrobus pensilis*)等。"停车坐爱枫林晚，霜叶红于二月花"，杜牧描绘秋叶的诗句脍炙人口、流传至今。

(3) 常色叶类：常色叶树种大多数是由芽变或杂交产生，并经人工选育的观赏品种，其叶片在整个生长期内或常年呈现异色。色彩种类非常丰富，有黄色类、橙色类、紫红类、蓝色类等。如红色的红枫、红羽毛枫(*Acer palmatum* 'Dissectum Ornatum')、红桑等，紫色和紫红色的紫叶李(*Prunus cerasifera* f. *atropurpurea*)、紫叶小檗，黄色的金叶女贞(*Ligustrum* × *vicary*)、黄金榕、金叶假连翘、金叶风箱果(*Physocarpus opulifolium* 'Lutens')等。

(4) 斑色叶类：斑色叶树种是指绿色叶片上具有其他颜色的斑点或条纹，或叶缘呈现异色镶边(可统称为彩斑)的树种，资源极为丰富，许多常见树种都有具有彩斑的观赏品种。常见的有洒金珊瑚、金心大叶黄杨(*Euonymus japonica* 'Aureus')、金边瑞香(*Daphne odora* 'Marginata')、金边女贞(*Ligustrum ovalifolium* 'Aurueo-marginatum')、花叶锦带花(*Weigela florida* 'Variegata')、变叶木、金边胡颓子(*Elaeagnus pungens* 'Aurea')、弗拉门戈花叶槭(*Acer negundo* 'Flamingo')等。

(5) 双色叶类：某些树种，其叶背与叶表的颜色显著不同，在微风中就形成特殊的闪烁变化的效果，这类树种特称为"双色叶树"。例如紫金牛(*Ardisia japonica*)、银白杨、胡颓子、栓皮栎、红背桂(*Excoecaria cochinchinensis*)等。

在草本植物中，也有不少重要的彩叶植物，其中最为著名的是彩叶草(*Coleus scutellarioides*)和五色苋(*Alternanthera bettzickiana*)。其他常用的还有苋(*Amaranthus tricolor*)、金叶过路黄(*Lysimachia nummularia* 'Aurea')、银叶菊(*Senecio cineraria*)、红草五色苋(*Alternanthera amoena*)、血苋(*Iresine herbstii*)、尖叶红叶苋(*I. lindenii*)、银边翠(*Euphorbia marginata*)、花叶玉簪(*Hosta plantaginea* 'Fairy Variegata')、红叶甜菜(*Beta vulgaris* var. *cicla*)、紫叶鸭跖草(*Tradescantia pallida*)、冷水花(*Pilea cadierei*)、花叶竹芋(*Maranta bicolor*)、花叶万年青(*Dieffenbachia picta*)等。

二、花

花色为花冠或花被的颜色，有些种类如珙桐、叶子花、四照花等为苞片的颜色。花色有单色与复色之分，复色多为人工培育的品种。自然界中绝大多数植物的花色为白、黄、红三大主色，这是植物长期自然选择的结果，因这些颜色最易引诱昆虫，特别是白色，即使在黑夜微弱的光线下也容易引起昆虫的注意。

(1) 红色：红色是令人振奋鼓舞、热情奔放之色，对游人的心理易产生强烈的刺激，具有极强的注目性、诱视性和美感，但红色也能引发恐怖和动乱、血腥与战斗的心理联想，令人视觉疲劳。

观赏植物中红花种类很多,而且花色深浅不同、富于变化。如樱花、榆叶梅、石榴、合欢、紫荆、扶桑、夹竹桃、木棉(*Bombax ceiba*)、红千层、贴梗海棠、牡丹、玫瑰、山茶、映山红、日本绣线菊(*Spiraea japonica*)、羊蹄甲、美蕊花(*Calliandra surinamensis*)、龙船花(*Ixora chinensis*)、一品红(*Euphorbia pulcherrima*)、炮仗花、凌霄、一串红(*Salvia splendens*)、鸡冠花、千日红(*Gomphrena globosa*)、矮牵牛、翠菊、毛地黄(*Digitalis purpurea*)、美人蕉、美女樱(*Verbena hybrida*)、芍药、大丽花、红花酢浆草(*Oxalis corymbosa*)等。

(2)黄色:黄色给人庄严富贵、明亮灿烂和光辉华丽之感,其明度高,诱目性强,是温暖之色。因此,在庭园、林中空地或林缘的阴暗处配置黄色的观赏植物可使林中顿时明亮起来,气氛活跃。

开黄花的植物主要有蜡梅、金缕梅、迎春、连翘、金钟花、黄蔷薇、棣棠、金丝桃、金桂、黄蝉(*Allemanda schottii*)、黄杜鹃、黄刺玫、金露梅(*Potentilla fruticosa*)、山茱萸(*Cornus officinale*)、栾树、锦鸡儿(*Caragana sinica*)、黄槐(*Cassia surattensis*)、伞房决明(*C. corymbosa*)、决明(*C. tora*)、黄兰(*Michelia champaca*)、云南黄馨、黄花马缨丹(*Lantana camara* 'Flava')、菊花、花菱草(*Eschscholtzia californica*)、金盏菊、月见草(*Oenothera biennis*)、大花金鸡菊、麦秆菊(*Helichrysum bracteatum*)、黄羽扇豆(*Lupinus luteus*)、金鱼草、美人蕉、黄菖蒲(*Iris pseudacorus*)、金针菜(*Hemerocallis citrina*)等。

(3)白色:白色给人以素雅、明亮、清凉、纯洁、神圣、高尚、平安无邪的感觉,但使用过多会有冷清和孤独萧然之感。

白色系的开花植物主要有:木绣球、白丁香(*Syringa oblata* var. *alba*)、山梅花、玉兰、珍珠梅、栀子、茉莉、麻叶绣球、珍珠绣线菊(*Spiraea thunbergii*)、白杜鹃、白牡丹、广玉兰、日本樱花、白碧桃、白鹃梅、刺槐、白梨、溲疏、红瑞木、七叶树、石楠、鸡麻(*Rhodotypos scandens*)、女贞、海桐、天目琼花(*Viburnum opulus* var. *calvescnes*)、石竹、霞草(*Gypsophila elegans*)、瓣蕊唐松草(*Thalictrum petaloideum*)、百合、银莲花(*Anemone coronaria*)等。

(4)蓝紫色:蓝色有冷静、沉着、深远宁静和清凉阴郁之感;紫色给人以高贵庄重、优雅神秘之感,均适于营造安静舒适而不乏寂寞的空间。

园林中开纯蓝色花的植物相对较少,一般是蓝堇色、紫堇色。如紫丁香、紫藤、苦楝、绣球、木槿、蓝花楹(*Jacaranda acutifolia*)、紫玉盘(*Uvaria macrophylla*)、醉鱼草、泡桐、荷兰菊(*Aster novi-belgii*)、紫菀(*A. tataricus*)、紫罗兰、藿香蓟(*Ageratum conyzoides*)、蓝羽扇豆(*Lupinus hirsutus*)、蓝花鼠尾草(*Salvia farinacea*)、一串紫(*S. splendens* var. *atropurpura*)、二月兰、婆婆纳(*Veronica didyma*)、风信子、薰衣草(*Lavandula officinalis*)、瓜叶菊、三色堇、紫花地丁(*Viola philippica*)、桔梗(*Platycodon grandiflorus*)、紫茉莉(*Mirabilis jalapa*)等。

此外,有些植物的花色为橙色,如萱草、旱金莲、万寿菊(*Tagetes erecta*),有些植物的花色为粉色,色调的范围非常之大,有蓝粉色、黄粉色、亮鲑肉色等冷暖两极的多种粉色形式,桃叶杜鹃、月季、粉色八仙花、毛地黄、福禄考、波斯菊、石竹类等有粉色花。还有些植物的同一植株、一朵花甚至一个花瓣上的色彩也往往不同,如桃、梅、山茶均有"洒金"类品种,而金银花(*Lonicera japonica*)、金银木等植物的花朵初开时白色,不久变为黄色,整株上黄白相间;绣球花的花色则与土壤酸碱度有关,或白或蓝或红色。五色梅(*Lantana camara*)的一个花序上有三四种颜色;大部分菊科植物舌状花与管状花两种颜色。

三、果实

果实成熟于盛夏或凉秋之际，体现着成熟与丰收。在观赏上，果色以红紫为贵，黄色次之。苏轼诗曰，"一年好景君须记，最是橙黄橘绿时"，说明了果实成熟时的景色。

常见的观果树种中，红色的有朱砂根(*Ardisia crenata*)、郁李、樱桃、杨梅、小檗、卫矛、铁冬青(*Ilex rotunda*)、天目琼花、桃叶珊瑚、水枸子、柿树、石楠、石榴、荚蒾、珊瑚树(*Viburnum odoratissimum*)、山楂(*Crataegus pinnatifida*)、南天竹、金银木、接骨木(*Sambucus williamsii*)、火炬树、火棘、花楸、红果仔(*Eugenia uniflora*)、枸骨、冬青等；黄色的有柚子、佛手、柠檬(*Citrus limonia*)、梨、木瓜、沙棘(*Hippophae rhamnoides* var. *sinensis*)、枇杷、芒果(*Mangifera indica*)、杨桃、鞑靼忍冬等；白色的有红瑞木、球穗花楸(*Sorbus glomerulata*)、湖北花楸(*S. hupehensis*)、雪果(*Symphoricarpos albus*)、芫花等；蓝紫色的有白檀、葡萄、紫珠、海州常山、蓝靛果忍冬、蛇葡萄、阔叶十大功劳、欧洲李等；黑色果实的有女贞、刺楸、枇杷叶荚蒾、毛梾、鼠李、黑果枸子等。

草本植物中，果色鲜艳、常用于观赏的有五色椒、乳茄、冬珊瑚、观赏南瓜(*Cucurbita pepo* var. *ovifera*)等。

四、枝干

枝干的色彩虽然不如叶色、花色那么鲜艳和丰富，但也有多样的可赏性。尤其是冬季，乔灌木的枝干往往成为主要的观赏对象。如枝干绿色的有棣棠、梧桐、青榨槭、桃叶珊瑚(*Aucuba chinensis*)、枸橘、野扇花(*Sarcococca ruscifolia*)、檫木(*Sassafras tzumu*)、木香，以及大多数竹类植物；枝干黄色的有美人松(*Pinus sylvestris* var. *sylvestriformis*)、金枝垂柳(*Salix alba* var. *tristis*)、黄金槐、黄皮京竹(*Phyllostachys aureosulcata* 'Aureocaulis')、金竹(*P. sulphurea*)、佛肚竹(*Bambusa ventricosa*)等；枝干白色的有白桦、粉箪竹(*Bambusa chungii*)、银白杨、柠檬桉等；枝干红色和紫红色的有红桦(*Betula albo-sinensis*)、红瑞木(*Swida alba*)、山桃、红槭等。

此外，在竹类植物中，许多观赏竹的竹秆具有异色条纹或斑点，如竹秆黄色并具绿色条纹的黄金间碧玉竹(*Bambusa vulgaris* 'Vittata')，竹秆绿色并具黄色条纹的黄槽竹(*Phyllostachys aureosulcata*)，竹秆绿色并具紫色斑点的湘妃竹(*P. reticulata* 'Lacrina-deae')等。

第三节 观赏植物的意境美

园林观赏植物的美，除可用感官直接感受之外，还能通过思维比拟、联想，而得到进一步的扩展、延伸，形成园林观赏植物的意境美或风韵美。通过比拟、联想、象征，可以丰富园林观赏植物美的内涵，比形式美更广阔、深刻；可以超越时空的限制，较感官美更持久、无限。

意境美是人们赋予观赏植物的一种感情色彩，这是花木自然美的升华，往往与不同国家、地区的风俗和文化有关。中国历史悠久，文化灿烂，很多古代诗词及民俗中都留下了赋予植物人格化的优美篇章。古典园林的植物配置既表现植物自身的观赏特性，也表现其文化内涵。因此，意境是中国古典园林的灵魂，而园林意境的表现与中国花文化密不可分。

在我国悠久的历史中，许多花木被人格化，赋予了特殊的含义，如梅花之清标高韵、竹子节格刚直、兰花幽谷雅逸、菊花操介清逸。松、竹、梅被誉为"岁寒三友",象征着坚贞、气节和理想,代表高尚的品质,明朝冯应京《月令广义》云:"松、竹、梅称岁寒'三友'。"传统的松、竹、梅配置形式意境高雅而鲜明,而梅、竹又与兰、菊一起被称为"四君子"。

松为"百木长",表示高尚品格。魏·刘桢有"亭亭山上松,瑟瑟谷中风;风声一何盛,松枝一何劲;冰霜正惨凄,终岁恒端正;岂不罹凝寒?松柏有本性"的诗句;唐·白居易的"岁暮满山雪,松色郁青苍;彼如君子心,秉操贯冰霜"也赞美了松的品格。因此,常用于烈士陵园纪念革命先烈,也象征着长寿和永年,毛主席纪念堂南面的松林配置是较好的例子。竹是中国文人喜爱的植物,"群居不乱独立自峙,振风发屋不为之倾,大旱干物不为之瘁,坚可以配松柏,劲可以凌霜雪……"是竹子的真实写照,故苏东坡有"宁可食无肉,不可居无竹"之言。造景中"竹径通幽"最为常用,松竹绕屋更是古代文人喜爱之处。梅更是广大中国人民喜爱的植物,梅不畏寒冷、傲雪怒放,"万花敢向雪中开,一树独先天下春"、"无意苦争春,一任群芳妒"都赞美了梅花不畏严寒和虚心奉献的精神。林和靖的"疏影横斜水清浅,暗香浮动月黄昏"更是梅花的传神之作。成片的梅林具有香雪海的景观,以梅命名的景点极多,如梅花山、梅岭、梅岗、梅坞、雪香云蔚等。兰被认为最雅,"清香而色不艳",叶姿飘逸,幽香清远,生于幽谷,绿叶幽茂,柔条独秀,无矫揉之态,无媚俗之意。明代张羽有诗"能白更兼黄,无人亦自芳;寸心原不大,容得许多香。"菊花耐寒霜,晚秋独吐幽芳,宋·陆游诗曰:"菊花如端人,独立凌冰霜……高情守幽贞,大节凛介刚",可谓"幽贞高雅"。陶渊明更有"芳菊开林耀,青松冠岩列;怀此贞秀姿,卓为霜下杰",赞美菊花不畏风霜的君子品格。

此外,迎春、梅花、山茶、水仙被誉为"雪中四友";而庭前植玉兰、海棠、迎春、牡丹和桂花则称"玉堂春富贵"。宋朝张景修的十二客之说,以牡丹为贵客、梅花为清客、菊花为寿客、瑞香为佳客、丁香为素客、兰花为幽客、莲花为净客、桂花为仙客、茉莉为远客、蔷薇为野客、芍药为近客、酴醾为雅客。曾瑞伯则有十友之说,以酴醾为韵友、茉莉为雅友、瑞香为殊友、荷花为净友、桂花为仙友、海棠为名友、菊花为佳友、芍药为艳友、梅花为清友、栀子为禅友。

我国历代文人墨客留下了大量描绘花木的诗词歌赋。刘禹锡吟咏栀子、桃花、杏花,杜牧常以杏花、荔枝为题,而扬州琼花之名满天下,实因文人的大量咏颂而起。宋代周敦颐《爱莲说》写荷花曰:"出淤泥而不染,濯清莲而不妖,中通外直,不蔓不枝,香远益清,亭亭净植……"把荷花的自然习性和人的思想品格联系起来,使人们对荷花的欣赏不仅停留在其自然之美,还延伸到对其高尚品格的崇敬。此外,如香椿象征着长寿,因《庄子逍遥游》"上古有大椿者,以八千岁为春,八千岁为秋";柳树枝条细柔、随风依依,象征着情意绵绵,古人常以柳喻别离,《诗经·小雅》有"昔我往矣,杨柳依依";《诗经·小雅》又有"维桑与梓,必恭敬止",自古以来桑树与梓树均常植于庭院,故以"桑梓"指家乡。

第四章　观赏植物的生物与生态习性

第一节　观赏植物的生长发育

　　植物在同化外界物质的过程中，通过细胞的分裂和扩大(也包括某些分化过程在内)，导致体积和重量不可逆地增加，称为"生长"。在其生活史中，建筑在细胞、组织、器官分化基础上的结构和功能的变化，称为"发育"。生长与发育关系密切，生长是发育的基础。植物从播种开始，经幼年、性成熟开花、衰老直至死亡的全过程称为"生命周期"。植物在一年中经历的生活周期称为"年周期"。春播一年生植物在年内完成生命周期，其年周期就是生命周期；二年生植物需跨年度完成生命周期；多年生植物从繁殖开始，经过或长或短的生长发育过程才能进入开花结实阶段，此后每年开花结实直到最后衰老死亡完成其生命周期。

一、观赏植物的年周期

　　年生长周期是指每年随着气候变化，植物的生长发育表现出与外界环境因子相适应的形态和生理变化，并呈现出一定的规律性。多年生植物的年周期可以分为生长期和休眠期，在落叶树中最为显著。现以落叶树为例进行说明。

　　在一年中，落叶树的生命活动随季节变化而出现萌芽、抽枝、展叶、开花、果实成熟、落叶等物候现象，有显著的生长期和休眠期，二者之间又各有一个过渡时期。从春季开始萌芽生长，至秋季落叶前为生长期；落叶后至翌年萌芽前，为适应冬季低温等不良环境条件，处于休眠状态，为休眠期。

　　(1)休眠转入生长期：这一时期处于树木将要萌芽前到芽膨大待萌时止。树木休眠的解除，通常以芽的萌发作为形态指标，而生理活动则更早。如在温带地区，当日平均温度稳定在3℃时(有些树木是0℃)，树木的生命活动加速，树液流动，芽逐渐膨大直至萌发，树木从休眠转入生长期。树木在此期抗寒能力降低，遇突然降温，萌动的芽和枝干西南面易受冻害，干旱地区还易出现枯梢现象。

　　(2)生长期：从树木萌芽生长至落叶，即包括整个生长季节。这一时期在一年中所占的时间较长。在此期间，树木随季节变化，会发生极为明显的变化，出现各种物候现象，如萌芽、抽枝展叶或开花、结实，并形成新器官如叶芽、花芽。生长期的长短因树种和树龄不同而不同，叶芽萌发是茎生长开始的标志，但根系的生长比茎的萌芽要早。树木萌芽后，抗寒力显著下降，对低温变得敏感。

　　(3)生长转入休眠期：秋季叶片自然脱落是树木进入休眠的重要标志。在正常落叶前，新梢必须经过组织成熟过程才能顺利越冬。树木的不同器官和组织进入休眠的早晚不同。某些芽的休眠在落叶前较早就已发生，皮层和木质部进入休眠也早，而形成层迟，故初冬遇寒流形成层易受冻。地上部分主枝、主干进入休眠较晚，而以根茎最晚，故也易受冻害。刚进入休眠的树木，处在初休眠(浅休眠)状态，耐寒力还不强，如遇间断回暖会使休眠逆转，突然降温常遭冻害。

(4) 相对休眠期：秋季正常落叶到次年春季树木开始生长为止是落叶树木的休眠期。在树木的休眠期，短期内虽然看不出有生长现象，但体内仍进行着各种生命活动，如呼吸、蒸腾、芽的分化、根的吸收、养分合成和转化等。落叶休眠是温带树木在进化过程中对冬季低温环境形成的一种适应性，冬枯型的宿根花卉也是如此。另一方面，有些树木必须通过一定的低温阶段才能萌发生长。一般原产温带的落叶树木，休眠期要求一定的 0~10℃ 的累计时数，原产暖温带的树木要求一定的 5~15℃ 的累计时数，冬季低温不足会引起次年萌芽和开花参差不齐。

常绿树并非周年不落叶，而是叶的寿命较长，多在一年以上，如松属一般为 2~5 年，冷杉属 3~10 年，红豆杉属可达 6~10 年。每年仅仅脱落部分老叶(一般在春季与新叶展开同时)，又能增生新叶，因此全树终年连续有绿叶存在，其物候动态比较复杂，尤其是热带地区的常绿阔叶树。如有些树木在一年内能多次抽梢、多次开花结实，甚至在同一植株上可以看到抽梢、开花、结实等多个物候现象重叠交错的情况。

二、观赏植物的生命周期

植物的生命周期指植物从繁殖开始，经过幼年、成年、老年直到个体生命结束为止的全部生活史。不同类别的植物，生命周期过程中生长与衰亡的变化规律不同。

(一) 草本植物

一年生花卉的生命周期在一个生长季内完成，也就是从种子萌发至开花、结果、新种子成熟在一年内完成，如鸡冠花、一串红、万寿菊、凤仙花和百日草等。二年生花卉的生命周期在两个生长季内完成，第一年秋季播种后萌发并进行营养生长，然后越冬，第二年春天进行花芽分化、开花、结果，然后死亡，如三色堇、桂竹香等。

因此，一、二年生花卉的生命周期基本上可分为四个阶段。①种子发芽期：从种子萌发至子叶充分展开、第一片真叶出现为种子发芽期。②幼苗期：从第一片真叶出现至植株进行花芽分化、现蕾为幼苗期。③开花期：从植株花芽分化、现蕾至花朵盛开、出现幼果为开花期。■结果期：从幼果出现到果实成熟、生长结束为结果期。结果后死亡，完成生命周期。

多年生草本观赏植物为宿根性，如香蕉、石刁柏、菊花、芍药和草坪植物等。播种或栽植后一般当年或次年就可开花结果，当冬季来临时，地上部分枯死或进入休眠，完成一个年生长周期。第二年转暖后重新发芽生长，进行下一个周期的生命活动。这样不断重复、年复一年，直至衰老死亡。

(二) 木本植物

木本植物为多年生，因繁殖方式不同，同一树种的生命周期会有差异。

(1) 实生树：以种子繁殖形成的实生树，其生命周期一般可以划分为幼年和成年(成熟)两个阶段。从种子萌发到具有开花潜能(具有形成花芽的生理条件，但不一定就开花)之前的一段时期称为幼年阶段。中国民谚的"桃三杏四梨五年"指的就是这些树种的幼年期。不同树种的幼年阶段差别很大，如矮石榴、紫薇的播种苗当年或次年就可开花，牡丹要 5~6 年，而银杏则达 15~20 年。幼年阶段后，树木获得了形成花芽的能力。开花是树木进入性成熟的最明显的特征，经过多年开花结实后，树木逐渐出现衰老和死亡现象。

实生大树尽管已经进入了成年阶段，但同一株树的不同部位所处的阶段并不一致。树冠外围的枝能开花结果，显然处于成年阶段，而树干基部萌发的枝条常常还处在幼年阶段，即"干龄老，阶段幼；枝龄小，阶段老"。这在给观赏树木或果树修剪整形以及进行扦插繁殖时均应注意。

(2) 营养繁殖树：营养繁殖树一般已通过了幼年阶段，因此没有性成熟过程。只要生长正常，有成花诱导条件，随时就能成花。但是在苗木栽植后，树体矮小，没有营养积累，短时间内也不能开花结果，必须经过一段时间的旺盛营养生长期，积累了足够的养分才能正常开花结果。所以，无性繁殖的木本植物的生命周期可划分为营养生长期、成年期两个阶段。有些树种由于长期采用无性繁殖，非常容易衰老，如垂柳。

(3) 离心生长与离心秃裸：树木自播种发芽或经营养繁殖成活后，直至形成最大的树冠为止，以根茎(根与茎干的交接处)为中心，根和茎总是以离心的方式进行生长。根在土壤中逐年形成各级骨干根和侧生根，茎干不断向上和四周生长形成各级骨干枝和侧生枝，占据愈来愈大的空间。根系和茎干的这种生长方式称离心生长。由于受遗传性和树体生理以及环境条件的影响，树木的离心生长总是有限的，任何树种都只能达到一定的大小和范围。

在根系离心生长过程中，骨干根上最早形成的须根由基部至根端出现逐步衰亡，称为"自疏"；同样，地上部分由于离心生长，外围生长点不断增多，枝叶茂密，使内膛光照不良，同时因壮枝竞争养分的能力强而使膛内早年形成的侧生小枝得到的养分减少、长势减弱，逐年由骨干枝基部向枝端方向出现枯落，这种现象称"自然打枝"。在树木离心生长过程中，以离心方式出现的根系自疏和树冠的自然打枝统称为离心秃裸。

(4) 何心更新与向心枯亡：随着树龄的增加，由于离心生长和离心秃裸，造成地上部分大量的枝芽生长点及其产生的叶、花、果都集中在树冠的外围，枝端重心外移，骨干枝角度变大，甚至弯曲下垂。加上地下远处的吸收根与树冠外围枝叶间的运输距离增大，使端枝生长势减弱。当树木生长接近在该地达到最大树体时，某些中心干明显的树种，其中心干延长枝发生分叉或弯曲，称为"截顶"或"结顶"。

当离心生长日趋衰弱，具有长寿潜伏芽的树种，常于主枝弯曲高位处萌生直立旺盛的徒长枝，开始进行树冠的更新。徒长枝仍按照离心生长和离心秃裸的规律形成新的小树冠，俗称"树上长树"。随着徒长枝的扩展，加速主枝和中心干的先端出现枯梢，全树由许多徒长枝形成新的树冠，逐渐代替原来衰亡的树冠。当新树冠达到最大限度后，同样会出现先端衰弱，从而萌发新的徒长枝。这种枯亡和更新的发生，一般都是由冠外向内膛、由顶部向下部，直到根茎部分而进行的，因而称作向心枯亡和向心更新。

不同树种的更新方式和能力很不相同。一般而言，离心生长和离心秃裸几乎所有树种均出现，而向心枯亡和向心更新只有具有长寿潜伏芽的种类才出现，而其中的乔木种类尤为明显，如国槐常常出现向心更新。潜伏芽寿命短的树种则较难更新，如桃；无潜伏芽的树种难以向心更新，如棕榈。此外，有些树种还可靠萌蘖更新。

第二节　观赏植物的生态习性

植物所生活的空间称作环境。植物与环境之间有着密切的关系，各种环境因子均影响植物的生长发育。因此，了解植物与环境之间的关系，对于观赏植物的栽培、繁殖和园林应用都具有重要的意义。环境因子主要包括温度因子、水分因子、光照因子、土壤因子和空气因子等，但它们对植物的影响是综合的，而且各生态因子之间并非孤立、而是相互联系及制约的，如温度和相对湿度受光照强度的影响。尽管组成环境的所有生态因子都是植物生长发育所必需的，但对某一种植物，甚至植物的某一生长发育阶段而言，常常有 1～2 个因子起决定性作用，这种起决定性作用的因子就叫"主导因子"。如橡胶树是热带雨林植物，其主导因子是高温高湿；仙人掌是热带荒漠植物，其主导因子是高温干燥。这两种植物离开了高温都要死亡。又如高山植物常年生活在云雾缭绕的环境中，在引种到低海拔平地时，空气湿度是存活的主导因子。

由于植物长期生长在特定环境中，受到该环境条件的特定影响，通过新陈代谢，在植物的生活过程中就形成了对某些生态因子的特定需要，这就是其生态习性。如仙人掌类植物主要分布于墨西哥干旱沙漠地区，这种高温缺水的环境使大多数仙人掌类植物形成了耐热耐旱的特性；棕榈科植物大多要求温湿度较高的热带和南亚热带气候，如椰子、槟榔、鱼尾葵（*Caryota ochlandra*）等；落叶松、云杉、冷杉等则适宜生长在寒冷的北方或高海拔处；桃、梅、马尾松、木棉等要求生长在阳光充足之处，而铁杉（*Tsuga chinensis*）、金粟兰、虎刺（*Damnacanthus indicus*）、紫金牛等喜欢蔽荫的生长环境；映山红、山茶、栀子、白兰花、铁芒萁（*Dicranopteris linearis*）等喜欢酸性土，而盐碱土上则生长碱蓬（*Suaeda glauca*）、柽柳等植物；沙棘、梭梭（*Haloxylon ammodendron*）、光棍树（*Euphorbia tirucalli*）、龙血树、胡杨（*Populus euphratica*）等能在干旱的荒漠上顽强地生长，而睡莲、萍蓬草等则生长在湖泊、池塘中。

不同科属、亲缘关系很远的植物，由于长期生长于相似的生态环境，可形成相似的生态习性，如水生植物香蒲、荷花分别属于单子叶植物的香蒲科和双子叶植物的睡莲科，但均具有阳性、喜水的特性。反之，亲缘关系很近的植物，也可能具有截然不同的习性。如鸢尾属常见种类中，野鸢尾（*Iris dichotoma*）耐干旱瘠薄，鸢尾、德国鸢尾和银苞鸢尾（*I. pallida*）喜生于排水良好、适度湿润的土壤，溪荪（*I. sanguinea*）、马蔺（*I. lacteal var. chinensis*）和花菖蒲（*I. ensata var. hortensis*）喜生于湿润土壤至浅水中，而黄菖蒲和燕子花（*I. laevigata*）则喜生于浅水中。

一、气候因子

（一）温度

温度因子对植物的生长发育和分布具有极其重要的作用。各气候带温度不同，植物类型也有所差异，我国自南向北跨热带、亚热带、温带和寒带，地带性植物分别为热带雨林和季雨林、亚热带常绿阔叶林、暖温带落叶阔叶林和寒温带针阔混交林和针叶林。由于季节性变温，植物形成了与此相适应的物候期，呈现出有规律的季相变化。

1. 温度三基点

温度对植物生长发育的影响主要是通过对植物体内各种生理活动的影响而实现的。植物的各种生理活动都有最低、最高和最适温度，称为温度三基点。光合作用的最低温度约等于植物展叶时所需的最低温度，因植物种类不同而异，而光合作用的最适温度一般都在 25～35℃。

大多数植物生长的适宜温度范围为 4～36℃，但因植物种类和发育阶段而不同。热带植物如椰子树、橡胶树、槟榔等要求日均气温 18℃ 以上才能生长，王莲（*Victoria amazonica*）的种子需要在 30～

35℃的水温下才能发芽生长。亚热带植物如柑橘、樟树、油桐(*Veunicia fordii*)一般在15℃开始生长，最适生长温度为30～35℃。温带植物如桃树、国槐、紫叶李在10℃或更低温度开始生长，芍药在10℃左右就能萌发；而寒温带植物如白桦、云杉、东北红豆杉(*Taxus cuspidata*)在5℃就开始生长，最适生长温度约为25～30℃。在其他条件适宜的情况下，生长在高山和极地的植物最适生长温度约在10℃以内，不少原产北方高山的杜鹃花科小灌木，如长白山顶的牛皮杜鹃(*Rhododendron aureum*)、冰凉花(*Adonis amurensis*)甚至都能在雪地里开花。

一般植物在0～35℃的温度范围内，随温度上升生长加快，随温度降低生长减缓。植物生命活动的最高极限温度一般不超过50～60℃，其中原产于热带干燥地区和沙漠地区的种类较耐高温，如沙棘、桂香柳等；而原产于寒温带和高山的植物则常在35℃左右的气温下即发生生命活动受阻现象，如花楸、红松(*Pinus koraiensis*)、高山龙胆类和报春花类等。植物对低温的忍耐力差别更大，如红松可耐 -50℃低温，紫竹(*Phyllostachys nigra*)可耐 -20℃低温，而不少热带植物在0℃以上即受害，如轻木(*Ochroma lagopus*)在5℃死亡，椰子、橡胶树在0℃前叶片变黄而脱落。

2. 温度变化对植物的影响

地球上除了南北回归线之间及极圈地区外，根据一年中温度因子的变化可分为四季，不同地区的四季长短是有差异的，其差异的大小受其他因子如地形、海拔、纬度、季风、雨量等因子的综合影响。植物由于长期适应于季节性变化，就形成一定的生长发育节奏，即物候期。原产冷凉气候条件下的植物，每年必须经过一段休眠期，并要在温度低于5～8℃才能打破，不然休眠芽不会轻易萌发，如桃、丁香、连翘、杏树等的花芽在前一年形成，经过冬季低温后才能开花，如果不能满足这一低温阶段，第二年春季就不能开花或开花不良。

气温的日变化中，在接近日出时有最低值，在午后有最高值，最高值与最低值之差称为"日较差"或"气温昼夜变幅"。植物对昼夜温度变化的适应性称为"温周期"。总体上，昼夜变温对植物生长发育如种子发芽、植物生长和开花结实等是有利的。原产于大陆性气候地区的植物适于较大的日较差，而原产于海洋性气候区和一些热带的植物则要求较小的日较差。

3. 突变温度对植物的影响

温度对植物的伤害，除了由于超过植物所能忍受范围的情况外，在其本身忍受的温度范围之内，也会由于温度发生急剧变化(突变温度)而受害甚至死亡。1975～1976年冬春，昆明市冬寒早而突然，4天内降温22.6℃，而且寒潮期间低温期长，不少植物受到冻害，最严重的是从澳大利亚引入作为行道树的银桦和蓝桉。温度的突变可分为突然低温和突然高温两种情况。突然低温可由强大寒潮南下而引起，对植物的伤害一般可分为寒害、霜害、冻害、冻拔、冻裂等。

(1) 寒害：寒害指气温在0℃以上使植物受害甚至死亡，受害植物均为热带喜温植物，例如热带的丁子香在气温为6.1℃时叶片严重受害，3.4℃时树梢即干枯；三叶橡胶、椰子等在气温降至0℃以前，均叶色变黄而落叶。另外，轻木、榴莲(*Durio zibethinus*)等植物也会受到寒害。

(2) 霜害：当气温降至0℃时，空气中过饱和的水汽在物体表面就凝结成霜，这时植物的受害称为霜害。如果霜害的时间短，而且气温缓慢回升时，许多种植物可以复原，如果霜害时间长而且气温回升迅速，则受害的叶子反而不易恢复。

(3) 冻害：气温降至0℃以下，细胞间隙出现结冰现象，严重时导致质壁分离，细胞膜或壁破裂就会死亡。

（4）冻拔：冻拔常出现于高纬度的寒冷地带以及高山地区，当土壤含水量过高时，由于土壤结冰而膨胀升起，连带将植物抬起，至春季解冻时土壤下沉而植物留在原位造成根部裸露死亡。这种现象多发生于苗期和草本植物。

（5）冻裂：在寒冷地区的阳坡或树干的阳面由于阳光照射，使树干内部与干皮表面温度相差较大，对某些树皮较薄、木射线较宽的树种而言就会形成冻裂，如毛白杨、山杨、糠椴（*Tilia mandshurica*）、七叶树、青杨等。冬季对其进行树干包扎、缚草或涂白可预防冻裂。

植物抵抗突然低温伤害的能力，因植物种类和植物所处的生长状况而不同。如以柑橘类而论，柠檬在－3℃受害，甜橙在－6℃受害，而温州蜜橘及红橘在－9℃受害，但金柑在－11℃才受害。对于同一种植物而言，以休眠期最强，营养生长期次之，生殖期抗性最弱；同一植物的不同器官或组织的抗低温能力亦不相同，以胚珠最弱，心皮次之，雌蕊以外的花器又次之，果及嫩叶又次之，叶片再次之，而以茎干的抗性最强。但是以具体的茎干部位而言，以根茎即茎与根交接处的抗寒能力最弱。

突然高温主要是指短期的高温而言。当温度过高时可使蛋白质凝固及造成物理伤害，如皮烧等。一般言之，热带的高等植物有些能忍受 50～60℃ 的高温，但大多数高等植物的最高点是 50℃ 左右，其中被子植物较裸子植物略高，前者近 50℃，后者约 46℃。

此外，影响植物生长的温度因子还有极端高温、极端低温等，这对于植物引种工作尤其重要。

4. 生长期积温

植物在生长期中高于某温度数值以上的昼夜平均温度的总和，称为该植物的生长期积温。依同理，亦可求出该植物某个生长发育阶段的积温。积温又可分为有效积温与活动积温。有效积温是指植物开始生长活动的某一段时期内的温度总值。其计算公式为：$S = (T - T_0)n$

式中，T 为 n 日期间的日平均温度，T_0 为生物学零度，n 为生长活动的天数，S 为有效积温。生物学零度为某种植物生长活动的下限温度，低于此则不能生长活动，例如某树由萌芽至开花经 15 天，其间的日平均温度为 18℃，其生物学零度为 10℃，则 $S = (18 - 10) \times 15 = 120℃$。即从萌芽到开花的有效积温为 120℃。

生物学零度因植物种类、地区而不同，但是一般为方便起见，常概括地根据当地大多数植物的萌动物候期及气象资料，而作个概括规定。在温带地区，一般用 5℃ 作为生物学零度；在亚热带地区，常用 10℃；在热带地区多用 18℃ 作为生物学零度。活动积温则以物理零度为基础。计算时极简单，只需将某一时期内的平均温度乘以该时期的天数即得活动积温，亦即逐天的日平均温度的总和。

各种植物的遗传性不同，对温度的适应能力有很大差异。有些种类对温度变化幅度的适应能力特别强，因而能在广阔的地域生长、分布，这类植物称为"广温植物"或广布种；只能生活在很狭小温度变化范围的种类称为"狭温植物"。

除了大气温度（气温）外，土壤温度也是影响植物生长和景观的重要因素。土壤温度是指土壤内部的温度，有时也把地面温度和不同深度的土地温度统称为土壤温度。其变幅依季节、昼夜、深度、位置、质地、颜色、结构和含水量而不同。表土变幅大，底土变幅小，在深 80～100 cm 处昼夜温度变幅已不显著。沙土比黏土温度变化快而变幅大；含有机质多而结构好的土壤，温度变化慢而变幅小。冬季地面积雪 20cm 时，土壤 20cm 深处的土温变化已不明显。

（二）水分因子

水分是植物体重要的组成成分，是保证植物正常生理活动、新陈代谢的主要物质。由于不同的植物种类长期生活在不同的水分条件环境中，形成了对水分需求关系上不同的生态习性和适应性。根据植物对水的依赖程度可把植物分为陆生植物和水生植物两大类，陆生植物包括旱生植物、中生植物和湿生植物，水生植物包括沉水植物、浮水植物和挺水植物等。

1. 旱生植物

旱生植物长期生长在雨量稀少的干旱地带，在生理和形态方面形成了适应大气和土壤干旱的特性，具有极强的耐旱能力。这类植物可用于营造旱生植物景观，如沙漠植物园、岩石园。旱生植物按适应干旱的机制不同，可分为硬叶植物、多浆植物和冷生植物。

硬叶植物的体内含水量少，叶片质地厚硬，常革质而有光泽，角质层厚，表皮细胞多层，气孔常生于下表皮而且下陷；细胞渗透压很高，多为深根性，根系发达，如柽柳、沙拐枣（*Calligonum mongolicum*）、梭梭、硬叶栎类、夹竹桃、卷柏、骆驼刺（*Codariocalyx motorius*）等。多浆植物又称多肉植物，具有肥厚多汁的茎叶，内有由薄壁细胞形成的贮水组织，能够贮存大量水分，如仙人掌科、景天科以及部分百合科、夹竹桃科、菊科植物。冷生植物多为高山植物，植株矮小，常呈团丛或匍匐状，如生长于寒冷而土壤干燥的高山地区的铺地柏类等垫状灌木（干冷生植物），以及生于寒冷而土壤湿润的寒带、亚寒带地区的欧石楠类（湿冷生植物），其中后者生境虽不缺水，但由于气候寒冷造成生理干旱，是温度和水分因子综合作用的结果。

2. 中生植物

大多数植物属于中生植物，它们不能忍受过分干旱和水湿的条件，但是由于种类众多，因而对干与湿的忍耐程度方面具有很大差异，又有耐旱和耐湿植物之分。

耐旱性强的如油松、侧柏、白皮松、荆条、酸枣等，倾向于旱生植物的特点，耐湿性强的如垂柳、枫杨、紫穗槐等，倾向于湿生植物的特点，但它们仍以在干湿适中的中生环境中生长最好。

3. 湿生植物

本类植物需要生长在潮湿的环境中，若在干燥或中生环境中常常生长不良甚至死亡。根据实际的生态环境又可以分为两种类型。

(1) 阳性湿生植物：生长在阳光充足、土壤水分经常饱和或仅有较短的干期地区的湿生植物，例如沼泽化草甸、河流沿岸低地、水边。由于土壤潮湿、通气不良，故根系多较浅，常无根毛，根部有通气组织，木本植物多有露出地面或水面的呼吸根。如池杉、落羽杉、水生鸢尾类、千屈菜（*Lythrum salicaria*）、水稻等。

(2) 阴性湿生植物：这是生长在光线不足、空气湿度较高、土壤湿润环境下的湿生植物。热带雨林或季雨林中的许多中下层植物属于本类型，如多种蕨类、海芋（*Alocasia macrorrhiza*）、秋海棠类以及多种天南星科、凤梨科的附生植物。这类植物的叶片大都很薄，栅栏组织和机械组织不发达而海绵组织很发达，根系亦不发达。

4. 水生植物

水生植物的通气组织发达而根系不发达或退化。根据植物与水的关系，又可分为四种类型。

(1) 挺水植物：植物体的基部或下部生于水中，上面尤其是繁殖体挺出水面。在自然群落中，挺水植物一般生于水域近岸或浅水处。如红树林植物、荷花、菖蒲、香蒲、水葱（*Schoenoplectus tabernaemontani*）等。

(2) 浮叶植物：植物的根系和地下茎生于泥中，叶片或植株大部分浮于水面而不挺出。如睡莲、王莲、芡实（*Euryale ferox*）等。

（3）漂浮植物：植株完全自由地漂浮于水面，根系舒展于水中，可随水流而漂浮，个别种类幼时有根生于泥中，后折断即行漂浮。如凤眼莲、浮萍（*Lemna minor*）、满江红（*Azolla imbricata*）、槐叶萍（*Salvinia molesta*）等。

（4）沉水植物：植物体在整个生活史中沉没于水中生活。如金鱼藻（*Ceratophyllum demersum*）、苦草（*Vallisneria natans*）等。

除了液态的水外，水分的其他形态对植物也具有一定的影响。在寒冷的北方，降雪可覆盖大地，能增加土壤水分、避免结冻过深，有利于植物越冬。但是在雪量较大的地区，会使树木受到雪压，引起枝干倒折的伤害。一般言之，常绿树比落叶树受害严重，单层纯林比复层混交林严重。

（三）光照因子

光是绿色植物光合作用不可缺少的能量来源，也正是绿色植物通过光合作用将光能转化为化学能，贮存在有机物（葡萄糖）中，才为地球上的生物提供了生命活动的能源。光质、光照强度、光照时间的长短都影响着植物的生长和发育。

1. 光质

光是太阳的辐射能以电磁波的形式投射到地球的辐射线，其能量的99%集中在波长为150～4000nm的范围内。人眼能看到的光波长为380～770nm，即是称为可见光的范围。一般言之，植物在全光范围即在白光下才能正常生长发育，但不同波长段即红光（760～626nm）、橙光（626～595nm）、黄光（595～575nm）、绿光（575～490nm）、青蓝光（490～435nm）、紫光（435～370nm）对植物的作用是不完全相同的。对植物的光合作用而言，以红光的作用最大，其次是蓝紫光。青蓝紫光对植物的加长生长有抑制作用，对幼芽的形成和细胞的分化有重要作用，还能抑制植物体内某些生长激素的形成因而抑制了茎的伸长，并产生向光性；还能促进花青素的形成，使花朵色彩鲜丽；紫外线也有同样的功能，所以在高山上生长的植物，节间均短缩而花色鲜艳。此外，红光和红外线都能促进茎的加长生长和促进种子及孢子萌发。

2. 日照时间长短对植物的影响

光照长度是指一天中日出到日落的时数。自然界中光照长度随纬度和季节而变化，是重要的气候特征。低纬度的热带地区，光照长度周年接近12h，两极则有极昼和极夜现象。植物对昼夜长短的日变化与季节长短的年变化的反应称为光周期现象，主要表现在诱导花芽的形成与休眠开始。不同植物在发育上要求不同的日照长度，这是植物在系统发育过程中适应环境的结果。根据植物对光照长度的适应性，可分为三种类型。

长日照植物需要较长时间的日照（长于临界日长）才能实现由营养生长向生殖生长的转化，花芽才能分化和发育，如令箭荷花、风铃草（*Campanula medium*）、天竺葵、大岩桐等。如果满足不了这个条件则植物将仍然处于营养生长阶段而不能开花。反之，日照愈长开花愈早。短日照植物需要较短的日照条件（短于临界日长）才能促进开花，如菊花、落地生根、蟹爪兰、一品红等。日照时数愈短则开花愈早，但每日的光照时数不得短于维持生长发育所需的光合作用时间。有人认为短日照植物需要一定时数的黑暗而非光照。中日照植物对光照长度不很敏感，如月季，只要发育成熟、温度适宜，几乎一年四季都可开花。

各种植物在长期的系统发育过程中所形成的特性，即对生境适应的结果，大多是因为长日照植物发源于高纬度地区而短日照植物发源于低纬度地区。通过光照处理，可以对植物的花期进行调节，用于布置花坛、美化街道以及各种场合造景的需要。

日照的长短对植物的营养生长和休眠也有重要的作用。一般言之，延长光照时数会促进植物的生长或延长生长期，缩短光照时数则会促使植物进入休眠或缩短生长期。对从南方引种的植物，为了使其及时准备过冬，则可用短日照的办法使其提早休眠以增强抗逆性。

3. 光照强度

植物对光强的要求，通常通过光补偿点和光饱和点来表示。光补偿点是光合作用所产生的碳水化合物与呼吸作用所消耗的碳水化合物达到动态平衡时的光照强度。在补偿点以上，随着光照的增强，光合强度逐渐提高，但达到一定值后，再增加光照强度，则光合强度也不再增加，这种现象叫光饱和现象，此时的光照强度就叫光饱和点。掌握植物的光补偿点和光饱和点，就可了解其生长发育的需光度，从而预测植物的生长发育状况及观赏效果。

根据植物对光强的要求，传统上将植物分成阳性植物、阴性植物和居于二者之间的中性植物(耐阴植物)。在自然界的植物群落组成中，可以看到乔木层、灌木层和地被层分布，各层植物所处的光照条件都不相同，这是长期适应的结果，从而形成了植物对光的不同生态习性。

(1)阳性植物：在全日照条件下生长最好而不能忍受庇荫的植物。一般光补偿点较高，若光照不足，往往生长不良，茎枝纤细、叶片黄瘦，甚至不能正常开花。在自然群落中，常为上层乔木或分布于草原、沙漠及旷野，一般需光度为全日照的70%以上。如落叶松、赤松、马尾松、落羽杉、池杉、水松、白桦、杜仲、刺槐、白刺花(*Sophora davidii*)、旱柳、臭椿、桃树、桉树、火炬树、合欢、椰子、木麻黄等木本植物，假俭草(*Eremochloa ophiuroides*)、结缕草、野牛草(*Buchloe dactyloides*)等多数草坪草，大多数露地一、二年生花卉，多数仙人掌科、景天科、番杏科植物，以及许多宿根花卉。阳性植物在应用时要布置在阳光充足的环境中。

阳性植物的细胞壁较厚，细胞体积较小，木质部和机械组织发达，叶表有厚角质层，叶的栅栏组织发达，叶绿素a与叶绿素b的比值(a/b)较大，因为叶绿素a多时有利于红光部分的吸收，使阳性植物在直射光线下能充分利用红色光段，气孔数目较多，细胞液浓度高，叶的含水量较低。

(2)中性植物(耐阴植物)：中性植物又称耐阴植物，需光度在阳性植物和阴性植物之间，对光的适应幅度较大，在全日照下生长良好，也能忍受适当的蔽荫，但在高温干旱时全光照下生长受到抑制。大多数植物属于此类，如罗汉松、竹柏、桔梗、棣棠、珍珠梅、虎刺及蝴蝶花、萱草、耧斗菜(*Aquilegia viridiflora*)、白芨(*Bletilla striata*)等。

本类植物的耐阴程度因种类不同而差别很大，过去习惯将耐阴力强的称为阴性植物，但从形态解剖和习性上来讲又不具典型性，故归于中性植物为宜。在中性植物中包括偏阳性的与偏阴性的种类。白榆、朴、榉、樱花、枫杨等为中性偏阳；国槐、木荷、圆柏、珍珠梅、七叶树、元宝枫、五角枫等为中性稍耐阴。而冷杉、云杉、紫杉、红豆杉、罗汉柏、竹柏、罗汉松、铁杉、粗榧(*Cephalotaxus sinensis*)、八角金盘、常春藤、薜荔(*Ficus pumila*)、八仙花、山茶、南天竹、桃叶珊瑚、含笑、香榧(*Torreya grandis*)、紫金牛、朱砂根、棕竹、野扇花、富贵草、可可(*Theobroma cacao*)、小粒咖啡(*Coffea arabica*)、萝芙木(*Rauvolfia verticillata*)、吉祥草、活血丹(*Glechoma longituba*)、福建观音座莲蕨(*Angiopteris fokiensis*)等均属于中性而耐阴力强的种类，可应用于建筑物的背面或疏林下。

(3）阴性植物：在弱光下生长最好，一般要求为全日照的 5%～20%，甚至更低，不能忍受全光，否则叶片焦黄枯萎，甚至死亡，尤其是一些植物的幼苗，需在一定的蔽荫条件下才能生长良好。如广东万年青（*Aglaonema modestum*）在光照强度 50～200lx 时就可生长。在自然植物群落中，阴性植物常处于中下层，或生长在潮湿背阴处，在群落结构中常为相对稳定的主体。如不少兰科植物、苦苣苔科、凤梨科、姜科、天南星科、很多秋海棠科花卉以及三七（*Panax notoginseng*）、草果（*Amomum tsao-ko*）、人参、云南黄连（*Coptis chinensis*）、细辛（*Asarum sieboldii*）等。

阴性植物的细胞壁薄而细胞体积较大，木质化程度较差，机械组织不发达，维管束数目较少，叶子表皮薄，常无角质层，栅栏组织不发达而海绵组织发达。叶绿素 a 与叶绿素 b 的比值较小，因叶绿素 b 较多而有利于利用林下散射光中的蓝紫光段，气孔数目较少，细胞液浓度低，叶的含水量较高。

（四）空气因子

1. 空气中对植物起主要作用的成分

空气的主要成分是氮（约占 78%）和氧（约占 21%），还有其他成分如氩和二氧化碳（约 $320\mu g/g$）以及多种污染物质。随着工业的发展，工厂排放的有毒气体无论在种类和数量上都愈来愈多，对人类健康和植物生长都带来了严重的影响。

氧是呼吸作用必不可少的，空气中氧的含量基本上是不变的，所以对植物地上部分而言不形成特殊作用，但植物根部的呼吸以及水生植物尤其是沉水植物的呼吸作用则靠土壤中和水中的氧气含量。土壤中空气不足会抑制根的伸长以致影响到全株的生长发育。空气中的氮虽多，但一般高等植物不能直接利用，只有固氮微生物和蓝绿藻可以吸收和固定空气中的游离氮。根瘤菌是与植物共生的一类固氮微生物，固氮能力因所共生的植物种类而不同。二氧化碳是植物光合作用必需的原料，生理试验表明，在光强为全光照 1/5 的实验室内，将二氧化碳浓度提高 3 倍时，光合作用强度也提高 3 倍，但是如果二氧化碳浓度不变而仅将光强提高 3 倍时，则光合作用仅提高一倍。因此，在现代栽培技术中有对温室植物施用二氧化碳气体的措施。二氧化碳浓度的提高，除增强光合作用外，还能促进某些雌雄异花植物的雌花分化率，可用于提高果实产量。

2. 空气中污染物对植物的影响

空气中的污染物多达 400 多种，危害较大的有 20 多种，按其毒害类型可分为氧化性类型、还原性类型、酸性类型、碱性类型、有机毒害型、粉尘类型等，其中一氧化碳约可占总污染物的 52%，二氧化碳约占 18%，碳氢化合物如乙烯等约占 12%，氮氧化合物如二氧化碳等约占 6%，其他还有氟化氢、硫化氢、氯化氢、臭氧、氯气、氨、粉尘等。对植物危害最大的是二氧化硫、臭氧、过氧乙酰硝酸酯（由碳氢化合物经光照形成）。由于有毒气体破坏了植物的叶片组织，降低了光合作用，直接影响了生长发育，表现在生长量降低、早落叶、延迟开花或不开花、果实变小、产量降低、树体早衰等。

（1）二氧化硫：二氧化硫进入叶片气孔后，遇水变成亚硫酸，进一步形成亚硫酸盐。当二氧化硫浓度高于植物自行解毒能力时（即转成毒性较小的硫酸盐的能力），积累起来的亚硫酸盐可使叶肉细胞产生质壁分离、叶绿素分解，在叶脉间或叶脉与叶缘之间出现点状或块状伤斑，产生失绿漂白或褪色变黄的条斑，但叶脉一般保持绿色不受伤害。受害严重时，叶片萎蔫下垂或卷缩、脱落。

常见的抗二氧化硫的木本植物主要有龙柏、铅笔柏、柳杉、杉木（*Cunninghamia lanceolata*）、女贞、日本女贞（*Ligustrum japonicum*）、樟树、广玉兰、棕榈、小叶榕（*Ficus concinna*）、高山榕（*F. altissima*）、柑橘、木麻黄、珊瑚树、枸骨、大叶黄杨、黄杨、海桐、蚊母树、栀子、蒲桃（*Syzygium jambos*）、夹竹桃、丝兰、凤尾兰、苦楝、刺槐、白蜡、垂柳、构树、白榆、朴树、栾树、悬铃木、花曲柳（*Fraxinus rhynchophylla*）、赤杨、紫丁香、臭椿、国槐、山楂、银杏、杜梨、枫杨、山桃、泡桐、梧桐、紫薇、海州常山、无花果、石榴、黄栌、丝棉木、火炬树、木槿、小叶女贞、枸橘、紫穗槐、连翘、紫藤、五叶地锦等；草本植物有菖蒲、鸢尾、玉簪、金鱼草、蜀葵、美人蕉、金盏菊、晚香玉、野牛草、草莓（*Fragaria ananassa*）、鸡冠花、酢浆草、紫茉莉、蓖麻、凤仙花、菊花、一串红、牵牛花、石竹、青蒿（*Artemisia annua*）、地肤等。而向日葵、波斯菊（*Cosmos bipinnatus*）、紫花苜蓿（*Medicago sativa*）、雪松、羊蹄甲、杨桃、白兰花、合欢、香椿、杜仲、梅花、落叶松、油松、白桦等则对二氧化硫比较敏感。

(2) 氟化氢：氟化氢进入叶片后，常在叶片先端和边缘积累，当空气中的氟化氢浓度达到十亿分之三时就会在叶尖和叶缘首先出现受害症状；浓度再高时可使叶肉细胞产生质壁分离而死亡。故氟化氢所引起的伤斑多集中在叶片的先端和边缘，成环带状分布，然后逐渐向内发展，严重时叶片枯焦脱落。

抗氟化氢的有国槐、臭椿、泡桐、龙爪柳、悬铃木、胡颓子、白皮松、侧柏、丁香、山楂、连翘、紫穗槐、大叶黄杨、龙柏、罗汉松、夹竹桃、日本女贞、广玉兰、棕榈、雀舌黄杨、海桐、蚊母树、山茶、凤尾兰、构树、木槿、刺槐、大叶桉、柑橘、梧桐、无花果、小叶女贞、榕树、蒲葵、白蜡、桑树、木芙蓉、竹柏、夹竹桃、海桐、旱柳、核桃、五角枫、葡萄、玫瑰、榆叶梅、大丽花、万寿菊、波斯菊、菊芋、金盏菊、牵牛花、菖蒲、鸢尾、金鱼草、野牛草、紫茉莉、半支莲、蜀葵、葱莲等。

(3) 氯气及氯化氢：聚氯乙烯塑料厂生产过程中排放的废气中含有较多的氯和氯化氢，对叶肉细胞有很强的杀伤力，能很快破坏叶绿素，产生褐色伤斑，严重时全叶漂白脱落。其伤斑与健康组织之间没有明显界限。

抗氯气和氯化氢的有杠柳（*Periploca sepium*）、木槿、合欢、五叶地锦、大叶黄杨、海桐、蚊母树、日本女贞、凤尾兰、夹竹桃、龙柏、侧柏、构树、白榆、苦楝、国槐、臭椿、接骨木、无花果、丝棉木、紫荆、紫藤、紫穗槐、榕树、棕榈、蒲葵、珊瑚树、连翘、银杏、紫丁香、花曲柳、桑、水蜡、山桃、皂角、茶条槭、接骨木、欧洲绣球（*Viburnum opulus*）、虎耳草（*Saxifraga stolonifera*）、早熟禾、鸢尾、天竺葵等。

(4) 光化学烟雾：汽车排出的气体中的二氧化氮经紫外线照射后产生一氧化氮和氧原子，后者立即与空气中的氧气化合成臭氧；氧原子还与二氧化硫化合成三氧化硫，三氧化硫又与空气中的水蒸气化合生成硫酸烟雾；此外，氧原子和臭氧又可与汽车尾气中的碳氢化合物化合成乙醛。尾气中以臭氧含量最大，占90%，可以使叶片表皮细胞及叶肉中海绵细胞发生质壁分离，并破坏其叶绿素，从而使叶片背面变成银白色、棕色或玻璃状，叶片正面会出现一道横贯全叶的坏死带。受害严重时会使整片叶变色，但很少发生点、块状伤斑。

日本以臭氧为毒质进行的抗性试验表明，当臭氧浓度达到0.25 ug/ g 时，抗性强的有银杏、黑松（*Pinus thunbergii*）、柳杉、悬铃木、连翘、海桐、海州常山、日本女贞、日本扁柏、夹竹桃、樟树、青冈栎、冬青、美国鹅掌楸（*Liriodendron tulipifera*）等；抗性一般的有赤松、日本樱花、锦绣杜鹃、梨等；抗性较弱的有朱砂杜鹃(*Rhododendron obtusum*)、栀子花、绣球、胡枝子、紫玉兰、牡丹、垂柳等。

此外，抗硫化氧的植物有栾树、银白杨、刺槐、泡洞、桑、白榆、圆柏、连翘、皂角、龙爪柳、五角枫、梨、悬铃木、毛樱桃、加拿大杨等；抗汞污染的植物有夹竹桃、棕榈、桑树、大叶黄杨、紫荆、绣球、桂花、珊瑚树、蜡梅、刺槐、槐、毛白杨、垂柳、桂香柳、文冠果、小叶女贞、连翘、木槿、欧洲绣球、榆叶梅、山楂、接骨木、金银花、大叶黄杨、黄杨、海州常山、美国凌霄(*Campsis radicans*)、常春藤、爬山虎、五叶地锦、含羞草(*Mimosa pudica*)等。

3. 空气的流动与抗风树种

空气的流动形成风，风对植物是有利的，如风媒花的传粉和部分植物的果实、种子的传播都离不开风，如杨柳科、菊科、萝藦科、铁线莲属、榆属、槭属、白蜡属、枫杨属等植物的种子都借助风来传播。

但风也有对植物有害的一面，主要表现在台风、焚风、海潮风、冬春的旱风、高山强劲的大风等。沿海城市常受台风危害，我国西南地区如四川攀枝花、金沙江的深谷、云南河口等地有极其干热的焚风，焚风一过植物纷纷落叶，有的甚至死亡。海潮风常把海中的盐分带到植物体上，如抗不住高浓度的盐分，植物就要死亡。黄河流域早春的干风则是植物枝梢干枯的主要原因，由于土壤温度还没提高，根部没恢复吸收机能，在干旱的春风下枝梢易失水而干枯。强劲的大风常常出现在高山、海边和草原上，有时可形成旗形树冠的景观，高山上常见的低矮垫状植物也是为了适应多风、大风的生态环境。

一般言之，凡树冠紧密，材质坚韧，根系强大深广的树种，抗风力就强；而树冠庞大，材质柔软或硬脆，根系浅的树种，抗风力就弱。

二、土壤因子

土壤是树木生长的基础，土壤通过水分、肥力以及酸碱度等来影响树木的生长，其中土壤酸碱度对树木的影响很大。

(一) 土壤酸碱度与植物的适应

自然界中的土壤酸碱度受气候、母岩及土壤中的无机、有机成分和地下水等因子的影响。一般言之，在干燥而炎热的气候下，中性和碱性土壤较多；在潮湿寒冷或暖热多雨的地方则以酸性土为多；母岩如为花岗岩类则为酸性土，为石灰岩时则为碱性土；地形如为低湿冷凉而积水之处则常为酸性土；地下水中如富含石灰质成分时则为碱性土；同一地的土壤依其深度的不同以及季节的不同，在土壤酸碱度上会发生变化；此外，如长时期地施用某些无机肥料，亦可逐渐改变土壤的酸碱度。

依照中国科学院南京土壤研究所 1978 年的标准，我国土壤酸碱度可分为五级，即强酸性为pH<5.0，酸性为 pH5.0～6.5，中性为 pH6.5～7.5，碱性为 pH7.5～8.5，强碱性为 pH>8.5。依植物对土壤酸碱度的要求，可以分为三类，即：

(1) 酸性土植物：在土壤 pH 值小于 6.5 时生长最好，在碱性土或钙质土上不能生长或生长不良。酸性土植物主要分布于暖热多雨地区，该地的土壤由于盐质如钾、钠、钙、镁被淋溶，而铝的浓度增加，土壤呈酸性。在寒冷潮湿地区，由于气候冷凉潮湿，在针叶林为主的森林区，土壤中形成富里酸，含灰分较少，土壤也呈酸性。常见的酸性土植物有马尾松、池杉、红松、白桦、山茶、映山红、高山杜鹃类、吊钟花、马醉木、栀子、印度橡皮树、桉树、木荷、含笑、红千层等树种，藿香蓟以及多数兰科、凤梨科花卉。

（2）中性土植物：中性土植物在土壤 pH 值为 6.5～7.5 之间最为适宜，大多数观赏植物是中性土植物，如水松、桑树、苹果、樱花等树种，金鱼草、香豌豆、紫菀、风信子、郁金香、四季报春（*Primula obconica*）等花卉。有些树种适应于钙质土，被称为喜钙树种，如侧柏、柏木、青檀、榉树、榔榆、花椒、蚬木（*Excentrodendron hsienmu*）、黄连木等。

（3）碱性土植物：碱性土植物适宜生长于 pH 值大于 7.5 的土壤中。碱性土植物大多数是大陆性气候条件下的产物，多分布于炎热干燥的气候条件下。如柽柳、杠柳、沙棘、桂香柳、仙人掌等。

（二）土壤中的含盐量与植物的适应

我国海岸线很长，在沿海地区有大面积的盐碱土地区，在西北内陆干旱地区中，在内陆湖附近以及地下水位过高处也有相当面积的盐碱化土壤，这些盐土、碱土以及各种盐化、碱化的土壤均统称为盐碱土。其中大部分是盐土，真正的碱土面积较小。

一般而言，如果土壤中主要含有氯化钠和硫酸钠等盐分时多呈中性，含有碳酸钠、碳酸氢钠和碳酸钾较多时则呈碱性。依植物在盐碱土上生长发育的类型，可分为：

（1）喜盐植物：喜盐植物以不同的生理特性来适应盐土所形成的生境，对一般植物而言，土壤含盐量超过 0.6% 时即生长不良，但喜盐植物却可在含盐量达到 1% 的土壤上生长。喜盐植物可以吸收大量可溶性盐类并积聚在体内，细胞的渗透压高达 40～100 个大气压。如乌苏里碱蓬、海蓬子等分布于内陆的干旱盐土地区的旱生喜盐植物，盐蓬等分布于沿海海滨地带的湿生喜盐植物。

（2）抗盐植物：它们的根细胞膜对盐类的透性很小，所以以很少吸收土壤中的盐类，其细胞的高渗透压不是由于体内的盐类而是由于体内含有较多的有机酸、氨基酸和糖类所形成的，如田菁、盐地风毛菊等。

（3）耐盐植物：它们能从土壤中吸收盐分，但并不在体内积累而是将多余的盐分经茎、叶上的盐腺排出体外，即有泌盐作用。例如柽柳、大米草、二色补血草以及红树等。

事实上，真正的喜盐植物很少，但有不少植物的耐盐碱能力强，可在盐碱地区用于植物景观营造，如侧柏、白榆、新疆杨、苦楝、白蜡、绒毛白蜡（*Fraxinus velutina*）、梓树、杜梨、枣树、香茶薦、白刺花、毛樱桃、紫穗槐、桂香柳、沙棘、白刺（*Nitraria sibirica*）、海边月见草（*Oenothera drummondii*）、野牛草、大穗结缕草（*Zoysia macrostachya*）、马蔺、蜀葵等。

第五章　观赏植物的造景应用

第一节　观赏树木的造景应用

观赏树木的配植形式多种多样、千变万化，但可归纳为两大类，即规则式配植和自然式配植。规则式配植按一定的几何图形栽植，具有一定的株行距或角度，整齐、庄严，常给人以雄伟的气魄感，适用于规则式园林和需要庄重的场合，如寺庙、陵墓、广场、道路、入口以及大型建筑周围等，包括中心植、对植、列植、环植等。自然式配植并无一定的模式，即没有固定的株行距和排列方式，自然、灵活，富于变化，体现宁静、深邃的气氛，适用于自然式园林、风景区和一般的庭院绿化，常见的有孤植、丛植、群植和林植等。

一、孤植

在一个较为开旷的空间，远离其他景物种植一株乔木称为孤植(图 5-1)。孤植树可作为景观中心视点或起引导视线的作用，并可烘托建筑、假山或活泼水景，在古典庭院和自然式园林中均应用很多，苏州古典园林中常见，而英国草坪上孤植欧洲槲栎几乎成为英国自然式园林的特色之一。孤植常见于庭院、草坪、假山、水面附近、桥头、园路尽头或转弯处等，广场和建筑旁也常配植孤植树。

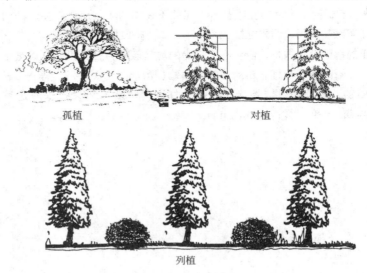

孤植　　　　　　　　　　对植

列植

图 5-1　孤植、对植和列植示意图

孤植树主要表现单株树木的个体美，应具有独特的观赏价值。如油松枝叶繁茂、树姿苍古，槭树枝叶婆娑、秋叶红艳，玉兰满树繁花、宛若琼岛，均适于孤植。如选择得当，配植得体，孤植树可起到画龙点睛的作用。孤植树一般采取单独种植的方式，也有2~3株合栽形成一个整体树冠的。孤植树种植的地点，要求比较开阔，具有较好的观赏视点，足够的观赏空间。

二、对植

树形美观、体量相近的同一树种，以呼应之势种植在构图中轴线的两侧称为对植(图5-1)。对植可以是2株树、2列树或2个树丛、树群，在园林艺术构图中只作配景，动势向轴线集中。常用于房屋和建筑前、广场入口、大门两侧、桥头两旁、石阶两侧等，起衬托主景的作用，或形成配景、夹景，以增强透视的纵深感。

多选用生长较慢的常绿树，适宜树种如松柏类、云杉和冷杉、大王椰子(*Roystonea regia*)、假槟榔(*Archontophoenix alexandrae*)、银杏、龙爪槐、整形大叶黄杨、石楠等。与建筑物配植时要注意体量的协调。如广州中山纪念堂主建筑两旁各用一棵树体高大的白兰花与之相协调；南京中山陵两侧用高大的雪松与雄伟庄严的陵墓相协调。

三、列植

树木呈行列式种植称为列植(图5-1)，有单列、双列、多列等类型。列植主要用于道路两旁(行道树)，体现出整齐划一的景观，广场和建筑周围、防护林带、农田林网、水边种植等也常采用列植。列植既可以采用单一树种，也可两种或多种树种混用，但应注意节奏与韵律的变化。

行道树可以为车辆、行人庇荫，减少铺装路面的辐射热和反射光，起到降温、防风、滞尘和减弱噪声的作用。由于城市街道的环境条件一般比较差，行道树应具有耐瘠薄、抗污染、耐损伤、根系较深、干皮不怕阳光暴晒等特点，并且分枝点高、冠大荫浓，萌芽力强、耐修剪，基部不易发生萌蘖。符合行道树要求的树种非常多，常用的有悬铃木、银杏、国槐、毛白杨、白蜡、合欢、梧桐、柿、樟树、广玉兰、七叶树、小叶榕、银桦、相思树、蒲葵、大王椰子等。

公路树要求树种耐干旱瘠薄能力更强，如刺槐、旱柳、臭椿、白蜡、枫杨、相思树、桉树、木麻黄等均可作公路树。园路树主要应突出树木的观赏特性，多数观花类乔木或小乔木可作园路树，如紫丁香、樱花、石榴、鸡爪槭、海棠花等在公园次干道和小路上可以形成花径。甬道树主要选择常绿的松柏类以及柳杉、罗汉松、女贞、石楠、珊瑚树、银杏等。

四、丛植

由两三株至一二十株同种或异种的树木按照一定的构图组合在一起，使其林冠线彼此密接而形成一个整体的外轮廓线，这种配置方法称为丛植(图5-2)。

三五成丛的丛植最能形成植物景观焦点，在自然式园林中是最常用的配植方法之一，可用于桥、亭、台、榭的点缀和陪衬，也可专设于路旁、水边、庭院、草坪或广场一侧，以丰富景观色彩和景观层次，活跃园林气氛。丛植有较强的整体感，除了考虑树木的个体美外，在艺术上还要强调树丛的群体美，并要处理好株间关系和种间关系。株间关系主要对疏密远近等因素而言，种间关系主要对不同乔木树种之间以及乔木与灌木之间的搭配而言。组成一个树丛的树种不宜过多，否则既易引起杂乱，又不易处理种间关系。选择主要树种时，需注意适地适树，宜选用乡土树种，以反映地方特色。

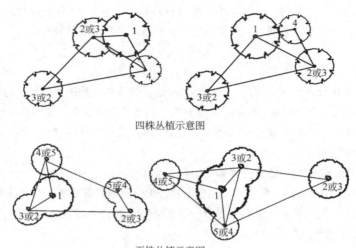

四株丛植示意图

五株丛植示意图

图 5-2　丛植示意图

树丛可分为单纯树丛及混交树丛两类。以观赏为主要目的的树丛，为延长观赏期可以选用几种树种形成混交树丛，以遮荫为主要目的的树丛常全部选用乔木，并多用一个树种形成单纯树丛。

一般而言，两株丛植宜选用同一种树种，但在大小、姿态、动势等方面要有所变化，才能生动活泼。三株树丛可以用同一个树种，也可用两种，但最好同为常绿树或同为落叶树，树木的大小、姿态都要有对比和差异，在平面布置上为不等边三角形。四株树可分为 3∶1 两组，组成不等边三角形或四边形，单株为一组者选中偏大者为好。五株树可分为 3∶2 或 4∶1 两组，任何三株树栽植点都不能在同一直线上。树木的丛植，株数越多就越复杂，但分析起来，孤植树是一个基本，两株丛植也是一个基本，三株由两株和一株组成，四株又由三株和一株组成，五株则由一株和四株或两株和三株组成。理解了五株配置的道理，则六、七、八、九株同理类推。

五、群植

群植指成片种植同种或多种树木，常由二三十株以至数百株的乔灌木组成(图 5-3)。可以分为单纯树群和混交树群。单纯树群由一种树种构成，为丰富景观效果，树下可用耐阴宿根花卉作地被植物，而且可以采用异龄林或将地形处理成高低起伏，从而使林冠线富于变化。混交树群是树群的主要形式，完整时从结构上可分为乔木层、亚乔木层、大灌木层、小灌木层和草本层，乔木层选用的树种树冠姿态要特别丰富，使整个树群的天际线富于变化，亚乔木层选用开花繁茂或叶色美丽的树种，灌木一般以花木为主，草本植物则以宿根花卉为主。单纯树群和混交树群各有优点，要因地制宜地加以应用。对于混交树群而言，一般以一两种乔木树种为主体，与其他树种搭配。

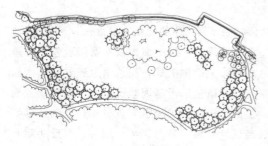

图 5-3　由雪松树群围合的空间

群植主要表现树木的群体美，要求整个树群疏密自然，林冠线和林缘线变化多端，并适当留出林间小块隙地，配合林下灌木和地被植物的应用，以增添野趣。同丛植相比，群植不但所用的树木的株数增加、面积扩大，而且是人工组成的小群落。配植中更需要考虑树木的群体美、树群中各树种之间的搭配，以及树木与环境的关系。乔木树群多采用密闭的形式，故应适当密植以及早郁闭。

六、林植

林植是大面积、大规模的成带成林状的配植方式，一般以乔木为主，主要用作防护、隔离等作用，有自然式林带、密林和疏林等形式。从植物组成上分，又有纯林和混交林的区别，景观各异。林植多用于大面积公园安静区、风景游览区或休、疗养区及卫生防护林带。

林植以观赏群体美为主，优美的林缘线和林冠线最能体现群体效果。进行植物造景时应充分考虑到观赏植物的立体感和树形轮廓，通过里外错落的种植，及对曲折起伏的地形的合理应用，使林缘线、林冠线有高低起伏的变化韵律，形成景观的韵律美。高矮不同的乔灌层，成块或断断续续地穿插组合，前后栽种，互为背景，互相衬托，半隐半现，既有景深，也有景域。

自然式林带一般为狭长带状的风景林，如防护林、护岸林等，可用于城市周围、河流沿岸等处，宽度随环境而变化。疏林郁闭度一般为0.4~0.6，常由单纯的乔木构成，不布置灌木和花卉，但留出小片林间隙地，与大片草坪相结合可形成"疏林草地"，在景观上具有简洁、淳朴之美。密林一般用于大型公园和风景区，郁闭度常在0.7~1.0，林间常布置曲折的小径，可供游人散步等，但一般不供游人作大规模活动，不少公园和景区的树林是利用原有的自然植被加以改造形成的。

七、散点植

散点植是指以单株为一个点在一定面积上进行有韵律、有节奏地散点种植，有时可以双株或三株的丛植作为一个点来进行疏密有致地扩展。对每个点不是如独赏树般给以强调，而是强调点与点之间的呼应和动态联系，既体现个体的特征又使其处于无形的联系之中。

八、篱植

由灌木或小乔木以近距离密植，栽成单行或双行，紧密结合的规则式种植形式，形成绿篱或绿墙，这种配置形式称为篱植。园林中用来分隔空间、屏障视线，作范围或防范之用。

绿篱多选用常绿树种，并应具有以下特点：树体低矮、紧凑，枝叶稠密；萌芽力强，耐修剪；生长较缓慢，枝叶细小。但不同的绿篱类型对材料的要求也不尽相同，保护篱多选用有刺树种，如枸橘、花椒、枸骨、马甲子(*Paliurus ramosissimus*)、火棘等；境界篱常用黄杨、大叶黄杨、罗汉松、珊瑚树、小叶女贞、紫杉；观赏篱可选用茶梅、杜鹃、木槿、小檗、枸子、蔷薇、金银花等。大叶黄杨、罗汉松和珊瑚树被称为海岸三大绿篱树种。

不同高度的绿篱还可组合使用，形成双层甚至多层形式，横断面和纵断面的形状也变化多端。常见的有波浪式、平头式、圆顶式、梯形等。单体的树木还可修剪成球形、方形、柱状，与绿篱组合为别致的艺术绿垣。

第二节 花卉的造景应用

一、花坛

花坛是按照设计意图，在有一定几何形轮廓的植床内，以园林草花为主要材料布置而成的，具有艳丽色彩或图案纹样的植物景观。

(一) 花坛的类别和布置

花坛主要表现花卉群体的色彩美，以及由花卉群体所构成的图案美，能美化和装饰环境，增加节日的欢乐气氛，同时还有标志宣传和组织交通等作用。常布置在广场中心、广场及建筑物的出入口处、建筑物前方、交通干道中央、主要道路或主要出口两侧，或草坪上等，与周围环境形成对比而引人注目，起到美化环境、分隔或联系空间的作用。

根据形状、组合以及观赏特性不同，花坛可分为多种类型，在景观空间构图中可用作主景、配景或对景。根据外形轮廓可分为规则式、自然式和混合式；按照种植方式和花材观赏特性可分为盛花花坛、模纹花坛；按照设计布局和组合可分为独立花坛、带状花坛和花坛群等。从植物景观设计的角度，一般按照花坛坛面花纹图案分类，分为盛花花坛、模纹花坛、造型花坛、造景花坛等。

(1) 盛花花坛：主要由观花草本花卉组成，表现花盛开时群体的色彩美。这种花坛在布置时不要求花卉种类繁多，而要求图案简洁鲜明，对比度强。常用植物材料有一串红、早小菊、鸡冠花、三色堇、美女樱、万寿菊等。独立的盛花花坛可作主景应用，设立于广场中心、建筑物正前方、公园入口处、公共绿地中。

(2) 模纹花坛：主要由低矮的观叶植物和观花植物组成，表现植物群体组成的复杂的图案美。包括毛毡花坛、浮雕花坛和时钟花坛等形式。毛毡花坛由各种植物组成一定的装饰图案，表面被修剪得十分平整，整个花坛好像是一块华丽的地毯；浮雕花坛的表面是根据图案要求，将植物修剪成凸出和凹陷的式样，整体具有浮雕的效果；时钟花坛的图案是时钟纹样，上面装有可转动的时针。模纹花坛常用的植物材料有五色苋、彩叶草、香雪球(*Lobularia maritima*)、四季海棠(*Begonia semperflorens*)等。模纹花坛可作为主景应用于广场、街道、建筑物前及会场、公园、住宅小区的入口处等。

(3) 造型花坛：又叫立体花坛，即用花卉栽植在各种立体造型物上而形成竖向造型景观。造型花坛可创造不同的立体形象，如动物(孔雀、熊猫等)、人物(孙悟空、唐僧等)或实物(花瓶、亭、廊)，通过骨架和各种植物材料组装而成。一般作为大型花坛的构图中心，或造景花坛的主要景观，也可独立应用于街头绿地或公园中心。

(4) 造景花坛：是以自然景观作为花坛的构图中心，通过骨架、植物材料和其他设备组装成山、水、亭、桥等小型山水园或农家小院等景观的花坛。最早应用于天安门广场的国庆花坛布置，主要为了突出节日气氛，展现祖国的建设成就和大好河山，目前也被应用于园林中临时造景。

设计宽度在 1m 以上，长宽比大于 3 : 1 的长条形花坛称为带状花坛。带状花坛通常作为配景，布置于主景花坛周围、宽阔道路的中央或两侧、规则式草坪边缘、建筑广场边缘、墙基、岸边或草坪上，有时也作为连续风景中的独立构图，具有较好的环境装饰美化效果和视觉导向作用。

此外，根据花坛的空间布局，可将其分为平面花坛、斜面花坛和立体花坛。平面花坛的花坛表面与地面平行,主要观赏花坛的平面效果,包括沉床花坛和稍高出地面的花坛,如盛花花坛多为平面花坛。斜面花坛设置在斜坡或阶地上,也可搭成架子摆放各种花卉,以斜面为主要观赏面,一般模纹花坛、文字花坛、肖像花坛多用斜面形式。立体花坛向空间展伸,可以四面观赏,常见的造型花坛、造景花坛是立体花坛。

就花坛的发展而言,其规模有扩大趋势,而且由平面发展到斜面、立面及三维空间花坛,由静态构图发展到连续动态构图,由室外扩展到室内。

(二) 花坛设计

花坛在环境中可作为主景,也可作为配景。形式与色彩的多样性决定了它在设计上也有广泛的选择性。花坛的设计首先应在风格、体量、形状诸方面与周围环境相协调,其次才是花坛自身的特色。花坛的体量、大小也应与花坛设置的广场、出入口及周围的建筑的高度成比例,一般不应超过广场面积的1/3,不小于1/5。花坛的外部轮廓应与建筑边线、相邻的路边和广场的形状协调一致。色彩应与所在环境有所区别,既起到醒目和装饰作用,又与环境协调,融于环境之中,形成整体美。如现代建筑的外形趋于多样化、曲线化,在外形多变的建筑物前设置花坛,可用流线或折线构成外轮廓,对称、拟对称或自然式均可,以求与环境协调。

花坛一般布置于庭园广场中央、道路交叉口、大草坪中央以及其他规则式绿地构图中心,面积不宜太大,常呈轴对称或中心对称,可供多面观赏,呈封闭式,人不能进入其中。花坛的外形轮廓一般为规则几何形,如圆形、半圆形、三角形、正方形、长方形、椭圆形、五角形、六角形等,内部图案应主次分明、简洁美观,忌过于复杂。长短轴之比一般小于3∶1,平面花坛的短轴长度在8～10m以内或圆形的半径在4.5m以内,斜面花坛的倾斜角度小于30°。花坛色彩设计的配色方法主要有:对比色应用、暖色调应用、同色调应用等,颜色应有主次之分,主色调在种植面积和体量上要大些。花色还应随季节而调整,春季多以黄、红、橙和粉色为主;夏季以青、紫、蓝等冷色调为主;秋季为成熟收获季节,应以黄、橙为主;冬季以红色为主。

为了突出表现花坛的外形轮廓和避免人员踏入,花坛植床一般设计高出地面10～30cm。植床形式多样,围边材料也各异,需因地制宜,因景而用。设计形式有平面式、龟背式、阶梯式、斜面式、立体式等。平面式植床高出地面10～30cm,中央稍微凸起以利排水;龟背式中央高,四周低,似龟背状,中央高度一般不超过花坛半径的1/4或1/5;阶梯式利用建筑材料围成几个不同高度的植床床面,中间高,四周低,或顺着某一方向逐渐降低,呈阶梯状;斜面式有利于平视观赏,但植床斜面倾斜度不宜过大。植床边缘通常用一些建筑材料作围边或床壁,设计时可因地制宜,就地取材。一般要求形式简单,色彩朴素,以突出花卉造景。花坛植床围边一般高出周围地面10cm,大型花坛可高出30～40cm,以增强围护效果。厚度因材而异,一般10cm左右,大型花坛的高围边可以适当增宽至25～30cm,兼有坐凳功能的床壁通常较宽些(图5-4)。

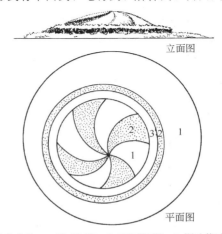

立面图

平面图

植物种类:1.五色苋(绿) 2.五色苋(紫) 3.银叶菊(白)

图5-4 模纹花坛设计(引自吴涤新)

二、花境

花境是以宿根和球根花卉为主,结合一、二年生草花和花灌木,沿花园边界或路缘布置而成的一种园林植物景观,亦可点缀山石、器物等。花境外形轮廓多较规整,通常沿某一方向作直线或曲折演进,而其内部花卉的配置成丛或成片,自由变化。花境源自欧洲,是从规则式构图到自然式构图的一种过渡和半自然式的带状种植形式。它既表现了植物个体的自然美,又展现了植物自然组合的群落美。一次种植可多年使用,不需经常更换,能较长时间保持其群体自然景观,具有较好的群落稳定性,色彩丰富,四季有景。花境不仅增加了园林景观,还有分割空间和组织游览路线的作用。

(一)花境类型

按照设计形式,花境可以分为单面观赏花境、双面观赏花境、对应式花境。

(1)单面观赏花境:这是传统的花境形式,多临近道路设置,常以建筑物、矮墙、树丛、绿篱等为背景,前面为低矮的边缘植物,整体前低后高,供一面观赏。

(2)双面观赏花境:这种花境没有背景,多设置在草坪上或树丛间,植物种植是中间高两侧低,供两面观赏。

(3)对应式花境:在园路的两侧,草坪中央或建筑物周围设置相对应的两个花境,这两个花境呈左右二列式。在设计上统一考虑,作为一组景观,多采用拟对称的手法,以求用节奏和变化。

按照植物材料,花境可以分为宿根花卉花境、球根花卉花境、灌木花境、混合式花境和专类花卉花境等。

(1)宿根花卉花境:花境全部由可露地过冬、适应性较强的宿根花卉组成。如芍药、萱草、鸢尾、玉簪、荷包牡丹等。

(2)球根花卉花境:花境内栽植的花卉为球根花卉,如百合、大丽菊、水仙、郁金香、唐菖蒲等。

(3)灌木花境:花境内所用的观赏植物全部为灌木时称为灌木花境。所选用材料以观花、观叶或观果且体量较小的灌木为主。

(4)混合式花境:花境种植材料以耐寒的宿根花卉为主,配置少量的花灌木、球根花卉或一、二年生花卉。这种花境季相分明,色彩丰富,多见应用。

(5)专类花卉花境:由同一属不同种类或同一种不同品种植物为主要种植材料的花境。做专类花境的花卉要求花期、株形、花色等有较丰富的变化,从而体现花境的特点,如百合类花境、鸢尾类花境、菊花类花境、月季类花境等。实际应用中,可以扩展范围,如芳香植物花境、切花花境等。

(二)花境的设置

花境是模拟自然界中林地边缘地带多种野生花卉交错生长的状态,运用艺术手法设计的一种花卉应用形式。作为一种自然式带状布置形式,适合周边设置,能充分利用绿地中的带状地段,创造出优美的景观效果。花境也极适合用于园林建筑、道路、绿篱等人工构筑物与自然环境之间,起到由人工到自然的过渡作用,软化建筑的硬线条,丰富的色彩和季相变化可以活化单调的绿篱、绿墙及大面积草坪景观,起到很好的美化装饰效果。常用于公园、风景区、街心绿地、建筑物墙基前、树林和草地之间、家庭花园、宽阔的草坪上、林荫路旁等。

花境在设计形式上是沿着长轴方向演进的带状连续构图，带状两边是平行或近于平行的直线或曲线。其基本构图单位是一组花丛，每组花丛通常由5～10种花卉组成，每种花卉集中栽植，平面上看是多种花卉的块状混植；立面上看是高低错落，状如林缘野生花卉交错生长的自然景观。植物材料以耐寒的宿根花卉为主，间有一些灌木、耐寒的球根花卉，或少量的一、二年生草花。花境的种植床是带状的。一般来说单面观赏花境的前边缘线为直线或曲线，后边缘线多采用直线，宽度一般为2～3 m；双面观赏花境的边缘线基本平行，可以是直线，也可以是曲线，可宽达4～6m。

种植设计是花境设计的关键。全面了解植物的生态习性并正确选择适宜的植物材料是种植设计成功的根本保证。选择植物应注意以下几个方面：以在当地能露地越冬、不需特殊管理的宿根花卉为主，兼顾小灌木及球根和一、二年生花卉；有较长的花期，且花期能分布于各个季节，花序有差异，花色丰富多彩；有较高的观赏价值(图5-5)。

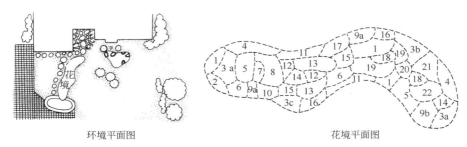

环境平面图　　　　　　　　　　花境平面图

植物种类：1. 大滨菊　2. 马蔺　3. 小菊[a 红 b 黄 c 白] 4. 冰岛罂粟　5. 大花金鸡菊　6. 玉簪　7. 牛舌草　8. 风铃草　9. 宿根福禄考[a 红 b粉] 10. 岩生肥皂草　11. 丽蚌草　12. 千屈菜　13. 凤尾蓍　14. 耧斗菜　15. 射干　16. 白头翁　17. 德国鸢尾　18. 一枝黄花　19. 八宝景天　20. 拟鸢尾　21. 美洲薄荷　22. 紫松果菊

图5-5　双面观花境设计示例(仿吴涤新)

花境的色彩主要由植物的花色来体现，当然少量观叶植物的叶色也不能忽视。常用的配色方法有：单色系设计，只为强调某一环境的某种色调或一些特殊需要时才使用；类似色设计，用于强调季节的色彩特征，如早春的鹅黄色，秋天的金黄色等；补色设计，用于花境局部配色；多色设计，这是花境中常用的方法，能使花境具有鲜艳、热烈的气氛(图5-6)。

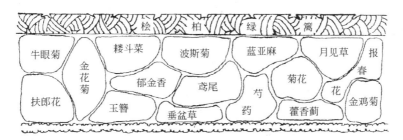

春季：花色以鲜艳为主，如扶朗花、郁金香、芍药、报春花、美国石竹、美女樱等
夏季：花色以淡雅为主，如牛眼菊、鸢尾、风铃草、蓝亚麻、玉簪、百合、藿复蓟等
秋季：花色以金黄、橙为主，如金鸡菊、菊花、垂盆草、月见草、波斯菊、硫华菊、蓍草等

图5-6　花境色彩设计示例(引自余树勋)

花境要有较好的立面观赏效果，植株高低错落有致、花色层次分明，以充分体现群落的美观。

利用植物的株高、株形、花序及质地等观赏特性可创造出花境高低错落、层次分明的立面景观。一般原则是前低后高，但在实际应用中高低植物可有穿插，以不遮挡视线、表现景观效果为准。一个花境在立面上，最好有不同株形的植物相互配合，如水平形的蓍草（*Achillea millefolia*）、金光菊（*Rudbeckia laciniata*）等，具有垂直线条的火炬花（*Kniphofia uvaria*）、蛇鞭菊（*Liatris spicata*）等，花序、花形特别的大花葱、鸢尾、石蒜等。

三、花台和花池

在高于地面的空心台座（一般高40～100cm）中填土或人工基质并栽植观赏植物，称为花台（图5-7）。通常设置于庭院中央或两侧角隅、建筑物的墙基、窗下、门旁或入口处。花台按形式分为规则式和自然式两种，规则式花台有圆形、椭圆形、方形、梅花形、菱形等，多用于规则式园林中；自然式花台常用于中国传统的自然式园林中，形式较为灵活，常结合环境与地形布置。

图5-7　规则形花台（引自吴涤新）

植物材料应根据花台形状、大小及所在环境来选择。规则式花台多选用花色艳丽、株高整齐、花期一致的草本花卉，如鸡冠花、万寿菊、一串红、郁金香等，还可用麦冬类、南天竹、金叶女贞等作配植；自然式花台在植物种类选择上更为灵活，花灌木和宿根花卉最为常用，如芍药、玉簪、麦冬、牡丹、南天竹、迎春、竹类等，在配置上可以单种栽植如牡丹台等，也可以不同植物进行高低错落、疏密有致的搭配，不同植物种类混植时要考虑各种植物的生物学特性及生态要求。

花池是以山石、砖、瓦、原木或其他材料直接在地面上围成具有一定外形轮廓的种植地块，主要布置园林草花的造景类型。花池与花台、花坛、花境相比，特点是植床略低于周围地面或与周围地面相平。一般面积不大，多用于建筑物前、道路边、草坪上等，花卉布置灵活，设计形式也有规则式和自然式。规则式多为几何形状，多种植低矮的草花；自然式以流畅的曲线组成抽象的图形，常用植物材料有南天竹、沿阶草、土麦冬、芍药等，还可点缀湖石等景石小品。花池有围边时，植床略低于周围地面，具池的特点；无围边时，植床中部与周围地面相平，植床边缘略低于地面。

四、花丛与花群

花丛是直接布置于绿地中、植床无围边材料的小规模花卉群体景观，更接近花卉的自然生长状态。花丛景观色彩鲜艳，形态多变，自然美丽，可布置于树下、林缘、路边、河边、湖畔、草坪四周、疏林草地、岩石边等处。宜选择一种或几种多年生花卉，单种或混交，忌种类多而杂，或选用野生花卉和自播繁衍能力强的一、二年生花卉。常见的花丛花卉有：蜀葵、芍药、萱草、鸢尾、菊花、玉簪、石竹、金鸡菊、百合、石蒜、郁金香、文殊兰（*Crinum asiaticum var. sinicum*）、葱兰、射干（*Belamcanda chinensis*）等。

如果面积较大，也可称为花群，具有强烈的色块效果，形状自由多变，布置灵活，与花坛、花台相比，更易与环境取得协调，常用于林缘、山坡、草坪等处。

第三节　攀缘植物的造景应用

由于城市人口剧增，高层建筑不断增加，而建筑的增加势必使平地绿化面积减少，因而充分利用攀缘植物进行垂直绿化是增加绿化面积、改善生态环境的重要途径。垂直绿化不仅能够弥补平地绿化之不足，丰富绿化层次，有助于恢复生态平衡，而且可以增加城市及园林建筑的艺术效果，使之与环境更加协调统一、生动活泼。

一、攀缘植物的类别

攀缘植物有木本也有草本，自身不能直立生长，需要依附他物。由于适应环境而长期演化，形成了不同的攀缘习性，攀缘能力各不相同，因而有着不同的园林用途。

(1) 缠绕类：依靠自身缠绕支持物而攀缘。常见的有紫藤属、崖豆藤属、木通属、五味子属、铁线莲属、忍冬属、猕猴桃属、牵牛属、月光花属、茑萝属等，以及乌头属、茄属等的部分种类。缠绕类植物的攀缘能力都很强。

(2) 卷须类：依靠卷须攀缘。其中大多数种类具有茎卷须，如葡萄属、蛇葡萄属、葫芦科、羊蹄甲属的种类。有的为叶卷须，如炮仗花和香豌豆(*Lathyrus odoratus*)的部分小叶变为卷须，菝葜属的叶鞘先端变成卷须，而百合科的嘉兰(*Gloriosa superba*)和鞭藤科的鞭藤(*Flagellaria india*)则由叶片先端延长成一细长卷须，用以攀缘他物。牛眼马钱(*Strychnos angustiflora*)的部分小枝变态为螺旋状曲钩，应是卷须的原始形式，珊瑚藤(*Antigonon leptopus*)则由花序轴延伸成卷须。这类植物的攀缘能力都较强。

(3) 吸附类：依靠吸附作用而攀缘。这类植物具有气生根或吸盘，均可分泌黏胶将植物体粘附于他物之上。爬山虎属和崖爬藤属的卷须先端特化成吸盘；常春藤属、络石属、凌霄属、榕属、球兰属及天南星科的许多种类则具有气生根。此类植物大多攀缘能力强，尤其适于墙面和岩石的绿化。

(4) 蔓生类：此类植物为蔓生悬垂植物，无特殊的攀缘器官，仅靠细柔而蔓生的枝条攀缘，有的种类枝条具有倒钩刺，在攀缘中起一定作用，个别种类的枝条先端偶尔缠绕。主要有蔷薇属、悬钩子属、叶子花属、胡颓子属的种类等。相对而言，此类植物的攀缘能力最弱。

二、攀缘植物的造景方式

攀缘植物的造景形式繁多，在选择植物材料时应充分考虑植物攀缘习性和攀缘能力的强弱，以及生态特性和观赏特性的不同，考虑植物材料与被绿化物在色彩、形态等方面的对比和调和、层次和背景、起伏和韵律、主题与衬托等关系。如秋叶变红的爬山虎等最适于配置在灰白色或白色的墙面上，而在红色的砖墙上则较难展现其深秋的风采。

(一) 棚架式

棚架式绿化在园林中可单独使用，也可用作由室内到花园的类似建筑形式的过渡物，一般以遮荫为主要目的，兼具观赏。棚架式的依附物为花架、长廊等具有一定立体形态的土木构架。此种形式多用于人口活动较多的场所，可供居民休息、交流和观景。棚架的形式不拘，可根据地形、空间和功能而定，"随形而弯，依势而曲"。卷须类和缠绕类的攀缘植物均可使用，木本藤本植物如猕猴桃类、葡萄、木通、五味子等，草本藤本植物如西番莲、蓝花鸡蛋果（*Passiflora caerulea*）、观赏南瓜等。部分蔓生种类也可用作棚架式，如木香和野蔷薇及其变种七姊妹、荷花蔷薇等，但前期应当注意设立支架、人工绑缚以帮助其攀附。若用攀缘植物覆盖长廊的顶部及侧方，以形成绿廊或花廊、花洞，宜选用生长旺盛、分枝力强、叶幕浓密而且花果秀美的种类，如紫藤、金银花、常绿油麻藤、炮仗花、木通、凌霄、叶子花、木香、使君子（*Quisqualis indica*）等。绿亭、绿门、拱架一类的造景方式也属于棚架式的范畴，但在植物选择上更应偏重于花色鲜艳、枝叶细小的种类，如铁线莲、叶子花、蔓长春花（*Vinca major*）、凌霄等（图5-8）。

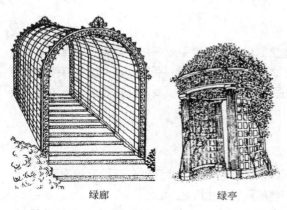

绿廊　　　　　　　绿亭

图5-8　绿廊和绿亭(引自董丽)

（二）附壁式

附壁式为最常见的垂直绿化形式，依附物为建筑物墙面、高墙、挡土墙、斜坡、大块裸岩等的立面。附壁式绿化能利用攀缘植物打破墙面呆板的线条，吸收夏季太阳的强烈反光，柔化建筑物的外观及起到固土护坡、防止水土流失的作用。附壁式绿化只能选用吸附类攀缘植物，较粗糙的表面，如砖墙、石头墙、水泥砂浆抹面等可选枝叶较粗大的种类如有吸盘的爬山虎，有气生根的薜荔、珍珠莲（*Ficus sarmentosa* var. *henryi*）、常春卫矛（*Euonymus hederaceus*）、凌霄等，而表面光滑、细密的墙面如马赛克贴面则宜选用枝叶细小、吸附能力强的种类如络石、石血、紫络石（*Trachelospermum axillare*）、小叶扶芳藤、常春藤等。阴湿环境还可选用绿萝、球兰等。在山地风景区新开公路两侧或高速公路两侧的裸岩石壁，可选择适应性强、耐旱耐热的种类，如金银花、五叶地锦、凌霄等，形成的绿色坡面，既有观赏价值，又能起到固土护坡、防止水土流失的作用。

（三）篱垣式

篱垣式主要用于矮墙、篱架、栏杆、铁丝网等的绿化。竹篱、铁丝网、小型栏杆的绿化以茎柔叶小的草本种类为宜，如茑萝、牵牛花、月光花、香豌豆、倒地铃、海金沙等；普通的矮墙、石栏杆、钢架等可选如蔓生类的野蔷薇、藤本月季、云实、软枝黄蝉（*Allemanda cathartica*），缠绕类的使君子、金银花、北清香藤，具卷须的炮仗藤，具吸盘或气生根的五叶地锦、凌霄等。在庭院和居民区选用可供食用或药用的种类，能增加攀缘植物的经济价值，如丝瓜、苦瓜、菜豆等瓜果类以及金银花、何首乌（*Polygonum multiflorum*）等药用植物。栅栏绿化若为透景之用，种植植物宜以疏透为宜，并选择枝叶细小、观赏价值高的种类，如矮牵牛、茑萝、络石、铁线莲等，并且种植宜稀疏。如果栅栏起分隔空间或遮挡视线之用，则应选择枝叶茂密的木本种类，包括花朵繁茂、艳丽的种类，将栅栏完全遮挡，形成绿篱或花篱，如胶州卫矛、凌霄、蔷薇等。在污染严重的工矿区宜选用葛藤、南蛇藤、凌霄等抗污染植物。

（四）立柱式

自然界中经常会见到藤本攀缘于树干上，园林景观中也可用藤本植物形成立柱式立体景观。特别是枯树类，藤萝攀附其上，给人一种枯木逢春的感觉。在城市中，各种立柱如电线杆、灯柱、高架桥立柱、立交桥立柱等不断增加，它们的绿化已经成为垂直绿化的重要内容之一。由于立柱所处的位置大多交通繁忙，汽车废气、粉尘污染严重，土壤条件也差，高架桥下的立柱还存在着光照不足的缺点，因此，在选择植物材料时应当充分考虑这些因素，选用那些适应性强、抗污染并耐阴的种类，如五叶地锦、常春油麻藤、常春藤、络石、爬山虎、扶芳藤等。

（五）悬蔓式

利用种植容器种植藤蔓或软枝植物，不让其沿引向上，而是凌空悬挂，形成别具一格的植物景观。如为墙面进行绿化，可在墙顶做一种植槽，种植小型的蔓生植物，如探春、蔓长春花等，让细长的枝蔓披散而下，与墙面向上生长的吸附类植物配合，相得益彰。或在阳台上摆放几盆蔓生植物，让其自然垂下，不仅起到遮阳功能，微风徐过之时，枝叶翩翩起舞，别有一番风韵。在楼顶四周可修建种植槽，栽种爬山虎、迎春、连翘、红素馨、蔷薇、枸杞、蔓长春花、常春藤等拱垂植物，使它们向下悬垂或覆盖楼顶。

第六章 观 赏 树 木

第一节 针叶树类

一、落叶树类

（一）水杉

【学名】*Metasequoia glyptostroboides* Hu & W. C. Cheng

【科属】杉科，水杉属

图 6-1 水杉

【形态特征】落叶乔木，高达 40m；幼时树冠尖塔形，后变为圆锥形；树皮灰褐色，长条片脱落。树干基部常膨大；大枝近轮生，小枝及侧芽均对生；冬芽显著，芽鳞交互对生。叶交互对生，长 0.8～3.5cm，叶基扭转排成 2 列，条形扁平，冬季与侧生无芽小枝一同脱落。雄球花单生于去年生枝侧，排成圆锥花序状；雌球花单生枝顶。雄蕊、珠鳞均交互对生。球果近球形，具长梗；种鳞木质，盾状，发育种鳞具种子 5～9 粒。种子扁平，周围有狭翅。花期 2～3 月；球果 10～11 月成熟（图 6-1）。

【分布与习性】我国特产，分布于湖北、重庆、湖南交界处；现世界各地广植。阳性树，喜温暖湿润气候，抗寒性颇强，在东北南部可露地越冬。喜深厚肥沃的酸性土或微酸性土，在中性至微碱性土上亦可生长，能生于含盐量 0.2% 的盐碱地上；耐旱性一般，稍耐水湿，但不耐积水。

【繁殖方法】播种或扦插繁殖。

【观赏特性及园林用途】水杉是著名的孑遗植物，其树史可追溯到白垩纪。树姿优美挺拔，叶色翠绿鲜明，秋叶转棕褐色，是著名的风景树。最宜列植堤岸、溪边、池畔，群植在公园绿地低洼处或成片与池杉混植，均可构成园林佳景，并兼有固堤护岸、防风效果。

【同属种类】该属仅此 1 种，有"活化石"之称，第四纪冰川期后的孑遗植物。

（二）落羽杉

【学名】*Taxodium distichum* (L.)Rich.

【别名】落羽松

【科属】杉科，落羽杉属

【形态特征】落叶乔木，原产地高达 50m；树干基部常膨大，具膝状呼吸根。一年生小枝褐色；着生叶片的侧生小枝排成 2 列，冬季与叶俱落。叶条形，扁平，长 1.0～1.5cm，螺旋状着生，基部扭转成羽状。雄球花集生枝顶，雌球花单生去年枝顶。球果圆球形，径约 2.5cm；种鳞木质，盾形；苞鳞与种鳞仅先端分离，向外凸起呈三角状小尖头；发育种鳞各具种子 2 枚。种子不规则三角形，有锐脊状厚翅。花期 3 月；球果 10 月成熟（图 6-2）。

【分布与习性】原产北美东南部，生于亚热带排水不良的沼泽地区。华东等地常栽培。强阳性，不耐阴；喜温暖湿润气候；耐水湿，能生长于短期积水地区。喜富含腐殖质的酸性土壤。

【变种】池杉（var. imbricatum），树冠狭窄，多呈尖塔形或近于柱状，大枝上伸；叶钻形或条形扁平，长 4～10mm，略内曲，常在枝上螺旋状伸展，下部多贴近小枝。原产北美东南部，华东、武汉等地常见栽培。

【繁殖方法】播种或扦插繁殖。

图 6-2 落羽杉

【观赏特性及园林用途】树形壮丽，性好水湿，常有奇特的屈膝状呼吸根伸出地面，新叶嫩绿，入秋变为红褐色，是世界著名的园林树种。适于水边、湿地造景，可列植、丛植或群植成林，也是优良的公路树。在公园的沼泽和季节性积水地区，可以营造"水中森林"，别有一番情趣。在江南平原地区，则可作为农田林网树种。

【同属种类】2 种，产美国、墨西哥及危地马拉，我国均有引种。另外一种墨西哥落羽杉（T. mucronatum）栽培较少。

（三）水松

【学名】*Glyptostrobus pensilis*（Staunt. ex D. Don）K. Koch.

【科属】杉科，水松属

【形态特征】落叶或半常绿乔木，高 8～10m，稀达 25m；树冠圆锥形。生于潮湿土壤者树干基部常膨大，并有呼吸根伸出土面。小枝绿色。叶互生，3 型：鳞形叶长约 2mm，宿存，螺旋状着生于 1～3 年生主枝上，贴枝生长；条形叶长 1～3cm，宽 1.5～4mm，扁平而薄，生于幼树一年生小枝

图 6-3 水松

和大树萌生枝上，常排成 2 列；条状钻形叶长 4～11mm，生于大树的一年生短枝上，辐射伸展成 3 列状。后两种叶冬季与小枝同落。雌雄同株，球花单生于具鳞叶的小枝顶端。球果倒卵球形，长 2～2.5cm；种鳞木质而扁平，倒卵形；发育种鳞具 2 粒种子，种子椭圆形微扁，种子下部具长翅。花期 1～2 月；球果 10～11 月成熟（图 6-3）。

【分布与习性】华南和西南零星分布，多生于河流沿岸；长江流域多有栽培。强阳性，喜温暖湿润气候；喜中性和微碱性土壤（pH 值 7～8），在酸性土上生长一般；耐水湿；主根和侧根发达；萌芽、萌蘖力强，寿命长。

【繁殖方法】播种或扦插繁殖。

【观赏特性及园林用途】著名的古生树种，曾在白垩纪和新生代广布于北半球，第四纪冰川后，在欧美和日本等地灭绝，仅存

我国。树形美观，秋叶红褐色，并常有奇特的呼吸根，是优良的防风固堤、低湿地绿化树种。可成片植于池畔、湖边、河流沿岸、水田隙地。韶关南华寺附近有不少水松古树，华南植物园的水松林秋色秀美，已成为羊城新八景之一"龙洞琪林"。英国1894年引入。

【同属种类】该属仅此1种，我国特产，为第四纪冰川期后的孑遗植物。

（四）金钱松

【学名】*Pseudolarix amabilis* (Nelson.) Rehd.

【科属】松科，金钱松属

【形态特征】落叶乔木，高达40m，胸径1.5m；树冠宽圆锥形，树皮深褐色，深裂成鳞状块片。大枝不规则轮生，有长、短枝之分，短枝距状；1年生长枝淡红褐色，后变黄褐色或灰褐色，无毛。冬芽卵球形。叶条形，柔软，长2～5.5cm，宽1.5～4mm，在长枝上螺旋状排列，在短枝上15～30枚簇生，呈辐射状平展。雌雄同株，雄球花簇生短枝顶端，雌球花单生短枝顶端。球果卵圆形或倒卵形，直立，当年成熟；种鳞木质，脱落；种子有翅。花期4～5月；球果10～11月成熟(图6-4)。

【分布与习性】分布于长江中下游以南低海拔温暖地带。普遍栽培。喜光，喜温暖湿润气候，也较耐寒，可耐短期-20℃低温。适于中性至酸性土壤，忌石灰质土壤，不耐干旱和积水。深根性。

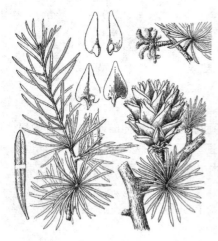

图6-4　金钱松

【繁殖方法】播种繁殖。

【观赏特性及园林用途】树姿挺拔雄伟，秋叶金黄色，短枝上的叶簇生如金钱状，故有"金钱松"之称，是世界五大公园树种之一。园林中适于配植在池畔、溪旁、瀑口、草坪一隅，孤植或丛植，以资点缀；也可作行道树或与其他常绿树混植；风景区内则宜群植成林，以观其壮丽秋色。

【同属种类】该属仅此1种，我国特产，孑遗植物。

（五）落叶松

【学名】*Larix gmelinii* (Rupr.) Rupr.

【科属】松科，落叶松属

【形态特征】落叶乔木，高达30m；树皮暗灰色或灰褐色。具长枝和距状短枝，叶在长枝上螺旋状着生，在短枝上簇生。1年生枝淡黄色，基部常有长毛。叶片倒披针状条形，长1.5～3cm，宽不足1mm，先端钝尖，上面平。雌雄球花分别单生于短枝顶端。球果直立，卵圆形，熟时上端种鳞张开，黄褐色或紫褐色，长1.2～3cm，径1～2cm，种鳞革质，宿存，三角状卵形，先端平、微圆或微凹；苞鳞先端长尖，不露出。花期5～6月；球果9月成熟(图6-5)。

【分布与习性】产东北大兴安岭和小兴安岭。强阳性，耐严寒，对土壤的适应性广，为大兴安岭针叶林主要树种，常组成大面积纯林。

图6-5　落叶松

【繁殖方法】播种繁殖。

【观赏特性及园林用途】落叶松为强阳性树种，分枝整齐，树形壮丽挺拔，树冠圆锥形，秋叶金黄色，喜高寒气候，是优良的山地风景林树种。在西部地区，可用于海拔 2500m 以上山地风景区造林；在东部地区，一般海拔 1000m 以上即生长良好。

【同属种类】约 16 种，分布北半球寒冷地区，常形成广袤的森林。我国 10 种，产东北、华北、西北、西南等地，另引进 2 种。常见栽培的还有：华北落叶松（*L. principis-rupprechtii*），1 年生枝淡黄褐色或淡褐色，常无白粉，较粗，径 1.5～2.5mm，短枝径 3～4mm；叶窄条形，扁平，长 2～3cm，宽约 1mm；球果长卵形或卵圆形，种鳞边缘不反曲。产河北、河南和山西。日本落叶松（*L. kaempferi*），1 年生枝紫褐色，有白粉，幼时被褐色毛；球果广卵圆形或圆柱状卵形，长 2～3.5cm，径 1.8～2.8cm，种鳞卵状长方形或卵状方形，边缘波状，显著外曲。原产日本，我国东北、华北等地引种。红杉（*L. potaninii*），大枝平展，小枝下垂；叶倒披针状狭条形，长 1.2～3.5cm，宽 1～1.5mm。球果圆柱形，长 3～5cm，径 1.5～2.5cm；种鳞背部有小疣状突起和短毛；苞鳞比种鳞长，显著外露，直伸。产甘肃南部和四川西部。

二、常绿树类

（一）南洋杉

【学名】*Araucaria cunninghamii* Sweet

【科属】南洋杉科，南洋杉属

【形态特征】常绿乔木，在原产地高达 70m；幼树树冠呈整齐的尖塔形，老树呈平顶状。主枝轮生，平展或斜展，侧生小枝密集下垂。叶螺旋状互生，顶端尖锐，基部下延。幼树及侧枝上的叶排列疏松，开展，锥形、针形、镰形或三角形，较软，长 0.7～1.7cm，微具四棱；大树和花枝之叶排列紧密，前伸，上下扁，卵形、三角状卵形或三角形，长 0.6～1.0cm。雌雄异株，雄蕊和苞鳞多数，螺旋状排列，珠鳞不发育或与苞鳞合生。球果椭圆状卵形，长 6～10cm，径 4.5～7.5cm；苞鳞木质，先端有长尾状尖头向后弯曲，种子两侧有薄翅（图 6-6）。

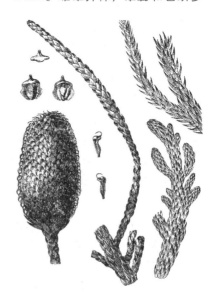

【分布与习性】原产澳大利亚东北部和巴布亚新几内亚。华南常见栽培，长江流域及其以北地区盆栽。喜光，稍耐阴；喜暖热湿润的热带气候和肥沃土壤。

【繁殖方法】播种或扦插繁殖。

【观赏特性及园林用途】树体高大雄伟，树形端庄，姿态优美，是世界五大公园树之一，可形成别具特色的热带风光。最宜作园景树孤植，以突出表现其个体美；也可丛植于草坪、建筑周围，以资点缀，并可列植为行道树。在北方是重要的盆栽植物，用于布置会场、厅堂和大型建筑物的门厅。

【同属种类】约 18 种，分布于大洋洲、南美洲及太平洋岛屿。我国引入约有 7 种，其中 3 种栽培较普遍。异叶南洋杉（*A. heterophylla*），小枝平展或下垂，侧枝常呈羽状排列；幼

图 6-6 南洋杉

树和侧生小枝之叶排列疏松，钻形、上弯，长 0.6～1.2cm，常两侧扁，3～4 棱；大树和花枝之叶排列较密，宽卵形或三角状卵形，长 0.5～0.9cm。球果近球形，长 8～12cm，宽 7～11cm。原产澳大利亚诺福克岛。大叶南洋杉（*A. bidwillii*），侧生小枝密生、下垂；叶辐射伸展，卵状披针形、披针形或三角状卵形，扁平或微内曲，无主脉，具多数并列细脉；幼树及营养枝之叶较花果枝和老树之叶为长，排列较疏，长达 2.5～6.5cm，花果枝和老树的叶长 0.7～2.8cm。球果宽椭圆形或近球形，长达 30cm，径 22cm；苞鳞先端三角状急尖，尖头外曲。种子无翅。原产澳大利亚东北部沿海地区。

（二）雪松

【学名】*Cedrus deodara* (Roxb.) G. Don

【科属】松科，雪松属

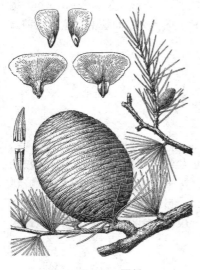

图 6-7　雪松

【形态特征】常绿乔木，高达 75m；树冠塔形，树干端直，大枝平展。树皮不规则块片剥落。小枝细长，微下垂；1 年生枝淡灰黄色，密生短绒毛。叶三棱状针形，长 2.5～5cm；在长枝上螺旋状排列，在距状短枝上簇生状。雌雄异株，雄、雌球花分别单生于短枝顶端。球果大，直立，卵圆形或椭圆状球形，长 7～12cm；种鳞木质，扇状倒三角形，熟时与种子同时脱落；种子近三角形，种翅宽大。花期 10～11 月；球果翌年 10 月成熟（图 6-7）。

【分布与习性】原产喜马拉雅山西部及喀喇昆仑山海拔 1200～3300m 地带，常组成纯林或混交林，我国西藏西南部有天然林。国内各地普遍栽培。喜温和湿润气候，亦颇耐寒。阳性树，苗期及幼树有一定的耐阴能力；喜土层深厚而排水良好的微酸性土，忌盐碱；耐旱，忌积水；性畏烟。浅根性，抗风性弱。

【繁殖方法】播种、扦插或嫁接繁殖。

【观赏特性及园林用途】世界五大公园树种之一，树体高大，树形优美，下部大枝平展自然，常贴近地面，显得整齐美观。最适宜孤植于草坪、广场、建筑前庭中心、大型花坛中心，或对植于建筑物两旁或园门入口处；也可丛植于草坪一隅。成片种植时，雪松可作为大型雕塑或秋色叶树种的背景。由于树形独特，下部侧枝发达，一般不宜和其他树种混植。

【同属种类】4 种，分布于北非、小亚细亚至喜马拉雅山区。我国 1 种，另引入北非雪松（*C. atlantica*）、黎巴嫩雪松（*C. libani*），栽培较少。

（三）油松

【学名】*Pinus tabuliformis* Carr.

【科属】松科，松属

【形态特征】常绿乔木，高达 25m；青壮年树冠广卵形，老树冠呈平顶状；树皮灰褐色，不规则块片剥落，裂缝及上部树皮红褐色。大枝轮生；1 年生枝较粗，淡灰褐色或褐黄色，无毛。冬芽红褐色，圆柱形。叶 2 型：鳞叶（原生叶）在长枝上螺旋状排列，在苗期为扁平条形，后退化成膜质片状；针叶(次生叶)2针一束，生于不发育短枝顶端，基部包以宿存的叶鞘。针叶粗硬，长 (6) 10～15cm，径 1～1.5mm；树脂道5～9，边生。雌雄同株。球果卵圆形，长4～9cm，熟时淡褐色；种鳞木质，宿存，鳞盾扁菱形肥厚隆起，微具横脊，鳞脐凸起有刺。花期4～5月；球果翌年9～10月成熟(图6-8)。

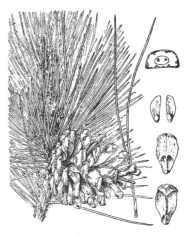

图 6-8 油松

【分布与习性】产东北南部、华北、西北至湖北、湖南、四川，生于海拔 100～2600m 山地；朝鲜也有分布。强阳性，不耐庇荫；耐−30℃以下低温；喜微酸性至中性土，不耐盐碱；耐干旱瘠薄。深根性，抗风力强，寿命长。

【繁殖方法】播种繁殖。

【观赏特性及园林用途】油松是华北地区最常见的松树，挺拔苍劲，四季常绿，在中国传统文化中，象征着坚贞不屈、不畏强暴的气质，古人常以苍松表示人的高尚品格。在园林造景中，既可孤植、丛植、对植，也可群植成林。小型庭院中多孤植或丛植，并配以山石，所谓"墙内有松，松欲古，松底有石，石欲怪"。在大型风景区内，油松是重要的造林树种。

【同属种类】约110种，广布于北半球，北至北极圈，南达北非、中美、马来西亚和苏门答腊。我国23种，分布几遍全国，另从国外引入栽培16种。

松属可分为双维管束松亚属和单维管束松亚属。前者叶鞘宿存，初生鳞叶下延生长，小枝较粗糙，针叶一般为2针(少3针)一束，叶内具2条维管束；后者叶鞘早落，初生鳞叶不下延生长，小枝较光滑，针叶一般为3或5针一束，叶内具1条维管束。园林中常见的双维管束松亚属的种类还有：

(1) 赤松 Pinus densiflora Sieb. & Zucc.：树皮橙红色，不规则鳞状薄片脱落。一年生枝橙黄色，略有白粉。针叶长 8～12cm，细软。树脂道4～6(9)条，边生。种鳞较薄，鳞盾较平。产我国北部沿海至长白山和黑龙江东部。

(2) 黑松 Pinus thunbergii Parl.：树皮黑灰色，冬芽银白色。针叶粗硬，长 6～12cm，径 1.5～2mm；树脂道6～11，中生。鳞盾微肥厚。原产日本及朝鲜，我国东部各地及湖北、云南等地栽培。

(3) 马尾松 Pinus massoniana Lamb.：针叶长 12～20cm，径约 1mm，质地柔软；树脂道4～7，边生。分布广，是长江流域及其以南最常见的松树，北达河南、陕西(图6-9)。

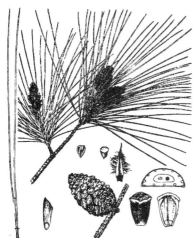

图 6-9 马尾松

(4) 黄山松 Pinus taiwanensis Hayata：针叶长 5～13cm，较粗硬；树脂道3～7(9)，中生。鳞盾扁菱形稍肥厚，鳞脐具短刺。主产华东和台湾，广西、贵州、湖北、云南等地也有分布。

(5) 樟子松 Pinus sylvestris L. var. mongolica Litv.：针叶粗

硬，常扭转，长 4～9cm，径 1.5～2mm；树脂道 6～11，边生。球果长卵形，鳞脊呈 4 条放射线，特别隆起。产大兴安岭、海拉尔以西和以南沙丘地带。

(6) 火炬松 *Pinus taeda* L.：枝条每年生长数轮。叶 3 针一束，罕 2 针一束，刚硬，长 15～25cm，径约 1.5mm；叶鞘长达 2.5cm；树脂道 2，中生。球果卵状长圆形，几无柄。原产美国东南部；华东、华中、华南均有引栽，北至河南、山东。

(7) 湿地松 *Pinus elliottii* Engelm.：叶 2 针、3 针一束并存，长 18～30cm，径达 2mm，树脂道 2～9，多内生，叶鞘长 1.3cm；球果柄可长达 3cm。原产美国东南部，我国 20 世纪 30 年代开始引种栽培。

(四) 华山松

【学名】*Pinus armandii* Franch.

图 6-10　华山松

【科属】松科，松属

【形态特征】常绿乔木，高达 30m；大枝平展，树冠广圆锥形。树皮灰绿色。小枝平滑无毛。针叶 5 针一束，细柔，长 8～15cm，径约 1～1.5mm；树脂道 3，中生或边生；叶鞘早落。球果大，圆锥状长卵形，长 10～20cm，径 5～8cm，成熟时种鳞张开，种鳞先端不反曲（图 6-10）。

【分布与习性】产我国中部、西南及台湾，生于海拔 1000～3300m 地带。喜温和凉爽、湿润的气候，耐寒力强，在高温季节生长不良；弱阳性，是常见的松类中耐阴性较强的种类之一；适于多种土壤，最宜深厚、湿润、疏松的中性或微酸性壤土，在钙质土上也能生长，不耐盐碱，耐瘠薄能力不如油松和白皮松。

【繁殖方法】播种繁殖。

【观赏特性及园林用途】树体高大挺拔，针叶苍翠，冠形优美，是优良的庭园绿化树种，孤植、丛植、列植或群植均可，用作园景树、行道树或庭荫树。

【同属种类】参阅油松。园林中常见的单维管束松亚属的种类还有：

(1) 红松 *Pinus koraiensis* Sieb. & Zucc.：1 年生枝密生锈褐色绒毛。针叶长 6～12cm；树脂道 3，中生。球果长 9～14cm；熟时种鳞不张开，先端向外反曲；种子无翅。产东北。

(2) 日本五针松 *Pinus parviflora* Sieb. & Zucc.：小枝密生淡黄色柔毛。针叶蓝绿色，长 3.5～5.5cm；树脂道 2，边生。原产日本，华东地区常见栽培。

(五) 白皮松

【学名】*Pinus bungeana* Zucc. ex Endl.

【科属】松科，松属

【形态特征】常绿乔木，高达 30m，或从基部分成数干。树冠阔圆锥形或卵形；老树树皮片状剥落，内皮乳白色；幼树树皮灰绿色，平滑。1 年生枝灰绿色，无毛；冬芽红褐色。叶 3 针一束，粗硬，长 5～10cm，略弯曲，叶鞘早落。球果卵圆形，长 5～7cm，熟时淡黄褐色；鳞盾近菱形，横脊显著；鳞脐背生，具三角状短尖刺。种翅短，易脱落。花期 4～5 月；球果翌年 10～11 月成熟

（图 6-11）。

【分布与习性】我国特产，分布于陕西、山西、河南、甘肃南部、四川北部和湖北西部，在辽宁以南至长江流域各地广为栽培。适应性强，耐旱，耐寒，但不耐湿热；对土壤要求不严，在中性、酸性和石灰性土壤上均可生长。阳性树，稍耐阴。对二氧化硫及烟尘污染抗性较强。

【繁殖方法】播种繁殖，种子应层积处理。注意防治立枯病。

【观赏特性及园林用途】珍贵观赏树种，树干呈斑驳的乳白色，极为醒目，衬以青翠的树冠，独具奇观。旧时多植于皇家园林和寺院中，北海团城现存有 800 多年生的白皮松。白皮松既可与假山、岩洞、竹类植物配植，使苍松、翠竹、奇石相映成趣，所谓"松骨苍，宜高山，宜幽洞，宜怪石一片，宜修竹万竿"，又可孤植、丛植、群植于山坡草地，或列植、对植。

【同属种类】参阅油松。

图 6-11 白皮松

（六）冷杉

【学名】*Abies fabri* (Mast) Craib.

【科属】松科，冷杉属

【形态特征】常绿乔木，高达 40m，树冠尖塔形。树皮灰色或深灰色，薄片状开裂。小枝有圆形叶痕。1 年生枝淡褐色或灰黄色，凹槽内疏生短毛或无毛。叶条形，扁平，螺旋状排列或扭成 2 列状；长 1.5～3cm，先端微凹或钝；上面中脉凹下，下面有两条白色气孔带；树脂道 2 条，边生。球花单生于叶腋。球果直立，卵状圆柱形或短圆柱形，长 6～11cm，熟时暗蓝黑色，微被白粉；种鳞木质，熟时从中轴上脱落；苞鳞微露出，通常有急尖头向外反曲。种子长椭圆形，与种翅近等长。花期 5 月；球果 10 月成熟（图 6-12）。

【分布与习性】产四川西部海拔 1500～4000m 地带，常组成大面积纯林。喜冷凉而湿润的气候，耐寒性强，不耐干燥和酷热，耐阴性强；喜富腐殖质的中性或酸性棕色森林土。

【繁殖方法】播种繁殖。

【观赏特性及园林用途】树形端庄，树姿优美，幼树树冠常为尖塔形，老树则变为卵状圆锥形，易形成庄严、肃穆的气氛。适于陵园、公园、广场或建筑附近应用，宜对植、列植，也适于单种配植成树丛或植为花坛中心树。在山地风景区，宜大面积成林，尤以纯林的景观效果最佳。

【同属种类】约 50 种，分布于亚洲、欧洲、中北美洲及非洲北部高山地区。我国 22 种，产于东北、华北、西北、西南以及广西、浙江及台湾的高山地带，常组成大面积纯林。

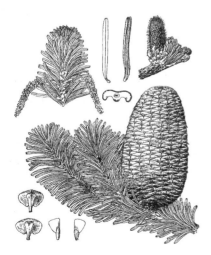

图 6-12 冷杉

（1）日本冷杉 *Abies firma* Sieb. & Zucc.：1 年生枝淡黄灰

色，凹槽中有细毛。幼树之叶先端2叉状，树脂道常2、边生；壮龄树及果枝叶先端钝或微凹，树脂道4条，中生2条、边生2条。苞鳞长于种鳞，明显外露。原产日本，华东地区应用较多。

(2) 辽东冷杉(杉松) *Abies holophylla* Maxim.：叶条形，先端急尖或渐尖，无凹缺，下面有2条白色气孔带，果枝上的叶上面也有2～5条不明显的气孔带。苞鳞长不及种鳞之半，绝不露出。分布于东北地区。

(七) 红皮云杉

【学名】*Picea koraiensis* Nakai

【科属】松科，云杉属

图6-13　红皮云杉

【形态特征】常绿乔木，高达30m；树冠尖塔形；树皮裂缝常为红褐色。大枝斜展或平展，轮生；小枝具木钉状叶枕。1年生枝黄褐色，无白粉，无毛或有疏毛；宿存芽鳞反曲。叶螺旋状排列，锥状四棱形，长1.2～2.2cm，先端尖，四面均有气孔带；树脂道边生。雄球花单生叶腋，雌球花单生枝顶。球果下垂，卵状圆柱形，长5～8cm，熟时黄褐至褐色；种鳞近革质，宿存，露出部分平滑；苞鳞极小或退化。种子三角状倒卵形，上端有膜质长翅(图6-13)。

【分布与习性】分布于东北及内蒙古，生于海拔300～1800m地带；华北和东北常栽培。喜冷凉气候，耐寒，夏季高温干燥对生长不利；耐阴，喜湿润，也较耐干旱，不耐过度水湿；喜微酸性深厚土壤。生长缓慢，寿命长。根系较浅，根部易暴露而枯死，平时应注意壅土。

【观赏特性及园林用途】树体高大，树姿优美，苍翠壮丽，是著名的园林树种。最适于规则式园林中应用，宜对植或列植，但孤植、丛植或群植成林也极为壮观。因其耐阴，可用于建筑背面。

【同属种类】约35种，产北半球，组成大面积森林。我国16种，分布于东北、华北、西北、西南和台湾的高山地带，另引入栽培2种。

(1) 云杉 *Picea asperata* Mast.：1年生枝褐黄色，冬芽有树脂，宿存芽鳞反曲。叶四棱状条形，长1～2cm，先端尖。球果近圆柱形，长8～12cm；种鳞倒卵形，全缘，鳞背露出部分具明显纵纹。我国特有，产四川、陕西、甘肃等省。

(2) 白杆 *Picea meyeri* Rehd. & Wils.：小枝黄褐或红褐色，宿存芽鳞反曲。叶四棱状条形，长1.3～3cm，宽约2mm，呈粉状青绿色，先端微钝。球果长6～9cm，鳞背露出部分有条纹。我国特有，产河北、山西及内蒙古等地，为高海拔山区主要树种之一。

(3) 青杆 *Picea wilsonii* Mast.：1年生枝淡灰白色或淡黄灰白色，无毛。冬芽卵圆形，无树脂，宿存芽鳞紧贴小枝，不反曲。叶菱形或扁菱形，较细密，气孔带不明显，四面绿色。我国特产，分布于华北、西北至华中。

(八) 柳杉

【学名】*Cryptomeria japonica* (Thunb. ex L. f.) D. Don var. *sinensis* Miq.

【科属】杉科，柳杉属

【形态特征】常绿乔木，高达40m；树冠狭圆锥形或圆锥形。树皮红褐色，长条片状脱落；大枝近轮生，小枝常下垂。叶钻形，螺旋状略成 5 行排列，基部下延，先端微内曲，长 1~1.5cm，四面有气孔线；幼树及萌枝之叶长达 2.4cm。雄球花单生小枝顶部叶腋，多数密集成穗状；雌球花单生枝顶，珠鳞与苞鳞合生，仅先端分离。球果球形，径 1.2~2cm；种鳞约 20 枚，木质、盾形，上部肥大，3~7 裂齿；发育种鳞常具 2 粒种子。种子微扁，周围有窄翅。花期 4 月；球果 10 月成熟(图 6-14)。

图 6-14 柳杉

【分布与习性】我国特有树种，产长江流域及其以南地区。中等喜光；喜温暖湿润、云雾弥漫、夏季较凉爽的山区气候；喜深厚肥沃的沙质壤土，忌积水。浅根性，侧根发达，主根不明显。对二氧化硫、氯气、氟化氢均有一定抗性。

【繁殖方法】播种或扦插繁殖，以播种最为常用。

【观赏特性及园林用途】树形圆整高大，树姿雄伟，最适于列植、对植，或于风景区内大面积群植成林。在庭院和公园中，可于前庭、花坛中孤植或草地中丛植。柳杉枝叶密集，性又耐阴，也是适宜的高篱材料，可供隐蔽和防风之用。

【同属种类】本属仅 1 种 1 变种。原种日本柳杉(*C. japonica*)，叶直伸，先端通常不内曲，长 0.4~2cm，球果较大，径 1.5~2.5(3.5)cm，种鳞 20~30 枚，先端裂齿和苞鳞的尖头均较长，每种鳞具种子 2~5 粒。原产日本，我国东部各地普遍栽培。

(九) 杉木

【学名】 *Cunninghamia lanceolata* (Lamb.)Hook.

【科属】杉科，杉木属

【形态特征】常绿乔木，高达 30m。干形通直，幼树树冠尖塔形，老时广圆锥形。树皮灰黑色。叶条状披针形，螺旋状着生，在主枝上辐射伸展，在小枝上扭转成 2 列状，长 2~6cm，宽 3~5mm，叶基下延，叶缘有细锯齿，上面深绿色，下面沿中脉两侧各有 1 条白色气孔带。雄球花簇生枝顶，每雄蕊具 3 花药；雌球花 1~3 个集生枝顶，苞鳞与珠鳞合生，苞鳞大、扁平革质，先端尖，边缘有不规则细锯齿，珠鳞小，胚珠 3 个。球果卵球形，长 2.5~4.5cm，径约 2.5~4cm，熟时黄棕色；每种鳞腹面 3 枚种子。种子扁平，两侧具窄翅。花期 3~4 月；球果 10~11 月成熟(图 6-15)。

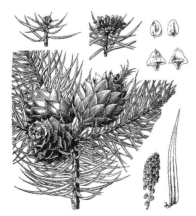

图 6-15 杉木

【分布与习性】广布，北至淮河、秦岭南麓，东自台湾、福建和浙江沿海，南至广东、海南，西至云南、四川的广大区域内均有分布和栽培。喜光，幼年稍耐阴；喜温暖湿润气候，不耐寒冷和干旱，但在湿度适宜的情况下，可耐 -17℃ 低温；喜排水良好的酸性土壤，不耐盐碱。浅根性，速生，萌芽、萌蘖力强。对有毒气体有一定抗性。

【变种】台湾杉木(var. *konishii*)，球果较小，长约 1.8~3cm，径约 1.2~2.5cm，叶较小。产我国台湾和福建，老挝也有分布。

【繁殖方法】播种或扦插繁殖。

【观赏特性及园林用途】树干通直，树形美观，终年郁郁葱葱，是美丽的园林造景材料。适于群植成林，可用于大型绿地中作为背景，也可列植，用于道路绿化；风景区内则可营造风景林。南方重要速生用材树种。

【同属种类】仅1种1变种，产我国、老挝和越南北部。

（十）侧柏

【学名】*Platycladus orientalis*（L.）Franco

【科属】柏科，侧柏属

图 6-16 侧柏

【形态特征】常绿乔木，高达20m；幼树树冠尖塔形，老树为圆锥形或扁圆球形。老树干多扭转，树皮淡褐色，细条状纵裂。小枝扁平，排成一平面；叶鳞形，交互对生，灰绿色，长1~3mm，先端微钝。雌雄同株，球花单生于小枝顶端。雌球花具4对珠鳞，仅中间2对珠鳞各有1~2胚珠；苞鳞与珠鳞合生，仅尖头分离。球果当年成熟，开裂，种鳞木质，背部中央有一反曲的钩状尖头。种子长卵圆形，无翅。花期3~4月；球果9~10月成熟（图6-16）。

【分布与习性】产东北、华北，经陕、甘，西南达川、黔、滇，栽培几遍全国。适生范围极广，喜温暖湿润，也耐寒，可耐-35℃低温；喜光；对土壤要求不严，无论酸性土、中性土或碱性土上均可生长，耐瘠薄，并耐轻度盐碱；耐旱力强，忌积水。萌芽力强，耐修剪。抗污染，对二氧化硫、氯气、氯化氢等有毒气体和粉尘抗性较强。

【栽培品种】千头柏（'Sieboldii'），丛生灌木，枝密生，树冠呈紧密的卵圆形至扁球形。金塔柏（'Beverleyensis'），树冠塔形，叶金黄色。金黄球柏（'Semperaurescens'），又名金叶千头柏，矮型紧密灌木，树冠近于球形，枝端之叶金黄色。

【繁殖方法】播种繁殖，各品种常采用扦插、嫁接等法繁殖。

【观赏特性及园林用途】树姿优美，耸干参差，恍若翠旌，枝叶低垂，宛如碧盖，每当微风吹动，大有层云浮动之态。园林中应用广泛，已有2000余年的栽培历史，自古以来即栽植于寺庙、陵墓，常列植或对植，象征森严和肃穆。在庭院和城市公共绿地中，孤植、丛植或列植均可，也可作绿篱。也是北方重要的山地造林树种，既可营造纯林，也可与油松、黑松、黄栌等营造混交林。

【同属种类】仅1种，分布于中国、朝鲜和俄罗斯东部。

（十一）北美香柏

【学名】*Thuja occidentalis* L.

【科属】柏科，崖柏属

【形态特征】常绿乔木；高达20m，树皮红褐色；树冠狭圆锥形。生鳞叶的小枝扁平，排成平面。鳞叶交叉对生，长1.5~3mm，中生鳞叶尖头下方有圆形透明腺点，芳香。雌雄同株，球花单生枝顶。球果当年成熟，长椭圆形，长8~13mm，径约6~10mm。种鳞扁平，革质，顶端具钩状突起；下面 2～3 对发育，各具种子 1～2。种子扁平，椭圆形，两侧有翅(图 6-17)。

【分布与习性】原产北美，常生于含石灰质的湿润地区；华东各城市有栽培。喜光，有一定的耐阴力；较耐寒，在北京可露地越冬；耐瘠薄，耐修剪，能生长在潮湿的碱性土壤上，抗烟尘和有毒气体能力强。

【繁殖方法】播种、扦插繁殖。

【观赏特性及园林用途】树形端庄，树冠圆锥形，给人以庄重之感，适于规则式园林应用，可沿道路、建筑等处列植，也可丛植和群植；如修剪成灌木状，可植于疏林下，或作绿篱和基础种植材料。

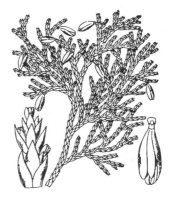

图 6-17 北美香柏

【同属种类】5 种，分布于东亚和北美。我国 2 种，即崖柏(*T. sutchuenensis*)和朝鲜崖柏(*T. koraiensis*)，分别产于长白山和重庆城口，处于濒危状态。另引入栽培 3 种。日本香柏(*T. standishii*)，生鳞叶的小枝较厚，下面的鳞叶无或微有白粉，鳞叶长 1～3mm，先端尖，中间鳞叶无腺点，有时有纵槽，两侧的鳞叶稍短或与中间鳞叶近等长；侧生小枝之叶先端钝；鳞叶揉碎时无香气。球果卵圆形，长 8～10mm，暗褐色；种鳞 5～6 对，仅中部 2～3 对发育。原产日本。

(十二) 日本扁柏

【学名】*Chamaecyparis obtusa* (Sieb. & Zucc.) Endl.

【科属】柏科，扁柏属

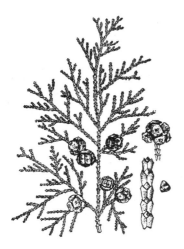

图 6-18 日本扁柏

【形态特征】常绿乔木，在原产地高达 40m；树冠尖塔形。叶鳞形，生鳞叶的小枝通常扁平，排成一平面，平展或近平展，背面有不明显白粉；鳞叶对生，长 1～1.5mm，肥厚，先端钝，紧贴小枝。雌雄同株，球花单生枝顶。球果当年成熟，球形，径 8～12mm，种鳞 4 对；种子近圆形，两侧有窄翅。花期 4 月；球果10～11 月成熟(图 6-18)。

【分布与习性】原产日本。华东各城市均有栽培。中等喜光，喜温暖湿润气候，不耐干旱和水湿，浅根性。

【栽培品种】云片柏('Breviramea')，小乔木，生鳞叶的小枝排成规则的云片状。洒金云片柏('Breviramea Aurea')，与云片柏相似，但顶端鳞叶金黄色。凤尾柏('Filicoides')，丛生灌木，小枝短，在主枝上排列紧密，鳞叶小而厚，顶端钝，常有腺点，深亮绿色。孔雀柏('Tetragona')，灌木或小乔木，枝条近直展；生鳞叶的小枝辐射状排列，先端四棱形；鳞叶背部有纵脊。

【繁殖方法】播种繁殖。各观赏品种多采用扦插或嫁接繁殖。

【观赏特性及园林用途】树形端庄，枝叶多姿，与日本花柏、罗汉柏、日本金松同为日本珍贵名木。园林中孤植、列植、丛植、群植均适宜，也可用于风景区造林，若经整形修剪，也是适宜的绿篱材料。品种甚多，形态各异，常修剪成球形等几何形体，尤适于草地、庭院内丛植，或台坡边缘、园路两侧列植，也是优美的盆栽材料。

【同属种类】6种，分布于东亚和北美。我国台湾产红桧(*C. formosensis*)和台湾扁柏(*C. obtusa* var. *formosana*)，为重要用材树种。引入栽培4种，常见的为日本花柏(*C. pisifera*)，生鳞叶小枝下面白粉显著，鳞叶先端锐尖，两侧叶较中间叶稍长。球果较小，径约6mm，种鳞5～6对，种子三角状卵形，两侧有宽翅。原产日本；华东各城市均有栽培，品种繁多。

（十三）柏木

【学名】*Cupressus funebris* Endl.

【科属】柏科，柏木属

【形态特征】常绿乔木，高达35m；树冠圆锥形；树皮淡灰褐色，裂成长条片状剥落。小枝细长下垂，生鳞叶的小枝扁平而排成一个平面，两面绿色，较老的小枝圆柱形。鳞叶交互对生，长1～1.5mm，先端锐尖，中生鳞叶背面有条状腺体。雌雄同株，球花单生枝顶。雄球花长2.5～3mm，雄蕊6对；雌球花长3～6mm。球果圆球形，径0.8～1.2cm；种鳞4对，盾形，木质，熟时开裂，能育种鳞有种子5～6枚。种子扁，有棱角，两侧具窄翅。花期3～5月；球果次年5～6月成熟(图6-19)。

图6-19　柏木

【分布与习性】我国特有树种，广布于长江流域及其以南各地，北达甘肃和陕西南部，生于海拔2000m以下。阳性树，略耐侧方荫蔽；喜温暖湿润，是亚热带石灰岩山地代表性针叶树；对土壤适应性强，耐干瘠，略耐水湿。浅根性，萌芽力强，耐修剪，抗有毒气体。

【繁殖方法】播种繁殖。

【观赏特性及园林用途】树冠整齐，小枝细长下垂、姿态潇洒宜人。在庭园中，适于孤植或丛植，尤其在古建筑周围，可与建筑风格协调，相得益彰。旧时常植于陵墓，宜群植成林以形成柏木森森的景色，或沿道路列植形成甬道，也具有庄严肃穆的气氛。

【同属种类】约17种，分布于亚洲、北美洲、欧洲东南部和非洲北部。我国5种，引入栽培4种。常见的还有干香柏(*C. duclouxiana*)，生鳞叶的小枝不排成平面、不下垂；一年生小枝圆柱形或近方形，径约1mm，鳞叶长约1.5mm，蓝绿色，无明显腺点；球果径1.5～3cm，种鳞木质、盾形，顶部有不整齐的放射状皱纹。产云南中部和西北部、四川西南部、西藏东南部和贵州。

（十四）圆柏

【学名】*Sabina chinensis* (L.) Ant.

【别名】桧柏、桧

【科属】柏科，圆柏属

【形态特征】常绿乔木或灌木，高达20m。冬芽不显著。树冠尖塔形或圆锥形，老树则呈广卵形、球形或钟形。树皮灰褐色，裂成长条状。叶2型：鳞叶交互对生，先端钝尖，生鳞叶的小枝径约1mm；刺叶常3枚轮生，长6～12mm，基部无关节、下延生长。球花单生枝顶。球果呈浆果状，近球形，种鳞肉质合生，径6～8mm，熟时暗褐色，被白粉。种子2～4粒，卵圆形。花期4月；球果次年 10～11 月成熟(图 6-20)。

【分布与习性】我国广布,自内蒙古南部、华北各省,南达两广北部,西至四川、云南、贵州均有分布,多生于海拔 2300m 以下。朝鲜、日本、缅甸也有分布。喜光,幼龄耐庇荫,耐寒而且耐热(耐-27℃低温和 40℃高温);对土壤要求不严,能生于酸性土、中性土或石灰质土中,对土壤的干旱及潮湿均有一定抗性,耐轻度盐碱;抗污染,并能吸收硫和汞,阻尘和隔声效果良好。

【变种与变型】偃柏(var. *sargentii*),灌木,高 60～80cm,大枝匍地,小枝上伸成密丛状;幼树为刺叶,鲜绿色或蓝绿色,长 3～6mm,交叉对生,排列紧密;老树多为蓝绿色的鳞叶。产黑龙江。垂枝圆柏(f. *pendula*),枝条细长、下垂,全为鳞叶。产甘肃东南部、陕西南部,北京等地栽培。

图 6-20 圆柏

【栽培品种】龙柏('Kaizuca'),树冠较狭窄,侧枝螺旋状向上抱合,鳞叶密生,无或偶有刺形叶。塔柏('Pyramidalis'),枝直展、密集,树冠圆柱状塔形,多刺叶,间有鳞叶。鹿角桧('Pfitzriana'),丛生灌木,主干不发育,大枝自地面向上伸展。球柏('Globosa'),丛生灌木,基部多分枝,不加修剪则树体自然呈球形;枝密生,多为鳞叶,间有刺叶。

【繁殖方法】播种繁殖,各品种采用扦插或嫁接繁殖。

【观赏特性及园林用途】圆柏是著名的园林绿化树种,常植于庙宇、墓地等处。在公园、庭院中应用也极为普遍,列植、丛植、群植均适宜,性耐修剪且耐阴,也是优良的绿篱材料。品种繁多,观赏特性各异。龙柏适于建筑旁或道路两旁列植、对植,也可作花坛中心树;偃柏、匍地龙柏、鹿角桧适于悬崖、池边、石隙、台坡栽植,或于草坪上成片种植;球柏适于规则式配植,尤适于花坛、雕塑、台坡边缘等地环植或列植;金叶桧、金龙柏的色叶品种株形紧密,绿叶丛中点缀着金黄色的枝梢,可修剪成球形或动物形状,宜对植、丛植或列植,也可形成彩色绿篱。

【同属种类】共约 50 种,分布于北半球高山地带。我国 17 种,另引入栽培 2 种。常见的还有:

(1)铅笔柏 *Sabina virginiana*(L.)Ant.:鳞叶先端急尖或渐尖,刺叶交互对生,长 5～6mm。球果长 5～6mm,当年成熟。原产北美;华东和华北常见栽培。

(2)沙地柏 *Sabina vulgaris* Ant.:匍匐灌木,高不及 1m,稀直立。刺叶多出现在幼树上,轮生,长 3～7mm,中部有腺体;壮龄树几全为鳞叶,斜方形或菱状卵形,长 1～2.5mm。产西北和内蒙古至四川北部,常见栽培。

(3)铺地柏 *Sabina procumbens*(Endl.)Iwata & Kusaka:匍匐灌木,枝条沿地面伏生,枝梢向上斜展。叶全为刺叶,条状披针形,锐尖,长 6～8mm,常 3 枚轮生。原产日本。我国黄河流域至长江流域常见栽培。

(十五)刺柏

【学名】*Juniperus formosana* Hayata

【科属】柏科,刺柏属

【形态特征】常绿乔木,高达 12m,树冠窄塔形或圆柱形。冬芽显著,小枝下垂。叶全为刺叶,

图6-21 刺柏

3叶轮生，基部有关节，不下延生长，长1.2～2cm，宽1～2mm，先端渐尖，具锐尖头；上面微凹，中脉隆起，两侧各有1条较绿色边缘宽的白色气孔带，在先端汇合；下面绿色，有光泽。球花单生叶腋；雄球花具5对雄蕊；雌球花具3枚珠鳞，胚珠3，生于珠鳞之间。球果近球形，浆果状，径6～9mm。熟时淡红褐色，被白粉或白粉脱落；种子半月形，具3～4棱脊。花期3月；球果翌年10月成熟（图6-21）。

【分布与习性】我国特产，分布广，主产长江流域至青藏高原东部，各地常栽培观赏。喜光，喜温暖湿润气候，适应性广，耐干瘠，常生于石灰岩上或石灰质土壤中。

【繁殖方法】播种或嫁接繁殖，嫁接以圆柏、侧柏为砧木。

【观赏特性及园林用途】因其枝条斜展，小枝下垂，树冠塔形或圆柱形，姿态优美，故有"垂柏"、"堕柏"之称。适于庭园和公园中对植、列植、孤植、群植。也可作水土保持树种。

【同属种类】约10种，分布于亚洲、欧洲及北美。我国产3种，引入栽培1种。常见的还有杜松（J. rigida），树冠圆柱形、塔形或圆锥形；小枝下垂；刺叶先端锐尖，长1.2～1.7cm，上面深凹成槽，槽内有一条窄的白粉带，背面有明显纵脊。产东北、华北、西北等地。

（十六）罗汉松

【学名】*Podocarpus macrophyllus*（Thunb.）D. Don

【科属】罗汉松科，罗汉松属

【形态特征】常绿乔木，高达20m。树冠广卵形；树皮灰褐色，薄片状脱落。叶条形，螺旋状着生，长7～12cm，宽7～10mm，先端尖，两面中脉明显。雌雄异株。雄球花3～5簇生叶腋，圆柱形，长3～5cm。雌球花单生叶腋。种子卵圆形，核果状，径约1cm，熟时假种皮紫黑色，被白粉；种托肉质，椭圆形，红色或紫红色。花期4～5月；种熟期8～9月（图6-22）。

【分布与习性】产长江以南至华南、西南各地；日本也有分布。耐寒性较弱，较耐阴；喜排水良好而湿润的沙质壤土，耐海风海潮。萌芽力强，耐修剪，抗病虫害及多种有害气体。

【变种】短叶罗汉松（var. maki），小乔木或灌木，枝向上伸展；叶密生，长2.5～7cm，宽5～7mm，先端钝圆。产日本，江南至华南、西南栽培。狭叶罗汉松（var. angustifolius），叶长5～12cm，宽3～6mm，先端渐狭成长尖头。产贵州、江西、四川和日本。柱冠罗汉松（var. chingii），树冠柱状，分枝直立性强，叶片长0.8～3.5cm，宽1～4mm，先端钝或稍尖。产江苏、四川和浙江。

图6-22 罗汉松

【繁殖方法】播种或扦插繁殖。

【观赏特性及园林用途】树形优美，四季常青，种子形似头状，生于红紫色的种托上，如身披红色袈裟的罗汉，故有罗汉松之名，江南寺院和庭院中均常见栽培。罗汉松秋季满树紫红点点，颇富奇趣，宜作庭荫树，孤植、对植、散植于厅堂之前均为适宜，与竹、石相配，形成小景，亦颇雅致。

枝叶密集，耐修剪、耐阴，是优良的绿篱材料，被誉为世界三大海岸绿篱树种之一，也可营造沿海防护林。

【同属种类】约 100 种，分布于东亚和南半球热带至温带。我国 7 种，分布于长江流域以南，多为优美的庭园观赏树种。常见的还有百日青 (*P. neriifolius*)，叶条状披针形，先端长渐尖，长 7～15cm，宽 9～13mm，幼树之叶可长达 30cm，宽达 2.5cm。产于华东南部至西藏南部，耐寒性较差。

(十七) 竹柏

【学名】*Nageia nagi* (Thunb.) Kuntz.

【科属】罗汉松科，竹柏属

【形态特征】常绿乔木，高达 20m，树冠广圆锥形。叶对生或近对生，长卵形、卵状披针形或披针状椭圆形，长 3.5～9cm，宽 1.5～2.5cm；无中脉，叶脉细密，多数并列，酷似竹叶；表面深绿色，有光泽，背面黄绿色。雄球花常呈分枝状。种子球形，径约 1.2～1.5cm，熟时假种皮暗紫色，种托干瘦，不膨大。花期 3～4 月；种熟期 9～10 月 (图 6-23)。

图 6-23　竹柏

【分布与习性】产我国中亚热带以南，生于海拔 200～1200m 常绿阔叶林中及灌丛、溪边，常见栽培。日本也有。耐阴性强，忌高温烈日；喜温暖湿润，耐短期 −7℃ 低温，在上海、杭州等地可安全越冬；对土壤要求不严，喜生于肥沃的沙质壤土，忌干旱。不耐修剪。

【繁殖方法】播种或扦插繁殖。

【观赏特性及园林用途】树干修直，树皮平滑，树冠阔圆锥形，枝条开展，枝叶青翠而有光泽，叶茂荫浓，是一优美的庭园绿化树种。宜丛植、群植，也适于建筑前列植，或用作行道树。此外，竹柏也常植为墓地树。

【同属种类】约 5～7 种，分布于热带亚洲。我国 3 种，除本种外，长叶竹柏 (*N. fleuryi*) 为濒危树种。

(十八) 东北红豆杉

【学名】*Taxus cuspidata* Sieb. & Zucc.

【别名】紫杉

图 6-24　东北红豆杉

【科属】红豆杉科，红豆杉属

【形态特征】常绿乔木，高达 20m；树冠阔卵形或倒卵形；树皮赤褐色。小枝不规则互生，基部有宿存芽鳞。1 年生枝绿色，秋后淡红褐色。叶条形，直或微弯，长 1～2.5cm，宽 2.5～3mm，在主枝上螺旋状排列，在侧枝上呈不规则 2 列；上面绿色，中脉隆起，有光泽；下面有 2 条淡黄绿色气孔带，中脉上无乳头状突起。雌雄异株，球花单生叶腋；雄球花球形，有梗；雌球花近无梗，珠托圆盘状。种子卵圆形，上部具钝脊，生于红色杯状肉质假种皮中。花期 5～6 月；种熟期 9～10 月 (图 6-24)。

【分布与习性】产东北地区；日本、朝鲜、俄罗斯也有分布。耐阴，喜湿润环境，喜肥沃、湿润、疏松、排水良好的棕色森林土，在积水地、沼泽地、岩石裸露地生长不良。耐寒性强。

【栽培品种】伽罗木（'Nana'），低矮灌木，树冠半球形，枝叶密生。产日本，我国东部和北部栽培观赏。

【繁殖方法】播种或嫩枝扦插。

【观赏特性及园林用途】树形端庄，枝叶茂密，树冠阔卵形或倒卵形，雄株较狭而雌株较开展，枝叶浓密而色泽苍翠，园林中可孤植、丛植和群植，或用于岩石园、高山植物园，也可修剪成形。性耐阴，适于用作树丛之下木。

【同属种类】9种，分布于北半球温带至亚热带。中国3种，引入栽培1种。常见的还有：红豆杉（*T. wallichiana* var. *chinensis*），叶条形，略弯曲，长1.5～2.2cm，宽约3mm，叶缘微反曲，背面有2条宽的黄绿色或灰绿色气孔带，绿色边带极狭窄；中脉上密生细小凸点。产甘南、陕南、湖北、四川。南方红豆杉（*T. wallichiana* var. *mairei*），叶较宽而长，多呈镰状，长2～3.5(4.5)cm，宽3～4(5)mm，叶缘不反卷，中脉上的凸点较大，呈片状分布。产长江流域以南各省区及河南、陕西、甘肃等地。

（十九）北美红杉

【学名】*Sequoia sempervirens* (Lamb.) Endl.

【别名】红杉、长叶世界爷

【科属】杉科，红杉属

【形态特征】常绿乔木，在原产地高达110m，胸径可达8m；树冠圆锥形或尖塔形，枝条水平开展；树皮红褐色，厚达15～25cm。叶2型：鳞形叶长约6mm，螺旋状排列，贴生小枝或微开展；条形叶长0.8～2cm，排成2列，下面有白色气孔带。雄球花单生枝顶或叶腋，雌球花单生于短枝顶端，珠鳞15～20，胚珠3～7。球果下垂，卵状椭圆形或卵球形，长2～2.5cm，径1.2～1.5cm，褐色；种子椭圆状长圆形，两侧有翅（图6-25）。

【分布与习性】红杉特产于美国太平洋沿岸和加利福尼亚海岸，生于海拔700～1000m地带，常组成纯林或与花旗松混交成林，是世界著名的速生珍贵树种；我国杭州、南京、上海等地有栽培。喜空气和土壤湿润，耐阴，不耐干燥。根际萌芽性强，易于萌芽更新，700年生老树尚有萌芽力。

图6-25　红杉

【繁殖方法】播种、扦插、嫁接或分蘖繁殖均可。

【观赏特性及园林用途】红杉是世界上最高大的树种，可高达100m以上，树形壮丽，枝叶密生，适于池畔、水边、草坪孤植或群植，也适于宽阔道路两旁列植。1971年，美国总统尼克松先生访问我国时曾经赠送我国红杉树苗1株、巨杉树苗3株，栽植于杭州西湖风景区以示友好而留念，红杉现在已经大量繁殖，在华东、昆明等地常有栽培，生长良好。

【同属种类】红杉属仅此1种。另外，巨杉属的巨杉(世界爷)（*Sequoiadendron giganteum*），叶鳞状锥形，螺旋状着生，贴生于小枝或略开展，长3～6mm。特产于美国西部加利福尼亚州内华达山脉的西坡。

（二十）榧树

【学名】*Torreya grandis* Fort. ex Lindl.

【科属】红豆杉科，榧树属

【形态特征】常绿乔木，高达 25m；树冠广卵形。大枝轮生，小枝近对生。1 年生枝绿色，2～3 年生小枝黄绿色、淡褐黄色或暗绿黄色。叶交互对生，基部扭转排成 2 列，条形、直伸，长 1.1～2.5cm，宽 2.5～3.5mm，先端尖，上面绿色而有光泽，下面有 2 条黄白色气孔带。种子近椭圆形，核果状，长 2～4.5cm，全包于肉质假种皮中，熟时假种皮淡褐色，被白粉。花期 4～5 月；种子次年 10 月成熟（图 6-26）。

【分布与习性】我国特产，分布于长江流域和东南沿海地区，以浙江诸暨栽培最多。喜光，幼树耐阴；喜温暖湿润气候，也耐 −15℃ 低温；喜酸性而深厚肥沃的黄壤、红壤和黄褐土，耐干旱，怕积水。

图 6-26 榧树

【繁殖方法】播种、嫁接、扦插或压条繁殖。

【观赏特性及园林用途】树冠整齐，枝叶繁茂，适于庭园造景，可供门庭、前庭、中庭、门口孤植或对植，也适于草坪、山坡、路旁丛植。品种香榧（'Merrillii'）为我国特有的著名干果树种和观赏树种，栽培历史悠久，风景区内可结合生产，成片种植，也可作为秋色叶树种和早春花木的背景。

【同属种类】6 种，产中国、日本和北美洲。我国 3 种，另引入栽培 1 种，日本榧树（T. nucifera），2 年生枝绿色或淡红褐色，3～4 年生枝红褐色或微带紫色；叶长 2～3cm，宽 2.5～3mm，先端有刺状长尖头，上面微拱圆，下面气孔带黄白色或淡褐黄色。种子熟时假种皮紫褐色。

第二节 花木类

一、落叶树类

（一）牡丹

【学名】*Paeonia suffruticosa* Andr.

图 6-27 牡丹

【科属】芍药科，芍药属

【形态特征】落叶小灌木，高达 2m。肉质根肥大。2 回 3 出复叶，互生。小叶片卵形至长卵形，长 4.5～8cm，宽 2.5～7cm，背面有白粉，平滑无毛；顶生小叶 3 裂，裂片又 2～3 裂，侧生小叶 2～3 裂或全缘。花单生枝顶，大型，径 10～30cm，单瓣或重瓣，花色丰富，紫、深红、粉红、白、黄、绿等色；苞片及花萼各 5，苞片叶状；花瓣常为倒卵形；雄蕊多数，离心发育；花盘紫红色，革质，全包心皮，离生心皮 5 枚，稀更多。聚合蓇葖果长圆形，密生黄褐色硬毛，沿腹缝线开裂；种子黑色或深褐色，光亮。花期 4～5 月；果期 8～9 月（图 6-27）。

【分布与习性】原产我国中部，普遍栽培，以山东菏泽和河南洛阳最为著名。喜光，稍耐阴；喜温凉气候，较耐寒，畏炎热，忌夏季曝晒。喜深厚肥沃而排水良好之沙质壤土，忌黏重、积水或排水不良处，中性土最好，微酸、微碱亦可。根系发达，肉质肥大。生长缓慢。

【品种概况】传统上，牡丹品种分为"三类六型八大色"，即单瓣类——葵花型，重瓣类——荷花型、玫瑰型、平头型，千瓣类——皇冠型、绣球型，有红、黄、白、蓝、粉、紫、绿、黑八色。目前，全国牡丹品种约 1000 个，著名传统品种有'姚黄'、'魏紫'、'赵粉'、'首案红'等。牡丹品种依花型可分为单瓣类、千层类、楼子类、台阁类，类以下可分为多型。

(1) 单瓣类：花瓣 1~3 轮，宽大，广卵形或倒卵状椭圆形；雌、雄蕊发育正常，结实。有单瓣型，如'泼墨紫'、'黄花魁'、'凤丹白'等品种。

(2) 千层类：花瓣多轮，自外向内层层排列、逐渐变小，无外瓣、内瓣之分；雄蕊着生于雌蕊周围，不散生于花瓣间，或雄蕊完全消失；雌蕊正常或瓣化。全花较扁平。有荷花型、菊花型和蔷薇型。荷花型花瓣 3~5 轮，宽大而且大小近一致，有正常的雄蕊和雌蕊；全花开放时花瓣稍内抱，形似荷花，如'似荷莲'、'大红袍'等品种。菊花型花瓣 6 轮以上，自外向内逐渐变小；有正常雄蕊，但数目减少；雌蕊正常或部分瓣化，如'紫二乔'、'粉二乔'等品种。蔷薇型花瓣极度增多，自外向内显著逐渐变小；雄蕊全部消失，雌蕊退化或全部瓣化，如'青龙卧墨池'、'鹅黄'等品种。

(3) 楼子类：有明显而宽大的 2~3 轮或多轮外瓣，雄蕊部分乃至完全瓣化，形成细碎、皱折或狭长的内瓣；雌蕊正常或瓣化、消失。全花常隆起而呈楼台状。有托桂型、金环型、皇冠型和绣球型。托桂型外瓣 2~3 轮，宽大；雄蕊全部瓣化，但瓣化程度较低，多数呈狭长或针状瓣；雌蕊正常或退化变小，如甘肃品种'粉狮子'等少数品种。金环型外瓣 2~3 轮，宽大；近花心的雄蕊瓣化成细长花瓣，在雄蕊变瓣和外瓣之间残存一圈正常雄蕊，宛如金环，雌蕊正常，如'姚黄'、'赵粉'、'腰系金'等。皇冠型外瓣大而明显；雄蕊几乎全部瓣化或在雄蕊变瓣中杂以完全雄蕊和不同瓣化程度的雄蕊；雌蕊正常或部分瓣化，全花中心部分高耸，宛若皇冠状，如'蓝田玉'、'首案红'、'青心白'、'大瓣三转'等品种。绣球型雄蕊充分瓣化，在大小和形状上与外瓣难以区分，全花呈圆球形，内瓣与外瓣间偶尔夹杂少数雄蕊；雌蕊全部瓣化或退化成小型绿色，如'银粉金麟'、'假葛巾紫'、'绿蝴蝶'、'花红绣球'等品种。

(4) 台阁类：花由两花上下重叠或数花叠合构成，共具一梗，上方花一般花瓣较少。有千层台阁型和楼子台阁型或细分为菊花台阁型、蔷薇台阁型、皇冠台阁型、绣球台阁型。菊花台阁型由 2 朵菊花型的单花上下重叠而成，上方花常发育不充分、花瓣数目较少，如'火炼金丹'。蔷薇台阁型由 2 朵蔷薇型单花重叠而成，发育状况同菊花台阁型，如'脂红'、'昆山夜光'。皇冠台阁型由皇冠型花重叠而成，发育状况同上，如'璎珞宝珠'、'大魏紫'。绣球台阁型由绣球型花重叠而成，如'紫重楼'、'葛巾紫'。

【繁殖方法】播种、分株和嫁接繁殖。

【观赏特性及园林用途】牡丹花大而美，姿、色、香兼备，是我国传统名花，素有"花王"之称。长期以来，我国人民把牡丹作为富贵吉祥、和平幸福、繁荣昌盛的象征，代表着雍容华贵、富丽高雅的文化品位。作为观赏植物栽培大约始于南北朝时期，在唐朝传入日本，1656 年以后，荷兰、英国、法国等欧洲国家陆续引种，20 世纪初传入美国。品种繁多，花色丰富，群体观赏效果好，最适于成片栽植，建立牡丹专类园。在小型庭院，也适于门前、坡地专设牡丹台、牡丹池，以砖石砌成，孤植或丛植牡丹，配以麦冬、吉祥草等常绿草花，点缀山石，所谓"牡丹、芍药之姿艳，宜玉砌雕台，佐以嶙峋怪石，幽篁远映。"

【同属种类】约 30 种，分布于北温带，其中木本的牡丹类特产中国。本属我国约 15 种，为著名观赏植物，兼作药用。常见的还有：

(1) 紫斑牡丹 *Paeonia rockii* (S. G. Haw & Lauener) T. Hong & J. J. Li：叶常为 2～3 回羽状复叶，小叶 19～33 枚，披针形或卵状披针形，近全缘。花径达 13～19cm，白色或粉红色，花瓣内面基部有深紫黑色斑块；苞片 3 枚；花萼 3 枚，绿色，卵圆形；花盘、花丝黄白色，花盘全包心皮。产甘肃东南部、陕西南部、河南西部和湖北西部。

(2) 滇牡丹 (野牡丹) *Paeonia delavayi* Franch.：亚灌木，全体无毛；当年生小枝草质。2 回 3 出复叶，宽卵形或卵形，长 15～20cm，羽状分裂；裂片 17～31 枚，披针形或长圆状披针形，宽 0.7～2cm。花 2～5 枚，生枝顶和叶腋，径 6～8cm；苞片 1～5 枚，披针形，不等大；花瓣 9～12 枚，红或红紫色，长 3～4cm；花盘肉质。产云南西北部和北部、四川及西藏东南部。变种黄牡丹 (var. *lutea*)，花瓣黄色。

（二）梅花

【学名】*Prunus mume* Sieb. & Zucc.

【科属】蔷薇科，李属

【形态特征】落叶乔木或大灌木，高 4～10 (15) m；树形开展，树冠圆球形。小枝绿色，无毛。单叶，互生；叶片卵形至广卵形，长 4～10cm，锯齿细尖，先端长渐尖或尾尖；叶柄或叶片基部常有腺体；托叶早落。花两性，单生或 2 朵并生；5 数；雄蕊多数；子房上位，1 心皮，1 室，2 胚珠。花先叶开放，白、粉红或红色，有香味，径 2～2.5cm，花萼绿色或否；花梗短。核果，肉质，近球形，黄绿色，径 2～3cm，表面密被细毛；果核有多数凹点，常含 1 种子。花期 12 月至翌年 4 月；果期 5～6 月 (图 6-28)。

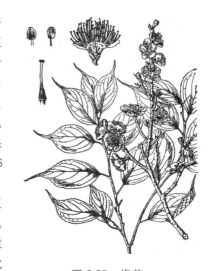

图 6-28 梅花

【分布与习性】产四川西部和云南西部等地，淮河以南地区普遍栽培。阳性树，喜温暖湿润的气候，多数品种耐寒性较差。对土壤要求不严，无论是微酸性、中性、还是微碱性土均能适应。较耐干旱瘠薄，最忌积水。萌芽力强，耐修剪，对二氧化硫抗性差。寿命长。

【品种概况】梅花品种繁多，已演化成果梅、花梅两大系列。按品种演化关系可以分为真梅、杏梅、樱李梅 3 个种系 5 大类。真梅由梅演化而来，杏梅为杏与梅的杂交品种，樱李梅为宫粉梅与紫叶李之杂交品种。

(1) 直枝梅类：具有典型梅花之性状，枝条直伸或斜出，不曲不垂。有江梅型、宫粉型、玉蝶型、洒金型、绿萼型、朱砂型、黄香型。江梅型花单瓣，白、粉、红等色，萼非绿色，如'江梅'、'雪梅'、'单粉'、'六瓣红'。宫粉型花复瓣至重瓣，或深或浅之粉红，如'小宫粉'、'徽州台粉'、'重台红'、'磨山大红'。玉蝶型花复瓣至重瓣，白色，如'荷花玉蝶'、'素白台阁'、'北京玉蝶'。

洒金型花单瓣至复瓣，一树开具斑点、条纹的二色花，如'单瓣跳枝'、'复瓣跳枝'、'晚跳枝'。绿萼型花单瓣、复瓣至重瓣，白色，花萼绿色，如'小绿萼'、'豆绿'、'长蕊单绿'。朱砂型花单瓣、复瓣至重瓣，紫红色，枝内新木质部淡紫色，萼酱紫色，如'白须朱砂'、'粉红朱砂'、'小骨里红'。黄香型花单瓣、复瓣至重瓣，淡黄色，如'单瓣黄香'、'曹王黄香'、'南京复黄香'。另有品字梅型和小细梅型，为果梅。

(2) 垂枝梅类：与直枝梅类区别在于枝条下垂。有粉花垂枝型、五宝垂枝型、残雪垂枝型、白碧垂枝型、骨红垂枝型。粉花垂枝型花单瓣至重瓣，粉红或红色，萼绛紫色，如'粉皮垂枝'、'单红垂枝'。五宝垂枝型花复色，红、粉相间，萼绛紫色，如'跳雪垂枝'。残雪垂枝型花白色，复瓣，萼绛紫色，如'残雪'。白碧垂枝型花白色，单瓣或复瓣，萼纯绿色，如'单碧垂枝'、'双碧垂枝'。骨红垂枝型花紫红色，单瓣至重瓣，枝内新木质部淡紫色，萼酱紫色，如'骨红垂枝'、'锦红垂枝'。

(3) 龙游梅类：枝条自然扭曲。一型，即玉蝶龙游型，花复瓣，白色，如'龙游梅'。

(4) 杏梅类：枝叶介于杏、梅之间，花托肿大。有单杏梅型和春后型。单杏梅型花单瓣，枝叶似杏，如'燕杏梅'、'中山杏梅'、'粉红杏梅'。春后型花复瓣至重瓣，呈红、粉、白等色，树势旺，花叶较大，如'束花送春'、'丰后'等。

(5) 樱李梅类：枝叶似紫叶李，花梗细长，花托不肿大。一型，即美人梅型，如'俏美人梅'、'小美人梅'等。

【繁殖方法】嫁接、扦插、压条或播种繁殖，以嫁接繁殖应用最多。砧木可选用桃、山桃、杏、山杏或梅实生苗。

【观赏特性及园林用途】梅花是我国特有的传统花木和果木，花开占百花之先。宋朝林逋的"疏影横斜水清浅，暗香浮动月黄昏"和明朝杨维桢的"万花敢向雪中开，一树独先天下春"是梅花的传神之作。梅与松、竹一起被誉为"岁寒三友"，又与迎春、山茶和水仙一起被誉为"雪中四友"，又与兰、竹、菊合称"四君子"。梅花适于建设专类园，著名的有南京梅花山、武汉磨山、无锡梅园、杭州孤山和灵峰、苏州光福、昆明西山等。亦适于庭院、草坪、公园、山坡各处，既可孤植、丛植，又可群植、林植。梅花还是著名的盆景材料。

【同属种类】约330余种，主产北温带，也见于南美洲。我国约90种，引入栽培10种以上，各地均产，多为果树或观赏花木。本属常被分为狭义的李亚属(Subgen. *Prunus*)、桃亚属(Subgen. *Amygdalus*)、杏亚属(Subgen. *Armeniaca*)、樱亚属(Subgen. *Cerasus*)、桂樱亚属(Subgen. *Laurocerasus*)和稠李亚属(Subgen. *Padus*)，或分别作为独立的属。

常见栽培的杏亚属的还有杏(*P. armeniaca*)，小枝红褐色；叶广卵形，先端短尖或尾状尖，锯齿圆钝；花单生于一芽内，在枝侧2~3个集合在一起，先叶开放，白色至淡粉红色，径约2.5cm，花萼鲜绛红色。产西北、东北、华北、西南、长江中下游地区，新疆有野生纯林，以黄河流域为栽培中心。变种山杏(var. *ansu*)，叶片基部宽楔形，花常2朵并生于一芽内，粉红色，果肉薄。

(三) 月季花

【学名】*Rosa chinensis* Jacq.

【科属】蔷薇科，蔷薇属

【形态特征】半常绿或落叶灌木，高度因品种而异，通常高1~1.5m，也有枝条平卧和攀缘的品种。小枝散生粗壮而略带钩状的皮刺。羽状复叶，互生，托叶与叶柄贴生。小叶 3～5(7) 枚，广卵形至卵状矩圆形，长 2～6cm，宽 1～3cm，有锐锯齿，两面无毛，上面暗绿色，有光泽。叶柄和叶轴散生皮刺或短腺毛，托叶有腺毛。花单生或数朵排成伞房状，颜色和大小因品种而异；花柱分离，长约为雄蕊之半；萼片常羽裂。果实球形，径约 1～1.5cm，红色。花期 4～10 月；果期 9～11 月 (图 6-29)。

图 6-29 月季花

【分布与习性】原产我国中部，南至广东，西南至云南、贵州、四川。国内外普遍栽培。适应性强，喜光，但侧方遮荫对开花最为有利；喜温暖气候，不耐严寒和高温，多数品种的最适宜生长温度为 15～26℃，主要开花季节为春秋两季，夏季开花较少。对土壤要求不严，但以富含腐殖质而且排水良好的微酸性土壤(pH 值 6～6.5)最佳。

【变种和变型】月月红(var. semperflorens)，茎枝纤细，小叶 5～7 枚，叶较薄，带紫色，花多单生或 2～3 朵簇生，紫红至深粉红，重瓣，花梗细长，花期长。绿月季(var. viridiflora)，花绿色，花瓣变成绿叶状。小月季(var. minima)，植株矮小，常不及 25cm，多分枝，花小，玫瑰红色，单瓣或重瓣。变色月季(f. mutabilis)，幼枝紫色，幼叶古铜色，花单瓣，初为黄色，继变橙红色，最后变暗红色。

【品种概况】目前常见栽培的现代月季(Rosa × hybrida)是原产中国的月季花和其他多种蔷薇属种类的杂交种，品种繁多，常分为以下几类。

(1) 杂种茶香月季 Hybrid Tea Rose (HT)：或称杂种香水月季。现代月季中最重要的一类，主要由香水月季(Rosa odorata)和杂种长春月季杂交选育而成，在 1867 年首次出现，后经多次杂交选育，品种极多，应用最广。灌木，耐寒性较强，花多单生，大而重瓣，花蕾秀美、花色丰富，有香味，花期长。著名品种有'和平'、'香云'、'超级明星'、'埃菲尔铁塔'、'X 夫人'、'墨红'、'红衣主教'、'萨曼莎'、'婚礼粉'等。

(2) 多花姊妹月季 Floribunda Rose (Fl.)：或称丰花月季、聚花月季。植株较矮小，分枝细密；花朵较小(一般直径在 5cm 以下)，但多花成簇、成团，单瓣或重瓣；四季开花，耐寒性与抗热性均较强。如'大教堂'、'红帽子'、'杏花村'、'曼海姆宫殿'、'冰山'、'太阳火焰'、'无忧女'、'马戏团'、'鸡尾酒'等。

(3) 大花姊妹月季 Grandiflora Rose (Gr.)：又称壮花月季。由香水月季和丰花月季杂交选育而成。花朵大而一茎多花，四季开放，有的品种花径达 13cm；生长势旺盛，植株高度多在 1m 以上。如'伊丽莎白女王'、'金刚钻'、'亚利桑那'、'醉蝴蝶'、'杏醉'、'雪峰'等。

(4) 微型月季 Miniature Rose (Min.)：主要亲本为小月季。植株矮小，一般高仅 10～45cm，花朵小，径约 1～3cm，常为重瓣，枝繁花密，玲珑可爱。适于盆栽。如'微型金丹'、'小假面舞会'、'太阳姑娘'等。

(5) 藤本月季 Climber & Rambler ROSe(Cl.)：现代月季中具有攀缘习性的一类，多为杂种茶香月季和丰花月季的突变体(具有连续开花的特性)，少量是蔷薇、光叶蔷薇衍生的品种(一年一度开花)，茎蔓细长、攀缘。常见品种有'至高无上'、'美人鱼'、'多特蒙德'、'花旗藤'、'藤和平'、'藤墨红'、'安吉尔'、'光谱'等。

(6) 杂种长春月季 Hybrida Perpetual Rose (HP)：是最早出现的现代月季类，1837 年育成，但杂种茶香月季出现后便很少栽培，品种如'德国白'、'阳台梦'、'贾克将军'等。

【繁殖方法】扦插或嫁接繁殖。

【观赏特性及园林用途】月季花期甚长，可以说"花亘四时，月一披秀，寒暑不改，似固常守"（宋祁《益部方物略记》），有"花中皇后"之名，是我国十大传统名花之一。在欧洲神化传说中，月季是与希腊爱情神维纳斯同时诞生的，象征着爱情真挚、情浓、娇羞和艳丽。

月季品种繁多，花色丰富，花期长，是园林中应用最广泛的花灌木，适于花坛、花境、草地、园路、庭院各处应用。就各类品种而言，杂种茶香月季具有鲜明的色彩、美丽的树形，可构成小型庭园的主景或衬景，也是重要的切花材料。丰花月季植株低矮，花朵繁密，适于表现群体美，最宜成片种植以形成整体景观效果，或沿道路、墙垣、花坛、草地列植或环植，形成花带、花篱。壮花月季株形高大，花朵硕大，可孤植、对植，在月季园内则可植于地势高处作为背景。藤本月季可用于垂直绿化。微型月季最适于盆栽，也可用作地被、花坛和草坪的镶边。

图 6-30　玫瑰

【同属种类】约 200～250 种，广布于欧亚大陆、北非和北美洲温带至亚热带。我国 95 种，各地均有，大多数供观赏。常见的还有：

(1) 玫瑰 *Rosa rugosa* Thunb.：枝条密生皮刺和刺毛；小叶 5～9 枚，卵圆形至椭圆形，长 2～5cm，宽 1～2.5cm，表面多皱，背面有柔毛和刺毛；叶柄及叶轴被绒毛，疏生皮刺及腺毛；托叶大部与叶柄连合。花紫红色、红色或白色，径 4～6cm，单瓣或重瓣。产我国北部，普遍栽培(图 6-30)。

(2) 黄刺玫 *Rosa xanthina* Lindl.：小枝褐色或褐红色，散生直刺，无刺毛。小叶 7～13，近圆形或宽椭圆形，长 0.8～2cm；托叶先端分裂成披针形裂片。花单生，黄色，重瓣或单瓣，径 4.5～5cm。果红黄色，径约 1cm。产东北、甘肃、河北、内蒙古、陕西、山东、山西等地。

(3) 黄蔷薇 *Rosa hugonis* Hemsl.：枝拱形，具直而扁平皮刺及刺毛。小叶 5～13 枚，椭圆形，长 1～2cm。花单生，鲜黄色，单瓣，径约 5cm；果扁球形，径约 1.5cm，红褐色。产华北、西北至华中。

(四) 西府海棠

【学名】*Malus micromalus* Mak.

【科属】蔷薇科，苹果属

【形态特征】落叶灌木或小乔木，高达 5m。树冠紧抱，枝直立性强；小枝紫红色或暗紫色，幼时被短柔毛，后脱落。单叶，互生。叶片椭圆形至长椭圆形，长 5～10cm，锯齿尖锐，基部楔形；叶柄长 2～3.5cm。花序有花 4～7 朵，集生于小枝顶端；花淡红色，初开时色浓如胭脂；萼筒外面和萼片内均有白色绒毛，萼片与萼筒等长或稍长。果近球形，径 1.5～2cm，红色，基部及先端均凹陷；萼片宿存或脱落。花期4～5月；果期9～10月(图6-31)。

【分布与习性】产辽宁南部、河北、山西、山东、陕西、甘肃、云南，各地有栽培。喜光，耐寒，耐干旱，较耐盐碱，不耐水涝。抗病虫害，根系发达。

【繁殖方法】播种、分株、压条、扦插或嫁接繁殖，以分株、嫁接应用较多。

图6-31 西府海棠

【观赏特性及园林用途】海棠是久经栽培的传统花木，春季开花，初开极红如胭脂点点，及开则渐成缬晕，至落则若宿妆淡粉，果实色彩鲜艳，结实量大。自然式群植、建筑前或园路两侧列植、入口处对植均无不可。小型庭院中，最适于孤植、丛植于堂前、栏外、水滨、草地、亭廊之侧。《花镜》云："海棠韵娇，宜雕墙峻宇，障以碧纱，烧以银烛，或凭栏，或倚枕其中。"

【同属种类】约55种，广泛分布于北半球温带。我国25种，多为果树和观赏花木。常见的还有：

(1) 垂丝海棠 *Malus halliana*(Voss)Koehne：枝条开展；小枝、叶缘、叶柄、中脉、花梗、花萼、果柄、果实常紫红色。叶卵形、椭圆形至椭圆状卵形，质地较厚，锯齿细钝或近于全缘。花梗细长、下垂；花初开时鲜玫瑰红色，后渐呈粉红色，径3～3.5cm；萼片三角状卵形，顶端钝，与萼筒等长或稍短。果径6～8mm，萼片脱落。

(2) 海棠花 *Malus spectabilis* Borkh.：枝条耸立向上；叶椭圆形至长椭圆形，长5～8cm，有密细锯齿；叶柄长1.5～2cm。花在蕾期红艳，开放后淡粉红色，径约4～5cm；萼片较萼筒稍短。果径约2cm，黄色，基部无凹陷，萼宿存。

(3) 湖北海棠 *Malus hupehensis*(Pamp.)Rehd.：叶卵形或椭圆状卵形，长5～10cm，具不规则细尖锯齿。花白色，偶粉红色，径3.5～4cm；萼片顶端尖，与萼筒等长或稍短；花柱3，罕4，基部有长绒毛。果径约1cm；萼片脱落。

图6-32 贴梗海棠

(五)贴梗海棠

【学名】*Chaenomeles speciosa*(Sweet)Nakai

【别名】皱皮木瓜

【科属】蔷薇科，木瓜属

【形态特征】落叶灌木，高达2m。有枝刺。单叶，互生。叶片卵状椭圆形至椭圆形，长3～10cm，具尖锐锯齿，下面无毛或脉上稍有毛；托叶大，肾形或半圆形，长0.5～1cm，有重锯齿。花3～5朵簇生于2年生枝上，鲜红、粉红或白色；花梗粗短或近无梗。萼筒钟状，萼片直立；花柱5，基部合生，无毛或稍有毛；子房5室，每室胚珠多数。梨果大，卵球形，径4～6cm，黄色，芳香，有稀疏斑点；种子多数。花期3～5月；果期9～10月(图6-32)。

【分布与习性】产我国黄河以南地区。喜光，耐寒，对土壤要求不严，喜生于深厚肥沃的沙质壤土；不耐积水，积水会引起烂根。耐修剪。

【繁殖方法】分株、扦插、压条或嫁接繁殖。

【观赏特性及园林用途】早春先叶开花，鲜艳美丽、锦绣烂漫，秋季硕果芳香金黄，是一种优良的观花兼观果灌木。适于草坪、庭院、树丛周围、池畔丛植，还是花篱及基础栽植材料，并可盆栽。

【同属种类】5 种，分布于亚洲东部。我国 4 种，引入 1 种。除西藏木瓜（*C. tibetica*）外，均常见栽培。常见的还有：

(1) 木瓜海棠 *Chaenomeles cathayensis*（Hemsl.）Schneid.：灌木至小乔木，枝条直立而坚硬。叶较厚，椭圆形或披针形，锯齿细密，齿端呈刺芒状。花簇生，花柱基部有较密柔毛。果卵形或长卵形，长 8～12cm，黄色，有红晕。花期 3～4 月；果期 9～10 月。产秦岭至华南、西南。

(2) 日本木瓜（倭海棠）*Chaenomeles japonica* Lindl.：高常不及 1m；2 年生枝有疣状突起。叶广卵形至倒卵形，长 3～5cm，具圆钝锯齿，齿尖向内。花砖红色或白色，花柱无毛。果近球形，径 3～4cm，黄色。原产日本，我国各地庭园栽培。

（六）白玉兰

【学名】*Magnolia denudata* Desr.

图 6-33　白玉兰

【科属】木兰科，木兰属

【形态特征】落叶乔木，高达 15m；树冠卵形或近球形。花芽大而显著，密毛。单叶，互生。叶片倒卵状椭圆形，长 10～15cm，全缘，先端突尖。花大而美丽，单生枝顶，径约 12～15cm，白色，芳香。花被片相似，9 片，肉质；花丝扁平；雄蕊群和雌蕊群相连接。聚合蓇葖果，圆柱形，长 8～12cm；蓇葖沿背缝开裂，种子红色。花期 3～4 月，先叶开放；果期 9～10 月（图 6-33）。

【分布与习性】产江西、浙江、湖南和贵州，生于海拔 500～1000m 的林中，现全国各大城市广为栽培。喜光，稍耐阴；喜温暖气候，但耐寒性颇强，耐 -20℃ 低温，在北京及其以南各地均正常生长；喜肥沃、湿润而排水良好的弱酸性土壤，也能生长于中性至微碱性土（pH 值 7～8）中。根肉质，不耐水淹。抗二氧化硫。

【栽培品种】紫花玉兰（'Purpurescens'），又名应春花，花被片背面紫红色，里面淡红色，易与紫玉兰相混，但树体较高大，花被片 9 枚，相似。重瓣玉兰（'Plena'），花被片 12～18 枚。

【繁殖方法】播种、扦插、压条、嫁接繁殖。不耐移植，在北方不宜在晚秋或冬季移栽，一般以春季开花前或花谢后而尚未展叶时进行为佳。

【观赏特性及园林用途】花大而洁白、芳香，开花时极为醒目，宛若琼岛，有"玉树"之称，是著名的早春花木。适于建筑前列植或在入口处对植，也可孤植、丛植于草坪或常绿树前。我国古代民间传统宅院配植中讲究"玉堂富贵"，以喻吉祥如意和富有，其中"玉"即指玉兰。上海市市花。

【同属种类】约 90 种，分布于我国、日本、马来群岛和中北美。我国 30 余种，主产于长江以南各地，并引入栽培数种。花大而美丽、芳香，多为观赏树种。常见的还有：

(1) 紫玉兰（辛夷、木兰）*Magnolia liliflora* Desr.：灌木，小枝紫褐色，无毛。叶椭圆状倒卵形或倒卵形，先端急尖或渐尖，基部楔形。花萼 3，绿色，披针形，长 2～3.5cm，早落；花瓣 6，肉质，外面紫色或紫红色，长 8～10cm，内面浅紫色或近于白色。产华东、华中至西南地区，普遍栽培。

(2) 二乔玉兰 *Magnolia × soulangeana* (Lindl.) Soul. -Bod.：小乔木或大灌木，高 6～10m。叶片倒卵形，长 6～15cm，宽 4～7.5cm，先端短急尖，上面基部中脉常残存有毛，下面多少被柔毛。花径约 10cm；花被片 6～9，外轮小，呈花瓣状，长约为内轮长的 1/2～2/3，基部较狭，外面基部为浅红色至深红色，上部及边缘多为白色，里面近白色。白玉兰和紫玉兰的杂交种，花被片的形状和大小、芳香的有无等性状变异较大，耐寒性优于二亲本。

(3) 望春玉兰 *Magnolia biondii* Pamp.：叶长圆状披针形，长 10～18cm，宽 3.5～6cm，先端急尖，基部阔楔形。花被片 9 枚，外轮 3 片紫红色，狭倒卵状条形，长约 1cm；内两轮近匙形，白色，外面基部带紫红色，长 4～5cm，内轮较狭小。聚合蓇葖果圆柱形，长 8～14cm，常因部分不育而扭曲。产甘肃、陕西、河南、湖北、湖南、四川等地。

(4) 厚朴 *Magnolia officinalis* Rehd. & Wils.：小枝粗壮；顶芽发达，长达 4～5cm。叶集生枝顶，长圆状倒卵形，长 22～45cm，宽 10～24cm，侧脉 20～30 对，下面被柔毛和白粉。花白色，径 10～15cm。聚合果圆柱形，蓇葖发育整齐。产于秦岭以南，主产四川、贵州、湖南和湖北。

亚种凹叶厚朴(subsp. *biloba*)，叶先端凹缺成 2 个钝圆裂片，但幼苗之叶先端并不凹缺。通常叶较小，侧脉较少。

(5) 天女花 *Magnolia sieboldii* K. Koch.：小枝及芽有柔毛，托叶状芽鳞 1 片。叶片宽倒卵形，先端突尖；花在新枝上与叶对生，径 7～10cm，花梗长 3～7cm，下垂；花被片 9 枚，外轮淡粉红色，其余白色。间断分布于辽宁、安徽、浙江、福建、江西、广西等地，为古生树种。

(七) 蜡梅

【学名】 *Chimonanthus praecox* (L.) Link.

【科属】 蜡梅科，蜡梅属

【形态特征】 落叶灌木，高达 4m。小枝淡灰色，有纵条纹和椭圆形皮孔。单叶，对生；无托叶。叶片近革质，椭圆状卵形至卵状披针形，长 7～15cm，全缘；上面粗糙，有硬毛，下面光滑无毛；羽状脉。花两性，单生叶腋，鲜黄色，芳香，直径 1.5～2.5cm；内层花被片有紫褐色条纹；花托杯状。聚合瘦果；瘦果长圆形，微弯，长 1～1.3cm，栗褐色，生于壶形果托中。花期(12)1～3 月，先叶开放；果 9～10 月成熟(图 6-34)。

【分布与习性】 产我国中部，湖北、湖南等省仍有野生；普遍栽培，以河南鄢陵最为著名。喜光，稍耐阴；耐寒。喜深厚而排水良好的轻壤土，在黏性土和盐碱地生长不良。耐干旱，忌水湿。萌芽力强，耐修剪。对二氧化硫有一定抗性，能吸收汞蒸气。

【变种】 素心蜡梅(var. *concolor*)，花被片全部黄色，无紫斑。磬口蜡梅(var. *grandiflora*)，叶长可达 20cm，花径达 3～3.5cm，外轮花被片淡黄色，内轮花被片有红紫色条纹。

【繁殖方法】 分株、压条、扦插、播种或嫁接繁殖均可。以嫁接为主，分株为次。

图 6-34 蜡梅

【观赏特性及园林用途】蜡梅是我国特有的珍贵花木，花开于隆冬，凌寒怒放，花香四溢。适于孤植或丛植于窗前、墙角、阶下、山坡等处，可与苍松翠柏相配植，也可布置于入口的花台、花池中。在江南，可与南天竹等常绿观果树种配植，则红果、绿叶、黄花相映成趣。蜡梅也可盆栽观赏，并适于造型，民间传统的蜡梅桩景有"疙瘩梅"、"悬枝梅"以及屏扇形、龙游形等。镇江市市花。

【同属种类】6 种，我国特产。见于栽培的还有亮叶蜡梅(*C. nitens*)，常绿灌木，枝叶有香气；叶片椭圆状披针形或卵状披针形，先端尾尖；花径 7～10mm。产长江流域至华南、西南，生山地疏林中。

(八) 桃

【学名】*Prunus persica* L.

【科属】蔷薇科，李属

图 6-35　桃

【形态特征】落叶小乔木或大灌木，高达 8m；树冠半球形；树皮暗红褐色，平滑。侧芽常 3 个并生，中间为叶芽，两侧为花芽。单叶，互生。叶片卵状披针形或矩圆状披针形，长 8～12cm，宽 2～3cm，先端长渐尖，锯齿细钝或较粗；叶片基部有腺体。花单生，先叶开放或与叶同放，粉红色，径 2.5～3.5cm(观赏品种花色丰富，花径可达 5～7cm)；花梗短，萼紫红色或绿色。核果，卵圆形或扁球形，黄白色或带红晕，径 3～7cm，稀达 12cm；果核椭圆形，有深沟纹和蜂窝状孔穴。花期 4～5 月；果 6～7 月成熟(图 6-35)。

【分布与习性】产东北南部和内蒙古以南地区，西至宁夏、甘肃、四川和云南，南至福建、广东等地，各地广为栽培，主产区为华北和西北。阳性树，不耐阴；耐 -20℃ 以下低温，也耐高温；喜肥沃而排水良好的土壤，不适于碱性土和黏性土。较耐干旱，极不耐涝。萌芽力和成枝力较弱，尤其是在干旱瘠薄土壤上更为明显。寿命较短。根系浅，不抗风。

【变种和变型】可分为食用桃和观赏桃两类。食用桃的类型和品种主要有油桃、蟠桃、黏核桃、离核桃等。观赏桃类型繁多，主要有：寿星桃(var. *densa*)，植株矮小，枝条节间极缩短。白桃(f. *alba*)，花白色，单瓣。白碧桃(f. *albo-plena*)，花白色，重瓣。碧桃(f. *duplex*)，花粉红色，重瓣或半重瓣。绛桃(f. *camelliaeflora*)，花深红色，重瓣。绯桃(f. *magnifica*)，花鲜红色，重瓣。洒金碧桃(f. *versicolor*)，一树开两色花甚至一朵花或一个花瓣中两色。垂枝碧桃(f. *pendula*)，枝条下垂，花有红、粉、白等色。紫叶桃(f. *atropurpurea*)，叶片紫红色，上面多皱折；花粉红色，单瓣或重瓣。塔型碧桃(f. *pyramidalis*)，树冠塔形或圆锥形。

【繁殖方法】播种或嫁接繁殖。

【观赏特性及园林用途】品种繁多，树形多样，着花繁密，无论食用桃还是观赏桃，盛花期均烂漫芳菲、妩媚可爱，是园林中常见的花木和果木，久经栽培。远在公元前 1 世纪左右，便经由丝绸之路传入波斯，并由此传入欧美。适于山坡、水边、庭院、草坪、墙角、亭边各处丛植赏花。常植于水边，采用桃柳间植的方式，形成"桃红柳绿"的景色。若将各观赏品种栽植在一起，形成碧桃园，布置在山谷、溪畔、坡地均宜。

【同属种类】参阅梅花。本属中属于桃亚属的约 40 种，常见的还有：山桃（P. davidiana），高达 10m，树皮暗紫红色，具有横向环纹，老时呈纸质脱落；冬芽无毛；叶卵状披针形，长 5～12cm，宽 2～4cm，具细锐锯齿；花白色至淡粉红色，径 2～3cm，萼无毛。产黄河流域、黑龙江、四川、云南等地，常栽培。榆叶梅（P. triloba），栽培者多呈灌木状，树皮紫褐色；小枝无毛或微被毛；叶宽椭圆形至倒卵形，长 3～6cm，具粗重锯齿，先端尖或常 3 浅裂；花粉红色，径 2～3cm；萼片卵形，有细锯齿。果密被柔毛，果肉薄，成熟时开裂。产东北、华北、华东等地，各地广植。

（九）樱花

【学名】*Prunus serrulata* Lindl.

【别名】山樱花

【科属】蔷薇科，李属

【形态特征】落叶乔木，高达 10～25m；树皮栗褐色，有横裂皮孔。冬芽长卵形，先端尖，单生或簇生。小枝红褐色，无毛；叶片矩圆状倒卵形、卵形或椭圆形，长 5～10cm，宽 3～5cm，有尖锐单锯齿或重锯齿，齿尖刺芒状；叶柄顶端有 2～4 腺体。伞形或短总状花序由 3～6 朵花组成；花梗无毛，叶状苞片算形，边缘有腺齿；萼筒筒状，无毛；花径 2～5cm，白色至粉红色。核果球形，径 6～8mm，黑色，无明显腹缝沟。花期 4～5 月，与叶同放；果期 6～8 月（图 6-36）。

【分布与习性】分布于东北、华北、华东、华中等地，也普遍栽培。日本和朝鲜也有分布。喜光，略耐阴；喜温暖湿润气候，但也较耐寒、耐旱。对土壤要求不严，但不喜低湿和土壤黏重之地，不耐盐碱。浅根性。对烟尘的抗性不强。

图 6-36 樱花

【变种】日本晚樱（var. lannesiana），植株较矮小，小枝粗壮、开展，无毛；叶片倒卵形或卵状椭圆形，先端长尾状，边缘锯齿长芒状；叶柄上部有 1 对腺体；新叶红褐色。花大而芳香，单瓣或重瓣，常下垂，粉红色、白色或黄绿色；2～5 朵成伞房花序；苞片叶状；花序梗、花梗、花萼、苞片均无毛。花期 4～5 月。原产日本，我国园林中普遍栽培。

【繁殖方法】播种或嫁接繁殖。

【观赏特性及园林用途】樱花妩媚多姿，繁花似锦，既有梅花之幽香，又有桃花之艳丽，是重要的春季花木。树体高大，可孤植或丛植于草地、房前，既供赏花，又可遮荫；也可成片种植或群植成林，则花时缤纷艳丽、花团锦簇。

【同属种类】参阅梅花。本属中属于樱亚属的约 150 种，产亚洲、欧洲和北美洲温带。常见的还有：

（1）日本樱花 *Prunus yedoensis* Matsum.：与樱花相近，但树体稍小；小枝幼时有毛。叶卵状椭圆形至倒卵形，长 5～12cm，下面沿脉及叶柄被短柔毛；叶缘具芒状锯齿。花白色至淡粉红色，先叶开放，径 2～3cm，常单瓣；萼筒圆筒形，萼片长圆状三角形，外被短毛。原产日本，北京、西安、青岛、南京、南昌、杭州等均有栽培。

（2）日本早樱 *Prunus subhirtella* Miq.：枝条较细，幼枝密生白色平伏毛。叶片长卵圆形，长 3～

8cm。花 2～5 朵排成无总梗的伞形花序；花朵淡红色，径约 2.5cm，萼筒膨大如壶状。原产日本，华东及四川等地栽培观赏。

(3) 钟花樱 *Prunus campanulata* Maxim.：叶片卵形至长椭圆形，边缘密生重锯齿，两面无毛。伞形花序，先叶开放。萼筒钟管状，花紫红色。果实红色。花期 2～4 月；果期 6 月。分布于浙江、福建、台湾、广东、广西等地。

(4) 毛樱桃 *Prunus tomentosa*（Thunb.）Wall.：灌木，幼枝密被绒毛。叶椭圆形至倒卵形，长 4～7cm，表面皱，有柔毛，背面密生绒毛；叶缘有不整齐锯齿。花白色略带粉红，花梗长约 2mm；萼红色、有毛。果有毛。主产华北，西南及东北也有分布。

(5) 郁李 *Prunus japonica* Thunb.：枝条细密，红褐色，无毛。冬芽 3 枚并生。叶卵形至卵状披针形，有锐重锯齿，先端长尾尖，最宽处在中部以下，叶柄长 2～3mm。花单生或 2～3 朵簇生，粉红或近白色，径约 1.5cm。果近球形，径约 1cm，深红色。分布于东北、华北至西南各地(图 6-37)。

(6) 麦李 *Prunus glandulosa* Thunb.：叶卵状长椭圆形至椭圆状披针形，长 5～8cm，先端急尖或圆钝，最宽处在中部或中部以上；花粉红色或白色，径约 2cm。

(十) 木槿

【学名】*Hibiscus syriacus* L.

【科属】锦葵科，木槿属

【形态特征】落叶灌木，高 2～5m。小枝幼时密被绒毛，后脱落。单叶，互生。叶片卵形或菱状卵形，长 3～6cm，基部楔形，常 3 裂，有钝齿，3 出脉，背面脉上稍有毛。花常单生叶腋；花径 6～10cm，紫色、白色或红色，单瓣或重瓣。萼 5 裂，宿存；副萼较小；花瓣 5，基部与雄蕊筒合生，大而显著；子房 5 室，花柱顶端 5 裂。蒴果卵圆形，密生星状绒毛，室背 5 裂。种子肾形，有黄褐色毛。花期 6～9 月；果 9～11 月成熟(图 6-38)。

图 6-37　郁李

图 6-38　木槿

【分布与习性】产东亚，我国分布于江南，自东北南部至华南各地常见栽培。喜光，稍耐阴；喜温暖湿润，但耐寒性颇强；耐干旱瘠薄，不耐积水。生长迅速，萌芽力强，耐修剪。抗污染，对二氧化硫、氯气、烟尘抗性均强。

【栽培品种】白花木槿（'Totus-albus'），花白色，单瓣。大花木槿（'Grandiflorus'），花单瓣，特大，桃红色。粉紫重瓣木槿（'Amplissimus'），花粉紫色，内面基部洋红色，重瓣。雅致木槿（'Elegantissimus'），花粉红色，重瓣。牡丹木槿（'Paeoniflorus'），花粉红或淡紫色，重瓣。紫红木槿（'Roseatriatus'），花紫红色，重瓣。琉璃木槿（'Coeruleus'），枝条直，花重瓣，天青色。

【繁殖方法】播种、扦插、压条繁殖。扦插易生根。

【观赏特性及园林用途】夏秋开花，花期长而花朵大，是优良的花灌木，栽培历史悠久。《诗经·郑风》云："有女同车，颜如舜华"、"有女同车，颜如舜英"，其中，"舜"即是木槿。园林中宜作花篱，或丛植于草坪、林缘、池畔、庭院各处。抗污染，可用于工矿区绿化，并常植于城市街道的分车带中。

【同属种类】约200种，分布于热带和亚热带。我国连引入栽培的共约25种，主产长江以南，多供观赏。常见的还有木芙蓉（H. mutabilis），小枝、叶片、叶柄、花萼均密被星状毛和短柔毛。叶片广卵形，宽7～15cm，掌状3～5(7)裂，基部心形，缘有浅钝齿。花径达8～10cm，白色、淡紫色，后变深红色。蒴果扁球形，有黄色刚毛及绵毛。花期9～10月。原产湖南。

（十一）紫丁香

【学名】*Syringa oblata* Lindl.

【别名】华北紫丁香

【科属】木犀科，丁香属

【形态特征】落叶灌木或小乔木，高达6m。枝条粗壮，无毛。单叶对生；无托叶。叶片广卵形，长约5～10cm，通常宽大于长，全缘；两面无毛，先端短尖，基部心形或截形。花两性，圆锥花序，长6～15cm；萼钟形，4裂，宿存；花紫色，花冠4裂，花冠筒细长，先端4裂；雄蕊2枚，花药着生于花冠筒中部或稍上；子房上位，2心皮，2室，柱头2裂，每室胚珠2。蒴果长圆形，平滑，2裂。种子具翅。花期4～5月；果期9～10月（图6-39）。

【分布与习性】产东北南部、华北、西北、山东、四川等地。喜光，喜湿润、肥沃、排水良好之壤土。不耐水淹，抗寒、抗旱性强。

【变种】白丁香（var. *alba* Rehd.），花白色，叶片较小，背面微有柔毛。佛手丁香（var. *plena*），花白色，重瓣。紫萼丁香（var. *giraldii*），花序轴和花萼蓝紫色，叶片背面有微柔毛。

图6-39　紫丁香

【繁殖方法】播种、扦插、嫁接、分株、压条繁殖。

【观赏特性及园林用途】枝叶茂密，花丛大，"一树百枝千万结"，花开时节，清香四溢，芬芳袭人，为北方应用最普遍的观赏花木之一。广泛应用于公园、庭院、风景区内造景，适合丛植于建筑前、亭廊周围或草坪中，也可列植作园路树。

【同属种类】约21种，分布于亚洲东部、中部、西部和欧洲东南部。我国17种，自东北至西南均产，主要分布于北部和西部。常见的还有：

(1) 欧洲丁香 Syringa vulgaris L. ：叶片椭圆形至卵形，宽略小于长，先端渐尖，基部截形或阔楔形，秋季落叶时仍为绿色。花序紧密，长 6～12cm；花淡蓝紫色，有白、粉红和近黄色的品种，直径 1.5cm，花冠管长 1cm。原产欧洲东部，东北、华北、华东等地有引种栽培。

(2) 暴马丁香 Syringa amurensis Rupr. ：小乔木，高 4～15m。叶宽卵形至椭圆状卵形，或矩圆状披针形，长 5～12cm，叶面皱折；下面侧脉隆起；叶柄粗壮，长 1～2cm。花序长 20～25cm；花冠白色或黄白色，深裂，径 4～5mm，花冠筒与萼筒等长或稍长；花丝与花冠裂片等长或长于后者。蒴果先端常钝，光滑或有细小皮孔。花期 5～7 月。分布于东北、华北和西北东部。

(3) 北京丁香 Syringa pekinensis Rupr. ：叶片卵形或卵状披针形，长 4～10cm，宽 2～5cm，叶面平坦，下面平滑无毛，叶脉不隆起或微隆起；叶柄纤细，长 1.5～3cm。花黄白色，径 3～4mm；雄蕊与花冠裂片近等长。果顶锐尖，平滑或具稀疏皮孔。花期 5～8 月。分布于华北、西北至四川。

（十二）绣球

【学名】Hydrangea macrophylla (Thunb.) Ser.

【别名】八仙花

【科属】虎耳草科，绣球属

【形态特征】落叶灌木，高 1～4m，树冠球形。小枝粗壮，无毛，皮孔明显；髓心大，白色。单叶，对生；无托叶。叶片倒卵形至椭圆形，长 6～15cm，宽 4～11.5cm，有光泽，两面无毛，有粗锯齿；羽状脉；叶柄粗壮，长 1～3.5cm。花两性，顶生伞房状聚伞花序近球形，直径 8～20cm，分枝粗壮，近等长，密被紧贴短柔毛；花密集，多数不育，不育花之扩大之萼片(假花瓣)4 枚，卵圆形、阔倒卵形或近圆形，长 1.4～2.4cm，宽 1～2.4cm，粉红色、蓝色或白色，极美丽；花序中央为极少数两性花，较小，雄蕊 10 枚。蒴果。花期 6～8 月(图 6-40)。

图 6-40 绣球

【分布与习性】产长江流域至华南、西南，北达河南，长江以南各地庭园中常见栽培。喜阴，喜温暖湿润气候；适生于湿润肥沃、排水良好而富含腐殖质的酸性土壤。萌蘖力和萌芽力强。抗二氧化硫等多种有毒气体。

【繁殖方法】扦插、压条或分株繁殖。

【观赏特性及园林用途】生长茂盛，花序大而美丽，花色多变，或蓝或白或红，耐阴性强。适于配植在林下、水边、建筑物阴面、窗前、假山、山坡、草地等各处，宜丛植。也是优良的花篱材料，常于路边列植。亦为盆栽佳品。

【同属种类】约 73 种，主产东亚，少数产东南亚和南北美洲。我国 33 种，广布，主要分布于西部和西南部。常见的还有圆锥绣球(H. paniculata)，灌木或小乔木，高达 8m。小枝稍带方形；叶在上部节上有时 3 片轮生。圆锥花序顶生，长 8～25cm；萼片 4 枚，大小不等；不孕花白色，后变淡紫色。花期 8～9 月。分布于长江流域至华南、西南各地；日本也有。夏秋季开花，花序大而美。

（十三）木绣球

【学名】Viburnum macrocephalum Fort.

【科属】忍冬科，荚蒾属

【形态特征】落叶或半常绿灌木，高达 5m。枝条开展，树冠呈球形。冬芽裸露，芽、幼枝、叶柄及叶下面密生星状毛。单叶，对生；叶片卵形至卵状椭圆形，长 5～10cm；先端钝尖，基部圆形，叶缘具细锯齿，侧脉 5～6 对。大型聚伞花序呈球状，径约 15～20cm，全由不孕花组成；花冠白色，辐状，径 1.5～4cm，瓣片倒卵形。花期 4～5 月，不结果。

图 6-41 琼花

【分布与习性】产长江流域，各地常见栽培。喜光，略耐阴，喜温暖湿润气候，较耐寒，宜在肥沃、湿润、排水良好的土壤中生长。华北南部也可露地栽培，萌芽、萌蘖性强。

【变型】琼花 (f. *keteleeri*)，又名八仙花。聚伞花序径约 10～12cm，中央为两性可孕花，萼 5 裂，花冠辐状，5 裂，雄蕊 5 枚，子房 1 室，柱头 3 裂；周围有 7～10 朵 (常为 8 朵) 大型白色不孕花；核果椭圆形，红色，后变黑色。花期 4～5 月；果期 7～10 月 (图 6-41)。

【繁殖方法】扦插、压条、分株繁殖。

【观赏特性及园林用途】木绣球为我国传统观赏花木，树冠开展圆整，春日白花聚簇，团团如球，宛如雪花压树，枝垂近地，尤饶幽趣，花落之时，又宛如满地积雪。最宜孤植于草坪及空旷地，使其四面开展，充分体现其个体美；如丛植一片，花开之时即有白云翻滚之效，十分壮观，如杭州西湖沿岸有木绣球和琼花的丛植景观。

【同属种类】约 200 种，分布于北半球温带和亚热带，主产东亚和北美。我国约 100 种，南北均产。常见的还有：

(1) 雪球荚蒾 *Viburnum plicatum* Thunb.：幼枝疏生星状绒毛；鳞芽。叶宽卵形或倒卵形，长 4～8cm，表面叶脉显著凹下。花序径 6～12cm，全为大型白色不孕花。变型蝴蝶荚蒾 (f. *tomentosum*)，花序外缘具白色大型不孕花，中部为可孕花。产陕西南部、华东、华中、华南、西南等地。

(2) 欧洲荚蒾 *Viburnum opulus* L.：叶片卵圆形或倒卵形，长 6～12cm，常 3 裂，掌状 3 出脉，有不规则粗齿或近全缘；叶柄有 2～4 个大腺体。聚伞花序复伞形，径 5～10cm，周围有大型白色不孕边花；花冠白色，花药黄白色。核果红色而半透明状。变种天目琼花 (var. *calvescens*)，树皮厚而多少呈木栓质，花药紫红色。产东北亚地区，我国东北、华北至长江流域均有分布。

(3) 荚蒾 *Viburnum dilatatum* Thunb.：小枝、芽、叶柄、花序及花萼被星状毛。叶宽倒卵形至椭圆形，先端骤尖或短尾尖，长 3～9cm，叶缘有尖锯齿，下面有腺点。聚伞花序径约 8～12cm，全为可孕花；花冠白色，雄蕊长于花冠。核果鲜红色，径 7～8mm。花期 4～6 月；果期 9～11 月。产黄河以南至长江流域各地。

(4) 香荚蒾 *Viburnum farreri* Stearn.：叶菱状倒卵形至椭圆形，叶面皱缩，长 4～8cm，顶端尖，基部楔形，叶缘具三角状锯齿，羽状脉直达齿端。圆锥花序长 3～5cm；花冠高脚碟状，蕾时粉红色，开放后白色，芳香。果椭圆形，紫红色。花期 3～4 月；果期 7～10 月。产西北、华北。

(5) 皱叶荚蒾 *Viburnum rhytidophyllum* Hemsl.：常绿灌木或小乔木，幼枝、叶背及花序均被星状绒毛；裸芽；叶厚革质，卵状长椭圆形，长 8～20cm，叶面皱而有光泽；花序扁，径达 20cm；花冠黄白色。5 月开花。核果红色，后变黑色。产陕西南部至湖北、四川和贵州。

(十四) 紫荆

【学名】*Cercis chinensis* Bunge

【别名】满条红

【科属】豆科，紫荆属

图 6-42　紫荆

【形态特征】落叶乔木，高达 15m，但栽培条件下常发育为灌木状，高 3～5m。芽叠生。单叶互生。叶近圆形，长 6～14cm，全缘，先端急尖，基部心形，两面无毛，边缘透明；叶脉掌状。花紫红色，4～10 朵簇生于老枝上，先叶开放。花萼 5 齿裂，红色；花冠假蝶形，上部 1 瓣较小，下部 2 瓣较大；雄蕊 10 枚，花丝分离。荚果条形，长 5～14cm，沿腹缝线有窄翅。花期 4 月；果期 9～10 月（图 6-42）。

【分布与习性】产我国长江流域至西南各地，云南、浙江等地仍有野生，现广泛栽培。喜光，较耐寒；对土壤要求不严，在碱性土壤上亦能生长，不耐积水。萌蘖性强。

【栽培品种】白花紫荆（'Alba'），花白色，园林中偶见。

【繁殖方法】播种、分株、压条繁殖，生产上以播种法育苗为主。

【观赏特性及园林用途】干直出丛生，早春先叶开花，花形似蝶，密密层层，满树嫣红，是常见的早春花木，最适于庭院、建筑、草坪边缘、亭廊之侧丛植、孤植，以常绿树丛或粉墙为背景效果更好；若将紫荆与白花紫荆混植，则紫白相间，分外艳丽。

【同属种类】约 11 种，产东亚、北美和南欧。我国 6 种，引入栽培 2 种。常见的还有巨紫荆（*C. gigantean*），高达 20m，叶近圆形，下面基部有簇生毛；花淡紫红色，7～14 朵簇生或着生于一极短的总梗上。产浙江、安徽、湖北、广东等地，南京、杭州、泰安等地有栽培，是优良的行道树。

（十五）紫薇

【学名】*Lagerstroemia indica* L.

【别名】百日红

【科属】千屈菜科，紫薇属

【形态特征】落叶乔木或灌木，高达 7m，枝干多扭曲；树皮光滑。小枝四棱；芽鳞 2。叶对生，或在枝条上部互生，叶柄短。叶片椭圆形至倒卵形，长 3～7cm，先端尖或钝，基部广楔形或圆形。圆锥花序，顶生，长 9～18cm；花蓝紫色至红色，径 3～4cm，花萼、花瓣均 6 枚，花瓣有长爪，皱褶；雄蕊多数，外轮 6 枚特长。子房 6 室，柱头头状。蒴果椭圆状球形，室背开裂，花萼宿存；6 裂。种子顶端有翅。花期 6～9 月；果期 10～11 月（图 6-43）。

【分布与习性】产东南亚，以我国为分布和栽培中心。喜光，稍耐阴；喜温暖气候；喜肥沃湿润而排水良好的石灰性土壤，在中性至微酸性土壤上也可生长。耐干旱，忌水涝。萌蘖性强。生长较慢。

【变种】翠薇（var. *rubra*），花冠紫堇色或带蓝色，瓣爪深红

图 6-43　紫薇

色，长 5～7mm，雄蕊花丝红色至淡紫色，叶翠绿。银薇(var. *alba*)，花冠白色，瓣爪淡红色至红色，长 1cm。

【繁殖方法】播种、扦插、分蘖繁殖。

【观赏特性及园林用途】树姿优美，树干光洁古朴，花期长而且开花时正值少花的盛夏，是著名花木。1000 多年前，已经作为奇花异木，遍植于皇宫、官邸。紫薇可修剪成乔木型，于庭园门口、堂前对植，路旁列植，或草坪、池畔丛植、孤植；也可修剪成灌木状，专用于丛植赏花，植于窗前、草地无不适宜。在西南地区，常制成花瓶、牌坊、亭桥等多种形状。

【同属种类】55 种，分布于亚洲和大洋洲。我国 16 种，引入栽培 2 种，主产西南至东部。常见的还有大花紫薇(L. *speciosa*)，常绿乔木，高达 20m。叶片矩圆状椭圆形或卵状椭圆形，长 10～25cm，革质。圆锥花序，花径约 5～7.5cm，开花时由淡红变紫色，花萼有 12 条纵棱。果较大，径约 2.5cm。原产东南亚和大洋洲，华南栽培。是美丽的庭园观赏树种。

（十六）山梅花

【学名】*Philadelphus incanus* Koehne

【科属】虎耳草科，山梅花属

【形态特征】落叶灌木，高 1.5～3.5m。茎皮剥落；枝髓白色。2 年生小枝灰褐色，当年生小枝浅褐色或紫红色，被微毛或有时无毛。单叶，对生。叶片卵形或阔卵形，长 6～12.5cm，花枝上的叶较小，卵形至卵状披针形，长 4～8.5cm，边缘具疏锯齿，上面被刚毛，下面密被白色长粗毛；离基 3～5 出脉。总状花序有花 5～7(11) 朵，下部的分枝有时具叶；花白色，径约 2.5～3cm，无香味；萼片、花瓣 4 枚，雄蕊多数，子房 4 室。花序轴、花梗、花萼外面均被毛；花柱长约 5mm，先端稍分裂。蒴果倒卵形，长 7～9mm，萼片宿存。花期 5～6 月；果期 7～9 月(图 6-44)。

图6-44 山梅花

【分布与习性】产我国中部和西部，常生于海拔 1200～1700m 的林缘灌丛中。性强健。喜光，稍耐阴，较耐寒；耐旱，怕水湿，不择土壤，最宜湿润肥沃而排水良好的壤土。萌芽力强，生长迅速。

【繁殖方法】播种、分株、压条、扦插繁殖均可，以分株应用较多。

【观赏特性及园林用途】花朵洁白如雪，花期长，且盛开于初夏，可作庭院和风景区绿化材料，宜丛植或成片种植在草地、山坡、林缘，与建筑、山石配植也适宜，还可植为自然式花篱。

【同属种类】约 70 种，产北温带，主产东亚。我国 22 种，各地均有分布，另引入数种，多供观赏。常见栽培的还有太平花(P. *pekinensis*)，2 年生小枝紫褐色，当年生小枝无毛。叶片卵形或阔椭圆形，两面无毛或下面脉腋有簇毛；叶柄带紫色，无毛。花瓣白色，常多少带乳黄色，微香，花萼外面、花梗及花柱均无毛。蒴果球形或倒圆锥形，直径 5～7mm。分布于东北、西北、华北等地。

（十七）溲疏

【学名】*Deutzia crenata* Sieb. & Zucc.

【科属】虎耳草科，溲疏属

图 6-45　溲疏

【形态特征】落叶灌木，高 1～3m。老枝灰色，表皮薄片状剥落，无毛；小枝中空，红褐色，有星状毛。单叶，对生。叶片卵形至卵状披针形，长 5～8cm，宽 1～3cm，先端渐尖，叶缘具细圆锯齿，上面疏被 4～5 条辐线星状毛，下面稍密被 10～15 条辐线星状毛，毛被不连续覆盖；羽状脉，侧脉 3～5 对；叶柄长 3～8mm，疏被星状毛。圆锥花序直立，长 5～10cm，直径 3～6cm；萼片、花瓣各 5 枚，萼三角形，花冠径 1.5～2.5cm，白色或外面略带红晕。花序、花梗、萼筒、萼裂片均被星状毛。蒴果半球形，直径约 4mm。花期 4～5 月；果期 8～10 月(图 6-45)。

【分布与习性】原产日本，长江流域常见栽培或逸为野生，北至山东、南达福建、西南达云南也有栽培。喜光，稍耐阴，喜温暖湿润的气候，喜富含腐殖质的微酸性和中性壤土。萌芽力强，耐修剪。

【繁殖方法】扦插、分株、压条或播种繁殖。

【观赏特性及园林用途】花朵洁白，初夏盛开，繁密而素净，是普遍栽培的优良花灌木。宜丛植于草坪、林缘、山坡，也是花篱和岩石园材料。花枝可供切花瓶插。根、叶、果可药用。

【同属种类】约 60 种，分布北半球温带地区。我国约 50 种，各地均产，主产西南地区，多供观赏。常见的还有：

(1) 大花溲疏 *Deutzia grandiflora* Bunge：花枝开始极短，后延长达 4cm。叶片卵状菱形或椭圆状卵形，长 2～5.5cm，锯齿不整齐，上面被 4～6 条辐线星状毛，下面密被 7～11 条辐线星状毛。聚伞花序有花 1～3 朵，生侧枝顶端；花白色，径 2.5～3cm；花梗、萼筒密被星状毛；萼片线状披针形，长为萼筒的 2 倍。蒴果半球形。分布于东北南部、华北、西北等地。

(2) 小花溲疏 *Deutzia parviflora* Bunge：叶片卵形至窄卵形，长 3～6cm，顶端渐尖，具细齿，两面疏被星状毛，背面灰绿色。伞房花序，径 4～7cm；花白色，径 1～1.2cm，花丝顶端有 2 齿。蒴果径 2～2.5mm。产东北、华北和西北。

(十八) 棣棠

【学名】*Kerria japonica* (L.) DC.

【科属】蔷薇科，棣棠属

【形态特征】落叶小灌木，高达 2m。小枝绿色，光滑，有棱。单叶互生，卵形至卵状披针形，长 4～10cm，有尖锐重锯齿，先端长渐尖，基部楔形或近圆形；托叶钻形。花两性，金黄色，单生枝顶，直径 3～4.5cm；萼片 5 枚，全缘；花瓣 5 枚；雄蕊多数；心皮 5～8 枚，离生。瘦果黑褐色，生于盘状果托上，外包宿存萼片。花期 4～5 月；果期 7～8 月(图 6-46)。

【分布与习性】产陕西、甘肃和长江流域至华南、西南，多生于山涧、溪边灌丛中。日本也有分布。喜温暖、半阴的湿润环境，略耐寒，在黄河以南可露地越冬。萌蘖力强，耐修剪。

【栽培品种】重瓣棣棠('Pleniflora')，花重瓣。

图 6-46　棣棠

【繁殖方法】分株、扦插，也可播种。

【观赏特性及园林用途】棣棠枝、叶、花俱美，枝条嫩绿，叶形秀丽，花朵金黄，除了春季4~5月盛花期外，其他时间不时有少量花开，花期可一直延续到9月间。适于丛植，配植于墙隅、草坪、水畔、坡地、桥头、林缘、假山石隙均无不适，尤其是植于水滨，花影照水，满池金辉，景色迷人；也可栽作花径、花篱。棣棠枝条易于老化，且花开于当年生枝梢，栽培中宜每隔2~3年将地上部分剪除，以促进新枝萌发。

【同属种类】仅1种，产我国及日本。

(十九) 麻叶绣球

【学名】*Spiraea cantoniensis* Lour.

【别名】麻叶绣线菊

【科属】蔷薇科，绣线菊属

【形态特征】落叶灌木，高达1.5m。小枝纤细拱曲，无毛。单叶互生，无托叶。叶片菱状披针形至菱状椭圆形，长3~5cm，宽1.5~2cm，先端急尖，基部楔形，叶缘自中部以上有缺刻状锯齿，两面光滑，下面青蓝色。花小，伞形总状花序，有花15~25朵，生于具叶的侧枝顶端。花白色；萼筒钟状，花萼、花瓣各5枚；雄蕊多数，着生花盘外缘；心皮5枚，离生。蓇葖果5个，直立、开张，沿腹缝线开裂。花期4~6月，果7~9月成熟(图6-47)。

图6-47 麻叶绣球

【分布与习性】原产我国东部和南部，各地广泛栽培。生长健壮，喜光，也耐阴，喜温暖湿润气候，稍耐寒；对土壤适应性强，耐瘠薄；萌芽力强，耐修剪。

【变种】重瓣麻叶绣线菊(var. *lanceata*)，叶片披针形，近先端疏生细齿；花重瓣。

【繁殖方法】播种、扦插或分株繁殖。

【观赏特性及园林用途】着花繁密，盛开时节枝条全为细巧的白花所覆盖，形成一条条拱形的花带，洁白可爱。可成片、成丛配植于草坪、路边、花坛、花径或庭园一隅，亦可点缀于池畔、山石之边。

【同属种类】约100种，分布于北半球温带至亚热带山区。我国70种，为优美的观赏灌木。常见的还有：

(1) 李叶绣线菊(笑靥花)*Spiraea prunifolia* Sieb. & Zucc.：幼枝密被柔毛，后渐无毛。叶卵形至椭圆状披针形，长2.5~5cm，中部以上有细锯齿，下面沿中脉常被柔毛。伞形花序无总梗，具3~6花，基部具少量叶状苞片；花白色，重瓣，径1~1.2cm，花梗细长。花期3~4月。主产长江流域及陕西、山东等地。变种单瓣笑靥花(var. *simpliciflora*)，花单瓣，直径不及1cm。

(2) 珍珠绣线菊(喷雪花)*Spiraea thunbergii* Sieb.：枝常弧形弯曲。叶条状披针形，长2~4cm，宽5~7mm，有尖锐锯齿，两面无毛。伞形花序无总梗，基部丛生数枚叶状苞片；花白色，径6~8mm。蓇葖果开张，无毛。花期3~4月。产华东，东北、华北常栽培。

(3) 三桠绣线菊 *Spiraea trilobata* L.：叶近圆形，长1.7~3cm，中部以上具少数圆钝锯齿，先端常 3 裂，下面苍绿色，具 3～5 脉。花白色，15～30 朵组成伞形总状花序，有总梗。花期 5～6 月。产东北、西北、华北和华东等地。

(4) 粉花绣线菊 *Spiraea japonica* L. f.：枝开展，直立。叶卵形至卵状椭圆形，长 2～8cm，宽 1～3cm，有缺刻状重锯齿，下面灰绿色，脉上常有柔毛。复伞房花序生于当年生长枝顶端，密被柔毛，径 4～14cm；花密集，淡粉红至深粉红色。花期 6～7 月。原产日本、朝鲜，我国各地栽培观赏。

(5) 绣线菊 *Spiraea salicifolia* L.：小枝略具棱。叶长椭圆形至披针形，长 4～8cm，宽 1～2.5cm，有细锐锯齿或重锯齿，两面无毛。圆锥花序生于当年生长枝顶端，长圆形或金字塔形，长 6～13cm；花密生，粉红色。花期 6～8 月。产东北、内蒙古、河北等地。

（二十）珍珠梅

【学名】*Sorbaria kirilowii* (Regel) Maxim.

【别名】华北珍珠梅

【科属】蔷薇科，珍珠梅属

【形态特征】落叶灌木，高达 3m。小枝绿色，枝条开展。奇数羽状复叶，互生；具托叶。小叶 13～21 枚，卵状披针形，长 4～7cm，具尖锐重锯齿，侧脉 15～23 对。圆锥花序大型，顶生，长 15～20cm，径 7～11cm。花小，萼片 5 枚，长圆形，反折；花瓣 5 枚，白色；雄蕊 20 枚，与花瓣近等长；心皮 5 枚，基部相连；花柱稍侧生。蓇葖果长圆形，5 枚，沿腹缝线开裂。花期 6～7 月；果期 9～10 月（图 6-48）。

【分布与习性】产华北和西北，常生于海拔 200～1500m 的山坡、河谷或杂木林中；习见栽培。喜光又耐阴，耐寒，不择土壤。萌蘖性强，耐修剪。生长迅速。

【繁殖方法】播种、扦插及分株繁殖。

【观赏特性及园林用途】花叶清秀，花期极长而且正值盛夏，是很好的庭院观赏花木，适植于草坪边缘、水边、房前、路旁，常孤植或丛植，也可植为自然式绿篱；因耐阴，可用于背阴处。叶片能散发挥发性的植物杀菌素，对金黄葡萄球菌、结核杆菌的杀菌效果好，适合在结核病院、疗养院周围广泛种植。

图 6-48　珍珠梅

【同属种类】9 种，产温带亚洲。我国 3 种，分布于东北、华北至西南各地，供观赏。见于栽培的还有东北珍珠梅(*S. sorbifolia*)，与华北珍珠梅相似，但雄蕊 40～50 枚，长于花瓣；花柱顶生；萼片三角形；小叶侧脉 12～16 对。花期稍晚，7～8 月开花；果穗红褐色。产于东北及内蒙古。

（二十一）白鹃梅

【学名】*Exochorda racemosa* (Lindl.) Rehd.

【科属】蔷薇科，白鹃梅属

【形态特征】落叶灌木，高达 5m；全株无毛。小枝微具棱。单叶，互生；叶片椭圆形至倒卵状椭圆形，长 3.5～6.5cm，全缘或上部有浅钝疏齿，下面苍绿色。总状花序顶生，花 6～10 朵；花大，白色，径 4cm；萼筒钟状，萼片 5 枚；花瓣 5 枚，基部具短爪；雄蕊 15～20 枚，3～4 枚 1 束着生花盘边缘，并与花瓣对生；心皮5枚，连合，花柱分离。蒴果倒卵形，5棱；种子有翅。花期4~5月；果期9月(图6-49)。

【分布与习性】产长江流域，多生于海拔500m以下的低山灌丛中。常见栽培。性强健，喜光，也耐半阴；喜肥沃、深厚土壤，也耐干旱瘠薄；耐寒性颇强，可在黄河流域露地生长。

【繁殖方法】分株、扦插或播种繁殖，扦插采用嫩枝成活率较高。

【观赏特性及园林用途】树形自然，富野趣，花期值谷雨前后，花朵大而繁密，满树洁白，是一美丽的观赏花木，宜于草地、林缘、窗前、亭台附近孤植或丛植，或于山坡大面积群植，也可作基础种植材料。

【同属种类】4种，分布于亚洲中部至东部。我国3种。春季开花，花大而美，供观赏。常见的还有红柄白鹃梅(*E. giraldii*)，叶柄紫红色，长0.5~1.5cm，叶片全缘，稀顶端具锯齿，花近无梗，雄蕊25~30枚，产华东；齿叶白鹃梅(*E. serratifolia*)，叶片中上部有锐锯齿，花梗长2~3mm，雄蕊25枚，产东北南部和华北，耐寒性强。

(二十二) 连翘

【学名】*Forsythia suspense*(Thunb.)Vahl.

【科属】木犀科，连翘属

【形态特征】落叶灌木，枝拱形下垂。小枝稍四棱，皮孔明显，髓中空。单叶对生，有时3裂或3小叶，卵形、宽卵形或椭圆状卵形，长3~10cm，宽3~5cm，有粗锯齿，基部宽楔形。花黄色，单生或2~5朵簇生，先叶开放。萼4深裂，裂片长圆形，与花冠筒等长；花冠钟状，黄色，4深裂；雄蕊2枚；花柱细长，柱头2裂。蒴果卵圆形，表面散生疣点，2裂；萼片宿存。种子有翅。花期3~4月；果期8~9月(图6-50)。

图6-49 白鹃梅

图6-50 连翘

【分布与习性】分布于东北至中部各省，生于海拔300~2200m的灌丛、草地、山坡疏林中。对光照要求不严格，喜光，也有一定程度的耐阴性，耐寒；耐干旱瘠薄，怕涝；不择土壤。萌蘖性强。

【繁殖方法】扦插、压条或播种繁殖，以扦插为主。

【观赏特性及园林用途】枝条拱形，早春先叶开花，花朵金黄而繁密，缀满枝条，故有黄金条、黄绶带等俗名，是一种优良的观花灌木。最适于池畔、台坡、假山、亭边、桥头、路旁、阶下等各处丛植，也可栽作花篱或大面积群植于风景区内向阳坡地。与花期相近的榆叶梅、丁香、碧桃等配植，色彩丰富，景色更美。

【同属种类】约 11 种，主产东亚，欧洲东南部有 1 种。我国 6 种，产西北至东部。常见的还有金钟花(*F. viridissima*)，枝条常直立，具片隔状髓心。叶椭圆状矩圆形，长 3.5～11cm，先端尖，中部以上有粗锯齿，不分裂；萼裂片卵圆形，长约为花冠筒之半。产长江流域至西南，华北以南广泛栽培。

(二十三) 迎春花

【学名】*Jasminum nudiflorum* Lindl.

【科属】木犀科，素馨属

【形态特征】落叶灌木。枝条绿色，细长，直出或拱形下垂，明显四棱形。3 出复叶，对生。小叶卵状椭圆形，长 1～3cm，全缘，边缘有短睫毛，表面有基部突起的短刺毛。花单生于去年生枝叶腋，叶前开放，有狭窄的叶状绿色苞片；萼裂片 5～6 枚；花冠黄色，高脚碟状，裂片 6 枚，长仅为花冠筒的 1/2；雄蕊 2 枚，内藏。浆果，常不结实。花期(1)2～3月(图 6-51)。

图 6-51　迎春

【分布与习性】产华北、西北至西南各地，现广泛栽培。喜光，稍耐阴，较耐寒；喜湿润，也耐干旱瘠薄，怕涝；不择土壤，耐盐碱。枝条接触土壤较易生出不定根。

【繁殖方法】萌蘖力强。扦插、压条或分株繁殖。

【观赏特性及园林用途】花期甚早，绿枝黄花，早报春光，与梅花、山茶、水仙并称"雪中四友"。由于枝条拱垂，植株铺散，迎春适植于坡地、花台、堤岸、池畔、悬崖、假山，均柔条拂垂、金花照眼；也适合植为花篱，或点缀于岩石园中。我国古代民间传统宅院配植中讲究"玉堂春富贵"，以喻吉祥如意和富有，其中"春"即迎春。

【同属种类】约 200 种以上，分布于东半球热带和亚热带。我国 43 种，产西南至东部。常见的还有：

(1) 云南黄馨 *Jasminum mesnyi* Hance：常绿灌木，枝条拱形下垂，绿色、四棱。3 出复叶，顶端 1 枚较大，基部渐狭成一短柄，侧生 2 枚小而无柄。花黄色，径 3.5～4cm，花冠裂片 6 枚或更多，半重瓣，较花冠筒长。原产云南，江南各地常见栽培。

(2) 探春花 *Jasminum floridum* Bunge：半常绿，高 1～3m。枝条拱垂，幼枝绿色。羽状复叶互生，小叶 3～5 枚，卵状椭圆形，长 1～3.5cm，边缘反卷。聚伞花序顶生；萼片 5 裂，线形，与萼筒等长；花冠黄色，径约 1.5cm，裂片 5 枚，长约为花冠筒长的 1/2。花期 5～6 月。

(二十四) 锦带花

【学名】*Weigela florida* (Bunge) A. DC.

【科属】忍冬科，锦带花属

【形态特征】落叶灌木，高达 3m。枝髓坚实；幼枝具 4 棱，有 2 列短柔毛。冬芽有数枚尖锐鳞片。单叶，对生；无托叶。叶片椭圆形、倒卵状椭圆形或卵状椭圆形，长 5～10cm，有锯齿，先端渐尖，基部圆形或楔形，表面无毛或仅中脉有毛，下面毛较密。花 1～4 朵成聚伞花序；萼 5 裂至中部，裂片披针形；花冠 5 裂，近整齐，漏斗状钟形，玫瑰色或粉红色；雄蕊 5 枚，短于花冠；子房 2 室，胚珠多数；柱头 2 裂。蒴果柱状，具喙，2 瓣裂；种子细小，无翅。花期 4～6 月；果期 10 月(图 6-52)。

【分布与习性】产东北、华北及华东北部，各地栽培。朝鲜、日本、俄罗斯也有分布。喜光，耐半阴，耐寒，耐干旱瘠薄，忌积水，对土壤要求不严，对氯化氢等有毒气体抗性强。萌芽、萌蘖性强，生长迅速。

【栽培品种】红王子锦带花('Red Prince')，花鲜红色，繁密而下垂。粉公主锦带花('Pink Princess')，花粉红色，花繁密而色彩亮丽。花叶锦带花('Variegata')，叶边淡黄白色，花粉红色。紫叶锦带花('Purpurea')，植株紧密，高达 1.5m；叶带褐紫色，花紫粉色。

图 6-52 锦带花

【繁殖方法】分株、扦插、压条繁殖。

【观赏特性及园林用途】花繁密而艳丽，花期长，是园林中重要的花灌木。适于庭院角隅、湖畔群植；也可在树丛、林缘作花篱、花丛配植、点缀于假山、坡地等。花枝可切花插瓶。

【同属种类】约 12 种，主产于亚洲东部及北美。我国 6 种，产于中部、东部至东北部。常见栽培的还有海仙花(W. coraeensis)，小枝粗壮，无毛或疏被柔毛。叶宽椭圆形或倒卵形，长 6～12cm，先端骤尖，具细钝锯齿，表面中脉及背面脉上稍被平伏毛。花初开白色或淡红，后变深红带紫色；萼深裂至基部，萼片线状披针形；柱头头状。种子具翅。花期 5～6 月。华东各地常见栽培。

(二十五) 猬实

【学名】*Kolkwitzia amabilis* Graebn.

【科属】忍冬科，猬实属

【形态特征】落叶灌木，高 1.5～4m，偶达 7m；干皮薄片状剥裂。枝梢拱曲下垂，幼枝被柔毛。单叶，对生；叶片卵形至卵状椭圆形，长 3～8cm，宽 1.5～3.5cm，全缘或疏生浅锯齿，两面有疏毛。伞房状聚伞花序生于侧枝顶端；花序中每 2 花生于 1 梗上，2 花的萼筒下部合生，外面密生刺状毛；萼 5 裂；花冠钟状，粉红色至紫红色，喉部黄色；雄蕊 4 枚，2 长 2 短，内藏。瘦果 2 个合生，有时仅 1 个发育，外面密生刺刚毛，状如刺猬。花期 5～6 月；果期 8～10 月(图 6-53)。

【分布与习性】分布于陕西、山西、河南、甘肃、湖北、安徽等省，生于海拔 350～1900m 的阳坡或半阳坡。喜光，稍半阴，但过阴则开花结实不良；耐寒力强；抗干旱瘠薄，对土壤要求不严，酸性至微碱性土均可，在相对湿度大、雨量多的地区常生长不良，易发生病虫害。

图 6-53 猬实

【繁殖方法】播种或分株繁殖，也可扦插。

【观赏特性及园林用途】猬实着花繁密，花色娇艳，花期正值初夏百花凋谢之时，是著名的观花灌木，其果实宛如小刺猬，也甚为别致。园林中宜丛植于草坪、角隅、路边、亭廊侧、假山旁、建筑附近等各处。猬实于 20 世纪初引入美国，被称为"美丽的灌木"(Beauty Bush)，现世界各国广为栽培。

【同属种类】仅 1 种，我国特产。

(二十六) 结香

【学名】*Edgeworthia chrysantha* Lindl.

【科属】瑞香科，结香属

图 6-54　结香

【形态特征】落叶灌木，高达 2m，茎皮强韧。枝粗壮，棕红色，柔软，3 叉状。单叶互生，常集生枝端。叶片长椭圆形至倒披针形，长 6～20cm，先端急尖，基部楔形并下延，表面疏生柔毛，背面被长硬毛；具短柄。花 40～50 朵集成下垂的头状花序；花黄色，芳香；花冠状萼筒长瓶状，4 裂，外被绢状长柔毛；雄蕊 8 枚，2 轮；花盘环状，分裂；子房无柄，具长柔毛，花柱甚长，柱头长而线形。核果干燥，卵形，包于花被基部，果皮革质。花期 3～4 月，先叶开放；果期 7～8 月(图 6-54)。

【分布与习性】产长江流域至西南地区，北达陕西、河南，普遍栽培。日本也常见栽培并归化。喜半阴，喜温暖湿润气候和肥沃而排水良好的土壤，也颇耐寒；根肉质，不耐积水。萌蘖力强。

【繁殖方法】分株或扦插繁殖。

【观赏特性及园林用途】柔条长叶，姿态清雅，花多而成簇，芳香浓郁。适于草地、水边、石间、墙隅、疏林下丛植。由于枝条柔软，可打结，常整形成各种形状。

【同属种类】5 种，分布于喜马拉雅地区至日本。我国 4 种，常见栽培的仅此 1 种。

(二十七) 锦鸡儿

【学名】*Caragana sinica* Rehd.

【别名】金雀花

【科属】豆科，锦鸡儿属

【形态特征】落叶灌木，高达 2m。小枝有角棱，无毛。偶数羽状复叶，互生，叶轴先端常刺状。小叶 2 对，全缘，羽状排列，先端 1 对较大，倒卵形至长圆状倒卵形，长 1～3.5cm，先端圆或微凹；托叶三角形，硬化成刺状，长0.7～1.5(2.5)cm。花单生叶腋，花冠长约 2.8～3cm，黄色带红晕，龙骨瓣直伸，不与翼瓣愈合；花梗具关节，长约 1cm。荚果圆筒状，长达 3～3.5cm，开裂。花期 4～5 月；果期 7 月(图 6-55)。

【分布与习性】产华北、华东、华中至西南地区，常生于山地石缝中。喜光，耐寒性强；耐干旱瘠薄，不耐湿涝。根系发达，萌芽力和萌蘖力强。

【繁殖方法】播种，也可分株、压条、根插。

图 6-55　锦鸡儿

【观赏特性及园林用途】叶色鲜绿，花朵红黄而悬于细梗上，花开时节形如飞燕。宜植为花篱，且其托叶和叶轴先端均呈刺状，兼有防护作用；也适于岩石、假山旁、草地丛植观赏。

【同属种类】约 100 余种，主要分布于温带亚洲和欧洲东部。我国约 66 种，主产西北、西南、华北和东北，常栽培观赏，也是重要的水土保持、防风固沙和燃料植物。常见的还有：

(1) 红花锦鸡儿 *Caragana rosea* Turcz.：托叶宿存并硬化成针刺，长 3～4mm。羽状复叶有小叶 2 对，叶轴甚短而小叶簇生如同掌状；小叶长圆状倒卵形，长 1～2.5cm，宽 4～10mm。花冠长约 2cm，黄色，龙骨瓣玫瑰红色，凋谢时变红色。产东北、华北、华东至西部。

(2) 小叶锦鸡儿 *Caragana microphylla* Lam.：嫩枝被毛。小叶 5～10 对，倒卵形或倒卵状矩圆形，长 3～10mm，先端圆形、钝或微凹，具短刺尖，托叶硬化成针刺，宿存。花黄色，单生或簇生；花梗近中部具关节。产东北、华北、西北。

(3) 树锦鸡儿 *Caragana arborescens* Lam.：小乔木或大灌木，高 2～6m；羽状复叶有 4～8 对小叶；托叶针刺状，长 5～10mm；小叶长圆状倒卵形、狭倒卵形或椭圆形，长 1～2cm，宽 5～10mm，先端钝圆，具刺尖。花簇生，花梗长 2～5cm，花冠黄色，长 1.6～2cm。产东北、华北北部和西北，优良庭院观赏材料。

(二十八) 醉鱼草

【学名】*Buddleja lindleyana* Fort.

【科属】马钱科，醉鱼草属

【形态特征】落叶灌木，高达 2m。无顶芽。小枝具四棱；嫩枝、叶和花序被棕黄色星状毛。单叶对生。叶片卵形至卵状披针形，长 3～11cm，宽 1～5cm，全缘或疏生波状齿；托叶退化。小聚伞花序排成穗状，顶生，长 7～40cm；花两性，有短柄；萼 4 裂；花冠紫色，4 裂，弯曲，长 1.5～2cm，密生星状毛和小鳞片；雄蕊与花冠裂片同数而互生；子房上位。蒴果长圆形，长约 5mm。花期 6～9 月；果期 9～10 月(图 6-56)。

【分布与习性】产长江流域各省区，常生于山坡、溪边的灌丛中；日本也有分布。喜温暖湿润气候和肥沃而排水良好的土壤，也耐旱，不耐水湿，较耐阴。

【繁殖方法】分蘖、压条、扦插或播种繁殖均可。

【观赏特性及园林用途】醉鱼草枝条婆娑披散，叶茂花繁，花于少花的盛夏连续开放，花朵为冷色调的紫色，给炎热的夏季增添凉意。适于路旁、墙隅、坡地、假山石隙或草坪空旷处丛植，也可植为自然式花篱。其花、叶有毒，不宜栽植于鱼塘附近。

图 6-56 醉鱼草

【同属种类】约 100～120 种，分布于热带和亚热带。我国 25 种，产西北、西南和东部。重要种类还有：大叶醉鱼草（*B. davidii*），幼枝密被白色星状毛。叶片卵状披针形至披针形，长 10～25cm，疏生细锯齿，表面无毛，背面密被白色星状绒毛。花冠淡紫色，芳香，长约 1cm，花冠筒细而直。蒴果长 6～8mm。花期 6～9 月。主产长江流域一带，西南、西北等地也有。非洲醉鱼草（*B. madagascariensis*），常绿半藤状灌木，叶片卵状长椭圆形，全缘。圆锥花序顶生，长达 15～30cm；花黄色。浆果。花期 2 月。原产非洲，华南有栽培。

（二十九）金缕梅

【学名】*Hamamelis mollis* Oliv.

【科属】金缕梅科，金缕梅属

图 6-57　金缕梅

【形态特征】落叶灌木或小乔木，高 3～6m。裸芽长卵形，被绒毛。单叶互生；托叶披针形，早落。叶片倒卵形，长 8～16cm，叶缘有波状锯齿，基部心形、不对称，表面有短柔毛，背面有灰白色绒毛；羽状脉。花先叶开放，头状或短穗状花序，生叶腋；花瓣 4 枚，带状细长，黄色，极美丽，长约 1.5cm。蒴果木质，卵圆形，长 1.2cm，宽 1cm，密被黄褐色星状毛；上半部 2 裂片，每瓣复 2 浅裂，内果皮骨质；萼片宿存。花期 3～4 月；果期 10 月（图 6-57）。

【分布与习性】产华东至华南，常生于中低海拔的山坡溪边灌丛中。喜光并耐半阴；喜温暖湿润气候，也较耐寒，不耐高温和干旱；对土壤要求不严，在酸性至中性土壤中均可生长。

【繁殖方法】播种繁殖，也可压条或分株。

【观赏特性及园林用途】我国特有的著名花木，早春开花，花色金黄、花瓣如缕，轻盈婀娜，远望疑似蜡梅，故有金缕梅之称。适于配植在庭院角隅、池边、溪畔、山石间或树丛边缘，孤植、丛植均宜，以常绿树为背景效果更佳。国外早有引种。

【同属种类】约 5 种，分布于东亚和北美。我国 1 种，另引入栽培 2 种。其中，美洲金缕梅（*H. virginiana*），叶无毛或背面有稀疏短柔毛，基部平截或浅心形，秋季开花，黄色。原产美国东部和中部，北京有栽培。

（三十）糯米条

【学名】*Abelia chinensis* R. Br.

【科属】忍冬科，六道木属

【形态特征】落叶灌木，高达 2m。枝条开展，幼枝红褐色，茎节不膨大。叶片卵形至椭圆状卵形，长 2～3.5cm，叶柄基部不扩大连合。圆锥花序顶生或腋生，由聚伞花序集生而成；花萼被短柔毛，裂片 5 枚，粉红色；花冠白色至粉红色，芳香，漏斗状，裂片 5 枚；雄蕊 4 枚，伸出花冠外。瘦果核果状，宿存的花萼淡红色。花期 7～9 月（图 6-58）。

【分布与习性】原产秦岭以南，六道木原产华北至西部，常生于湿润山地的疏林、溪流边或灌丛中。适应性强，喜光，也耐阴；较耐寒，在黄河流域均可生长；喜疏松湿润而排水良好的土壤，也颇耐干旱瘠薄。

【繁殖方法】播种或分株、扦插繁殖。

【观赏特性及园林用途】枝条细软下垂，树姿婆娑，花朵洁莹可爱，密集于枝梢，花色白中带红；花谢后，粉红色的萼片长期宿存于枝头，如同繁花一般，整个观赏期自夏至秋。适于丛植于林缘、树下、石隙、草坪、角隅、假山等各处，列植于路边，也可作基础种植材料、岩石园

图 6-58　糯米条

材料或自然式花篱。

【同属种类】共约 25 种，分布于东亚、喜马拉雅地区和墨西哥；我国产 9 种。常见栽培的还有六道木(*A. biflora*)，枝条具有明显的六棱，茎节膨大，叶柄基部扩大而连合，花单生叶腋，花梗长 5～10mm，花冠钟状高脚碟形，萼 4 裂，雄蕊 2 长 2 短，内藏；南方六道木(*A. dielsii*)，聚伞花序具 2 花，总花梗长 12mm，生于侧枝顶部，花几无梗。

(三十一) 刺桐

【学名】*Erythrina variegata* L.

【科属】豆科，刺桐属

【形态特征】落叶大乔木，高达 20m，有圆锥形黑色直刺。3 小叶复叶，有长柄，互生。小叶阔卵形至斜方状卵形，长宽约 15～30cm，顶端 1 枚宽大于长；小托叶变为宿存腺体。总状花序粗壮，长 10～15cm；萼佛焰状，萼口偏斜；花冠红色，长 6～7cm，旗瓣大，盛开时旗瓣与翼瓣及龙骨瓣成直角，雄蕊 10 枚，单体。子房具柄，胚珠多数。荚果厚，长约 15～30cm，念珠状；种子暗红色。花期 12～3 月；果期 9 月。

【分布与习性】产于热带亚洲，我国产于福建、广东、广西、海南、台湾等地，常见栽培。喜高温、湿润；喜光亦耐阴；在排水良好、肥沃的沙质壤土上生长良好。

【繁殖方法】以扦插繁殖为主，也可播种繁殖。幼树应注意整形修剪，以养成圆整树形。

【观赏特性及园林用途】枝叶扶疏，早春先叶开花，红艳夺目，适于作行道树、庭荫树。福建泉州自古以刺桐而闻名，有刺桐城之称。

【同属种类】约 100 种，分布于全球热带和亚热带。我国 4 种，引入栽培 5 种。常见栽培的还有龙牙花(*E. corallodendron*)，常绿小乔木或灌木，高达 5m，树干和分枝上有皮刺。小叶阔斜卵形，长 5～10cm。总状花序长达 30cm 或更长；花深红色，2～3 朵聚生，长 4～6cm，狭而近于闭合，盛开时旗瓣与翼瓣及龙骨瓣近平行。花期 6～11 月(图 6-59)。原产热带美洲，华南庭院中常见栽培。

图 6-59 龙牙花

(三十二) 珙桐

【学名】*Davidia involucrata* Baill.

【别名】鸽子树

【科属】蓝果树科(珙桐科)，珙桐属

【形态特征】落叶乔木，高达 20m；树冠圆锥形；树皮呈不规则薄片状剥落。单叶，互生。叶片广卵形，长 7～16cm，有粗尖锯齿，先端渐长尖或尾尖；基部心形；背面密生绒毛。花杂性，由多数雄花和 1 朵两性花组成顶生头状花序，花序下有 2 片矩圆形或卵形、长达 8～15cm 的白色大苞片；花瓣退化或无，雄蕊 1～7 枚，子房 6～10 室。核果椭球形，紫绿色，锈色皮孔显著，内含 3～5 核。花期 4～5 月；果 10 月成熟(图 6-60)。

【分布与习性】产陕西东南部、湖北西部、湖南西北部、四川、贵州和云南北部，生于海拔 1300～2500m 的山地林中。喜半阴环境，喜温凉湿润气候，要求空气湿度大；略耐寒，不耐炎热和

图 6-60 珙桐

阳光曝晒；喜深厚湿润而排水良好的酸性或中性土壤，忌碱性土。浅根性，根萌力强。

【变种】光叶珙桐（var. villmorimiana），叶仅背面脉上及脉腋有毛，其余无毛。

【繁殖方法】种子繁殖。

【观赏特性及园林用途】珙桐是世界著名的珍贵观赏树种，开花时节，美丽而奇特的大苞片犹如白鸽的双翅，暗红色的头状花序似鸽子的头部，绿黄色的柱头像鸽子的嘴喙，整个树冠犹如满树群鸽栖息。1903 年引入英国，其后引入欧洲其他国家，被誉为"中国的鸽子树"。适于中高海拔地区风景区山谷林间栽培，在气候适宜地区，可丛植于池畔、溪边，与常绿树混植效果较好。目前，我国园林中栽培较少，主要见于植物园中。

【同属种类】1 种，为我国特产。

（三十三）野茉莉

【学名】*Styrax japonica* Sieb. & Zucc.

【别名】安息香

【科属】野茉莉科，野茉莉属

【形态特征】落叶小乔木，高达 10m；树冠卵形或圆形；树皮灰褐色或黑色。小枝细长，嫩枝和叶有星状毛，后脱落。单叶互生。叶片椭圆形或倒卵状椭圆形，长 4～10cm，宽 2～6cm，先端突尖或渐尖，叶缘有浅齿。总状花序生于叶腋、下垂，由 3～6(8) 朵花组成；萼 5 裂，宿存；花冠白色，5 深裂，长 1.5～2cm；雄蕊 10 枚，花丝基部合生；子房上位，基部 3 室，上部 1 室。核果卵球形，长 8～14mm，径约 8～10mm。花期 6～7 月；果期 9～10 月 (图 6-61)。

图 6-61 野茉莉

【分布与习性】产东亚，我国分布于黄河以南至华南各地，是该属中分布最广的一种。喜光，也较耐阴；耐瘠薄。生长较快。

【繁殖方法】播种繁殖。

【观赏特性及园林用途】树形优美，花果下垂，婀娜可爱，白色花朵掩映于绿叶丛中，芳香宜人，饶有风趣，适宜小型庭园造景，可植于池畔、水滨、窗前、草地等处，也可作园路树，江南常见栽培。

【同属种类】约 130 种，分布于东亚、南北美洲和地中海地区。我国 31 种，主要分布于长江流域以南地区。常见的还有玉铃花（*S. obassia*），高达 14m，或呈灌木状。叶两型：小枝最下两叶近对生，椭圆形或卵形，长 4.5～10cm，宽 2～5cm，先端短尖，基部圆形，叶柄长 3～5mm；上部的叶互生，宽椭卵形或近圆形，长 5～15cm，宽 4～10cm，具粗锯齿。总状花序，白色或粉红色。花期 5～7 月。产辽宁东南部、山东和长江中下游地区，是本属分布最北的一种。

（三十四）流苏

【学名】*Chionanthus retusus* Lingl. & Paxt.

【别名】牛筋子

【科属】木犀科，流苏属

【形态特征】落叶乔木，高达 20m。树皮灰色，枝皮常卷裂。单叶，对生。叶片卵形、椭圆形至倒卵状椭圆形，长 4～12cm，全缘或有锯齿；先端钝或微凹；背面和叶柄有黄色柔毛；叶柄基部带紫色。花两性，圆锥花序顶生，大而较松散，长 6～12cm；花萼 4 裂；花白色，花冠深裂，裂片 4 枚，呈狭长的条状倒披针形，长 1～2cm；雄蕊 2 枚；子房 2 室。核果肉质，椭圆形，长 1～1.5cm，蓝黑色，种子 1 枚。花期 4～5 月；果期 9～10 月(图 6-62)。

图 6-62 流苏

【分布与习性】产我国黄河流域至长江流域、云南、福建、台湾等地，多生于向阳山谷或溪边混交林、灌丛中。日本、朝鲜也有分布。适应性强，喜光，耐寒；喜土层深厚和湿润土壤，也甚耐干旱瘠薄，不耐水涝。

【繁殖方法】播种、扦插、嫁接繁殖。嫁接用白蜡属树种作砧木易成活。

【观赏特性及园林用途】树体高大，树冠球形，枝叶茂盛，花开时节满树繁花如雪，秀丽可爱，观赏价值较高，是初夏重要的观赏花木。园林中适于草坪、路旁、池边、庭院建筑前孤植或丛植，既可观花，又能遮荫，若植于常绿树或红墙之前，效果尤佳；流苏老桩也是重要的盆景材料，并常用于嫁接桂花。

【同属种类】2 种，1 种产北美，1 种产亚洲东部。

(三十五) 木棉

【学名】*Bombax ceiba* L.

【别名】攀枝花、英雄树、烽火树

【科属】木棉科，木棉属

【形态特征】落叶大乔木，高达 25m；树冠伞形；树干端直，树皮灰白色；通常具板根；幼树树干及枝具圆锥形皮刺。大枝平展，轮生。掌状复叶，互生。小叶 5～7 枚，矩圆形至矩圆状披针形，长 10～16cm，宽 3.5～5.5cm，先端渐尖，小叶柄长 1.5～4cm；侧脉 15～17 对。花簇生枝端，径约 10cm；花萼杯状，长 3～4.5cm，3～5 浅裂；花瓣 5 枚，倒卵形，红色或有时橘红色，厚肉质，长 8～10cm，宽 3～4cm；雄蕊多数，外轮花丝合成 5 束。蒴果木质，椭圆形，长 10～15cm，木质，密生灰白色柔毛和星状毛；种子倒卵形，光滑。花期 3～4 月，先叶开放；果期 6～7 月(图 6-63)。

【分布与习性】产亚洲南部至大洋洲，华南和西南有分布并常见栽培，多见于低海拔平地和缓坡、干热河谷。喜光，喜暖热气候，较耐旱。深根性，萌芽力强，生长迅速。树皮厚，耐火烧。

【繁殖方法】播种、分蘖、扦插繁殖。蒴果成熟后开裂，种子易随棉絮飞散，应及时采收。

图 6-63 木棉

【观赏特性及园林用途】树形高大雄伟，早春先叶开花，花朵鲜红，如火如荼，素有"英雄树"之称。华南各地常栽作行道树、庭荫树及庭园观赏树，尤其是珠江三角洲一带广泛应用，杨万里的"即是南中春色别，满城都是木棉花"和陈恭尹的"粤江二月三月天，千树万树朱花开"都描绘了广东木棉花期盛景。

【同属种类】约50种，分布于热带。我国2种，产华南。栽培观赏的仅此1种。

二、常绿树类

（一）桂花

【学名】*Osmanthus fragrans*(Thunb.)Lour.

【别名】木犀

【科属】木犀科，木犀属

图6-64 桂花

【形态特征】常绿灌木或小乔木，一般高4~8m，偶可达18m。树冠圆头形或椭圆形。芽叠生。单叶，对生，叶片革质，椭圆形至椭圆状披针形，长4~12cm，先端急尖或渐尖，全缘或有锯齿。花杂性，雄花和两性花异株，簇生叶腋或形成腋生聚伞花序。花小，浓香，白色、黄色至橙红色，径6~8mm，萼4裂；花冠筒短，4裂，雄蕊2枚。花梗长0.8~1.5cm。核果椭圆形，长1~1.5cm，熟时紫黑色。花期9~11月；果期翌年4~5月(图6-64)。

【分布与习性】原产我国长江流域至西南，现广泛栽培。喜光，稍耐阴；喜温暖湿润气候和通风良好的环境，耐寒性较差，最适合秦岭、淮河流域以南至南岭以北各地栽培；喜湿润而排水良好的壤土，不耐水湿。对二氧化硫和氯气有中等抗性。

【品种概况】品种繁多，可分为四季桂类和秋桂类。四季桂类植株较低矮，常丛生；以春季4~5月和秋季9~11月为盛花期，如'日香桂'等。秋桂类植株较高大，花期集中于秋季8~11月间，可分为银桂、金桂和丹桂3个品种群。银桂品种群花色浅，白色至浅黄色，如'晚银桂'；金桂品种群花黄色至浅橙黄色，如'潢川金桂'；丹桂品种群花橙黄色、橙色至红橙色，如'朱砂丹桂'。

【繁殖方法】播种、压条、嫁接和扦插繁殖。

【观赏特性及园林用途】桂花是我国人民喜爱的传统观赏花木，其树冠卵圆形，枝叶茂密，四季常青，亭亭玉立，姿态优美，其花香清可绝尘、浓能溢远，而且花期正值中秋佳节，花时香闻数里，"独占三秋压群芳"，每当夜静轮圆，几疑天香自云外飘来。在庭院中，桂花常对植于厅堂之前，所谓"两桂当庭"、"双桂流芳"；也常于窗前、亭际、山旁、水滨、溪畔、石际丛植或孤植，并配以青松、红枫，可形成幽雅的景观，"桂香烈，宜高峰，宜朗月，宜画阁，宜崇台，宜皓魂照孤枝，宜微飔飏幽韵"。苏州古典园林中，桂花一般丛植成景，如网师园"小山丛桂轩"、留园"闻木犀香轩"、沧浪亭"清香馆"、怡园"金粟亭"、耦园"木犀廊"和"储香馆"都因植桂而得名。苏州、杭州、桂林市花。

【同属种类】约30种，分布于亚洲东部和北美洲东南部。我国25种，产长江以南各地。常见栽培的还有柊树(*O. heterophyllus*)，叶片顶端刺状，叶缘有显著的刺状牙齿，花期10~11月，花白色，芳香。原产日本和我国台湾。

（二）山茶

【学名】*Camellia japonica* L.

【别名】耐冬

【科属】山茶科，山茶属

【形态特征】常绿小乔木或灌木，高 4～10m。当年生小枝紫褐色，无毛。单叶，互生。叶片革质，椭圆形至矩圆状椭圆形，长 5～10.5cm，宽 2.5～6cm，叶缘有细齿；基部楔形至宽楔形；叶面光亮，两面无毛；侧脉 6～9 对，网脉不显著；叶柄长约 1cm。花单生或簇生于枝顶和叶腋，近无柄，直径 6～9cm，花色丰富，以白色和红色为主。苞片及萼片混淆而不易区分，约 9 枚，无毛或被灰白色绒毛，外 4 片新月形或半圆形，长 2～5mm，里面的圆形至阔卵形，长 1～2cm，宿存至幼果期；花瓣 5～7 枚（栽培品种多重瓣），先端凹缺，基部常多少结合；雄蕊多数，外轮花丝连合呈筒状并贴生于花瓣基部；花丝、子房均光滑无毛。蒴果球形，直径 2.5～4.5cm，室背开裂。花期(12)1～4月，果秋季成熟(图 6-65)。

图 6-65　山茶

【分布与习性】原产我国及日本和朝鲜南部，浙江东部、台湾和山东崂山沿海海岛仍有野生。世界各地广植。喜半阴，喜温暖湿润气候，酷热及严寒均不适宜，在气温 -10℃ 时可不受冻害，气温高于 29℃ 停止生长。喜肥沃湿润而排水良好的微酸性至酸性土壤(pH值 5～6.5)，不耐盐碱，忌土壤黏重和积水。对海潮风有一定的抗性。

【品种概况】品种繁多，花色有白、粉红、橙红、墨红、紫、深紫等以及具有花边、白斑、条纹等的复色品种。以花型进行分类，可分为单瓣类、复瓣类和重瓣类，每类之下又可分为多型。

（1）单瓣类：花瓣 5～7 枚，1～2 轮，基部连生，多呈筒状，雌雄蕊发育完全，能结实。一型，即单瓣型。这类品种通常称作金心茶，如'紫花金心'、'桂叶金心'、'亮叶金心'等。

（2）复瓣类：也称半重瓣类。花瓣 20 枚左右(多者连雄蕊变瓣可达 50 枚)，3～5 轮，偶结实。分 4 型。①半曲瓣型：花瓣 2～4 轮，雄蕊变瓣与雄蕊大部分集中于花心。如'白绵球'、'新红牡丹'。②五星型：花瓣 2～3 轮，花冠呈五星状，雄蕊存在，雌蕊趋向退化。如'东洋茶'。③荷花型：花瓣 3～4 轮，花冠呈荷花状，雄蕊存在，雌蕊趋向退化或偶存。如'丹芝'。■松球型：花瓣 3～5 轮，排成松球状，雌雄蕊均存在。如'小松子'、'大松子'。

（3）重瓣类：雄蕊大部分瓣化，加上花瓣自然增加，花瓣总数在 50 枚以上。分 7 型。①托桂型：大瓣 1 轮，雄蕊变瓣聚簇成多数径约 3cm 的小花球，簇生花心，如'金盘荔枝'。②菊花型：花瓣 3～4 轮，少数雄蕊变瓣聚集于花心，径约 1cm，形成菊花形状的花冠，如'凤仙'、'海云霞'。③芙蓉型：花瓣 2～4 轮，雄蕊集中聚生于近花心的雄蕊变瓣中或分散生于若干组雄蕊变瓣中，如'红芙蓉'、'花宝珠'、'绿珠球'。■皇冠型：花瓣 1～2 轮，大量雄蕊变瓣簇集其上，并有数片较大的雄蕊变瓣居于正中，形成皇冠状，如'鹤顶红'、'花佛鼎'。⑤绣球型：花瓣排列轮次不显，外轮花瓣和雄蕊变瓣很难区分，少数雄蕊散生于雄蕊变瓣间，如'大红球'、'七心红'。⑥放射型：花瓣 6～8

轮，呈放射状，常显著呈六角形，雌雄蕊退化无存，如'粉丹'、'粉霞'、'六角白'。⑦蔷薇型：花瓣8～9轮，形若重瓣蔷薇的花形，雌雄蕊均退化无存，如'雪塔'、'胭脂莲'、'花鹤翎'。

【繁殖方法】播种、扦插、压条或嫁接繁殖。播种多用于培育砧木和杂交育种。

【观赏特性及园林用途】山茶是中国传统名花，叶色翠绿而有光泽，四季常青，花朵大、花色美，品种繁多，花期自11月至翌年3月，花期甚长而且正值少花的冬季，弥足珍贵。无论孤植、丛植，还是群植均无不适，庭院中宜丛植成景。山茶耐阴，也抗海风，适于沿海地区栽培，而且其耐寒性较强，在山东青岛生长良好，崂山太清宫现尚有明朝的山茶（当地人俗称耐冬）古树，名曰"绛雪"，树高约6m，树龄500多年，隆冬季节满树繁花似锦。

【同属种类】共约120种，分布于印度至东亚、东南亚。我国是中心产地，约有97种，主产西南、华南至东南，另引入栽培冬茶梅（*C. hiemalis*）、茶梅（*C. sasanqua*）、冬红山茶（*C. uraku*）等多种。常见栽培的还有：

(1) 云南山茶 *Camellia reticulata* Lindl.：叶矩圆形至矩圆状椭圆形，稀椭圆形或宽椭圆形，长6～14cm，宽3～6cm，叶表深绿，网状脉显著。花单生或2～3朵簇生，径7～10(20)cm，淡红色至深紫色，稀白色，花瓣5～7枚或重瓣，倒卵形至阔倒卵形，先端微凹；萼片大，内方数枚呈花瓣状；子房密生柔毛。花期12月至翌年4月。产云南西部及中部、贵州西部、四川西南部。

(2) 茶梅 *Camellia sasanqua* Thunb.：分枝稀疏。小枝、芽鳞、叶柄、子房、果皮均有毛，且芽鳞表面有倒生柔毛。叶卵圆形至长卵形，长4～8cm，表面略有光泽，脉上有毛。花多白色，也有红色品种，径3.5～7cm。花期11月至翌年1月，部分品种迟至4月。原产日本，我国江南各地普遍栽培。

(3) 茶 *Camellia sinensis*（L.）O. Ktze.：丛生灌木。叶薄革质，椭圆状披针形或长椭圆形，长3～10cm，网脉明显。花单生叶腋或2～3朵组成聚伞花序，白色，花梗下弯；萼片5～7枚，宿存；子房密被白色柔毛。花期8～12月；果期次年10～11月。原产我国及亚洲南部，长江流域及其以南各地分布，常见栽培。著名饮料植物，也是优良的园林造景材料，江南寺庙和日本茶庭中常植。

(4) 油茶 *Camellia oleifera* Abel.：芽鳞有黄色粗长毛。叶卵状椭圆形，有锯齿；叶柄有毛。花白色，1～3朵腋生或顶生，无花梗；萼片多数，脱落；子房密生白色丝状绒毛。果厚木质，2～3裂；种子黑褐色，有棱角。花期10～12月。分布于长江流域及以南各省，以河南南部为北界。

(5) 金花茶 *Camellia petelotii*（Merrill）Sealy：嫩枝淡紫色，无毛。叶矩圆状椭圆形至矩圆形，长9～18cm，宽3～6cm，先端尾状渐尖；上面有光泽，侧脉显著下凹；下面散生黄褐色至黑褐色腺点。花单生，径5～6cm；苞片8～10枚；萼片5枚，宿存；花瓣金黄色，10～14枚，基部稍合生，具蜡质光泽，外面4～5枚阔椭圆形或近圆形；子房无毛。花期11月至次年2月。产广西，越南也有分布。花色金黄，具蜡质光泽，被誉为"茶族皇后"。国家一级重点保护树种。

（三）杜鹃花

灌木，稀小乔木。叶互生，常集生枝顶，全缘。伞形总状花序顶生，稀单生叶腋；萼5～10裂；花冠辐状、钟形、漏斗状或筒状，5(6～10)裂；雄蕊5或10枚，有时更多，花药无芒，顶孔开裂；子房上位，5～10室或更多，胚珠多数。蒴果5～10瓣裂。

【常见种类】约1000种，主要分布于亚洲、欧洲和北美洲，2种产于澳大利亚。我国约571种，分布全国，尤以四川、云南最多。

1) 杜鹃(映山红) *Rhododendron simsii* Planch.

落叶或半常绿灌木，高达 3m。分枝多而细直。枝条、叶两面、苞片、花柄、花萼、子房、蒴果均有棕褐色扁平糙伏毛。叶纸质，卵状椭圆形或椭圆状披针形，长 2～6cm。花 2～6 朵簇生枝顶，花冠宽漏斗状，长 4cm，鲜红或深红色，有紫斑，或白色至粉红色；雄蕊 10 枚。花期 3～5 月；果期 9～10 月(图 6-66)。

广布于长江以南各地，花开时节满山皆红。是目前普遍栽培的"比利时杜鹃"的重要亲本之一。

图 6-66 映山红

2) 迎红杜鹃 *Rhododendron mucronulatum* Turcz.

落叶灌木，高达 1.5m。小枝、叶、花梗、萼片、子房、蒴果均被腺鳞。叶较薄，长椭圆状披针形，长 3～8cm。花淡红紫色，花冠宽漏斗形，长约 4cm，2～5 朵簇生枝顶，先叶开放；花芽鳞在花期宿存；雄蕊 10 枚。蒴果圆柱形，褐色。花期 4～5 月；果期 7～8 月。

产东北、华北、山东和江苏北部，生于山地灌丛中。喜光，耐寒，喜空气湿润和排水良好的土壤。

3) 满山红 *Rhododendron mariesii* Hemsl. & Wils.

落叶灌木，高达 3m。枝近轮生，嫩时被淡黄色绢毛。叶常 3 枚簇生枝顶，卵状披针形，长 4～8cm。花 1～2(5)朵生枝顶，花冠长 3cm，玫瑰紫色，花梗直立，有硬毛；萼有棕色毛；雄蕊 10 枚；子房密生棕色长柔毛。蒴果圆柱形，密生棕色长柔毛。花期 4～5 月；果期 8～10 月。

产长江流域各地，北达陕西，南达福建和台湾，生于海拔 600～1800m 的山地灌丛中。

4) 羊踯躅(黄杜鹃) *Rhododendron molle* G. Don.

落叶灌木，高达 1.5m。分枝稀疏、直立。叶纸质，长椭圆形或椭圆状倒披针形，长 5～12cm，宽 2～4cm，两面有毛，缘有睫毛。花 5～9 朵排成顶生伞形总状花序，花冠金黄色，上侧有淡绿色斑点，直径 5～6cm；雄蕊 5 枚；子房有柔毛。蒴果圆柱形。花期 4～5 月；果期 9 月。

广布于长江以南，生于低海拔山地阳坡。全株有剧毒。

5) 白花杜鹃(毛白杜鹃) *Rhododendron mucronatum* (Blume)G. Don.

半常绿灌木，高达 2m。幼枝密被灰色柔毛及黏质腺毛。春叶早落，披针形或卵状披针形，长 3～5.5cm，两面密生软毛；夏叶宿存，长 1～3cm。花 1～3 朵簇生枝顶，白色，芳香；雄蕊 10(8)枚。花期 4～5 月。

产我国，为栽培植物，各地常见栽培。有玫瑰紫色等各色及重瓣品种。

6) 马银花 *Rhododendron ovatum* (Lindl.)Planch.

常绿灌木，高达 4m。叶革质，宽卵形，长 3.5～5cm，先端有尖头，基部圆形。花单生枝端叶腋，浅紫、水红或近白色，有深色斑点；花梗和萼筒外有白粉和腺体；雄蕊 5 枚；子房有短刚毛。果宽卵形。花期 4～5 月。

产华东各省，西达贵州、四川，常生于海拔 300～1600m 的山地疏林下或阴坡。

7) 石岩杜鹃(朱砂杜鹃) *Rhododendron obtusum* (Lindl.)Planch.

常绿灌木，高常不及 1m，有时呈平卧状。分枝多而细密，幼时密生褐色毛。春叶片椭圆形，缘有睫毛；秋叶片椭圆状披针形，质厚而有光泽；叶小，长 1～2.5cm；叶柄、叶表、叶背、萼片均有毛。花 2～3 朵与新梢发自顶芽；花冠漏斗形，橙红至亮红色，上瓣有浓红色斑；雄蕊 5 枚。花期 5 月。

为一杂交种，日本育成，无野生者。我国各地常见栽培。

8) 照山白 *Rhododendron micranthum* Turcz.

图 6-67 照山白

常绿灌木，高达 2m。小枝细，具短毛及腺鳞。叶厚革质，倒披针形，长 2.5～4.5cm，两面有腺鳞，背面更多，边缘略反卷。密总状花序顶生，总轴长 1.5cm；花冠钟状，长 6～8mm，乳白色，雄蕊 10 枚，伸出。果圆柱形。花期 5～7 月(图 6-67)。

产东北、华北、西北和湖北、湖南、四川，生于海拔 1000m 以上的山坡；朝鲜也有分布。

9) 马缨杜鹃 *Rhododendron delavayi* Fr.

常绿灌木或乔木，高达 12m。树皮不规则剥落。叶革质，簇生枝顶，矩圆状披针形，长 8～15cm，背面密被灰棕色薄毡毛。花 10～20 朵顶生；花冠钟状，紫红色，长 3.5～5cm，肉质，基部有 5 蜜腺囊；雄蕊 10 枚；子房密被褐色绒毛。蒴果圆柱形。花期 2～5 月；果期 10～11 月。

主产西南，多生于海拔 1200～3200m 的山坡沟谷，或散生于松、栎林内。

10) 锦绣杜鹃 *Rhododendron pulchrum* Sweet.

常绿，嫩枝有褐色毛。春叶纸质，幼叶两面有褐色短毛，成叶表面变光滑；秋叶革质，形大而多毛。花 1～3 朵发于顶芽，花冠浅蔷薇色，有紫斑；雄蕊 10 枚，花丝下部有毛；子房有褐色毛；花萼大，5 裂，有褐色毛；花梗密生棕色毛。蒴果长卵圆形，呈星状开裂，萼片宿存。花期 5 月。

原产我国。欧洲和日本常栽培。

11) 云锦杜鹃(天目杜鹃) *Rhododendron fortunei* Lindl.

常绿灌木或小乔木，高 3～12m。枝粗壮，幼时绿色，有腺体，无毛。叶厚革质，簇生枝顶，长椭圆形，长 8～15cm，宽 3～9cm，叶端圆钝，叶基圆形或近心形，叶背被细腺毛。花 6～12 朵排成顶生伞形总状花序，花芳香；花萼裂片 7；花冠漏斗状钟形，浅粉红色，7 裂，长 4～5cm，径 7～9cm；雄蕊 14 枚，不等长；子房 10 室。果长圆形。花期 4～5 月。

分布于浙江、江西、安徽、湖南、福建、广西、贵州、河南、湖北、陕西、四川、云南，生于海拔 600～2000m 的山地林中。

【栽培品种概况】一般根据形态、花期、产地(来源)和亲本等进行分类，有"春鹃"、"夏鹃"和"春夏鹃"、"毛鹃"、"东鹃"和"西鹃"等，但各类间常有交叉。

"春鹃"指在我国江南一带花期集中在 4 月至 5 月初的品种，大多数为常绿或半常绿。又可分为"大叶大花种"(俗称的毛鹃)和"小叶小花种"(俗称的东鹃)两类。

毛鹃的特点为叶面多毛，植株较高大，长势旺盛；花冠宽漏斗状，单瓣，5 裂，直径可达 8cm，常 3 朵集生枝顶，新叶在花后抽生；叶大，长椭圆形至披针形，叶面多毛，较粗糙；花色纯白、粉红和各种红色，繁密，开花时布满枝头，十分绚丽。适于地栽，能耐粗放管理。从来源上，本类应包括锦绣杜鹃、白花杜鹃和琉球杜鹃及其杂种、品种，常见的如'玉蝴蝶'、'紫蝴蝶'、'琉球红'、'玉铃'、'白妙'等。

东鹃也称东洋鹃，指来自日本的品种。株形较矮小，一般高约1m；叶片小，卵形、倒卵形、卵状椭圆形等，长1～4cm，叶面较平滑，毛被少，春生叶在花后生于叶腋新枝上，老叶7～8月脱落，故为常绿性；花2～3朵集生枝顶，直径1.5～4cm，漏斗状，喉部有深色斑点或晕斑，单瓣或半重瓣，瓣边圆形、尖形或成翘角，花色有白、粉、红、紫、淡黄、绿白等各色和复色，雄蕊5枚。从来源上，本类应包括朱砂杜鹃及其变种，品种较多，如'新天地'、'雪月'、'四季之誉'。

"夏鹃"指在我国江南一带5～6月开花的一批杜鹃花品种。主要亲本是日本的皋月杜鹃（*R. indicum*），为开张性常绿灌木，高可达2m，叶片多狭披针形至倒披针形，长约4cm，边缘常有稀疏圆锯齿和缘毛，两面常有棕红色毛贴生，秋季变红；花单生或2朵生于枝顶，直径约6cm，花色有红、紫、白以及异色镶边等，单瓣或重瓣，花瓣皱或具波状边缘，常见品种如'大红袍'、'陈家银红'、'五宝绿珠'、'秋月'、'长华'、'昭和之春'、'白富士'等。

至于春夏鹃，则指花期较长，自春迄夏，或花期介于春鹃和夏鹃之间的一些品种。其来源可能为春鹃和夏鹃的杂交，品种如'端午'、'仙女舞'等。

"西鹃"泛指来自欧洲的杂交品种，也称比利时杜鹃。植株一般比较矮小，高1m左右，常绿，半开张性，生长慢；枝条红色或绿色，叶片集生枝顶，大小介于毛鹃和东鹃之间，叶面平滑或粗糙、有或无光泽，叶形也不一，常有毛；花冠直径6～8cm，多为开张的喇叭形、浅漏斗形，有时为盘状、碟形，较平展，瓣形较圆阔，很多品种花瓣边缘有波状变化，单瓣、半重瓣至重瓣，也有台阁型的，因雄蕊瓣化，花心多不露，花色有白、粉红、玫瑰红、橙红、紫等各色，复色也极常见。系由皋月杜鹃、映山红、白花杜鹃以及其他杜鹃种类杂交选育而成，品种众多，常见的如'皇冠'、'富贵集'、'锦袍'、'锦凤'、'乙女舞'、'四海波'、'横笛'、'白凤'等。

【生态习性】杜鹃花属种类繁多，生态习性各异。总体上，大多数种类喜疏松肥沃、排水良好的酸性壤土，pH值以4～5.5之间为宜，忌碱性土和黏质土；喜凉爽湿润的山地气候，耐热性差。产于高山的种类，多喜全光照条件，产于低山丘陵的种类，多需半阴条件。根据地理分布和生态习性，我国的野生杜鹃大致可分为以下几种类型：

（1）北方耐寒类：主要分布于东北、西北和华北北部，多生于中高海拔地区，耐寒性强。落叶种类如大字杜鹃、迎红杜鹃，半常绿的如兴安杜鹃，常绿的如牛皮杜鹃、小叶杜鹃。

（2）亚热带低山丘陵和中山分布类：主要分布于中纬度的温暖地区，如长江流域一带，耐热性较强，也较耐旱，多生于山坡疏林中，如映山红、满山红、黄杜鹃、马银花、腺萼马银花等。目前园林中应用的多属于此类。

（3）热带和亚热带山地和高原分布类：主要分布于西南地区，华东、华南等高海拔地区也产，要求凉爽的气候和较高的空气湿度，耐热性差。如山枇杷、大树杜鹃、桫椤花、硫磺杜鹃等。

【繁殖方法】多采用扦插和嫁接方法繁殖。

【观赏特性及园林用途】杜鹃花为中国十大名花之一，花叶兼美，花色丰富，盆栽、地栽均宜，栽培历史悠久。杜鹃花为富于野趣的花木，大多数种类为高1～5m的丛生灌木，树冠多为扁平的圆形。在大型公园中，最适于松树疏林下自然式群植，并于林内适当点缀山石，以形成高低错落、疏密自然的群落，每逢花期，群芳竞秀，灿烂夺目，至为美观；也可于溪流、池畔、山崖、石隙、草地、林间、路旁丛植；毛白杜鹃、石岩杜鹃植株低矮，适于整形栽植，可于坡地、草坪等处大量应用，或作为花坛镶边、园路境界或植为花篱。在庭院中，杜鹃可植于阶前、墙角、水边等各处，以资装饰点缀，或一株、数株，或小片种植，均甚美观。此外，还是著名的盆花和盆景材料。

（四）栀子花

【学名】*Gardenia jasminoides* J. Ellis

【科属】茜草科，栀子属

【形态特征】常绿灌木，高 1～3m。叶对生或轮生；托叶膜质，生于叶柄内侧，基部合生呈鞘状。小枝绿色，有垢状毛。叶片革质，椭圆形或倒卵状椭圆形，长 6～12cm，全缘，先端渐尖，两面无毛，有光泽。花白色，浓香，单生枝端或叶腋；花萼常 6 裂，萼筒有棱，裂片线形，宿存；花冠高脚碟状，常 6 裂，芽时旋转状排列；雄蕊着生于花冠筒喉部，内藏，花丝短，花药线形；花盘环状或圆锥状；子房 1 室，侧膜胎座。浆果卵形，黄色，具 6 纵棱。花期 6～8 月；果期 9 月（图 6-68）。

图 6-68　栀子花

【分布与习性】原产我国，长江流域及其以南各地常见栽培。喜光，也能耐阴，在隐蔽环境中叶色浓绿但开花稍差；喜温暖湿润气候和肥沃而排水良好的酸性土壤。抗二氧化硫等有毒气体。萌芽力、萌蘖力均强，耐修剪。

【栽培品种】大花栀子（'Grandiflora'），叶片较大，花大而重瓣，径 7～10cm。黄斑栀子（'Aureo-variegata'），叶片边缘有黄色斑块，甚至全叶呈黄色。

【繁殖方法】扦插或压条繁殖。

【观赏特性及园林用途】叶色亮绿，四季常青，花大洁白，芳香馥郁，是良好的绿化、美化、香化材料。适于庭院造景，植于前庭、中庭、阶前、窗前、池畔、路旁、墙隅均可，群植、丛植、孤植、列植无不适宜，山石间、树丛中点缀一两株，也颇得宜，而成片种植则花期望如积雪，香闻数里，蔚为壮观。抗污染，也适于工矿区大量应用。此外，栀子也是优良的花篱材料。

【同属种类】约 250 种，分布于热带和亚热带。我国 5 种，产西南至东部。

（五）含笑

【学名】*Michelia figo* (Lour.) Spreng.

【科属】木兰科，含笑属

【形态特征】常绿灌木或小乔木，一般高 2～3m，树冠圆整。芽、幼枝和叶柄均密被黄褐色绒毛。单叶互生；叶片厚革质，倒卵状椭圆形，长 4～9cm，全缘，先端短钝尖；叶柄长 2～4mm。托叶包被幼芽，脱落后枝上留有环状托叶痕，叶柄上托叶痕达叶柄顶端。花单生叶腋，极香，淡黄色或乳白色；花梗长 1～2cm，密被毛。花被片、雄蕊、雌蕊均螺旋状排列在柱状隆起的花托上。花被片 6 枚，近相等，边缘略呈紫红色，肉质，长 1～2cm；雄蕊多数，分离，花丝短；离心皮雌蕊多数；雌蕊群有柄，无毛。聚合蓇葖果，长 2～3.5cm；蓇葖扁圆，部分蓇葖发育；种子红色。花期

4～6月；果期9月(图6-69)。

【分布与习性】产华南，现长江以南各地广为栽培。喜温暖湿润，不耐寒；喜半阴环境，不耐烈日；要求排水良好、肥沃疏松的酸性壤土，不耐干旱瘠薄；对氯气有较强的抗性。

【繁殖方法】以扦插繁殖为主，亦可播种、压条、嫁接和分株繁殖。

【观赏特性及园林用途】含笑树形、叶形俱美，花朵香气浓郁，是热带和亚热带园林中重要的花灌木。可广泛应用于庭院、城市园林和风景区绿化，因喜半阴，最宜配植于疏林下或建筑物阴面。也可盆栽观赏。花、叶可提取香精，供药用和化妆品用。

图6-69　含笑

【同属种类】约70种，分布于亚洲热带至亚热带。我国39种，主产西南部至东部。常见的还有：

(1) 白兰花 *Michelia alba* DC.：高达17m，幼枝和芽绿色，密被淡黄白色微柔毛。叶薄革质，长椭圆形或披针状长椭圆形，长10～27cm，宽4～9.5cm，下面疏被短柔毛；托叶痕为叶柄长的1/2以下。花白色，极香，花被片10枚以上，披针形，长3～4cm，宽3～5mm。花期4～10月，通常不结实。原产于印度尼西亚爪哇，华南常见栽培。

(2) 黄兰 *Michelia champaca* L.：芽、嫩枝、嫩叶和叶柄均被淡黄色平伏毛；叶卵形至椭圆形，下面被平伏长绢毛；托叶痕长达叶柄的1/2以上；花被片15～20枚，倒披针形，乳黄色。分布于西藏东南部和云南南部及西南部，常见栽培。

(3) 云南含笑 *Michelia yunnanensis* Franch. ex Finet & Gagnep.：灌木，芽、嫩枝、嫩叶上面、叶柄、花梗密被深红色平伏毛；叶倒卵形至狭倒卵状椭圆形，长4～10cm，宽1.5～3.5cm，侧脉7～9对；花白色，极芳香；花被片6～12(17)枚，倒卵形。花期3～4月。分布于云南、西藏、四川、贵州。

(4) 深山含笑 *Michelia maudiae* Dunn.：幼枝、芽和叶下面被白粉。叶革质，长圆状椭圆形或倒卵状椭圆形，长8～16cm，网脉在两面明显；叶柄无托叶痕。花白色，花被片9枚，外轮倒卵形，长5～7cm，内两轮较狭窄。聚合果长10～12cm，蓇葖卵球形。花期3～5月。产长江流域至华南。

(六) 夹竹桃

【学名】*Nerium indicum* Mill.

【别名】柳叶桃

【科属】夹竹桃科，夹竹桃属

【形态特征】常绿大灌木，高达5m，常丛生，树冠近球形。嫩枝具棱，被微毛；叶片含水液。叶3～4枚轮生或对生。叶片厚革质，狭披针形，长11～15cm，全缘，叶缘反卷，上面光亮无毛；羽状脉，侧脉密生而平行。顶生聚伞花序，花深红色或粉红色。花萼5裂，基部内面有腺体；花冠漏斗状，5裂，裂片右旋，喉部具5片撕裂状副花冠；雄蕊5枚，着生于花冠筒中部以上，花丝短，花药内藏且成丝状，被长柔毛；无花盘；子房由2枚离生心皮组成。蓇葖果2枚，离生，细长；种子具白色绵毛。几乎全年有花，以6～10月为盛(图6-70)。

图 6-70　夹竹桃

【分布与习性】原产伊朗、印度等地，现广植于热带和亚热带地区。长江以南广为栽植，北方盆栽。喜光，喜温暖湿润气候，不耐寒，耐旱性强，抗烟尘和有毒气体，可吸收汞、二氧化硫、氯气，滞尘能力也很强。对土壤要求不严，可生于碱地。

【栽培品种】重瓣夹竹桃（'Plenum'），花重瓣，红色，有香气。白花夹竹桃（'Paihua'），花白色，单瓣。斑叶夹竹桃（'Variegatum'），叶面有斑纹，花单瓣，红色。淡黄夹竹桃（'Lutescens'），花淡黄色，单瓣。

【繁殖方法】扦插繁殖，也可压条或分株繁殖。

【观赏特性及园林用途】夹竹桃株姿态潇疏，花色妍媚，兼有青竹的潇洒姿态、桃花的热烈风情，花期自夏至秋，或白或红，且适应性强，是优良的园林造景材料。适于水边、庭院、山麓、草地等各处种植，可丛植，也可群植。在江南，常植为绿篱，用于公路、铁路、河流沿岸的绿化，也常植为防护林的下木。耐烟尘，抗污染，是工矿区等生长条件较差地区绿化的好树种。

【同属种类】约4种，产亚洲、欧洲和北非。我国2种，除本种外，欧洲夹竹桃（ *N. oleander* ）偶见栽培。

（七）黄花夹竹桃

【学名】 *Thevetia peruviana* (Pers.)K. Schum.

【别名】酒杯花

【科属】夹竹桃科，黄花夹竹桃属

【形态特征】常绿灌木或小乔木，高5m，全株无毛。树皮棕褐色，皮孔明显。枝条柔软，小枝下垂。单叶，互生。叶片线形或线状披针形，长10～15cm，全缘，光亮，革质，中脉下陷，侧脉不明显。聚伞花序顶生，花大，黄色，径3～4cm，具香味。花萼5深裂，内面基部具腺体；花冠漏斗状，裂片5枚，花冠筒短，喉部具被毛的鳞片5枚；雄蕊5枚，着生于花冠筒的喉部；无花盘；子房2室。核果，扁三角状球形。花期5～12月(图6-71)。

【分布与习性】原产美洲热带。我国华南各省区均常见栽培，北方盆栽观赏。喜干热气候，不耐寒；耐旱力强。

【栽培品种】红酒杯花（'Aurantiaca'），花冠红色。

【繁殖方法】扦插、播种繁殖。

【观赏特性及园林用途】枝软下垂，叶绿光亮，花大鲜黄，而且花期长，几乎全年有花，是一种美丽的观赏花木，常植于庭园观赏。

【同属种类】8种，产热带美洲。我国引入栽培2种，常见栽培的为本种。

（八）扶桑

【学名】 *Hibiscus rosa-sinensis* L.

图 6-71　黄花夹竹桃

【别名】朱槿、佛桑

【科属】锦葵科，木槿属

【形态特征】常绿灌木，高达 5m。单叶，互生。叶片卵形至长卵形，长 4～9cm，有粗齿或缺刻，先端渐尖，表面有光泽；3 出脉；有托叶。花两性，单生叶腋，径 6～10cm。萼 5 裂，宿存，副萼较小；花冠漏斗状，花瓣 5 枚，通常鲜红色，也有白色、黄色和粉红色品种，雄蕊柱和花柱长，伸出花冠外；子房 5 室，花柱顶端 5 裂。蒴果卵球形，长约 2.5cm，顶端有短喙，光滑无毛。花期全年，以 6～9 月为盛(图 6-72)。

图 6-72 扶桑

【分布与习性】原产热带亚洲，华南有分布；各地常见栽培。喜温暖湿润气候，要求日光充足，不耐阴。对土壤的适应范围较广，以富含有机质的微酸性肥沃土壤最好。萌芽力强，耐修剪。

【栽培品种】深红扶桑('Van Houttei')，花深红色。彩瓣扶桑('Calleri')，花瓣基部朱红色，上半部黄色。花叶扶桑('Cooperi')，叶片狭长，有白色斑纹，花朵较小，朱红色。

【繁殖方法】多用扦插繁殖，硬枝、嫩枝均易生根。

【观赏特性及园林用途】我国传统名花，在华南至少已有 1700 年以上的栽培历史。几乎全年开花不断，花大而艳，有红色、粉红色、橙黄色、白色以及杂色，花量多。长江流域以南可用于露地园林绿化，长江流域及以北地区室内盆栽。高大品种适于道路绿化或植为花篱，或于庭前、草地、水边、墙隅孤植、丛植；低矮品种适于盆栽或作基础种植材料。马来西亚国花。

【同属种类】参阅木槿。同属常见的还有吊灯花(拱手花篮)(*H. schizopetalus*)，枝细长拱垂，无毛，叶椭圆形或卵状椭圆形，有粗齿；花单朵腋生，花梗细长、有关节，花鲜红色、下垂，径 6～9cm，花瓣羽状深裂，向上反卷，雄蕊柱显著突出于花冠外。原产非洲热带；华南栽培。黄槿(*H. tiliaceus*)，树冠圆阔，分枝浓密，叶片近圆形，全缘或有锯齿，长 10～27cm，总状花序顶生或腋生，花黄色或暗紫色，花期 6～10 月。产我国南部沿海地区和热带亚洲。

(九) 瑞香

【学名】*Daphne odora* Thunb.

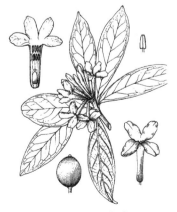

图 6-73 瑞香

【科属】瑞香科，瑞香属

【形态特征】常绿灌木，高 1.5～2m。枝细长，紫色，无毛。单叶，互生。叶片长椭圆形至倒披针形，长 5～8cm，全缘；先端钝或短尖，基部狭楔形，无毛。雌雄异株，头状花序顶生，有总梗；萼筒呈花冠状，4 裂，白色或淡红紫色，径约 1.5cm，芳香；无花瓣；雄蕊 8～10 枚，成 2 轮着生于萼筒内壁顶端；花柱短，柱头头状。果为核果状，肉质，圆球形，红色。花期 3～4 月。栽培的常为雄株(图 6-73)。

【分布与习性】原产中国和日本，长江流域各地广泛栽培。喜阴，忌日光曝晒；喜温暖，不耐寒；喜肥沃湿润而排水良好的酸性和微酸性土，忌积水。

【变种及品种】紫枝瑞香(var. atrocaulis)，枝深紫色，花被外侧被灰黄色绢状毛；水香(var. rosacea)，花被裂片的内方白色，外方略带粉红色；白花瑞香('Leucantha')，花纯白色；金边瑞香('Marginata')，叶缘金黄色，花极香。

【繁殖方法】压条和扦插繁殖，也可分株繁殖。

【观赏特性及园林用途】著名的早春花木，株形优美，花朵极芳香。最适于林下路边、林间空地、庭院、假山岩石的阴面等处配植。萌芽力强，耐修剪，也适于造型。日本庭院常修剪成球形，点缀于松柏类树木间。北方多于温室盆栽观赏。

【同属种类】约95种，分布于欧洲、北非和亚洲温带和亚热带以及大洋洲。我国52种，主产西南和西北，大多数种类可栽培观赏。常见的还有芫花(D. genkwa)，落叶灌木，叶对生，偶互生，长椭圆形，长3～4cm，背面脉上有绢状毛。花簇生，紫色或淡紫红色，外有绢状毛。果肉质，白色。花期3～4月，先叶开放。分布于长江流域以南及山东、河南、陕西等省。

(十) 茉莉花

【学名】*Jasminum sambac* (L.) Ait.

图 6-74　茉莉花

【科属】木犀科，素馨属

【形态特征】常绿灌木，枝条细长呈藤状。单叶对生；叶片椭圆形或宽卵形，长3～8cm，全缘，薄纸质，仅下面脉腋有簇毛。花白色，浓香，聚伞花序顶生或腋生，通常有3～9朵花。花萼钟状，8～9裂，线形；花冠高脚碟状；雄蕊2枚，内藏。浆果。花期5～11月，以7～8月开花最盛(图6-74)。

【分布与习性】原产印度等地。华南习见栽培。长江流域及以北地区盆栽观赏。喜光，稍耐阴，但光照不足时叶大节疏，花朵较小。喜高温潮湿环境，不耐寒，适宜在25～35℃温度下生长，在气温0℃时叶片受害；不耐干旱，空气相对湿度以80%～90%为佳。喜肥，以肥沃、疏松的沙质壤土为宜。

【繁殖方法】扦插、分株、压条繁殖均可。

【观赏特性及园林用途】茉莉枝叶繁茂，叶色碧如翡翠，花朵白似玉铃，花期长，香气清雅而持久，浓郁而不浊，可谓花木之珍品，元朝诗人江奎在品赏茉莉后吟曰："他年我若修花史，列入人间第一香。"华南可露地栽培，用作树丛、树群之下木，或作花篱植于路旁，花朵用于制作襟花。福州市市花。

【同属种类】参阅迎春花。

(十一) 广玉兰

【学名】*Magnolia grandiflora* L.

【别名】荷花玉兰

【科属】木兰科，木兰属

【形态特征】常绿乔木，在原产地高达30m。小枝、叶下面、叶柄密被褐色短绒毛。叶厚革质，椭圆形或长圆状椭圆形，长10～20cm，宽4～9cm，先端钝圆，上面深绿色而有光泽，下面锈褐色，叶缘略反卷；叶柄长2～4cm，无托叶痕。花白色，芳香，径15～20cm；花被片9～12枚，厚肉质，

倒卵形。聚合果短圆柱形，长 7～10cm，密被灰褐色绒毛。花期 5～6
月；果期 10 月(图 6-75)。

【分布与习性】原产北美东南部；长江流域至珠江流域多有栽培。
喜光，幼苗耐阴；喜温暖湿润气候，也耐短期 -19℃ 的低温；对土壤
要求不严，但最适于肥沃湿润的酸性土和中性土。根系发达，生长速
度中等偏慢。对烟尘和二氧化硫有较强的抗性。

【繁殖方法】播种、嫁接繁殖。

【观赏特性及园林用途】树姿雄伟，叶片光亮浓绿，花朵大如荷花
而且芳香馥郁，是优美的庭荫树和行道树。可孤植于草坪、水滨，列
植于路旁或对植于门前；在开旷环境，也适宜丛植、群植。由于枝叶
茂密，叶色浓绿，也是优良的背景树，可植为雕塑、铜像以及红枫等
色叶树种的背景。

图 6-75　广玉兰

【同属种类】参阅白玉兰。常见栽培的常绿类还有：

(1) 山玉兰 *Magnolia delavayi* Franch.：叶片厚革质，卵形至卵状椭圆形，长 10～32cm，宽 5～
20cm，下面幼时密被交织长绒毛及白粉，后仅脉上有毛，侧脉 11～16 对，网脉致密，干后两面突
起；先端圆钝；托叶痕几达托叶全长。花朵大，乳白色，径 15～20cm。花期 4～6 月。产西南。

(2) 夜香木兰 *Magnolia coco* (Lour.)DC.：灌木或小乔木，各部无毛；叶片椭圆形至倒卵状椭圆
形，长 7～14cm，宽 2～4.5cm，侧脉 8～10 对；花梗下弯，花圆球形，径 3～4cm，芳香，入夜香气
更加浓郁；花被片 9 枚，外轮带绿色，内 2 轮纯白色。产福建至华南和云南，现广植于亚洲东南部。

(十二) 黄槐

【学名】*Cassia surattensis* Bunn. f.

【科属】豆科，决明属

【形态特征】常绿灌木或小乔木，高 5～7m。1 回偶数羽状复叶。小叶 7～9 对，长椭圆形至卵
形，长 2～5cm，宽 1～1.5cm，先端圆而微凹；叶柄及最下部 2～3 对小叶间的叶轴上有 2～3 枚棒状
腺体。伞房花序略呈总状，生于枝条上部叶腋，长 5～8cm，花鲜黄色。萼片 5 枚，萼筒短；花瓣长

约 2cm，雄蕊 10 枚，全部发育。荚果条形，扁平，长 7～10cm。
在热带地区全年开花(图 6-76)。

【分布与习性】原产印度，热带地区广泛栽培，我国热带和南
亚热带地区常见。喜高温、高湿的热带气候，要求阳光充足的环
境，在疏松肥沃而排水良好的土壤中生长最好。

【繁殖方法】播种或扦插繁殖。

【观赏特性及园林用途】黄槐为一美丽的花木，花朵鲜黄，常
年开花不断，是优良的庭园造景材料，适于丛植，也可用于街道
绿化，可与乔木行道树间植。

【同属种类】约 560 种，分布于热带和亚热带，部分草本种类
分布至温带。我国 5 种，引入栽培约 20 余种。本属亦分为狭义的
决明属(*Cassia*，约 30 种，产热带；我国 1 种)、番泻决明属(*Sen-*

图 6-76　黄槐

na，约260种，泛热带分布；我国2种)和山扁豆属(*Chamaecrista*，约270种，主产美洲，少数产热带亚洲；我国2种)。常见的还有：

(1) 腊肠树(阿勃勒) *Cassia fistula* L.：落叶乔木，高达22m。叶柄及叶轴无腺体；小叶3～4对，卵形至椭圆形，长8～15(20)cm。总状花序疏松下垂，长30～50cm；花淡黄色，径约4cm。雄蕊10枚，3枚较长，花丝弯曲；4枚较短，花丝直；退化雄蕊花药极小。荚果圆柱形，长30～72cm，径2～2.5cm，下垂，黑褐色，有3槽纹，不开裂。花期5～8月；果期9～10月。原产印度，热带地区广泛栽培，华南常见。

(2) 伞房决明 *Cassia corymbosa* Lam.：常绿灌木，小叶2～3对，矩圆状披针形，长2.5～5cm。伞房花序长于叶；花黄色，能育雄蕊7枚。荚果圆柱形，长5～8cm。花果期5～11月。原产南美洲，耐寒性强，在江苏、上海等地可露地生长。

(3) 节果决明 *Cassia nodosa* L.：乔木，叶片无腺体，小叶6～12对；伞形花序长4～6cm，花粉红色；荚果有明显的节，长30cm。产菲律宾群岛。

(十三) 红千层

【学名】*Callistemon rigidus* R. Brown

【科属】桃金娘科，红千层属

图6-77　红千层

【形态特征】常绿小乔木或灌木状；具芳香油。树皮坚实，不易剥落。小枝红棕色，有白色柔毛。单叶，互生；无托叶。叶片条形，具透明油腺点，长5～9cm，宽3～6mm，全缘；先端尖锐；幼时两面被丝毛，后脱落；中脉显著，边脉突起；无柄。花无柄，在枝顶组成头状或穗状花序，花后枝顶仍继续生长枝叶；穗状花序长10cm，形似试管刷；萼5裂；花瓣5枚，绿色，卵形；雄蕊多数，长2.5cm，花丝鲜红色，远比花瓣长；子房下位。蒴果半球形，先端平截，直径7mm。花期6～8月(图6-77)。

【分布与习性】原产澳大利亚。华南和西南地区常见栽培，长江流域和北方多有盆栽。喜光，喜高温高湿气候，很不耐寒；要求酸性土壤，能耐干旱瘠薄，在荒山、石砾地、黏重土壤上均可生长。萌芽力强，耐修剪。

【繁殖方法】播种繁殖。苗木主根长而侧根少，不耐移植。

【观赏特性及园林用途】植株繁茂，花序形状奇特，花色红艳，花期也长，是一优美的庭园花木，宜丛植于草地、山石间，也可列植于步道两侧。还适于整形修剪或选用老桩制作盆景。

【同属种类】约20种，产澳大利亚。我国引入栽培3种，均为美丽观赏树。常见的还有垂枝红千层(*C. viminalis*)，与红千层相近，但植株较高大，枝条下垂，嫩叶墨绿色，花鲜红色；柳叶红千层(*C. salignum*)，叶宽7mm，下垂，枝顶嫩叶带红色；雄蕊长13mm，黄色或少为淡粉红色。

(十四) 米仔兰

【学名】*Aglaia odorata* Lour.

【别名】米兰

【科属】楝科，米仔兰属

【形态特征】常绿灌木或小乔木，高达 7m；多分枝，树冠圆球形。顶芽和幼枝常被褐色盾状鳞片。羽状复叶，互生，长 5～12cm，叶轴有狭翅。小叶 3～5 枚，对生，倒卵形至长椭圆形，长 2～7cm，宽 1～3.5cm，全缘。圆锥花序腋生，长 5～10cm；花黄色，径 2～3mm，极芳香；花丝合生为坛状。浆果，卵形或近球形，径约 1.2cm。具种子 1～2 枚，常具肉质假种皮。花期 7～9 月或全年有花（图 6-78）。

图 6-78　米仔兰

【分布与习性】原产东南亚，现广植于世界热带和亚热带；华南习见栽培，也有野生，生于低海拔疏林和灌丛中。长江流域及其以北地区常盆栽。喜光，也能耐阴，但不及向阳处开花繁密；喜疏松、深厚、肥沃而富含腐殖质的微酸性土壤，不耐旱。

【变种】小叶米仔兰（var. *microphyllina*），小叶 5～9 枚，长椭圆形或狭倒披针状长椭圆形，长不及 4cm，宽 0.8～1.5cm，花朵密集，花期长。常见栽培的多为此变种。

【繁殖方法】压条或扦插繁殖。

【观赏特性及园林用途】米仔兰是著名的香花树种，树冠浑圆，枝叶繁茂，叶色油绿，花香馥郁似兰，花期长，自夏至秋开花不绝，深得人们喜爱，华南地区用于庭园造景，适植于庭院窗前、石间、亭际。长江流域及其以北地区盆栽，可布置于客厅、书房、门厅。

【同属种类】约 120 种，主要分布于印度、马来西亚和大洋洲。我国 8 种，主产华南。常见栽培的为本种。

（十五）九里香

【学名】*Murraya exotica* L.

【科属】芸香科，九里香属

【形态特征】常绿灌木或小乔木，高达 8m。老枝灰白色或灰黄色。奇数羽状复叶，互生。小叶 3～7 枚，互生，椭圆状倒卵形或倒卵形，长 1～6cm，宽 0.5～3cm，全缘，先端圆钝，柄极短。聚伞花序腋生或顶生，花白色，极芳香，径约 4cm；花瓣矩圆形，长约 1～1.5cm，有透明油腺点；雄蕊 10 枚。浆果长椭圆形，红色，长 8～12mm，径约 6～10mm。花期 4～10 月；果期 10 月至翌年早春（图 6-79）。

【分布与习性】产华南各地，多生于近海岸向阳地区。热带和亚热带地区广泛栽培。喜温暖湿润气候，较喜光，亦耐阴；喜深厚肥沃而排水良好的土壤，不耐寒。耐旱。萌芽力强，耐修剪。

【繁殖方法】播种或扦插繁殖。

【观赏特性及园林用途】树姿优美，四季常青，花朵白色而芳香，花期较长，而且果实红色，在华南可丛植观赏，用于庭院、水边、公园、草坪等地，也是优良的绿篱、花篱和基础种植材料。北方常室内盆栽。

图 6-79　九里香

【同属种类】约 12 种，分布于亚洲热带、亚热带和澳大利亚。我国 9 种，产西南部至台湾。常见的还有千里香（*M. paniculata*），小叶 2～5 枚，大多近圆形，或卵形、椭圆形，长 2～9cm，宽达 1.5～6cm，全缘或有小齿；花瓣狭椭圆形至倒披针形，长达 2cm；果实狭椭圆形，稀卵圆形，长 1～2cm，径 0.5～1.4cm。广布于亚洲热带至澳大利亚，华南、西南各地有分布，多生于海拔 1300m 以下灌丛、林中。

（十六）黄蝉

【学名】*Allemanda schottii* Pohl.

【科属】夹竹桃科，黄蝉属

图 6-80　黄蝉

【形态特征】常绿灌木，直立性，高达 2m，有乳汁。叶近无柄，3～5 枚轮生；叶片椭圆形或狭倒卵形，长 5～14cm，宽 2～4cm，全缘，背面中脉上有柔毛。聚伞花序顶生，花橙黄色。花萼 5 深裂；花冠漏斗状，长 5～7cm，径约 4cm，内面有浅红褐色条纹，花冠筒较短，长约 3cm，基部膨大，裂片 5 枚，左旋；雄蕊着生于花冠筒喉内。蒴果球形，径约 3cm，具长刺，2 瓣裂。花期 5～9 月（图 6-80）。

【分布与习性】原产巴西，我国南方常见栽培。喜阳光充足和温暖湿润气候，不耐寒，要求排水良好的沙质壤土。

【繁殖方法】扦插繁殖，选用 1 年生健壮枝条作插穗极易生根。

【观赏特性及园林用途】花大而美丽，叶片深绿色而有光泽，适于水边、草地丛植或路旁列植；北方盆栽观赏。植株乳汁有毒，应用时应注意。

【同属种类】约 14 种，分布于热带美洲。我国引入 2 种，均栽培观赏。软枝黄蝉（*A. cathartica*），藤状灌木，长达 4m；枝条软，弯垂。叶轮生，或有时对生或枝条上部互生，倒卵形、狭倒卵形或矩圆形长椭圆形至倒披针形，长 6～15cm，宽 4～5cm。花冠长 7～14cm，花冠筒长达 4～8cm，基部不膨大。原产巴西，华南广泛栽培。

（十七）马缨丹

【学名】*Lantana camara* L.

【别名】五色梅

【科属】马鞭草科，马缨丹属

【形态特征】常绿或落叶灌木，高 1～2m，有时藤状。枝四棱形，无刺或有下弯的皮刺。单叶，对生。叶片卵形至卵状长圆形，长 3～9cm，有圆钝齿，表面多皱，两面有糙毛，端渐尖，揉碎有强烈的气味。头状花序腋生，径 2.5～3.5cm，由 20～25 朵花组成，具总梗。苞片长于花萼；萼小，膜质；花冠有粉红、红、黄、橙等各色，长约 1cm；雄蕊 4 枚，生花冠筒中部，内藏。核果肉质，球形，熟时紫黑色。花期全年（图 6-81）。

【分布与习性】原产美洲热带，在我国华南已成为野生状态。喜温暖、湿润、向阳之地，耐旱，不耐寒。华南和云南南部常绿，全

图 6-81　马缨丹

年开花；长江流域以南冬季落叶，夏季开花。

【繁殖方法】播种、扦插繁殖。

【观赏特性及园林用途】花期长，花色丰富，衬以绿叶，艳丽多彩，是常见的花灌木，适于花坛、路边、屋基等处种植。北方盆栽观赏。

【同属种类】约150种，分布于热带美洲。我国引入栽培2种。蔓五色梅(*L. montevidensis*)，枝条披散，花玫瑰红色并带青紫色。

(十八) 假连翘

【学名】*Duranta erecta* L.

【别名】金露花

【科属】马鞭草科，假连翘属

【形态特征】常绿灌木，高1.5～3m；枝条细长，常下垂、拱形或平卧，常有刺。单叶，对生。叶片纸质，卵形至披针形，长2～6.5cm，宽1.5～3.5cm，全缘或中部以上有锯齿，基部楔形；叶柄长约1cm。总状花序顶生或腋生；花萼宿存，两面有毛；花冠蓝色或近白色，高脚碟状，稍弯曲，顶端5裂，裂片不等，向外开展；雄蕊4枚，2长2短；子房8室，每室1胚珠。核果卵形，包藏于扩大的萼内，肉质，成熟时橘黄色，径约5mm。花果期5～10月，如条件适宜，可终年开花(图6-82)。

图6-82 假连翘

【分布与习性】原产热带美洲，华南常见栽培，北达浙江，部分地区已归化。喜光，略耐半阴；喜温暖湿润，不耐寒，长期5～6℃低温或短期霜冻对植株造成寒害；耐水湿，不耐干旱。萌芽力强，耐修剪。越冬温度要求在5℃以上。生长迅速。

【栽培品种】金叶假连翘('Golden Leaves')，叶片黄色，尤其以新叶为甚；花叶假连翘('Variegata')，叶面具黄色条纹；白花假连翘('Alba')，花朵白色。

【繁殖方法】扦插或播种繁殖。

【观赏特性及园林用途】花色素雅且花期极长，果实黄色，着生于下垂的长枝上，十分逗人喜爱，是花、果兼赏的优良花灌木。在华南和西南，可植为绿篱或作基础种植材料，也可丛植于庭院、草坪观赏。枝蔓细长而柔软，可攀扎造型，也可供小型花架、花廊的绿化造景用。金叶假连翘叶色鲜黄，可用作模纹图案材料。

【同属种类】约30种，分布于热带美洲。我国引入栽培1种，有时逸为野生。

(十九) 六月雪

【学名】*Serissa japonica* (Thunb.) Thunb.

【科属】茜草科，六月雪属

【形态特征】常绿矮小灌木，高不及1m，丛生。枝叶及花揉碎有臭味。分枝细密，嫩枝有微毛。叶对生，或常聚生于小枝上部；托叶刚毛状。叶片卵形至卵状椭圆形、倒披针形，长7～22mm，宽3～6mm，全缘，叶脉、叶缘及叶柄上有白色短毛。花近无梗，白色或略带红晕，1至数朵簇生于枝顶或叶腋；花冠漏斗状。核果，球形。花期6～8月；果期10月(图6-83)。

图 6-83 六月雪

【分布与习性】产于长江流域及其以南地区，多生于林下、灌丛和沟谷。日本和越南也有分布。喜温暖、湿润环境；耐阴；不耐寒，要求肥沃的沙质壤土。萌芽力、萌蘖力均强，耐修剪。

【栽培品种】金边六月雪（'Aureo-marginata'），叶缘金黄色；重瓣六月雪（'Pleniflora'），花重瓣，白色；花叶六月雪（'Variegata'），叶面有白色斑纹。

【繁殖方法】扦插或分株繁殖。

【观赏特性及园林用途】株形纤巧、枝叶扶疏，白花盛开时缀满枝梢，繁密异常，宛如雪花满树，雅洁可爱。可配植于雕塑或花坛周围作镶边材料，也可作基础种植、矮篱和林下地被，还可点缀于假山石隙。也是水旱盆景的重要材料，《花镜》云："树最小而枝叶扶疏，大有逸致，可作盆玩。"

【同属种类】3 种，分布于亚洲东部。我国 2 种，分布于长江以南各地。

（二十）朱缨花

【学名】*Calliandra haematocephala* Hassk.

【别名】红绒球、美洲合欢

【科属】豆科，朱缨花属

【形态特征】常绿灌木或小乔木，一般高 1～3m。小枝灰褐色，皮孔细密，被短毛。2 回羽状复叶。羽片 1 对，小叶 6～9 对，对生，披针形，长 2～4cm，宽 7～15mm，中脉稍偏斜，两面无毛；托叶片卵状三角形，宿存。花杂性，头状花序腋生，径约 3cm；花萼钟状，浅裂；花瓣连合；雄蕊多数，花丝深红色，下部连合成管。荚果线状倒披针形，长 6～11cm，2 瓣裂。花期 8～9 月；果期 10～11 月（图 6-84）。

【分布与习性】原产南美洲，现热带与亚热带地区常见栽培。我国台湾、广东、福建、云南等地有引种。喜光，喜温暖湿润气候，适生于深厚肥沃而排水良好的酸性土壤，较耐干旱，也稍耐水湿。

【繁殖方法】播种繁殖。

【观赏特性及园林用途】花色鲜艳美丽，花丝细长，宛如丝络飘拂，是优良的观花树种，园林中适于公园、水边、建筑附近丛植、孤植。

图 6-84 朱缨花

【同属种类】约 200 种，主产热带美洲，少数种类分布于印度、缅甸和马达加斯加等地。我国 1 种，云南朱缨花（*C. umbrosa*），引入栽培 2 种。美蕊花（*C. surinamensis*），又名苏里南朱缨花，小枝灰白色，无毛；小叶长圆形，长 0.8～2cm，宽 2～5mm；花丝淡红色，下部白色。花期 8～12 月。原产非洲，华南和西南地区栽培供观赏。

（二十一）垂花悬铃花

【学名】*Malvaviscus penduliflorus* DC.

【别名】悬铃花

【科属】锦葵科，悬铃花属

【形态特征】常绿灌木，高达 2m。小枝被反曲的长柔毛或光滑无毛。叶互生；托叶线形，长约 4mm，早落。叶片披针形至狭卵形，长 6～12cm，宽 2.5～6cm，边缘具钝齿，先端长尖，基部宽楔形至近圆形，两面近无毛或近脉上有星状柔毛；基出主脉 3 条。叶柄长 1～2cm，有柔毛。花鲜红色，单生于上部叶腋，悬垂，长约 5cm；花梗长约 1.5cm，被长柔毛。总苞状小苞片(副萼)8 枚，长 1～1.5cm，花萼钟状，5 裂，略长于副萼；花冠筒状，仅上部略开展，花瓣 5 枚；雄蕊柱突出于花冠外。肉质浆果，通常红色，后变干燥而分裂。全年开花，很少结果(图 6-85)。

图 6-85 垂花悬铃花

【分布与习性】原产地不详，可能为墨西哥，现世界热带地区广栽，我国引种历史悠久，华南及西南各地均有栽培。喜光，也能耐阴，喜高温高湿，耐烈日，不耐寒。在 12℃ 左右低温下，生长停滞，长期低于 6℃，嫩梢受冻。喜酸性土，不耐碱。较耐干旱和水湿。

【繁殖方法】扦插繁殖。

【观赏特性及园林用途】花期长，与朱槿、吊灯花并称华南的三大“长春花”或“无穷花”，可长成大灌木，一树开花数百朵，满树红艳，大有叶不胜花、红肥绿瘦之感。花朵含苞欲放却永不开展，花蕊柱突出，花梗稍长，花朵悬挂枝头，状如悬铃，艳丽而典雅。适宜孤植于水滨、花坛、庭院等各处，均枝条参差，颇为美观。也可整形修剪，形成各种造型。

【同属种类】约 5 种，产热带美洲。我国引入栽培 2 种，为美丽的花木。另外一种为小悬铃花(*M. arboreus*)，叶宽心形至圆心形，常 3 裂，基出主脉 5 枚；叶柄长 2～5cm；花直立，较小，长约 2.5cm，花梗长 3～4mm。原产中美洲及美国东南部，我国福建、广东、云南等地栽培供观赏。

(二十二) 龙船花

【学名】*Ixora chinensis* Lam.

【别名】仙丹花

图 6-86 龙船花

【科属】茜草科，龙船花属

【形态特征】常绿灌木，高 1～3m，全株无毛。单叶对生；托叶基部常合生成鞘，顶部延长成芒尖。叶片椭圆状披针形或倒卵状长椭圆形，长 6～13cm，全缘，先端钝尖或钝，叶柄极短。顶生聚伞花序再组成伞房花序，具苞片和小苞片，花序分枝红色；花朵密生，红色或橙红色。花冠高脚碟状，筒细长，裂片 4 枚，先端浑圆；雄蕊与花冠裂片同数；花盘肉质；子房 2 室。浆果近球形，紫红色或黑色，径 7～8mm。在热带地区几乎全年有花，以 5～8 月为盛花期(图 6-86)。

【分布与习性】原产热带亚洲，华南有野生，常散生于低海拔山地疏林、灌丛或空旷地。喜光，也耐一定荫蔽；喜温暖湿润，能耐 0℃的短期低温；对土壤要求不严，但以富含腐殖质的酸性土壤最佳；较耐干旱和水湿。萌芽力强。

【繁殖方法】扦插或分株繁殖，也可播种。

【观赏特性及园林用途】植株丛生，分枝密集，花色红艳，而且花期长，是热带地区美丽的园林花木，华南常见栽培，适于庭院各处、草坪、路边、墙角丛植，也可与山石相配，或植为花篱。长江流域以北地区温室盆栽，冬季宜保持 5℃以上的室温。

【同属种类】约 300～400 种，主产热带亚洲和非洲，少数产美洲。我国约 19 种，产西南部至东部。除本种外，抱茎龙船花（*I. amplexicaulis*）花橙红至鲜红色、繁密，白花龙船花（*I. henryi*）花白色，均具有较高的观赏价值。

（二十三）红鸡蛋花

【学名】*Plumeria rubra* L.

【科属】夹竹桃科，鸡蛋花属

图 6-87　红鸡蛋花

【形态特征】小乔木，高达 8m，全株无毛；树皮淡绿色，光滑。枝条粗壮，肉质，落叶后具有明显的叶痕。单叶，互生，多聚生于枝顶。叶片椭圆形至狭椭圆形，长 14～30cm，宽 6～8cm，全缘；表面绿灰色，先端尖或渐尖，基部狭楔形；羽状脉，侧脉 30～40 对，先端在叶缘连成边脉；叶柄长达 7cm。花芳香，漏斗状，直径 4～6cm，花冠裂片 5 枚，左旋，粉红色、黄色或白色，基部黄色；雄蕊着生于花冠筒的基部，花丝短；心皮 2 枚，离生。蓇葖果双生；种子具翅。花期 5～10 月（图 6-87）。

【分布与习性】原产墨西哥和中美洲。我国广东、广西、云南、福建等省区普遍栽培。喜高温高湿环境，喜光，喜肥沃而排水良好的土壤。耐干旱，喜生于石灰岩山地。

【繁殖方法】扦插繁殖，极易成活。

【观赏特性及园林用途】鸡蛋花是著名的芳香植物，树姿优美。适用于庭院、窗前、公园、水滨等各处造景，宜孤植或丛植，也可列植为花篱。在印度、缅甸常植于寺院，摘花献佛，有"寺院树"之称。

【同属种类】约 7 种，分布于西印度群岛和美洲。我国引入栽培 2 种。另外一种为钝叶鸡蛋花（*P. obtusa*），高达 5m，小枝淡绿色，叶柄被微柔毛；叶片倒卵形至狭倒卵形，先端圆钝。花冠白色，径约 4cm，喉部黄色，裂片开展。

（二十四）檵木

【学名】*Loropetalum chinense* (R. Brown) Oliv.

【科属】金缕梅科，檵木属

【形态特征】半常绿灌木或小乔木，高 4～10m，偶可高达 20m。小枝、嫩叶及花萼均有锈色星状短柔毛。单叶互生。叶片椭圆状卵形，长 2～5cm，全缘，基部歪圆形，背面密生星状柔毛。花序由 3～8 朵花组成。花两性，苞片线形，花部 4 数；花瓣条形，浅黄白色，长 1～2cm；花药 4 室；子房半下位。蒴果木质，近卵形，长约 1cm，有星状毛，熟时 2 瓣裂，每瓣又 2 浅裂。种子长卵形，黑色而有光泽。花期 4～5 月；果期 8～9 月（图 6-88）。

图 6-88 檵木

【分布与习性】产长江流域至华南、西南；常生于海拔1000m 以下的荒山灌丛和林缘。日本和印度也有分布。适应性强。喜光，喜温暖湿润气候，也颇耐寒，耐干旱瘠薄，最适生于微酸性土。

【变种】红花檵木（var. *rubrum*），灌木，叶暗紫色，花淡红色至紫红色，花期长，以春季为盛。

【繁殖方法】播种、压条或扦插繁殖。

【观赏特性及园林用途】檵木树姿优美，花瓣细长如流苏状，花繁密而显著，初夏开花如覆雪，颇为美丽；红花檵木叶片与花朵均为紫红色，艳丽夺目，而且花期甚长，是珍贵的庭园观赏树种。适于庭院、草地、山坡、林缘丛植或散植，也可孤植于石间。此外，檵木是制作桩景的优良材料。

【同属种类】3 种，分布于中国、印度和日本。我国 3 种均产，分布于东部至西南部，除供观赏外，木材供细工用。

（二十五）金丝桃

【学名】*Hypericum monogynum* L.

【科属】藤黄科，金丝桃属

【形态特征】常绿或半常绿灌木，高约 1m。全株光滑无毛；小枝红褐色。单叶对生。叶片椭圆形或长椭圆形，长 4～8cm，有黑色腺点，背面粉绿色，网脉明显；基部渐狭略抱茎，无柄。花鲜黄色，径 4～5cm，单生枝顶或 3～7 朵成聚伞花序；花丝较花瓣长，基部合生成 5 束；花柱合生，长达 1.5～2cm，仅顶端 5 裂。蒴果卵圆形，长约 1cm，室间开裂，萼宿存。花期 6～7 月；果期 8～9 月（图 6-89）。

图 6-89 金丝桃

【分布与习性】产我国黄河流域以南及日本。喜光，略耐阴，喜生于湿润的河谷或半阴坡。耐寒性不强，最忌干冷，忌积水。萌芽力强，耐修剪。

【繁殖方法】分株、扦插、播种繁殖。

【观赏特性及园林用途】株形丰满，自然呈球形，花叶秀丽，花开于盛夏的少花季节，花色金黄，是夏季不可缺少的优美花木。适于丛植，可供草地、路旁、石间、庭院装饰；也可与乔木树种配植成树丛，以增进景色。列植于路旁、草坪边缘、花坛边缘、门庭两旁均可，也可植为花篱。

【同属种类】约 400 种，分布于北半球温带和亚热带地区。我国 55 种，广布于全国，主产西南，有些供观赏用，有些入药。常见栽培的还有金丝梅（*H. patulum*），与金丝桃的区别在于，叶片卵形至卵状长圆形；花丝短于花瓣，花柱离生，长不及 8mm。产长江流域以南。

第三节　果木类

一、落叶树类

（一）柿树

【学名】*Diospyros kaki* Thunb.

图 6-90　柿树

【科属】柿树科，柿树属

【形态特征】落叶乔木，高达 15m；树冠半圆形；树皮呈长方块状深裂。冬芽先端钝。单叶互生。叶片近革质，宽椭圆形至卵状椭圆形，长 6～18cm，全缘；上面深绿色，有光泽，下面密被黄褐色柔毛。多雌雄同株，雄花 3 朵排成小聚伞花序；雌花单生叶腋。花冠钟状，黄白色，4 裂。浆果卵圆形或扁球形，直径 2.5～8cm，橙黄色或鲜黄色；宿存萼卵圆形，先端钝圆。花期 5～6 月；果期 9～10 月（图6-90）。

【分布与习性】分布广泛，黄河流域至华南、西南、台湾均产。性强健，较耐寒，在年均气温 9℃ 以上，绝对低温 −20℃ 以上的北纬40°以南地区均可栽培。喜光，略耐庇荫；对土壤要求不严，在山地、平原、微酸性至微碱性土壤上均能生长。较耐干旱，但在夏季过于干旱容易引起落果。对二氧化硫等有毒气体有较强的抗性。

【繁殖方法】嫁接繁殖，一般选用君迁子作砧木，南方还可用野柿或油柿。

【观赏特性及园林用途】树冠广展如伞，叶大荫浓，秋日叶色转红，丹实似火，悬于绿阴丛中，至 11 月落叶后还高挂树上，极为美观。是观叶、观果和结合生产的重要树种。可用于厂矿绿化，也是优良行道树。

【同属种类】约 400～500 种，主产热带和亚热带。我国 60 种，常见栽培的还有：

（1）君迁子 *Diospyros lotus* L.：冬芽先端尖，叶片长椭圆形，表面深绿色，质地较柿树为薄，下面被灰色柔毛。浆果长椭圆形或球形，长 1.5～2cm，直径约 1.2～1.5cm，成熟前黄色，熟后蓝黑色，有蜡质白粉。我国南北均有分布。

（2）油柿 *Diospyros oleifera* W. C. Cheng：树皮薄片状剥落，内皮白色；嫩枝、叶两面、花、果柄等均有灰黄色柔毛；叶片长圆形至倒卵形，长 6.5～17cm，宽 3.5～10cm；雌雄异株或杂性花；果卵形至球形，略呈 4 棱，有脱落性软毛。分布于长江中下游地区至广东、广西。

（3）老鸦柿 *Diospyros rhombifolia* Hemsl.：落叶灌木，枝有刺，幼枝有柔毛。叶纸质，菱状倒卵形至卵状菱形，长 4～4.5cm，宽 2～3cm，基部楔形；果卵球形，径约 2cm，顶端有长尖，宿存萼片增大而革质，长宽均约 2cm。分布于华东。

（4）瓶兰（金弹子）*Diospyros armata* Hemsl.：半常绿或落叶乔木，高 5～13m，有刺；叶片狭椭圆形，有时菱状倒披针形，长 1.5～6.5cm，宽 1.5～3cm，薄革质或革质，侧脉 7～8 对；雄花白色，芳香；果近球形，径约 2cm，成熟时橙黄色或红色。产湖北西部和四川东部，常栽培。

（二）石榴

【学名】*Punica granatum* L.

【别名】安石榴

【科属】石榴科，石榴属

【形态特征】落叶乔木，高达 10m，或呈灌木状；树冠常不整齐。幼枝平滑，四棱形，顶端多为刺状。单叶，在长枝上对生或近对生，或在侧生短枝上簇生；无托叶。叶片倒卵状长椭圆形或椭圆形，长 2～9cm，全缘。花两性，单生或 2～5 朵簇生。萼钟形，红色或黄白色，肉质，长 2～3cm；花瓣 5～9 枚，红色、白色或黄色，多皱；雄蕊多数；子房下位，具叠生子室，上部 5～7 室为侧膜胎座，下部 3～7 室为中轴胎座。浆果近球形，径 6～8cm 或更大，红色或深黄色，外果皮革质；花萼宿存。种子多数，外种皮肉质多汁。花期 5～6 月；果期 9～10 月 (图 6-91)。

图 6-91　石榴

【分布与习性】原产伊朗和阿富汗；汉代张骞通西域时引入我国，黄河流域及其以南地区以及新疆等地均有栽培。喜光，喜温暖气候，有一定的耐寒能力；喜肥沃湿润而排水良好之石灰质土壤，但可适应于 pH 值 4.5～8.2 的范围，有一定的耐旱能力。

【变种】白石榴 (var. *albescens*)，花白色，单瓣，果实黄白色。重瓣白石榴 (var. *multiplex*)，花白色，重瓣。重瓣红石榴 (var. *pleniflora*) 花大型，重瓣，红色。玛瑙石榴 (var. *legrellei*)，花大型，重瓣，花瓣有红色和黄白色条纹。黄石榴 (var. *flavescens*)，花黄色，单瓣或重瓣。月季石榴 (var. *nana*)，矮生，叶片、花朵、果实均小，花单瓣，花期长。重瓣月季石榴 (var. *plena*)，矮生，叶细小，花红色，重瓣，通常不结实。墨石榴 (var. *nigra*)，矮生，枝条细柔、开张，花小，多单瓣；果实成熟时紫黑色。此外，尚有许多优良食用品种。

【繁殖方法】播种、分株、压条、嫁接、扦插均可，但以扦插较为普遍。

【观赏特性及园林用途】石榴树姿优美，叶碧绿而有光泽，花色艳丽而花期长，又值花少的夏季，古人曾有"春花落尽海榴开，阶前栏外遍植栽；红艳满枝染夜月，晚风轻送暗香来"的诗句。在我国传统文化中，以石榴"万子同苞"，象征着子孙满堂、多子多孙，被视为吉祥的植物，故庭院中多植。适宜孤植、丛植于建筑附近、草坪、石间、水际、山坡，对植于门口、房前；也可植为园路树。在大型公园中、自然风景区，可结合生产群植。如南京燕子矶附近即依山屏水，随着山路的曲折而形成石榴丛林，每当花开时游人络绎不绝；在秋季则果实变红黄色，点点朱金悬于碧枝之间。西安市市花。

【同属种类】2 种，1 种特产于印度洋索科特拉岛，1 种分布于亚洲中部和西南部。我国引入栽培 1 种。有些学者将本科归入千屈菜科。

（三）樱桃

【学名】*Prunus pseudocerasus* Lindl.

【科属】蔷薇科，李属

【形态特征】落叶小乔木，高达 6m；树冠扁圆形或球形。冬芽大，圆锥形，单生或簇生。叶片宽卵形至椭圆状卵形，长 6～15cm，具大小不等的尖锐重锯齿，齿尖具小腺体，无芒；下面疏生柔毛；叶柄近顶端有 2 腺体。伞房花序或近伞形，通常由 3～6 朵花组成；花白色，略带红晕，径

1.5～2.5cm；萼筒钟状，有短柔毛；花梗长 1.5～2cm，有疏柔毛。核果近球形，无沟，径 1～1.5cm，黄白色或红色。花期 3～4 月，先叶开放；果期 5～6 月（图 6-92）。

【分布与习性】产东亚，我国自辽宁南部、黄河流域至长江流域有分布。喜光，稍耐阴，较耐寒，对土壤要求不严，喜排水良好的沙质壤土，耐瘠薄。萌蘖力强。

【繁殖方法】分蘖、嫁接繁殖。

【观赏特性及园林用途】樱桃古称"含桃"，《礼记·月令》有"仲夏之月羞以含桃，先荐寝庙"，可见在 3000 年以前，我国已经将樱桃作为珍果栽培了。樱桃既是著名的果品，也是晚春和初夏观果树种，果实繁密，垂垂欲坠、娇冶多态，布满碧绿的叶丛间，色似赤霞、俨若绛珠。花期甚早，花朵雪白或带红晕，"万木皆未秀，一林先含春"。适于庭院种植，也可于公园、山谷等地丛植、群植。

（四）苹果

【学名】*Malus pumila* Mill.

【科属】蔷薇科，苹果属

【形态特征】落叶乔木，高达 15m；树冠球形或半球形，栽培者主干较矮。冬芽有毛；幼枝、幼叶、叶柄、花梗及花萼密被灰白色绒毛。单叶，互生。叶片卵形、椭圆形至宽椭圆形，长 4.5～10cm，有圆钝锯齿；幼时两面密被短柔毛，后上面无毛；叶柄长 1.2～3cm。花序近伞形，花白色带红晕，径 3～4cm；萼筒钟状，萼片倒三角形，较萼筒稍长；花药黄色；花柱 5，基部合生；子房下位，5 室，每室 2 胚珠。梨果，扁球形，外果皮光滑，径 5cm 以上，两端均下洼，萼宿存；形状、大小、色泽、香味、品质等因品种不同而异。花期 4～5 月；果期 7～10 月（图 6-93）。

图 6-92 樱桃

图 6-93 苹果

【分布与习性】原产欧洲东南部，小亚细亚及南高加索一带，在欧洲久经栽培。1870 年前后传入我国烟台，现东北南部及华北、西北各省广泛栽培，以辽宁、山东、河北栽培最多。喜光，要求比较冷凉和干燥的气候，不耐湿热；以在深厚、肥沃、湿润而排水良好的土壤上生长较好，不耐瘠薄。

【繁殖方法】嫁接繁殖，砧木常用山荆子、海棠果或湖北海棠等。

【观赏特性及园林用途】苹果是著名水果，品种繁多，开花时节颇为可观；果熟季节，累累果实，色彩鲜艳。园林中可结合生产，成片栽培，也可丛植点缀庭院，宜选择适应性强，抗病虫的品种。

【同属种类】参阅西府海棠。此外，常见栽培的观果树种还有：

(1) 花红(沙果)*Malus asiatica* Nakai：嫩枝、花柄、萼筒和萼片内外两面都密生柔毛。叶片卵形至椭圆形，长5～11cm，基部宽楔形，边缘锯齿常较细锐，下面密被短柔毛。花粉红色，萼片宽披针形，比萼筒长；果卵球形或近球形，黄色或带红色，径2～5cm，基部下洼，宿存萼肥厚而隆起。花期4～5月；果期7～9月。产黄河流域，华北、西北、西南、东北等地广为栽培。

(2) 海棠果 *Malus prunifolia* (Willd.) Borkh.：树冠开张，枝下垂。嫩枝灰黄褐色。叶片卵形至椭圆形，长5～9cm，具细锐锯齿；叶柄长1～5cm。花序由4～5朵花组成；花白色或带粉红色；萼片披针形，较萼筒长。果卵形，熟时红色，径2～2.5cm，萼肥厚宿存。华北、西北、东北南部和内蒙古等地广为栽培，是优美的观花、观果树种。

(五) 白梨

【学名】*Pyrus bretschneideri* Rehd.

【科属】蔷薇科，梨属

【形态特征】落叶乔木，高5～8m。树皮呈小方块状开裂。小枝粗壮，枝、叶、叶柄、花序梗、花梗幼时有绒毛，后渐脱落。叶互生，叶片卵形至卵状椭圆形，长5～18cm，具刺芒状锯齿，基部宽楔形或近圆形，齿端微向内曲；叶柄长2.5～7cm，幼叶棕红色。伞房花序，有花7～10朵。花白色，径2～3.5cm，花药紫红色；花柱5。花梗长1.5～7cm。梨果倒卵形或近球形，黄绿色或黄白色，径约5～10cm，萼片脱落。花期4月；果期8～9月(图6-94)。

【分布与习性】原产于中国北部，东北南部、华北、西北及黄淮平原普遍栽培。喜光；喜干燥冷凉气候，抗寒力较强，但次于秋子梨；对土壤要求不严，以深厚、疏松、地下水位较低的肥沃沙质壤土为最好，开花期中忌寒冷和阴雨。

【繁殖方法】嫁接繁殖。多用杜梨为砧木嫁接。

图6-94 白梨

【观赏特性及园林用途】花朵繁密美丽，晶白如玉，果实硕大，既是著名的果树，也常用于观赏。适植于庭院房前、池畔孤植或丛植，所谓"梨花院落溶溶月"。在大型风景区内可结合生产，成片栽植，既能观花又能收果，如承德避暑山庄"梨花伴月"景点有梨树万株。

【同属种类】约25种，分布于欧亚大陆和北非。我国14种，全国各地均产。为优良果树或砧木，园林中栽培观赏。常见的还有：

(1) 沙梨 *Pyrus pyrifolia* (Burm. f.) Nakai：与白梨相似，叶卵状椭圆形或卵形，长7～12cm，基部圆形或近心形。果浅褐色，有斑点，萼片脱落。主产于长江以南，南至华南北部，西至西南，各地常栽培，品种众多。该种适生于南方温暖多雨气候。

(2) 秋子梨 *Pyrus ussuriensis* Maxim.：叶片卵形至广卵形，长5～10cm，具长刺芒状尖锯齿，先端锐尖，基部圆形或近心形。花白色，径3～3.5cm，花柱基部有毛。果近球形，黄色或黄绿色，萼宿存。产于东北、内蒙古、华北、西北各地，耐低温、干旱瘠薄和碱土。

（3）西洋梨 *Pyrus communis* L.：枝近直立，有时具刺。叶卵形至椭圆形，长 5～8cm，锯齿细钝；叶柄细，长 1.5～5cm。花白色，径约 3cm；花梗长 1.5～3cm。梨果向梗处渐细，黄绿色，萼宿存。原产欧洲及亚洲西部，久经栽培。

（4）杜梨 *Pyrus betulaefolia* Bunge：常具枝刺。幼枝、幼叶两面、叶柄、花序梗、花梗、萼筒及萼片内外两面都密生灰白色绒毛。叶菱状卵形至椭圆状卵形，长 4～8cm，具粗尖锯齿。花柱 2～3。果近球形，径 0.5～1cm，萼片脱落。产东北南部、内蒙古、黄河流域及长江流域各地。

（5）豆梨 *Pyrus calleryana* Decne：与杜梨相似。叶两面、花序梗、花柄、萼筒、萼片外面无毛。叶阔卵形至卵圆形，长 4～8cm，具圆钝锯齿，叶柄长 2～4cm。花柱 2，罕 3。果近球形，径 1～2cm，褐色，萼片脱落。产华南至华北，主产长江流域各地。

（六）山楂

【学名】*Crataegus pinnatifida* Bunge

【科属】蔷薇科，山楂属

图 6-95　山楂

【形态特征】落叶小乔木，高达 7m；树冠圆整，球形或伞形。有短枝刺；小枝紫褐色。单叶，互生。叶片宽卵形至三角状卵形，长 5～10cm，宽 4.5～7.5cm，两侧各有 3～5 羽状浅裂或深裂，有不规则尖锐重锯齿；托叶大，半圆形或镰刀形。伞房花序顶生，直径 4～6cm，花序梗、花梗有长柔毛。花白色，径约 1.8cm。梨果近球形，红色或橙红色，径 1～1.5cm，表面有白色或绿褐色皮孔点，小核骨质；萼宿存。花期 4～6 月；果期 9～10 月（图 6-95）。

【分布与习性】原产我国，分布于东北至华中、华东各地。适应性强。喜光，较耐寒；适应各种土壤，但以沙质壤土最佳，耐干旱瘠薄。在潮湿炎热的条件下生长不良。萌芽力、萌蘖力强，根系发达。抗污染，对氯气、二氧化硫、氟化氢的抗性均强。

【变种】山里红（var. *major*），无刺，叶片形大、质厚，分裂较浅，果实大，直径达 2.5cm，亮红色。栽培的山楂多为此变种。

【繁殖方法】播种、嫁接、分株、压条繁殖。

【观赏特性及园林用途】树冠整齐，花繁叶茂，春季白花满树，秋季果实红艳繁密，叶片亦变红色，是观花、观果兼观叶的优良园林树种。园林中可结合生产成片栽植，并是园路树的优良材料。经修剪整形，也可作果篱，并兼有防护之效，日本园林中常见应用。

【同属种类】约 1000 余种，广布北半球温带，北美东部最多。我国 18 种。常见栽培的还有甘肃山楂（*C. kansuensis*），枝刺多，锥形。叶宽卵形，长 4～6cm，宽 3～4cm，叶缘有尖锐重锯齿，具 5～7 对不规则羽状浅裂片；托叶膜质，卵状披针形，早落。伞房花序直径 3～4cm，花序梗和花梗均无毛。果径 8～10mm，红色或橘黄色；小核 2～3 枚。产华北北部、西北至四川及贵州东北部。

（七）花楸树

【学名】*Sorbus pohuashanensis*（Hance）Hedl.

【科属】蔷薇科，花楸属

【形态特征】落叶小乔木，高达 8m。小枝粗壮，幼时有绒毛；芽密生白色绒毛。奇数羽状复叶，互生，连叶柄长 12~20cm；托叶半圆形，有缺齿。小叶 5~7 对，卵状披针形至椭圆状披针形，长 3~5cm，宽 1.4~1.8cm，具细锐锯齿，基部或中部以下全缘。复伞房花序顶生，总梗和花梗被白色绒毛，后渐脱落。花白色，花萼、花瓣均 5 枚，花柱 5。梨果小，球形，红色或橘红色，径 6~8mm，内果皮薄革质；萼片宿存。花期 5~6 月；果期 9~10月(图 6-96)。

图 6-96 花楸树

【分布与习性】产东北、华北及山西、内蒙古、甘肃一带，生于海拔 900~2500m 的山坡和山谷杂木林中。喜凉爽湿润气候，耐寒冷，惧高温干燥；较耐阴，喜酸性或微酸性土壤。

【繁殖方法】播种繁殖，秋季采种后沙藏，次春播种。

【观赏特性及园林用途】树形较矮而婆娑可爱，夏季繁花满树，花序洁白硕大，秋季红果累累，而且秋叶红艳，是著名的观叶、观花和观果树种。常生于高山峰峦岩缝间，喜冷凉的高山气候，最适于山地风景区中、高海拔地区营造风景林。园林中适于草坪、假山、谷间、水际丛植，以常绿树为背景或杂植于常绿林内效果尤佳。

【同属种类】约 100 种，广泛分布于北半球温带。我国 67 种，自东北至西南各地均产，常生于中、高海拔山地阴坡和半阴坡，均为优良的观果树种。常见的还有：

(1) 湖北花楸 Sorbus hupehensis Schneid.：小叶 9~17 枚，长圆状披针形或卵状披针形，具尖锯齿，下面沿中脉被白色绒毛；果球形，白色或微带粉晕，萼片宿存且闭合。产长江中上游地区以及甘肃、青海、陕西、山东，多生于海拔 1500m 以上。

(2) 球穗花楸 Sorbus glomerulata Koehne：小枝及芽无毛；小叶 10~14 对，长圆形或卵状长圆形；果实卵形，白色，直径 6~8mm，萼片宿存。产湖北、四川、云南，生于海拔 1900~2700m 地带。

图 6-97 水榆花楸

(3) 黄山花楸 Sorbus amabilis W. C. Cheng & Yü：小枝粗壮；小叶 4~6 对，长圆形或长圆状披针形；花序顶生，长 8~10cm，宽 12~15cm，花白色；果红色。产安徽、福建、湖北、江西、浙江，生于海拔 900~2000m 的杂木林中。

(4) 水榆花楸 Sorbus alnifolia (Sieb. & Zucc.) K. Koch：单叶，卵形或椭圆状卵形，具不整齐锐尖重锯齿，有时浅裂；侧脉 6~10(14) 对。花序被疏柔毛，花白色。果椭圆形或卵形，径 0.7~1cm，红色或黄色，2 室，萼片脱落。花期 5 月；果期 8~9 月。产东北南部、华北、华东、华中及西北南部。秋叶和果实均变红色或橘黄色，是重要的观叶、观花和观果树种(图 6-97)。

(八) 木瓜

【学名】Chaenomeles sinensis (Thouin) Koehne

【科属】蔷薇科，木瓜属

【形态特征】落叶小乔木，高 5~10m；树皮呈薄片状剥落。枝条细柔，短枝呈棘状；小枝幼时有毛。单叶，互生。叶片革质，卵状椭圆形至椭圆状长圆形，长 5~10cm，缘具芒状锯齿，齿尖有腺，先端急尖，幼时背面有毛，后脱落；托叶小，卵状披针形，长约7mm，膜质。花单生叶腋，粉红色，径2.5~3cm；萼片、花瓣各5枚；萼筒钟状，萼片反折，边缘有细齿；子房5室，每室胚珠多数，花柱5，基部合生。梨果大，椭圆形，长10~18cm，黄绿色，近木质，芳香。花期4~5月；果期9~10月(图6-98)。

【分布与习性】产黄河以南至华南，各地习见栽培。喜光，喜温暖，也较耐寒，在北京可露地越冬。适生于排水良好的土壤，不耐盐碱和低湿。

【繁殖方法】播种或嫁接繁殖。

【观赏特性及园林用途】树皮斑驳可爱，果实大而黄色，秋季金瓜满树，悬于柔条上，婀娜多姿、芳香袭人，乃色香兼具的果木。尤适于小型庭院造景，常于房前或花台中对植、墙角孤植。果实香味持久，置于书房案头则满室生香。

【同属种类】参阅贴梗海棠。

（九）平枝栒子

【学名】*Cotoneaster horizontalis* Decne

【别名】铺地蜈蚣

【科属】蔷薇科，栒子属

【形态特征】落叶或半常绿匍匐灌木，高约50cm。枝水平开张成整齐2列，宛如蜈蚣；幼枝被粗毛。叶片近圆形至宽椭圆形，长0.5~1.5cm，全缘，先端急尖，下面疏生平伏柔毛，叶柄有柔毛。花粉红色，径5~7mm，单生或2朵并生，无梗；萼片、花瓣各5枚；花柱离生。梨果近球形，鲜红色，径4~6mm，内含3骨质小核。花期5~6月；果期9~10月(图6-99)。

图6-98 木瓜

图6-99 平枝栒子

【分布与习性】产甘肃、陕西至华东、华中、西南等地，常生于海拔1500~3500m的山地灌丛和岩石缝中。尼泊尔也有分布。喜光，耐半阴，耐寒性强，在黄河以南各地生长良好，抗干旱瘠薄。

【变种】小叶平枝栒子(var. *perpusillus*)，枝干平铺，叶片长仅6~8mm；果实椭圆形，长约5~6mm，径3~4mm，具2分核。产贵州、湖北、陕西、四川。

【繁殖方法】播种、扦插繁殖。

【观赏特性及园林用途】植株低矮，常平铺地面，秋季红果缀满枝头，经冬至春不落，如有冬季积雪相衬，则红果白雪，极为壮观。秋季叶片边缘变红，整个植株呈鲜红一片，可持续至初冬。宜丛植，或成片植为地被，或作基础种植材料，尤其适于坡地、路边、岩石园等地形起伏较大的区域应用。

【同属种类】约 90 种，分布于亚洲(日本除外)、欧洲、北非温带和墨西哥，主产中国西南部。我国约 59 种，大多数种类果实繁密，红色或黑色，是优美的观果材料。常见的还有：

(1) 匍匐栒子 Cotoneaster adpressus Bois.：与平枝栒子相近，但为落叶性，分枝密且不规则。叶片宽卵形或倒卵形，稀椭圆形，全缘而常波状，先端圆钝，下面有疏短柔毛或无毛；叶柄长 1～2mm，无毛。花 1～2 朵，粉红色，径 7～8mm。果鲜红色，径 7～9mm，2 小核，稀 3。花期 5～6 月；果期 8～9 月。产西南及甘肃、陕西、湖北、青海等地。

(2) 水栒子(多花栒子) Cotoneaster multiflorus Bunge：落叶灌木，高达 4m。枝纤细，常拱形下垂。叶片卵形或宽卵形，长 2～4cm，宽 1.5～3cm，先端急尖或圆钝，基部楔形或圆形，下面幼时有绒毛。聚伞花序松散并疏生柔毛，有花 5～21 朵；花白色，径 1～1.2cm。萼筒钟状，无毛；萼片三角形，通常两面无毛。果红色，径约 8mm，1～2 核。广布于西南、西北、华北和东北。

(3) 西北栒子 Cotoneaster zabelii Schneid.：落叶灌木，高达 2m。叶片椭圆形至卵形，长 1.2～3cm，宽 1～2cm，顶端圆钝，基部圆或宽楔形，背面密被带黄色或灰色绒毛；叶柄长 1～2mm。花浅红色，3～13 朵成下垂聚伞花序，总花梗及花序被柔毛。果径 7～8mm，鲜红色，小核 2。产华北、西北，南到湖南、湖北。

（十）无花果

【学名】Ficus carica L.

【科属】桑科，榕属

【形态特征】落叶小乔木或灌木状，高 3m 以上；树冠圆球形。小枝粗壮，节间明显。单叶互生。叶片厚纸质，广卵形或近圆形，3～5 掌状裂，裂片有粗锯齿或全缘，表面粗糙，背面有柔毛；托叶合生，包被芽体，落后在枝上留下环状托叶痕。雌雄同株，花生于囊状中空顶端开口的肉质花序托内壁上，形成隐头花序，生于叶腋。隐花果(榕果)肉质，扁球形或倒卵形、梨形，长 5～6cm，直径 3cm 以上，黄绿色、紫红色或近于白色，内藏瘦果。花果期因产地和栽培条件而异，春至秋季果实陆续成熟(图 6-100)。

【分布与习性】原产地中海一带，现温带和亚热带地区常见栽培。喜光，喜温暖气候，在－12℃ 时新梢受冻；喜排水良好的沙壤土，耐旱而不耐涝。侧根发达，根系浅。抗二氧化硫和硫化氢等有毒气体。

【繁殖方法】常用扦插繁殖。也可分株、压条繁殖。

【观赏特性及园林用途】无花果是一种古老的果木，在公元前 3000 年，地中海沿岸和西南亚居民就有栽培，大约在唐代传入我国。叶片深绿而深裂如掌，果实黄色至紫红色，果期甚长，自春至秋陆续成熟，既是著名的果树，也是优良的造景材料，园林中可结合生产栽培，配植于庭院房前、墙角、阶下、石旁也甚适宜。

【同属种类】约 1000 种，主要分布于热带和亚热带。我国 97

图 6-100 无花果

种，产长江以南各地，主产华南和西南，另引入栽培多种，常用作园林观赏。

（十一）山桐子

【学名】*Idesia polycarpa* Maxim.

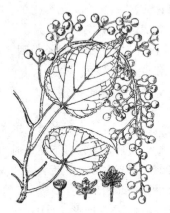

图 6-101　山桐子

【科属】大风子科，山桐子属

【形态特征】落叶乔木，高达 8～15m，树冠球形；树皮灰色，光滑；枝条近轮生。单叶，互生。叶片卵形或长椭圆状卵形，先端渐尖，基部心形，长 12～23cm，叶缘疏生锯齿，表面深绿色，背面苍白色，脉腋簇生细毛；叶柄有 2～4 个紫色扁平腺体。圆锥花序下垂，长达 20～25cm。花雌雄异株或杂性，黄绿色，芳香。花萼(3)6 枚，两面有密柔毛；雄蕊多数；子房 1 室，5(3～6)个侧膜胎座。浆果球形，红色或红褐色，径 7～8mm。花期 5～6 月；果期 9～10 月（图 6-101）。

【分布与习性】产秦岭、大别山、伏牛山以南各地。喜光，不耐阴，在向阳山坡、沟谷、林缘生长良好；喜温暖湿润，也较耐寒；喜深厚肥沃、湿润疏松的酸性和中性土。

【变种】毛叶山桐子(var. *versicolor*)，叶片上面散生黄褐色毛，下面密生白色短柔毛。耐寒性较强，可耐 -14℃ 低温，在北京、山东等地均生长良好。

【繁殖方法】播种繁殖。

【观赏特性及园林用途】树形开展，春季繁花满树，芬芳扑鼻，入秋红果串串，挂满枝头，入冬不落，是优良的观赏果木，而且秋叶经霜也变为黄色，十分美观。宜丛植于庭院房前、草地，也可列植于道路两侧。

【同属种类】1 种，分布于东亚。

（十二）接骨木

【学名】*Sambucus williamsii* Hance

【科属】忍冬科，接骨木属

【形态特征】落叶大灌木或小乔木，高达 6m；树皮暗灰色。小枝粗壮，有粗大皮孔，光滑无毛；髓心大，淡黄棕色。奇数羽状复叶，对生。小叶 5～7(11)枚，椭圆状披针形，长 5～15cm，叶缘具细锯齿，两面光滑无毛，基部圆或宽楔形。聚伞花序呈圆锥状，顶生，长 7～12cm，花白色至淡黄色。萼齿 5；花冠 5 裂，辐状；雄蕊 5 枚，约与花冠等长。浆果状核果，红色，稀蓝紫色，球形，具 2～3 分核。花期 4～5 月；果期 6～7 月（图 6-102）。

【分布与习性】原产我国，分布广泛，从东北至西南、华南均产；生于海拔 540～1600m 的山坡、河谷、林缘或灌丛。性强健。喜光，亦耐阴；耐旱，忌水涝；耐寒性强。根系发达，萌蘖性强，耐修剪。抗污染。生长速度快。

【繁殖方法】扦插、分株、播种繁殖，栽培容易，管理粗放。

图 6-102　接骨木

【观赏特性及园林用途】株形优美，枝叶繁茂，春季白花满树，夏季果实累累，是夏季较少的观果灌木。适于水边、林缘、草坪丛植，也可植为自然式绿篱。枝叶入药，栽培历史悠久。

【同属种类】约20种，分布于温带和亚热带。我国约5～6种，南北均产。常见的还有西洋接骨木(*S. nigra*)，小枝髓部白色；聚伞花序呈扁平球状，5分枝，直径12～20cm；果实黑色。原产欧洲，华东地区常见栽培。

（十三）金银木

【学名】*Lonicera maackii* (Rupr.)Maxim.

【别名】金银忍冬、吉利子树

【科属】忍冬科，忍冬属

【形态特征】落叶灌木或小乔木，高达6m；树皮纵裂。小枝幼时被短柔毛，髓心黑褐色，后变中空。单叶，对生；无托叶。叶片卵状椭圆形至卵状披针形，长5～8cm，全缘，两面疏生柔毛。花芳香，初开时白色，不久变为黄色；成对生于叶腋，每对花具2苞片和4小苞片，总花梗短于叶柄。花冠唇形，长达2cm；雄蕊5枚，与花柱均短于花冠。浆果红色，2枚合生。花期4～6月；果期9～10月(图6-103)。

【分布与习性】广布，产于东北、华北、华东、陕西、甘肃、四川、贵州至云南北部和西藏。性强健，喜光，耐半阴，耐寒，耐旱。不择土壤，在肥沃、深厚、湿润土壤中生长旺盛；萌蘖性强。

【变型】红花金银忍冬(f. *erubescens*)，小苞、花冠和幼叶均带淡红色，花较大。

图6-103 金银木

【繁殖方法】播种、扦插繁殖。

【观赏特性及园林用途】花果兼赏的优良花木，枝叶扶疏，初夏满树繁花，先白后黄、清雅芳香，秋季红果满枝、晶莹可爱。孤植、丛植于林缘、草坪、水边、建筑物周围、疏林下均适宜。花可提取芳香油，全株可入药，亦为优良的蜜源植物。

【同属种类】约200余种，分布于温带及亚热带地区。我国约100种，多为观赏和药用植物。常见的还有：

(1) 郁香忍冬 *Lonicera fragrantissima* Lindl. & Paxon：半常绿或落叶灌木，枝髓充实，幼枝疏被刺刚毛，间或夹杂短腺毛。叶变异大，倒卵状椭圆形至椭圆形、卵形，长3～8cm。总花梗长2～10mm，花香气浓郁，白色或带淡红色斑纹。浆果鲜红色，长约1cm，两果合生过半。花期2～4月。产安徽、江西、湖北、河南、河北、陕西南部、山西、浙江等地，常见栽培。

(2) 蓝靛果 *Lonicera caerulea* L. var. *edulis* Turcz. ex Herd.：落叶灌木，小枝紫褐色，冬芽具2枚舟形鳞片；枝条节部常有大型盘状托叶，茎似由托叶间穿过。叶片矩圆形、卵状矩圆形或披针形，长1.5～3.5cm，宽1～2.5cm，网脉突起；花冠黄白色；果实球形或椭圆形，长1～1.7cm，深蓝色，被白粉。广布于东北至华北、西北和四川。

（十四）小檗

【学名】*Berberis thunbergii* DC.

【别名】日本小檗

图 6-104　小檗

【科属】小檗科，小檗属

【形态特征】落叶灌木，高 2～3m。小枝红褐色，有沟槽，内皮或木质部黄色。叶刺通常不分叉，长 0.5～1.8cm。单叶，互生或在短枝上簇生。叶片倒卵形或匙形，长 0.5～2cm，全缘，先端钝，基部急狭；表面暗绿色，背面灰绿色。花浅黄色，1～5 朵组成簇生状伞形花序；花瓣近基部常有腺体。浆果，椭圆形，长约 1cm，成熟时亮红色。花期 5 月；果期 9 月（图 6-104）。

【分布与习性】原产日本，我国各地广泛栽培。喜光，略耐阴。喜温暖湿润气候，亦耐寒。对土壤要求不严，耐旱，喜深厚肥沃、排水良好的土壤。萌蘖性强，耐修剪。

【栽培品种】紫叶小檗（'Atropurpurea'），叶片在整个生长期内紫红色。金叶小檗（'Aurea'），叶金黄色。

【繁殖方法】播种或扦插繁殖，扦插应用最广。

【观赏特性及园林用途】小檗枝细叶密，花黄果红，枝条也为红紫色，适于作花灌木丛植、孤植，或作刺篱。紫叶小檗是 20 世纪 20 年代在欧洲育成的，约 40 年代传入我国，各地普遍栽培，叶片紫红，远观效果甚佳，萌芽力强，耐修剪，是优良的绿篱和地被材料，可与金叶女贞、金叶假连翘等配色作模纹图案。

【同属种类】约 500 种，广布于亚洲、欧洲、美洲和非洲北部。我国 215 种，南北皆产，以西部和西南为分布中心，许多种类是优美的观花和观果灌木。常见的还有：

（1）阿穆尔小檗 Berberis amurensis Rupr.：叶刺常 3 分叉，长 1～2cm。叶片椭圆形或倒卵形，长 3～8cm，宽 2.5～5cm，基部渐狭，边缘有刺毛状细锯齿，背面常有白粉。花淡黄色，10～25 朵排成下垂的总状花序。果实椭圆形，长 6～10mm，亮红色，有白粉。产东北和华北，耐寒，较耐荫。

（2）细叶小檗 Berberis poiretii Schneid.：叶刺 3 分叉或单一，长 4～9mm。叶狭倒披针形，长 1.5～4cm，宽 0.5～1cm，先端急尖，基部楔形，全缘或上部有锯齿。总状花序下垂，长 3～6cm，有花 4～15 朵；花黄色，花瓣倒卵形。果实椭圆形，长约 9mm，红色。产东北、西北和华北等地。

（十五）白棠子树

【学名】Callicarpa dichotoma (Lour.) K. Koch.

【别名】小紫珠

【科属】马鞭草科，紫珠属

【形态特征】落叶灌木，高 1～2m。小枝带紫红色；裸芽，具星状毛。单叶对生。叶片倒卵形至卵状矩圆形，长 3～7cm，边缘上半部疏生锯齿，先端急尖，基部楔形，两面无毛，下面有黄棕色腺点；叶柄长 2～5mm。聚伞花序腋生，纤弱，2～3 次分歧，花序梗远较叶柄长；萼钟状；花冠紫色，4 裂，花冠筒短；雄蕊 4 枚，花药顶端纵裂；子房 4 室；子房无毛，有腺点。浆果状核果，球形如珠，成熟时常为有光泽的紫色。花期 7～8 月；果期 10～11 月（图 6-105）。

图 6-105　白棠子树

【分布与习性】产华东、华中、华南、贵州至华北南部。喜光，喜温暖、湿润环境，较耐寒、耐阴，对土壤不甚选择。

【繁殖方法】播种，也可扦插或分株繁殖。

【观赏特性及园林用途】植株矮小，枝条柔细，入秋果实累累，色泽素雅而有光泽，晶莹如珠，为优良的观果灌木。适于作基础种植材料，或用于庭院、草地、假山、路旁、常绿树前丛植。果枝可作切花。

【同属种类】约140种，主产东南亚，大洋洲、非洲和美洲亦产。我国48种，各地均产，主产西南、华南和台湾。常见的还有日本紫珠(*C. japonica*)，叶片卵形、倒卵形至椭圆形，长7～15cm，先端急尖或长尾尖，两面通常无毛；叶柄长5～10mm。花序梗与叶柄等长或稍短；花白色或淡紫色；花药顶端孔裂。果实球形，紫色。花期6～7月；果期8～10月。分布于长江流域至华北和东北南部。

(十六) 枸杞

【学名】*Lycium chinense* Mill.

【科属】茄科，枸杞属

【形态特征】落叶灌木，蔓性，枝条弯曲或匍匐，可长达5m，有短刺或否。单叶，互生或簇生。叶片卵形至卵状披针形，长1.5～5cm，宽1～2.5cm，全缘。花淡紫色，单生或2～4朵簇生叶腋；花萼钟状，3(4～5)裂；花冠漏斗状，长9～12mm，筒部向上骤然扩大，5深裂，裂片边缘有缘毛；雄蕊伸出花冠外。浆果卵形或长卵形，长5～18mm，径4～8mm，成熟时鲜红色。花果期5～10月(图6-106)。

图6-106 枸杞

【分布与习性】产东亚和欧洲，我国广布。性强健，喜光，较耐阴，耐寒；耐盐碱。耐干旱瘠薄，即使石缝中也可生长，但忌低湿和黏质土。萌蘖力强。

【繁殖方法】播种、分株、扦插或压条繁殖。

【观赏特性及园林用途】枸杞老蔓盘曲如虬龙，小枝细柔下垂，花朵紫色且花期长，秋日红果累累，缀满枝头，状若珊瑚，颇为美丽，富山林野趣。可供池畔、台坡、悬崖石隙、山麓、山石、林下等处美化之用，也可植为绿篱。

【同属种类】约80种，主要分布于南美洲和非洲南部，部分种类产于欧洲和亚洲温暖地区。我国7种，主产西北部和北部。常见的还有宁夏枸杞(*L. barbarum*)，直立性；叶常椭圆状披针形至卵状矩圆形，长1.5～5cm，宽0.2～1.2cm，基部楔形并下延成柄；花萼通常2裂，花冠裂片边缘无缘毛。产西北和华北，地中海地区和俄罗斯也产。

(十七) 山茱萸

【学名】*Cornus officinale* Sieb. & Zucc.

【科属】山茱萸科，山茱萸属

【形态特征】落叶乔木，高达10m；树皮灰褐色。芽被毛，枝条常对生。叶对生；叶片卵状椭圆形，稀卵状披针形，长5～12cm，全缘，先端渐尖，上面疏被平伏毛，下面被白色平伏毛，脉腋有褐色簇生毛；侧脉 6～8 对。伞形花序有花 15～35 朵；总苞黄绿色，椭圆形。萼管 4 齿，花瓣和雄蕊 4 枚；花瓣舌状披针形，金黄色；花盘垫状；子房 2 室。核果长椭圆形，长 1.2～1.7cm，红色或紫红色。花期 3 月；果期 8～10 月(图 6-107)。

【分布与习性】产华东至黄河中下游地区，生于海拔 400～1500m 的阴湿溪边、林缘或林内。常见栽培。日本和朝鲜也有分布。喜肥沃湿润土壤，在干燥瘠薄环境中生长不良。

【繁殖方法】播种繁殖。

【观赏特性及园林用途】树形开张，早春先叶开花，花朵细小但花色鲜黄，极为醒目，秋季果实红艳，宛如红花，是优美的观果和观花树种。王维《茱萸沜》诗“结实红且绿，复如花更开；山中傥留客，置此芙蓉杯”乃山茱萸秋景之写照。园林中，宜于小型庭院、亭边、园路转角处孤植或于山坡、林缘丛植。

【同属种类】4 种，分布于欧洲中南部、东亚和北美。我国 2 种。

(十八) 红瑞木

【学名】*Swida alba* Opiz.

【科属】山茱萸科，梾木属

【形态特征】落叶灌木，高达 3m。树皮暗红色，小枝血红色，幼时被灰白色短柔毛和白粉。叶对生，叶片卵形或椭圆形，长 5～8.5cm，全缘，下面粉绿色，侧脉 4～5(6) 对，两面疏生柔毛。花两性，伞房状复聚伞花序，顶生；花黄白色，4 数；子房 2 室。核果长圆形，微扁，乳白色或蓝白色。花期 6～7 月；果期 8～10 月(图 6-108)。

图 6-107　山茱萸

图 6-108　红瑞木

【分布与习性】产东北、华北、西北至江浙一带，生于海拔 600～1700m 的山地溪边、阔叶林及针阔混交林内。性强健，喜光、耐寒，喜湿润土壤，也耐旱。

【繁殖方法】播种、扦插、分株繁殖。

【观赏特性及园林用途】枝条终年红色，叶片经霜亦变红，观赏期长，尤其冬季白雪中衬以血红色的枝条，灿若珊瑚，极为美观。园林中最适于庭院、草地、建筑物前、树间丛植，可与棣棠、梧桐、竹类等绿枝树种或常绿树种相配，在冬季衬以白雪，可相映成趣，得红绿相映之效；也可栽作自然式绿篱，赏其红枝与白果。

【同属种类】约 30 种，分布于北温带，少数种类产南美洲。我国约 16 种，除新疆外，各地均产，以西南最多。

（十九）枸橘

【学名】*Poncirus trifoliate*(L.)Raf.

【别名】枳

【科属】芸香科，枸橘属

【形态特征】落叶灌木或小乔木，高 1～5m。枝绿色，扁而有棱角；枝刺粗长而略扁，长约 4cm。3 出复叶，叶轴有翅，偶 1 或 5 小叶；小叶无柄，叶缘有波状浅齿；顶生小叶大，倒卵形，长 2～5cm，宽 1～3cm，叶基楔形；侧生小叶较小，基稍歪斜。花单生或 2～3 朵簇生，白色，径 3.5～5(8)cm；花萼 5～7 裂，花瓣 5(4～6)枚，倒卵形，长约 1.5～3cm；雄蕊约 20 枚；雌蕊绿色，有毛；子房 6～8 室。柑果球形，径 3.5～6cm，密被短柔毛，深黄色。花期 4～6 月；果期 10～11 月（图 6-109）。

图 6-109　枸橘

【分布与习性】原产华中，各地普遍栽培。喜光，稍耐阴；喜温暖湿润气候，较耐寒，耐－20℃以下低温，在北京可露地越冬。喜酸性土壤，不耐碱。萌芽力强，甚耐修剪。根系发达，抗风。抗有毒气体，但对氟化氢抗性较弱。

【变种】飞龙枳(var. *monstrosa*)，枝条作屈曲状，枝叶均较短小，枝刺亦略屈曲。

【繁殖方法】播种或扦插繁殖。

【观赏特性及园林用途】枝叶密生，枝条绿色而多棘刺，春季白花满树，秋季黄果累累，经冬不凋，十分美丽。常栽作刺篱，以供防范之用，也可作花灌木观赏，植于大型山石旁。果实药用，名枳实、枳壳。

【同属种类】1 种，我国特产。

（二十）杨桃

【学名】*Averrhoa carambola* L.

图 6-110　杨桃

【别名】阳桃

【科属】酢浆草科(杨桃科)，杨桃属

【形态特征】半常绿灌木或小乔木，高 3～12m。多分枝，枝条柔软下垂，树冠半圆形。奇数羽状复叶，互生，长 7～25cm。小叶 5～13 枚，卵形或椭圆形，平滑，长 3～8cm，宽 1.5～4.5cm，全缘，不对称，下部小叶较小。聚伞花序腋生，花粉红色或近白色，花梗和花蕾暗红色。萼片 5 枚，合生成浅杯状；花瓣 5 枚；雄蕊 10 枚，2 轮，基部合生，短雄蕊不育或 1～2 枚可育；子房 5 室。浆果卵形或椭圆形，常 5 棱，长 7～13cm，径约 5～8cm，初为绿色，成熟时淡黄色或深黄色，呈半透明状。花期春末至秋季(4～12 月)，多次开花（图 6-110）。

【分布与习性】原产亚洲东南部，华南各地常见栽培。耐阴，喜高温多湿气候，幼树不耐 0℃ 低温；适生于富含腐殖质的酸性土壤；对有毒气体抗性较差。

【繁殖方法】播种、压条或嫁接繁殖。

【观赏特性及园林用途】杨桃是著名的热带佳果，花果期极长，除春季外，其他时间均有黄果满树，也是优良的观果树种。园林中可结合生产，实用与观赏兼用，丛植、群植均无不可。

【同属种类】2 种，分布于亚洲热带和亚热带。我国均有栽培。

（二十一）枣树

【学名】*Ziziphus jujuba* Mill.

【科属】鼠李科，枣属

图 6-111　枣树

【形态特征】落叶乔木，高达 15m。枝条有 3 种：长枝呈之字形弯曲，红褐色，光滑，有细长针刺；短枝俗称枣股，在 2 年以上长枝上互生；脱落性小枝俗称枣吊，为纤细的无芽小枝，似羽状复叶的叶轴，簇生于短枝顶端，冬季与叶俱落。单叶，互生；托叶常变为刺。叶片长圆状卵形至卵状披针形，稀为卵形，长 2~6cm，具细钝锯齿，先端钝尖，基部宽楔形；叶基 3 出脉。花两性，聚伞花序腋生，花黄色，5 数。核果卵形至长椭圆形，长 2~6cm，熟时深红色，核锐尖。花期 5~6 月；果期 9~10 月（图 6-111）。

【分布与习性】原产我国，华北、华东、西北地区是主产区。世界各地广为栽培。强阳性树种，对气候、土壤适应性强，喜中性或微碱性土壤，耐干旱瘠薄，在 pH 值 5.5~8.5，含盐量 0.2%~0.4% 的中度盐碱土上可生长。根系发达，萌蘖力强。

【变种和品种】酸枣(var. *spinosa*)，灌木，托叶刺 1 长 1 短，叶片和果实均小，果肉薄，果核两端钝。适应性强，常用作嫁接枣树的砧木。龙爪枣（'Tortuosa'），小枝及叶柄常蜷曲，无刺，生长缓慢，树体较矮小，果皮厚，果径 5mm，果梗较长，弯曲；葫芦枣（'Lageniformis'），果实中部以上缢缩，呈葫芦形。

【繁殖方法】分蘖和嫁接繁殖，也可根插。

【观赏特性及园林用途】树冠宽阔，花朵虽小而香气清幽，结实满枝，青红相间，发芽晚，落叶早，自古以来就是重要的庭院树种。枣树最适宜北方栽培，黄河中下游的冲积平原是枣树的最适生地区，宜孤植，适植于建筑附近或水边，也可列植为园路树和行道树。龙爪枣树形优美，可孤植于草地或园路转弯处，葫芦枣一般盆栽。

【同属种类】约 100 种，广泛分布于温带至热带。我国 12 种，各地均有分布或栽培，主产西南、华南。

（二十二）胡桃

【学名】*Juglans regia* L.

【别名】核桃

【科属】胡桃科，胡桃属

【形态特征】落叶乔木，高达 30m，胸径 1m；树冠广卵形至扁球形；树皮灰白色。1 年生枝绿

色，无毛或近无毛；小枝有片状髓心；叶揉之有香味。奇数羽状复
叶，互生；无托叶。小叶 5～9(11) 枚，近椭圆形，长 6～14cm，
全缘或幼树及萌生枝之叶有锯齿；先端钝圆或微尖，基部钝圆或
偏斜，背面脉腋有簇毛。花单性同株，雄花组成柔荑花序，生于
去年生枝叶腋或新枝基部，花被不规则，与苞片合生；雌花 1～3
(5) 朵成穗状花序，生于枝顶，花被与苞片和子房合生，子房下
位，2 心皮合生，柱头羽毛状。果球形，核果状，径 4～5cm，果核
近球形，有不规则浅刻纹和 2 纵脊。花期 4～5 月；果期 9～10 月
(图 6-112)。

图 6-112 胡桃

　　【分布与习性】原产于我国新疆及阿富汗、伊朗一带，新疆霍
城、新源、额敏一带海拔 1300～1500m 的山地有大面积野核桃林。
据传为汉朝张骞带入内地，现广泛栽培。喜光，喜凉爽气候，不耐
湿热，在年平均气温 8～14℃，极端最低气温 -25℃ 以上，年降水量 400～1200mm 的气候条件下生
长正常。喜深厚、肥沃而排水良好的微酸性至微碱性土壤，在瘠薄地和土壤含盐量超过 0.2% 的盐碱
地以及地下水位过高处生长不良。深根性，有粗大的肉质直根，耐干旱而怕水湿。

　　【繁殖方法】播种、嫁接繁殖。嫁接繁殖可用芽接和枝接，以核桃楸、枫杨或化香作砧木。

　　【观赏特性及园林用途】树冠开展，树皮灰白、平滑，树体内含有芳香性挥发油，有杀菌作用，
是优良的庭荫树。园林中可在草地、池畔等处孤植或丛植，也适于成片种植，由于树冠宽大，成片
栽植时不可过密。

　　【同属种类】约 20 种，主要分布于北半球温带和亚热带地区，并延伸至南美洲。我国 3 种，引
入栽培 2 种，产东北至西南。常见的还有胡桃楸(*J. mandshurica*)，小枝幼时密被毛。叶柄及叶轴被
或疏或密的腺毛；小叶 9～19 枚，具细锯齿，背面被绒毛或柔毛，沿中脉有腺毛；基部偏斜。果序
有果 5～10(13) 枚；果球形、卵球形至椭圆形，长 3～7.5cm，径 3～5cm，密被腺毛；果核具 6～8
条纵脊。主产东北、华北。

(二十三) 板栗

【学名】*Castanea mollissima* Blume

【科属】壳斗科，栗属

【形态特征】落叶乔木，高达 15m；树冠扁球形。无顶芽，
侧芽芽鳞 3～4 枚；小枝有灰色绒毛。叶 2 列状互生；叶片矩圆
状椭圆形至卵状披针形，长 8～18cm，基部圆或宽楔形，叶缘
有芒状齿，侧脉直达齿端，上面亮绿色，下面被灰白色星状短
柔毛。柔荑花序直立，腋生，多数雄花生于上部，数朵雌花生
于基部。花被 6 裂。壳斗球形，密被长针刺，直径 6～9cm，内
含 1～3 个坚果。花期 4～6 月；果期 9～10 月(图 6-113)。

　　【分布与习性】我国特产，各地栽培，以华北及长江流域最
为集中。喜光，耐 -30℃ 低温；耐旱，喜空气干燥；对土壤要
求不严，最适于深厚湿润、排水良好的酸性至中性土壤，在 pH

图 6-113 板栗

值 7.5 以上的钙质土或含盐量超过 0.2% 的盐碱土以及过于黏重、排水不良的地区生长不良。深根性，根系发达，萌蘖力强。对有毒气体如二氧化硫、氯气抵抗力较强。

【繁殖方法】以播种繁殖为主，也可嫁接繁殖。

【观赏特性及园林用途】树冠宽大，枝叶茂密，可用于草坪、山坡等地孤植、丛植或群植，庭院中以两三株丛植为宜。板栗是我国栽培最早的干果树种之一，被誉为"铁秆庄稼"，是园林结合生产的优良树种。可辟专园经营，亦可用于山区绿化。

【同属种类】约 12 种，分布于北半球温带和亚热带。我国 4 种，广布。果实富含淀粉和糖类，是优良的干果树种。

二、常绿树类
（一）柑橘
【学名】*Citrus reticulata* Blanco
【科属】芸香科，柑橘属

图 6-114　柑橘

【形态特征】常绿小乔木或灌木，一般高 3～4m。小枝细弱，无毛；具枝刺。单身复叶，互生。叶片革质，长卵状披针形，长 4～8cm，全缘或有细钝齿，先端渐尖或钝，基部楔形；叶柄有狭翼，宽约 2～5mm。花黄白色，单生或簇生叶腋。雄蕊多数，束生。柑果扁球形，径 4～7cm，橙黄或橙红色；果皮薄而易剥离。花期 3～5 月；果期 10～12 月（图 6-114）。

【分布与习性】可能起源于我国东南部，秦岭以南各地普遍栽培。喜温暖湿润气候，耐寒性较强，宜排水良好的赤色黏质壤土。

【繁殖方法】播种、嫁接、扦插、压条等法繁殖，以嫁接应用最广泛。

【观赏特性及园林用途】柑橘是著名的观赏和食用果木，枝叶茂密，四季常青，春季白花满树，秋季果实累累，挂果期长。既可于山坡大面积群植形成柑橘园，则"离离朱实绿丛中，似火烧山处处红"；也可孤植或数株丛植于庭院各处，尤其如前庭、窗前、屋角、亭廊之侧、假山附近；或在公园中小片丛植。著名品种有南丰蜜橘、温州蜜橘、卢柑（潮州蜜橘）、蕉柑等。

【同属种类】约 20～25 种，产亚洲东南部、澳大利亚和太平洋岛屿，广泛栽培。我国连引入栽培的约 15 种，产长江以南各地，多为果树和观果树种。常见的还有：

(1) 柚（文旦）*Citrus maxima*（Burm.）Merr.：高达 10m，幼嫩部分密被柔毛。小枝扁，常有刺。嫩叶常暗紫红色；叶片阔卵形或椭圆形，长 6～17cm，宽 4～8cm；叶柄具宽大倒心形之翼，长达 2～4cm，宽 0.5～3cm。总状花序，间有腋生单花；花蕾淡紫红色或白色，花白色，萼 3～5 裂。果实极大，球形或梨形，径达 15～25cm。原产亚洲东南部，长江流域以南各地常见栽培。

(2) 佛手 *Citrus medica* L. var. *sarcodactylus* Swingle：叶片长圆形，长约 10cm，叶柄短而无翼，

先端钝，叶面粗糙；果实长圆形，黄色，先端裂如指状，或开展伸张，或蜷曲如拳，极芳香，是名贵的盆栽观赏花木。

（3）酸橙 *Citrus aurantium* L.：小乔木，枝 3 棱状，有长刺，无毛。叶片卵状椭圆形，全缘或微波状齿，叶柄有狭长或倒心形宽翼。花白色，芳香。果近球形，径约 8cm，果皮粗糙。著名的香花植物。变种代代花（var. *amara*），叶片卵状椭圆形，叶柄具宽翼。花白色，极芳香，单生或簇生。果扁球形。

（二）枇杷

【学名】*Eriobotrya japonica*（Thunb.）Lindl.

【科属】蔷薇科，枇杷属

【形态特征】常绿乔木或灌木，高达 12m。小枝、叶下面、叶柄均密被锈色绒毛。单叶，互生。叶革质，倒卵状披针形至矩圆状椭圆形，长 12～30cm，具粗锯齿，上面皱；羽状侧脉直达齿尖；叶柄短。圆锥花序顶生，被绒毛；花白色。花萼 5 枚；花瓣 5 枚，具爪。梨果近球形或倒卵形，径 2～4cm，黄色或橙黄色，形状、大小因品种而异；内果皮膜质；种子大。果花期 10～12 月；果期次年 5～6 月（图 6-115）。

图 6-115 枇杷

【分布与习性】产甘肃南部、秦岭以南，西至川、滇，现鄂西、川东石灰岩山地仍有野生；各地普遍栽培，江苏吴县洞庭、浙江余杭县塘栖、安徽歙县、福建莆田、湖南沅江等地是枇杷著名产区。喜光，稍耐阴；喜温暖湿润气候和肥沃湿润而排水良好的石灰性、中性或酸性土壤，不耐寒，但在淮河流域仍能正常生长。

【繁殖方法】播种和嫁接繁殖。

【观赏特性及园林用途】树形整齐美观，叶片大而荫浓，冬日白花满树，初夏黄果累累，可谓"树繁碧玉叶，柯叠黄金丸"，为亚热带地区优良果木，是绿化结合生产的好树种。在我国古典园林中，常栽培于庭前、亭廊附近等各处。

【同属种类】约 30 种，分布于亚洲暖温带至亚热带。我国 14 种，产长江流域及其以南地区。

（三）杨梅

【学名】*Myrica rubra* Sieb. & Zucc.

【科属】杨梅科，杨梅属

【形态特征】常绿乔木，高达 15m，或呈灌木状；树冠近球形。幼枝和叶背面有黄色树脂腺体，芳香。单叶，互生，常集生枝顶；无托叶。叶片长圆状倒卵形或倒披针形，长 6～16cm，全缘或先端有浅齿，幼树和萌枝之叶中部以上有锯齿；先端圆钝，基部狭楔形，两面无毛。花单性，无花被，雌雄异株，柔荑花序。雄花序单生或簇生叶腋，长 1～3cm，带紫红色，雄蕊 4～8 枚。雌花序单生叶腋，长 0.5～1.5cm，红色；雌蕊由 2 心皮合成，子房上位，1 室，1 胚珠，柱头 2。核果球形，被肉质乳头状突起或树脂腺体，径约 1～1.5(3)cm，深红色，或紫色、白色，多汁。花期 3～4 月；果期 6～7 月（图 6-116）。

图 6-116 杨梅

【分布与习性】长江以南各省区均有分布和栽培；日本、朝鲜和菲律宾也有分布。中性树，较耐阴，不耐烈日；喜温暖湿润气候和排水良好的酸性土壤，但在中性和微碱性土壤中也可生长。深根性，萌芽力强。对二氧化硫、氯气等有毒气体抗性较强。

【繁殖方法】播种、压条或嫁接繁殖，生产上优良品种的繁殖均采用嫁接法。

【观赏特性及园林用途】杨梅在古代即为著名水果和庭木，树冠圆整、树姿幽雅，枝叶繁茂、密荫婆娑，果实密集而红紫，可谓"红实缀青枝，烂漫照前坞"。在园林造景中，既可结合生产，于山坡大面积种植，果熟之时，景色壮观；也可于庭院房前、亭际、墙隅、假山石边、草坪等各处孤植、丛植，均丹实离离，斑斓可爱。杨梅为雌雄异株植物，栽种时要注意配植5%～10%的雄株，以保证结果良好。为延长观赏期和果实供应期，还可在配植中搭配不同成熟期的品种。

【同属种类】约50种，分布于热带至温带。我国4种，产长江以南和西南各地。

（四）荔枝

【学名】*Litchi chinensis* Sonn.

【科属】无患子科，荔枝属

【形态特征】常绿乔木，高约10m，偶高达15m或更高。树皮灰褐色，不裂。小枝棕红色，密生白色皮孔。偶数羽状复叶，互生，无托叶；小叶2～4对，披针形或卵状披针形，有时椭圆状披针形，长6～15cm，宽2～4cm，全缘，薄革质或革质，表面侧脉不甚明显，中脉在叶面凹下，背面粉绿色。圆锥花序顶生，大而多分枝，被黄色毛；花单性，辐射对称，萼小，4～5裂；花瓣缺；花盘肉质；雄蕊6～8枚，花丝有毛；子房2～3裂。核果球形或卵形，直径2～3.5cm，熟时红色，果皮有显著突起小瘤体；种子棕褐色，具白色、肉质、半透明、多汁的假种皮。花期3～4月；果5～8月成熟（图6-117）。

图 6-117 荔枝

【分布与习性】原产华南，广东西南部和海南有天然林，广泛栽培，品种众多。老挝、马来西亚、缅甸、新几内亚、菲律宾、泰国、越南也有分布。喜光，喜暖热湿润气候及富含腐殖质之深厚、酸性土壤，怕霜冻。

【繁殖方法】播种或嫁接繁殖。

【观赏特性及园林用途】荔枝四季常绿，树形宽阔，既是著名的水果，也是园林中常用的造景材料。除了适于庭院、草地、建筑周围作庭荫树以外，还可以成片种植。如广州荔枝湾湖公园，便栽植了大量的荔枝和其他果木、花卉，形成了"白荷红荔半塘西"的景色。广州东郊的萝岗，也以荔枝和青梅著名，春天梅花盛开，曰"萝岗香雪"，初夏时节，又是"夕阳明灭荔枝红"的胜境。

【同属种类】1种，产亚洲东南部。我国分布并广泛栽培，为热带著名果树。

（五）龙眼

【学名】*Dimocarpus longan* Lour.

【科属】无患子科，龙眼属

【形态特征】常绿乔木；高达20m，具板状根；树皮粗糙，薄片状剥落；幼枝和花序密生星状毛。偶数羽状复叶，互生，长15～30cm。小叶3～6对，长椭圆状披针形，长6～15cm，宽2.5～5cm，全缘，基部稍歪斜，表面侧脉明显。花杂性同株，圆锥花序顶生和腋生，长12～15cm；花黄白色，萼5深裂；雄蕊8枚。核果球形，径1.2～2.5cm，黄褐色，熟时较平滑；假种皮肉质、乳白色、半透明而多汁；种子黑褐色。花期4～5月；果期7～8月（图6-118）。

图6-118 龙眼

【分布与习性】产我国和缅甸、马来西亚、老挝、印度、菲律宾、越南等国，野生见于海南、广东、广西、云南等地，一般生于海拔800m以下；华南各地常见栽培。弱阳性，稍耐阴；喜暖热湿润气候，0℃左右时枝叶受冻。不择土壤，酸性土和石灰性土壤上均可生长；深根性，耐旱、耐瘠薄，忌积水。比荔枝耐寒和耐旱性均稍强。

【繁殖方法】播种或嫁接繁殖。

【观赏特性及园林用途】龙眼是华南地区重要的果树，栽培品种甚多，种子之假种皮肉质而半透明，多汁而味甜，可食，也常植于庭园观赏。树冠宽广，适应性强，寿命可达千年以上。可成片种植，也可孤植或与其他树种混植。

【同属种类】约7种，产亚洲南部和东南部、澳大利亚。我国4种。

（六）番木瓜

【学名】*Carica papaya* L.

【科属】番木瓜科，番木瓜属

【形态特征】常绿软木质小乔木，高达8～10m，干通直，不分枝。叶簇生干顶，大而近圆形，径达60cm，掌状5～9深裂，裂片再羽裂；叶柄长0.6～1m，中空。花杂性，雄花排成长达1m的下垂圆锥花序，花冠乳黄色，雄蕊10枚，5长5短；雌花单生或数朵排成伞房花序，花瓣近基部合生，乳黄色或乳白色；子房上位，1室，柱头流苏状，胚珠多数；两性花雄蕊5或10枚，1轮或2轮，子房较小。浆果，簇生于干顶周围，长圆形或倒卵状球形，长10～30(50)cm，成熟时橙黄色。花果期全年(图6-119)。

图6-119 番木瓜

【分布与习性】世界热带地区广植。我国有引种，广植于南部及西南部。根系肉质，喜疏松肥沃的沙质壤土，忌积水。喜炎热和光照，不耐寒，生长适宜温度26～32℃，10℃以下生长受到抑制。浅根系，怕大风。

【繁殖方法】播种繁殖。

【观赏特性及园林用途】17 世纪初传入东方，我国栽培历史有 270 年左右。《岭南杂记》(1777年)中有记载，称为"乳瓜"。树皮灰白色，树冠半圆形，叶片大型，果实直接着生于主干上，树姿优美奇特。特别适于小型庭园造景，可植于庭前、窗际、建筑周围，绿荫美果，两俱宜人，是华南重要庭木。果实供生食或浸渍用，未成熟果内流出的乳汁里可提取木瓜素，供药用。

【同属种类】1 种。野生分布不详，栽培起源于中美洲。

(七) 芒果

【学名】*Mangifera indica* L.

【科属】漆树科，芒果属

【形态特征】常绿乔木，高达 18m；树冠球形。单叶互生，常聚生于枝梢。叶片革质，长披针形，长 10～40cm，宽 3～6cm，叶缘波状全缘，先端渐尖，基部圆形，表面暗绿色；嫩叶红色。圆锥花序；花杂性，花黄白色，芳香；雄蕊 5 枚，常仅 1 个发育。核果大，肉质，肾状长椭圆形或卵形，橙黄色至粉红色，长达 10cm，宽达 4.5cm。种子压扁，有纤维。花期 2～4 月；果期 6～7 月 (图 6-120)。

图 6-120　芒果

【分布与习性】原产热带亚洲，华南常见栽培，海南是我国主产区之一。喜阳光充足和温暖湿润的气候，适生于年均温度 22℃ 以上的地区；喜深厚肥沃而排水良好的酸性沙质壤土，不耐水湿。根系发达，生长迅速，寿命可达 300～400 年以上。

【繁殖方法】播种或嫁接繁殖。

【观赏特性及园林用途】热带著名水果，有果中之王的称号，品种繁多，至少有 1000 个以上，作为果树商业栽培的主要有'青皮'、'留香'、'白象牙'、'椰香'等。芒果叶、花、果俱美，树冠高大宽阔，嫩叶具有古铜、紫红、红等各种美丽的颜色，果形别致，是华南地区优美的绿荫树和观果树种，适于庭园造景，在风景区内则可结合生产大量栽培。

【同属种类】约 69 种，分布于热带亚洲。我国 5 种。

(八) 菠萝蜜

【学名】*Artocarpus heterophyllus* Lam.

【别名】木波罗

【科属】桑科，桂木属

【形态特征】常绿乔木，高达 15m，老树常有板根。小枝无毛，有环状托叶痕。叶互生；叶片厚革质，椭圆形至倒卵形，长 7～15cm，宽 3～7cm，全缘，幼树和萌生枝之叶常分裂；两面无毛，背面粗糙；侧脉 6～8 对。雌雄同株，花着生于一肉质总轴上，生于树干或大枝上。雄花序长圆形，雄蕊 1 枚；雌花序球形，雌花花萼管状，下部陷入花序轴中，子房 1 室。聚花果椭球形，长 0.3～1m，径 25～50cm，黄色，具坚硬六角形瘤体和粗毛；瘦果长椭圆形，长约 3cm，径 1.5～2cm，外被肉质宿存花萼。花期 2～3 月；果期 7～8 月 (图 6-121)。

【分布与习性】原产印度。我国台湾、华南和云南常栽培。喜温暖湿润的热带气候，在年均温度 22～25℃、无霜冻、年降雨量 1400～1700mm 以上地区适生；最喜光；在酸性至轻碱性黏壤土、沙壤土上均可生长，忌积水。速生，一般 6～8 年生开始结实，寿命达百年以上。

图 6-121 菠萝蜜

【繁殖方法】播种、嫁接、扦插或压条繁殖。

【观赏特性及园林用途】树姿端正，冠大荫浓，花有芳香，老茎开花结果，富有特色，为优美的庭园观赏树，也是热带著名的果树，果实硕大、鲜美，园林中可结合生产应用。

【同属种类】约 50 种，分布于热带亚洲至太平洋岛屿。我国 14 种，分布于华南。常见的还有面包树（A. communis），叶卵形或卵状椭圆形，长 10～50cm，常 3～8 羽状分裂，裂片披针形；花序单生叶腋，雄花序长约 15cm；聚花果倒卵形或近球形，长 15～30cm，具圆形瘤状突起。原产太平洋群岛，华南有栽培。

（九）番荔枝

【学名】*Anona squamosa* L.

【科属】番荔枝科，番荔枝属

【形态特征】落叶或半常绿小乔木，高达 5m，多分枝；树皮灰白色。叶互生，排成 2 列。叶片薄纸质，椭圆状披针形，长 6～17.5cm，宽 4.5～7.5cm，全缘，先端短尖至圆钝；羽状脉，侧脉 8～15 对，在上面平。花蕾披针形；花单生或 2～4 朵簇生，青黄色或绿色，下垂，长约 2cm；萼片 3 枚；花瓣 6 枚，2 轮，外轮花瓣肉质，长圆形，内轮退化；雄蕊多数，聚生；心皮多数，近合生，结果时与花托融合而成一肉质的聚合浆果。果球形，径 5～10cm，有多数瘤状突起，外被白粉，成熟时黄绿色。花期 5～6 月；果期 6～11 月（图 6-122）。

图 6-122 番荔枝

【分布与习性】原产西印度群岛，现热带地区广植。我国南部常见栽培。喜暖热湿润气候，耐寒力弱，不耐 0℃ 以下低温，最适于年平均气温 22℃ 以上、年降雨量 1500～2500mm、相对湿度 80% 以上的地区；对土壤适应能力较强，但宜排水良好、土质肥沃。

【繁殖方法】播种繁殖。种子采后即播，3 周可发芽。

【观赏特性及园林用途】番荔枝为小乔木，分枝多，枝条细软而下垂；果实具瘤状突起，颇似佛像头部之瘤，故有"佛头果"或"释迦头果"之称，味道甘美芳香，是热带佳果之一。园林中适于庭院孤植、丛植。

【同属种类】约 100 种，分布于热带美洲和非洲。我国引入栽培 7 种，见于东南部至西南部，果可食。常见的还有牛心果（A. glabra），常绿小乔木；叶片卵形、椭圆状卵形至矩圆形，长 6～20cm，宽 3～8cm，侧脉在叶上面凸起；花蕾卵圆形或球形；果实黄色至橙色，卵球形，长 5～12cm，径约 5～8cm，较平滑。原产热带美洲，华南地区常见栽培。

（十）番石榴

【学名】*Psidium guajava* L.

【别名】鸡矢果

【科属】桃金娘科，番石榴属

【形态特征】常绿灌木或乔木，高达 13m；树皮呈片状剥落。嫩枝四棱形，老枝圆形。单叶，对生；无托叶。叶片革质，具透明油腺点，长椭圆形至卵形，长 7～13cm，宽 4～6cm，全缘，叶背密生柔毛；羽状脉。花腋生，白色，芳香，径 2.5～3.5cm；萼绿色，萼筒钟形；雄蕊多数，分离。浆果球形、卵形或梨形，长 4～8cm；胎座肉质，有宿萼。每年开花 2 次：第 1 次 4～5 月，第 2 次 8～9 月，果实在花后 2～2.5 个月成熟（图 6-123）。

图 6-123　番石榴

【分布与习性】原产南美洲；现世界热带广植，并在许多地区归化。我国东南沿海和华南、云南、四川等地栽培，北方温室偶见栽培。喜暖热气候，不耐霜冻，在 -1℃ 时即受冻害，但萌芽力强，易于更新恢复；对土壤要求不严，在沙土、黏土上均可生长，耐瘠薄；较耐干旱和水湿。根系分布较浅，不抗风。

【繁殖方法】播种、扦插或压条繁殖，播种育苗宜随采随播。

【观赏特性及园林用途】树姿美丽，树皮平滑，花果期长，适于丛植、散植于草坪、桥头、池畔，也可结合生产在风景区内大量栽种，目前在广西、云南和四川部分地区已野化，形成灌丛。果可鲜食，富含维生素。

【同属种类】约 150 种，产热带美洲。我国引入 2 种。

（十一）蒲桃

【学名】*Syzygium jambos* (L.) Alston

【科属】桃金娘科，蒲桃属

【形态特征】常绿乔木，高达 12m。主干短，多分枝，树冠扁球形。嫩枝圆。叶对生；无托叶。叶片具透明油腺点，披针形，长 12～25cm，宽 3～4.5cm，全缘；先端长渐尖，叶基楔形，上面被腺点；羽状脉较密，侧脉 12～16 对，具边脉。叶柄长 6～8mm。聚伞花序顶生，花黄白色，径 3～4cm；萼筒倒圆锥形，雄蕊多数，花丝分离，突出于花瓣之外；花梗长 1～2cm。浆果，球形或卵形，径 3～5cm，淡黄绿色，萼宿存。花期 4～5 月；果期 7～8 月（图 6-124）。

图 6-124　蒲桃

【分布与习性】产华南至云南和贵州南部、四川；中南半岛、马来西亚和印度尼西亚也有分布。喜光，稍耐阴；喜温暖湿润环境；对土壤适应性强，沙质土、黏重土以至石砾地上均可生长，耐干旱瘠薄，也耐水湿。深根性，枝条强韧，抗风力强。

【繁殖方法】播种繁殖。种子宜随采随播。

【观赏特性及园林用途】叶色光亮，四季常绿，枝条披散下垂宛如垂柳，婆娑可爱，花白色而繁密，素净娴雅，果实黄色，也颇美观，是华南常见园林造景材料。可用于广场、草地、庭院作庭荫树，孤植或丛植，也适于溪流、池塘、湖泊等水体周围列植，是优良的防风、固堤树种。还是著名的热带鲜食水果。

【同属种类】约 1200 种，产亚洲、大洋洲、非洲和太平洋岛屿。我国 78 种，引入栽培数种，主产云南、广东和广西。常见的还有洋蒲桃（*S. samarangense*），嫩枝扁；叶椭圆形或长圆形，长 10～22cm，宽 5～8cm，下面被腺点，叶柄长 3～4mm。萼筒倒圆锥形，长 7～8mm，密被腺点。浆果梨形或圆锥形，淡红、乳白、深红色，有光泽，顶端凹下，萼齿肉质。原产马来西亚、印度尼西亚和巴布亚新几内亚等国。华南、台湾和云南等地栽培。优良之园景树。果味香、可食。

（十二）苹婆

【学名】*Sterculia monosperma* Ventent.

【别名】凤眼果、七姐果

【科属】梧桐科，苹婆属

【形态特征】常绿乔木，高 10～15m。树冠卵圆形；树皮褐黑色。幼枝疏生星状毛，后变无毛。单叶，互生。叶片倒卵状椭圆形或矩圆状椭圆形，长 10～25cm，全缘，先端突尖或钝尖，基部近圆形，无毛；侧脉 8～10 对。叶柄长 2～5cm，两端均膨大呈关节状。花杂性，圆锥花序腋生、下垂，长 8～28cm；花萼粉红色，萼筒与裂片等长；无花瓣；花药聚生于花丝筒顶端。蓇葖果椭圆状短矩形，长 4～8cm，被短绒毛，顶端有喙，果皮革质，熟时暗红色；种子 1～4 枚，近球形，红褐色，长约 2cm，径 1.5cm。花期 4～5 月；果期 10～11 月（图 6-125）。

图 6-125 苹婆

【分布与习性】原产我国南部，有近千年的栽培史，以珠江三角洲栽培较多，广西、福建、台湾、海南也有栽培。印度、越南、印度尼西亚、马来西亚、斯里兰卡和日本等国均有分布。喜温耐湿，喜光，耐半阴，速生，开花期干旱易引起落花落果，秋冬季干旱常引起落叶，雨水充足则生长和开花结果良好。

【繁殖方法】播种、扦插、高压和嫁接繁殖均可，以扦插为常用。

【观赏特性及园林用途】树形美观，树冠卵圆形，枝叶浓密，遮荫性能好，适于用作庭荫树、风景树及行道树。木材坚韧，可供制器具及板料。种子供食用，味如栗子。

【同属种类】约 100～150 种，分布于热带，主产亚洲。我国 26 种，产南部至西南部，盛产云南。常见的还有假苹婆（*S. lanceolata*），叶长椭圆形至披针形，顶端急尖，基部钝形或近圆形；花萼淡红色，5 深裂至基部，向外开展如星状。蓇葖果鲜红色，长椭圆形，长 5～7cm，宽 2～2.5cm，密被毛。种子 2～7 枚，黑色光亮，径约 1cm。产华南至西南，耐半阴。秋季红果累累，色彩鲜艳。

（十三）人心果

【学名】*Manilkara zapota* (L.) van Royen.

【科属】山榄科，铁线子属

【形态特征】常绿小乔木，高 6～10m。有乳汁。叶互生，常聚生枝顶；托叶早落。叶片革质，长圆形至卵状椭圆形，长 6～19cm，全缘或波状；端急尖，基楔形，亮绿色；叶背叶脉明显，侧脉多而平行；叶柄长约 2cm。花白色，簇生叶腋；花梗长 2cm 或更长，被黄褐色绒毛；萼裂片 6 枚，2

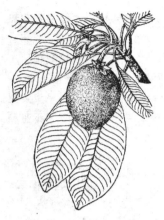

图 6-126　人心果

轮，外被锈色短柔毛；花冠 6 裂，裂片背部有 2 个花瓣状附属体；雄蕊 6 枚，生于花冠裂片基部或冠管喉部，退化雄蕊 6 枚，呈花瓣状；子房密被黄褐色绒毛。浆果椭圆形、卵形或球形，长 3～4cm，褐色；果肉黄褐色。花期夏季；果期 9 月（图 6-126）。

【分布与习性】原产热带美洲，现世界热带广植；我国台湾、海南、广州、南宁、西双版纳等地有栽培。喜暖热湿润气候，但大树可耐 -3～-2℃ 低温。

【繁殖方法】播种、高压或嫁接繁殖。

【观赏特性及园林用途】分枝较低矮，枝条层状分明，树冠伞形、圆球形或塔形，树形齐整、亭亭玉立，是优美的观赏树种。品种丰富，果实形状、大小差别较大，有单果重达 150～180g 的，也有单果重约 50g 的小果型。庭园造景中适于孤植、丛植，也可植为园路树。果实可生食，也可加工，是园林中结合生产的绿化造景材料。

【同属种类】约 65 种，广布于热带美洲、非洲、亚洲和太平洋岛屿。我国 1 种，分布于广西和海南岛，引入栽培 1 种。

（十四）枸骨

【学名】*Ilex cornuta* Lindl.

【别名】鸟不宿

【科属】冬青科，冬青属

【形态特征】常绿灌木或小乔木，树冠阔圆形，树皮灰白色，平滑。单叶，互生。叶硬革质，矩圆状四方形，长 4～8cm，顶端扩大并有 3 枚大而尖的硬刺齿，基部两侧各有 1～2 枚大刺齿；大树树冠上部的叶常全缘，基部圆形，表面深绿色有光泽，背面淡绿色。花黄绿色，聚伞花序，簇生于 2 年生小枝叶腋。核果球形，鲜红色，径 8～10mm，4 分核；萼宿存。花期 4～5 月；果期 10～11 月（图 6-127）。

图 6-127　枸骨

【分布与习性】分布于长江中下游各省，多生于山坡谷地灌木丛中。各地庭园中广植。朝鲜也有分布。喜光，稍耐阴；喜温暖气候和肥沃、湿润而排水良好的微酸性土；较耐寒，在黄河以南可露地越冬；适应城市环境，对有毒气体有较强的抗性。生长缓慢，萌发力强，耐修剪。

【栽培品种】无刺枸骨（'Fortunei'），叶全缘，无刺齿。黄果枸骨（'Luteocarpa'），果实暗黄色。

【繁殖方法】多采用播种或扦插繁殖。种子需沙藏，春播。

【观赏特性及园林用途】枝叶稠密，叶形奇特，果实红艳且经冬不凋，叶片有锐刺，兼有观果、观叶、防护和隐蔽之效，宜作基础种植材料或植为高篱，也可修剪成形，孤植于花坛中心，对植于庭院、路口或丛植于草坪观赏。老桩可制作盆景。

【同属种类】约 400 种，分布于热带至温带，以中南美洲为分布中心。我国约 200 种，主产长江以南各地，多为观果树种。常见的还有：

(1) 冬青 *Ilex chinensis* Sims：小枝浅绿色。叶薄革质，长椭圆形至披针形，长 5～11cm，有疏浅锯齿，有光泽，叶柄常淡紫红色。花序生于当年嫩枝叶腋，花淡紫红色，有香气。核果椭圆形，长 8～12mm，红色光亮，分核 4～5。花期 4～6 月；果期 8～11 月。产长江流域以南各省区。

(2) 大叶冬青 *Ilex latifolia* Thunb.：枝条粗壮，黄褐色或褐色。叶厚革质，矩圆形或卵状矩圆形，长达 10～18(28)cm，宽达 4～7(9)cm，锯齿齿端黑色。聚伞花序组成圆锥状，生于 2 年生枝叶腋；花淡黄绿色，雄花径 9mm，雌花径 5mm。果球形，径约 7mm，深红色。花期 4 月；果期 9～10 月。产长江流域各地至华南、云南。

(3) 钝齿冬青(波缘冬青) *Ilex crenata* Thunb.：常绿灌木。叶厚革质，椭圆形至长倒卵形，长 1～4cm，宽 0.6～2cm，有钝齿，背面有腺点。花白色，雄花 3～7 朵成聚伞花序生于当年生枝叶腋，雌花单生或 2～3 朵组成聚伞花序。果球形，黑色，径 6～8mm，4 分核。产我国东部、南部。品种龟纹钝齿冬青('Mariesii')，叶小而圆钝，中部以上有 7 个浅齿，呈龟甲状。

(4) 铁冬青 *Ilex rotunda* Thunb.：高达 20m。小枝红褐色。叶片卵形或倒卵状椭圆形，全缘，长 4～12cm，侧脉 6～9 对，不明显。花黄白色，芳香。核果椭圆形，深红色，长 6～8mm，5～7 分核。花期 3～4 月；果期次年 2～3 月。产长江以南至台湾、西南。

(十五) 南天竹

【学名】*Nandina domestica* Thunb.

【科属】小檗科，南天竹属

【形态特征】常绿丛生灌木，高达 2m，全株无毛。2～3 回羽状复叶，互生；中轴有关节。小叶椭圆状披针形，长 3～10cm，全缘，革质，先端渐尖，基部楔形，两面无毛，表面有光泽。圆锥花序顶生，长 20～35cm；花白色，芳香，直径 6～7mm；萼多数，多轮；花瓣 6 枚，无蜜腺；雄蕊 6 枚，1 轮，与花瓣对生。浆果球形，径约 8mm，鲜红色，有 2 粒扁圆种子。花期 5～7 月；果期 9～10 月(图 6-128)。

图 6-128 南天竹

【分布与习性】分布于华东、华南至西南，北达河南、陕西。广泛栽培。喜半阴；喜温暖气候和肥沃湿润而排水良好的土壤。生长速度较慢。萌芽力、萌蘖性强。

【繁殖方法】播种、分株或扦插繁殖。

【观赏特性及园林用途】茎干丛生，枝叶扶疏，初夏繁花如雪，秋季果实累累、殷红璀璨，状如珊瑚，而且经久不落，雪中观赏尤觉动人，是赏叶观果的佳品。适于庭院、草地、路旁、水际丛植及列植，在古典园林中，常植于阶前、花台，配以沿阶草、麦冬等常绿草本植物。也可盆栽观赏。枝叶或果枝是良好的插花材料。根、叶、果可入药。

【同属种类】1 种，产东亚。

(十六) 东瀛珊瑚

【学名】*Aucuba japonica* Thunb.

【别名】青木

【科属】山茱萸科，桃叶珊瑚属

【形态特征】常绿灌木，高 1～3m，稀达 5m。小枝粗壮，绿色，无毛。叶对生；叶片革质，狭椭圆形至卵状椭圆形，偶宽披针形，长 8～20cm，宽 5～12cm，叶缘上部疏生 2～6 对锯齿或全缘，先端渐尖，基部宽楔形或近圆形，两面有光泽。花单性异株，圆锥花序腋生。雄花序长 7～10cm，雌花序长 2～3cm，均被柔毛；花紫红色或深红色。萼 4 齿裂；花瓣 4 枚，有四角形的大花盘。浆果状核果，紫红色或黑色，卵球形，长约 1.2～1.5cm。种子 1 粒。花期 3～4 月；果期 11 月至翌年 2 月(图 6-129)。

图 6-129　东瀛珊瑚

【栽培品种】洒金东瀛珊瑚('Variegata')，叶面布满大小不等的金黄色斑点。姬青木('Borealis')，植株矮小，高 30～100cm，耐寒性强。

【分布与习性】产日本、朝鲜及我国台湾和浙江南部。我国普遍栽培。耐阴，惧阳光直射，在有散射光的落叶林下生长最佳。生长势强，耐修剪。抗污染，适应城市环境。

【繁殖方法】扦插和播种繁殖。

【观赏特性及园林用途】优良的观叶、观果树种。株形圆整，秋冬鲜红的果实在叶丛中非常美丽。因其耐阴，最适于林下、建筑物荫蔽处、立交桥下、山石间等阳光不足的环境丛植以点缀园景。池畔、窗前、湖中小岛适当点缀也甚适宜，如配以湖石，效果更佳。

【同属种类】约 10 种，分布于喜马拉雅地区至东亚。我国 10 种均产，分布于黄河流域以南。常见的还有桃叶珊瑚(*A. chinensis*)，高 3～6(12)m，叶片椭圆形至宽椭圆形，稀倒卵状椭圆形或线状披针形，革质或厚革质，有锯齿，先端尾尖，被硬毛。花序密被柔毛，花黄绿色或淡黄色。果亮红色或深红色。花期 1～2 月。分布于华南至西南，为良好的观叶、观果树种。

（十七）火棘

【学名】*Pyracantha fortuneana* (Maxim.) Li

【别名】火把果

【科属】蔷薇科，火棘属

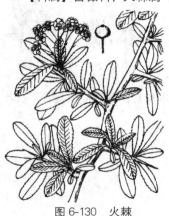

图 6-130　火棘

【形态特征】常绿灌木，高达 3m。短侧枝常呈棘刺状；幼枝被锈色柔毛，后脱落。叶互生；叶片倒卵形至倒卵状长椭圆形，长 2～6cm，叶缘有圆钝锯齿，近基部全缘；先端钝圆或微凹，有时有短尖头，基部楔形。复伞房花序，花白色，径约 1cm。花萼、花瓣 5 枚，5 心皮，每心皮 2 胚珠。梨果球形，径约 5mm，橘红色或深红色，内含 5 个骨质小核。花期 4～5 月；果期 9～11 月(图 6-130)。

【分布与习性】产秦岭以南，南至南岭，西至四川、云南和西藏，东达沿海地区。生于疏林、灌丛和草地。喜光，极耐干旱瘠薄，耐寒性不强，但在华北南部可露地越冬；要求土壤排水良好。萌芽力强，耐修剪。

【繁殖方法】播种或扦插繁殖。

【观赏特性及园林用途】枝叶繁茂，初夏白花繁密，秋季红果累累如满树珊瑚，经久不凋，是一美丽的观果灌木。适宜丛植于草地边缘、假山石间、水边桥头，也是优良的绿篱和基础种植材料。果含淀粉和糖，可食用或作饲料。

【同属种类】10 种，分布于亚洲东部和欧洲南部。我国 7 种，主产西南地区。常见的还有细圆齿火棘(P. crenulata)，叶片长椭圆形至倒披针形，先端尖而常有小刺头，叶缘有细圆锯齿；花径约 6～9mm；果实橘黄色至橘红色，径(3)6～8mm。产陕西以南至华南、西南。

(十八) 朱砂根

【学名】*Ardisia crenata* Sims

【别名】平地木

【科属】紫金牛科，紫金牛属

【形态特征】常绿灌木，高 1～2m。根状茎肥壮，根断面有小血点。茎直立，有少数分枝，无毛。单叶，互生，常集生枝顶。叶片椭圆状披针形至倒针形；长 6～13cm，叶缘波状，端钝尖，两面有突起的腺点。伞形或聚伞形花序；花小，淡紫白色，有深色腺点。花萼 5 裂；花冠 5 深裂，裂片披针状卵形；雄蕊与花冠裂片同数，花丝极短；子房上位，花柱线形。核果球形，径 7～8mm，红色，具斑点，有宿存花萼和细长花柱。花期 5～6 月；果期 10～12 月，经久不凋(图 6-131)。

【分布与习性】产长江以南各省区；日本、朝鲜也有分布。多生于山谷林下阴湿处，忌日光直射，喜排水良好富含腐殖质的湿润土壤，不耐寒。

【繁殖方法】种子繁殖。

【观赏特性及园林用途】本种果红叶绿，颇为美观，可作盆栽观果树种，也可植于庭园观赏，以其耐阴，尤适于林下种植。

【同属种类】约 400～500 种，主要分布于热带美洲、太平洋群岛、亚洲及大洋洲。我国 65 种，主产长江流域以南。常见的还有紫金牛(A. japonica)，高仅 20～30cm；根状茎长而横走，地上茎不分枝，具短腺毛。叶集生茎顶，椭圆形，长 4～7cm，两面有腺点。花青白色，径约 1cm。核果亮红色，径 5～6mm。广布于长江以南各地。植株低矮，果实红艳，是优美的观果和观叶灌木，适于林下等荫蔽处作地被。

图 6-131　朱砂根

第四节　叶木类

一、落叶树类

(一) 枫香

【学名】*Liquidambar formosana* Hance

【科属】金缕梅科，枫香属

【形态特征】落叶乔木，高达 40m，胸径 1.4m；树冠广卵形。有芳香树液。小枝灰色，略被柔毛。叶互生。叶片宽卵形，长 6～12cm，掌状 3 裂(萌枝叶常 5～7 裂)，裂片有细锯齿，先端尾尖，基部心形或截形；掌状脉。托叶线形，早落。花单性同株，无花瓣；雄花序头状或穗状，数个排成总状，无花被，但有苞片，雄蕊多数；雌花序头状，单生，常有数枚刺状萼片；子房半下位，2 室。头状果序球形，直径 3～4cm，下垂；蒴果木质，室间 2 瓣裂，宿存刺状花柱长达 1.5cm，刺状萼片宿存。花期 3～4 月；果期 10 月（图 6-132）。

图 6-132　枫香

【分布与习性】产中国和日本，我国分布于长江流域及其以南地区。喜光，幼树稍耐阴，喜温暖湿润气候，耐干旱瘠薄，不耐水湿。萌芽性强，对二氧化硫、氯气等有毒气体抗性较强。幼年期生长较慢，壮年后生长速度较快。

【繁殖方法】播种繁殖，也可扦插。

【观赏特性及园林用途】树干通直，树冠广卵形，是江南地区最著名的秋色叶树种。叶片入秋经霜，幻为春红，艳丽夺目，故古人称之为"丹枫"。适宜长江流域及其以南地区用于园林造景，宜于低山风景区内大面积成林。在城市公园和庭园中，可植于瀑口、溪旁、水滨，也可与无患子、银杏等黄叶树种，冬青、柑橘、茶梅等秋花秋果树种配植形成树丛。

【同属种类】5 种，产东亚和北美温带、亚热带。我国 2 种，引入栽培 1 种。

（二）黄栌

【学名】*Cotinus coggygria* Scop.

【科属】漆树科，黄栌属

【形态特征】落叶小乔木或大灌木，高 3～5m；树冠近圆形。单叶互生。叶片宽椭圆形至倒卵形，长 3～8cm，宽 2.5～6cm，全缘，两面有灰色柔毛，基部圆形或宽楔形，先端圆形或微凹；侧脉 6～11 对；叶柄长达 3.5cm。圆锥花序顶生，被柔毛；花杂性，黄绿色，径约 3mm；花梗长 7～10mm。萼片、花瓣、雄蕊各为 5 枚；花萼光滑无毛，萼片卵状三角形；花瓣卵形或卵状披针形；花盘 5 裂，紫褐色；子房近球形，花柱 3，分离，不等长。核果歪斜，肾形，长约 4mm，宽 2.5mm，无毛；不孕花的花梗在花后伸长，密被紫色羽状毛，远观如紫烟缭绕。花期 2～8 月；果期 5～11 月（图 6-133）。

图 6-133　红叶黄栌

【分布与习性】产我国北部、中部至西南，多生于海拔 700～2400m 山区较干燥的阳坡。印度西北部、尼泊尔、巴基斯坦、亚洲西南部和欧洲也有分布。喜光，耐半阴；耐寒，耐干旱瘠薄，但不耐水湿。能适应酸性、中性和石灰性等各种土壤。萌芽力和萌蘖性强。对二氧化硫抗性较强。

【变种和品种】毛黄栌（var. *pubescens*），叶片宽椭圆形，背面密生柔毛，尤沿中脉和侧脉为密；花序无毛或近无毛；花期 5 月；产甘肃、贵州、河南、湖北、江苏、陕西、山东、山西、四川、浙江。灰毛黄栌（var. *cinerea*），又名红叶，叶片倒卵形，两面被柔毛、背面更密，花序被柔毛；花期 2～5 月；产河北、河南、山东、湖北、四川。垂枝黄栌（'Pendula'），枝条下垂，树冠伞形；紫叶黄栌（'Purpureus'），叶紫色；四季花黄栌（'Semperflorens'），连续开花直到入秋，可常年观赏粉紫色的羽状物。

【繁殖方法】播种繁殖。此外，还可分株、根插繁殖。

【观赏特性及园林用途】树冠浑圆，秋叶红艳，鲜艳夺目，是我国北方最著名的秋色叶树种，夏初不育花的花梗伸长成羽毛状，簇生于枝梢，犹如万缕罗纱缭绕于林间。适于大型公园、天然公园、山地风景区内群植成林，或植为纯林，或与其他红叶、黄叶树种混交。北京西山以红叶著名，主要为灰毛黄栌，"晴雪红叶西山景"乃"燕京八景"之一。在庭园中，可孤植、丛植于草坪一隅，山石之侧；也可混植于其他树丛间，或就常绿树群边缘植之。

【同属种类】5 种，分布于南欧、亚洲东部和北美洲温带。我国 3 种，产西南至西北、华北。

（三）鸡爪槭

【学名】*Acer palmatum* Thunb.

【科属】槭树科，槭树属

【形态特征】落叶小乔木，高 5～8m；树冠伞形。枝条细弱、开张。单叶对生；无托叶。叶片掌状 7～9 深裂，裂深常为全叶片的 V 3～V 2，基部心形；裂片卵状长椭圆形至披针形，有细锐重锯齿，先端尖，背面脉腋有白簇毛。花杂性，伞房花序，径约 6～8mm，萼片 5 枚，暗红色；花瓣 5 枚，紫色；雄蕊 8 枚。双翅果，长 1～2.5cm，由 2 个一端具翅的小坚果构成，果翅开展成钝角。花期 5 月；果期 9～10 月（图 6-134）。

图 6-134 鸡爪槭

【分布与习性】产东亚，我国分布于长江流域各省，多生于海拔 1200m 以下山地。园林中广泛栽培。弱阳性，最适于侧方遮荫；喜温暖湿润，耐寒性不如元宝枫和三角枫；喜肥沃湿润而排水良好的土壤，酸性、中性和石灰性土壤均能适应，不耐干旱和水涝。

【变种和品种】条裂鸡爪槭（var. *linearilobum*），叶深裂达基部，裂片线形，缘有疏齿或近全缘。红枫（'Atropurpureum'），叶片常年红色或紫红色，枝条紫红色；羽毛枫（'Dissectum'），叶片掌状深裂几达基部，裂片狭长，又羽状细裂，树体较小；红羽毛枫（'Dissectum Ornatum'），与羽毛枫相似，但叶常年红色。

【繁殖方法】播种繁殖，各园艺品种常采用嫁接繁殖。

【观赏特性及园林用途】鸡爪槭姿态潇洒、婆娑宜人，叶形秀丽、秋叶红艳，是著名的庭园观赏树种。其优美的叶形能产生轻盈秀丽的效果，使人感到轻快，因而非常适于小型庭园的造景，多孤植、丛植于庭前、草地、水边、山石和亭廊之侧，也可植于常绿针叶树、阔叶树或竹丛之前侧，经秋叶红，枝叶扶疏，满树如染。

【同属种类】约 129 种，分布于亚洲、欧洲、北美洲和非洲北部。我国 96 种，引入 3 种，广布全国。常见的还有：

（1）元宝枫 *Acer truncatum* Bunge：叶宽矩圆形，长 5～10cm，掌状 5～7 裂，深达叶片中部；裂片三角形，全缘，掌状脉 5 条出自基部，叶基常截形。伞房花序顶生，花黄白色。果连翅在内长 2.5cm，两果翅开张成直角或钝角，翅长等于或略长于果核。产黄河中下游各省。

(2) 五角枫(色木)*Acer mono* Maxim.：叶掌状 5 裂，基部心形，裂片卵状三角形，中裂无小裂，网状脉两面明显隆起。果翅展开成钝角，长为果核的 2 倍。产东北、华北和长江中下游地区。

(3) 三角枫 *Acer buergerianum* Miq.：树皮呈条片状剥落，内皮光滑、黄褐色。叶卵形至倒卵形，背面有白粉，3 裂，裂深为全叶片的 V 4～V 3，裂片三角形，全缘或近先端有细疏锯齿。果长 2～2.5cm，果核部分两面凸起，两果翅开张成锐角。产长江中下游各省至华南。

(4) 茶条槭 *Acer ginnala* Maxim.：叶片卵状椭圆形，常 3 裂，中裂片较大，有时不裂或羽状 5 浅裂，有不整齐重锯齿，背面脉上及脉腋有长柔毛。果核两面突起，果翅张开成锐角或近于平行，紫红色。产东北、华北及长江下游各省。秋叶红艳。

(5) 复叶槭 *Acer negundo* L.：小枝绿色，有白粉。奇数羽状复叶，小叶 3～7 枚，卵形至长椭圆状披针形，有不规则缺刻，顶生小叶有 3 浅裂。花单性异株，雄花序伞房状，雌花序总状。果翅狭长，两翅成锐角。原产北美，华东、东北、华北有引种栽培。

（四）银杏

【学名】*Ginkgo biloba* L.

【别名】白果树

【科属】银杏科，银杏属

【形态特征】落叶乔木，高达 40m，胸径 4m；青壮年树冠圆锥形，老树树冠广卵形或球形。树皮灰褐色，纵裂。有长枝和短枝，鳞芽。叶扇形，上缘宽 5～8cm，基部楔形，叶柄长 5～8cm；在长枝上螺旋状排列，在短枝上簇生。长枝上的叶顶端常 2 裂；短枝上的叶顶端波状，常不裂。叶脉 2 叉状。雌雄异株，球花生于短枝顶端叶腋或苞腋；雄球花呈柔荑花序状，雄蕊多数，每雄蕊有花药 2，精子有纤毛，能游动；雌球花有长柄，柄端分 2 叉，叉端有 1 盘状珠座，内生 1 直立胚珠。种子呈核果状，椭圆形或球形，外种皮肉质，熟时淡黄色或橙黄色，被白粉；中种皮骨质，白色，具 2～3 条纵脊；内种皮膜质，红褐色。花期 3～5 月；种熟期 8～10 月(图 6-135)。

图 6-135 银杏

【分布与习性】我国特产，浙江天目山可能有野生分布，沈阳以南、广州以北各地广为栽培。日本、朝鲜和欧美各国均有引种。适应性强。阳性；对土壤要求不严，酸性土至钙质土中均可生长；较耐旱，不耐积水；对大气污染有一定抗性。深根性，抗风，抗火；寿命极长，生长较慢。

【繁殖方法】播种、嫁接、扦插、分蘖繁殖。

【观赏特性及园林用途】树姿优美，冠大荫浓，秋叶金黄，而且叶形奇特，是优良的庭荫树、园景树和行道树。在公园草坪、广场等开旷环境中，适于孤植或丛植。若与枫香、槭树等秋季变红的色叶树种混植，观赏效果更好。作行道树时，宜用于宽阔的街道，并最好选择雄株。银杏老根古干，隆肿突起，如钟似乳，适于作桩景，是川派盆景的代表树种之一。

【同属种类】仅 1 种，为我国特产。

（五）乌桕

【学名】*Sapium sebiferum* (L.) Roxb.

【别名】蜡子树

【科属】大戟科，乌桕属

【形态特征】落叶乔木，高达 20m；树冠近球形。有乳汁。小枝纤细；单叶，互生。叶片菱形至菱状卵形，长宽均约 5～9cm，全缘，先端尾尖，基部宽楔形，两面光滑无毛；羽状脉；叶柄顶端有 2 腺体。花黄绿色，雄花 3 朵组成小聚伞花序，再集生为长穗状复花序，雌花 1 至数朵生于花序下部，花序长 6～14cm。花萼 2～3 裂，雄蕊 2～3 枚，无花瓣和花盘，子房 3 室，每室 1 胚珠。蒴果 3 棱状球形，径约 1.5cm，3 裂。种子黑色，被白蜡。花期 4～7 月；果期 10～11 月(图 6-136)。

【分布与习性】产黄河流域以南，在华北南部至长江流域、珠江流域均有栽培。喜光，要求温暖湿润气候；对土壤要求不严，酸性、中性或微碱性土均可，具有一定的耐盐性，在土壤含盐量 0.3% 以下的盐土地可以生长。喜湿，能耐短期积水。抗氟化氢等有毒气体。

【繁殖方法】播种繁殖。

【观赏特性及园林用途】树姿潇洒、叶形秀丽，入秋经霜先黄后红，艳丽可爱，夏季满树黄花衬以秀丽绿叶；冬季宿存之果开裂，种子外被白蜡，经冬不落，缀于枝头，远看宛如满树白花。适于丛植、群植，也可孤植，最宜与山石、亭廊、花墙相配，也可植于池畔、水边、草坪，或混植于常绿林中点缀秋色；在山地风景区，适于大面积成林。乌桕较耐水湿，在华南常用以护堤，又因其耐一定盐碱和海风，也可用于沿海各省的大面积海涂造林，可形成壮观之秋景。

图 6-136 乌桕

【同属种类】约 120 种，分布于热带和亚热带。我国 9 种，产东南和西南部。

(六) 黄连木

【学名】*Pistacia chinensis* Bunge

【别名】楷木

【科属】漆树科，黄连木属

【形态特征】落叶乔木，高达 30m；树冠近圆球形；树皮薄片状剥落。枝叶有特殊气味。羽状复叶常为偶数，互生。小叶 10～14 枚，对生，披针形或卵状披针形，长 5～8cm，宽 1～2cm，全缘，先端渐尖，基部偏斜。花单性异株，无花瓣，腋生圆锥花序；雄花序淡绿色，长 5～8cm，花密生；雌花序紫红色，长 15～20cm，疏松。核果近球形，熟时红色至蓝紫色。花期 3～4 月；果期 9～11 月(图 6-137)。

【分布与习性】分布广泛，北至河北、山东，南达华南、西南均有生长。喜光，幼树稍耐阴，对土壤要求不严，尤喜肥沃湿润而排水良好的石灰性土。耐干旱瘠薄，不耐水湿。萌芽力强。抗烟尘，对二氧化硫、氯化氢等抗性较强。生长速度中等。

【繁殖方法】播种繁殖。

【观赏特性及园林用途】树冠近球形或团扇形，叶片秀丽，春叶及花序紫红，秋叶鲜红或橙黄，云蒸霞蔚，灿烂如金，是著名

图 6-137 黄连木

的风景树，常用作山地风景林、公园秋景林的造林树种，也可孤植或作行道树用。

【同属种类】约 10 种，分布于地中海地区、亚洲东部至东南部和北美洲南部。我国 2 种，引入 1 种。著名的种类还有阿月浑子(*P. vera*)，小叶 3～5 枚，通常 3 枚，卵形或宽椭圆形，长 4～10cm，宽 2.5～6.5cm，先端小叶较大，侧生小叶基部常不对称。果较大，长圆形，长约 2cm，宽约 1m，成熟时果皮干燥开裂。产中东及南欧，是珍贵的木本油料和干果树种，我国西北、华北有引种。

（七）鹅掌楸

【学名】*Liriodendron chinense*(Hemsl.)Sarg.

【别名】马褂木

【科属】木兰科，鹅掌楸属

【形态特征】落叶乔木，高达 40m；树冠圆锥形。单叶互生；托叶大，包被幼芽，脱落后枝上留有环状托叶痕。叶片形似马褂，长 12～15cm，先端截形或微凹，每边 1 个裂片，向中部缩入，老叶背面有乳头状白粉点。花两性，黄绿色，单生枝顶，杯形，径 5～6cm；花被片 9 枚，长 3～3.5cm；雄蕊、雌蕊均多数，螺旋状排列于柱状隆起的花托上；花丝长约 0.5cm。聚合果纺锤形，长 7～9cm；小果木质，顶端延伸成翅。花期 5～6 月；果期 10 月(图 6-138)。

图 6-138　鹅掌楸

【分布与习性】产华东、华中和西南地区，生于海拔 900～1 200m 的林中。越南北部也产。喜光，喜温暖湿润气候，耐短期－15℃低温。喜深厚肥沃、湿润而排水良好的酸性或弱酸性土壤(pH 值 4.5～6.5)。不耐旱，也忌低湿水涝。对二氧化硫有中等抗性。

【繁殖方法】播种或扦插繁殖。不耐移植，移栽应在春季刚刚萌芽时进行，并带土球。缓苗期长，定植后应精心管理，并在当年冬季注意防寒。

【观赏特性及园林用途】树形端庄，叶形奇特，花朵淡黄绿色，美而不艳，秋叶金黄，是极为优美的行道树和庭荫树，适于孤植、丛植于安静休息区的草坪和大型庭园，或用作宽阔街道的行道树。

【同属种类】2 种，产东亚和北美。我国 1 种，引入栽培 1 种。美国鹅掌楸(*L. tulipifera*)，与鹅掌楸相似，区别在于：叶片两侧各有 2～3 个裂片；老叶背面无白粉点；花被片长 4～6cm，黄绿色，有蜜腺；花丝长约 1～1.5cm。原产北美东南部，南京、青岛、庐山、昆明等地栽培。长势优于鹅掌楸，耐寒性更强。

（八）榉树

【学名】*Zelkova schneideriana* Hand. -Mazz.

【科属】榆科，榉属

【形态特征】落叶乔木，高达 35m，胸径 0.8m；树冠倒卵状伞形。树皮深灰色，光滑。冬芽常 2 个并生，卵形，先端不紧贴小枝。小枝细长，密被柔毛。单叶互生。叶片椭圆状卵形，长 3～10cm，桃尖形单锯齿排列整齐、内曲；先端渐尖，基部宽楔形，上面粗糙，背面密生灰色柔毛；羽状脉，脉端直达齿尖。花杂性同株，雄花簇生新枝下部，雌花或两性花 1～3 朵簇生新枝上部叶腋。核果，不规则扁球形，上部歪斜，径约 4mm，有皱纹。花期 3～4 月；果期 10～11 月(图 6-139)。

【分布与习性】产秦岭和淮河以南至华南、西南各地，常散生于海拔 1000m 以下的山地阔叶林中和平原，在滇藏可达海拔 2800m。喜光，略耐阴。喜温暖湿润气候，喜深厚、肥沃、湿润的土壤，尤喜石灰性土，耐轻度盐碱，不耐干瘠。深根性，抗风强。耐烟尘，抗污染，寿命长。

【繁殖方法】播种繁殖。

【观赏特性及园林用途】树冠呈倒三角形，枝细叶美，绿荫浓密，入秋叶色红艳，春叶也呈紫红色或嫩黄色，是江南地区重要的秋色树种。古代常植于庭院及住宅周围，是优良的庭荫树，最适于孤植或三五株丛植，以点缀亭台、假山、水池、建筑等。在草坪、广场可丛植或群植，还是很好的行道树，可用于街道、公路、园路的绿化。

图 6-139 大叶榉

【同属种类】5 种，产欧洲东南部至亚洲。我国 3 种，产辽东半岛至西南以东广大地区。常见的还有光叶榉(*Z. serrata*)，幼枝疏被柔毛，后脱落。冬芽单生。叶片卵形至卵状披针形，长 3～10cm，宽 1.5～5cm，质地较薄，表面较光滑，亮绿色，两面幼时被毛，后脱落；叶缘锯齿较开张。主产长江流域，西达四川、云南，北达辽宁、山东、甘肃和陕西，散生于海拔 700m 以上的山地。

(九) 连香树

【学名】*Cercidiphyllum japonicum* Sieb. & Zucc.

【科属】连香树科，连香树属

【形态特征】落叶乔木，高达 25m，胸径达 1m。无顶芽，侧芽芽鳞 2 枚。小枝褐色，无毛，有长枝和距状短枝，后者在长枝上对生。单叶，在长枝上对生，在短枝上单生；托叶与叶柄连生，早落。叶片卵圆形或近圆形，长 4～7cm，宽 3.5～6cm，具钝圆腺齿；先端圆或钝尖，基部心形；掌状脉 5～7条。叶柄紫红色，长 1～2.5cm。花先叶开放或与叶同放，单性异株，单生或簇生叶腋，无花被，但有苞片 4 枚；雄花近无梗，花丝细长；雌花具短柄。聚合蓇葖果，蓇葖圆柱形，稍弯曲，熟时紫黑色，微被白粉，长 8～20cm，沿内侧向腹缝线开裂，成熟时扭转呈外向；种子有翅，连翅长 5～6mm。花期 4 月；果期 9～10 月(图 6-140)。

【分布与习性】分布于山西、陕西、甘肃、四川至华东、华中各地，多生海拔 600～2700m 的山谷、沟旁、低湿地或山坡杂木林中，盛产于湖北西部和四川一带的溪边上。喜湿润气候，颇耐寒；较耐阴，幼树需要在林下弱光处生长；喜酸性棕壤和红黄壤，也可在中性土上生长。深根性。萌蘖力强，树干基部常萌生许多新枝。生长速度中等偏慢。

【繁殖方法】播种、扦插、压条或分蘖繁殖。

【观赏特性及园林用途】连香树为著名的孑遗树种，树体高大雄伟，叶形奇特，新叶亮紫色，秋叶黄色或红色，枝条微红，均极为悦目，是优良的山地风景树种。因树姿古雅优美，也极适于庭院前庭、水滨、池畔及草坪中孤植或丛植，或作行道树。树皮耐火力强，植于建筑物周围有防火功能。材轻而质柔，纹理直，淡褐色，为家具和建筑等原料。

图 6-140 连香树

【同属种类】2 种，分布于中国和日本。为古老的孑遗植物，化石可见于晚白垩纪。

（十）槲树

【学名】*Quercus dentata* Thunb.

【别名】波罗栎

【科属】壳斗科，栎属

【形态特征】落叶乔木，高达 25m；树冠椭圆形。有顶芽，芽鳞多数。小枝粗壮，有沟棱，密被黄褐色星状绒毛。叶螺旋状互生。叶片倒卵形至椭圆状倒卵形，长 10～30cm，先端钝圆，基部耳形，有 4～10 对波状裂片或粗齿，下面密被星状绒毛；叶柄长 2～5mm，密被棕色绒毛。雄花组成柔荑花序，下垂；雌花单生总苞内。壳斗杯状，包围坚果 1/2～2/3；小苞片长披针形，棕红色，张开或反曲；坚果 1，卵形或椭圆形，长 1.5～2.3cm。花期 4～5 月；果期 9～10 月（图 6-141）。

图 6-141　槲树

【分布与习性】产东北东南部、华北、西北至长江流域和西南，生于海拔 2700m 以下的山地阳坡或松栎林中。喜光，稍耐阴；耐寒；耐干旱瘠薄，忌低湿。对土壤要求不严，酸性土和钙质土上均可生长。深根性，萌芽力强。抗烟尘和有毒气体，耐火力强。

【繁殖方法】播种繁殖。

【观赏特性及园林用途】树形奇雅，叶大荫浓，秋叶红艳，是著名的秋色叶树种之一，日本园林中常见应用。可孤植，供遮荫用，或丛植、群植以赏秋季红叶，也可以作灌木处理，于窗前、中庭孤植一丛，别饶风韵。抗烟尘及有害气体，可用于厂矿区绿化。

【同属种类】约 300 种，主要分布于北半球温带和亚热带。我国 35 种，广布，多为温带阔叶林的主要成分。常见的还有：

（1）麻栎 *Quercus acutissima* Carr.：叶长椭圆状披针形，长 9～16cm，宽 3～5cm，叶缘有刺芒状锐锯齿，下面淡绿色，幼时有短绒毛。壳斗杯状，包围坚果 1/2，苞片钻形，反曲；坚果卵球形或卵状椭圆形，高 2cm，径 1.5～2cm。广布，分布北界达东北南部，南界为两广、海南。

（2）栓皮栎 *Quercus variabilis* Blume：与麻栎相似，但树皮木栓层特别发达。叶片背面有灰白色星状毛，老时也不脱落。壳斗包围坚果 2/3，果近球形或卵形，顶端平圆。较麻栎耐旱。

（3）白栎 *Quercus fabri* Hance：小枝密生灰色至灰褐色绒毛。叶倒卵形至椭圆状倒卵形，长 7～15cm，有波状粗钝齿，背面密被灰黄褐色星状绒毛；叶柄长 3～5mm。壳斗碗状，包围坚果约 1/3，小苞片排列紧密；坚果长椭圆形。产淮河以南、长江流域至华南、西南各省区。

（4）槲栎 *Quercus aliena* Blume：小枝无毛。叶片倒卵状椭圆形，长 10～22cm，先端钝圆，基部耳形或圆形，具波状钝齿，背面密生灰色星状毛；叶柄长 1～3cm，无毛。壳斗碗状，小苞片鳞形。产华东、华中、华南及西南各省区。

（5）蒙古栎 *Quercus mongolica* Fisch.：小枝粗壮，无毛。叶倒卵形，长 7～19cm，先端钝或短突尖，基部窄耳形，具 7～11 对圆钝齿或粗齿；叶柄长 2～5mm，无毛。壳斗浅碗状，包围坚果 1/3～1/2，小苞片具瘤状突起。果卵形或椭圆形，径 1.3～1.8cm，高 2～2.3cm。产东北、内蒙古、河北、山西、山东等地。

(6) 沼生栎 *Quercus palustris* Muench. : 叶卵形或椭圆形,边缘 5～7 深裂,裂片再尖裂,两面无毛。壳斗杯形,包围坚果 V 4～V 3;小苞片鳞形,排列紧密;坚果长椭圆形。原产美洲。河北、北京、辽宁、山东等省市有引种栽培。

（十一）无患子

【学名】*Sapindus saponaria* L.

【科属】无患子科,无患子属

【形态特征】落叶或半常绿,高达 20m;树冠广卵形或扁球形;树皮灰褐色至深褐色,平滑不裂。无顶芽。小枝无毛,芽叠生。偶数羽状复叶,互生。小叶 8～16 枚,互生或近对生,狭椭圆状披针形或近镰状,长 7～15cm,宽 2～5cm,全缘;先端尖或短渐尖,基部不对称,薄革质,无毛。花杂性异株,圆锥花序顶生,长 15～30cm,花黄白色或带淡紫色。花萼、花瓣 5 枚,雄蕊 8 枚,子房 3 室。核果球形,径 2～2.5cm,熟时黄色或橙黄色,中果皮肉质,内果皮革质;种子球形,黑色。花期 5～6 月;果期 9～10 月(图 6-142)。

【分布与习性】产长江流域及其以南各省区,为低山丘陵和石灰岩山地习见树种,常栽培。日本、越南、印度、缅甸至印度尼西亚等国也有分布。喜光,稍耐阴;喜温暖湿润气候,也较耐寒;对土壤要求不严,酸性、微碱性至钙质土均可。萌芽力较弱,不耐修剪。对二氧化硫抗性强。生长速度中等。

【繁殖方法】播种繁殖。

【观赏特性及园林用途】主干通直,树姿挺秀,秋叶金黄,极为悦目,是美丽的秋色叶树种,颇具江南秀美的特色。适于作庭荫树和行道树,常孤植、丛植于草坪、路旁、建筑物附近,色彩绚丽,醉人心目。

【同属种类】约 13 种,分布于亚洲、美洲和大洋洲温暖地带。我国 4 种,产长江流域及其以南地区。

图 6-142　无患子

（十二）檫木

【学名】*Sassafras tzumu* (Hemsl.) Hemsl.

【科属】樟科,檫木属

【形态特征】落叶乔木,高达 35m,胸径 2.5m;树冠广卵形或椭球形。树皮幼时绿色,不裂;老时深灰色,不规则纵裂。小枝绿色,无毛。单叶,互生,常集生枝顶。叶片卵形,长 8～20cm,全缘或 2～3 裂,背面有白粉;羽状或离基 3 出脉;叶柄长 2～7cm。花两性,总状花序顶生;花黄色,有香气;花被片 6 枚,披针形。浆果近球形,熟时蓝黑色,外被白粉;果柄及果托顶端肥大,肉质,橙红色。花期 2～3 月,叶前开放;果 7～8 月成熟(图 6-143)。

【分布与习性】分布于长江流域至华南及西南。不耐庇荫,喜温暖湿润气候及深厚而排水良好之酸性土壤。不甚耐旱,忌水湿,在气温高、阳光直射时树皮易遭日灼伤害。深根性,萌芽力强。生长速度较快。

图 6-143　檫木

【繁殖方法】播种繁殖，也可分根繁殖。

【观赏特性及园林用途】树干通直，姿态清幽，部分秋叶经霜变红，红绿相间，艳丽多彩，为世界观赏名木之一，也是我国南方红壤及黄壤山区主要速生用材造林树种。园林中适于孤植或丛植于庭园建筑物前、台坡、草坪一角，或作行道树；也可用于山地风景区营造秋色林。

【同属种类】3种，间断分布于东亚和北美。我国2种，产于长江以南和台湾。常见栽培的仅此1种。

（十三）漆树

【学名】*Rhus verniciflua* Stokes

【科属】漆树科，盐麸木属

图 6-144　漆树

【形态特征】落叶乔木，高达15m；幼树树皮光滑，灰白色。有树脂状液汁。小枝粗壮，被棕黄色绒毛，后渐无毛。奇数羽状复叶，互生，长25～35cm；小叶7～15枚，卵形至卵状披针形，小叶长7～15cm，宽3～7cm，全缘，侧脉8～16对，两面沿脉有棕色短毛。腋生圆锥花序疏散、下垂，长15～30cm；花小，黄绿色，萼5裂，花瓣5枚，雄蕊5枚。果序下垂；核果扁肾形，无毛，淡黄色，有光泽，径约6～8mm。花期5～6月；果期10月（图6-144）。

【分布与习性】除黑龙江、内蒙古、吉林、新疆等外，其余各地均产，生于海拔600～2800m的阳坡、林中。印度、朝鲜和日本亦产。喜光，不耐庇荫；喜温暖湿润气候，适生于钙质土壤，在酸性土壤中生长较慢。不耐水湿。侧根发达，主根不明显。生长速度较慢。

【繁殖方法】播种繁殖。

【观赏特性及园林用途】漆树是我国著名的特用经济树种。叶片经霜红艳可爱，果实黄色，可用于山地风景区营造秋色林。

【同属种类】约270种，分布于亚热带和温带。我国约22种，广布。常见的还有：

（1）盐麸木 *Rhus chinensis* Mill.：高8～10m。小枝有毛，冬芽被叶痕所包围。叶轴有狭翅，小叶7～13枚，卵状椭圆形，有粗钝锯齿，背面密被灰褐色柔毛，近无柄。花序顶生，密生柔毛；花乳白色。核果扁球形，橘红色，密被毛。分布于东北南部、华北、甘肃、陕西、华东至华南、西南。

（2）火炬树 *Rhus typhina* L.：灌木或小乔木，树形不整齐。小枝粗壮，红褐色，密生绒毛。叶轴无翅，小叶19～23枚，长椭圆状披针形，长5～12cm，有锐锯齿。雌雄异株，圆锥花序长10～20cm，直立，密生绒毛；花白色。核果深红色，密被毛。原产北美，我国1959年引入，现华北、西北常见栽培。秋叶红艳，果序形似火炬，冬季宿存。

（十四）山麻杆

【学名】*Alchornea davidii* Franch.

【科属】大戟科，山麻杆属

【形态特征】落叶丛生灌木，高1～3m。茎直立而少分枝，常紫红色；幼枝有绒毛，老枝光滑。单叶，互生；叶片宽卵形至圆形，长7～17cm，有粗齿，上面疏生短毛，下面带紫色，密生绒毛；3出脉，基部有腺体。雌雄同株，无花瓣和花盘；雄花密生成短穗状花序，长1.5～3cm，萼4裂，雄蕊8枚；雌花疏生成总状花序，长4～5cm，萼4裂，子房3室。蒴果扁球形，径约1cm，密生短柔毛，分裂成3个分果瓣，中轴宿存。花期4～5月；果期7～8月(图6-145)。

【分布与习性】分布于黄河流域以南至长江流域和西南地区，常生于山地阳坡灌丛中。喜光，也耐半阴。喜温暖气候，不耐严寒；对土壤要求不严，在酸性、中性和钙质土上均可生长。耐旱，忌水涝。萌蘖力强，容易更新。

【繁殖方法】分株、扦插或播种繁殖。

【观赏特性及园林用途】植株丛生，春季嫩叶呈现胭脂红色或紫红色，长成后变为紫绿色，秋叶又为橙黄或红色，艳丽可爱。适于坡地、路旁、水滨、山麓、假山、石间等处丛植，在古朴的亭廊之侧散植山麻杆亦觉色彩调和，景色顿生。为保持丛生劲直的株形，可2～3年截干一次，以更新枝条。

图6-145 山麻杆

【同属种类】约50种，分布于热带和亚热带。我国8种，产秦岭以南至西南。

(十五) 紫叶李

【学名】*Prunus cerasifera* Ehrh. f. *atropurpurea* (Jacq.) Rehd

【别名】红叶李

【科属】蔷薇科，李属

【形态特征】落叶小乔木，高4～8m；树冠球形；树皮灰紫色。小枝细弱，红褐色，多分枝。叶互生，紫红色，叶片卵形至倒卵形，长4.5～6cm，宽2～4cm，有细尖单锯齿或重锯齿，基部圆形。花常单生，稀2朵，淡粉红色，径2～2.5cm，单瓣。果球形，暗红色，径1.5～2.5cm。花期4～5月；果6～7月成熟，极少结果(图6-146)。

【分布与习性】原产亚洲西部和欧洲南部，我国分布于新疆。各地常见栽培。适应性强，喜光，紫叶李在背阴处叶片色泽不佳。喜温暖湿润；对土壤要求不严，在中性至微酸性土壤中生长最好；抗二氧化硫、氟化氢等有毒气体。较耐湿，是同属树种中耐湿性最强的种类之一。

图6-146 紫叶李

【繁殖方法】多嫁接繁殖，以桃、李、山桃、杏、山杏、梅等为砧木均可。山杏砧较耐涝、耐寒，山桃砧生长旺盛，杏、梅砧寿命长。

【观赏特性及园林用途】紫叶李分枝细瘦，树冠扁圆形或近球形，叶片在整个生长季内呈红色或紫红色，是著名的观叶树种，且春季白花满树，也颇醒目。适于公园草坪、坡地、庭院角隅、路旁孤植或丛植，也是良好的园路树。所植之处，红叶摇曳，艳丽多姿，令人赏心悦目。

【同属种类】本属中属于李亚属的约30种，主要分布于北半球温带，为温带重要果树。常见的还有李(*P. salicina*)，叶片长圆倒卵形、长椭圆形，有圆钝重锯齿，常混有单锯齿。花常3朵并生，直径1.5～2.2cm，花瓣白色，带有明显紫色脉纹。核果球形、卵球形，直径3.5～5cm，外被蜡粉。花期4月，果期7～8月。我国各省及世界各地均有栽培。

（十六）柽柳

【学名】*Tamarix chinensis* Lour.

【别名】三春柳、红荆条

【科属】柽柳科，柽柳属

【形态特征】落叶灌木或小乔木，高达 7m；树冠圆球形；树皮红褐色。小枝红褐色或淡棕色，非木质化小枝纤细，冬季凋落。单叶，互生；无托叶。叶钻形或卵状披针形，抱茎，长 1～3mm，先端渐尖。总状花序集生为圆锥状复花序，多柔弱下垂；花粉红或紫红色，苞片线状披针形；雄蕊 5 枚，与萼片对生；子房圆锥形，柱头 3 裂。蒴果，长 3～3.5mm，3 瓣裂。种子多数，微小，顶部有束毛。花期 4～9 月（图 6-147）。

图 6-147　柽柳

【分布与习性】分布广，主产东北南部、海河流域、黄河中下游至淮河流域。喜光，不耐庇阴；耐寒、耐热；耐干旱，亦耐水湿；对土壤要求不严，耐盐碱，叶能分泌盐分。插穗在含盐量 0.5% 的盐碱地上能正常出苗，带根苗木能在含盐量 0.8% 的盐碱地上生长，大树在含盐量 1% 的重盐碱地上生长良好，并有降低土壤盐分的效能。深根性，萌芽力和萌蘖力均强，生长迅速。

【繁殖方法】扦插繁殖，也可分株、压条和播种繁殖。

【观赏特性及园林用途】柽柳古干柔枝，婀娜多姿，紫穗红英，艳艳灼灼，花期甚长，略具香气；叶经秋尽红，更加可爱。是优美的园林观赏树种，适于池畔、堤岸、山坡丛植，也可植为绿篱，尤其是在盐碱和沙漠地区，更是重要的观赏花木。此外，柽柳也是重要的防风固沙材料和盐碱地改良树种。老桩可作盆景，枝条可编筐。嫩枝、叶药用。

【同属种类】约 90 种，分布于亚洲、非洲和欧洲。我国 18 种，各地均有分布或栽培。

（十七）鹅耳枥

【学名】*Carpinus turczaninowii* Hance

【科属】桦木科，鹅耳枥属

图 6-148　鹅耳枥

【形态特征】落叶小乔木，高 5～10m。树皮灰褐色，平滑，老时浅裂。小枝细，幼时有柔毛，后渐脱落。单叶互生。叶片卵形、卵状椭圆形，长 2～6cm，宽 1.5～3.5cm，有重锯齿，先端渐尖，基部楔形或圆形；侧脉 10～12 对。雄花序生于短侧枝之顶，花单生苞腋，无花被，雄蕊花丝叉状；雌花序生于具叶的长枝之顶，每苞 2 花。果序下垂，长 3～6cm；果苞叶状，阔卵形至卵形，有缺刻；小坚果阔卵形，长约 3mm。花期 4～5 月；果期 8～10 月（图 6-148）。

【分布与习性】产东北南部和黄河流域等地，常生于山坡杂木林中。稍耐阴，喜肥沃湿润的中性至酸性土壤，也耐干旱瘠薄，在干旱阳坡、湿润沟谷和林下均能生长。萌芽力强。

【繁殖方法】播种或分株繁殖。

【观赏特性及园林用途】树形不甚整齐,自然而颇有潇洒之姿,叶形秀丽雅致,秋季果穗婉垂也颇优美。树体不甚高大,最宜于公园草坪、水边丛植,均疏影横斜,颇富野趣,也极适于小型庭院堂前、石际、亭旁各处造景,孤植、丛植均可。在北方,鹅耳枥也是常见的树桩盆景材料。

【同属种类】约 50 种,产北半球温带至热带地区,主产东亚。我国 33 种,广布。常见的还有千金榆(*C. cordata*),高达 18m。叶片椭圆状卵形或倒卵状椭圆形,长 8～15cm,基部心形,侧脉 15～20 对,细密而整齐,叶缘重锯齿具刺毛状尖头。果序长达 5～12cm;果苞卵状长圆形,长 1.5～2.5cm。产东北、华北、西北等地。可作行道树和园景树。

二、常绿树类

(一)苏铁

【学名】*Cycas revoluta* Thunb.

【科属】苏铁科,苏铁属

【形态特征】常绿乔木,在热带地区高达 8～15m。主干柱状,常不分枝,有明显螺旋状排列的菱形叶柄残痕;髓心大。叶 2 型:羽状营养叶集生于茎端;鳞片状叶褐色,互生于主干上,外有粗糙绒毛。营养叶羽状全裂,中脉显著;羽状叶长 0.5～2.0m,革质而坚硬,羽片条形,长 8～18cm,宽 4～6mm,边缘显著反卷。雌雄异株,球花单生树干顶端。雄球花长圆柱形,长 30～70cm,小孢子叶木质,螺旋状排列,密被黄褐色绒毛,背面着生多数花药;雌球花扁球形,大孢子叶扁平,密被黄褐色绒毛。上部羽状分裂,长 14～22cm,羽状分裂,下部两侧着生(2)4～6 枚裸露的直生胚珠。种子倒卵形,微扁,红褐色或橘红色,长 2～4cm。外种皮肉质,中种皮木质,内种皮膜质。花期 6～8 月;种熟期 10 月(图 6-149)。

图 6-149　苏铁

【分布与习性】产我国东南沿海和日本,我国野外已绝灭。华南和西南地区常见栽植,长江流域和华北多盆栽。喜光,喜温暖湿润气候,不耐寒。喜肥沃湿润的沙壤土,不耐积水。生长缓慢,寿命长。

【繁殖方法】分蘖、播种、埋插等法繁殖。

【观赏特性及园林用途】树形古朴,主干粗壮坚硬,叶形羽状,四季常青,为重要观赏树种。用于装点园林,不但具有南国热带风光,而且显得典雅、庄严和华贵。常植于花坛中心,孤植或丛植草坪一角,对植门口两侧,也可植为园路树。苏铁也是著名的大型盆栽植物,用于布置会场、厅堂;其羽状叶是常用的插花衬材和造型材料。

【同属种类】约 60 种,分布于亚洲东部和南部、非洲东部、澳大利亚北部和太平洋岛屿。我国约 16 种。常见的还有:

(1)篦齿苏铁 *Cycas pectinata* Buch. – Ham.:高达 16m,树干上部常 2 叉分枝,树皮光滑。羽状叶长 0.7～1.2m,羽片 50～100 对,长 9～20cm,宽 5～7mm,边缘稍反曲;大孢子叶顶片卵圆形至三角状卵形,胚珠 2～4 枚。种子卵圆形,长 4.5～6cm,红褐色。产热带亚洲,为广布种,我国云南西南部有分布。常植为庭园观赏树。

(2) 攀枝花苏铁 *Cycas panzhihuaensis* L. Zhou & S. Y. Yang：灌木状，高 2～3m；叶片长 0.7～1.3m，宽 18～25cm，羽片 70～120 对，条形，长 12～20cm，宽 6～7mm，叶柄有短刺。雄球花纺锤状圆柱形，长 25～45cm，径 8～12cm。雌球花球形或半球形，紧密，大孢子叶 30 枚以上，上部宽菱状卵形，密被黄褐色绒毛，篦齿状分裂。分布于四川西南部与云南北部，适应干旱河谷的特殊生境。

（二）大叶黄杨

【学名】*Euonymus japonicus* Thunb.

【别名】冬青卫矛、正木

【科属】卫矛科，卫矛属

【形态特征】常绿灌木或小乔木，高达 8m。全株近无毛。小枝绿色，稍有四棱。单叶，对生。叶片厚革质，有光泽，倒卵形或椭圆形，长 3～6cm，锯齿钝，先端尖或钝，基部楔形；羽状脉。聚伞花序腋生，花序总梗长 2～5cm，1～2 回二歧分枝；花绿白色，4 基数；子房与花盘结合。蒴果

图 6-150　大叶黄杨

扁球形，淡粉红色，4 瓣裂。种子有橘红色假种皮。花期 5～6 月；果期 9～10 月（图 6-150）。

【分布与习性】原产日本南部，我国各地广为栽培，亚洲各地、非洲、欧洲、北美洲、南美洲及大洋洲亦广泛栽培。喜温暖湿润的海洋性气候，有一定的耐寒性，在最低气温达 −17℃ 左右时枝叶受害；较耐干旱瘠薄，不耐水湿。萌芽力强，极耐修剪。对各种有毒气体和烟尘抗性强。

【栽培品种】银边大叶黄杨（'Albo-marginatus'），叶片有乳白色窄边。金边大叶黄杨（'Ovatus Aureus'），叶片有宽的黄色边缘。金心大叶黄杨（'Aureus'），叶片从基部起沿中脉有不规则的金黄色斑块，但不达边缘。斑叶大叶黄杨（'Viridi-variegatus'），叶面有深绿色和黄色斑点。

【繁殖方法】多采用扦插繁殖，也可播种、压条、嫁接繁殖。

【观赏特性及园林用途】四季常绿，树形齐整，是园林中最常见的观赏树种之一，色叶品种众多。常用作绿篱，也适于整形修剪成方形、圆形、椭圆形等各式几何形体，或对植于门前、入口两侧，或植于花坛中心，或列植于道路、亭廊两侧、建筑周围，或点缀于草地、台坡、桥头、树丛前，均甚美观，也可作基础种植材料或丛植于草地角隅、边缘。

【同属种类】约 130 种，分布于北半球温带至热带以及澳大利亚、马达加斯加。我国约 90 种，各地均有分布。常见的还有：

(1) 丝棉木 *Euonymus maackii* Rupr.：落叶灌木或小乔木，高 3～10m；小枝绿色，圆柱形。叶卵形至卵状椭圆形，长 4～10cm，宽 2～5cm，有细锯齿，叶柄长 1.5～3.5cm；花淡绿色，径 8～9mm；蒴果菱状倒卵形，粉红色，4 深裂，种子具橘红色假种皮。产东北、内蒙古、华北以南各地，西至甘肃、新疆，各地常栽培，是优良的观果植物。

(2) 卫矛 *Euonymus alatus*(Thunb.)Sieb.：落叶灌木，小枝具 2～4 列纵向的阔木栓翅；叶倒卵形或倒卵状长椭圆形，长 2～7cm，叶柄极短，长 1～3mm。蒴果 4 深裂，或仅 1～3 个心皮发育，棕紫

色。除新疆、青海、西藏外，全国各地均产。秋叶紫红色。

（三）黄杨

【学名】*Buxus sinica* (Rehd. & Wils.) W. C. Cheng ex M. Cheng

【科属】黄杨科，黄杨属

【形态特征】常绿灌木或小乔木，高达 7m。树皮灰色，鳞片状剥落；枝有纵棱；小枝、冬芽和叶背面有短柔毛。单叶，对生；无托叶。叶片厚革质，倒卵形、倒卵状椭圆形至倒卵状披针形，通常中部以上最宽，长 1.5～3.5cm，宽 0.8～2cm，全缘，先端圆钝或微凹，基部楔形，表面深绿色而有光泽，背面淡黄绿色。头状花序腋生，雌、雄花同序，花密集，常顶生 1 雌花，雄花约 10 朵，退化雌蕊有棒状柄，高约 2mm。雄花具 1 小苞片，萼片 4 枚，雄蕊 4 枚；雌花具 3 小苞片，萼片 6 枚，子房 3 室，花柱 3。蒴果，球形，径 6～10mm，3 瓣裂，顶端有宿存花柱。花期 4 月；果期 7～8 月(图 6-151)。

图 6-151 黄杨

【分布与习性】产华东、华中及华北南部，生于山谷、溪边、林下。喜半阴，喜温暖气候和肥沃湿润的中性至微酸性土壤，也较耐碱，在石灰性土壤上能生长。生长缓慢，耐修剪。抗烟尘，对多种有害气体抗性强。

【变种】小叶黄杨(var. *parvifolia*)，叶片较小，宽椭圆形或阔卵形，长仅 7～10mm，宽 5～7mm，薄革质，侧脉明显突出，果实球形，径 6～7mm，无毛。产安徽、重庆、湖北、江西、浙江等地。矮生黄杨(var. *pumila*)，叶片极小，长仅 5～7mm，宽约 3.5mm，表皮厚，常无侧脉，有皱纹；果径约 4mm。产湖北西部。

【繁殖方法】播种、压条或扦插繁殖。

【观赏特性及园林用途】枝叶扶疏，终年常绿，叶片小，耐修剪，也较耐阴，最适于作绿篱和基础种植材料，或与金叶女贞等色叶树种配植，在草坪中作模纹图案材料，经整形也可于路旁列植或作花坛镶边。也适于在小型庭院、林下、草地孤植、丛植或点缀山石。此外，黄杨还是著名的盆景材料，扬派盆景的代表树种之一。苏州光福邓尉司徒庙内尚存古树，高达 10m，据传已历 700 余年。

【同属种类】约 70 种，分布于亚洲、欧洲、热带非洲和中美洲。我国约 17 种，产长江以南各地，西北至甘肃南部。常见的还有雀舌黄杨(*B. bodinieri*)，叶薄革质，倒披针形或倒卵状长椭圆形，长 2～4cm，宽 8～18mm，先端最宽，两面中脉明显凸起。退化雌蕊和萼片近等长或稍超出。蒴果卵圆形。产长江流域至华南、西南，北达河南、甘肃和陕西南部。常见栽培。

（四）八角金盘

【学名】*Fatsia japonica* (Thunb.) Decne & Planch.

【科属】五加科，八角金盘属

【形态特征】常绿灌木，高达 5m，常呈丛生状。幼枝叶具易脱落的褐色毛。单叶，互生，常集生枝顶。叶片掌状 7～9 裂，径 20～40cm，基部心形或截形；裂片卵状长椭圆形，有锯齿，表面有光泽；叶柄长 10～30cm。花两性，具梗，伞形花序再集成大圆锥花序，顶生；花小，白色，花部 5

图 6-152　八角金盘

数。浆果，肉质，近球形，径约 8mm，紫黑色。花期秋季；果期翌年 5 月（图 6-152）。

【分布与习性】原产日本，我国长江流域及其以南各地常见栽培。喜阴；喜温暖湿润气候，不耐干旱，耐寒性也不强，在淮河流域以南可露地越冬；适生于湿润肥沃土壤。抗污染，能吸收二氧化硫。

【繁殖方法】扦插繁殖，也可播种或分株繁殖。

【观赏特性及园林用途】植株扶疏，婀娜可爱，叶片大而光亮，是优良的观叶植物，性耐阴，最适于林下、山石间、水边、小岛、桥头、建筑附近丛植，也可于阴处植为绿篱或地被，在日本有"庭树下木之王"的美誉。

【同属种类】2 种，分布于东亚。我国 1 种，产台湾，引入 1 种。

（五）石楠

【学名】*Photinia serrulata* Lindl.

【科属】蔷薇科，石楠属

【形态特征】常绿乔木或灌木，一般高 4～6m，有时高达 12m；全株近无毛。单叶互生；有托叶。叶片革质，长椭圆形至倒卵状长椭圆形，长 8～22cm，有细锯齿，表面有光泽；侧脉 20 对以上；叶柄粗壮，长 2～4cm。复伞房花序顶生，直径 10～16cm；花白色，径 6～8mm。梨果小，球形，径 5～6mm，红色；萼宿存。花期 4～5 月；果期 10 月（图 6-153）。

【分布与习性】产淮河流域至华南，北达秦岭南坡、甘肃南部；日本和热带亚洲也有分布。喜温暖湿润气候，耐－15℃低温；喜光，也耐阴；喜肥沃湿润、富含腐殖质而排水良好的酸性至中性土壤；较耐干旱瘠薄，不耐水湿。萌芽力强，耐修剪。

【繁殖方法】播种或扦插繁殖。

图 6-153　石楠

【观赏特性及园林用途】树冠圆整，枝密叶浓，早春嫩叶鲜红，夏秋叶色浓绿光亮，兼有红果累累，鲜艳夺目，是重要的观叶观果树种。在公园绿地、庭园、路边、花坛中心及建筑物门庭两侧均可孤植、丛植、列植。生长迅速，极耐修剪，因而适于修剪成形，常修剪成"石楠球"，用于庭院阶前或入口处对植、大片草坪上群植，或用作花坛的中心树。还是优良的绿篱材料。对二氧化硫、氯气有较强的抗性，且有隔声功能，适于街道厂矿区绿化。

【同属种类】约 60 余种，主产亚洲东部和南部，墨西哥也有分布。我国 43 种，主产于秦岭至淮河以南。常见的还有：

（1）桃叶石楠 *Photinia prunifolia*（Hook. & Arn.）Lindl.：叶片长圆形或长圆状披针形，长 7～13cm，宽 3～5cm，先端渐尖，基部圆或宽楔形，具细腺齿，下面密被黑色腺点；叶柄长 1～2.5cm，无毛，有腺点。花序被长柔毛，果椭圆形，长 7～11mm，径约 4～7mm，红色。产华东至华南、贵州、云南。

（2）倒卵叶石楠 *Photinia lasiogyna*（Franch.）Schneid.：常绿灌木，小枝紫褐色，幼时有毛。叶片倒卵形或倒披针形，长 5～10cm，宽 2.5～3.5cm，先端圆钝；叶柄长 1.5～1.8cm。花序径约 3～5cm，有绒毛。果实红色，倒卵形，径约 4～5mm。产华东至华南、西南，常栽培观赏。

（3）中华石楠 *Photinia beauverdiana* Schneid.：落叶灌木或小乔木，高 3～10m。小枝紫褐至黑褐色，通常无毛。叶片矩圆形、卵形或椭圆形至倒卵形，纸质，长 5～13cm，宽 2～5cm；叶柄长 5～10mm，有毛。花序径约 5～10cm，密被疣点。果卵形，紫红色，长 7～8mm，径 5～6mm。花期 5 月；果期 8 月。广布于长江以南各地，北达陕西。

（六）海桐

【学名】*Pittosporum tobira* (Thunb.) Ait.

【科属】海桐花科，海桐花属

【形态特征】常绿灌木或小乔木，高达 6m。树冠圆球形，浓密。单叶互生，小枝及叶常集生于枝顶；无托叶。叶片倒卵状椭圆形，长 5～12cm，先端圆钝或微凹，基部楔形，边缘反卷，全缘，两面无毛。伞房花序顶生，花白色或黄绿色，径约 1cm，芳香；萼片、花瓣、雄蕊均为 5 枚；花瓣常向外反卷。蒴果，卵球形，长 1～1.5cm，3 瓣裂；种子鲜红色，有黏液。花期 5 月；果期 10 月（图 6-154）。

图 6-154　海桐花

【分布与习性】产中国东南沿海（台湾北部有野生）和日本、朝鲜，生于海拔 1800m 以下的林内、海滨沙地、石灰岩地区。南方各地普遍栽培。喜光，略耐半阴；喜温暖气候和肥沃湿润土壤；稍耐寒，在山东中南部和东部沿海可露地越冬。对土壤要求不严，在 pH 值 5～8 之间均可，黏土、沙土和轻度盐碱土均能适应，不耐水湿。萌芽力强，耐修剪。抗海风，抗二氧化硫等有毒气体。

【繁殖方法】播种或扦插繁殖。

【观赏特性及园林用途】枝叶茂密，叶色浓绿而有光泽，经冬不凋，初夏繁花如雪，香闻数里，入秋果实变黄，红色种子宛如红花一般，是园林中常用的观赏树种。常用作绿篱和基础种植材料，可修剪成球形用于园林点缀，孤植、丛植于草坪边缘，或对植于入口处、列植于路旁、台坡。

【同属种类】约 150 种，分布于亚洲东南部至大洋洲，西至也门、马达加斯加、非洲南部。我国 46 种，产长江流域及其以南地区。常见栽培的仅此 1 种。

（七）珊瑚树

【学名】*Viburnum odoratissimum* Ker-Gawl.

【科属】忍冬科，荚蒾属

【形态特征】常绿大灌木或小乔木，高达 10m。枝条灰色或灰褐色，有凸起的小瘤状皮孔，近无毛。冬芽有 1～2 对卵状披针形鳞片，被星状毛。单叶对生；叶片椭圆形、矩圆形或矩圆状倒卵形至倒卵形，有时近圆形，长 7～20cm，表面深绿而有光泽，背面有时散生暗红色腺点，先端钝尖，基部宽楔形，边缘上部有不规则浅波状钝齿或近全缘；侧脉 4～6 对。圆锥花序顶生或生于侧生短枝上，宽尖塔形，长 6～13cm，宽 4.5～6cm；总花梗扁而有淡黄色小瘤状突起；萼 5 裂；花冠钟状，5 裂，白色，花冠筒长约 2mm，芳香；雄蕊 5 枚。核果椭圆形，成熟时由红色渐变为黑色。花期 4～5 月；果期 7～10 月（图 6-155）。

【分布与习性】产我国东南部沿海地区，热带亚洲也有分布。喜光，稍耐阴，喜温暖湿润气候及湿润肥沃土壤；耐烟尘，对氯气、二氧化硫抗性较强。根系发达，萌芽力强，耐修剪，易整形。

图 6-155 珊瑚树

【变种】日本珊瑚树（var. *awabuki*），又名法国冬青。叶片倒卵状矩圆形至矩圆形，很少倒卵形，长 7～13(16) cm，边缘常有较规则的波状浅钝锯齿；侧脉 5～8 对；叶柄红色；圆锥花序通常生于具两对叶的幼枝顶端，长 9～15cm，直径 8～13cm，花冠筒长 3.5～4mm。产我国台湾和日本，华东各地常见栽培。

【繁殖方法】以扦插繁殖为主，亦可播种繁殖。

【观赏特性及园林用途】珊瑚树枝叶繁茂，终年碧绿，蔚然可爱，与海桐、罗汉松同为海岸三大绿篱树种。《花经》云："珊瑚树多挺生，枝干直立，叶绿而亮，终年苍翠，入冬尤绿，庭园中皆取行列之丛栽，以作装饰墙角之用。"在园林中，珊瑚树易形成高篱，最适于沿墙垣、建筑栽植，供隐蔽、观赏之用；枝叶富含水分，耐火力强，又兼有防火功能。珊瑚树春季白花满树，秋季果实鲜红，状如珊瑚，因而作为一种花果兼叶赏的美丽观赏树种，也可丛植于园林、庭院各处观赏。

【同属种类】参阅木绣球。

（八）阔叶十大功劳

【学名】*Mahonia bealei* (Fort.) Carr.

【科属】小檗科，十大功劳属

【形态特征】常绿灌木，高 1.5～4m，树皮黄褐色。1 回羽状复叶，互生；小叶 7～15 枚，卵形至卵状椭圆形，长 5～12cm，叶缘反卷，有大刺齿 2～5 对，侧生小叶无柄，顶生小叶柄长 1.5～6cm。总状花序长 5～13cm，6～9 个簇生；花两性，黄褐色，芳香，外有小苞片；萼片 9 枚，3 轮；花瓣 6 枚，2 轮，常有基生腺体 2 或不明显；雄蕊 6 枚，花药瓣裂。花梗长 4～6mm。浆果，卵圆形，蓝黑色，被白粉，长约 1cm，径约 6mm。花期 11 月至翌年 3 月；果期 4～8 月（图 6-156）。

图 6-156 阔叶十大功劳

【分布与习性】产于秦岭、大别山以南，长江流域各地园林中常见栽培。喜温暖湿润气候；耐半阴；不耐严寒；可在酸性土、中性土至弱碱性土中生长，但以排水良好的沙质壤土为宜。萌蘖力较强。

【繁殖方法】播种、扦插或分株繁殖。

【观赏特性及园林用途】四季常青，叶片奇特，秋叶红色，赏心悦目。可用于布置花坛、岩石园、庭院、水榭，常与山石配置，也可作境界绿篱树种，还可作冬季切花材料。

【同属种类】60 种，分布于亚洲东部和东南部、拉丁美洲和北美洲。我国 31 种，主产于西南各地。常见栽培的还有十大功劳（*M. fortunei*），小叶 5～9 枚，无柄或近无柄，侧生小叶狭披针形至披针形，长 5～11cm，宽 0.9～1.5cm，顶生小叶较大。花黄色，总状花序长 3～7cm，4～10 条簇生，花梗长 1～4mm。果实蓝黑色，外被白粉。花期 7～9 月。产于长江以南地区，常见栽培。

（九）厚皮香

【学名】*Ternstroemia gymnanthera* (Wight & Arn.) Sprague

【科属】山茶科，厚皮香属

【形态特征】常绿灌木或小乔木，高 3～8m。小枝粗壮，近轮生，多次分枝形成圆锥形树冠。单叶互生，常簇生枝顶；无托叶。叶片厚革质，倒卵形或倒卵状椭圆形，长 5～8cm，全缘或略有钝锯齿，先端钝尖，叶基渐窄且下延；叶表中脉显著下凹，羽状侧脉不明显。花淡黄色，径约 1.8cm，浓香，常数朵聚生枝顶或单生叶腋。萼片、花瓣 5 枚，雄蕊多数，2 轮，花丝连合。果实呈浆果状，球形、不开裂，花柱及萼片均宿存，绛红色并带淡黄色。花期 4～8月；果期 7～10 月(图 6-157)。

图 6-157　厚皮香

【分布与习性】产长江流域以南至华南；日本、朝鲜和印度、柬埔寨也产。喜阴湿环境，也耐光，能忍受 −10℃ 低温；喜腐殖质丰富的酸性土，也能生于中性至微碱性土壤中。根系发达，抗风力强。萌芽力弱，不耐修剪。生长较慢。

【繁殖方法】播种或扦插繁殖。

【观赏特性及园林用途】枝条平展，层次分明；花开时浓香扑鼻；叶片经秋入冬转为绯红色，远看疑为红花满树，分外艳丽。适于门庭两侧、道路两旁对植及列植，草坪、墙角或疏林下丛植，也可配植于假山石旁。对有毒气体抗性强并能吸收，适于工矿区绿化。

【同属种类】约 90 种，分布于南美洲、亚洲和非洲。我国 13 种，产长江以南各地。

（十）女贞

【学名】*Ligustrum lucidum* Ait.

【科属】木犀科，女贞属

【形态特征】常绿乔木，高达 25m；全株无毛。单叶对生。叶片革质，卵形至卵状披针形，长 6～12cm，全缘，基部圆形或宽楔形，表面有光泽；侧脉 5～6(4～9) 对。花白色；圆锥花序顶生，长 10～20cm。萼钟状，4 齿裂；花冠 4 裂，裂片与花冠筒近等长；雄蕊 2 枚。浆果状核果，椭圆形，长约 1cm，紫黑色，有白粉。花期 6～7 月；果期 10～11 月(图 6-158)。

【分布与习性】产长江流域及以南地区。喜光，稍耐阴；喜温暖湿润环境，不耐干旱瘠薄；适生于微酸性至微碱性土壤；抗污染，对二氧化硫、氯气、氟化氢等有毒气体均有较强的抗性，并能吸收氟化氢。萌芽力强，耐修剪。

【变型】落叶女贞(f. *latifolium*)，落叶性，叶较薄，纸质，椭圆形、长卵形至披针形，侧脉 7～11 对，相互平行，与主脉几近垂直。产江苏等地。

图 6-158　女贞

【繁殖方法】以播种为主，也可扦插繁殖。

【观赏特性及园林用途】枝叶清秀，四季常绿，夏日白花满树，是一种很有观赏价值的园林树种。可孤植、丛植于庭院、草地观赏，也是优美的行道树和园路树。性耐修剪，亦适宜作为高篱，并可修剪成绿墙。

【同属种类】约 45 种，分布于亚洲、大洋洲和欧洲。我国约 27 种，引入栽培 2 种，多分布于南部和西南部。常见栽培的还有：

(1) 日本女贞 *Ligustrum japonicum* Thunb.：常绿灌木或小乔木。叶较小而厚革质，卵形至卵状椭圆形，长 4～8cm，先端短锐尖，基部圆，叶缘及中脉常带紫红色。花冠裂片略短于花冠筒。产日本、朝鲜和我国台湾。华东各地常栽培。耐寒力强于女贞。

(2) 小叶女贞 *Ligustrum quihoui* Carr.：落叶或半常绿。小枝被短柔毛。叶薄革质，椭圆形至倒卵状长圆形，长 1.5～5cm，宽 0.5～2cm，顶端钝，边缘微反卷，无毛；叶柄有短柔毛。花序长 7～21cm，花白色，芳香，近无柄；花冠筒与裂片等长。果紫黑色，长 5～9mm。产华北、华东、华中、西南。

(3) 小蜡 *Ligustrum sinense* Lour.：与小叶女贞相似，区别在于：常绿或半常绿，叶背沿中脉有短柔毛。花序长 4～10cm，花梗细而明显；花冠筒短于花冠裂片；雄蕊超出花冠裂片。果实近圆形。分布于长江流域及其以南各省区，常栽培观赏。

(4) 水蜡(辽东水蜡树) *Ligustrum obtusifolium* Sieb. & Zucc. subsp. *suave*(Kitag.)Kitag.：落叶灌木，高 2～3 m。枝条开展或拱形，幼枝密生短柔毛。叶矩圆状披针形至长倒卵状椭圆形，长 1.5～6cm，宽 0.5～2.5cm，全缘，背面具疏柔毛，沿中脉较密。圆锥花序短而常下垂，花白色，芳香；花具短梗；花冠管长约花冠裂片的 1.5～2 倍。产东北南部至华东。

(5) 金叶女贞 *Ligustrum* 'Vicary'：常绿或半常绿灌木，高 2～3m，幼枝有短柔毛。叶片椭圆形或卵状椭圆形，长 2～5cm，叶色鲜黄，尤以新梢为甚。圆锥花序顶生，花白色。果阔椭圆形，紫黑色。广为栽培。

(十一) 印度橡皮树

【学名】*Ficus elastica* Roxb. ex Hernem.

【科属】桑科，榕属

【形态特征】常绿乔木，高达 30m，具气生根。全株光滑无毛；小枝粗壮；托叶合生，包被芽体，深红色，落后在枝上留下环状托叶痕。单叶互生。叶片宽大，厚革质，长椭圆形或矩圆形，略向主脉对折，长 10～30cm，宽 7～10cm，全缘，先端渐尖，表面光绿色。花生于囊状中空顶端开口的肉质花序托内壁上，形成隐头花序。隐花果(榕果)肉质，卵状长圆形，长约 1cm，径约 5～8mm，无柄，成熟时黄绿色。花期 11 月(图 6-159)。

【分布与习性】原产热带亚洲，云南瑞丽和盈江等地有野生分布；华南常见栽培。喜光，也耐阴；喜温暖湿润气候，不耐寒冷；要求肥沃而排水良好的土壤，以酸性至中性土为佳。

【栽培品种】金边橡皮树('Aureo-marginatus')，叶片边缘金黄色，入秋更为明显。花叶橡皮树('Variegata')，叶面有黄白色斑纹。白斑叶橡皮树('Doescheri')，叶片较狭窄，有白色斑块。金星叶橡皮树('Goldstar')，叶片大而圆，幼时明显带红褐色，后稍淡，边缘散生稀疏的细小斑点。

图 6-159　橡皮树

【繁殖方法】扦插、压条繁殖。

【观赏特性及园林用途】橡皮树是热带著名的庭园观赏树种，常用作园景树，适于大型庭院的庭前、草地、路旁、水边植之。广州街道常见以橡皮树与榕树间植为行道树。花叶橡皮树和金边橡皮树树形较小，叶色甚美丽，适宜盆栽。

【同属种类】参阅无花果。常见栽培的还有垂叶榕（*F. benjamina*），常绿乔木。枝叶稠密，柔软下垂。叶薄革质，卵形或卵状椭圆形，长4～8cm，宽2～4cm，先端锐尖。果球形，黄色或红色，成对或单生叶腋，径0.8～1.2cm。花期8～11月。产华南和云南、贵州，可作行道树、庭荫树，也可盆栽观赏。

（十二）蚊母树

【学名】*Distylium racemosum* Sieb. & Zucc.

【科属】金缕梅科，蚊母树属

【形态特征】常绿乔木，高达25m，栽培者常呈灌木状；树冠开展呈球形。小枝和芽有盾状鳞片。单叶互生。叶厚革质，椭圆形至倒卵形，长3～7cm，宽1.5～3.5cm，全缘，先端钝或略尖，基部宽楔形；羽状脉。花单性，总状花序长约2cm，雄花位于下部，雌花位于上部；花小，萼片大小不等，无花瓣；花药红色；子房外有星状绒毛。蒴果木质，卵形，密生星状毛，顶端开裂为4个果瓣，花柱宿存。花期4～5月；果期9～10月（图6-160）。

【分布与习性】产东南沿海，多生于海拔800m以下的低山丘陵；日本和朝鲜也产。喜光，稍耐阴；喜温暖湿润气候，耐寒性不强；对土壤要求不严。萌芽力强，耐修剪。对烟尘和多种有毒气体有较强的抗性。

【变种和品种】细叶蚊母树（var. *gracile*），叶片较小，长2～3cm。产台湾。彩叶蚊母树（'Variegatum'），叶片较阔，有黄白色斑块。

【繁殖方法】播种、扦插繁殖。

图6-160 蚊母树

【观赏特性及园林用途】枝叶密集，叶色浓绿，树形整齐美观，常修剪成球形，适于草坪、路旁孤植、丛植，或用于庭前、入口对植；也可植为雕塑或其他花木的背景。因其防尘、隔声效果好，亦适于作为防护绿篱材料或分隔空间用。

【同属种类】18种，分布于亚洲东部、南部和中美洲。我国12种，产长江流域以南。常见栽培的还有小叶蚊母树（*D. buxifolium*），嫩枝无毛或稍被毛，芽被褐色柔毛。叶片倒披针形或长圆状倒披针形，长3～6cm。产长江流域以南。

（十三）月桂

【学名】*Laurus nobilis* L.

【科属】樟科，月桂属

【形态特征】常绿乔木，高达12m，易生根蘖，栽培者常呈灌木状；分枝角度较小，树冠长卵形。单叶互生。叶片长圆形或长圆状披针形，长5～12cm，宽1.8～3.2cm，叶缘波状，先端渐尖，基部楔形，无毛；羽状脉，网脉明显。雌雄异株；伞形花序腋生，开花前呈球形；苞片近圆形，4

枚，外面无毛，内面被绢毛；花被裂片 4，黄色。浆果卵形，暗紫色。花期 3～5 月；果期 8～9 月（图 6-161）。

图 6-161　月桂

【分布与习性】原产地中海沿岸各国。华东、台湾、四川、云南等地栽培，北方温室常盆栽。喜光，稍耐阴；喜温暖湿润气候和疏松肥沃土壤，在酸性、中性和微碱性土壤上均能生长良好，耐短期 -8℃ 低温；耐干旱；萌芽力强。

【繁殖方法】扦插或播种繁殖。扦插采用硬枝、嫩枝均可，嫩枝扦插以带踵为好。

【观赏特性及园林用途】月桂为著名的芳香油树种，树形整齐而狭长、枝叶茂密，春季黄花满树，也是优美的观赏树种。可孤植、对植、丛植，也可列植于建筑前作高篱，还可修剪成球体、长方体等几何形体用于草地、公园、街头绿地的点缀。

【同属种类】2 种，产地中海沿岸至大西洋加那利群岛。我国引入 1 种。

（十四）变叶木

【学名】*Codiaeum variegatum* (L.) Blume

【科属】大戟科，变叶木属

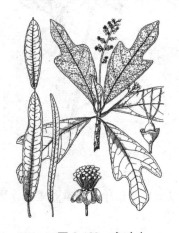

图 6-162　变叶木

【形态特征】常绿灌木，一般高 1～2m，全株光滑无毛。具乳汁。单叶互生。叶形和叶色多变，狭线形、条形至琴形、阔卵形，全缘或分裂至中脉，长 8～20cm，宽 0.2～8cm；边缘波浪状甚至全叶螺旋状，黄色、淡绿色或紫色，常杂有其他颜色的斑块、斑点，有时中脉和侧脉上红色或紫色。花小，花白色，单性同株，总状花序，长 10～20cm，花柄纤弱；雄花簇生于苞腋内，雌花单生于花序轴上；萼 5 裂，雄花花瓣小，雌花无花瓣。蒴果球形，径约 7mm，白色，成熟时裂成 3 个 2 瓣裂的分果瓣。花期 3～5 月；果期夏季（图 6-162）。

【分布与习性】原产马来西亚和太平洋岛屿。华南地区露地栽培，长江流域及其以北地区盆栽。喜高温多湿和阳光充足的环境，不耐寒，适宜生长温度 30℃ 左右，气温低于 10℃ 会引起植株落叶；喜黏重肥沃而有保水性的土壤。萌芽力强。

【变型】变叶木类型和品种众多，常依叶形分为阔叶、细叶、长叶、螺旋叶、戟叶等多个类型，常见栽培的有 100 多个品种。戟叶变叶木（f. *lobatum*），叶片宽大，常具 3 裂片，戟形。长叶变叶木（f. *ambiguum*），叶片长披针形，长约 20cm。阔叶变叶木（f. *platyphyllum*），叶片卵形或倒卵形，长 5～20cm，宽 3～10cm。

【繁殖方法】扦插繁殖。

【观赏特性及园林用途】枝叶密生，生长繁茂，叶形、叶色变化多姿，五彩缤纷，是著名的观叶树种，华南可用于园林造景。适于路旁、墙隅、石间丛植，也可植为绿篱或基础种植材料。北方常见盆栽，用于点缀案头、布置会场、厅堂。

【同属种类】15 种，分布于马来西亚、太平洋岛屿和澳大利亚北部。我国引种 1 种。

（十五）瓜栗

【学名】*Pachira aquatica* Aubl.

【别名】发财树、马拉巴栗

【科属】木棉科，瓜栗属

【形态特征】常绿小乔木，高 4～5(18) m，树皮光滑。幼枝栗褐色，无毛。掌状复叶，互生，常聚生枝顶。小叶 5～11 枚，全缘，矩圆形至倒卵状矩圆形，中部者长 13～24cm，宽 4.5～8cm，下面被锈色星状毛，近无柄；侧脉 16～20 对。花单生或簇生叶腋；花梗粗，被黄色星状毛。萼杯状，近革质，宿存；花瓣淡黄白色，狭披针形至线形，长达 15cm，上部反卷；雄蕊多数，基部合生成短管，上部分离为多束，下部黄色、上部红色；花柱深红色。蒴果椭圆形，长 9～10cm，径 4～6cm，室背 5 裂。种子长 2～2.5cm，深褐色，有白色螺纹。花期 5～11 月，果先后成熟(图 6-163)。

【分布与习性】原产热带美洲，是海岸型热带稀疏草原植物。现热带地区广泛栽培和归化，华南各地常见栽培。耐干旱、忌湿；喜温暖气候，耐－2℃寒潮，但幼苗忌霜冻；耐阴性强。

【繁殖方法】播种或扦插繁殖。

【观赏特性及园林用途】我国于 20 世纪 50～60 年代由古巴引入，最初作为油料和干果树种栽培，种子含油量 45%，供食用，被称为树上花生。瓜栗枝叶稠密、翠绿，树冠如伞，树形优美，树干基部膨大，是近年来发展迅速的观叶植物。热带和南亚热带地区，可用于庭园绿化，于草坪、庭院、墙角、建筑周围等地孤植、丛植均宜。也是著名的室内盆栽观叶植物，广泛用于居室、宾馆、饭店、会场、商场的装饰布置。

【同属种类】约 50 种，分布于热带美洲，我国引入栽培 1 种。

图 6-163　马拉巴栗

（十六）红桑

【学名】*Acalypha wilkesiana* Muell.-Arg.

【科属】大戟科，铁苋菜属

【形态特征】常绿灌木，高达 5m，多分枝。植物体有乳汁。单叶互生。叶片古铜绿色，并常杂有红色或紫色，卵形或阔卵形，长 10～18cm，有不规则钝锯齿，先端渐尖，基部浑圆。花单性同株，无花瓣及花盘；穗状花序淡紫色，雄花序长达 20cm，径不及 5mm，间断，花聚生；雌花的苞片阔三角形，有明显的锯齿。蒴果开裂为 3 个 2 裂的分果。花期 5 月和 12 月。

【分布与习性】原产斐济岛，现世界热带地区广为栽培。喜光，若光线不足，则叶色不佳；喜温暖湿润气候，不耐霜冻，当气温在 10℃ 以下时叶片即有轻度寒害，长期 6～8℃ 低温则植株严重受害。极不耐湿，要求排水良好的肥沃土壤，在干旱瘠薄土壤上生长不良。

【栽培品种】条纹红桑('Macafeana')，叶古铜色并具有红色条纹。金边红桑('Marginata')，叶缘红色。斑叶红桑('Musaica')，叶片具有红斑。彩叶红桑('Triumphans')，叶面有红色、绿色和褐色斑块。金边皱叶红桑('Hoffmanii')，叶片基部皱褶，节间短，叶片边缘金黄色。

【繁殖方法】扦插繁殖。

【观赏特性及园林用途】植株低矮，叶色美丽、品种繁多，在华南是优良的绿篱和基础种植材料，也可配植在灌木丛中点缀景色，并适合与其他种类搭配，在大片草地上布置模纹图案，夏季在阳光照耀下分外美丽。长江流域及北方可盆栽。

【同属种类】约450种，分布于热带和亚热带地区。我国18种，广布于南北各省。

（十七）红背桂

【学名】*Excoecaria cochinchinensis* Lour.

【别名】青紫木、紫背桂

【科属】大戟科，海漆属

【形态特征】常绿灌木，高1～1.5m。有乳汁。小枝无毛，密生皮孔。单叶对生，间有互生或轮生。叶片狭椭圆形或矩圆形，长7～12cm，宽2～4cm，有疏齿，先端渐尖，表面绿色，背面紫红色，两面无毛；羽状脉。雌雄异株，穗状花序腋生，雄花序长1～2cm，雌花序较短，由3～5朵花组成。萼片3枚，无花瓣，雄蕊3枚，子房3室。蒴果球形，红色，径约8mm，3裂，果瓣由中轴弹卷而分离。花期几乎全年，以6～8月为盛（图6-164）。

图6-164 红背桂

【分布与习性】产我国台湾、广东、广西、云南和越南等地，生于海拔1500m以下，广泛栽培。亚洲东南部各国也有分布。喜温暖湿润气候和排水良好的沙质壤土；耐阴，忌曝晒；对二氧化硫抗性颇强。生长速度快。

【变种】绿背桂（var. *viridis*），植株稍高大，雌雄同株。叶片椭圆形至长圆状披针形，上面深绿色，背面浅绿色。分布于东南亚及我国广东、广西、海南、台湾。

【繁殖方法】扦插繁殖。

【观赏特性及园林用途】植株低矮，枝叶扶疏，叶片上绿下紫，尤其在微风吹拂下，红绿变幻，颇为美观。适于热带地区栽培，可丛植于林下、房后、墙角等荫蔽环境，或植为地被、绿篱。长江流域及其以北地区盆栽。

【同属种类】共35种，分布于亚洲、非洲和大洋洲热带。我国5种，分布于西南、中部和台湾。

（十八）紫锦木

【学名】*Euphorbia cotinifolia* L. subsp. *cotinoides* (Miq.) Christ.

【别名】肖黄栌

【科属】大戟科，大戟属

【形态特征】常绿大灌木至乔木，高达13～15m；树冠圆整。有乳汁。枝条开展，嫩枝暗红色，稍肉质，节部稍肥厚。3叶轮生；叶片两面红色，卵圆形，长2～6cm，宽2～4cm，全缘；叶柄纤细，长2～9cm，深红色，稍呈盾状着生，中脉不达叶片基部。杯状聚伞花序（大戟花序）含多数仅具1枚雄蕊的雄花和1朵雌花；总苞阔钟形；无花被。蒴果三棱状卵形，高约5mm，直径6mm，3瓣裂，每瓣再2裂。花果期4～11月（图6-165）。

原种（*Euphorbia cotinifolia* L.），叶片圆形，极少栽培。

【分布与习性】原产热带美洲。华南和云南南部栽培颇多，生长良好。喜高温高湿，耐酷暑，不耐寒。当气温下降到 15℃ 以下时，生长停滞；持续 6～7℃ 低温，嫩枝受寒害，叶片脱落，但春季仍然能够正常发叶生长；持续 3～5℃ 低温，严重受害。1996 年 2～3 月，华南出现严重春寒，枝条轻度受害。喜光，不耐阴，对土壤要求不严，沙土、黏土，酸性或钙质土均可，较耐旱，也稍耐水湿。

图 6-165　紫锦木

【繁殖方法】扦插繁殖。

【观赏特性及园林用途】紫锦木是我国近年引入的著名红叶树种，从春至冬，叶片常年红艳，华丽而高贵、凝重，与万绿林丛相映成景，如林中佳丽。由于红叶吉利，适于庭院、公园、水滨栽培，点缀碧绿的草地。也可盆栽。萌芽性强，可早期截干，以形成圆整的树冠，提高观赏价值。

【同属种类】约 2000 余种，广布全球，主产热带干旱地区，尤其是非洲。我国约 68 种，引入栽培 10 余种广布全国。常见栽培的还有：

(1) 光棍树 *Euphorbia tirucalli* L.：乔木，小枝分叉或轮生，每节长 7～10cm，粗 6mm，圆棍状，肉质，淡绿色。幼枝具线状披针形小叶，长 7～15mm，宽 0.7～1.5mm，不久脱落。蒴果棱状三角形，高约 8mm。原产非洲东南部，我国南方各省有引栽。绿枝青翠，十分悦目。

(2) 一品红 *Euphorbia pulcherrima* Willd. ex Klotzsch：常绿灌木，高达 2～4m，常自基部分枝。叶卵状椭圆形至披针形，长 8～16cm，宽 2.5～5cm，全缘或浅裂，下面被柔毛。聚伞花序顶生；总苞绿色；花序下部的叶片(苞叶)在花期变为鲜艳的红、黄、粉红等色，呈花瓣状。花期 12 月至翌年 3 月。原产墨西哥，华南露地栽培，北方温室盆栽。

(十九) 鹅掌柴

【学名】*Schefflera heptaphylla* (L.) Frodin

【科属】五加科，鹅掌柴属

【形态特征】常绿乔木或灌木，高达 15m。小枝粗，幼时被星状毛。掌状复叶，互生；托叶与叶柄基部合生。小叶 6～9(11)枚，椭圆形至矩圆状椭圆形或倒卵状椭圆形，长 7～18cm，宽 3～5cm；叶柄长(5)10～30cm。雄花与两性花同株，花白色，芳香，伞形花序组成长达 25～30cm 的大型圆锥花序，顶生。花萼 5～6 裂，花瓣 5～6 枚，肉质，花时反曲。核果球形。花期 9～12 月；果期 12～2 月(图 6-166)。

图 6-166　鹅掌柴

【分布与习性】原产华南至西南，北达江西和浙江南部，为热带和南亚热带常绿阔叶林习见树种；日本、印度、泰国和越南也有分布。喜光，耐半阴，喜温暖湿润气候和肥沃的酸性土，稍耐瘠薄，在 0℃ 以下叶片容易脱落。

【繁殖方法】扦插或播种繁殖。

【观赏特性及园林用途】栽培条件下常呈灌木状，枝叶密生，树形整齐优美，掌状复叶形似鸭脚，是优良的观叶树种，而且秋冬开花，花序洁白，有香味。园林中可丛植观赏，也可作树丛之下木，并常见盆栽。

【同属种类】约 1100 种，广泛分布于热带及亚热带。我国约 35 种，产西南至东南部，主产云南。

(二十) 凤尾兰

【学名】*Yucca gloriosa* L.

【科属】百合科，丝兰属

【形态特征】常绿灌木或小乔木，主干短，高可达 5m，有时有分枝。叶集生茎端或枝顶，剑形，略有白粉，长 60～75cm，宽约 5cm，挺直，叶质坚硬，全缘，老时疏有纤维丝。圆锥花序从叶丛中抽出，长 1m 以上；花两性，杯状、下垂，乳白色，常有紫晕；花被片 6 枚；雄蕊 6 枚，短于花被片；柱头 3 裂。蒴果椭圆状卵形，不开裂。花期 5～10 月，2 次开花 (图 6-167)。

图 6-167　凤尾兰

【分布与习性】原产北美。我国长江流域普遍栽培，山东、河南可露地越冬。喜光，亦耐阴。适应性强，较耐寒，－15℃ 仍能正常生长无冻害；除盐碱地外，各种土壤都能生长；耐干旱瘠薄，耐湿。耐烟尘，对多种有害气体抗性强。萌芽力强，易产生不定芽，生长快。

【繁殖方法】常用茎切块繁殖或分株繁殖。

【观赏特性及园林用途】树形挺直，四季青翠，叶形似剑，花茎高耸。花白色素雅芳香。常丛植于花坛中心、草坪一角，树丛边缘。是岩石园、街头绿地、厂矿污染区常用的绿化树种。也可在车行道的绿带中列植，亦可作绿篱种植，起阻挡、遮掩作用。茎可切块水养，供室内观赏，或盆栽。

【同属种类】约 30 种，分布于美洲。我国引入栽培 4 种。常见栽培的还有丝兰 (*Y. smalliana*)，常绿灌木。植株低矮，叶近莲座状簇生，长条状披针形至近剑形，长 25～60cm，宽 2.5～3cm，边缘有卷曲白丝。圆锥花序宽大直立，高 1～3m，花白色，花序轴有乳突状毛。蒴果 3 瓣裂。花期 6～8 月。原产北美东南部，我国长江流域及以南栽培较多。

(二十一) 剑叶龙血树

【学名】*Dracaena cochinchinensis* (Lour.) S. C. Chen

【别名】千年木、血竭树

【科属】百合科，龙血树属

【形态特征】常绿灌木或乔木，一般高 4～5m，偶高达 10～15m；树冠伞形；树皮灰白色，光滑，老时灰褐色，片状剥落。茎粗大，多分枝；幼枝有环状叶痕。叶聚生茎或枝顶，相互套叠；叶片扁平，条状，长达 50～100cm，宽 2～3cm，先端下垂，无柄，基部和茎枝顶端带红色。圆锥花序长 40cm 以上，花序轴密生乳头状短柔毛；花两性，每 2～5 朵簇生在一起，乳白色。浆果近球形，径约 8～12mm，橘黄色，种子 1～3 粒。花期 3 月；果期 7～8 月 (图 6-168)。

【分布与习性】剑叶龙血树原产我国云南西南部和广西西南部，在桂西南一般生于海拔 400m (稀达 700m) 以下，在滇西南一般生于海拔 950～1 700m 山地。此外，越南和老挝也产。性喜高温和阳光充足环境，非常耐旱；要求土壤排水良好，生境为石灰(岩)土，呈中性或微碱性反应。

【繁殖方法】扦插、分蘖或播种繁殖，以前者应用较多。

【观赏特性及园林用途】剑叶龙血树枝干纵横，苍劲古朴，叶片密生，是重要的观叶观形树种，其叶片基部和茎枝受伤后常流出红棕色乳汁，是提取中药"血竭"的原料，有止血功能。适于公园假山、悬崖或石间栽培，以散植为宜，若栽培地为酸性土壤，应增施石灰。星千年木适于庭院、草坪丛植。此外，所有的龙血树属种类均适于盆栽。

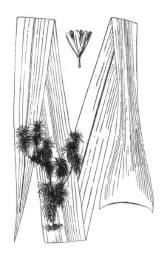

图 6-168 剑叶龙血树

【同属种类】约50种(不包括 *Sansevieria*)，主要分布于非洲和亚洲热带地区；我国产6种，分布于华南，另引入多种供观赏。常见栽培的还有：

(1) 龙血树 *Dracaena draco* L.：原产地可高达 18～20m，直径 4.5m，稍分枝。叶密生于干顶，剑形，长45～60cm，宽 3～4cm，硬而挺直，亮绿色。圆锥花序，花小，带绿色。原产非洲西部。

(2) 香龙血树(巴西木) *Dracaena fragrans* Ker.：高达 6m。叶长椭圆状披针形，绿色或具各种色彩的条纹，花黄白色，芳香。原产非洲西部。金心香龙血树('Massangeana')是最为常见的品种。

(3) 星千年木 *Dracaena godaseffiana* Hort.：常绿灌木，小枝纤细；叶片椭圆形或披针形，长 9～11cm，宽 4.5～5.5cm，绿色并混有白色斑纹。总状花序腋生及顶生，花黄绿色。果实黄绿色或略带红色。

(二十二) 朱蕉

【学名】*Cordyline fruticosa* (L.) A. Cheval.

【别名】铁树、红叶铁树

【科属】百合科，朱蕉属

【形态特征】常绿灌木，高达 3m，有时稍有分枝。叶片在干顶呈两列状旋转聚生，绿色或带紫红、粉红条斑，矩圆形至矩圆状披针形，长25～50cm，宽5～10cm；叶柄长 10～30cm，有深沟，基部变宽，抱茎。圆锥花序生于上部叶腋，长 30～60cm；花小，淡红色或紫色，偶淡黄色，长约1cm。花期 11 月至次年 3 月。栽培品种繁多，叶形和花色有各种变化。

【分布与习性】可能原产太平洋岛屿，现广泛栽培于热带地区。我国福建、广东、广西、海南等地栽培。性喜高温多湿气候，耐寒力差，能耐短期 2～3℃ 低温和轻霜，但长期 5～6℃ 低温则受寒害，北回归线以南地区可露地栽培；喜弱光，忌干旱烈日，夏季要求半阴环境；喜酸性土，在钙质土上也可生长；较耐水湿。

【繁殖方法】扦插、分株或播种繁殖。早春用成熟枝，除去叶片，剪成长 5～10cm 的枝段，平放在加低温的温床上，温度 15～30℃ 和湿润的空气，约 1 个月可生根。播种繁殖，春播，发芽容易。

【观赏特性及园林用途】朱蕉植株挺立，叶片柔韧，色泽古朴，是著名的观叶植物，适于花坛镶边、花境中配植，也是常见的盆栽植物，常用于室内装饰或陈列于展厅、餐厅、会议室等各处。

【同属种类】约 20 种，分布于大洋洲、亚洲南部和南美洲。我国普遍栽培的为本种。此外，见于栽培的还有蓝朱蕉(*C. indivisa*)，乔木状，叶片厚、宽而硬，无柄，花小，白色，原产新西兰；剑叶铁树(*C. stricta*)，又名长叶千年木，叶片狭窄，无柄，花淡紫色，原产澳大利亚。

第五节　荫木类

一、落叶树类

(一) 悬铃木

【学名】*Platanus hispanica* Muench.

【别名】二球悬铃木、英桐

【科属】悬铃木科，悬铃木属

【形态特征】落叶乔木，高达 35m；树冠圆形或卵圆形。树皮灰绿色，片状剥落，内皮平滑，淡绿白色。顶芽缺；侧芽为柄下芽，芽鳞 1。嫩枝、叶密被褐黄色星状毛。单叶互生；托叶圆领状，早落。叶片三角状宽卵形，掌状 5 裂，有时 3 或 7 裂，掌状脉；叶缘有不规则大尖齿，中裂片三角形，长宽近相等；叶基心形或截形。花单性同株，雌、雄花均为头状花序，生于不同花枝上，球形、下垂。花 4 基数。果序球形，由许多圆锥形小坚果组成，常 2 个(偶1～3 个)生于 1 个总果柄上；小果基部周围有褐色长毛，宿存花柱刺状，长 2～3mm。花期 4～5 月；果期 9～10 月(图 6-169)。

图 6-169　悬铃木

【分布与习性】为三球悬铃木与一球悬铃木的杂交种，性状介于二者之间。我国南自两广及东南沿海，西南至四川、云南，北至辽宁均有栽培，在哈尔滨生长不良，呈灌木状。喜光，耐寒、耐旱，也能耐湿；对土壤要求不严，无论酸性、中性或碱性土均可生长，并耐盐碱。萌芽力强，耐修剪。对烟尘和二氧化硫、氯气等有毒气体的抗性较强。

【繁殖方法】播种或扦插繁殖。

【观赏特性及园林用途】树形雄伟端庄，叶大荫浓，干皮光滑，适应性强，为世界著名行道树和庭园树，被誉为"行道树之王"，世界各地广为栽培。

【同属种类】8～11 种，分布于北美洲、亚洲西南部、欧洲东南部，1 种分布于亚洲东南部(老挝和越南北部)。我国不产，引入栽培 3 种。常见栽培的还有：

(1) 三球悬铃木(法桐) *Platanus orientalis* L.：树皮灰绿褐色至灰白色，呈薄片状剥落，内皮洁白。叶片长 8～16cm，宽 9～18cm，掌状 5～7 裂，裂片长大于宽，叶基阔楔形或截形，边缘有不规则锯齿；托叶小，基部鞘状，短于 1cm。花 4 基数。果序径 2～2.5cm，3～6 个一串；宿存花柱长，呈刺毛状。原产欧洲东南部和亚洲西南部，久经栽培。我国西北及山东、河南等地栽培。

(2) 一球悬铃木(美桐) *Platanus occidentalis* L.：树皮常固着干上，不脱落。叶多 3(5)浅裂，宽10～22cm，中裂片阔三角形，宽大于长；托叶较大，长 2～3cm，基部鞘状，上部扩大为喇叭状。花4～6 基数。果序通常单生，偶 2 个一串，果序表面较平滑，宿存花柱短。原产北美东南部；我国北部、中部有栽培，作行道树。

（二）国槐

【学名】*Sophora japonica* L.

【科属】豆科，槐属

【形态特征】落叶乔木，高达 25m；树冠球形或阔倒卵形。小枝绿色，皮孔明显。奇数羽状复叶，互生。小叶 7～17 枚，卵形至卵状披针形，长 2.5～5cm，先端尖，背面有白粉和柔毛。圆锥花序顶生，直立；花黄白色，蝶形，萼 5 齿裂，雄蕊 10 枚。荚果缢缩成串珠状，长 2～8cm，肉质，不开裂。种子肾形或矩圆形，黑色，长 7～9mm，宽 5mm。花期 6～9 月；果期 10～11 月（图 6-170）。

图 6-170 国槐

【分布与习性】自东北南部至华南广为栽培；分布于朝鲜和日本。弱阳性；喜深厚肥沃而排水良好的沙质壤土，但在石灰性、酸性及轻度盐碱土（含盐量 0.15% 左右）上也可正常生长。耐干旱、瘠薄的能力不如刺槐，不耐水涝。萌芽力强，耐修剪。抗污染，对二氧化硫、氯气、氯化氢等有毒气体抗性较强。

【变种和变型】龙爪槐（f. *pendula*），小枝弯曲下垂，树冠呈伞形。五叶槐（f. *oligophylla*），又名蝴蝶槐，羽状复叶仅有小叶 3～5 枚，簇生；小叶较大，顶生小叶常 3 圆裂，侧生小叶下部有大裂片。堇花槐（var. *violacea*），翼瓣和龙骨瓣玫瑰紫色，花期迟。毛叶槐（var. *pubescens*），小枝、叶下面和叶轴密生软毛，花的翼瓣和龙骨瓣边缘微带紫色。

【繁殖方法】播种繁殖，一般 4～5 年出圃；龙爪槐和五叶槐等品种采用嫁接繁殖。

【观赏特性及园林用途】国槐是华北地区的乡土树种，树冠宽广、枝叶茂密，花朵状如璎珞，香亦清馥，是北方最重要的行道树和庭荫树，栽培历史悠久，各地常见千年古树。龙爪槐又名垂槐、盘槐，树形古朴、枝柯纠结，性柔下垂，密如覆盘，常成对植于宅第之旁、祠堂之前，颇有庄严气势。五叶槐叶形奇特，宛若绿蝶栖止树上，堪称奇观，最宜孤植或丛植于草坪和安静的休息区内，也可作园路树。

【同属种类】约 70 种，广布于热带至温带，主要分布于东亚和北美，多为灌木或小乔木。我国 21 种，各地均产。常见栽培的还有白刺花（*S. davidii*），落叶灌木，小枝与叶轴被平伏柔毛。小叶 11～21 枚，椭圆形或长倒卵形，长 5～8(12)mm，先端钝或微凹；托叶针刺状。总状花序生于枝顶，花白色或蓝白色，长约 1.5cm。荚果念珠状，长 2～6cm。产西北、华北、华中至西南。

（三）梧桐

【学名】*Firmiana simplex*（L.）W. F. Wight.

【别名】青桐

【科属】梧桐科，梧桐属

【形态特征】落叶乔木，高 15～20m；树冠卵圆形。树干端直，干枝翠绿色，平滑。小枝粗壮；顶芽发达，密被锈色绒毛。单叶互生；叶片径 15～30cm，掌状 3～5 裂，裂片全缘，基部心形，表面光滑，下面被星状毛；叶柄约与叶片等长。花单性同株，顶生圆锥花序，长 20～50cm；萼 5 深裂，裂片呈花瓣状，长条形，黄绿色带红，开展或反卷，外面被淡黄色短柔毛；无花瓣；雄蕊合生

图 6-171 梧桐

成筒状，花药聚生于雄蕊筒顶端；子房圆球形，有柄。蓇葖果，成熟前沿腹缝线开裂，果瓣匙状，膜质，种子着生于果瓣近基部的边缘；种子球形，种皮皱缩。花期 6～7 月；果期 9～10 月 (图 6-171)。

【分布与习性】原产我国及日本，黄河流域以南至华南、西南广泛栽培，尤以长江流域为多。喜光，喜温暖气候及土层深厚、肥沃、湿润、排水良好、含钙丰富的土壤。深根性，直根粗壮，不耐涝；萌芽力弱，不耐修剪。春季萌芽期晚，秋季落叶早，故有"梧桐一叶落，天下尽知秋"之说。对多种有毒气体都有较强抗性。

【繁殖方法】以播种繁殖为主，也可扦插、分根繁殖。种子应层积催芽。

【观赏特性及园林用途】梧桐树干端直，干枝青翠，绿荫深浓，叶大而形美，且秋季转为金黄色，洁静可爱。为优美的庭荫树和行道树，于草地、庭院孤植或丛植均相宜。与棕榈、竹子、芭蕉等配植，点缀假山石园景，协调古雅。民间有"凤凰非梧桐不栖"之说，因此庭院中广为应用，"栽下梧桐树，引来金凤凰"即为此树。

【同属种类】约 15 种，产于亚洲。我国 3 种，主产于华南和西南，北达华北南部。云南梧桐 (*F. major*) 与梧桐的主要区别是：树皮灰色，略粗糙；叶掌状 3 浅裂；花紫红色。产云南和四川西南部。枝叶茂盛，可作庭荫树和行道树。

(四) 七叶树

【学名】*Aesculus chinensis* Bunge

【别名】菩提树

【科属】七叶树科，七叶树属

【形态特征】落叶乔木，高达 25m；树冠圆球形；小枝粗壮，髓心大，光滑或幼时有毛。冬芽肥大。掌状复叶，对生；无托叶。小叶 5～7(9) 枚，矩圆状披针形、矩圆形、矩圆状倒披针形至矩圆状倒卵形，长 8～25cm，宽 3～8.5cm，具细锯齿，先端急渐尖，基部楔形或阔楔形，背面光滑或仅幼时脉上疏生灰色绒毛；侧脉 13～15 对；小叶柄长 5～17mm。圆锥花序顶生，近圆柱形，长 10～35cm，基部宽 2.5～12cm，被毛或光滑，花朵密集。花白色，芳香；花瓣 4 枚，不等大，上面两瓣常有橘红色或黄色斑纹。蒴果近球形，径 3～4.5cm，黄褐色；种子深褐色，种脐大。花期 4～6 月；果期 9～10 月 (图 6-172)。

图 6-172 七叶树

【分布与习性】原产我国，黄河至长江中下游各地栽培，常见于庙宇。喜光，稍耐阴；喜温暖湿润气候，也能耐寒；喜深厚肥沃而排水良好的土壤。深根性；萌芽力不强。生长速度中等偏慢，寿命长。

【变种】天师栗 (var. *wilsonii*)，叶片背面被灰色绒毛或柔毛，基部阔楔形至圆形或近心形。产甘肃南部、重庆、广东北部、贵州、河南西南部、湖北西部、湖南、江西西部、陕西南部、四川和云南东北部，自然分布于海拔 2000m 以下山地。也常栽培。

【繁殖方法】播种繁殖。种子不耐贮藏，易丧失发芽力。也可嫩枝扦插或根插。

【观赏特性及园林用途】树干耸直，树冠开阔，姿态雄伟，叶片大而美，初夏白花满树，蔚然可观，是世界著名的观赏树木。最宜植为庭荫树和行道树，是世界四大行道树之一。我国古代常植于庙宇，如杭州灵隐寺、北京大觉寺、卧佛寺等均有七叶树古木。

【同属种类】12 种，分布于北温带。我国 2 种，引入栽培 2 种。主产西南，北达黄河流域。我国常见栽培的还有欧洲七叶树(*A. hippocastanum*)，小叶无柄，叶片背面绿色，果实有刺，原产欧洲；日本七叶树(*A. turbinata*)，小叶无柄，叶片背面粉绿色，有白粉，果实有疣状突起，原产日本。

(五) 毛白杨

【学名】*Populus tomentosa* Carr.

【科属】杨柳科，杨属

【形态特征】落叶乔木，高达 30m，胸径 1.5～2m；树冠卵圆形或圆锥形；树皮灰绿色至灰白色，皮孔菱形。顶芽发达，芽鳞多数，略有绒毛。单叶互生，有托叶。长枝之叶阔卵形或三角状卵形，长 10～15cm，宽 8～13cm，下面密生绒毛，后渐脱落，叶柄上部扁平，顶端常有 2～4 腺体；短枝之叶较小，卵形或三角状卵圆形，叶柄无腺体。叶缘有波状缺刻或锯齿。花单性异株，柔荑花序下垂。生于苞片腋部，无花被；苞片具不规则缺裂；花盘杯状。雌株大枝较为平展，花芽小而稀疏；雄株大枝多为斜生，花芽大而密集。蒴果 2 裂；种子细小，有长丝状毛。花期 3 月，叶前开放；果期 4～5 月(图 6-173)。

【分布与习性】我国特产，分布于华北、西北至安徽、江苏、浙江，以黄河流域中下游为中心产区。适应范围广，在年平均气温 11～15.5℃，年雨量 500～800mm 的气候条件下生长最好。阳性树；对土壤要求不严，在酸性土至碱性土上均能生长；稍耐盐碱，土壤含盐量为 0.3％时成活率可达 70％，在 pH 值 8～8.5 时能够生长，但大于 8.5 时生长不良；耐旱性一般，在特别干瘠或低洼积水处生长不良。寿命长达 200 年以上。抗烟尘污染。

【变型】抱头毛白杨(f. *fastigiata*)，侧枝紧抱主干，树冠狭长呈柱状。

【繁殖方法】埋条、扦插、嫁接和分蘖等法繁殖，以嫁接法应用最多，常用扦插易于生根的加拿大杨及各种杂交杨为砧木，切接、腹接、芽接均可，成活率可高达 90％以上。

图 6-173 毛白杨

【观赏特性及园林用途】树干通直，树皮灰白，树体高大、雄伟，叶片在微风吹拂时能发出欢快的响声，给人以豪爽之感。可作庭荫树或行道树，因树体高大，尤其适于孤植或丛植于大草坪上，或列植于广场、主干道两侧。为防止种子污染环境，绿化宜选用雄株。

【同属种类】约 100 种，广布于欧洲、亚洲和北美洲。我国约 71 种，此外还有众多的变种、变型和品种。常见栽培的还有：

(1) 银白杨 *Populus alba* L.：树皮灰白色，幼枝、叶及芽密被白色绒毛，老叶背面及叶柄密被白色毡毛。长枝之叶阔卵形或三角状卵形，掌状 3～5 浅裂，两面被白色绒毛；短枝之叶较小，有波状齿，下面被白色绒毛。产欧洲、北非、亚洲西部和西北部，我国仅新疆有野生天然林分布。西北、华北、辽宁南部及西藏等地有栽培。

变种新疆杨(var. *pyramidalis*)，树冠圆柱形或尖塔形，枝条直立，侧枝开张角度小；树皮灰白或灰绿色，光滑；萌枝和长枝的叶掌状深裂，基部平截；短枝的叶圆形，下面绿色，几无毛。仅见雄株。

(2) 加拿大杨(欧美杨) *Populus × canadensis* Moench.：小枝在叶柄下具 3 条棱脊；冬芽多黏质。叶近三角形，基部截形，锯齿钝圆，叶缘半透明，无毛；叶柄扁平。雄花序长 7～13cm，苞片淡黄绿色，花药紫红色。系美洲黑杨与欧洲黑杨的杂交种，广植于北半球温带。雄株较多，雌株少见。

(3) 小叶杨 *Populus simonii* Carr.：萌条及长枝有显著棱角。冬芽瘦尖，有黏质。叶菱状卵形、菱状倒卵形至菱状椭圆形，中部以上最宽，先端突急尖或渐尖，背面苍白色；叶柄近圆形，常带淡红色，无腺体。广泛分布于东北、华北、西北、华东及西南各省区。

(4) 山杨 *Populus davidiana* Dode：树皮灰绿色或灰白色，老时黑褐色。叶三角状卵圆形或近圆形，长宽约 3～6cm，边缘具有浅波状齿；萌枝叶较大，三角状卵圆形；叶柄侧扁，长 2～6cm。产于东北、华北、西北、华中至西南高山。树形优美，是优良的山地风景林树种。

(5) 箭杆杨 *Populus nigra* L. var. *thevestina* (Dode) Bean：树冠窄圆柱形。树皮灰白色，幼时光滑。叶三角状卵形至卵状菱形，长宽近相等，基部楔形至圆形，具钝细齿。只有雌株。原种产我国新疆以及西亚、欧洲。华北、西北各省广为栽培。

(6) 钻天杨 *Populus nigra* L. var. *italica* (Moench.) Koehne：侧枝成 20°～30°角开展，树冠圆柱形；树皮暗灰褐色。长枝的叶扁三角形，宽大于长，长约 7.5cm，有圆钝锯齿；短枝的叶菱状三角形至菱状卵圆形，长 5～10cm，宽 4～9cm，叶柄无腺点。黄河流域至长江流域广为栽培。

(7) 响叶杨 *Populus adenopoda* Maxim.：树皮灰白色，芽无毛，有黏脂。叶卵形或卵状圆形，长 5～15cm，宽 4～7cm，基部截形或心形，边缘具内曲圆腺齿，下面幼时密被柔毛；叶柄侧扁，顶端有 2 显著腺体。花序长 6～10cm，序轴有毛。产于秦岭、汉水、淮河流域以南至西南大部分地区。

(8) 胡杨 *Populus euphratica* Oliv.：高达 10～15m，稀灌木状。小枝灰绿色。幼树及萌枝叶披针形或条状披针形，长 5～12cm，宽 0.3～2cm，全缘或疏生锯齿；大树叶片卵形、扁圆形、肾形、三角形或卵状披针形，长 2～5cm，宽 3～7cm，上部缺刻或全缘；叶柄稍扁，具 2 腺体。产西北，耐干旱、寒冷及干热，耐盐碱。

（六）旱柳

【学名】*Salix matsudana* Koidz.

【科属】杨柳科，柳属

【形态特征】落叶乔木，高达 18m，胸径 0.8m；树冠倒卵形或近圆形。枝条直伸或斜展，浅黄褐色或带绿色，后变褐色，嫩枝有毛。无顶芽，侧芽芽鳞 1 枚。单叶，互生；托叶早落。叶片披针形，长 5～10cm，宽 1～1.5cm，有细锯齿，先端长渐尖，基部楔形；背面微被白粉；叶柄长 5～8mm。雌雄异株，柔荑花序，直立。花生于苞片腋部，无花被，苞片全缘，无花盘；雄蕊 2 枚，花丝分离，基部有长柔毛；子房背腹面各具 1 个腺体。蒴果 2 裂；种子细小，有白色长毛。花期 3～4 月；果期 4～5 月(图 6-174)。

【分布与习性】广布树种，以黄河流域为分布中心，北达东北各地，南至淮河流域和江浙，西至甘肃和青海，是北方平原地区常见的乡土树种之一。适应性强。喜光，不耐庇荫；耐寒；在干瘠沙地、低湿河滩和弱盐碱地上均能生长，以深厚肥沃、湿润的土壤最为适宜，在黏重土壤及重盐碱地上生长不良。

【变型】龙爪柳(f. *tortuosa*)，枝条扭曲向上，生长势较弱，树体较小。馒头柳(f. *umbraculifera*)，小乔木，分枝密，枝条端梢齐整，形成半圆形树冠，状如馒头。绦柳(f. *pendula*)，枝条细长下垂，常被误认为是垂柳，但小枝黄色，叶披针形，较小，下面苍白色，雌花有2个腺体，可以区别。

【繁殖方法】扦插繁殖，也可进行播种繁殖。

图 6-174 旱柳

【观赏特性及园林用途】树冠丰满，生长迅速，发叶早、落叶迟，是我国北方常用的庭荫树和行道树，也常用作公路树、防护林及沙荒地造林、农村"四旁"绿化。品种龙爪柳枝干屈曲多姿，状若游龙，植于池塘岸边，大枝斜出水面，犹似蛟龙出水，颇有雅致。

【同属种类】约520种，主要分布于北半球温带和寒带，北半球亚热带和南半球种类极少，大洋洲无野生种，多为灌木，稀乔木。我国产257种以及诸多变种、变型，广布。常见栽培的还有：

(1) 垂柳 *Salix babylonica* L.：小枝细长下垂，淡褐黄色或带紫色，无毛。叶狭披针形或条状披针形，长9～16cm，宽0.5～1.5cm；雌花子房仅腹面具1个腺体，背面无腺体。产长江流域及黄河流域，各地普遍栽培，最宜配植在水边。

(2) 河柳 *Salix chaenomeloides* Kimura.：叶片宽大，椭圆状披针形至椭圆形、卵圆形，长4～8(10)cm，宽1.8～3.5(4)cm，有腺齿，嫩叶常呈紫红色；托叶半圆形。雄蕊3～5枚，花丝基部有毛，腺体2；子房仅腹面有1腺体。产辽宁南部、黄河中下游至长江中下游，为重要护堤、护岸绿化树种。

(3) 白柳 *Salix alba* L.：幼枝有银白色绒毛，老枝无毛。幼叶两面有银白色绢毛，老叶上面无毛。叶片披针形、线状披针形至倒卵状披针形，长5～12(15)cm，宽1～3(3.5)cm；叶柄长2～10mm，有白色绢毛。雄蕊2枚。原产新疆，多沿河生长，西北地区常栽培。

(4) 筐柳 *Salix linearistipularis* (Franch.)Hao：灌木或小乔木，叶片披针形或线状披针形，长6～15cm，宽5～10mm，两端渐狭或上部较宽，幼叶有绒毛，下面苍白色，边缘外卷；托叶披针形或线状披针形，长达1.2cm，萌生枝的托叶长达3cm。分布于华北、西北，常见栽培。

(5) 杞柳 *Salix integra* Thunb.：灌木，高1～3m。小枝淡红色，无毛。叶近对生或对生，披针形或条状长圆形，长2～5cm，宽1～2cm，先端短渐尖，全缘或上部有尖齿，两面无毛；萌枝叶常3枚轮生。产东北、华北至河南、山东及安徽，生于山地河边、湿草地。

(6) 蒿柳 *Salix viminalis* L.：灌木或小乔木；叶全缘，边缘反卷；背面密被白色绢毛；苞片椭圆状卵形或微倒卵状披针形，深褐或近黑色。产东北、河北、河南、山西西部、陕西东南部及新疆北部，常生于河边。叶背银白，叶形细长，适于水边绿化。

(7) 银芽柳 *Salix × leucopithecia* Kimura.：冬芽红褐色，有光泽。叶片长椭圆形，长9～15cm，缘具细锯齿，叶背面密被白毛，半革质。雄花序椭圆状圆柱形，长3～6cm，早春叶前开放，盛开时花序密被银白色绢毛，颇为美观。原产日本，我国江南一带常有栽培，供庭园观赏，也是重要的春季切花材料。

（七）白榆

【学名】*Ulmus pumila* L.

【科属】榆科，榆属

【形态特征】落叶乔木，高达 25m，胸径 1m；树冠圆球形。树皮纵裂，粗糙。小枝细，无顶芽。单叶，互生，排成 2 列；托叶早落。叶片卵状长椭圆形，长 2～8cm，宽 1.2～3.5cm，有不规则单锯齿，先端尖，基部偏斜；羽状脉。花两性，簇生于去年生枝上；花萼浅裂，钟形，宿存；无花瓣；雄蕊与花萼同数对生，花丝劲直。翅果扁平，近圆形，径 1～1.5cm，顶端有缺口，种子位于中央。花期 3～4 月，先叶开放；果期 4～5 月（图 6-175）。

图 6-175　白榆

【分布与习性】产东北、华北、西北和西南，长江流域等地有栽培；俄罗斯、蒙古和朝鲜也有分布。喜光，耐寒、耐旱；喜肥沃、湿润而排水良好的土壤，较耐水湿。耐干旱瘠薄和盐碱土，在含盐量达 0.3% 的氯化物盐土和 0.35% 的苏打盐土、pH 值达 9 时仍可生长，尤其对氯离子的适应能力很强。主根深，侧根发达，抗风力、保土力强；萌芽力强。对烟尘和氟化氢等有毒气体的抗性较强。

【栽培品种】垂枝榆（'Pendula'），树冠伞形，小枝细长、下垂。钻天榆（'Pyramidalis'），树干通直，树冠狭窄，生长迅速。

【繁殖方法】播种繁殖。榆树为合轴分枝式，为培育通直大苗，在苗期可适当密植，并注意修剪侧枝，以促主干向上生长。此外，也可用根插育苗。垂枝榆宜用榆树作砧木嫁接繁殖。

【观赏特性及园林用途】白榆是华北地区的乡土树种，树体高大，绿荫较浓，小枝下垂，尤其是春季榆钱满枝，未熟色青，待熟则白，颇有乡野之趣，而且适应性强，是城乡绿化的重要树种，适植于山坡、水滨、池畔、河流沿岸、道路两旁，也可用于营造防护林。榆树老桩也是优良的盆景材料。在欧美各国，榆树（主要是欧洲白榆和美国榆）是重要的行道树和公园树种，榆与椴、七叶树、悬铃木一起被称为世界四大行道树。

【同属种类】约 40 种，分布于北半球。我国 21 种，遍布全国，多产于长江以北，另引入栽培 3 种。常见栽培的还有：

(1) 榔榆 *Ulmus parvifolia* Jacq.：树皮不规则薄鳞片状剥落。叶较小而质厚，长椭圆形至卵状椭圆形，长 2～5cm，边缘有单锯齿。花簇生叶腋，秋季开花。翅果长椭圆形，长约 1cm。产黄河流域以南地区。

(2) 大果榆（黄榆）*Ulmus macrocarpa* Hance：小枝淡黄褐色，有时具 2～4 条木栓翅。叶片倒卵形，长 5～9cm，先端突尖，基部偏斜，叶缘有重锯齿；质地粗糙，厚而硬，表面有粗毛。果倒卵形，径 2.5～3.5cm，具黄褐色长毛。产东北和华北。

(3) 春榆 *Ulmus davidiana* Planch. var. *japonica* (Rehd.) Nakai：小枝暗紫褐色，有时有木栓翅；叶倒卵状椭圆形、倒卵形，幼时有毛，后脱落近无毛，下面脉腋有簇生毛；翅果倒卵形，长 10～19mm，无毛。广布于东北、华北、西北至长江流域。

(4) 圆冠榆 *Ulmus densa* Litw.：树冠圆球形。2～3 年生枝常被蜡粉；冬芽卵圆形。叶片卵形、菱状卵形或椭圆形，长4～10cm，宽2.5～5cm，基部偏斜，幼叶上面有硬毛，下面脉腋簇生毛。翅果倒卵状椭圆形或椭圆形，长10～15mm，果核位于翅果中上部，接近缺口。原产俄罗斯；我国新疆、内蒙古、北京有引种。

(5) 欧洲榆 *Ulmus laevis* Pall.：冬芽纺锤形。叶片倒卵形或倒卵状椭圆形，长3～10cm，基部极歪斜，叶缘有重锯齿。簇生状短聚伞花序，有花20～30朵；花梗纤细下垂，长6～20mm。翅果卵形或卵状椭圆形，两面无毛，边缘有睫毛。原产欧洲。我国东北、华北和西北有栽培。

（八）朴树

【学名】*Celtis sinensis* Pers.

【科属】榆科，朴属

【形态特征】落叶乔木，高达20m，胸径1m；树冠扁球形。树皮深灰色，不开裂。幼枝有短柔毛，后脱落。小枝细，无顶芽。冬芽小，卵形，先端紧贴小枝。单叶互生，排成2列；托叶早落。叶片宽卵形、椭圆状卵形，长3～9cm，宽1.5～5cm，中部以上有粗钝锯齿；基部偏斜；下面沿叶脉及脉腋疏生毛；3出脉弧状弯曲。花杂性，簇生叶腋。萼片淡黄绿色；无花瓣。核果圆球形，橙红色，径4～6mm，果柄与叶柄近等长。花期4月；果期9～10月(图6-176)。

【分布与习性】产黄河流域以南至华南；越南、老挝和朝鲜也有分布。弱阳性，较耐阴；喜温暖气候和肥沃、湿润、深厚的中性土，既耐旱又耐湿，并耐轻度盐碱。根系深，抗风力强。抗污染，尤其对二氧化硫和烟尘抗性强，并有较强的滞尘能力。寿命长。

【繁殖方法】播种繁殖。

【观赏特性及园林用途】树冠宽广，春季新叶嫩黄，夏季绿荫浓郁，秋季红果满树，是优美的庭荫树，宜孤植、丛植，可用于草坪、山坡、建筑周围、亭廊之侧，也可作行道树。因其抗烟尘和有毒气体，适于工矿区绿化。

图6-176 朴树

【同属种类】约60种，主要分布于热带和亚热带，少数产温带。我国11种，除新疆和青海外各地均产。常见栽培的还有：

(1) 小叶朴(黑弹树) *Celtis bungeana* Blume：小枝无毛，萌枝幼时密毛。叶狭卵形至卵状椭圆形、卵形，长3～7(15)cm，宽2～4(5)cm，锯齿浅钝或近全缘；两面无毛，或仅幼树及萌枝之叶背面沿脉有毛。核果熟时紫黑色，径4～5mm；果柄长为叶柄长之2～3倍，长10～25mm，细软。产东北南部、西北、华北，经长江流域至西南。

(2) 珊瑚朴 *Celtis julianae* Schneid.：小枝、叶柄、叶下面均密被黄色绒毛。叶厚，较大，卵状椭圆形，长6～11cm，宽3.5～8cm，上面稍粗糙，下面网脉明显突起；中部以上有钝齿；叶柄长1～1.5cm。果橘红色，径1～1.3cm；果柄长1.5～2.5cm。产长江流域及四川、贵州、陕西、甘肃等地。

（九）梓树

【学名】*Catalpa ovata* D. Don.

【科属】紫葳科，梓树属

【形态特征】落叶乔木，高达20m；树冠宽阔开展。枝条粗壮，无顶芽；嫩枝、叶柄和花序有黏质。单叶，3枚轮生。叶片卵形、广卵形或近圆形，长10～25cm，宽7～25cm，全缘或3～5浅裂，基部心形或圆形；上面有黄色短毛，下面仅脉上疏生长柔毛；基部脉腋有紫色腺斑；基出脉3～5

条。圆锥花序顶生，花淡黄色，有深黄色条纹及紫色斑纹。花萼绿色或紫色；花冠钟状二唇形；发育雄蕊2枚，内藏。蒴果细长，圆柱形，长20～30cm，经冬不落。种子多数，两端具长毛。花期5～6月；果期8～10月(图6-177)。

【分布与习性】分布广，以黄河中下游为分布中心，南达华南北部，北达东北。喜光，稍耐阴；颇耐寒，在暖热气候条件下生长不良；喜深厚肥沃而湿润的土壤，不耐干瘠，能耐轻度盐碱；对氯气、二氧化硫和烟尘的抗性均强。

【繁殖方法】播种繁殖，也可埋根或分蘖繁殖。

【观赏特性及园林用途】树冠宽大，树荫浓密，自古以来是著名的庭荫树，古人常在房前屋后种植桑树和梓树，故而以"桑梓"指故乡。园林中可丛植于草坪、亭廊旁边以供遮荫。

图 6-177　梓树

【同属种类】约13种，产东亚和北美。我国4种，引入栽培1种。常见栽培的还有：

(1) 楸树 Catalpa bungei C. A. Mey.：小枝紫褐色，光滑。叶三角状卵形至卵状椭圆形，长6～15cm，宽6～12cm，全缘或下部有1～3对尖齿或裂片，下面脉腋有紫褐色腺斑。总状花序呈伞房状，花冠白色或浅粉色，内有紫色斑点和条纹。很少结果。主产黄河流域至长江流域。

(2) 灰楸 Catalpa fargesii Bur.：与楸树相近，但嫩枝、叶片、叶柄和圆锥花序密被簇状毛和分枝毛；花冠粉红色或淡红色；种子连毛长5～7.5cm。分布于华南、长江流域及华北、西北，普遍栽培。

(3) 黄金树 Catalpa speciosa Warder：与梓树相近，但嫩枝、叶柄和花序无黏质，叶全缘，下面密生柔毛，基部脉腋有绿色腺斑，花冠白色。原产北美，国内常见栽培。

(十) 白蜡

【学名】Fraxinus chinensis Roxb.

【别名】梣

【科属】木犀科，白蜡属

【形态特征】落叶乔木，高达15m；树冠卵圆形。冬芽淡褐色；小枝无毛。奇数羽状复叶，对生；无托叶。小叶常7(5～9)枚，椭圆形至椭圆状卵形，长3～10cm，有波状齿，先端渐尖，基部楔形，不对称，下面沿脉有短柔毛，叶柄基部膨大。花两性，圆锥花序，生于当年生枝上；花萼钟状，无花瓣。翅果倒披针形，长3～4cm，基部窄，先端菱状匙形，翅与种子约等长。花期3～5月；果期9～10月(图6-178)。

【分布与习性】我国广布，自东北中部和南部，经黄河流域、长江流域至华南、西南均有分布。喜光，稍耐阴；耐寒性强；对土壤要求不严，在干瘠沙地、低湿河滩、碱性、中性和酸性土壤上均可生长，耐盐碱；耐干旱和耐水湿能力都很强。根系发达，萌芽力和萌蘖力强，耐修剪。抗污染，对二氧化硫、氯气、氟化氢等多种有毒气体有较强抗性。

【繁殖方法】以播种为主，亦可扦插或压条繁殖。

【观赏特性及园林用途】树形端正，树干通直，枝叶繁茂而鲜绿，秋叶橙黄，是优良的秋色叶树种。可作庭荫树、行道树栽培，也可用于水边、矿区的绿化。由于耐盐碱、水涝，是盐碱地区和北部沿海地区重要的园林绿化树种。枝条可供编织用。

【同属种类】约 60 种，主要分布于北半球温带和亚热带。我国 22 余种，各地均有分布。常见栽培的还有：

(1) 大叶白蜡 *Fraxinus rhynchophylla* Hance：与白蜡相似，但小叶 3～7 枚，常 5 枚，顶生小叶宽卵圆形至椭圆形，特大，先端尾状尖，背面及叶柄膨大部分有锈色簇毛。果翅长于种子。分布于东北和华北。常栽培，作行道树、庭荫树及防护林树种。

图 6-178　白蜡

(2) 绒毛白蜡 *Fraxinus velutina* Torr.：幼枝、冬芽上均有绒毛。小叶 3～7 枚，通常 5 枚，顶小叶较大，狭卵形，长 3～8cm，有锯齿，先端尖，下面有绒毛。花序侧生于 2 年生枝上。翅果长圆形，长 2～3cm，翅等于或短于果核。原产美国西南部，北京、天津、河北、山西、山东等地均有引栽。

(3) 水曲柳 *Fraxinus mandshurica* Rupr.：小枝略呈四棱形。叶轴具窄翅，小叶 7～15 枚，无柄；叶背面沿脉有黄褐色绒毛，小叶与叶轴着生处有锈色簇毛。花序生于去年生枝侧，先叶开放，无花被。翅果常扭曲，果翅下延至果基部。产东北、华北，主产小兴安岭，与黄檗、核桃楸合称为东北三大珍贵阔叶用材树种。

(4) 洋白蜡(美国红梣) *Fraxinus pennsylvanica* Marsh.：小枝、叶轴密生短柔毛，小叶常 7 枚，较狭窄，卵状长椭圆形至披针形，长 8～14cm，有钝锯齿或近全缘。花序侧生于 2 年生枝上，先叶开放，雌雄异株，无花瓣。翅果倒披针形，果翅下延至果基部，明显长于种子。原产美国东部，我国东北、华北、西北常见栽培。

(5) 美国白蜡 *Fraxinus americana* L.：小枝较粗，冬芽酱紫色；小叶常 7 枚，卵形、椭圆状卵形或椭圆状披针形，有不整齐圆钝锯齿；圆锥花序侧生于去年生枝叶腋，长 5～8cm，花梗无毛；翅果基部不下延。

(6) 小叶白蜡 *Fraxinus bungeana* DC.：小叶 5～7 枚，宽卵形、卵形、菱形至宽披针形，长 2～5cm，宽 1.5～3cm，具浅钝锯齿。花瓣绿白色，条形，长 4～6mm(雄花)或 6～8mm(两性花)。翅果倒卵状长圆形。产东北、华北、西北、中南、西南等地。

(7) 对节白蜡 *Fraxinus hupehensis* Ch′u, Shang & Su：营养枝常呈棘刺状，小枝挺直。复叶长 7～15cm，叶轴具狭翅；小叶 7～9(11) 枚，革质，披针形或卵状披针形，长 1.7～5cm，宽 0.6～1.8cm，有锐锯齿。短聚伞状圆锥花序。翅果匙形，长 4～5cm，宽 5～8mm，中上部最宽，先端急尖。分布于湖北，现广泛栽培，常用于制作盆景。

(十一) 糠椴

【学名】*Tilia mandshurica* Rupr. & Maxim.

【别名】大叶椴、辽椴

【科属】椴树科，椴树属

【形态特征】落叶乔木；高达 20m；树冠广卵形。顶芽缺；侧芽单生，芽鳞 2。一年生枝黄绿色，密生灰白色星状毛；2 年生枝紫褐色，无毛。单叶互生；托叶小。叶片卵圆形，长 8～10cm，宽 7～9cm，先端短尖，基部歪心形或斜截形，有粗大锯齿，齿尖芒状，长 1.5～2mm；表面近无毛，背面密生灰色星状毛。聚伞花序由 7～12 朵花组成，花序梗与一枚宿存的倒披针形苞片连生。花黄色，有香气，花瓣条形，长 7～8mm；退化雄蕊呈花瓣状。核果近球形，径 7～9mm，密生黄褐色星状毛。花期 7～8 月；果期 9～10 月（图 6-179）。

图 6-179　糠椴

【分布与习性】产东北和内蒙古、河北、山东、河南等地；朝鲜和俄罗斯也有分布。喜光，也耐阴；喜冷凉湿润气候，耐寒性强；对土壤要求不严，微酸性、中性和石灰性土壤均可，但在干瘠和盐碱地上生长不良。深根性，萌蘖性强。

【繁殖方法】播种、分蘖或压条繁殖。种子后熟期长。

【观赏特性及园林用途】树冠整齐，树姿清丽，枝叶茂密，夏日满树繁花，花黄色而芳香，是优良的行道树和庭荫树。椴树是世界四大行道树之一。

【同属种类】约 23～40 种，主要分布于北温带和亚热带。我国 19 种，坚果类主产温带，核果类主产亚热带。常见的还有：

(1) 紫椴(籽椴) Tilia amurensis Rupr.：叶片宽卵形至近圆形，长 4.5～6cm，宽 4～5.5cm，先端尾尖，基部心形，具细锯齿，上面无毛，下面脉腋有黄褐色簇生毛。花序有花 3～20 朵，黄白色，无退化雄蕊。果近球形，长 5～8mm，密被灰褐色星状毛。产东北及山东、河北。

(2) 蒙古椴 Tilia mongolica Maxim.：叶三角状卵形或宽卵形，长 4～6cm，宽 3.5～5cm，基部心形或截形，先端常 3 裂，尾状尖，有不整齐粗锯齿；下面苍白色，脉腋有簇毛。花瓣和退化雄蕊均黄色，退化雄蕊 5 枚，较花瓣小。果密被短绒毛。产内蒙古、辽宁、河北、河南和山西等地。

(3) 南京椴 Tilia miqueliana Maxim.：小枝、芽、叶下面、叶柄、苞片两面、花序柄、花萼、果实均密被灰白色星状毛。叶片卵圆形至三角状卵圆形，长 9～11cm，宽 7～9.5cm，具整齐锯齿，齿尖长约 1mm；上面深绿色，无毛。花序有花 3～6 朵，退化雄蕊呈花瓣状。果球形，径 9mm，无棱。产江苏、浙江、安徽、江西、河南等地。

(十二) 白桦

【学名】*Betula platyphylla* Suk.

【科属】桦木科，桦木属

【形态特征】落叶乔木，高达 27m；树皮光滑，白色，纸质薄片状剥落，皮孔线形横生。无顶芽。单叶互生；托叶早落。叶片三角状卵形、菱状卵形或三角形，长 3～7cm，有重锯齿，先端尾尖或渐尖，下面密被树脂点，基部平截至宽楔形；羽状脉，侧脉 5～8 对。花单性同株；雄花序球果状长柱形，当年秋季形成，翌春开放，开放后呈典型柔荑花序特征，花 1～3 朵生于苞腋；雌花序球果状圆柱形。雄蕊 2 枚。果序圆柱形，长 2～5cm；果苞长 3～6mm，3 裂，中裂片三角形，每苞 3 坚果；小坚果扁平，椭圆形或倒卵形，两侧具膜质翅。花期 4～5 月；果期 8～9 月（图 6-180）。

【分布与习性】产东北、华北和西南；俄罗斯、蒙古、朝鲜北部和日本也有分布。阳性树，耐寒性强，在沼泽地、干燥阳坡和湿润阴坡均能生长，喜酸性土。
生长速度快。

【繁殖方法】播种繁殖。

【观赏特性及园林用途】树皮洁白呈纸片状剥落，树体亭亭
玉立，枝叶扶疏、秋叶金黄，是中高海拔地区优美的山地风景
树种。在适宜地区也是优良的城市园林树种，孤植或丛植于庭
院、草坪、池畔、湖滨，列植于道路两旁均颇美观，若以云杉
等常绿的针叶树为背景，前面铺以碧绿的草坪，则白干、黄叶、
绿草相映成趣，可产生极为优美的效果。

图 6-180 白桦

【同属种类】约 50～60 种，主要分布于北半球寒温带和温
带，少数种类分布至北极圈和亚热带山地。我国 32 种，分布于
东北、华北、西北、西南以及南方中山地区。常见的还有：

(1) 垂枝桦 Betula pendula Roth. ：树皮灰白色，薄片状剥落。枝条细长下垂，红褐色，皮孔显
著，小枝被树脂粒。叶三角形、菱状卵形或三角状卵形，长 3～7cm；侧脉 5～7 对。果序长 2～4cm,
径达 1cm。坚果倒卵形，果翅宽达果实的 2 倍。产新疆阿尔泰山。

(2) 红桦 Betula albosinesnsis Burkill：树皮暗橘红色，纸质薄片状剥落。叶片卵形或椭圆状卵形，
基部圆形或阔楔形，长 4～9cm，有不规则重锯齿；侧脉 10～14 对。果序长 2～5.5cm，果苞中裂片
显著长于侧裂片；坚果椭圆形。产甘肃南部、宁夏、青海、河北、河南、山西、陕西南部、湖北西
部、四川东部。较耐阴，耐寒性强。

(十三) 合欢

【学名】*Albizia julibrissin* Durazz.

【科属】豆科，合欢属

【形态特征】落叶乔木，高达 15m；树冠扁圆形，常呈伞状，冠形不太整齐。主干分枝点较低，
枝条粗大而疏生。22 回偶数羽状复叶，互生；叶总柄有腺体；羽片及小叶均对生，全缘，近无柄，
中脉明显偏于一侧。羽片 4～12 对，有小叶 10～30 对；小叶镰刀状
长圆形，长 6～12mm，宽 1.5～4mm。头状花序多数，排成伞房状，
顶生或腋生；花萼筒状，5 裂，花冠小，5 裂，均为黄绿色；雄蕊多
数，花丝细长如绒缨状，粉红色，长 2.5～4cm，基部合生。荚果扁
条形，长 9～17cm。花期 6～7 月；果期 9～10 月(图 6-181)。

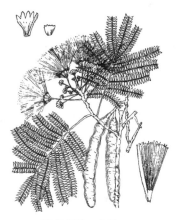

图 6-181 合欢

【分布与习性】主产于亚洲热带和亚热带地区，在我国分布北界
可达辽东半岛。喜光，喜温暖气候，也较耐寒；对土壤要求不严，
耐干旱、瘠薄，不耐水涝。

【繁殖方法】播种繁殖。苗期侧枝发达，分枝点低，常影响主干
生长，应适当密植，并及时剪除侧枝、扶直主干，必要时可截干。

【观赏特性及园林用途】树冠开展，树姿优美，叶形雅致，盛夏
时节满树红花，色香俱存，而且绿荫如伞，是一种优良的观花树种。
可用作庭荫树和行道树，适植于房前、草坪、路边、水滨，尤适于安静的休息区。也是重要的荒山

绿化造林先锋树种，在海岸、沙地栽植，能起到改良土壤的作用。

【同属种类】约 120～140 种，广布于亚洲、非洲和大洋洲热带和亚热带，少数产温带。我国 14 种。常见的还有山合欢（*A. kalkora*），羽片 2～4 对，小叶 5～14 对，矩圆形，长 1.5～4.5cm，两面被短柔毛；花丝黄白色。产华北、西北、华东、华南及西南。

（十四）皂荚

【学名】*Gleditsia sinensis* Lam.

【别名】皂角

【科属】豆科，皂荚属

【形态特征】落叶乔木，高达 30m；树冠扁球形。无顶芽，侧芽叠生。枝刺圆锥形，粗壮，常分枝。1 回羽状复叶（幼树及萌枝有 2 回羽状复叶），互生，或在短枝上簇生。小叶 3～7(9) 对，卵形至卵状长椭圆形，长 3～8cm，宽 1～4cm，有细密锯齿，顶端钝，上面网脉明显凸起。总状花序腋生；花杂性，黄白色，萼片、花瓣各 4 枚；雄蕊 8 枚，4 长 4 短；子房缝线和基部被毛。荚果木质，肥厚，不开裂，直而扁平，长 12～30cm，棕黑色，被白粉，经冬不落。花期 5～6 月；果期 10 月（图 6-182）。

图 6-182　皂荚

【分布与习性】我国广布，自东北至西南、华南均产，生于海拔 2500m 以下的山坡、沟谷、林中。喜光，稍耐阴；颇耐寒；对土壤酸碱度要求不严，无论是酸性土，还是石灰质土壤和盐碱地上均可生长。深根性，生长速度较慢，寿命长。

【繁殖方法】播种繁殖。

【观赏特性及园林用途】树冠宽广，叶密荫浓，可植为绿荫树，宜孤植或丛植，也可列植或群植。枝刺发达，也是大型防护篱、刺篱的适宜材料，但不宜植于幼儿园、小学校园内，以免发生危险。果实富含皂素，可代皂用，洗涤丝绸不损光泽。果荚、刺、种子入药。

【同属种类】约 16 种，分布于亚洲、美洲和热带非洲。我国 5 种，广布，另引入 1 种。常见的还有：

（1）山皂荚 *Gleditsia japonica* Miq.：与皂荚相似，区别在于：枝刺扁而细，至少基部扁；叶上面网脉不明显，叶全缘或有疏浅锯齿；子房无毛；荚果带状，扭转或弯曲作镰刀状，红褐色，质地薄。产辽宁、河北、山西至华东各地，贵州和云南也有分布。

（2）美国皂荚 *Gleditsia triacanthos* L.：1 回或 2 回羽状复叶（羽片 4～14 对），小叶 11～18 对，椭圆状披针形，长 1.5～3.5cm，宽 4～8mm，先端急尖；花黄绿色，子房被灰白色绒毛。原产美国，我国上海等地栽培，是优良的行道树，也可作绿篱。

（十五）苦楝

【学名】*Melia azedarach* L.

【科属】楝科，楝属

【形态特征】落叶乔木，高达 10～15m；树冠广卵形，近于平顶。枝条粗壮、开展；皮孔明显。2～3 回羽状复叶，互生。小叶卵形、椭圆形或披针形，对生，长 3～7cm，宽 2～3cm，叶缘有钝锯齿，有时全缘，幼时两面被星状毛，先端渐尖；侧脉 12～16 对。聚伞状圆锥花序腋生，多分枝，长 20～30cm；花淡紫色，芳香；萼 5～6 裂；花瓣 5～6 枚；雄蕊 10～12 枚，花丝连合成筒状，顶端有 10～12 齿裂。核果球形或椭圆形，熟时黄色，长 1～3cm，冬季宿存树上。花期 3～5 月；果期 10～12 月 (图 6-183)。

【分布与习性】产华北南部至华南；热带亚洲有分布。世界温暖地区广泛栽培。喜光，喜温暖湿润气候；对土壤要求不严，在酸性土、中性土、石灰性土上均可生长，耐盐碱；稍耐干旱瘠薄，较耐水湿。萌芽力强。浅根性，侧根发达，主根不明显。抗烟尘、二氧化硫，但对氯气抗性较弱。生长快，寿命短，30～40 年即衰老。

【繁殖方法】播种繁殖，也可插根、分蘖育苗。

【观赏特性及园林用途】树形优美，叶形舒展，初夏紫花芳香，淡雅秀丽，"小雨轻风落楝花，细红如雪点平沙"；秋季黄果经冬不凋，是优良的公路树、街道树和庭荫树。适于在草坪孤植、丛植，或配植于池边、路旁、坡地。苦楝甚抗污染，极适于工厂、矿区绿化。

图 6-183 苦楝

【同属种类】约 3 种，分布于东半球热带和亚热带。我国 1 种，黄河以南各地广泛分布。

（十六）臭椿

【学名】*Ailanthus altissima* (Mill.) Swingle

【别名】樗

【科属】苦木科，臭椿属

【形态特征】落叶乔木，高达 30m，胸径 1m；树冠开阔。树皮灰色，不开裂或细纹状裂。小枝粗壮，黄褐色或红褐色；无顶芽。奇数羽状复叶互生，叶痕大。小叶 13～25 枚，卵状披针形，长 7～15cm，宽 2～5cm，先端长渐尖，基部具腺齿 1～2 对，中上部全缘，下面稍有白粉。圆锥花序顶生，花淡黄色或黄白色；花萼、花瓣各 5 枚；雄蕊 10 枚；花盘 10 裂；子房深裂，果时分离成 1～5 个长椭圆形翅果。翅果扁平，长 3～5cm。花期 5～6 月；果期 9～10 月 (图 6-184)。

【栽培品种】红叶椿('Hongyechun')，叶春季紫红色，树冠及分枝角度较小。千头椿('Qiantouchun')，无明显主干，基部分出数个大枝，树冠伞形，小叶基部的腺齿不明显，多雄株。

【分布与习性】分布于东北南部、黄河中下游地区至长江流域、西南、华南各地；朝鲜和日本也产。阳性树，适应性强；喜温暖，较耐寒。很耐干旱、瘠薄，但不耐水涝；对土壤要求不严，微酸性、中性和石灰性土壤都能适应，耐中度盐碱，在土壤含盐量 0.3% (根际 0.2%)时幼树可正常生长。根系发达，萌蘖力强。抗污染，对二氧化硫、二氧化氮、硝酸雾、乙炔、粉尘的抗性均强。生长迅速，10 年生可高达 10m，胸径 15cm。

图 6-184 臭椿

【繁殖方法】播种繁殖，也可分株、插根繁殖。

【观赏特性及园林用途】树体高大，树冠圆整，冠大荫浓，春叶紫红，夏秋红果满树，是一种优良的观赏树种，可用作庭荫树及行道树，尤适于盐碱地区、工矿区应用，可孤植于草坪、水边。在欧洲、日本、美国等地，臭椿颇受青睐，有天堂树之称，常植为行道树，如法国巴黎铁塔两旁和岸堤均植臭椿；我国南京市等地城市绿化中也常见臭椿，如南京大桥南路等多条道路以臭椿为行道树。品种千头椿树形优美，最适于孤植于草地作风景树。

【同属种类】约 10 种，分布于亚洲和大洋洲北部。我国 6 种，产温带至华南、西南。

(十七) 香椿

【学名】*Toona sinensis* (A. Juss) Roem

【科属】楝科，香椿属

【形态特征】落叶乔木，高达 25m，胸径 1m。树皮暗褐色，浅纵裂。小枝粗壮，被白粉；叶痕大。羽状复叶常为偶数，互生，长 30～50cm；小叶 10～20 枚，长椭圆形至广披针形，长 8～15cm，宽 3～4cm，全缘或有不明显钝锯齿，先端长渐尖。圆锥花序长达 35cm，下垂；花白色，芳香；5 基数，花丝分离，花盘和子房无毛。蒴果木质，椭圆形，长 1.5～2.5cm，5 裂；种子上端具翅。花期5～6 月；果期 10～11 月 (图 6-185)。

【分布与习性】产我国中部，东北南部以南常见栽培。喜光，有一定的耐寒力；对土壤要求不严，无论酸性土、中性土，还是钙质土上均可生长，也耐轻度盐碱，较耐水湿。深根性，萌芽力和萌蘖力均强。对有毒气体有较强的抗性。

【繁殖方法】播种、分蘖或埋根繁殖，以播种繁殖最为常用。

【观赏特性及园林用途】我国特产树种，栽培历史悠久，因其嫩芽幼叶可食，常植于庭院。树干耸直，树冠宽大，枝叶茂密，嫩叶红色，是良好的庭荫树和行道树，适于庭前、草坪、路旁、水畔种植。香椿还是长寿的象征，《庄子逍遥游》有："上古有大椿者，以八千岁为春，八千岁为秋。"故而古人称父为"椿庭"，祝寿称"椿龄"。除幼芽供蔬食外，木材为上等的家具用材，国外市场上称为"中国桃花心木"。

图 6-185　香椿

【同属种类】约 5 种，分布于亚洲和大洋洲。我国 4 种，产长江以南各地。常见的还有红椿 (*T. ciliata*)，高 30m，树冠常圆形。幼枝皮孔不明显；小叶 (5)9～15 枚，披针形至卵状披针形，长 9～13cm，宽 3.2～5cm，全缘。花盘和子房均有长毛。蒴果长 1.5～2.5cm；种子两端有翅。产广东、广西、四川、海南、云南等省区，是优质用材树种，也栽培作观赏。

(十八) 刺槐

【学名】*Robinia pseudoacacia* L.

【别名】洋槐

【科属】豆科，刺槐属

【形态特征】落叶乔木，高达 25m；树冠椭圆状倒卵形。树皮灰褐色，纵裂。柄下芽。奇数羽状复叶，互生；托叶呈刺状。小叶 7～19 枚，对生或近对生，椭圆形至卵状长圆形，长 2～5cm，宽1～2cm，叶端钝或微凹，有小尖头。腋生总状花序，下垂，长 10～20cm；花白色，芳香，长 1.5～

2cm；旗瓣基部常有黄色斑点；雄蕊 2 体(9＋1)。荚果条状长圆形，长
4～10cm，红褐色，开裂；种子黑色，肾形。花期 4～5 月；果期 9～
10 月 (图 6-186)。

【分布与习性】原产北美，我国各地有栽培。强阳性，幼苗也不耐
庇荫；喜干燥而凉爽环境，对土壤要求不严，在酸性土、中性土、石
灰性土和轻度盐碱土上均可生长，可耐 0.2％的土壤含盐量，但以微酸
性土最佳。耐干旱瘠薄，不耐水涝。萌芽力、萌蘖力强。浅根性，抗
风能力差。

【变型】无刺刺槐(f. *inermis*)，枝条无刺；树冠塔形，枝茂密。伞刺
槐(f. *umbraculifera*)，小乔木，分枝密，无刺或有很小的软刺；树冠近于
球形；开花稀少。红花刺槐(f. *decaisneana*)，花冠粉红色。

图 6-186　刺槐

【繁殖方法】播种繁殖，也可用分株、根插繁殖。

【观赏特性及园林用途】19 世纪末从欧洲引入青岛，后逐渐扩大栽培，现几乎遍及全国。抗性
强，生长迅速，成景快，是工矿区、荒山坡、盐碱地区绿化不可缺少的树种。刺槐花朵繁密而芳香，
绿荫浓密，在庭院、公园中可植为庭荫树、行道树，在山地风景区内宜大面积造林。无刺槐和伞槐
植株低矮，冠形美丽，更适于草坪中丛植或孤植。花可食，也是著名的蜜源植物。

【同属种类】约 10 种，分布于北美至墨西哥。我国引入栽培 2 种。常见栽培的还有毛刺槐
(*R. hispida*)，又名江南槐。灌木，高达 2m。茎、小枝、花梗和叶柄均有红色刺毛；托叶不变为刺
状。小叶 7～13 枚，宽椭圆至近圆形，顶生小叶长 3.5～4.5cm，宽 3～4cm。3～7 朵组成稀疏的总
状花序，花大，粉红或紫红色，具红色硬腺毛。果具腺状刺毛。原产北美，我国东部、南部、华北
及辽宁南部园林常见栽培观赏。

（十九）栾树

【学名】*Koelreuteria paniculata* Laxm.

【科属】无患子科，栾树属

【形态特征】落叶乔木。高达 20m，树冠近球形。树皮灰褐色，
细纵裂；无顶芽；芽鳞 2 枚。皮孔明显。奇数羽状复叶，有时部分
小叶深裂而为不完全 2 回，互生；小叶片卵形或卵状椭圆形，长 3～
8cm，有不规则粗齿，近基部常有深裂片，背面沿脉有毛。大型圆
锥花序，通常顶生。花杂性，鲜黄色，径约 1cm，不整齐；花瓣披
针形，基部具 2 反转附属物。蒴果三角状卵形，长 4～5cm，具膜质
果皮，膨大如膀胱状，成熟时红褐色或橘红色。种子球形，黑色。
花期 6～8 月；果 9～10 月成熟(图 6-187)。

【分布与习性】分布于东亚，我国自东北南部、华北、长江流域
至华南均产。喜光，稍耐半阴；耐干旱瘠薄；不择土壤，喜生于石
灰质土壤上，也能耐盐碱和短期水涝。深根性，萌蘖力强。有较强
的抗烟尘和二氧化硫能力。

图 6-187　栾树

【繁殖方法】播种繁殖。种皮坚硬，不易透水，在采种后进行湿沙层积埋藏越冬，则翌年春季部

分种子可破壳萌发。也可分蘖繁殖或根插。

【观赏特性及园林用途】树形端正，枝叶茂密，春季嫩叶紫红，入秋叶色变黄，夏季至初秋开花，满树金黄，秋季丹果盈树，非常美丽，是优良的花果兼赏树种。适宜作庭荫树、行道树和园景树，可植于草地、路旁、池畔。也可用作防护林、水土保持及荒山绿化树种。

【同属种类】3种，分布于我国、日本至斐济群岛。我国3种均产，广布。常见栽培的还有复羽叶栾树（K. bipinnata），又名黄山栾、全缘叶栾。小枝暗棕红色，密生皮孔。2回羽状复叶，长45～70cm；各羽片有小叶7～17枚；小叶互生，稀对生，斜卵形，长3.5～7cm，宽2～3.5cm，全缘或有锯齿。花序开展，长达35～70cm；花金黄色。蒴果椭球形，长4～7cm，径3.5～5cm，嫩时紫色，熟时红褐色。花期6～9月。产长江以南各省区，耐寒性稍差。

（二十）灯台树

【学名】*Bothrocaryum controversum* (Hemsl.) Pojark.

【科属】山茱萸科，灯台树属

图 6-188　灯台树

【形态特征】落叶乔木，高达20m；树皮暗灰色，浅纵裂；大枝平展，轮状着生；当年生枝紫红色或带绿色，无毛。单叶互生，常集生枝顶。叶片广卵形，长6～13cm，宽3～6.5cm，先端骤渐尖，基部楔形或圆形，表面深绿色，背面灰绿色，疏生平伏短柔毛；侧脉6～8对。伞房状聚伞花序，顶生。花两性，白色，径8mm；4数；子房2室。核果球形，成熟时由紫红色变蓝黑色，径6～7mm，果核顶端有一方形孔穴。花期5～6月；果期9～10月（图6-188）。

【分布与习性】产东亚，分布甚广，东北南部、黄河流域、长江流域至华南、西南、台湾均产。喜光，稍耐阴；喜温暖湿润气候，也颇耐寒；喜肥沃湿润而排水良好的土壤。

【繁殖方法】播种、扦插繁殖。

【观赏特性及园林用途】树形齐整，大枝平展、轮生，层层如灯台，形成美丽的圆锥形树冠，是一优美的观形树种，而且姿态清雅，叶形雅致，花朵细小而花序硕大，白色而素雅，平铺于层状枝条上，花期颇为醒目，树形、叶、花、果兼赏，唯以树形最佳，适宜孤植于庭院、草地，也可作行道树。

【同属种类】2种，分布于东亚和北美洲。

（二十一）毛泡桐

【学名】*Paulownia tomentosa* (Thunb.) Steud

【科属】玄参科，泡桐属

【形态特征】落叶乔木，高达15m；分枝角度大，树冠开张。无顶芽，侧芽2枚叠生。小枝粗壮，髓心中空；幼枝有黏质腺毛和分枝毛，老枝无毛。单叶对生，具长柄。叶片宽卵形至卵状心形，纸质，长20～29cm，宽15～28cm，全缘或3～5浅裂，基部心形，两面有黏质腺毛和分枝毛。花浅紫色至蓝紫色，聚伞状圆锥花序顶生，长40～60(80)cm，侧花枝细柔，分枝角度大；花蕾近球形，径约6～9mm，密生黄褐色分枝毛；萼革质，5裂，裂片肥厚；花冠二唇形，长5～7cm，有毛；雄蕊4枚，二强；子房2室，花柱细长。蒴果，卵形至卵圆形，长3～4cm，径2～3cm，室背开裂；种子具翅。花期4～5月，先叶开花；果期10月（图6-189）。

【分布与习性】主产黄河流域，北方习见栽培。强阳性树种，不耐庇荫，较喜凉爽气候，在气温达38℃以上生长受阻，最低温度在−25℃时易受冻害。根系肉质，耐干旱而怕积水。在土壤pH值6～7.5之间生长最好。对二氧化硫、氯气、氟化氢、硝酸雾抗性强。

【繁殖方法】常采用埋根育苗。

【观赏特性及园林用途】树干通直，树冠宽广，花朵大而美丽，先叶开放，色彩绚丽，春天繁花似锦，夏日绿荫浓密，是良好的绿荫树，可植于庭院、公园、风景区等各处，适宜作行道树、庭荫树和园景树，也是优良的农田林网、四旁绿化和山地绿化造林树种。抗污染，适于工矿区应用。

图6-189 毛泡桐

【同属种类】7种，分布于亚洲东部，我国均产。常见栽培的还有：

(1) 白花泡桐 *Paulownia fortunei* (Seem.) Hemsl.：树冠宽阔。幼枝、嫩叶、花萼和幼果被黄色绒毛。叶片长卵形至椭圆状长卵形，长10～25cm，先端渐尖，基部心形，全缘，稀浅裂。萼裂深 ∨4～∨3；花冠大，乳白色至微带紫色。果长椭圆形，果皮厚3～5mm。主产长江流域以南各地。

(2) 兰考泡桐 *Paulownia elongata* S. Y. Hu：叶片宽卵形或卵形，长15～30cm，全缘或3～5浅裂；萼裂深约∨3；花紫色；果卵形至椭圆状卵形，长3～5cm，果皮厚1.5～2.5mm。产黄河流域中下游及长江流域以北，以河南、山东西部及山西南部最多。

(3) 楸叶泡桐 *Paulownia catalpifolia* Gong Tong：树冠较狭窄，枝叶密；叶较窄，长卵形，长12～34cm，深绿色，下垂；萼裂深∨3～2/5；花冠筒细长，冠幅4～4.8cm，筒内密布紫斑；果长椭圆形，长4.5～5.5cm，先端常歪嘴；果皮厚1.5～3mm。产山东、安徽、河南、河北、山西、陕西等地。

(二十二) 重阳木

【学名】*Bischofia polycarpa* (Lévl.) Airy-Shaw

【科属】大戟科，重阳木属

【形态特征】落叶乔木，高达15m；树冠近球形。小枝红褐色。3出复叶，互生。小叶片卵圆形至椭圆状卵形，长6～9(14)cm，宽4.5～7cm，有细齿，基部圆形或近心形，先端短尾尖，两面光滑无毛。雌雄异株；总状花序腋生、下垂，雄花序长8～13cm，雌花序较疏散。萼片5枚，无花瓣，雄蕊5枚，与萼片对生，子房3室，每室胚珠2枚。果肉质，球形，浆果状，径5～7mm，红褐色。花期4～5月；果期10～11月（图6-190）。

【分布与习性】分布于秦岭、淮河流域以南至华南北部，在长江中下游平原习见。喜光，稍耐阴；喜温暖湿润气候，耐寒力弱；喜湿润并耐水湿。对土壤要求不严，根系发达，抗风。

【繁殖方法】播种繁殖。

图6-190 重阳木

【观赏特性及园林用途】树姿婆娑优美，绿荫如盖，早春嫩叶鲜绿光亮，秋叶红色，艳丽夺目，是重要的色叶树种，适宜作庭荫树，可于庭院、湖边、池畔、草坪上孤植或丛植点缀，也适于作行道树。此外，重阳木耐水湿能力强，也是优良的堤岸绿化和风景区造林材料。对二氧化硫有一定的抗性，可用于厂矿、街道绿化。

【同属种类】2种，分布于亚洲和大洋洲热带、亚热带。我国2种均产。秋枫（*B. javanica*），常绿或半常绿大乔木，高达40m；小叶3枚，偶5枚，卵形至椭圆形，长7～15cm，宽4～8cm，基部宽楔形；花序为圆锥花序，子房3(4)室；果实较大，直径6～13mm。分布于热带亚洲、澳大利亚和太平洋岛屿，华南、西南至华东有分布，常栽培观赏。

（二十三）桑树

【学名】*Morus alba* L.

【别名】白桑、家桑

【科属】桑科，桑属

【形态特征】落叶乔木，高达15m，树冠倒广卵形。树皮、小枝黄褐色，根皮鲜黄色。无顶芽，侧芽芽鳞3～6枚。单叶互生；托叶披针形，早落。叶片卵形或广卵形，长6～15cm，宽4～12cm，有粗锯齿，有时分裂；表面无毛，有光泽，背面脉腋有簇毛；3～5出脉。柔荑花序，花被和雄蕊4枚，花柱极短或无，柱头2裂。小瘦果藏于肉质花萼内，集成聚花果；聚花果(桑葚)长卵形至圆柱形，长1～2.5cm，熟时紫黑色、红色或黄白色。花期4月；果期5～6月（图6-191）。

图6-191 桑

【分布与习性】广布树种，自东北至华南均有栽培和分布，以长江流域和黄河流域最为常见。喜光，耐寒，耐干旱瘠薄和水湿，在微酸性、中性和石灰性土壤上均可生长，耐盐碱。深根性；萌芽力强，耐修剪。抗污染，对烟尘和硫化氢、二氧化氮等有毒气体的抗性较强。

【栽培品种】龙桑（'Tortuosa'），又称九曲桑，枝条扭曲向上，叶片不分裂。鲁桑（'Multicaulis'），灌木或小乔木，枝条粗壮，叶片大而肥厚，长达15～30cm，宽10～20cm，浓绿色，不分裂；果实较大，长2.5～3cm。

【繁殖方法】播种、嫁接、扦插、压条、分根等法繁殖均可，扦插、压条和播种均常用。龙桑等品种嫁接繁殖。

【观赏特性及园林用途】树冠宽阔，枝叶茂密，秋叶变黄，抗污染能力强，是优良的园林绿化树种，常植为庭荫树。自古以来桑树与梓树均常植于庭院，故以"桑梓"指家乡。

【同属种类】16种，主要分布于北温带。我国11种，各地均产。常见的还有蒙桑（*M. mongolica*），叶缘有刺芒状锯齿，常有不规则裂片，叶表面光滑无毛，背面脉腋常有簇毛。雌雄异株，花柱明显，柱头2裂。产于东北、华北至华中及西南各省。秋叶金黄色，可栽培观赏。

（二十四）喜树

【学名】*Camptotheca acuminata* Decne

【科属】蓝果树科，喜树属

【形态特征】落叶乔木，高达 30m。小枝绿色，髓心片隔状。单叶互生。叶片椭圆形至长卵形，长 12～28cm，宽 6～12cm，全缘或微波状，萌蘖枝及幼树枝之叶常疏生锯齿；先端突渐尖，基部广楔形，背面疏生短柔毛，脉上尤密；羽状脉弧形；叶柄常带红色。花单性同株，头状花序常数个组成总状复花序，上部为雌花序，下部为雄花序；花萼 5 裂；花瓣 5 枚，淡绿色；雄蕊 10 枚；子房 1 室。翅果长 2～3cm，有窄翅，集生成球形。花期 5～7 月；果 9～11 月成熟 (图 6-192)。

图 6-192 喜树

【分布与习性】产长江流域至华南、西南，常见栽培。喜光，幼树稍耐阴。喜温暖湿润气候，不耐干燥寒冷。深根性，喜肥沃湿润土壤，不耐干旱瘠薄，在酸性、中性、弱碱性土壤上均可生长，在石灰岩风化的土壤和冲积土上生长良好。较耐水湿。生长速度快。

【繁殖方法】播种繁殖。

【观赏特性及园林用途】树姿雄伟，花朵清雅，果实集生成头状，新叶常带紫红色，是优良的行道树、庭荫树。既适合庭院、公园和风景区造景应用，也是常用的公路树和堤岸、河边绿化树种。

【同属种类】1 种，为我国特产。

(二十五) 枫杨

【学名】*Pterocarya stenoptera* C. DC.

【别名】枰柳

【科属】胡桃科，枫杨属

【形态特征】落叶乔木，高达 30m，胸径 1m。小枝具片状髓心。裸芽，密生锈褐色腺鳞。小枝、叶柄和叶轴有柔毛。奇数羽状复叶互生；无托叶。复叶长 14～45cm，叶轴有翅；小叶 10～28 枚，长椭圆形至长椭圆状披针形，长 4～11cm，有细锯齿，顶生小叶常不发育。花单性同株，雄花组成柔荑花序，单生叶腋，花被不规则，与苞片合生；雌花组成穗状花序，单生新枝上部，雌花单生苞腋，具 2 小苞片，花被 4 裂，花被与苞片和子房合生。果序下垂，长 20～40cm；翅果状坚果，近球形，具 2 椭圆状披针形果翅。花期 4～5 月；果期 8～9 月 (图 6-193)。

图 6-193 枫杨

【分布与习性】广布于华北、华东、华中至华南、西南各省区，在长江流域和淮河流域最为常见；朝鲜也有分布。喜光，喜温暖湿润，也耐寒；耐湿性强；对土壤要求不严，在酸性至微碱性土壤上均可生长。深根性，萌芽力强。抗烟尘和二氧化硫等有毒气体。

【繁殖方法】播种繁殖。

【观赏特性及园林用途】枫杨树冠宽广，枝叶茂密，夏秋季节则果序杂悬于枝间，随风而动，颇具野趣。适应性强，可作公路树、行道树和庭荫树之用，庭园中宜植于池畔、堤岸、草地、建筑附近，尤其适于低湿处造景。对有毒气体有一定的抗性，也适于工矿区绿化。

【同属种类】约 6 种，分布于亚洲东部和西南部。我国 5 种 2 变种，南北均产。

（二十六）杜仲

【学名】*Eucommia ulmoides* Oliv.

【科属】杜仲科，杜仲属

【形态特征】落叶乔木，高达 20m；树干端直；树冠卵形至圆球形。全株各部分（枝叶、树皮、果实等）有白色弹性胶丝。小枝有片状髓心；无顶芽。单叶互生；无托叶。叶片椭圆形至椭圆状卵形，长 6～18cm，宽 3～7.5cm，有锯齿，表面网脉下陷，有皱纹；羽状脉。雌雄异株，无花被；雄花簇生于苞腋内，具短柄，雄蕊 6～10 枚，花药条形，花丝极短；雌花单生于苞腋；子房上位，2 心皮，1 室，胚珠 2。翅果扁平，长椭圆形，长 3～4cm，宽 1～1.3cm，顶端 2 裂。花期 3～4 月，先叶或与叶同放；果期 10 月（图 6-194）。

图 6-194 杜仲

【分布与习性】我国特产，分布于华东、中南、西北及西南，黄河流域以南有栽培。喜光，喜温暖湿润气候。在土层深厚疏松、肥沃湿润而排水良好的土壤中生长良好。耐干旱和水湿的能力均一般；在 pH 值 5～8.6 的酸性、中性至碱性土壤上均可生长，耐轻度盐碱。深根性，萌芽力强。

【繁殖方法】播种繁殖，也可扦插、压条或分蘖。

【观赏特性及园林用途】杜仲是著名特用经济树种，栽培历史悠久，3 世纪即传入欧洲。树形整齐，枝叶茂密，园林中可作庭荫树和行道树，也可在草地、池畔等处孤植或丛植。在风景区可结合生产绿化造林。

【同属种类】仅 1 种，我国特产。

（二十七）青檀

【学名】*Pteroceltis tatarinowii* Maxim.

【科属】榆科，青檀属

【形态特征】落叶乔木，高达 20m，胸径 1.5m；树干常凹凸不平。树皮灰色，薄片状剥落，内皮灰绿色。小枝细弱，冬芽卵圆形，红褐色。叶片卵形或卵圆形，长 3～13cm，宽 2～4cm，先端渐尖或尾尖，叶缘除基部外有锐尖锯齿；基脉 3 出，侧脉不达齿端；叶柄长 5～15mm。花单性同株，生于当年生枝叶腋。雄花簇生于下部，花被片与雄蕊 5 枚；雌花单生于上部叶腋，花被片 4 枚，披针形，子房侧向压扁。坚果两侧有薄木质翅，近圆形，径约 1～1.7cm，果柄纤细。花期 4～5 月；果期 8～9 月（图 6-195）。

图 6-195 青檀

【分布与习性】产于辽宁、华北、西北经长江流域至华南、四川等地，多生于海拔 800m 以下，在四川可达海拔 1700m。适应性强，喜光，稍耐阴；喜生于石灰岩山地，也能在花岗岩、砂岩地区生长；耐干旱瘠薄。根系发达，萌芽力强。寿命长。

【繁殖方法】播种繁殖。果成熟后易飞散，应及时采收。

【观赏特性及园林用途】树体高大，树冠开阔，宜作庭荫树、行道树；可孤植、丛植于溪边，适合在石灰岩山地绿化造林。木材可作建筑、家具等用材；树皮纤维优良，为著名的宣纸原料。

【同属种类】仅1种，我国特产。

（二十八）光皮梾木

【学名】*Swida wilsoniana*(Wanger.)Sojak

【科属】山茱萸科，梾木属

【形态特征】落叶乔木，高达18m，有时呈灌木状；树皮白色带绿，斑块状剥落后形成明显的斑纹。叶对生；叶片椭圆形至卵状椭圆形，长6~12cm，全缘，先端渐尖，基部楔形或宽楔形，背面密生乳头状突起和平贴的灰白色短柔毛，侧脉3~4对。圆锥状聚伞花序，顶生，花小而白色，花4数；子房2室。核果球形，径约6~7mm，紫黑色。花期5月；果期10~11月(图6-196)。

【分布与习性】产秦岭、淮河流域以南至华中、华南，生于海拔1100m以下的林中。较喜光；耐寒，也耐热，在石灰岩山地和酸性土中均可生长，在排水良好、湿润肥沃的壤土中生长良好。深根性，萌芽力强。

图6-196 光皮梾木

【繁殖方法】播种繁殖。

【观赏特性及园林用途】干直而挺秀，树皮斑斓，叶茂密，荫浓，初夏满树银花，是优良的庭荫树和行道树，南京等地应用较多。

【同属种类】参阅红瑞木。常见栽培的还有毛梾(*S. walteri*)，叶卵形至椭圆形，长4~10cm，宽2~5cm，全缘并略波浪状，先端渐尖，两面有短柔毛，背面较密；侧脉4~5对；叶柄长1~3cm。花白色，花瓣舌状披针形。分布于辽宁南部，华北、西北、华东、西南等地，以山西、山东、河南、陕西最多。

（二十九）蓝花楹

【学名】*Jacaranda acutifolia* Humb. & Bonpl.

【科属】紫葳科，蓝花楹属

【形态特征】落叶或半常绿乔木，高达15m。2回羽状复叶，对生；羽片16对以上，每羽片有小叶14~24对，着生紧密；小叶狭矩圆形，全缘或有齿缺，长6~12mm，先端锐长，略被柔毛。圆锥花序大型；花蓝色或青紫色，花萼顶端5齿裂，花冠筒细长，下部微弯，上部膨大，裂片5枚，稍二唇形；发育雄蕊4枚，2长2短；花盘厚，垫状。蒴果，木质，卵球形；种子扁平，有翅。花期春末至秋；果期11月(图6-197)。

【分布与习性】原产热带美洲，世界热带广植，华南有栽培。喜温暖湿润的气候，不耐霜冻，喜光，稍耐半阴；喜肥沃湿润的沙壤土，较耐水湿，不耐干旱。

图6-197 蓝花楹

【繁殖方法】播种繁殖，也可扦插繁殖。

【观赏特性及园林用途】绿荫如伞，叶形秀丽，花朵蓝色而繁密，娴静幽雅，可谓华而不娇，是少见的蓝色观花乔木，可作为行道树、庭荫树。适于公园、庭院、水边、草坪、路旁等各地种植。

【同属种类】约50种，产热带美洲。我国引入栽培2种，常见栽培的为本种。

二、常绿树类
（一）樟树
【学名】*Cinnamomum camphora* (L.) Presl.

图6-198　樟

【科属】樟科，樟属

【形态特征】常绿乔木，高达30m；树冠广卵形或球形；树皮灰黄褐色，纵裂。叶互生。叶片近革质，卵形或卵状椭圆形，长6~12cm，宽2.5~5.5cm，边缘波状，下面微有白粉，脉腋有腺窝；离基3出脉。圆锥花序，生于叶腋，长3.5~7cm；花两性，绿色或黄绿色，能育雄蕊9枚。浆果状核果，近球形，直径6~8mm，紫黑色；萼筒发育形成的果托盘状。花期4~5月；果期8~11月（图6-198）。

【分布与习性】分布于长江以南各地；日本和朝鲜也产。较喜光。喜温暖湿润气候和深厚肥沃的酸性或中性沙壤土，稍耐盐碱；较耐水湿，不耐干旱瘠薄。寿命长，可达千年以上。有一定的抗海潮风、耐烟尘和有毒气体能力，并能吸收多种有毒气体。

【繁殖方法】以播种繁殖为主，软枝扦插、根蘖繁殖也可。

【观赏特性及园林用途】树姿雄伟，春叶色彩鲜艳，且枝叶幢幢，浓荫遍地，是江南最常见的绿化树种，广泛用作庭荫树、行道树，也可用于营造风景林和防护林。樟树也是珍贵的用材树种，木材有香气；根、干、枝、叶可提取樟脑和樟油；种子可榨油。

【同属种类】250种，分布于亚洲热带和亚热带地区、澳大利亚和太平洋岛屿。我国49种，主产于长江以南各地。常见栽培的还有：

（1）天竺桂（浙江樟）*Cinnamomum japonicum* Sieb.：高达10~15m；树冠卵状圆锥形；树皮光滑，不开裂。小枝较细，红色或红褐色，光滑无毛。叶近对生或上部互生，卵状矩圆形或矩圆状披针形，长7~10cm，宽3~3.5cm，两面无毛；离基3出脉近于平行；脉腋无腺体。果椭圆形，长约7mm。产华东各省。

（2）肉桂 *Cinnamomum cassia* Presl.：小乔木，树皮厚，灰褐色；幼枝四棱形，芽、小枝、叶柄和花序轴密被灰黄色短绒毛。叶厚革质，近对生或枝梢叶互生，长椭圆形，长8~16(30)cm，宽4~6(9)cm，下面疏被黄色柔毛；3出脉，在上面凹陷，下面突起。华南各地有栽培。抗寒性弱。

（3）阴香 *Cinnamomum burmanii* (Nees & T. Nees) Blume：树皮光滑，有近似肉桂的香味。叶近对生，卵形或长椭圆形，长5~10cm，宽2~4.5cm，两面无毛，离基3出脉，脉腋无腺体，叶上面常有虫瘿。花序长3~5cm，花序轴和分枝密被灰白柔毛，花被裂片内外被柔毛。分布于华南和云南。

（4）银木 *Cinnamomum septentrionale* Hand.-Mazz.：高达25m。小枝较粗，具棱脊。小枝、叶下面、花序均被白色绢毛。叶片椭圆形或椭圆状倒披针形，长10~15cm，宽5~7cm，侧脉约4对，弧曲。花序长达 15cm，多花密集。产四川和湖北西部以及陕西和甘肃南部，在成都平原常见栽培。

（二）榕树

【学名】*Ficus microcarpa* L. f.

【别名】小叶榕

【科属】桑科，榕属

【形态特征】常绿乔木，高达 25m。树冠开展，阔伞形，有气生根悬垂或入土生根，复成一干，形似支柱。各部无毛。托叶合生，包被芽体，落后在枝上留下环状托叶痕。叶互生，倒卵形至椭圆形，长 4～8cm，宽 3～4cm，全缘或略波状，先端钝尖，基部楔形，革质；羽状脉，侧脉 3～10 对。花生于囊状中空顶端开口的肉质花序托内壁上，形成腋生隐头花序。隐花果（榕果）肉质，近扁球形，径约 8mm，无梗，熟时紫红色。花期 5～6 月；果期 10 月（图 6-199）。

图 6-199 榕树

【分布与习性】分布于热带亚洲，华南和西南有分布并常见栽培，多生于海拔 1900m 以下的山地、平原。喜光，也耐阴，喜温暖湿润气候、深厚肥沃排水良好的酸性土壤。生长快，寿命长。

【栽培品种】黄斑榕（'Yellowe-stripe'），叶缘黄色而具绿色条带。黄金榕（'Golden-leaves'），新叶乳黄色至金黄色，后变为绿色。华南和台湾栽培颇多。垂枝银边榕（'Milky Stripe'），小枝下垂，叶狭倒卵形或椭圆形，叶缘呈乳白色或略呈乳黄色而混有绿色条带，背面具多数腺体。

【繁殖方法】扦插繁殖，极易生根。

【观赏特性及园林用途】树冠宽阔，枝叶浓密，气生根多而下垂，交错盘缠，入土即成一支柱，形成"独木成林"奇观，是华南重要的绿荫树。树体庞大，不适于普通庭院造景，宜植于环境空旷之处以资庇荫并形成景观，如孤植于草坪、池畔、桥头等处，也适于河流沿岸、宽阔道路两旁列植。华南各地常见以榕树为主景的植物景观，如广西阳朔著名的大榕树景点，福州森林公园也有胸围 10m、树冠 1000m²、树龄千年的古榕。

【同属种类】参阅无花果。常见栽培的还有：

(1) 绿黄葛树 *Ficus virens* Ait.：落叶或半常绿乔木，高达 26m。叶薄革质，长椭圆形或卵状椭圆形，长 10～16cm，宽 4～7cm，全缘，无毛，侧脉 7～10 对；托叶片卵状披针形，长 5～10cm。果近球形，径 0.7～1.2cm，熟时黄色或红色。产华南和西南，北达浙江、四川，是优良的庭荫树和行道树，常见栽培。

变种黄葛树（var. *sublanceolata*），叶片近披针形，长达 20cm，先端渐尖，果实无总梗。分布于陕西南部、湖北、四川、广西、云南等地，较原种更为常见。

(2) 高山榕 *Ficus altissima* Blume：常绿大乔木，高达 30m。顶芽被毛。叶片宽卵形至宽卵状椭圆形，长 10～19cm，宽 5～10cm，厚革质，基出脉 3 条，侧脉 5～7 对。隐头花序无梗，成对腋生。隐花果成熟时红色或带黄色，卵圆形，直径 1.5～1.9cm。花期 3～4 月；果期 5～7 月。产华南南部至云南。

（三）银桦

【学名】*Grevillea robusta* A. Cunn.

【科属】山龙眼科，银桦属

【形态特征】常绿乔木，高达 25m。幼枝、芽及叶柄密被锈褐色粗毛。叶互生，2 回羽状深裂；无托叶。裂片 5～13 对，近披针形，边缘加厚，上面深绿色，下面密被银灰色绢毛。总状花序，长 7～15cm。花橙黄色，不整齐；花梗长 8～13mm，向花轴两边扩张或稍下弯。花单被，花萼呈花瓣状，4 裂，花萼管纤弱。蓇葖果，卵状长圆形，长 1.4～1.6cm，稍倾斜而扁，顶端具宿存花柱，成熟时棕褐色，沿腹缝线开裂；种子卵形，周围有膜质翅。花期 4～5 月；果期 6～7 月(图 6-200)。

【分布与习性】原产大洋洲，我国南岭以南各省区引种。喜光，喜温暖湿润气候，可抗轻霜，在 -4℃ 时枝条受冻。在深厚肥沃、排水良好的酸性沙质壤土上生长良好。抗氟化氢和氯气，不抗二氧化硫。生长速度较快，在昆明，20 年生可高达 20m，胸径达 35cm。

【繁殖方法】播种繁殖。种子易丧失发芽力，应随采随播。

【观赏特性及园林用途】树干通直，树形美观，花色橙黄，而且叶形奇特，颇似蕨叶，抗烟尘，适应城市环境，是南亚热带地区优良的行道树，也可用于庭园中孤植、对植。此外，银桦还是优良的蜜源植物，木材供室内装修和家具制造等用。

图 6-200　银桦

【同属种类】约 160 种，主要分布于大洋洲和亚洲东南部。我国引入 1 种，常植为行道树。

（四）柠檬桉

【学名】*Eucalyptus citriodora* Hook. f.

【科属】桃金娘科，桉树属

【形态特征】常绿乔木，高达 40m，胸径 1.2m，具强烈的柠檬香气；树皮呈片状剥落；树干通直、光滑，灰白或略淡红色。叶 2 型：幼苗及萌枝上的叶对生，卵状披针形，叶柄在叶片基部盾状着生，有腺毛；大树之叶互生，全缘，为等面叶，狭披针形至披针形，长 10～15cm，宽 1～1.5cm，稍弯，两面被黑腺点，无毛，叶柄长 1.5～2cm。羽状侧脉在近叶缘处连成边脉。圆锥花序顶生或腋生，花径 1.5～2cm；萼片与花瓣连合成一帽状花盖、半球形，顶端具小尖头，开花时花盖横裂脱落，萼筒较花盖长 2 倍；雄蕊多数，分离。蒴果壶形或坛状，长约 1.2cm，果瓣深藏。花期 3～4 月及 10～11 月；果期 6～7 月及 9～11 月(图 6-201)。

【分布与习性】产澳大利亚沿海地区。我国福建、广东、广西、云南、台湾、四川等省区均有引栽。喜光，不耐寒，易受霜害，喜土层深厚疏松、排水良好的红壤、黄壤和冲积土，较耐干旱。生长速度快，在广东，6 年生幼树高达 16m，胸径 26cm。

【繁殖方法】播种繁殖。

【观赏特性及园林用途】树形高耸，树干洁净，呈灰白色，非常优美秀丽，枝叶有芳香，是优秀的庭园观赏树和行道树。在住宅区不宜种植过多，否则香味过浓也会使人不太舒适。幼嫩枝叶提取的桉油可供食品、香精、化工原料、医药等用。

图 6-201　柠檬桉

【同属种类】约 700 种，主产澳大利亚与邻近岛屿，少数种类产印度尼西亚和菲律宾，世界热带和亚热带广泛引种。我国先后引入 110 余种，以华南和西南常见。常见栽培的还有：

（1）蓝桉 *Eucalyptus globulus* Labill.：高达 80m；树干多扭转，树皮薄片状剥落。叶蓝绿色，萌芽枝及幼苗的叶片卵状矩圆形，基部心形，长 3～10cm，有白粉，无柄；大树之叶镰状披针形，长 12～30cm，边脉近叶缘，叶柄长 1.5～4cm。花单生或簇生，径达 4cm，近无柄，花蕾表面有小瘤和白粉。蒴果倒圆锥形，径 2～2.5cm。产澳大利亚和塔斯马尼亚岛。我国西南及南部有引种，以云南中部及北部、贵州西部、四川西南部生长最好。

（2）直杆蓝桉 *Eucalyptus maidenii* F. Muell.：与蓝桉的区别为：树干通直，树皮有灰褐色和灰白色斑块。幼枝四棱形，2 年枝圆形。花小，3～7 朵排成伞形花序，花梗长约 2mm；花蕾表面平滑，无小瘤和白粉，花盖与萼筒等长；果小钟形或倒圆锥形，径约 0.6～1cm。产澳大利亚东南部。我国 1947 年引入，华南、西南和浙江等地有栽培。

（3）大叶桉 *Eucalyptus robusta* Smith：树干挺直。树皮厚而松软，粗糙，纵裂但不剥落。小枝淡红色，略下垂。幼苗和萌生枝叶片卵形，宽达 7cm；大树之叶片卵状披针形，长 8～18cm，宽 3～7cm，叶基圆形；侧脉多而细，与中脉近成直角；叶柄长 1～2cm。伞形花序，花序梗粗扁，具棱；花径 1.5～2cm，花盖圆锥形，具喙。产澳大利亚。长江流域至华南、西南、陕西南部栽培。

（4）赤桉 *Eucalyptus camalduensis* Dehnh.：树皮光滑，灰白色，薄片状脱落。叶狭披针形至披针形，长 8～20cm，宽 1.2cm，稍弯曲。伞形花序有花 5～8 朵，总梗纤细；花蕾卵形，有柄，花盖先端收缩为长喙，尖锐。蒴果近球形，径 6mm。产澳大利亚，华南至西南常栽培，长江流域也有栽培，北至陕西汉中。

（五）楠木

【学名】*Phoebe zhenna* S. Lee & F. N. Wei

【别名】桢楠

【科属】樟科，楠属

【形态特征】常绿乔木，高达 30m，胸径 1.5m；树干通直。小枝较细，被灰黄色或灰褐色柔毛。叶互生，羽状脉。叶片革质，椭圆形至长椭圆形，稀披针形或倒披针形，长 7～11cm，全缘，先端渐尖，基部楔形，背面密被柔毛；侧脉 8～13 对，横脉及小脉在背面不明显；叶柄长 1.2～2cm。花两性，圆锥花序，长 7.5～12cm；花被片 6 枚。浆果椭圆形，长 1.1～1.4cm，紫黑色，宿存花被片革质，包被果实基部，直立。花期 4～5 月；果 9～10 月成熟（图 6-202）。

图 6-202 楠木

【分布与习性】产于湖北西部、湖南西部、贵州及四川盆地，多生于海拔 1500m 以下的阔叶林中，成都平原习见栽培。中性树，幼时耐阴，喜温暖湿润气候及肥沃、湿润而排水良好之中性或微酸性土壤。生长速度缓慢，寿命长。深根性，萌蘖力强。

【繁殖方法】播种繁殖。

【观赏特性及园林用途】树干高大端直，树冠雄伟，是优良的风景树，在成都平原广为栽培。适于孤植、丛植或配植于建筑周围，也常作行道树，在山地风景区适于营造大面积风景林。也是中国珍贵用材树种。

【同属种类】100 种以上，分布于亚洲热带和亚热带地区。我国 35 种，均产于长江流域及其以南地区。多为珍贵用材树种。常见栽培的还有：

(1) 紫楠 Phoebe sheareri (Hemsl.) Gamble：幼枝、叶下面、叶柄和花序密被黄褐色绒毛。叶片倒卵形或倒卵状披针形，长 8～22cm，先端突渐尖或短尾尖，下部渐狭为楔形，叶脉在上面凹下，下面突起，有时被白粉，侧脉 9～13 对，网脉致密，结成网格状。花序长 7～15cm，上部分枝。果卵形，宿存花被片松散，果梗上部肥大。广布于长江流域及其以南各省。

(2) 浙江楠 Phoebe chekiangensis P. T. Li：与紫楠相近，花序和小枝密生黄褐色绒毛，但叶片稍小而狭，果实较大，椭圆状卵形，长 1.2～1.5cm，种子多胚性，子叶不等大。产华东，杭州等地常栽培观赏。

(六) 红楠

【学名】Machilus thunbergii Sieb. & Zucc.

【科属】樟科，润楠属

【形态特征】常绿乔木，高 10～15(20)m，胸径达 1m；生于海边者常呈灌木状。树皮幼时灰白色，平滑，后变黄褐色。小枝无毛；顶芽大卵形或长卵形，芽鳞覆瓦状。叶互生。叶片革质，倒卵形至倒卵状披针形，长 5～13cm，宽 3～6cm，全缘，先端钝或突尖，基部楔形，两面无毛，背面有白粉；侧脉 7～12 对。圆锥花序生于新枝基部，长 5～11.8cm，花被片矩圆形，长约 5mm。浆果扁球形，径 0.8～1cm，熟时蓝黑色，果柄鲜红色；宿存花被片开展。花期 2～4 月；果期 7～8 月(图 6-203)。

图 6-203　红楠

【分布与习性】产东亚，我国自山东崂山以南至华东、华南、台湾均有分布，生于海拔 800m 以下的山坡、沟谷阔叶林中。日本和朝鲜也产。较耐阴；喜温暖湿润气候，也颇耐寒，是该属耐寒性最强树种，抗海潮风；喜深厚肥沃的中性或酸性土。

【繁殖方法】播种繁殖。

【观赏特性及园林用途】树形端庄，枝叶茂密，新叶鲜红、老叶浓绿，果梗鲜红色，生于海边者树冠层次特别分明，形若灯台，甚为美观，是优良的园林观赏树种。宜丛植于草地、山坡、水边，在东部和南部沿海、海岛可作海岸防风林带树种。

【同属种类】约 100 种，分布于东南亚和东亚热带、亚热带地区。我国 82 种，主产于长江流域及其以南地区，北达山东、甘肃和陕西南部。常见的还有薄叶润楠(M. leptophylla)，顶芽大，近球形。叶常集生枝顶而呈轮生状，倒卵状长圆形，长 14～24(32)cm，宽 3.5～7(8)cm，幼时下面被平伏的银白色绢毛；侧脉 14～20(24)对。产东南各省，贵州也有分布。树姿优美，枝叶茂密苍翠，是优良的庭园观赏树种。

(七) 橄榄

【学名】Canarium album (Lour.) Raeusch.

【科属】橄榄科，橄榄属

【形态特征】常绿乔木，高达 25m；枝条开展，树冠近球形。小枝幼时被黄棕色绒毛。羽状复叶互生，通常多少聚生于小枝顶。小叶 3～6 对，披针形或椭圆形，长 6～14cm，宽 2～5.5cm，全缘，基部圆形，先端尖；托叶小，早落。花单性，雌雄异株；雄花呈聚伞状圆锥花序，长 15～30cm；雌花序退化为总状，长 3～6cm。花黄白色。萼杯状，3 裂；花瓣 3 枚，乳白色；雄蕊 6 枚。核果，椭圆形、卵圆形或纺锤形，长 2.5～3.5cm，初黄绿色，后变黄白色，有皱纹。果核两端锐尖，内有种子 1 颗。花期 4～6 月；果期 9～12 月(图 6-204)。

【分布与习性】产华南，福建、广东、广西、台湾、贵州、四川等地均有分布并常见栽培，浙江南部也有栽培。越南亦产。生长期需高温，最适生长地的年均温度 20℃ 左右，不耐霜冻；主根肥大而深入土壤，较耐旱，不耐湿，适生于沙质壤土、石灰质土和土层深厚的冲积土。

【繁殖方法】播种或嫁接繁殖。

【观赏特性及园林用途】树姿优美，绿荫如盖，花朵芳香，果实为著名果品，是优美的绿荫树和食用、观赏果木，热带地区可植为行道树和庭荫树。

图 6-204 橄榄

【同属种类】约 75 种，分布于非洲、热带亚洲和大洋洲东北部及太平洋岛屿。我国 7 种，产华南和云南，常栽培。

(八) 杜英

【学名】*Elaeocarpus decipiens* Hemsl.

【科属】杜英科，杜英属

【形态特征】常绿乔木，高达 15m。嫩枝被微毛。单叶互生，有托叶。叶片披针形或倒披针形，长 7～12cm，宽 2～3.5cm，先端钝尖，基部狭而下延；侧脉 7～9 对，网脉在两面均不明显；叶柄长约 1cm。总状花序腋生；花黄白色，花瓣顶端常撕裂状，雄蕊多数，花药无芒状药隔。核果，椭圆形，长 2～2.5(3)cm，内果皮硬骨质。花期 6～7 月(图 6-205)。

【分布与习性】产台湾、华南、西南以及东南沿海；日本也有分布。喜温暖湿润气候，宜排水良好的酸性土壤，较耐阴，萌芽力强，对二氧化硫抗性强。

【繁殖方法】以播种繁殖为主，也可扦插繁殖。

【观赏特性及园林用途】树冠圆整，枝叶繁茂，秋冬、早春叶片常显绯红色，红绿相间，鲜艳夺目，可用于园林绿化。

图 6-205 杜英

【同属种类】约 360 种，分布于亚洲、非洲和大洋洲热带和亚热带。我国 39 种，产西南部至东部。常见栽培的还有：

(1) 山杜英 *Elaeocarpus sylvestris* (Lour.) Poir.：嫩枝无毛。叶倒卵形或倒卵状披针形，长 4～8cm，宽 2～4cm(幼态叶长达 15cm，宽达 6cm)，先端钝，叶缘有浅钝齿，基部狭楔形，下延生长；侧脉 5～6 对。花白色，花瓣上部撕裂状，裂片 10～12 条，外侧基部有毛；雄蕊约 15 枚。核果椭球形，长 1～1.6cm，成熟时暗紫色。产长江流域以南至华南、西南。

（2）秃瓣杜英 *Elaeocarpus glabripetalus* Merr.：与山杜英相近，但叶片为倒披针形，长 8～12cm，宽 3～4cm，先端锐尖；侧脉 7～8 对；叶柄极短，长仅 4～7mm；花瓣撕裂为 14～18 条，外面无毛；雄蕊 20～30 枚。果实椭圆形，长 1～1.5cm。产华东、华南至贵州、云南，常栽培观赏。

（3）水石榕 *Elaeocarpus hainanensis* Oliv.：叶狭倒披针形，长 7～15cm，宽 1.5～3cm；两面无毛，侧脉 14～16 对。花序长 5～7cm，有花 2～6 朵。花梗长达 4cm；花白色，直径 3～4cm，花瓣倒卵形，先端撕裂，裂片 30 条；苞片叶状，长约 1cm。核果纺锤形，两端尖，长约 4cm。产海南、广西和云南等地。

（九）木麻黄

【学名】*Casuarina equisetifolia* L.

【科属】木麻黄科，木麻黄属

【形态特征】常绿乔木，高达 30～40m；树冠狭长圆锥形。幼树树皮赭红色，老树深褐色，纵裂，内皮鲜红色或深红色。小枝纤细、灰绿色，多节，酷似麻黄或木贼，轮生或假轮生，径 0.8～0.9mm，柔软下垂，6～8 棱；节间长 4～9mm。叶退化成鳞片状，7(6～8)枚轮生，淡绿色，近透明，长 1～3mm，基部合生成鞘状，紧贴小枝。雄花序穗状，棒状圆柱形，长 1～4cm；雌花序头状，紫红色。雄花的花被片早落，雄蕊 1 枚，雌花无花被，雌蕊由 2 心皮组成。果序呈球果状，椭圆形，长 1.5～2.5cm，径 1.2～1.5cm；果序苞片木质；小坚果上端具膜质薄翅。花期 4～5 月；果期 7～10 月。

【分布与习性】原产澳大利亚东北部和太平洋岛屿，常生于近海沙滩和沙丘上。我国南部和东南沿海地区引种栽培。喜暖热湿润气候；幼苗不耐旱，但大树耐干旱；耐盐碱、抗沙压和海潮。主根深，侧根发达，具有固氮菌根，抗风力强。适于沙地，在深厚肥沃的中性或微碱性土壤上生长最好，在黏土上生长不良。

图 6-206　细枝木麻黄

【繁殖方法】播种或扦插繁殖。

【观赏特性及园林用途】木麻黄是华南地区沿海地带优良的防风固沙和农田防护林先锋树种，园林中适于列植，是优良的行道树。也可群植成林，可与胭脂树、梭罗树、相思树、黄槿、露兜树等混交。

【同属种类】约 65 种，主产大洋洲，伸展至太平洋岛屿、亚洲东南部和非洲东部。我国引入栽培 9 种。常见栽培的还有细枝木麻黄（*C. cunninghamiana*），鳞叶每轮 8(9～10)枚，不透明，小枝较木麻黄稍硬，直径 0.5～0.7mm，不易抽离端节；果序长 0.7～1.2cm；树皮淡红色（图 6-206）。粗枝木麻黄（*C. glauca*），鳞叶每轮 12～16 枚，上部褐色，不透明，小枝径约 1.3～1.7mm，节韧难抽离，折曲时呈白蜡色；果序长 1.2～2cm；树皮内皮淡黄色。

（十）苦槠

【学名】*Castanopsis sclerophylla*（Lindl.）Schott.

【科属】壳斗科，栲属

【形态特征】常绿乔木，高5～10m，稀达15m；树冠球形；树皮暗灰色，纵裂。有顶芽，芽鳞多数。小枝有棱沟，绿色，无毛。叶2列状互生。叶片厚革质，长椭圆形，长7～14cm，宽3～6cm，叶缘中上部有锐锯齿，下面淡银灰色，有蜡层。雄花为柔荑花序，细长而直立；雌花生总苞内，花柱3。果序长8～15cm，坚果单生于壳斗中；壳斗球形或半球形，全包或包被坚果大部分，鳞片三角形或瘤状突起；坚果近球形，径1～1.4cm。花期4～5月；果期9～11月（图6-207）。

图6-207 苦槠

【分布与习性】产长江中下游以南地区，但西南和五岭南坡以南不产，生于海拔1000m以下山地。幼年较耐阴，喜温暖湿润气候，也较耐寒，是本属中分布最北（陕南）的种类；喜湿润肥沃的酸性和中性土，也耐干旱瘠薄；对二氧化硫等有毒气体抗性强。

【繁殖方法】播种繁殖。

【观赏特性及园林用途】树体高大雄伟，树冠圆球形，枝叶茂密，可在草坪上孤植、丛植，也可群植作背景树。由于抗污染，可用于工矿区绿化及防护林带。

【同属种类】约120种，分布于亚洲热带和亚热带地区。我国58种，分布于江南各地至华南、西南，主产于云南和两广。常见的还有：

(1) 甜槠 Castanopsis eyrei (Champ.) Tutch.：枝叶无毛。叶片卵形、卵状披针形或长椭圆形，长5～13cm，先端尾尖，基部不对称，全缘或近顶端疏生浅齿。壳斗宽卵形，刺密生，基部或中部以下合生为刺束，有时连生成刺环。坚果宽圆锥形，径1～1.4cm，无毛，果脐小于坚果底部。产长江以南各地（云南、海南除外），是常绿林的重要树种。

(2) 栲树 Castanopsis fargesii Franch.：幼枝、叶下面、叶柄密被红褐色或红黄色粉末状鳞秕。叶片长椭圆形或卵状长椭圆形，长7～15cm，全缘或近顶端偶有1～3对钝齿。果序长达18cm。壳斗球形，刺粗短，疏生。坚果1个，卵球形。产长江以南，南至华南，西达西南，东至台湾省，为栲属中在我国分布最广的一种。

(3) 钩栲 Castanopsis tibetana Hance：叶片卵状椭圆形、卵形至倒卵状椭圆形，长15～30cm，宽5～10cm，叶缘至少在顶端有尖锯齿，侧脉直达齿端；幼叶背面红褐色，老叶背面淡棕灰色或银灰色；壳斗圆球形，连直径约6～8cm，刺长1.5～2.5cm，基部合生成刺束；坚果1个，扁圆锥形。产华东至华南、西南，杭州等地栽培。

(十一) 台湾相思 4

【学名】*Acacia confusa* Merr.

【别名】小叶相思、相思树

【科属】豆科，金合欢属

【形态特征】常绿乔木，高达16m；树皮灰褐色，不裂。幼苗具羽状复叶，长大后小叶退化，仅存1叶状柄，呈狭披针形，全缘，长6～10cm，具3～7条平行脉。头状花序1～3个腋生，径约1cm；花瓣淡绿色，雄蕊金黄色，突出。荚果扁平带状，长5～10cm，种子间略缢缩。花期4～6月；

图 6-208　台湾相思

果期 7~8 月(图 6-208)。

【分布与习性】产热带亚洲,我国分布于台湾,华南和云南等地常见栽培。喜暖热气候。极喜光,为强阳性树种;喜酸性土,耐干旱瘠薄,也耐短期水淹。根系深而枝条韧性强,抗风。

【繁殖方法】播种繁殖。

【观赏特性及园林用途】相思树生长迅速,抗逆性强,是华南地区重要的荒山绿化树种,可作防风林带、水土保持林和防火林带用,也是良好的公路树和海岸绿化树种。其树皮灰白色,树姿婆娑,也是优美的庭园观赏树种,草地孤植、丛植,道旁列植均宜。

【同属种类】约 900 种,广布于全球热带和亚热带,尤其以大洋洲和非洲最多。我国连引入栽培共有 20 种以上,主产华南、西南和东南部。常见栽培的还有:

(1) 银荆树 *Acacia dealbata* Link.:常绿乔木,高达 15m。小枝被灰色柔毛。2 回羽状复叶,羽片 8~25 对;小叶 30~40(50) 对,条形,长 3~4mm,宽不及 1mm,被灰色柔毛;叶柄具 1 腺体,每对羽片间具 1 略带绿色的腺体。花深黄色。果实带状,长 3~12cm,宽 0.8~1.3cm,被灰白色蜡粉。原产澳大利亚,华南、西南地区引种,近年浙江、江苏南部、上海等地也有栽培。

(2) 金合欢 *Acacia farnesiana* (L.) Willd.:灌木或小乔木;小枝呈之字形弯曲;托叶针刺状,刺长 1~2cm。2 回羽状复叶,长 2~7cm,叶轴被灰白色柔毛,有腺体;羽片 4~8 对;小叶 10~20 对,线状长圆形,长 2~6mm,宽 1~1.5mm,无毛。花黄色,有香味。花期 3~6 月。原产热带美洲,热带地区广植。我国东南部沿海地区和云南、四川、广西等地栽培,可作绿篱。

(十二) 红豆树

【学名】*Ormosia hosiei* Hemsl. & Wils.

【科属】豆科,红豆树属

【形态特征】常绿或半常绿乔木,高达 30m,树冠伞形。树皮幼时绿色而平滑,老时浅纵裂。裸芽;嫩枝被毛,后脱落。奇数羽状复叶,互生。小叶 5~7(3~9) 枚,对生,卵形、长椭圆状卵形或倒卵形,长 5~14cm,全缘,近无毛。圆锥花序;花萼密生黄棕色柔毛;花冠白色或淡红色,微有香气;雄蕊 10 枚,分离;子房无毛。荚果扁平,卵圆形或近圆形,长 4~6.5cm,厚革质;种子扁圆形,长 1.3~1.7cm,深红色,种脐长达 7~9mm。花期 4 月;果期 10~11 月(图 6-209)。

【分布与习性】产华东、华中至西南,江苏常熟和无锡,北达甘肃文县,生于海拔 900m 以下的低山丘陵地区、河边和村庄附近,在西部海拔可达 1350m。幼苗耐阴,成年树喜光;喜肥沃湿润的酸性土壤,pH 值 4.5~5.6;根系发达,萌芽性强。寿命长,浙江、江苏江阴、福建蒲城有胸径达 1m 的大树,仍生长旺盛。

【繁殖方法】播种繁殖。苗木干性较弱,易分枝,苗期应注意培养主干。

【观赏特性及园林用途】红豆树是珍贵的用材树种,其树冠伞

图 6-209　红豆树

形，四季常绿，也适于园林造景，宜孤植、列植。种子可加工为工艺品。

【同属种类】约 130 种，分布于热带美洲、东南亚和澳大利亚西北部。我国约 37 种，产西南部经中部至东部，主产两广和云南。常见栽培的还有：

（1）花榈木 Ormosia henryi Prain.：小枝密生灰黄色绒毛；小叶 5～9 枚，长圆形、长圆状倒披针形或长圆状卵形，长 6～10cm，下面密被灰黄色柔毛；果实扁平长圆形，长 7～11cm，种子 2～7 枚，椭圆形，长 0.8～1.5cm，种脐小。产华东、华南和西南，耐寒性较红豆树差。

（2）软荚红豆 Ormosia semicastrata Hance：小枝疏生黄色柔毛。小叶 3～9 枚，长椭圆形，腋生圆锥花序，花梗及花序轴上密生黄色柔毛；花萼钟形，有棕色毛；花瓣白色。荚果小而圆形；种子 1 粒，鲜红色，扁圆形。产华南。

第六节　藤本类

一、落叶树类

（一）紫藤

【学名】*Wisteria sinensis*（Sims）Sweet

【科属】豆科，紫藤属

【形态特征】落叶大藤本，茎枝左旋生长，长达 20m。奇数羽状复叶，互生；小叶 7～13 枚，通常 11 枚，卵状长圆形至卵状披针形，长 4.5～11cm，宽 2～5cm，幼叶密生平贴白色细毛，后变无毛，具小托叶。总状花序下垂，长 15～30cm。花蓝紫色，长 2.5～4cm；萼钟形，5 齿裂；花冠蝶形：旗瓣圆形，大而反卷，基部有 2 胼胝体状附属物，翼瓣镰形，基具耳垂，龙骨瓣端钝；二体雄蕊。果长 10～25cm，密生黄色绒毛；种子扁圆形，棕黑色。花期 4～5 月；果期 9～10 月（图 6-210）。

【分布与习性】原产我国，自东北南部、黄河流域至长江流域和华南均有栽培或分布。喜光，略耐阴；较耐寒。喜深厚肥沃而排水良好的土壤，有一定的耐干旱、瘠薄和水湿能力。主根发达，侧根较少，不耐移植。

【繁殖方法】播种、扦插、压条、分蘖繁殖。

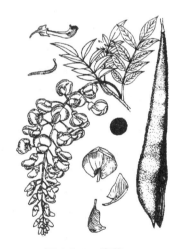

图 6-210　紫藤

【观赏特性及园林用途】紫藤是著名的凉廊和棚架绿化材料，庇荫效果好，春季先叶开花，花穗大而紫色，鲜花葳垂、清香四溢，可形成绿蔓浓密、紫袖垂长、碧水映霞、清风送香的引人入胜的景观。

【同属种类】6 种，分布于东亚和北美。我国 4 种，引入栽培 2 种。常见的还有：多花紫藤（*W. floribunda*），茎枝较细，右旋生长。小叶 13～19 枚，叶端渐尖，叶基圆形。花序长达 30～90cm，花堇紫色，芳香，长 1.5～2cm。原产日本，华北、华中有栽培。白花藤（*W. venusta*），小叶 9～13 枚，茎、叶有毛，花序长 10～15cm，花冠白色。原产日本，华北常见栽培。藤萝（*W. villosa*），小叶 9～13 枚，被长柔毛，下面尤密，花堇青色。产淮河流域，华北、华东常见栽培。

（二）葡萄

【学名】*Vitis vinifera* L.

【科属】葡萄科，葡萄属

【形态特征】落叶藤本，茎长达20m。茎皮红褐色，老时条状剥落，髓心棕褐色；小枝光滑或有毛。卷须分叉，间歇性与叶对生。单叶，互生。叶片卵圆形，长7～20cm，3～5掌状浅裂，有粗齿，基部心形，两面无毛或背面稍有短柔毛；叶柄长4～8cm。圆锥花序与叶对生，长10～20cm。花黄绿色，花瓣顶端粘合，成帽状脱落。浆果肉质，圆形或椭圆形，成串下垂，绿色、紫红色或黄绿色，被白粉。花期4～5月；果期8～9月（图6-211）。

图6-211　葡萄

【分布与习性】原产欧洲、西亚和北非。品种很多，习性各异。总体而言，喜光，喜干燥及夏季高温的大陆性气候，冬季需要一定的低温，以在排水良好的微酸性至微碱性沙质壤土上生长最好，在黏重土壤中生长不良；耐干旱，怕水涝，在降雨量大、空气潮湿的地区，容易发生徒长、授粉不良、落果、裂果、多病虫害等不良现象。

【繁殖方法】扦插、压条和嫁接繁殖。

【观赏特性及园林用途】葡萄大约在5000年前就开始在中亚细亚和伊拉克一带栽培。我国葡萄栽培始于汉代，是张骞出使西域时引入，已有2000多年历史。宜攀缘棚架及凉廊，适于庭前、曲径、山头、入口、屋角、天井、窗前等各处，夏日绿叶蓊郁，秀房陆离，是人们休息纳凉的绝佳去处；秋日硕果累累，可观其色、其丰，可食其果，因而自古在庭院中广植，葡萄架也成为我国古典园林中传统的观赏内容。现代园林中，葡萄棚架可独自成景，广泛应用于各类公园、庭院、居民区；大型公园或风景区内可结合生产，布置成葡萄园。

【同属种类】约60种，分布于温带至亚热带。我国约36种，各地均产，另引入栽培多种。常见的还有：

（1）山葡萄 *Vitis amurensis* Rupr.：幼枝初具蛛丝状绒毛。叶片宽卵形，基部宽心形，3～5裂或不裂，背面叶脉被短毛；叶柄有蛛丝状绒毛。花序长8～13cm，花序轴被白色丝状毛。果较小，径约1cm，黑色，有白粉。

（2）毛葡萄 *Vitis heyneana* Roem.：幼枝、叶柄及花序轴密生白色或浅褐色蛛丝状柔毛；叶片卵形或五角状卵形，长10～15cm，不分裂或3～5浅裂，下面密生绒毛，浆果黑紫色。

（三）爬山虎

【学名】*Parthenocissus tricuspidata* (Sieb. & Zucc.) Planch.

【别名】地锦、爬墙虎

【科属】葡萄科，爬山虎属

【形态特征】落叶藤本，茎有皮孔；髓白色。卷须短而多分枝，顶端膨大成吸盘。叶互生，广卵形，长8～18cm，通常3裂，有粗锯齿，基部心形，表面无毛，背面脉上有柔毛；下部枝的叶片有时分裂成3小叶。幼苗期的叶片较小，多不分裂。花两性，聚伞花序，通常生于短枝顶端，花淡黄绿色；花部 5 数；花瓣离生。浆果，球形，径 6～8mm，蓝黑色，被白粉。花期 6～7 月；果期 9～10 月 (图 6-212)。

【分布与习性】产我国和日本，在我国分布极为广泛，北自吉林，南到广东均产，常攀附于岩石、树干、灌丛中。性强健，耐阴，也可在全光下生长；耐寒；对土壤适应能力强，生长迅速。抗污染，尤其对氯气的抗性强。

【繁殖方法】播种、扦插或压条繁殖。

【观赏特性及园林用途】枝繁叶茂，入秋叶片红艳，极为美丽，卷须先端特化成吸盘，攀缘能力强。适于附壁式的造景方式，在园林中可广泛应用于建筑、墙面、石壁、混凝土壁面、栅栏、桥畔、假山、枯树的垂直绿化。还是优良的地面覆盖材料。

图 6-212 爬山虎

【同属种类】约 13 种，产于北美洲和亚洲。我国 8 种，分布于东北至华南、西南，另引入栽培 1 种。常见栽培的还有五叶地锦 (*P. quinquefolia*)，卷须 5～12 分枝，先端膨大成吸盘。掌状复叶有长柄，小叶 5 枚，质地较厚，卵状长椭圆形至长倒卵形，长 4～10cm，基部楔形，有粗大锯齿，背面有白粉及柔毛。浆果球形，径约 6mm，熟时蓝黑色，稍有白粉。花期 7～8 月；果期 10 月。原产北美洲，我国北方常见栽培。

（四）凌霄

【学名】*Campsis grandiflora* (Thunb.) Schumann.

【科属】紫葳科，凌霄属

【形态特征】落叶木质藤本，长达 10m，以气生根攀缘。枝皮灰褐色，呈细条状纵裂。奇数羽状复叶，对生。小叶 7～9 枚，卵形至卵状披针形，两面无毛，长 3～6(9)cm，宽 1.5～3(5)cm，疏生 7～8 个锯齿，先端长尖，基部宽楔形；侧脉 6～7 对。花大，圆锥花序顶生；花萼钟状，5 裂不等大，淡绿色；花冠唇状漏斗形，鲜红色或橘红色，长 6～7cm，径约 5～7cm，裂片 5 枚，大而开展；雄蕊 4 枚，2 强，弯曲，内藏。蒴果扁平条形，状如荚果，室背开裂。种子扁平，有半透明膜质翅。花期 5～8 月；果期 10 月 (图 6-213)。

【分布与习性】原产东亚，我国分布于东部和中部，习见栽培。性强健，喜光，也略耐阴；喜温暖湿润，有一定的耐寒性。对土壤要求不严，最适于肥沃湿润、排水良好的微酸性土壤，也能耐碱；耐旱，忌积水。萌芽力、萌蘗力均强。

【繁殖方法】播种、扦插、压条、分蘗繁殖均可，以扦插繁殖较常应用。

图 6-213 凌霄

【观赏特性及园林用途】凌霄古称"苕"，在我国已经有 2000 多年的栽培历史。《诗经·小雅》有"苕之华，芸其黄矣"的记载。干枝虬曲多姿，翠叶团团如盖，夏日红花绿叶相映成趣，平添无限生机。宋朝诗人杨绘涛有"直绕枝干凌云去，犹有根源与地平；不道花依他树发，强攀红日斗妍明"的诗句，生动地描述了凌霄的蟠龙之势、秀丽之色。可依附老树、石壁、墙垣攀缘，而且花期正值盛夏，是棚架、凉廊、花门、枯树和各种篱垣的良好造景材料。如植于墙垣或假山石隙，则柔条纤蔓，碧叶绛花，随风飘舞，倍觉动人。

【同属种类】共 2 种，产东亚和北美。我国 1 种，广布，引入 1 种。常见栽培的还有美国凌霄（*C. radicans*），小叶 9～13 枚，椭圆形，叶轴及小叶背面均有柔毛；花萼浅裂至 1/3；花冠比凌霄花小，橘黄色。原产北美，我国各地栽培，耐寒、耐湿和耐盐碱能力均强于凌霄。

（五）蔷薇

【学名】*Rosa multiflora* Thunb.

【别名】多花蔷薇、野蔷薇

【科属】蔷薇科，蔷薇属

【形态特征】落叶灌木，茎枝偃伏或攀缘，长达 6m。小枝有短粗而稍弯的皮刺。小叶 5～9(11) 枚，倒卵形至椭圆形，长 1.5～5cm，宽 0.8～2.8cm，两面或下面有柔毛，叶柄及叶轴常有腺毛；托叶边缘篦齿状分裂，有腺毛。圆锥状伞房花序，花白色或略带粉晕，芳香，径 2～3cm，花柱连合成柱状，伸出花托外；萼片有毛，花后反折。果近球形，径约 6～8mm，红褐色。花期 5～6 月；果期 10～11 月 (图 6-214)。

【分布与习性】黄河流域及其以南习见，常生于低山溪边、林缘和灌丛中。日本、朝鲜也有分布。性强健，喜光，耐寒、耐旱、耐水湿。对土壤要求不严，在黏重土壤中也可生长。

【变种】粉团蔷薇(var. *cathayensis.*)，花、叶较大，花径 3～4cm，粉红或玫瑰红色，单瓣，数朵或多朵成平顶伞房花序。七姊妹(var. *platyphylla*)，花重瓣，径约 3cm，深红色，常 6～10 朵组成扁平的伞房花序。荷花蔷薇(var. *carnea*)，花淡粉红色，花瓣大而开张。白玉堂(var. *albo-plena*)，花白色，重瓣，直径 2～3cm。

图 6-214　蔷薇

【繁殖方法】多用扦插繁殖，也可播种、嫁接、压条、分株繁殖。

【观赏特性及园林用途】花色丰富，有白、粉红、玫瑰红和深红等色，是优良的垂直绿化材料。最适于篱垣式和棚架式造景，花开时节可形成花墙、花棚，经人工牵引、绑扎，使其沿灯柱或专设的立柱攀缘而上，可形成花柱。也可用于假山、坡地，或沿台坡边缘列植，使其细长的枝条下垂。将花色不同的蔷薇品种配植在一起可相互衬托或对比，形成"疏密浅深相间"的效果。

【同属种类】参阅月季。同属的藤本种类常见的还有木香花(*R. banksiae*)，落叶或半常绿，枝细长绿色，无刺或疏生皮刺。小叶 3～5 枚，长椭圆形至椭圆状披针形，有细锯齿；托叶线形，与叶柄分离，早落。伞形花序，花白色，径约 2.5cm，浓香，萼片长卵形，全缘；花柱玫瑰紫色。果近球形，径 3～5mm。分布于长江流域以南。

（六）中华猕猴桃

【学名】*Actinidia chinensis* Planch.

【科属】猕猴桃科，猕猴桃属

【形态特征】缠绕性木质大藤本。芽小，包于膨大的叶柄内。幼枝密生灰棕色柔毛；髓白色，片隔状。单叶，互生；无托叶。叶片圆形、卵圆形或倒卵形，长 6～17cm，宽 7～15cm，先端突尖、微凹或平截，有锯齿；上面暗绿色，沿脉疏生毛，下面密生绒毛。雌雄异株，花 3～6 朵成聚伞花序；花乳白色，后变黄色，直径 3.5～5cm；萼片、花瓣 5 枚，雄蕊多数，子房多室，胚珠多数。浆果椭球形或近圆形，密被棕色茸毛；种子细小。花期 4～6 月；果期 8～10 月(图 6-215)。

【分布与习性】广布于长江流域及其以南各省区，北达陕西、河南。喜光，耐半阴。喜温暖湿润气候，较耐寒，喜深厚湿润肥沃土壤。肉质根，不耐涝，也不耐旱，主侧根发达，萌芽力强，耐修剪。

【繁殖方法】扦插、嫁接、播种繁殖。

【观赏特性及园林用途】优良的庭院观赏植物和果树，花朵乳白，并渐变为黄色，美丽而芳香，果实大而多，也有观花品种，如'江山娇'花朵深粉红色，'月月红'花朵玫瑰红色。用于造景至少已有 1200 多年的历史，唐朝诗人岑参有"中庭井栏上，一架猕猴桃"的诗句，说明当时猕猴桃已经进入园林。在造景中，既作棚架、绿廊、篱垣的攀缘材料，又可模仿自然状态下猕猴桃的生长状态，植于疏林中，让其自然攀附树木。

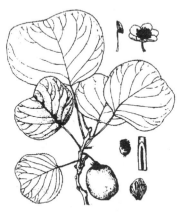

图 6-215 中华猕猴桃

【同属种类】55 种，分布于东亚，个别种类至东南亚。我国有 52 种和众多变种，各地均产。常见的还有：

(1) 葛枣猕猴桃 Actinidia polygama (Sieb. & Zucc.) Maxim.：枝条髓部白色、实心，枝条近无毛。叶片卵形或椭圆状卵形，长 7～14cm，宽 4.5～8cm，有细锯齿，有时叶面前端部变为白色或淡黄色。花白色，芳香。果实卵球形，长 2.5～3cm，无毛、无斑点。产东北、黄河中下游地区至湖南、湖北、四川、贵州和云南，生于中低海拔林下。

(2) 软枣猕猴桃 Actinidia arguta (Sieb. & Zucc.) Planch. ex Miq.：与葛枣猕猴桃相近，但枝条髓部白色至淡褐色、片状分隔，广布，东北至长江流域、华南、西南各地均有分布。

(七) 金银花

【学名】*Lonicera japonica* Thunb.

【别名】忍冬、鸳鸯藤、鹭鸶藤

【科属】忍冬科，忍冬属

【形态特征】半常绿缠绕藤本，茎皮条状剥落；小枝中空；幼枝暗红色，密生柔毛和腺毛。叶对生。叶片卵形至卵状椭圆形，稀倒卵形，长 3～8cm，全缘，叶缘具纤毛，先端短钝尖，基部圆形或近心形；幼叶两面被毛，后上面无毛。花 2 朵生于叶腋；总梗及叶状苞片密生柔毛和腺毛。花冠二唇形，长 3～4cm，上唇具 4 裂片，下唇狭长而反卷，约等于花冠筒长；初开白色，后变黄色，芳香，外被柔毛和腺毛；萼筒无毛；雄蕊和花柱伸出花冠外。浆果球形，蓝黑色，长 6～7mm。花期 4～6 月；果期 8～11 月(图 6-216)。

图 6-216 金银花

【分布与习性】分布于东北南部、黄河流域至长江流域、西南各地，常生于山地灌丛、沟谷和疏林中。朝鲜、日本也有分布。适应性强，喜光，稍耐阴，耐寒，耐旱和水湿，对土壤要求不严，酸性土至碱性土均可生长，以在湿润、肥沃、深厚的沙壤土中生长最好。根系发达，萌蘖力强。

【变种】红金银花（var. chinensis），茎及嫩叶带紫红色，花冠外面带紫红。紫脉金银花（var. repens），叶近光滑，叶脉常带紫色，叶基部有时分裂，花冠白色带淡紫色。黄脉金银花（var. aureo-reticulata），叶较小，有黄色网脉。

【繁殖方法】播种、扦插、压条和分株繁殖。

【观赏特性及园林用途】金银花植株轻盈，藤蔓细长，花朵繁密，先白后黄，状如飞鸟，布满株丛，春夏时节开花不绝，色香俱备，秋末冬初叶片转红，而且老叶未落，新叶初生，凌冬不凋，因而是一种色香俱备的优良垂直绿化植物。可用于竹篱、栅栏、绿亭、绿廊、花架等各项设施的绿化，形成"绿蔓云雾紫袖低"的景观；由于耐阴，也可攀附山石、用作林下地被。金银花老桩姿态古雅，别具一格，也是优良的盆景材料。

【同属种类】参阅金银木。同属的藤本还有盘叶忍冬（L. tragophylla），花序下的 1 对叶片基部合生，花在小枝顶端轮生，头状，有花 9～18 朵；花冠黄至橙黄色，筒部 2～3 倍长于裂片，裂片唇形。浆果红色。花期 6 月。产华北、西北、西南、华南。橙黄忍冬（L. brownie），常绿藤本，叶卵形至长椭圆形，背面粉白色，上部叶合生，花序着生于枝顶，花橙红色。

（八）云实

【学名】*Caesalpinia decapetala* (Roth.) Alston.

【科属】豆科，云实属

【形态特征】落叶攀缘灌木，树皮暗红色。茎、枝、叶轴上均有倒钩刺。2 回偶数羽状复叶，互

生。羽片 3～10 对；小叶 7～15 对，长圆形，长 1～2(3.2)cm，全缘，两端钝圆，表面绿色，背面有白粉。总状花序顶生，长 15～35cm。花较大而美丽，花瓣黄色，盛开时反卷，最下 1 瓣有红色条纹；雄蕊 10 枚，分离，花丝基部有毛。荚果长椭圆形，肿胀，略弯曲，先端圆，有喙。花期 4～5 月；果期 9～10 月（图 6-217）。

【分布与习性】原产亚洲热带和亚热带，我国秦岭以南至华南广布。适应性强。喜光，不择土壤，常生于山岩石缝，适应性强，耐干旱瘠薄。

【繁殖方法】播种或压条繁殖。

【观赏特性及园林用途】花色优美，花序宛垂，是优良的垂直绿化材料，可用作棚架和矮墙绿化，也可植为刺篱，花开时一片金黄，极为美观，在黄河以南各地园林中常见栽培。

图 6-217　云实

【同属种类】约 100 种，分布于热带和亚热带。我国 18 种，主产长江以南，另引入栽培 5 种。

（九）铁线莲

【学名】*Clematis florida* Thunb.

【科属】毛茛科，铁线莲属

【形态特征】落叶或半常绿，长约 4m；茎下部木质化。2 回 3 出复叶，对生。小叶片卵形或卵状披针形，长 2～5cm；网脉明显。花单生叶腋，直径 5～8cm；萼片呈花瓣状，6 枚，白色，花蕾时呈

镶合状排列，倒卵圆形或匙形，长达 3cm，宽 1.5cm；无花瓣；雄蕊
紫红色。聚合瘦果，瘦果倒卵形、扁平，宿存花柱伸长成喙状，下部
有开展的短柔毛(图 6-218)。

【分布与习性】产长江流域及其以南各地，生于低山丘陵。喜光，
但侧方庇荫生长更好；喜疏松而排水良好的石灰质土壤；耐寒性较差。

【栽培品种】重瓣铁线莲('Plena')，退化雄蕊呈花瓣状，绿白色或
白色。蕊瓣铁线莲('Sieboldii')，雄蕊部分变为紫色花瓣状。

【繁殖方法】播种、压条、分株、扦插、嫁接繁殖。

【观赏特性及园林用途】铁线莲花大而美丽，叶色油绿，而且花期
长，是优美的垂直绿化材料，适于点缀园墙、棚架、凉亭、门廊、假
山置石，均极为优雅别致。

图 6-218 铁线莲

【同属种类】约 300 种，广布于全球，主产北温带。我国 147 种，广布全国，以西南地区最多，
大多数种类花朵和果实均美丽，可栽培观赏，部分种类供药用。常见的还有大瓣铁线莲
(*C. macropetala*)，2 回 3 出复叶，小叶片 9 枚，卵状披针形或菱状椭圆形；花钟状，直径 3～6cm；
萼 4 枚，蓝色或淡紫色，长 3～4cm；退化雄蕊呈花瓣状，与萼近等长。瘦果倒卵形，长 5mm，宿存
花柱长 4～4.5cm，被灰白色长柔毛。花期 7 月；果期 8 月。产西北、华北等地。花朵大而蓝紫色，
花期正值盛夏，是优美的园林造景材料。

（十）葛藤

【学名】*Pueraria montana* (Lour.) Merr. var. *lobata* (Willd.) Sanj. & Pred.

【科属】豆科，葛属

【形态特征】落叶藤本，具肥大块根。茎右旋，全株密被黄色
长硬毛。羽状 3 小叶，互生。顶生小叶菱状卵形，长 5.5～19cm，
宽 4.5～18cm，全缘或有时 3 浅裂；侧生小叶宽卵形，偏斜，深
裂。总状花序腋生，长达 20cm；萼钟形，长 8～10mm；花冠突出，
紫红色；单体雄蕊。荚果带状，扁平，长 5～10cm，宽 8～11mm，
密生硬毛。花期 7～9 月；果期 9～10 月(图 6-219)。

【分布与习性】分布极广，除西藏、新疆外，几遍全国，常生
于山地荒坡、路旁和疏林中。东南亚至澳大利亚也有分布，欧洲、
美洲和非洲引入。适应性极强，生长迅速。喜光，耐干旱瘠薄。

【繁殖方法】播种或压条繁殖。

【观赏特性及园林用途】枝叶茂密、花朵紫红，花期正值盛夏，
而且全株密毛，滞尘能力强，抗污染，是工矿区难得的垂直绿化材
料，可攀附花架、绿廊，也是优良的山地水土保持树种。

图 6-219 葛藤

【同属种类】约 20 种，分布于亚洲。我国 10 种，主产南方。

（十一）五味子

【学名】*Schisandra chinensis* (Turcz.) Baill.

【科属】五味子科，五味子属

图 6-220　五味子

【形态特征】落叶藤本，除幼叶下面被短柔毛外，余无毛。幼枝红褐色，老枝灰褐色，枝皮片状剥落。叶膜质，宽椭圆形、卵形或倒卵形，长 5～10cm，宽 3～5cm，疏生短腺齿，基部全缘；侧脉 5～7 对，网脉纤细而不明显；叶柄长 1～4cm。花单生叶腋，白色或粉红色，花被片 6～9 枚，长圆形或椭圆状长圆形；雄蕊 5 枚；心皮 17～40 枚，子房卵形，柱头鸡冠状；花托肉质，结果时伸长。聚合浆果穗状，长 1.5～8.5cm；小浆果红色，近球形，径约 6～8mm。花期 5～7 月；果期 7～10 月（图 6-220）。

【分布与习性】产东北亚地区，我国分布于东北、华北和西北，常生于海拔 500～1 800m 的阴坡和林下、灌丛中。喜湿润蔽荫环境，耐阴性强，耐寒，喜肥沃湿润、排水良好的土壤。

【繁殖方法】压条、分株、播种或扦插繁殖。

【观赏特性及园林用途】叶片秀丽；花朵淡雅而芳香，果实红艳，是优良的垂直绿化材料，可作篱垣、棚架、门亭绿化材料或缠绕大树、点缀山石。果实为著名的药材"五味子"；茎可作调味品。

【同属种类】约 22 种，主产亚洲东南部，仅 1 种产于美国东南部。我国 19 种，产于东北至西南、东南各地。

（十二）木通

【学名】*Akebia quinata* (Houtt.) Decne.

【科属】木通科，木通属

【形态特征】落叶或半常绿藤本，长达 9m，全株无毛。掌状复叶，互生或簇生于短枝顶端；小叶 5 枚，倒卵形或椭圆形，长 3～6cm，全缘，先端钝或微凹。雌雄同株，腋生总状花序，中上部为多数雄花，下部为 1～2 朵雌花；花淡紫色，芳香，雌花径 2.5～3cm，雄花径 1.2～1.6cm。蓇葖果常仅 1 个发育，长椭圆形，长 6～8cm，呈肉质浆果状，成熟时紫色、沿腹缝开裂；种子多数，黑色。花期 4～5 月；果期 9～10 月（图 6-221）。

【分布与习性】产东亚，我国分布于黄河以南各省区。喜光，稍耐阴；喜温暖湿润环境，但在北京以南可露地越冬；适生于肥沃湿润而排水良好的土壤。

【繁殖方法】播种、压条或分株繁殖。

【观赏特性及园林用途】叶片秀丽，花朵淡紫色而芳香，果实初为翠绿，后变紫红，观赏价值高，是垂直绿化的良好材料，可用于篱垣、花架、凉廊的绿化，或令其缠绕树木、点缀山石。果实可食并入药，茎蔓和根可入药，种子可榨油，含油率 43%。

图 6-221　木通

【同属种类】5 种，分布于亚洲东部。我国 4 种，分布于黄河流域以南各地。常见的还有三叶木通（*A. trifoliata*），小叶 3 枚，卵圆形、宽卵圆形或长卵形，长 4～7cm，宽 3～4.5cm，基部圆形或宽楔形，边缘具明显波状浅圆齿。雄花淡紫色，雌花红褐色，果实长达 10cm，成熟时略带紫色。主产于长江流域，常生长于低海拔山坡林下草丛中。

二、常绿树类

(一) 常春藤

【学名】*Hedera helix* L.

【科属】常春藤科,常春藤属

【形态特征】常绿攀缘灌木,借气生根攀缘。幼枝上有星状毛。单叶,互生。营养枝上的叶 3~5 浅裂;花果枝上的叶片不裂而为卵状菱形。花两性,伞形花序,具细长总梗;花白色,各部有灰白色星状毛;花部 5 数,子房下位,5 室,花柱合生。浆果状核果,球形,径约 6mm,熟时黑色(图 6-222)。

【分布与习性】原产欧洲至高加索,国内黄河流域以南普遍栽培。性极耐阴,可植于林下;喜温暖湿润,也有一定耐寒性,对土壤和水分要求不严,但以中性或酸性土壤为好。萌芽力强。抗二氧化硫和氟污染。

【栽培品种】金边常春藤('Aureovariegata'),叶缘金黄色。彩叶常春藤('Discolor'),叶片较小,具乳白色斑块并带红晕。金心常春藤('Goldheart'),叶片 3 裂,中心部分黄色。三色常春藤('Tricolor'),叶片灰绿色,边缘白色,秋后变深玫瑰红色,春季复为白色。银边常春藤('Silver Queen'),叶片灰绿色,具乳白色边缘,入冬变为粉红色。

图 6-222 常春藤

【繁殖方法】扦插繁殖,也可压条繁殖。

【观赏特性及园林用途】四季常绿,生长迅速,攀缘能力强,在园林中可用于岩石、假山或墙壁的垂直绿化,因其耐阴性强,可用于庇荫的环境,也可作林下地被。

【同属种类】约 15 种,分布于亚洲、欧洲和非洲北部。我国 2 变种,引入 1 种。常见栽培的还有中华常春藤(*H. nepalensis* var. *sinensis*),常绿大藤本,长达 30m。嫩枝、叶柄有锈色鳞片。营养枝上的叶三角状卵形或戟形,全缘或 3 浅裂;花枝上的叶片椭圆状卵形,全缘。伞形花序单生或 2~7 朵簇生,花黄色或绿白色,芳香。果球形,橙红或橙黄色。花期 8~9 月;果期翌年 3 月。产我国长江流域及其以南。

(二) 扶芳藤

【学名】*Euonymus fortunei* (Turcz.) Hand.-Mazz.

【科属】卫矛科,卫矛属

【形态特征】常绿灌木,靠气生根攀缘或匍匐,长达 10m。小枝圆形,有时有棱纹,褐色或绿褐色,常有小瘤状突起。单叶,对生。叶形变异大,常为卵形、卵状椭圆形,有时为披针形、倒卵形,一般长 2~5.5cm,宽 2~3.5cm,有锯齿;基部截形,偶近楔形,先端钝或尖;侧脉 4~6 对,不明显;叶柄长 2~9mm,或近无柄。聚伞花序腋生。花绿白色,径约 5mm,花梗长 2~5mm。萼片半圆形,花瓣近圆形。蒴果近球形,径约 6~12mm,褐色或红褐色,径 5~6mm;种子有橘黄色假种皮。花期 4~7 月;果期 9~12 月(图 6-223)。

【分布与习性】我国各地普遍分布,北达东北南部,西至新疆、青海,常生于海拔 3400m 以下林

图 6-223　扶芳藤

中，常攀缘于树干、岩石上，亦普遍栽培于庭园。热带亚洲及日本、朝鲜等地也有分布，世界各地广泛栽培。耐阴，也可在全光下生长；喜温暖湿润，也耐干旱瘠薄；较耐寒，在北京、河北等地可露地越冬；对土壤要求不严。

【品种】红边扶芳藤（'Roseo-marginata'），叶缘粉红色。白边扶芳藤（'Argentes-marginata'），叶缘绿白色。小叶扶芳藤（'Minimus'），叶小枝细。

【繁殖方法】扦插繁殖。

【观赏特性及园林用途】生长迅速，枝叶繁茂，叶片入冬红艳可爱，气生根发达，吸附能力强。适于美化假山、石壁、墙面、栅栏、灯柱、树干、石桥、驳岸，也是优良的地被和护坡植物，尤其是小叶扶芳藤枝叶稠密，用作地被时可形成犹如绿色地毯一般的覆盖层。

【同属种类】参阅大叶黄杨。

（三）络石

【学名】*Trachelospermum jasminoides*（Lindl.）Lem.

【科属】夹竹桃科，络石属

【形态特征】常绿攀缘藤本，气生根发达。茎长达 10m，赤褐色，幼枝有黄色柔毛。单叶，对生。叶片薄革质，椭圆形或卵状披针形，长 2～10cm，全缘，脉间常呈白色，背面有柔毛。聚伞花序腋生，花白色，芳香。萼 5 深裂，内面基部具腺体，花后反卷；花冠高脚碟状，裂片 5 枚，右旋；花药内藏。蓇葖果双生，长圆柱形，长 15cm；种子条形，顶端有白色种毛。花期 4～5 月；果期 7～10 月（图 6-224）。

【分布与习性】分布于长江流域至华南，北达山东、河北。广泛栽培。喜光，耐阴，喜温暖湿润气候，尚耐寒。对土壤要求不严，能耐干旱，也抗海潮风。

【栽培品种】斑叶络石（'Variegatum'），叶片具有白色或浅黄色斑纹，边缘乳白色。小叶络石（'Heterophyllum'），叶片狭长，披针形。

【繁殖方法】扦插或压条繁殖。

图 6-224　络石

【观赏特性及园林用途】叶片光亮，花朵白色芳香，花冠形如风车，具有很高的观赏价值。适植于枯树、假山、墙垣旁边，令其攀缘而上，是优美的垂直绿化植物。也是优良的林下地被。

【同属种类】约 15 种，1 种分布于北美洲，其余种类产亚洲。我国 6 种，主产长江以南各省。常见的还有紫花络石（*T. axillare*），叶革质，倒披针形、倒卵形或倒卵状矩圆形，长 8～15cm；花冠紫色。分布于西南、华南、华东、华中等省区。

（四）叶子花

【学名】*Bougainvillea spectabilis* Willd.

【别名】三角花、九重葛

【科属】紫茉莉科，叶子花属

【形态特征】常绿攀缘灌木，长达 10m 以上；枝条密生柔毛，有腋生枝刺。单叶互生，无托叶。叶片椭圆形或卵状椭圆形，长5～10cm，全缘，有光泽。花生于新枝顶端，3 朵组成聚伞花序，为 3 枚大苞片包围，总梗与苞片的中脉合生；大苞片紫红色、鲜红色或玫瑰红色，偶白色；花两性；萼呈花冠状，萼筒绿色；无花瓣。瘦果，具 5 棱，包藏于宿存花萼内。花期甚长，若温度适宜，可常年开花(图 6-225)。

图 6-225　光叶子花

【分布与习性】原产巴西，华南、西南地区常见栽培。性强健，喜温暖湿润，要求强光和富含腐殖质的土壤，忌水涝。较耐炎热，气温达 35℃ 以上仍能正常生长。萌芽力强，耐修剪。

【繁殖方法】扦插繁殖。对于扦插不易生根的品种，可采用嫁接或压条繁殖。

【观赏特性及园林用途】枝蔓袅娜，终年常绿；苞片大而华丽，常为紫红色、鲜红色或玫瑰红色，偶白色或黄绿色，也有重瓣(重苞)品种，可全年开花。是优良的棚架、围墙、屋顶和各种栅栏的绿化材料，柔条拂地，红花满架，观赏效果甚佳。经人工绑扎，用于攀附花格、廊柱，则可形成美丽的花屏、花柱，也可培养成灌木。珠海和深圳市花。

【同属种类】约 18 种，产南美洲。我国引入栽培 2 种，供观赏。常见栽培的还有光叶子花(*B. glabra*)，枝叶无毛或稍有毛，叶片卵形或卵状披针形。苞片红色或淡紫色，椭圆形，长3～3.5cm；萼筒长 1.5～2cm，绿色。品种斑叶叶子花('Variegata')，叶面有白色斑纹。

（五）薜荔

【学名】*Ficus pumila* L.

【科属】桑科，榕属

【形态特征】常绿藤本，借气生根攀缘。小枝有褐色绒毛。单叶，互生；托叶包被芽体，小枝有环状托叶痕。叶互生，全缘，2 型：在不生花序的枝上小而薄，心状卵形，长 1～2.5cm，叶柄长0.5～1cm；在着生花序的枝上大而革质，卵状椭圆形，长 5～10cm，宽 2～3.5cm。雌雄异株，隐头花序，腋生。隐花果单生，梨形或倒卵形，长 3～6cm，成熟时黄绿色或微带红色，富含淀粉。花期 5～6 月；果期 7～9月(图 6-226)。

【分布与习性】产长江流域至华南、西南；日本和越南也有分布。性强健，生长迅速；耐阴，喜温暖湿润的气候；对土壤要求不严，但以酸性土为佳。

图 6-226　薜荔

【变种和品种】爱玉子(var. *awkeotsang*)，叶片长椭圆状卵形，长 7～12cm，宽 3～5cm，下面密生锈色柔毛；隐花果长椭圆形，长 6～8cm，直径 3～5cm，两端稍尖，总梗短，表面有白色斑点。产台湾、福建等地。花叶薜荔('Variegata')，叶片小，具粉红色和乳黄色斑纹。

【繁殖方法】扦插或压条繁殖，还可播种繁殖。

【观赏特性及园林用途】气生根发达，具有很强的攀缘能力。在园林造景中，最适于假山、石壁、墙垣、石桥、树干、楼房的绿化，也用于水边驳岸的点缀。耐阴性强，也是优良的林下地被。瘦果可做凉粉，藤叶药用。

【同属种类】参阅无花果。

（六）常春油麻藤

【学名】*Mucuna sempervirens* Hemsl.

【科属】豆科，油麻藤属

图 6-227　常春油麻藤

【形态特征】常绿大藤本，茎蔓长达 20m，径达 30cm。羽状 3 小叶，互生；有托叶和小托叶。顶生小叶片卵状椭圆形或卵状长圆形，长 7～12cm，两面无毛；常具 3 出脉。总状花序生老茎上；花紫红或深紫色，长约 6.5cm，萼外面疏被锈色硬毛，内面密生绢毛；二体雄蕊。荚果长条形，长 50～60cm，木质，种子间缢缩，被锈黄色刺毛；种子棕黑色。花期 4～5 月；果期 9～10 月（图 6-227）。

【分布与习性】产华东、华中至西南；日本也有分布。喜光，稍耐阴，耐干旱瘠薄，常生于石灰岩山地；较耐寒。

【繁殖方法】播种、压条或扦插繁殖。

【观赏特性及园林用途】四季常绿，花朵鲜艳美观，老藤有若龙盘蛟舞，且具有老茎生花现象，在亚热带地区较为奇特，为重要的垂直绿化材料，适于攀附花架、绿廊、拱门、棚架。

【同属种类】约 100 种，分布于热带和亚热带。我国 18 种，分布于西南至东南部。常见的还有白花油麻藤（*M. birdwodiana*），顶生小叶片椭圆形或卵状椭圆形，长 8～13cm，先端短尾尖，幼时被柔毛。总状花序腋生，有花 30～40 朵；花冠黄白色，长达 7.5～8.5cm，花瓣相抱而不舒展，状似禾雀。主产华南，向北分布于浙江、湖南等地，耐寒性不如常春油麻藤。

（七）炮仗花

【学名】*Pyrostegia ignea* Presl.

【别名】炮仗藤

【科属】紫葳科，炮仗藤属

【形态特征】常绿藤本，茎粗壮，有棱，长达 10m 以上。3 出复叶对生；小叶卵形或卵状椭圆形，长 5～10cm，宽 3～5cm，下面有穴状腺体，全缘；顶生小叶变为卷须，3 分叉。圆锥状聚伞花序顶生、下垂，花繁密，橙红色，长达 7cm；花冠筒状，内面中部有 1 毛环，基部收缩，裂片 5 枚，外卷，有白色绒毛；发育雄蕊 4 枚，其中 2 枚伸出花冠筒外。子房圆柱形，胚珠多数，柱头舌状扁平，花柱伸出花冠筒外。蒴果线形，果瓣革质、舟状；种子多列，具膜质翅。花期甚长（图 6-228）。

【分布与习性】原产巴西，现世界热带地区广为栽培。我国福建、广东、广西、云南等地多见栽培。喜光，稍耐阴；喜温暖和阳光充足的环境；耐短期 2～3℃低温。喜湿润、肥沃的酸性土壤，不耐干旱。

【繁殖方法】很少结实，一般采用扦插或压条繁殖。

【观赏特性及园林用途】花期甚长，花朵橙红茂密，累累成串，为美丽的观花藤本和优良的垂直绿化材料，可依附棚架、凉廊和墙垣生长，形成花廊、花墙。我国引种约有百余年历史，华南和西南地区庭园中常栽培观赏。

【同属种类】5 种，产南美。我国引入栽培 1 种。

（八）龟背竹

【学名】*Monstera deliciosa* Liebm.

【科属】天南星科，龟背竹属

【形态特征】常绿大藤本，茎蔓粗壮，长达 10m 以上，有半月形叶痕；气根发达，细柱形，长达 1~2m，褐色。叶互生，革质，心状卵形，长 50~90cm，宽 40~60cm，羽状分裂，叶脉间常有 1~2 个穿孔；上面亮绿色，下面浅绿色。嫩时无孔。花茎多瘤。肉穗花序乳白色或淡黄色，长 20~25cm；佛焰苞宽卵形，船状，淡黄色，长达 30cm。浆果呈球果状，成熟后可食。花期 8~9 月；果期次年 9~10 月（图 6-229）。

图 6-228　炮仗花

【分布与习性】原产墨西哥热带雨林中，常附生于大树和岩石上，华南南部常见露地栽培，北方盆栽。喜温暖湿润和荫蔽的环境，也能耐空气干燥；忌阳光直射；不耐寒，冬季宜保持 10℃ 以上；要求土壤肥沃、排水良好，也稍耐水湿和干旱。抗二氧化硫。

【品种】花叶龟背竹（'Variegata'），翠绿色的叶片上布满白色花纹或斑块，犹如大理石的花纹一般。

【繁殖方法】扦插或压条繁殖，也可播种。

【观赏特性及园林用途】叶片大型而多孔，形似龟背，气生根发达，延伸如电线，故有电线草之称，佛焰苞大如灯罩，别具热带风光，最适于吸附墙壁或棚架生长，也可植于池边和阴湿山石间。在北方，龟背竹为大型盆栽花卉，可装饰宾馆、饭店的大厅，或布置在室内花园的人工瀑布、水池边。

图 6-229　龟背竹

【同属种类】共有 30 余种，常见栽培的仅此一种。

（九）绿萝

【学名】*Epipremnum aureum* (Linden et Andre) G. S. Bunting.

【别名】黄金葛、藤芋

【科属】天南星科，麒麟叶属

【形态特征】大型常绿藤本，茎蔓可长达 20m 以上，多分枝，节间有沟槽。气生根发达，攀附能力强；幼枝鞭状，细长，节间长 15~20cm；叶柄长 8~10cm，两侧具鞘达顶部；鞘革质，宿存，向上渐狭；下部叶片大，长 5~10cm，上部的长 6~8cm，纸质，宽卵形，基部心形，宽 6.5cm。成熟枝上叶柄粗壮，长 30~40cm，基部稍扩大，腹面具宽槽，叶鞘长；叶片薄革质，翠绿色，通常（特别是叶面）有多数不规则的纯黄色斑块，全缘，不等侧的卵形或卵状长圆形，先端短渐尖，基部深心形，长 32~45cm，宽 24~36cm，侧脉 8~9 对，两面略隆起，与强劲的中肋成 70~80°（~90°）锐角。

盆栽时则叶片较小。

图 6-230　麒麟叶

【分布与习性】原产所罗门群岛等热带地区，常攀缘于雨林的树干和岩石上，现广植亚洲各热带地区。华南常见栽培，北方盆栽。性喜温暖、荫蔽、湿润的环境，要求土壤疏松、肥沃、排水良好，较龟背竹耐光。

【繁殖方法】本种不易开花，但易于无性繁殖，一般采用扦插繁殖。

【观赏特性及园林用途】绿萝四季常青，叶色淡绿而有黄斑，黄绿相间醒目别致，有似绿玉泼金，生长繁茂，攀缘能力强，能形成浓荫，可起到良好的遮荫效果，是华南重要的垂直绿化材料，可广泛应用于吸附墙壁或攀附林木、假山、悬崖，也是优良的盆栽观赏材料，常用于厅堂的陈列。但栽植于过于阴暗场所，叶片上美艳的斑块则易于消失。折枝插瓶，经久不萎。

【同属种类】约20种，分布于热带亚洲和太平洋岛屿。我国原产1种，即麒麟叶（*E. pinnatum*）（图6-230）。

第七节　棕榈及竹类植物

一、棕榈类

棕榈类植物属于棕榈科（Plamae, Arecaceae）。常绿乔木或灌木，有时藤本；单干或丛生，多不分枝，树干上常具宿存叶基或环状叶痕。叶大型，羽状或掌状分裂，通常集生树干顶部或在攀缘种类中散生于茎上；叶裂片或小叶在芽时内折（即向叶面折叠）或背折（即向叶背折叠）；叶柄基部常扩大成纤维质叶鞘。花小，整齐，两性或单性；肉穗花序分枝或不分枝，具1至数枚大型佛焰苞；萼片、花瓣各3枚，分离或合生；雄蕊常3～6枚；子房上位，3心皮，1～3室，或分离或于基部合生，胚珠单生于每一个心皮。浆果、核果或坚果。

约210属2 800种，分布于热带和亚热带，主产热带亚洲和热带美洲。我国约22属72种，主产云南、广西、广东和台湾，此外引入栽培的亦有多种。

（一）棕榈

【学名】*Trachycarpus fortunei*（Hook.）H. Wendl.

【科属】棕榈科，棕榈属

【形态特征】乔木，高达15m。树干常有残存的老叶柄及其下部的黑褐色叶鞘。叶形如扇，径50～70cm，掌状分裂至中部以下；裂片条形，坚硬，先端2浅裂，直伸；叶柄长0.5～1m，两侧具细锯齿。花序由叶丛中抽出，分枝密集，佛焰苞多数，革质，被茸毛；花淡黄色，花萼、花瓣各3枚；雄蕊6枚；子房3室，心皮基部合生。核果肾形，径5～10mm，熟时黑褐色，略被白粉。花期4～6月；果期10～11月（图6-231）。

【分布与习性】原产亚洲，在我国分布甚广，长江流域及其以南各地普遍栽培。喜光，亦耐阴，苗期耐阴能力尤强；喜温暖湿润，亦颇耐寒，在山东崂山露地生长的棕榈可高达4m；喜排水良好、湿润肥沃的中性、石灰性或微酸性黏质壤土，耐轻度盐碱，也能耐一定的干旱和水湿；抗烟尘和二氧化硫、氟化氢、二氧化氮、苯等有毒气体，对二氧化硫、氟化氢有很强的吸收能力。浅根系，须根发达，生长较缓慢。

【繁殖方法】播种繁殖。生产上可利用大树下自播苗培育。

【观赏特性及园林用途】棕榈为著名的观赏植物，树姿优美，"秀干扶疏彩槛新，琅玕一束净无尘；重苞吐实黄金穗，密叶围条碧玉轮"，最适于丛植、群植，窗前、凉亭、假山附近、草坪、池沼、溪涧均无处不适，列植为行道树也甚为美丽，均可展现热带风光。为南方特有的经济树种，棕皮用途广。

【同属种类】约8种，分布于东亚。我国3种，产西南部至东南部。

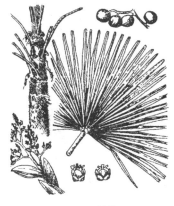

图 6-231 棕榈

(二) 蒲葵

【学名】*Livistona chinensis*(Jacq.)R. Brown ex Mart.

【科属】棕榈科，蒲葵属

【形态特征】乔木，高达20m，胸径达30cm，有环状叶痕。叶阔肾状扇形，宽1.5～1.8m，长1.2～1.5m，掌状浅裂或深裂；裂片条状披针形，顶端长渐尖，再深2裂，下垂；叶柄长1m以上，两侧有钩刺；叶鞘褐色，纤维甚多。肉穗花序排成圆锥花序式，自叶丛中抽出，长达1m，分枝多而疏散；总苞1，革质，圆筒形，佛焰苞多数，管状。花两性，黄绿色，通常4朵集生。花萼和花冠3裂几达基部；雄蕊6枚；心皮3枚，近分离，花柱短。核果椭圆形至近圆形，长1.8～2cm，状如橄榄，成熟时亮紫黑色，略被白粉。花期3～4月；果期9～10月(图6-232)。

【分布与习性】原产华南和日本琉球群岛，我国长江流域以南各地常见栽培。喜光，略耐阴；喜高温多湿气候；喜肥沃湿润而富含腐殖质的黏壤土，能耐一定的水涝和短期浸泡。虽无主根，但侧根异常发达，密集丛生，抗风力强。

【繁殖方法】播种繁殖。

【观赏特性及园林用途】树形美观，树冠伞形，树干密生宿存叶基，叶片大而扇形，婆娑可爱，是热带地区优美的庭园树种，可供行道树、庭荫树之用，丛植、孤植于草地、山坡，或列植于道路两旁、建筑周围、河流沿岸均宜。嫩叶可制作蒲扇，是园林结合生产的理想树种。

【同属种类】约30种，分布于热带亚洲和澳大利亚。我国4种，产南部至台湾。

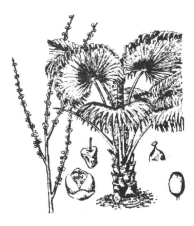

图 6-232 蒲葵

(三) 丝葵

【学名】*Washingtonia filifera*(Lind. ex Andre)H. Wendl.

【别名】华盛顿椰子、裙棕

【科属】棕榈科，丝葵属

【形态特征】乔木，高达20m，茎近基部略膨大，向上稍细。叶掌状中裂，圆扇形，叶径达

图 6-233　丝葵

1.8m，约分裂至中部；裂片 50～80 枚，先端 2 裂；裂片边缘及裂隙具永存灰白色丝状纤维，先端下垂；叶柄绿色，仅下部边缘具小刺；叶凋枯后不落，下垂覆于茎周。肉穗花序多分枝；花两性，几无梗，白色，花丝长。核果，椭圆形，熟时黑色。花期 6～8 月（图 6-233）。

【分布与习性】原产美国及墨西哥。我国长江流域以南地区有栽培，以福建、广东等地较多。喜温暖、湿润、向阳的环境，亦能耐阴，抗风、抗旱力均很强。喜湿润、肥沃的黏性土壤，也能耐一定的水湿与咸潮，能在沿海地区生长良好。

【繁殖方法】播种繁殖。

【观赏特性及园林用途】树冠优美，叶大如扇，四季常青，那干枯的叶子下垂覆盖于茎干之上形似裙子，而叶裂片间特有的白色纤维丝，犹如老翁的白发，奇特有趣。宜孤植于庭院中观赏或列植于大型建筑物前、池塘边以及道路两旁。

【同属种类】2 种，产美国及墨西哥。我国均有引种栽培。常见栽培的还有大丝葵（*W. robusta*），又名壮裙棕。树干基部膨大，叶片较小，直径 1～1.5m，裂至基部 2/3 处，裂片边缘的丝状纤维只存在于幼龄树的叶上，随年龄成长而消失，叶柄淡红褐色，边缘具粗壮的钩刺，幼树的刺更多。原产墨西哥北部，华南常栽培。

（四）棕竹

【学名】*Rhapis excelsa* (Thunb.) Henry ex Rehd.

【科属】棕榈科，棕竹属

图 6-234　棕竹

【形态特征】丛生灌木，高 2～3m。茎圆柱形，径 1.5～3cm；纤维状叶鞘淡黑色。叶片掌状深裂几达基部，径 30～50cm；裂片 4～10 枚，不均等，宽线形至线状椭圆形，长 20～32cm 或更长，宽 1.5～5cm；叶缘和中脉有锐齿，顶端具不规则齿牙；叶柄纤细，长 8～20cm，扁平，上面无凹槽，顶端裂片连接处有小戟突。花单性异株，肉穗花序自叶丛中抽出，长达 30cm，多分枝；管状佛焰苞 2～3 枚，有毛。浆果近球形，径 8～10mm；种子球形。花期 6～7 月；果期 11～12 月（图 6-234）。

【分布与习性】产华南、西南，日本也有分布。适应性强。喜温暖、阴湿及通风良好的环境和排水良好、富含腐殖质的沙壤土。萌蘖力强。

【繁殖方法】分株或播种繁殖。

【观赏特性及园林用途】丛生灌木，分枝多而直立，杆细如竹、其上有节，而且叶形优美、叶片分裂若棕榈，故有"棕竹"之名。株形饱满而自然呈卵球形，秀丽青翠，为一富有热带风光的观赏植物。园林中宜于小型庭院之前庭、中庭、窗前、花台等处孤植、丛植；也适于植为树丛之下木，或沿道路两旁列植。亦可盆栽或制作盆景，供室内装饰。

【同属种类】约 12 种，分布于东亚。我国 5 种，产南部至西南部。常见栽培的还有矮棕竹（*R. humlilis*），叶片掌状 7～20 裂，裂片较狭长，条形，长 15～25cm，宽 1～2cm，先端渐尖，横脉疏而不明显。叶鞘编织成紧密的褐色网状。肉穗花序较长而分枝多。

(五) 假槟榔

【学名】*Archontophoenix alexandrae* H. Wendl & Drude

【别名】亚历山大椰子

【科属】棕榈科, 假槟榔属

【形态特征】乔木, 高达 20m, 直径 30cm; 茎干具显著叶环痕, 基部显著膨大。叶 1 回羽状全裂, 拱状下垂, 长达 2.3m; 羽片排列成同一平面, 多达 130～140 枚, 长约 60cm, 先端渐尖而略 2 浅裂, 全缘; 表面绿色, 背面有白粉; 叶鞘长达 1m, 膨大抱茎, 革质。肉穗花序生于叶鞘下方之干上, 悬垂而多分枝; 佛焰苞 2; 雌雄异序; 雄花序长约 75cm, 雄花三角状长圆形, 淡米黄色, 左右对称, 萼片和花瓣各 3 枚; 雌花序长约 80cm, 雌花卵形, 米黄色。果实卵球形, 长 1.2～1.4cm, 红色 (图 6-235)。

【分布与习性】原产澳大利亚, 生于低地雨林中; 华南各地常见栽培。性喜高温、高湿和避风向阳的环境, 耐 5～6℃ 的长期低温和 0℃ 的极端低温; 喜土层深厚肥沃的微酸性土; 抗风力强; 耐水湿, 也较耐干旱。

【繁殖方法】播种繁殖。

【观赏特性及园林用途】假槟榔树体高大挺拔, 树干光洁, 给人以整齐的感觉, 而干顶蓬松散开的大叶片披垂碧绿, 随风招展, 又不失活泼, 果实红色, 也甚为美观。在我国栽培历史已有百年以上, 是华南最常见的园林树

图 6-235 假槟榔

种之一, 特别适于建筑前、道路两侧列植, 以突出展示其高度自然的韵律美, 若在草地中丛植几株也适宜, 可以常绿阔叶树为背景, 以衬托假槟榔的苗条秀丽。

【同属种类】4 种, 产澳大利亚。我国引入栽培 2 种。

(六) 槟榔

【学名】*Areca catechu* L.

【科属】棕榈科, 槟榔属

【形态特征】乔木, 单干型, 较纤细, 高达 10～20m, 直径可达 20cm; 茎干有明显的叶环痕。叶 1 回羽状分裂, 长达 2m, 叶鞘灰绿色; 叶柄无刺。花序生于叶鞘束之下, 多分枝; 佛焰苞早落。花单性, 雌雄同序; 雄花生于花序上部, 雄蕊 6 枚; 雌花生于下部, 子房 1 室, 柱头 3。核果卵球形, 长约 5cm, 鲜红色, 果皮纤维质, 新鲜时稍带肉质。果期 9～12 月(图 6-236)。

【分布与习性】原产热带亚洲。极不耐寒, 需要热带气候条件。幼苗喜阴, 成株能忍受直射光。我国海南以及广东、台湾、云南和广西的南部有栽培, 但即使在海南, 也只有在东部、中部和南部气候炎热的低山地区才能生长良好。

【繁殖方法】播种繁殖。

【观赏特性及园林用途】槟榔树冠不大, 果实鲜红, 园林中宜群植或于草地上小片丛植, 也可配植在建筑附近, 主要表现其纤美通直的茎

图 6-236 槟榔

干。槟榔虽非我国原产，但栽培历史至少有 1500 多年。《南方草木状》有"树高十余丈，皮似青桐，节如桂竹，森秀无柯，端顶有叶，叶似甘蕉……"的描述，并有岭南人喜食槟榔、并用槟榔款待宾客的记载。

【同属种类】约 60 种，产中国南部、印度、斯里兰卡至新几内亚岛、所罗门群岛。我国 1 种，引入栽培数种。常见栽培的还有三药槟榔（*A. triandra*），丛生灌木至小乔木，一般高 2～3m，茎绿色，间以灰白色环斑。羽状复叶长 1～2m，侧生羽叶有时与顶生叶合生。雌雄同株，肉穗花序长 30～40cm，多分枝，顶生为雄花，有香气，雄蕊 3 枚；基部为雌花。果实橄榄形，成熟时鲜胭脂红色。原产印度、马来西亚等热带地区。

（七）鱼尾葵

【学名】*Caryota ochlandra* Hance

【别名】假桃榔

【科属】棕榈科，鱼尾葵属

【形态特征】乔木，高达 20m。树干单生，无吸枝，绿色，被白色绒毛；有环状叶痕。叶聚生茎顶，2 回羽状全裂，长 2～3m，宽 1～1.6m；羽片 14～20 对，下垂，中部的较长；裂片厚革质，半菱形，有不规则啮齿状裂，酷似鱼鳍，近对生；叶轴及羽片轴上均密生棕褐色毛及鳞秕；叶柄短。肉穗花序呈圆锥花序式，多分枝，长达 1.5～3m，腋生、下垂。花单性同株，通常 3 朵聚生；雄花花蕾卵状长圆形，萼片、花瓣均 3 片；雌花花蕾三角状卵形，萼片圆形，花瓣卵状三角形。浆果状核果球形，径约 1.8～2cm，成熟时淡红色，有种子 1～2 颗。花期 7 月（图 6-237）。

图 6-237　鱼尾葵

【分布与习性】原产热带亚洲，我国分布于华南至西南，常生于低海拔石灰岩山地，桂林以南各地庭园中常见栽培。喜光，也较耐阴；稍耐寒，可耐长期 4～5℃ 低温和短期 0℃ 低温及轻霜；喜湿润疏松的钙质土，在酸性土上也能生长；根系浅，不耐旱，较耐水湿。寿命较短，一般 15 年生左右的植株自然死亡。

【繁殖方法】种子繁殖。

【观赏特性及园林用途】鱼尾葵树姿优美，叶片翠绿，叶形奇特，花色鲜黄，果实如圆珠成串，是优美的行道树和庭荫树，适于庭院、广场、建筑周围植之，宜列植。

【同属种类】约 12 种，分布于亚洲南部、东南部至澳大利亚热带地区。我国 4 种，产云南南部和华南。常见栽培的还有：

（1）短穗鱼尾葵 *Caryota mitis* Lour.：丛生灌木或乔木，高 5～9m，抑或高达 13m，直径达 15cm。有吸枝，常聚生成丛，近地面有棕褐色肉质气根。叶鞘较短，长 50～70cm。肉穗花序长仅 30～60cm。果实球形，径约 1.2～1.8cm，蓝黑色。产华南，常见栽培。

（2）董棕 *Caryota urens* L.：茎单生，黑褐色，不膨大或膨大成花瓶状，表面无白色毡状绒毛。叶平展，长 5～7m，宽 3～5m，叶柄上面凹下，下面凸圆，被脱落性的棕黑色毡状绒毛；叶鞘边缘具网状的棕黑色纤维。产我国广西、云南等省区以及印度、斯里兰卡、缅甸。

（八）枣椰子

【学名】*Phoenix dactylifera* L.

【别名】海枣

【科属】棕榈科，刺葵属

【形态特征】乔木，高达 20～35m。茎单生，基部萌蘖丛生。叶羽状全裂，长达 6m，浅蓝灰色；裂片芽时内折，2～3 枚聚生，条状披针形，在叶轴两侧常呈 V 字形上翘，基部裂片退化成坚硬锐刺；叶柄宿存。雌雄异株，肉穗花序生于叶丛中，分枝。雄花序长约 60cm；佛焰苞鞘状，花序轴扁平，宽约 2.5cm；小穗短而密集，不规则横列于轴的上部；雄花黄色，花萼、花瓣 3 枚，雄蕊 6 枚。果序长达 2m，直立，扁平，淡橙黄色，被蜡粉，状如扁担；小穗长 58～70cm，淡橙黄色，被蜡粉，不规则横列于果序轴的上部，果时被压下弯。核果长圆形，长 3.5～6.5cm，熟时深橙红色，果肉厚，味极甜。种子长圆形。

【分布与习性】原产伊拉克至撒哈拉沙漠等中东和北非地区。我国两广、福建、云南有栽培。适合高温干燥的大陆性气候，耐寒性也颇强，喜排水良好的轻沙壤土，能耐盐碱。

【繁殖方法】萌蘖分栽和播种繁殖均可。

【观赏特性及园林用途】枣椰子是世界上栽培最早的棕榈植物，既作为经济树种，同时也与宗教有关，是圣经中的"生命之树"，在美索不达米亚，枣椰子的历史可追溯到公元前 3500 年。我国唐朝就从波斯引入。枣椰子外貌呈浅蓝灰色，树冠近圆球形，茎干粗壮、叶片开张，秋季果穗黄色或橙黄色，是非常具观赏价值的棕榈类植物。由于茎干具有吸芽，适于公园和风景区丛植和群植，可形成富有热带特色的风光。

【同属种类】约 17 种，分布于热带非洲和亚洲。我国 2 种，产华南、云南和台湾，此外还引入栽培数种。常见栽培的还有：

（1）软叶刺葵（美丽针葵）*Phoenix roebelenii* O'Brien：高 1～3m，有叶柄，基部宿存。叶长 1～2m，稍弯垂；裂片狭条形，长 20～30cm，宽约 0.5～1.5cm，较柔软，在叶轴上排成 2 列，背面沿中脉被白色糠秕状鳞被，叶轴下部两侧具裂片退化而成的针刺。花序长 30～50cm。果矩圆形，长 1～1.5cm，直径 5～6mm，具尖头，枣红色，果肉薄，有枣味。产印度及中印半岛，我国云南有分布，华南各省区广泛栽培（图 6-238）。

（2）长叶刺葵（加那利海枣）*Phoenix canariensis* Hort. ex Chabaud.：茎单生、直立，高达 20m，直径可达 50～70cm，具有紧密排列的扁菱形叶痕而较为平整。叶长达 5～6m，羽片芽时内向折叠，绿色而坚韧，排列较整齐。果实长约 2.5cm，黄色。原产非洲加那利群岛，常栽培。

（九）大王椰子

【学名】*Roystonea regia* (H. B. K.) O. F. Cook.

【别名】王棕

【科属】棕榈科，大王椰子属

【形态特征】乔木，高 10～29m。茎具整齐的环状叶鞘痕，幼时基部明显膨大，老时中部膨大。叶聚生茎顶，羽状全裂；裂片条状披针形，常 4 列排列；叶鞘长，紧包干茎。肉穗花序 2 回分枝，排

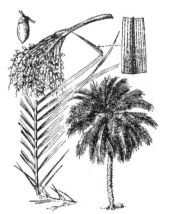

图 6-238 软叶刺葵

成圆锥花序式，生于叶鞘束下，有佛焰苞 2 枚，外面 1 枚早落，里面 1 枚全包花序，于开花时纵

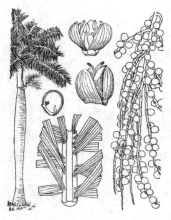

图 6-239　大王椰子

裂。花单性同株；雄花淡黄色，花瓣镊合排列，雌花花冠壶状，3裂至中部。果近球形，红褐色至淡紫色。花期 4～5 月；果期 7～8月(图 6-239)。

【分布与习性】原产热带美洲，世界热带广为栽培，我国华南和西南地区园林中常见应用。成树喜光，幼龄树稍耐阴；喜温暖，耐寒力较假槟榔差；根系发达，抗风力强，能抗 8～10 级热带风暴；喜土层深厚肥沃的酸性土，不耐瘠薄，较耐干旱和水湿。

【繁殖方法】播种繁殖。

【观赏特性及园林用途】大王椰子是古巴的国树，树形挺拔，茎干光滑并具有明显的环状叶痕，整个茎干呈优美的流线型，是一种极为优美的棕榈植物，适于行列式种植和对植，也可用于水边、草坪等处丛植。大王椰子还适于在高速公路中心绿带中应用，其高大而单生的茎干不会妨碍行驶中汽车司机的视线，汽车疾驰而产生的阵风也不会影响到茎顶的树冠。

【同属种类】约 10 种，产热带美洲。我国引入栽培 2 种，常见栽培的为本种。

(十) 椰子

【学名】*Cocos nucifera* L.

【科属】棕榈科，椰子属

【形态特征】乔木，高 15～25m，胸径达 30cm 以上；树干有环纹和叶鞘残基。羽状复叶数可达30 枚，簇生主干顶端，长达 5～7m；小叶长披针形，长 60～90cm；叶柄粗壮，长达 1m 以上。花单性同序，肉穗花序由叶丛中抽出，多分枝，长达 0.6～1m，初为圆筒状佛焰苞所包被；雄花着生于花枝的中上部，每花序有雄花多达 6000 朵以上；雌花着生于中下部，每花序有雌花 10～40 朵。坚果，椭圆形或近球形，顶端 3 棱，直径约 25cm，初为绿色，渐变为黄色，成熟时褐色。种子 1 枚，胚乳(即椰肉)白色、肉质，与内果皮黏着，内有一大空腔贮藏着液汁。周年开花，花后经 10～12 个月果实成熟，以 7～9 月为采果最盛期(图 6-240)。

图 6-240　椰子

【分布与习性】椰子为热带树种，广植于新旧世界热带地区，尤其以热带亚洲为多；我国海南、台湾和云南南部栽培椰子树历史悠久。性喜高温、高湿和阳光充足的热带沿海气候，要求年平均温度 24～25℃、最低温度 10℃ 以上、温差小才能正常开花结实。不耐干旱；喜排水良好的深厚沙壤土。根系发达，抗风力强。

【繁殖方法】播种繁殖。

【观赏特性及园林用途】椰子树干不分枝，叶片簇生顶端，高张如伞，苍翠挺拔，其果实集于干顶，有时多达百枚以上，是热带地区著名的风景树。尤适于热带海滨造景，宜丛植、群植，也可作行道树、绿荫树和海岸防风林材料，许多热带旅游胜地如夏威夷等都以椰子等棕榈类植物为特色。在庭园中，椰子则可于建筑周围、草坪中丛植，长叶伸展，倍觉宜人。椰子是热带佳果之一，也是重要的木本油料和纤维树种。

【同属种类】仅1种，原产地不详。

二、观赏竹类

竹类植物属于禾本科、竹亚科，共约88属1400种，分布于亚洲、南美洲、太平洋岛屿、澳大利亚北部、马达加斯加和中北美地区，一般生长在热带和亚热带，尤以季风盛行的地区为多，但也有一些种类分布到温寒地带和高海拔的山岳上部；亚洲和中、南美洲属种数量最多，非洲次之，北美洲和大洋洲很少，欧洲除栽培外则无野生的竹类。在产地通常与其他植物伴生，但亦可形成纯群。我国34属530余种，主要分布于秦岭、淮河以南广大地区，黄河流域也有少量分布。

秆一般为木质，常呈乔木或灌木状，主秆叶和普通叶显著不同。包着竹秆的叶称为秆箨，由箨鞘（相当于叶鞘）、箨叶（相当于叶片）、箨舌（相当于叶舌）、箨耳（相当于叶耳）组成；普通叶片具短柄，且与叶鞘相连处成1关节，叶容易自叶鞘处脱落。花期不固定，一般相隔甚长（数年、数十年乃至百年以上），某些种终生只有一次开花期，花期常可延续数月之久。果实有各种类型，颖果较常见，易与稃片相分离，果皮干燥或新鲜时稀可肉质，有时为硕大型如梨竹属（*Melocanna*）。

根据地下茎的类型，可以将竹类植物分为以下几种类型：

(1) 单轴散生型：地下茎圆筒形或近圆筒形，细长横走，称为竹鞭；竹鞭有隆起的节，节上生根，每节着生1芽，交互排列；芽发育成竹笋，出土成竹，或抽发成新的竹鞭，在土壤中蔓延。地上的竹秆常稀疏散生。如刚竹属（*Phyllostachys*）、酸竹属（*Acidosasa*）等。

(2) 复轴混生型：有真正的地下茎，既有细长横走的竹鞭，又有密集的秆基，前者竹秆在地面散生，后者竹秆在地面丛生。如箬竹属（*Indocalamus*）、倭竹属（*Shibataea*）等。

(3) 合轴丛生型：地下茎不为细长横走的竹鞭，而是粗大短缩、节密根多、状似烟斗的秆基；秆基上具有2~4对大型芽，每节着生1个，交互排列；顶芽出土成竹，新竹一般靠近老秆，新竹秆基的芽次年又发育成竹，如此则形成密集丛生的竹丛。如簕竹属（*Bambusa*）、牡竹属（*Dendrocalamus*）、泰竹属（*Thyrsostachys*）等。

(4) 合轴散生型：与合轴丛生型的区别在于，秆基的大型芽萌发时，秆柄在地下延伸一段距离后出土成竹，竹秆在地面上散生。延伸的秆柄形成"假竹鞭"，虽然有节，但节上无芽，也不生根。如箭竹属（*Fargesia*）、筱竹属（*Thamnocalamus*）。

(一) 毛竹

【学名】*Phyllostachys edulis*（Carr.）J. Houzeau

【别名】楠竹

【科属】禾本科，刚竹属

【形态特征】乔木状，秆高10~20m，径达12~20cm。地下茎为单轴型，秆散生，圆筒形，节间在分枝侧有沟槽；每节2分枝。秆下部节间较短，中部以上节间可长达20~30cm；分枝以下秆环不明显，仅箨环隆起。新秆绿色，密被细柔毛，有白粉；老秆灰绿色，无毛，白粉脱落而在节下逐渐变黑色。笋棕黄色；箨鞘厚革质，有褐色斑纹，背面密生棕紫色小刺毛；箨舌呈尖拱状；箨叶三角形或披针形，绿色，初直立，后反曲；箨耳小，繸毛（肩毛）发达。叶2列状排列，每小枝2~3叶，较小，披针形，长4~11cm，宽5~12mm。假花序由多数小穗组成，基部有叶片状佛焰苞；小穗轴逐节折断；鳞片 3 枚；雄蕊 3 枚，花丝细长；柱头 3，羽毛状。笋期 3～5 月 (图 6-241)。

【分布与习性】原产我国，在秦岭至南岭间的亚热带地区普遍栽培，以福建、浙江、江西和湖南最多。为我国分布最广、面积最大、经济价值最高的特产竹种。河北、山西、山东、河南有引栽。耐寒性稍差，在年平均温度 15～20℃，年降水量 800～1000mm 的地区生长最好，但可耐—16.7℃ 的短期低温；喜空气湿度大；喜肥沃深厚而排水良好的酸性沙质壤土，在干燥的沙荒石砾地、盐碱地、排水不良的低洼地均不利生长。

图 6-241　毛竹

毛竹等单轴散生型竹类竹鞭的生长靠鞭梢，在疏松、肥沃土壤中，一年间鞭梢的钻行生长可达 3～4m；竹鞭寿命可长达 10 年以上。从竹笋出土到新竹长成约需 2 个月的时间，新竹长成后，干、形生长结束，高度、粗度和体积不再有明显的变化。新竹第 2 年春季换叶，以后一般 2 年换叶 1 次。生长发育周期长，正常情况下可达 30～50 年，一般在开花结实后整片竹林全部死亡。开花前出现反常预兆，如出笋显著减退，竹叶全部脱落或换生变形的新叶等。

【栽培品种】龟甲竹('Heterocycla')，又名龙鳞竹，竹秆下部节间极度缩短、肿胀交错成斜面，呈龟甲状，极为奇特。花毛竹('Tao Kiang')，竹秆黄色，有宽窄不等的绿色条纹。

【繁殖方法】可用播种、分株、埋鞭等法繁殖。园林绿化栽植毛竹时常直接移竹栽植或截秆移兜栽植，以便迅速达到绿化效果。

【观赏特性及园林用途】毛竹是我国长江流域最常见的竹种，在海拔 1000m 以下的沟谷和山坡常组成大面积纯林。20 世纪 70 年代，在"南竹北移"过程中，华北南部不少地区引种栽培了毛竹，其中在山东崂山、蒙山和日照等地生长良好。毛竹竹秆高大挺拔，不适于小面积庭院造景，最宜于风景区和大型公园大面积造林，井冈山有大面积毛竹林，杭州云栖也以毛竹闻名。观赏类型龟甲竹、花毛竹、绿槽毛竹、金丝毛竹、梅花竹等或秆形奇特，或色彩鲜艳，适于单独成片栽植作主景，也可点缀于毛竹林中。此外，毛竹材质坚韧，富有弹性，是良好的建筑材料和造纸原料，笋供食用，是理想的生产与园林绿化相结合的竹种。

【同属种类】50 余种，均产于我国，除东北、内蒙古、青海、新疆等地外，全国各地均有自然分布或成片栽培的竹园，尤以长江流域至五岭山脉为主产地，仅有少数种类分布到印度和缅甸。

（二）刚竹

【学名】*Phyllostachys sulphurea* (Carr.) Rivière & C. Rivière var. *viridis* R. A. Young

【科属】禾本科，刚竹属

【形态特征】秆高 6～15m，径 4～10cm。新秆鲜绿色，无毛，有少量白粉；分枝以下秆环较平，仅箨环隆起。中部节间长 20～45cm。箨鞘乳黄色，有大小不等的褐斑及绿色脉纹，无毛，微被白粉；无箨耳和繸毛；箨舌绿黄色，边缘有纤毛；箨叶狭三角形至带状，外翻，绿色但具橘黄色边缘。末级小枝有 2～5 叶，叶片长圆状披针形或披针形，长 5.6～13cm，宽 1.1～2.2cm。笋期 5 月 (图 6-242)。

原变种金竹 (*P. sulphurea*)，秆于解箨时呈金黄色，常栽培观赏。

【分布与习性】原产我国，主要分布于黄河以南至长江流域各地。日本、北非、欧洲、北美洲均有栽培。喜温暖湿润气候，但可耐－18℃极端低温；喜肥沃深厚而排水良好的微酸性至中性沙质壤土，在干燥的沙荒石砾地、排水不良的低洼地均生长不良，略耐盐碱，在 pH 值 8.5 左右的碱土和含盐量 0.1% 的盐土上也能生长。

【栽培品种】绿皮黄筋竹（'Houzeau'），又名碧玉间黄金竹、黄槽刚竹。秆绿色，有宽窄不等的黄色纵条纹，沟槽黄色。黄皮绿筋竹（'Robert Young'），又名黄皮刚竹，幼秆绿黄色，后变为黄色，下部节间有少数绿色条纹。

【观赏特性及园林用途】刚竹是华北地区最常见的竹类之一，秀丽挺拔，值霜雪而不凋，而且适应性强，可在园林中广泛应用。庭院曲径、池畔、景门、厅堂四周或山石之侧均可小片配植，大片栽植形成竹林、竹园也适宜，与松、梅共植，誉为"岁寒三友"，点缀园林，也甚为常见。

图 6-242 刚竹

（三）桂竹

【学名】*Phyllostachys reticulata* (Rupr.) K. Koch.

【科属】禾本科，刚竹属

【形态特征】秆高达 20m，直径 8～14cm。中部节间长达 40cm；幼秆绿色，无毛及白粉；秆环、箨环均隆起。箨鞘黄褐色，密被黑紫色斑点或斑块，疏生淡褐色脱落性硬毛；箨耳矩圆形或镰形，紫褐色，偶无箨耳，有长而弯的䍁毛；箨舌拱形，淡褐色或带绿色；箨叶带状，中间绿色，两侧紫色，边缘黄色。末级小枝具 2～4 叶，叶片长 5.5～15cm，宽 1.5～2.5cm。出笋较晚，笋期 5 月中旬至 7 月，有"麦黄竹"之称（图 6-243）。

【分布与习性】原产我国，北自河北、南达两广北部，西至四川、东至沿海各地的广大地区均有分布或栽培。喜温暖湿润，但耐寒性颇强，可耐－18℃低温，喜深厚而肥沃的土壤。

【栽培品种】斑竹（'Lacrina-deae'），又名湘妃竹。绿色竹秆上布满大小不等的紫褐色斑块与斑点，分枝亦有紫褐色斑点，边缘不清晰，呈水渍状。

【观赏特性及园林用途】桂竹栽培历史悠久，各地园林中常见。斑竹至迟晋朝时已经出现。《博物志》云："洞庭之山，尧帝二女常泣，以其涕挥竹，竹尽成斑。"应用方式参考刚竹。

图 6-243 桂竹

（四）淡竹

【学名】*Phyllostachys glauca* McClure

【别名】粉绿竹

【科属】禾本科，刚竹属

【形态特征】秆高 5～12m，径 2～5cm，中部节间长达 40cm，无毛；新秆密被雾状白粉；老秆绿

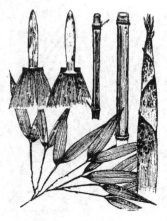

图 6-244 淡竹

色或灰绿色，仅节下有白粉环。秆环与箨环均隆起。箨鞘淡红褐色或淡绿褐色，有显著的紫脉纹和稀疏斑点，无毛；无箨耳和繸毛；箨舌先端截形或微作拱形，高约 2～3mm，暗紫褐色；箨叶线状披针形或线形，绿色，有多数紫色脉纹，平直或幼时微皱曲。末级小枝具 2～3 叶；叶片长 7～16cm，宽 1.2～2.5cm。笋期 4 月中旬至 5 月底（图 6-244）。

【分布与习性】分布于黄河以南至长江流域各地，以江苏、安徽、山东、河南、陕西较多。适应性强，适于沟谷、平地、河漫滩生长，能耐一定程度的干燥瘠薄和暂时的流水浸渍；在 -18℃ 左右的低温和轻度的盐碱土上也能正常生长。

【栽培品种】筼竹（'Yunzhu'），又名花斑竹，较矮小，竹秆上有紫褐色斑点或斑块，且多相重叠。秆色美观，竹材柔韧致密，匀齐劲直。是河南博爱著名的清化竹器的原料。

【观赏特性及园林用途】参考刚竹。是华北园林中栽培观赏的主要竹种之一。

【同属种类】参阅毛竹。另外，常见栽培的还有：

(1) 早园竹 Phyllostachys propinqua McClure：淡竹相近。新秆具白粉，秆环与箨环均略隆起。箨鞘淡黄红褐色，无毛和白粉，具褐色斑点和条纹；无箨耳和繸毛，箨舌淡褐色，弧形，先端上拱呈拱形；箨叶披针形或线状披针形，背面带紫褐色，外翻。主产华东，华北南部常见栽培。

(2) 罗汉竹 (人面竹) Phyllostachys aurea Carr. ex Rivière & C. Rivière：秆高 5～12m，节间较短，基部至中部有数节常出现缩短、肿胀或缢缩等畸形现象；秆环和箨环均明显隆起。秆箨背部有黑褐色细斑点；箨舌短，先端平截或微凸，有长纤毛；无箨耳和繸毛。笋期 4～5 月。产华东，长江流域各地均有栽培。耐 -20℃ 低温。形如头面或罗汉袒肚，十分生动有趣。

（五）黄槽竹

【学名】*Phyllostachys aureosulcata* McClure

【科属】禾本科，刚竹属

【形态特征】秆高达 9m，径达 4cm，较细的秆之基部有 2～3 节作"之"字形折曲；中部节间最长达 40cm。新秆绿色，略带白粉和稀疏短毛，老秆黄绿色，无毛，分枝一侧的沟槽黄色；秆环中度隆起，高于箨环。笋淡黄色；箨鞘背部紫绿色，常有淡黄色条纹，无斑点或微具褐色小斑点，无毛，有白粉。箨叶三角形或三角状披针形，直立、开展或外翻，有时略皱缩。末级小枝有叶 2～3 片，叶片披针形。笋期 4 月下旬至 5 月。

【分布与习性】原产浙江、北京等地，黄河流域至长江流域常见栽培。适应性强，耐 -20℃ 低温，耐轻度盐碱。

【栽培品种】黄皮京竹（'Aureocaulis'），秆全部（包括沟槽）金黄色，或基部节间偶有绿色条纹。金镶玉竹（'Spectabilis'），秆金黄色，节间纵沟槽绿色；叶绿色，偶有黄色条纹；幼笋淡黄色或淡紫色，是极优美的观赏竹。京竹（'Pekinensis'），全秆绿色，无黄色纵条纹。

【观赏特性及园林用途】秆色优美，为优良观赏竹。在连云港花果山景区内分布着成片的金镶玉竹林，分外引人注目。

（六）紫竹

【学名】*Phyllostachys nigra* (Lodd. & Lindl.) Munro

【科属】禾本科，刚竹属

【形态特征】秆高 4～8(10) m，直径 2～5cm，中部节间长 25～30cm，壁厚约 3mm。幼秆绿色，密被短柔毛和白粉，1 年后竹秆逐渐出现紫斑，最后全部变为紫黑色，无毛；秆环与箨环均甚隆起，箨环有毛。箨鞘淡玫瑰紫色，被淡褐色刺毛，无斑点；箨耳发达，镰形，紫黑色；箨舌长而隆起，紫色，边缘有长纤毛；箨叶三角形至三角状披针形，绿色但脉为紫色，舟状。叶片薄，长 7～10cm，宽约 1.2cm。笋期 4～5 月 (图 6-245)。

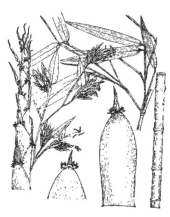

【分布与习性】分布于长江流域及其以南各地，湖南南部至今尚有野生紫竹林；山东、河南、北京、河北、山西等地有栽培。适于土层深厚肥沃的湿润土壤，耐寒性较强，可耐－20℃低温，北京紫竹院公园小气候条件下能露地栽植。

图 6-245 紫竹

【变种】毛金竹 (var. *henonis*)，秆较粗大，绿色至灰绿色，不变紫，秆壁较厚，可达 5mm。

【观赏特性及园林用途】紫竹新秆绿色，老秆紫黑，叶翠绿，颇具特色，常栽培观赏。园林造景中，适植于庭院山石之间或书斋、厅堂四周、园路两侧、水池旁，与黄槽竹、金镶玉竹、斑竹等竹秆具色彩的竹种同栽于园中，可增添色彩变化。

（七）方竹

【学名】*Chimonobambusa quadrangulari* (Franceschi) Mak.

【科属】禾本科，寒竹属

【形态特征】灌木或小乔木状，秆高 3～8m，径约 2.5cm。地下茎为复轴型。秆表面浓绿色、粗糙，上部圆而下部节间呈四方形；节间长 8～22cm，秆环甚隆起，下部节上有刺状气生根 1 环。每节常 3 分枝。秆箨宿存或迟落，箨鞘厚纸质，外面无毛，具有多数紫色小斑点；箨叶极小或退化，箨耳不发育，箨舌也不明显。叶 2～5 片着生于小枝上，狭披针形，长 10～30cm，宽 1～2.5cm，叶脉粗糙。花枝紧密簇生；鳞被 3 枚，披针形；雄蕊 3 枚；花柱 2，分离；柱头羽毛状。笋期秋季 (图 6-246)。

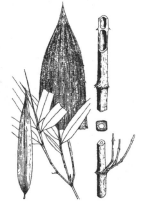

【分布与习性】我国特产，分布于华东、华南等地，北达秦岭南坡，常生于低海拔山坡和湿润沟谷，国内外有栽培。喜温暖湿润气候，在肥沃而湿润的土壤中生长最好。笋期通常为 8 月至次年 1 月，若条件适合，则常四季出笋，故而有"四季竹"之称。

【观赏特性及园林用途】方竹竹秆呈四方形，下部节上具刺瘤，甚奇特，出笋期长，是著名的观赏竹类，适于庭院窗前、花台、水池边小片丛植。《花镜》云："方竹产于澄州、桃源、杭州，今江南俱有。体方有如削成，而劲挺堪为柱杖，亦异品也。"

图 6-246 方竹

【同属种类】约 20 余种，产东亚。我国是主产区，共有 20 余种，产华东、华南及西南。

（八）筇竹

【学名】*Qiongzhuea tumidinoda* Hsueh et Yi

【科属】禾本科，筇竹属

【形态特征】灌木状竹类，地下茎复轴型。秆高 2～5m，直径 1～3cm；节间长 15～25cm，秆壁甚厚；节部强烈隆起，略向一侧偏斜。秆箨早落，厚纸质；箨叶不发育，钻形。每节分枝 3 个，有

时因次生枝发生可增多。小枝纤细，叶 2～4 片，狭披针形，长 5～14cm，宽 6～12mm，侧脉 2～4 对，横脉清晰。花序轴各节有一枚大型苞片，并着生 1 至数枚短分枝，其顶端有小穗 1 个，下部有多数小苞片包被（图 6-247）。

【分布与习性】产于云贵高原东北部向四川盆地过渡的海拔 1600～2100m 的中山地带。喜冬冷夏凉、空气湿度较大的气候条件，分布区年均气温 10℃ 左右，极端最高气温 29℃，极端最低气温 −10℃，土壤为山地黄壤，pH 值 4.5～5.5。

【观赏特性及园林用途】筇竹是我国特产的珍贵竹种，秆节膨大，形态奇特，观赏价值和工艺价值高。由于筇竹产于四川的古代民族邛都夷居住的地区（现在的四川西部），起初被称为邛竹。早在汉朝，筇竹的竹秆即被制成手杖远销西域。《史记·大宛列传》和《汉书·张骞传》都有相同的记载："臣在大夏见邛竹杖，蜀布……

图 6-247　筇竹

大夏国人曰，吾贾人往市之身毒国。"大夏和身毒国分别为现在的阿富汗北部和印度。可见，远在西汉以前，我国西南地区与印度、中亚等地已经有交通和商贸往来。筇竹与佛教也有关系，筇竹又被称作罗汉竹，而且，昆明西北的玉案山上，有一座建于宋末元初的古寺，名曰筇竹寺。

【同属种类】8 种，我国特产。常见栽培的为本种。

（九）孝顺竹

【学名】*Bambusa multiplex* (Lour.) Raeuschel ex Schult & J. H. Schult

【别名】凤凰竹

【科属】禾本科，簕竹属

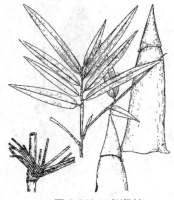

【形态特征】乔木或灌木状；地下茎为合轴型，秆丛生；每节分枝多数，簇生，主枝明显、基部膨大。秆高 (1) 3～7m，径 (0.3) 1.5～2.5cm，节间圆筒形，长 30～50cm，秆壁厚，青绿色，幼时被薄白蜡粉，并于节间上部被棕色小刺毛，老时光滑无毛。箨鞘厚纸质，绿色，无毛；箨耳缺或细小；箨舌弧形，高 1～1.5mm；箨叶长三角形，淡黄绿色并略带红晕，背面散生暗棕色脱落性小刺毛。分枝低，末级小枝有叶片 5～12 枚，排成两列，宛如羽状；叶片线形，长 5～16cm，宽 7～16mm，表面深绿色、无毛，背面粉绿色而密被短柔毛；叶鞘黄绿色，无毛；叶耳肾形，边缘具有淡黄色繸毛。雄蕊 6 枚。笋期 6～9 月（图 6-248）。

图 6-248　孝顺竹

【分布与习性】分布于华南、西南等地，北达江西、浙江。长江以南各地常见栽培。适应性强，喜温暖湿润气候和排水良好、湿润的土壤。是丛生竹类中耐寒性最强的种类之一，在南京、上海等地可生长良好。

【变种和品种】观音竹（var. *riviereorum*），秆实心，高 1～3m，直径 3～5 mm，小枝具 13～26 叶，且常下弯呈弓状，叶片较小，长 1.6～3.2cm，宽 2.6～6.5mm，产广东，常栽培。凤尾竹（'Fernleaf'），与观音竹相似，区别在于植株较高大，秆高 3～6m，秆中空，小枝稍下垂，具叶 9～13 片，叶片长 3.3～6.5cm，宽 4～7mm，普遍栽培。花孝顺竹（'Alphonso-karri'），又名小琴丝竹，竹秆和分枝鲜黄色，间有宽窄不等的绿色纵条纹。

【繁殖方法】孝顺竹等丛生竹类一般采用移竹法繁殖，也可埋蔸、埋秆、埋节或用枝条扦插繁殖。选择枝叶茂盛、秆基芽眼肥大充实的 1～2 年生竹秆，在外围 25～30cm 处，扒开土壤，由远及近，逐渐挖深，找出其秆柄，用利凿切断其秆柄，连蔸带土掘起。一般粗大竹秆，用单株，小型竹类，可以 3～5 秆成丛挖起，留 2～3 盘枝，从节间中部斜形切断，使切口呈马耳形，种植于预先挖好的穴中。

【观赏特性及园林用途】孝顺竹为中小型竹种，竹秆青绿，叶密集下垂，姿态婆娑秀丽、潇洒，最适于小型庭园造景，可孤植、群植、对植，特别适于点缀景门、亭廊、山石、建筑小品，也可植为绿篱，长江以南各地广泛应用。凤尾竹植株低矮，叶片排成羽毛状，枝顶端弯曲，是著名的观赏竹种，常见于寺庙庭园间，也特别适于植为绿篱或盆栽。

【同属种类】约 100 余种，分布于亚洲热带和亚热带地区。我国 80 种，主产华南和西南，为著名观赏竹种和经济竹种，多数种类广泛栽培。通常夏秋发笋，长成新秆后，于翌年分枝展叶，入冬时，新秆尚未完全木质化，因而耐寒性较差。

（十）龙头竹

【学名】*Bambusa vulgaris* Schrad. ex Wendl.

【科属】禾本科，簕竹属

【形态特征】秆高 8～15m，直径 5～9cm，尾梢下弯，下部挺直或略呈"之"字形曲折，节间圆柱形，长 20～30cm，幼时稍被白蜡粉，并贴生淡棕色刺毛，老则脱落；节部隆起，秆基部数节具短气根，并于秆环之上下方各环生一圈灰白色绢毛。箨鞘背部密被暗棕色短硬毛，易脱落；箨耳甚发达，彼此近等大而同形，长圆形或肾形，宽 8～10mm，边缘有淡棕色曲折的繸毛；箨舌先端条裂，高 3～4mm；箨叶宽三角形，两面有暗棕色短硬毛（图 6-249）。

【分布与习性】产云南南部，亚洲热带地区和非洲马达加斯加岛有分布。华南、西南等地常栽培。多生于河边或疏林中，喜温暖湿润气候，不耐寒。

【栽培品种】黄金间碧玉竹（'Vittata'），又名挂绿竹。竹秆黄色，具绿色条纹；箨鞘黄色，间有绿色条纹。大佛肚竹（'Wamin'），秆高仅 2～5m，节间短缩肿胀呈盘珠状，与佛肚竹（*Bambusa ventricosa*）的区别在于本品种的箨鞘背面密生暗棕

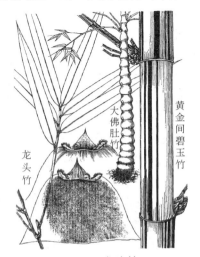

图 6-249 龙头竹

色毛。

【观赏特性及园林用途】竹丛优美，常用于园林造景，宜植于庭园池边、亭际、窗前、山石间，或成片种植。栽培品种黄金间碧玉竹和大佛肚竹均为著名观赏竹，栽培更为广泛。

（十一）粉箪竹

【学名】*Bambusa chungii* McClure

【科属】禾本科，簕竹属

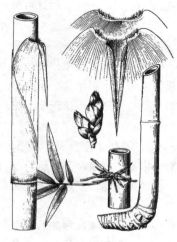

【形态特征】秆高 5～10(18)m，直径 3～5(7)cm，节间一般长 30～45cm，最长可达 100cm 以上，圆筒形；新秆密生白色蜡粉，无毛。秆环平；箨环隆起成一木栓质圈，其上有倒生的棕色刚毛。箨鞘早落，黄色，远较节间短，薄而硬，幼时在背面被白蜡粉和小刺毛，后刺毛脱落；箨耳狭带形，边缘有繸毛；箨叶脱落性，淡黄绿色，强烈外卷，卵状披针形，背面密生刺毛，腹面无毛；箨舌远较箨叶基部为宽，高仅 1～1.5mm。分枝点高，每节多分枝，粗细相近。末级小枝具 7 叶，叶片披针形至线状披针形，长 10～16cm，宽 1～2cm，不具小横脉(图 6-250)。

【分布与习性】产湖南南部、福建、广东、广西、云南东南部，生于低海拔地区。常栽培观赏。喜光，喜温暖湿润气候和肥沃湿润土壤。

图 6-250　粉箪竹

【观赏特性及园林用途】节间修长，幼秆密生白色蜡粉而呈粉白色，竹秆亭亭玉立，竹丛姿态优美，是一美丽的观赏竹种。

（十二）青皮竹

【学名】*Bambusa textiles* McClure

【科属】禾本科，簕竹属

【形态特征】秆高 8～10m，径 3～5cm，节间长达 40～70cm，竹壁较薄，新竹深绿色，被白粉和白色细毛。箨鞘早落，革质，硬而脆，外面近基部被暗棕色刺毛；箨耳小，长椭圆形，两侧不等大，具有屈曲的繸毛；箨舌高 2mm，边缘具细齿和小纤毛。出枝较高，分枝密集丛生；叶片线状披针形，长 9～17cm，宽 1～2cm，下面密生短柔毛。笋期 5～9 月。

【分布与习性】产华南，常生于低海拔地区河边、村落附近，长江流域有引种。喜温暖，也耐短期-6℃低温，喜疏松、湿润、肥沃土壤。

【栽培品种】紫秆竹('Purpurascens')，秆具紫色条纹，乃至全秆变为紫色，产广东肇庆。紫斑竹('Maculata')，秆基部数节的节间和箨鞘均具紫红色条状斑纹，产广东。

【观赏特性及园林用途】竹丛优美，观赏品种各具特色，常栽培观赏。

（十三）佛肚竹

【学名】*Bambusa ventricosa* McClure

【科属】禾本科，簕竹属

【形态特征】中小型灌木竹，幼秆绿色，老秆黄绿色。秆 2 型：正常秆高 8～10m，直径 3～5cm，节间圆筒形，长 30～35cm，尾梢略下弯，基部一二节常有短气根；畸形秆低矮，通常高 25～50cm，直径 1～2cm，节间甚短而基部肿胀，呈瓶状，长 2～3cm。箨鞘早落，背面完全无毛；箨耳发达，不相等，大耳狭卵形至卵状披针形，宽 5～6mm，小耳卵形，宽 3～5mm；箨舌短，不明显；箨叶片卵状披针形，上部有小刺毛。叶片披针形至线状披针形，长 9～18cm，宽 1～2cm，背面密生短柔毛（图 6-251）。

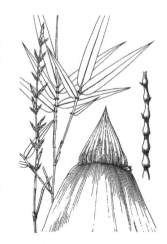

图 6-251 佛肚竹

【分布与习性】为广东特产，现华南各地园林中常见栽培，长江流域及以北地区也多有盆栽。喜温暖湿润气候，能耐轻霜和 0℃ 低温，但长期 5℃ 以下低温植株受寒害；喜深厚肥沃而湿润的酸性土，耐水湿，不耐干旱。用移植母竹或竹蔸栽植，栽培中应注意松土培土，施以有机肥，以促进生长。但佛肚竹立地条件太好时，秆发育正常，呈高大丛生状；因此要使节间畸形，应控制肥水。

【观赏特性及园林用途】佛肚竹竹秆幼时绿色，老后变为橄榄黄色，具有奇特的畸形秆，状若佛肚，别具风情，是珍贵的观赏竹种。其秆形甚为醒目，容易吸引人们的注意力，常用于装饰小型庭园，最宜丛植于入口、山石等视觉焦点处，供点景用。也可盆栽观赏。畸形秆可制作工艺品。

（十四）慈竹

【学名】*Dendrocalamus affinis* Rendle

【科属】禾本科，牡竹属

【形态特征】乔木型竹，地下茎为合轴型；秆密集丛生，每节多分枝，无刺。秆高 5～10m，直径 3～6cm；节间圆筒形，长 15～30(60)cm，表面贴生长约 2mm 的灰褐色脱落性小刺毛；秆环平坦，箨环明显，在秆基数节者其上下各有宽 5～8mm 的 1 圈紧贴白色绒毛。箨鞘革质，背面贴生棕黑色刺毛，先端稍呈山字形；箨耳狭小，呈皱折状；箨舌高 4～5mm，中央凸起成弓形，边缘具流苏状纤毛；箨叶直立或外翻，披针形，先端渐尖，基部收缩成圆形，腹面密生、背面中部疏生白色小刺毛。笋期 6～9 月或自 12 月至翌年 3 月（图 6-252）。

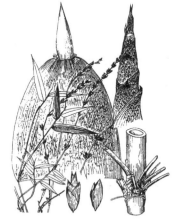

图 6-252 慈竹

【分布与习性】分布于长江流域至华南、西南，北达甘肃和陕西南部，多生于平地和低山丘陵。

【栽培品种】大琴丝竹（'Flavidorivens'），竹秆节间淡黄色，并自秆环向上出现深绿色纵条纹。金丝慈竹（'Viridiflavus'），节间深绿色，但在秆芽处（或分枝一侧）向上发生宽约 1mm 的浅黄色条纹，能贯穿整个节间长度。

【观赏特性及园林用途】竹秆顶端细长作弧形或下垂，如钓丝状，竹丛优美，风姿卓雅，适于沿江湖、河岸栽植，庭园中可植于池旁、窗前、屋后等处，成都、昆明等地庭园中常见栽培。

（十五）吊丝竹

【学名】*Dendrocalamus minor* (McClure) L. C. Chia & H. L. Fung

【科属】禾本科，牡竹属

图 6-253 吊丝竹

【形态特征】秆高 6～12m，直径(3)6～8cm，顶端呈弓形弯曲下垂，节间长 30～45cm，无毛，幼秆被白粉，尤以鞘包裹处更显著，无毛；秆环平坦，箨环稍隆起，常留有残存的箨鞘基部。箨鞘革质，背面贴生棕色刺毛，以中下部较多。末级分枝具 3～8 叶，叶片矩圆状披针形，一般长 10～25cm，宽 1.5～3cm(但大型的可长达 35cm，宽达 7cm)，两面无毛(图 6-253)。

【分布与习性】产广东、广西、贵州等地，云南和浙江南部有引种栽培。喜生于土壤深厚、湿润的环境，既能生于酸性土上，也能生于石灰岩山地。

【变种】花吊丝竹(var. amoenus)，竹秆较矮小，高 5～8m，直径 4～6cm，节间浅黄色，间有 5～8 条深绿色条纹。产广西南部。

【观赏特性及园林用途】竹丛青翠秀丽，可植于庭园观赏。

【同属种类】约 40 余种，分布于亚洲热带和亚热带地区。我国 27 种，分布于福建南部、台湾、广东、香港、广西、海南、四川、贵州、云南和西藏南部，尤以云南种类最多。常见的还有：

(1) 麻竹 Dendrocalamus latiflorus Munro：秆高 20～25m，径 15～30cm；节间长 45～60cm，新秆被薄白粉，无毛，仅在节内有 1 圈棕色绒毛环。秆分枝高，每节多分枝，主枝常单一。箨鞘厚革质，背面略被脱落性小刺毛。末级小枝具 7～13 叶，叶片长椭圆状披针形，长 15～35(50)cm，宽 2.5～7(13)cm，基部圆。分布于华南至西南，是优良的园林造景材料，笋味鲜美，也是优良的笋用竹。

(2) 龙竹 Dendrocalamus giganteus Munro：秆直立，高达 20～30m，直径 20～30cm，节间长 30～45cm，壁厚 1～3cm，梢端柔垂。产热带亚洲，云南东南至西南部均有分布和栽培，台湾也有栽培，是世界上最大的竹类之一。相近种巨龙竹(D. sinicus)又名歪脚龙竹，节间长 17～22cm，竹秆基部数节常一面肿胀而使各节斜交，产云南，生于海拔 600～1000m 地带，常植于村落边。

(十六) 菲白竹

【学名】Pleioblastus fortunei (Van Houtte)Nakai

【科属】禾本科，苦竹属

【形态特征】矮小型灌木竹类，一般高 0.2～0.3m，高大者不及 1m。秆丛生，圆筒形，直径 1～2mm，光滑无毛；秆环较平坦或微隆起；不分枝或每节仅 1 分枝；箨鞘宿存，无毛。每小枝着生叶片 4～7 枚，叶片披针形至狭披针形，两面有白色柔毛，尤以下表面较密，长 6～15cm，宽 0.8～1.4cm，绿色，并具有黄色、浅黄色或白色条纹，特别美丽，尤其以新叶为甚。笋期 5 月。

【分布与习性】原产日本，广泛栽培，我国南京、杭州、上海等地引种。喜温暖湿润气候，耐阴性较强。

【观赏特性及园林用途】植株低矮，叶片秀美，特别是春末夏初发叶时的黄白颜色，更显艳丽。常植于庭园观赏；栽作地被、绿篱或与假山石相配都很合适；也是优良的盆栽或盆景材料。

【同属种类】约 40 种，分布于中国、日本和越南。我国约 15 种，引入栽培 2 种，主产于长江中下游各地。常见的还有无毛翠竹(P. distichus)，秆高 0.2～0.4m，直径 1～2mm；秆节、节间、箨鞘、叶片均无毛；叶片披针形，长 3～7cm，宽 0.3～0.8cm，绿色。原产日本，华东常见栽培观赏。

（十七）苦竹

【学名】*Pleiblastus amarus*(Keng)Keng f.

【科属】禾本科，苦竹属

【形态特征】中小型竹，秆高 3～5m，径 1.5～2cm。地下茎为复轴型。秆每节 5～7 分枝；节间圆筒形，在分枝一侧稍扁平；箨环隆起呈木栓质，低于秆环。新秆灰绿色，密被白粉，老秆绿黄色。箨鞘绿色，被较厚白粉，有棕色或白色刺毛，或无毛，边缘密生金黄色纤毛；箨耳细小，深褐色；箨耳无或不明显；箨舌平截；箨叶细长披针形，开展，易向内卷折。秆每节 5～7 分枝，枝梢开展；末级小枝具 3～4 叶。叶片椭圆状披针形，长 4～20cm，宽 1.2～3cm，质坚韧，表面深绿色，背面淡绿色，基部白色绒毛。雄蕊 3 枚。笋期 6 月（图 6-254）。

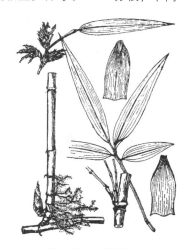

【分布与习性】分布于长江流域及西南，华东各地常见栽培。喜温暖湿润气候，也颇耐寒，栽培分布北达山东青岛、威海，冬季仅有部分叶片枯黄，次春恢复良好。

【变种】垂枝苦竹（var. *pendulifolius*），叶枝下垂，箨鞘背面无白粉，箨舌为稍凹的截形，笋期 5 月中旬至 6 月初。产浙江，杭州有栽培。

图 6-254 苦竹

【观赏特性及园林用途】常于庭园栽植观赏。笋味苦，不能食用。

（十八）阔叶箬竹

【学名】*Indocalamus latifolius*(Keng)McClure

【科属】禾本科，箬竹属

【形态特征】灌木状小型竹类。地下茎为复轴型。秆高 1～2m，下部直径 5～15mm，节间长 5～22cm。秆圆筒形，分枝一侧微扁，每节 1～3 分枝，秆中部常 1 分枝，分枝与秆近等粗。秆箨宿存，质地坚硬，箨鞘有粗糙的棕紫色小刺毛，边缘内卷；箨耳和叶耳均不明显，箨舌平截，高不过 1mm，鞘口有长 1～3mm 的流苏状须毛；箨叶狭披针形，易脱落。小枝有 1～3 叶，叶片通常大型，矩圆状披针形，长 10～45cm，宽 2～9cm，纵脉多条，小横脉明显，表面无毛，背面灰白色，略有毛。圆锥花序，生于具叶小枝顶端；小穗具柄，具数小花；鳞被 3 枚；雄蕊 3 枚。笋期 5～6 月（图 6-255）。

【分布与习性】分布于华东、华中至秦岭一带。喜温暖湿润气候，但耐寒性较强，在北京等地可露地越冬，仅叶片稍有枯黄。

【观赏特性及园林用途】植株低矮，叶片宽大，在园林中适于疏林下、河边、路旁、石间、台坡、庭院等各处片植点缀，或用于作地被植物，均颇具野趣。

【同属种类】约 23 种，分布于亚洲东部，除 1 种产日本外，其余种类全产于我国，主要分布于长江流域以南各地。常见的还有箬叶竹

图 6-255 阔叶箬竹

（*I. longiauritus*），秆高 0.8～1cm，节间长 10～55cm；叶片长 10～35cm，宽 1.5～6.5cm；箨耳和叶耳显著；箨叶长三角形至卵状披针形，直立，基部收缩、近圆形。产福建、广东、广西、四川、贵州、湖南、江西、河南，浙江等地栽培。

（十九）鹅毛竹

【学名】*Shibataea chinensis* Nakai

【科属】禾本科，鹅毛竹属（倭竹属）

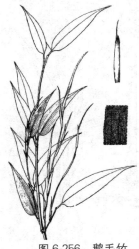

图 6-256　鹅毛竹

【形态特征】小型灌木状竹，地下茎为复轴型。秆高 0.3～1m，直径 2～3mm，中部之节间长 7～15cm，几乎实心；节间在下部不具分枝者呈细瘦圆筒形，有分枝的各节间略呈 3 棱形，在接近枝条的一侧具纵沟槽。新秆绿色，微带紫色，无毛；秆环隆起远较箨环高；箨鞘早落，膜质，长 3～5cm，无毛，顶端有缩小叶，鞘口有毛。主秆每节分枝 3～5，分枝长 0.5～5cm，具 3～5 节；各枝与秆之腋间的先出叶膜质，迟落，长 3～5cm。叶常 1～2 枚生于小枝顶端，卵状披针形，长 6～10cm，宽 1～2.5cm，有小锯齿，两面无毛；当具 2 叶时，下方的叶因叶鞘较长反而超出上方叶片。鳞被 3 枚；雄蕊 3 枚，花丝分离。笋期 5～6 月（图 6-256）。

【分布与习性】华东特产，分布于江苏、安徽、浙江、江西等地。常见栽培。常成片生于山麓谷地、林缘、林下土壤湿润地区。较耐阴；耐寒性较强，在山东中部可露地越冬，冬季仅有部分叶片枯萎。

【栽培品种】黄条纹鹅毛竹（'Aureo-striata'），叶片具有黄色纵条纹。

【观赏特性及园林用途】鹅毛竹竹丛矮小，竹秆纤细而叶形秀丽，是一美丽竹种，园林中可丛植于假山石间、路旁或配植于疏林下作地被点缀，或植为自然式绿篱。也适于盆栽观赏。

【同属种类】约 7 种，分布于我国和日本。我国 7 种全产，分布于东南沿海各省和安徽、江西。常见的还有倭竹（*S. kumasasa*），与鹅毛竹相近，区别在于，箨鞘背部被毛茸；分枝较短；叶片背面被短柔毛。产福建和浙江。我国东南沿海地区和日本常栽培供观赏。

（二十）华西箭竹

【学名】*Fargesia nitida* (Mitf.) Keng f. ex Yi

【科属】禾本科，箭竹属

图 6-257　华西箭竹

【形态特征】灌木状竹。地下茎为合轴型，秆柄假鞭粗短，两端不等粗，远母秆端直径大于近母秆端，中间较两端细，实心。秆高 2～4m，直径 1～2cm，节间长 11～20cm。秆柄长 10～13cm，粗 1～2cm。秆圆筒形，幼时被白粉，无毛；秆壁厚 2～3mm，髓呈锯屑状；箨环隆起，较秆环为高；秆环微隆起。秆芽单一，长卵形。秆中部每节(5)15～18 分枝，上举，近等粗。笋紫褐色，箨鞘革质，紫色，三角状椭圆形，宿存，背面无毛或初被稀疏灰白色小硬毛；箨耳和繸毛均缺，箨舌圆拱形，紫色，高约 1mm。小枝有 2～3 叶，叶片线状披针形，长 3.8～7.5cm，宽 0.6～1cm，两面无毛，小横脉明显。花序呈圆锥状或总状，雄蕊 3 枚。笋期 4～5 月（图 6-257）。

【分布与习性】分布于甘肃东北和南部、宁夏南部、青海东部和四川西部。耐寒冷和瘠薄土壤，耐阴，喜湿润气候，常生于海拔 1900～3200m 的高山针叶林下。

【观赏特性及园林用途】华西箭竹是大熊猫主要采食的竹种，也是重要的山地水土保持植物。高海拔地区可用于风景区林下、河边片植点缀，颇具野趣。秆劈篾供编筐用。

【同属种类】约 90 种，分布于中国、喜马拉雅东部至越南。我国至少 78 种，多为特有种，北自祁连山东坡，南达海南，东起赣湘，西迄西藏吉隆均有分布，尤以云南最多。常见的还有箭竹（*F. spathacea*），秆幼时无白粉或微被白粉；秆柄长 7～13cm，粗 0.7～2cm。箨鞘淡黄色，背部被棕色刺毛；叶片线状披针形，长 6～10cm，宽 0.5～0.7cm，小横脉微明显。产湖北西部和四川东部。

第七章 观赏花卉

第一节 一、二年生花卉

一、二年生花卉多由种子繁殖，具有繁殖系数大、自播种到开花所需时间短、经营周转快等优点，但也有花期短、管理繁、用工多等缺点。

一、二年生花卉为花坛主要材料，或在花境中依花色不同成群种植。也可植于窗台花池、门廊栽培箱、吊篮、旱墙、铺装岩石间及岩石园，还适于盆栽和作切花。

（一）一串红

【学名】*Salvia splendens* Ker-Gawl.

【别名】象牙红、西洋红

【科属】唇形科，鼠尾草属

图7-1 一串红

【形态特征】亚灌木状草本，常作一年生栽培，高达90cm，茎钝四棱形，无毛。叶对生，卵圆形或三角状卵圆形，长2.5～7cm，宽2～4.5cm，有锯齿，两面无毛，下面有腺点；叶柄长3～4.5cm。轮伞花序2～6花，组成顶生总状花序，长达20cm以上；苞片卵圆形，红色，花开前包着花蕾；花梗长4～7mm，密被红色腺毛；花萼红色、钟形，有红色腺毛，长约1.6cm，花后增大达2cm；花冠红色，长约4cm，二唇形，也有白花的品种；能育雄蕊2枚，近外伸，花丝长约5mm，退化雄蕊短小；花柱与花冠近等长，顶端不相等2裂，前裂片较大。小坚果椭圆形，长约3.5mm，暗褐色，顶端有不规则突起，边缘或棱有狭翅，光滑。花期7～8月，果期8～10月（图7-1）。

【品种概况】根据植株高矮分为3类。花有各种颜色，由大红至紫色，甚至有白色的。

【分布与习性】原产巴西，我国各地庭园中广泛栽培作观赏用。不耐寒，忌霜冻，最适生长温度为20～25℃，在15℃以下叶黄至脱落，30℃以上则花叶变小；喜阳光充足，但也能耐半阴；喜疏松、肥沃土壤。

【繁殖方法】以播种繁殖为主，也可于春秋两季进行扦插繁殖。

【观赏特性及园林用途】一串红花色艳丽、花期长，是花坛的主要材料。也作花带、花台应用，还可上盆作为盆花摆放。全草可入药。

【同属种类】约900～1100种，分布于热带至温带各地；我国84种，分布于全国各地，引入栽培多种。常见栽培的还有朱唇(*S. coccinea*)，茎被开展的长硬毛及向下弯的灰白色疏柔毛，卵圆形或三角状卵圆形，长 2～5cm，宽 1.5～4cm；伞花序 4 至多花，花萼筒状钟形，长 7～9mm，花冠深红或绯红色，长 2～2.3cm，外被短柔毛，内面无毛，花柱伸出。花期 4～7 月。产美洲，各地栽培，云南南部及东南部逸为野生。此外，粉萼鼠尾草(*S. farinacea*)，又名一串蓝，近年也常栽培。

（二）鸡冠花

【学名】*Celosia cristata* L.

【科属】苋科，青葙属

【形态特征】一年生草本，高 60～90cm，全体无毛。茎直立、粗壮。叶互生，卵形、卵状披针形或披针形，长 5～13cm，宽 2～6cm，先端渐尖，基部渐狭，全缘。花多数，极密生，通常为扁平肉质鸡冠状、卷冠状或羽毛状的穗状花序，分枝或否；苞片、小苞片及花被片干膜质，宿存，紫色、红色、黄色或红、黄相间；雄蕊 5 枚，花丝下部合生成杯状。胞果卵形，长约 3mm，盖裂，包在宿存花被内；种子黑色，光亮。花果期 7～9 月(图 7-2)。

图 7-2 鸡冠花

【分布与习性】原产非洲、美洲热带和印度，广为栽培，我国各地均有。喜阳光充足和炎热干燥环境，不耐寒，怕水淹。对土、肥、水要求不严，但在土壤深厚、排水良好的壤土或沙壤土上生长良好。抗二氧化硫、氯气。

【品种概况】矮鸡冠('Nana')，高 20～40cm，极少分枝；花序扁平，皱褶似鸡冠状，花色有紫红、深红、浅红、淡黄或乳白，单色或复色。圆绒鸡冠('Pyramidalis')，株高约 50cm，有分枝；花序卵圆形，表面呈流苏状或羽绒状，有光泽，紫色或玫瑰红色。凤尾鸡冠('Pplumosa')，分枝多而开展，各分枝顶端着生火焰状花序。

【繁殖方法】播种繁殖。

【观赏特性及园林用途】鸡冠花是著名的露地草花，花序形状、色彩多样，鲜艳明快，有较高的观赏价值。高型品种用于花境、花坛，还是很好的切花材料，也可制干花；矮型品种适宜盆栽或作边缘种植。

【同属种类】约 45～60 种，分布于亚洲、非洲和美洲亚热带和温带地区。我国 2 种，引入栽培 1 种。

（三）三色堇

【学名】*Viola tricolor* L.

【别名】蝴蝶花

【科属】堇菜科，堇菜属

【形态特征】一、二年生或多年生草本，常作二年生栽培。高 15～40cm，多分枝呈丛生状，茎无毛，直立或稍斜上。基生叶长卵形或披针形，具长柄；茎生叶卵形或长圆状披针形，具稀疏圆钝锯齿，上部者叶柄较长，下部者短；托叶叶状，羽状深裂，长 1～4cm，宿存。花单生叶腋，径 3～6(10)cm，通常有紫、白、黄三色；萼片 5 枚，绿色，长圆状披针形，边缘膜质，基部附属物长 3～6mm；花瓣 5 枚，上方花瓣深紫堇色，侧方及下方花瓣均为三色，有紫色条纹，侧方花瓣里面基部

图 7-3 三色堇

密被须毛，下方花瓣距较细，长 5～8mm；子房无毛，花柱短，基部明显膝曲，柱头球状，前方有较大的柱头孔。蒴果椭圆形，长 8～12mm，种子黄色，倒卵形。花期 4～7 月，果期 5～8 月(图 7-3)。

【品种概况】品种繁多，除一花三色者外，还有纯白、纯黄、纯紫、黄紫以及紫、红、蓝、黄、白多彩的混合色等，花形也有大花形、花瓣边缘呈波浪形及重瓣的。

【分布与习性】原产欧洲南部。我国各地常见栽培。喜凉爽环境，较耐寒，略耐半阴，炎热多雨的夏季发育不良，若昼温连续在 30℃ 以上，则花芽消失，或不形成花瓣。要求肥沃湿润的沙壤土，在贫瘠地品种退化显著，种子发芽力可保持 2 年。

【繁殖方法】播种繁殖。

【观赏特性及园林用途】三色堇花由三色构成美丽图案，被风吹动时有如翻飞的蝴蝶，株形低矮，多用于花坛、花境及镶边植物，也可盆栽或切花(作襟花)，是布置春季花坛的主要花卉之一。

【同属种类】约 500 余种，广布温带、热带及亚热带。不少种类可供药用，有些种类花色艳丽，可供观赏。我国 96 种，引入栽培 3 种。常见的还有紫花地丁(V. philippica)，高 7～14cm，无地上茎，托叶 2/3～4/5 与叶柄合生；叶柄有狭翼，花期长 1.5～5cm，果期长达 10cm；叶片舌形至长圆状披针形，长 1.5～4cm，果期可长达 10cm；花紫堇色或紫色，花期 3～4 月。分布几遍布于全国，是良好的地被植物。

(四) 虞美人

【学名】*Papaver rhoeas* L.

【别名】丽春花

【科属】罂粟科，罂粟属

【形态特征】一、二年生草本植物，多作二年生栽培。茎直立，高 25～90cm，分枝细弱，全株被淡黄色刚毛。叶互生，披针形或狭卵形，长 3～15cm，宽 1～6cm，不整齐羽状深裂或全裂，裂片披针形，有不规则锯齿。下部叶具柄，上部叶无柄。花单生于茎和分枝顶端，有长梗，未开放时下垂，花

图 7-4 虞美人

开后直立向上，花径 5～6cm；萼片 2 枚，宽椭圆形，外被刚毛；花瓣 4 片，近圆形，长 2.5～4.5cm，薄而有光泽，边缘浅波状。花色丰富，通常为紫红色，基部具深紫色斑点，或为白色、粉红色；雄蕊多数；子房倒卵形，柱头 5～18，辐射状，连合成扁平、边缘圆齿状的盘状体。宽倒卵形，长 1～2.2cm，成熟时顶孔开裂；种子肾形，极微小。花期 3～5 月(图 7-4)。

【分布与习性】原产欧洲，我国各地常见栽培。喜光照充足和通风良好的环境，光照不足则植株生长瘦弱、花色暗淡。喜凉爽，不耐湿热，忌积水，喜土层深厚、疏松的沙质壤土。自播能力较强。

【繁殖方法】播种繁殖，一般秋播，也可春播。虞美人属直根系，侧根少，大苗移植不易成活或生长不良，常采用直播或小苗

移植。

【观赏特性及园林用途】虞美人的花瓣薄，有光泽，花色鲜艳，美丽动人，是极好的春季花卉。可作花境配植，也可作庭院观赏，还可盆栽及作鲜切花等。

【同属种类】约100种，主要分布于欧洲中部和南部以及温带亚洲，少数产美洲和大洋洲，非洲南部1种。我国4种，另引入栽培3种。常见栽培的为本种。

（五）紫茉莉

【学名】*Mirabilis jalapa* L.

【别名】胭脂花、粉豆花

【科属】紫茉莉科，紫茉莉属

【形态特征】一年生草本，高可达1m。根肥粗，倒圆锥形。茎直立，多分枝，节部膨大。单叶对生，叶片卵形或卵状三角形，长3～15cm，宽2～9cm，全缘，两面无毛，脉隆起；叶柄长1～4cm，上部叶几无柄。花常数朵簇生枝端；总苞钟形，长约1cm，5裂，裂片三角状卵形，具脉纹，果时宿存；花被紫红色、黄色、白色或杂色，高脚碟状，筒部长2～6cm，檐部直径2.5～3cm，5浅裂；花午后开放，有香气，次日午前凋萎；雄蕊5枚，花丝细长，常伸出花外，花药球形；花柱单生，线形，伸出花外。柱头头状。瘦果球形，直径5～8mm，革质，黑色，表面具皱纹，似地雷状；种子白色。花期6～10月，果期8～11月（图7-5）。

图7-5 紫茉莉

【分布与习性】原产热带美洲，我国南北各地常栽培，有时逸为野生。性喜温暖湿润的气候条件，不耐寒。性健壮，不择土壤，最适于土层深厚、疏松肥沃的壤土，在略有蔽荫处生长更佳。

【品种概况】重被紫茉莉（var. *dichlamydomorpha*），花重瓣。另有矮生类型，株高约30cm，种子瘦小，其中有花色为玫瑰红色的品种，观赏价值高。

【繁殖方法】播种繁殖，能自播繁衍。

【观赏特性及园林用途】花冠似喇叭，花朵繁盛，每日傍晚开花，直到早晨，整体花期长90天。紫茉莉花色丰富，是我国夏季常见花卉，宜于林缘周围大片自然栽植，或房前屋后、篱旁路边丛植点缀，也可作树桩状露根式盆栽。

【同属种类】约50种，主产热带美洲。我国栽培1种，有时逸为野生。

（六）彩叶草

【学名】*Coleus scutellarioides*（L.）Benth.

【别名】五彩苏、洋紫苏、锦紫苏

【科属】唇形科，鞘蕊花属

【形态特征】多年生草本，北方常作一年生栽培。茎通常紫色，四棱形。叶对生，大小、形状及色泽变异很大，通常卵圆形，长4～12cm，宽2.5～9cm，边缘具圆齿状锯齿或圆齿，有黄、暗红、紫及绿色，下面常散布红褐色腺点。轮伞花序多花，密集排列成长5～10(25)cm、宽3～5(8)cm的简单或分枝的圆锥花序，花梗长约2mm；花萼钟形，10脉，外被短硬毛及腺点，果时增大。花冠浅

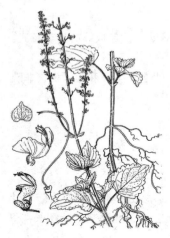

图 7-6　彩叶草

紫至紫或蓝色，长 8～13mm，外被微柔毛，冠筒骤然下弯，至喉部增大至 2.5mm，冠檐二唇形，上唇直立、4 裂，下唇内凹、舟形。雄蕊 4 枚，内藏。花柱伸出，先端 2 浅裂。小坚果阔卵形或圆形，压扁，褐色。花期 7～9 月(图 7-6)。

【分布与习性】原产于热带亚洲，现世界各国广泛栽培，国内各地常见。喜光照充足和温暖湿润的生态环境，要求水肥条件好，土壤肥沃、疏松、透气的沙质壤土。在盐碱及重黏土地不适宜或生长不良，不耐寒，不耐水淹。

【品种概况】按叶型可分为以下几类。"大叶型"：植株高大，直立，分枝少，叶片较大，呈卵圆形，叶面皱缩不平，叶色极为丰富；"彩叶型"：叶小，长椭圆形，先端尖，叶面平滑，叶色极为丰富，有红、粉、橙红、黄绿、紫红和白底绿斑等，有些品种色彩更加美丽，常有 2～3 种颜色并富于变化；"皱边型"：叶缘有裂而皱褶，裂齿和皱褶程度不同而富变化，叶色也丰富，苗期生长较慢，适合盆栽；"柳叶型"：叶片细长似柳叶，叶缘有不规则缺裂和锯齿，叶形奇特，叶色变化少；"黄绿叶型"：植株矮小，叶片小、黄绿色，耐日晒，苗期生长慢。

【繁殖方法】播种或扦插繁殖。

【观赏特性及园林用途】彩叶草姿态多变，叶色绚丽多彩，是盆栽观赏、花坛、花境、鲜切花等的优良选材。

【同属种类】约 90～150 种，产东半球热带及澳大利亚。我国 6 种，均产于云南、贵州、广西、广东、福建、台湾等省区。

（七）矮牵牛

图 7-7　矮牵牛

【学名】*Petunia hybrida* Vilm.

【别名】碧冬茄、洋牡丹

【科属】茄科，矮牵牛属

【形态特征】多年生草本，常作一年生栽培。茎直立或斜升，高 30～60cm，全株有腺毛。茎上部叶对生、无柄，下部叶互生、有短柄；叶片卵形，长 3～8cm，宽 1.5～4.5cm，两面有短毛，基部渐狭，全缘。侧脉不显著，每边 5～7 条。花单生叶腋，花梗长约 3～5cm，花萼 5 深裂，裂片条形，长 1～1.5cm，果时宿存。花冠漏斗状，长 5～7cm，白色或紫红色，有各式条纹，筒部向上渐扩大，檐部开展，有折襞，5 浅裂；雄蕊 5 枚，4 长 1 短；子房 2 室，花柱稍超过雄蕊，柱头 2 浅裂。蒴果圆锥状，光滑，2 瓣裂；种子近球形，极小，褐色。花期 7～10 月，果期 11 月(图 7-7)。

【分布与习性】本种是杂交种，世界各地普遍栽培。喜温暖、向阳和通风良好的环境条件。不耐寒，耐暑热，在阴雨较多和气温较低的环境条件下开花不良，多不结实，要求排水良好、疏松的酸性沙质土。

【繁殖方法】以播种繁殖为主，春播或秋播均可。大花重瓣品种常采用扦插繁殖。

【观赏特性及园林用途】矮牵牛花色艳丽，花大、色彩丰富，有大、中、小型花多种，适用于花坛及自然式布置，大花及重瓣品种常供盆栽观赏或作切花。

【同属种类】约25种，主要分布于南美洲。我国普遍栽培1种。

（八）金鱼草

【学名】*Antirrhinum majus* L.

【科属】玄参科，金鱼草属

【形态特征】多年生草本，常作一、二年生花卉栽培。茎直立，高30~80cm，基部有时木质化，下部无毛，中上部有腺毛。茎下部的叶对生，上部的互生；叶片披针形至长圆状披针形，长3~7cm，先端渐尖，基部楔形，全缘，无毛；有短柄。总状花序顶生；花梗长5~7mm；苞片卵形；花萼5裂，裂片卵形；花冠红色、紫色、黄色、白色，长3~5cm，基部前面膨大成囊状，二唇形，上唇直立，2裂，下唇3裂，在中部向上隆起，几乎封住喉部，使花冠呈假面状；雄蕊4枚，2强。蒴果卵形，长约1.5cm，基部偏斜，有腺毛，顶端孔裂。花、果期6~10月(图7-8)。

图7-8 金鱼草

【分布与习性】原产地中海沿岸，现各地栽培。较耐寒，不耐热；喜阳光，也耐半阴。阳光充足条件下，植株矮生，丛状紧凑，生长整齐，高度一致，开花整齐，花色鲜艳；半阴条件下，植株生长偏高，花序伸长，花色较淡。喜肥沃、疏松和排水良好的微酸性沙质壤土。对光照长短反应不敏感，如花雨系列金鱼草对日照长短几乎不敏感。

【繁殖方法】播种繁殖，但也可扦插繁殖。

【观赏特性及园林用途】是春季花坛良好材料，中高品种宜作切花，矮型品种可盆栽。

【同属种类】约42种，分布于北温带，美洲尤多，我国引入栽培1种。

（九）千日红

【学名】*Gomphrena globosa* L.

【科属】苋科，千日红属

【形态特征】一年生直立草本，高约20~60cm，全株被白色硬毛。叶对生，纸质，长圆形，少椭圆形，长3~10cm，宽2~5cm，全缘，两面有细长白柔毛，顶端钝或近短尖，基部渐狭；叶柄短或上部叶近无柄。头状花序圆球形、顶生，长1.5~3cm，基部有叶状苞片2枚，对生；苞片和小苞片紫红色、粉红色，乳白色或白色，小苞片长约7mm，膜质，背肋上有小齿；萼片5枚，长约5mm，密被长柔毛，花后不变硬；雄蕊5枚，花丝合生成管状，顶部5裂，裂片倒心形，花药着生于裂片的弯缺内，线形，1室。胞果近球形，直径2~2.5mm，不开裂，内有棕色细小种子1粒。花期7~10月(图7-9)。

图7-9 千日红

【分布与习性】原产美洲热带，我国南北各省均有栽培，南方常逸为半野生。对环境要求不严，但性喜阳光、炎热干燥气候，适生于疏松肥沃、排水良好的土壤中。不耐寒。

【繁殖方法】播种繁殖。

【观赏特性及园林用途】株形整齐，花序紫红或为白色，观赏期长，是优良的花坛、花境材料。头状花序经久不变，还可作花圈、花篮等装饰品。花序入药。

【同属种类】约 100 种，大部分产于热带美洲和太平洋岛屿。我国 2 种，普遍栽培的为本种。

（十）金盏菊

【学名】*Calendula officinalis* L.

【科属】菊科，金盏菊属

【形态特征】一年生或多年生草本，华北地区常作二年生栽培。茎高 20～75cm，通常自基部分枝，被腺状柔毛。基生叶长圆状倒卵形或匙形，长 15～20cm，全缘或具疏细齿，具柄，茎生叶长圆状披针形或长圆状倒卵形，无柄，长 5～15cm，宽 1～3cm，基部多少抱茎。头状花序单生茎枝端，直径 4～5cm，总苞片 1～2 层，披针形或长圆状披针形，外层稍长于内层；小花黄或橙黄色，舌片宽达 4～5mm；管状花檐部具三角状披针形裂片。瘦果弯曲，淡黄色或淡褐色，外层的瘦果大半内弯，外面常具小针刺，顶端具喙。花期 4～9 月；果期 6～10 月。

【分布与习性】原产欧洲南部和地中海沿岸，我国各地普遍栽培。较耐寒，怕热，生长适温 7～20℃。适应性强，对土壤及环境要求不严，以疏松肥沃的土壤和日照充足地生长良好。易自播繁衍。

【繁殖方法】以播种繁殖为主，一般秋播。

【观赏特性及园林用途】金盏菊春季开花较早，色彩艳丽，常用来布置花坛，也可作切花或盆花。20 世纪 80 年代后，重瓣、大花和矮生金盏菊引入我国，已成为我国重要草本花卉之一。

【同属种类】约 20 种，主要产于地中海、西欧和西亚。我国常见栽培的为本种。另外，欧洲金盏花（*C. arvensis*），头状花序较小（直径 7～9mm），外层瘦果无翅，多少圆柱形，原产欧洲，我国偶有栽培。

（十一）波斯菊

【学名】*Cosmos bipinnata* Cav.

图 7-10　波斯菊

【别名】大波斯菊、秋英

【科属】菊科，秋英属

【形态特征】一年生草本，高 1～2m。根纺锤状，多须根。茎无毛或稍被柔毛。叶对生，2 回羽状深裂，裂片线形或丝状线形。头状花序单生，径 3～6cm；花序梗长 6～18cm；总苞片外层披针形或条状披针形，淡绿色而有深紫色条纹，内层椭圆状卵形，膜质；托片平展，上端成丝状，与瘦果近等长；舌状花紫红、粉红或白色，舌片椭圆状倒卵形，长 2～3cm，宽 1.2～1.8cm。有 3～5 钝齿，管状花黄色，长 6～8mm，有披针状裂片。瘦果黑紫色，长 8～12mm，无毛，上端有长喙，有 2～3 尖刺。花期 6～8 月；果期 9～10 月（图 7-10）。

【分布与习性】原产墨西哥，在我国栽培甚广，云南、四川西部有大面积归化，海拔可达 2700m。喜阳光、不耐寒、忌酷热；耐瘠薄土壤，肥水过多易徒长而开花少，甚至倒伏。可大量自播繁衍。

【繁殖方法】播种繁殖。

【观赏特性及园林用途】波斯菊株形高大，叶形雅致，花色丰富，有红、白、粉、紫等色，适于布置花境，在草地边缘、树丛周围及路旁成片栽植作背景材料，盛开时成片的花海，颇有野趣。重瓣品种可作切花材料。花、叶均可入药。

【同属种类】约 25 种，分布于美洲热带地区。我国常见栽培的 2 种。黄秋英（*C. sulphureus.*），亦称硫磺菊，舌状花金黄色或橘黄色，叶 2～3 次羽状深裂，裂片较宽，披针形至椭圆形；瘦果有粗毛，连同喙长达 18～25mm，喙纤弱，花期 7～8 月。原产墨西哥至巴西，在云南西南、南部常见归化。

（十二）矢车菊

【学名】*Centaurea cyanus* L.

【别名】蓝芙蓉、车轮花

【科属】菊科，矢车菊属

【形态特征】一、二年生草本，高 30～70cm 或更高；植株灰白色，有蛛丝状卷毛。基生叶及下部茎叶长椭圆状倒披针形或披针形，不分裂，全缘或有疏锯齿至大头羽状分裂；中部茎叶线形、宽线形或线状披针形，长 4～9cm，宽 4～8mm，无叶柄，全缘，上部茎叶渐小。头状花序在茎顶排成伞房或圆锥花序；总苞椭圆状，径 1～1.5cm，总苞片约 7 层，附属物沿苞片柄下延，边缘有流苏状锯齿；边花增大，超长于中央盘花，蓝色、白色、红色或紫色，檐部 5～8 裂；中央盘花浅蓝色或红色。瘦果椭圆形，长约 3mm，宽 1.5mm，有细条纹，被稀疏的白色柔毛。花、果期 6～8 月（图 7-11）。

图 7-11 矢车菊

【分布与习性】原产于欧洲东南部，我国各地公园和庭园栽培观赏，新疆、青海、山东等地逸生。耐寒性强，忌炎热，喜阳光，不耐阴湿。要求肥沃、湿润、排水良好的土壤。根系较发达，耐干旱瘠薄，能自播繁衍。

【繁殖方法】播种繁殖。

【观赏特性及园林用途】矢车菊花色丰富，花形别致，是地栽、盆栽以及切花的好材料。高型类植株挺拔、花梗长，适于作切花，也可作花坛、花境材料和大片自然丛植。矮型类株高仅有 20cm，可用于花坛、草地镶边或盆花观赏。矢车菊也是良好的蜜源植物和药用植物。

【同属种类】约 500～600 种，分布于欧洲、非洲、美洲和亚洲，主产地中海和西南亚地区。我国包括引入栽培的约 10 种，仅新疆有野生。常见栽培的为本种。

（十三）雏菊

【学名】*Bellis perennis* L.

【别名】春菊、延命菊

【科属】菊科，雏菊属

图 7-12　雏菊

【形态特征】多年生低矮草本，常作二年生栽培。株高 7～15cm。叶基生，匙形，顶端圆钝，基部渐狭成柄，上半部边缘有疏钝齿或波状齿。花茎于叶丛间抽出，头状花序单生，直径 2.5～3.5cm；花葶被毛；总苞半球形或宽钟形；总苞片近 2 层，稍不等长，长椭圆形，先端钝，外面被柔毛。舌状花 1 层，雌性，舌片白色带粉红色，开展，全缘或有 2～3 齿，管状花黄色，两性，均能结实。瘦果倒卵形，扁平，有边脉，被细毛，无冠毛；种子细小，长形，灰白色。花期 3～6 月 (图 7-12)。

【分布与习性】原产欧洲，我国各地庭园栽培。性强健，喜深厚肥沃、富含腐殖质、湿润、排水良好的沙质壤土；喜冷凉气候，耐寒性强，但重瓣大花品种耐寒力弱；夏季炎热开花不良易枯死。

【繁殖方法】播种繁殖。

【观赏特性及园林用途】用于布置早春花坛，也可盆栽。

【同属种类】约 7 种，产欧洲和地中海地区。我国引种栽培 1 种。

（十四）万寿菊

【学名】*Tagetes erecta* L.

【别名】臭芙蓉

【科属】菊科，万寿菊属

【形态特征】一年生草本，高 20～100(150)cm。茎直立、光滑，粗壮，有纵细条棱。叶对生或互生，羽状分裂，长 5～10cm，宽 4～8cm，裂片长椭圆形或披针形，边缘有锐锯齿，上部叶裂片的齿端有长细芒，沿叶缘有少数腺体。头状花序单生，径 5～8(13)cm；花序梗顶端棍棒状膨大；总苞长 1.8～2cm，宽 1～1.5cm，杯状，先端有齿尖；舌状花黄色或暗黄色，长 2.9cm，舌片倒卵形，长 1.4cm，宽 1.2cm，基部收缩成长爪；管状花花冠黄色，长约 9mm，先端 5 齿裂。瘦果线形，基部缩小，黑色或褐色，长 8～11mm，被短微毛；冠毛有 1～2 个长芒和 2～3 个短而钝的鳞片。花期 7～9 月，果期 8～10 月 (图 7-13)。

图 7-13　万寿菊

【分布与习性】原产墨西哥，全国各地栽培，在广东和云南南部、东南部已归化。喜阳光充足和温暖的气候环境，稍耐早霜，生长适温 15～20℃；夏季高温 30℃ 以上植株徒长，茎叶松散，开花少。稍耐阴，耐旱，对土壤要求不严，但以肥沃、深厚、富含腐殖质、排水良好的沙质壤土为宜。

【繁殖方法】播种繁殖，也可扦插繁殖。

【观赏特性及园林用途】万寿菊花大色艳，花期长，是夏秋季花坛、花境或切花材料。其中矮型品种分枝性强，植株低矮，生长整齐，最适宜作花坛布置。叶、花可入药，花可提取色素。

【同属种类】约 30 种，产美洲中部和南部，多为优美的观赏植物。我国常见栽培 2 种。孔雀草 (*T. patula*)，高 30～60cm，植株细弱，叶羽状分裂，长 2～9cm，宽 1.5～3cm，裂片条状披针形，有锯齿，齿基通常有 1 腺体。头状花序径 3.5～4cm；舌状花金黄色或橙色，有红色斑，管状花黄色，5 齿裂。原产墨西哥，我国各地栽培，在云南中部及西北部、四川中部和西南部及贵州西部均已归化。

（十五）百日草

【学名】*Zinnia elegans* Jacq.

【别名】步步高、百日菊

【科属】菊科，百日草属

【形态特征】一年生草本，高 30～100cm，被糙毛或长硬毛。叶对生，全缘，无柄。叶宽卵圆形或长圆状椭圆形，长 5～10cm，宽 2.5～5cm，基部稍心形抱茎，两面粗糙，下面密被短糙毛，基出 3 脉。头状花序径 5～6.5cm，单生枝端，花序梗不肿胀；总苞宽钟状；总苞片多层，宽卵形或卵状椭圆形，外层长约 5mm，内层长约 10mm，边缘黑色。舌状花深红色、玫瑰色、紫堇色或白色，舌片倒卵圆形，先端 2～3 齿裂或全缘，上面被短毛，下面被长柔毛；管状花黄色或橙色，长 7～8mm，先端裂片卵状披针线，上面被黄褐色密茸毛。雌花瘦果倒卵圆形，长 6～7mm，宽 4～5mm，扁平，腹面正中和两侧边缘各有 1 棱，顶端截形，基部狭窄，被密毛，管状花，瘦果倒卵状楔形，长 7～8mm，宽 3.5～4mm，极扁，被疏毛，顶端有短齿。花期 6～9 月，果期 7～10 月 (图 7-14)。

图 7-14 百日草

有单瓣、重瓣、卷叶、皱叶和各种不同颜色的园艺品种。

【分布与习性】原产墨西哥，我国各地栽培，有时逸为野生。喜光，耐半阴，喜温暖，生长适温 15～25℃，怕湿热。地栽以肥沃深厚的土壤为好，盆栽时以富含腐殖质的沙质培养土为佳。

【繁殖方法】播种繁殖。春季播种后约 9 周可以开花，直至初霜。

【观赏特性及园林用途】百日草花期长，适应性强，为夏秋季花坛、花境的习见草花，高型品种可用作切花。

【同属种类】约 17 种，主产墨西哥。我国引种栽培 3 种。

（1）多花百日菊 *Zinnia peruviana* L.：茎二歧状分枝，被粗糙毛或长柔毛，叶披针形或狭卵状披针形，头状花序径 2.5～3.8cm，排列成伞房状圆锥花序，花序梗膨大中空圆柱状，长 2～6cm。舌状花黄色、紫红色或红色，舌片椭圆形；管状花红黄色，先端 5 裂，裂片长圆。花期 6～10 月。原产墨西哥，我国各地栽培。在河北、河南、陕西、甘肃、四川、云南等地已归化。

（2）小百日菊 *Zinnia baageana* Regel：叶披针形或狭披针形；头状花序径 1.5～2cm；小花全部橙黄色；托片有黑褐色全缘的尖附片。原产墨西哥，我国各地栽培。

（十六）翠菊

【学名】*Callistephus chinensis* (L.) Nees

【别名】江西腊、蓝菊、七月菊

【科属】菊科，翠菊属

【形态特征】一年生草本，高 30～100cm。茎有纵棱，被白色糙毛。基生叶和茎下部叶花期脱落或生存，茎中部叶卵形、菱状卵形、匙形或近圆形，长 2.5～6cm，宽 2～4cm，有不规则粗锯齿，

图 7-15　翠菊

两面被稀疏短硬毛，叶柄长 2～4cm，被白色短硬毛，有狭翼，上部茎生叶渐小，有 1～2 个锯齿，或条形而全缘。头状花序单生枝顶，直径 6～8cm；总苞半球形，宽 2～5cm；总苞片 3 层，外层长椭圆状披针形或匙形，长 1～2.4cm，宽 2～4mm，中层匙形，紫色，内层长椭圆形，膜质，半透明。雌花 1 层(园艺品种可为多层)，红色、淡红色、蓝色、黄色或淡蓝紫色，舌片长 2.5～3.5cm，宽 2～7mm，有短管；两性花花冠黄色，檐部长 4～7mm，管部长 1～1.5mm。瘦果长椭圆状倒披针形，稍扁，长 3～3.5mm，中部以上被柔毛；外层冠毛宿存。花、果期 5～10 月(图 7-15)。

【分布与习性】国内分布于吉林、辽宁、河北、山西、云南及四川等省。对土壤要求不严，但喜富含腐殖质的肥沃而排水良好的沙质壤土。要求光照充足，不耐水涝，高温、高湿易感病虫害。

【品种概况】有矮型、中型、高型等类型。矮型株高 10～30cm，叶小花多，花径小，生长期短；中型株高 30～50cm，生长势中等，花型丰富，色彩最多；高型株高 50～100cm，植株强健，生长期长，开花迟。

【繁殖方法】种子繁殖，春、夏、秋皆可，一般进行春播，但因品种和应用目的不同，播种期不同。

【观赏特性及园林用途】花大美丽，花色繁多，是美化庭园的良好花草。可用来布置花坛、花境等，或作坡地、河岸绿化材料。也可作盆栽观赏或切花。叶可入药。

【同属种类】本属仅 1 种，分布于东亚。我国各地栽培。

（十七）向日葵

【学名】*Helianthus annuus* L.

【别名】太阳花

【科属】菊科，向日葵属

【形态特征】一年生高大草本，茎直立，高 1～3m，粗壮，被白色粗硬毛，多不分枝。叶互生，叶片心状卵圆形，先端急尖或渐尖，有粗齿，两面被糙毛，基出 3 脉；有长叶柄。头状花序极大，径约 10～30cm，单生茎顶或枝端，常下倾；总苞盘状；总苞片多层，叶质，卵状披针形，被长硬毛或纤毛。舌状边花雌性，多数，黄色，舌片开展，长圆状卵形或长圆形，不结实；管状花极多数，棕色或紫色，有披针形裂片，结实；花托平，有半膜质托片。瘦果倒卵形或卵状长圆形，稍扁压，长 10～15mm，有细肋，常被白色短柔毛，上端有 2 个膜片状早落的冠毛。花期 7～9 月；果期 8～11 月(图 7-16)。

【分布与习性】原产北美，世界各地普遍栽培。喜温暖，喜光，不耐阴，不耐旱、涝，耐寒性差。对土壤要求不严，喜肥。

【品种概况】通过人工培育，在不同生境上形成许多品种，特别在头状花序的大小色泽及瘦果形态上有许多变异。矮生向

图 7-16　向日葵

日葵（'Nanus Flero-pleno'），植株高50～80cm，种子小。

【繁殖方法】播种繁殖。

【观赏特性及园林用途】用于花坛、花境或庭院观赏，可作切花。花可入药，种子可食用和榨油。

【同属种类】约100种，主产北美洲，少数产南美洲的秘鲁、智利等地。本属有许多重要的经济植物，一些种在世界各地栽培很广。我国栽培约9种。除本种外，各地普遍栽培的还有菊芋（*H. tuberosus*），多年生草本，高1～3m，有块状地下茎，叶对生但上部叶互生，离基3出脉。头状花序径2～5cm，花黄色。花期8～9月。园林中可作背景花卉，块茎可供食用，是一种味美蔬菜。此外，还有绢毛葵（*H. argophyllus*）、瓜叶葵（*H. cucumerifolius*）、狭叶向日葵（*H. angustifolius*）、毛叶向日葵（*H. mollis*）、千瓣葵（*H. decapetalus*）、糙叶向日葵（*H. maxillianii*）、黑紫向日葵（*H. atrorubens*）等，栽培较少。

（十八）金光菊

【学名】*Rudbeckia laciniata* L.

【别名】臭菊、黑眼菊

【科属】菊科，金光菊属

【形态特征】多年生草本，一般作一、二年生栽培。植株粗壮，高达50～200cm，茎上部有分枝，无毛或稍有短糙毛。叶互生，下部叶具叶柄，不分裂或羽状5～7深裂，裂片长圆状披针形，具不等疏锯齿或浅裂；中部叶3～5深裂，上部叶不分裂，卵形，全缘或有粗齿，背面边缘被短糙毛。头状花序单生于枝端，具长花序梗，径7～12cm。总苞半球形；总苞片2层，长圆形，被短毛。舌状花金黄色；舌片倒披针形，顶端具2齿；管状花黄色或黄绿色。有重瓣品种。瘦果无毛，压扁，稍有4棱，长约5～6mm，顶端有具4齿的小冠。花期7～10月。

【分布与习性】原产北美，是一种美丽的观赏植物。我国各地庭园栽培。喜通风良好，阳光充足的环境；适应性强，耐寒又耐旱；对土壤要求不严，但忌水湿，在排水良好、疏松的沙质土中生长良好。

【繁殖方法】播种或分株繁殖。播种以秋播为好，分株春秋均可。

【观赏特性及园林用途】金光菊株形较大，盛花期花朵繁多，五颜六色，繁花似锦，光彩夺目，观赏期长，适合花境，或林缘、隙地、房前、草坪边缘成片自然式种植。也是切花材料。

图 7-17　黑心菊

【同属种类】约45种，产北美洲和墨西哥，有许多是观赏植物。我国引种栽培约6种。常见的还有黑心菊（*R. hirta*），一、二年生，全株被粗刺毛，叶基部楔状下延，3出脉，有细锯齿，两面被白色密刺毛。头状花序径5～7cm，总苞片外层长圆形，内层较短，被白色刺毛。舌状花鲜黄色，舌片长圆形，通常10～14个，长20～40mm，管状花暗褐色或暗紫色。瘦果四棱形（图7-17）。

（十九）藿香蓟

【学名】*Ageratum conyzoides* L.

【别名】胜红蓟

【科属】菊科，藿香蓟属

【形态特征】一年生草本，一般高30～60cm，茎稍带紫色，全株被白色多节长柔毛，基部多分枝。叶对生，有时上部互生；茎中部叶卵形或椭圆形或长圆形，长3～8cm，宽2～5cm，自中部叶向上、向下及腋生小枝上的叶渐小或小，卵形或长圆形，有时植株全部叶小形，长仅1cm，宽仅0.6mm。全部叶基部钝或宽楔形，基出3脉或不明显5脉，边缘圆锯齿，两面被白色稀疏短柔毛且有黄色腺点。头状花序呈圆球状，径1.5～3cm，4～18个在茎顶排成通常紧密的伞房状，稀松散。总苞钟状或半球形，总苞片2层，长圆形或披针状长圆形，边缘撕裂。小花管状，花色有淡蓝色、蓝色、粉色、白色等。瘦果黑褐色，5棱，有白色稀疏细柔毛。花、果期7～10月（图7-18）。

图7-18　藿香蓟

【分布与习性】原产中南美洲，作为杂草已广布于非洲全境、热带亚洲等地。我国常见栽培，华南部分地区归化野生。喜温暖和阳光充足环境，不耐寒，对土壤要求不严，在沙壤土、田园土、微酸或微碱性土中均能生长良好，以肥沃、排水良好的沙壤土为好。自播繁衍能力强。

【繁殖方法】播种和扦插繁殖。

【观赏特性及园林用途】藿香蓟株丛繁茂，花色淡雅，常用来配置花坛和地被，也可用于小庭院、路边、岩石旁点缀。矮生种可盆栽观赏，高秆种用于切花插瓶或制作花篮。在非洲、美洲，用该植物全草作清热解毒用和消炎止血用。

【同属种类】约30种，分布于美洲热带和亚热带。我国引种栽培2种，另一种为熊耳草（*A. houstonianum*），原产墨西哥及毗邻地区。

（二十）羽衣甘蓝

【学名】*Brassica oleracea* L. var. *capitata* L. f. *tricolor*

【别名】羽叶甘蓝、叶牡丹

【科属】十字花科，甘蓝属

【形态特征】为食用甘蓝的园艺变种，栽培观赏其抽薹前的营养期植株。二年生草本，株高30～40cm，不分枝，抽薹开花时可高达120～150cm。叶宽大、肥厚，呈倒卵形，集生于茎基部，叶面皱缩平滑无毛，被有白粉，外部叶片呈粉蓝、绿色，边缘呈细波状皱褶，呈鸟羽状；叶柄粗而有翼，中部叶片极为宽大、肥厚，呈倒卵形，集生于茎基部，叶面皱缩平滑无毛，被有白粉，外部叶片呈粉蓝、黄、黄绿等色。总状花序顶生，花小，淡黄色。果实为角果，扁圆形，种子圆球形，褐色。观叶期11月至翌年2月，花期4月，果期5～6月。

【分布与习性】原产地中海沿岸至小亚细亚一带，现广泛栽培。喜光，喜凉爽湿润气候，耐寒，可忍受短暂霜冻，成株在我国北方冬季露地栽培能经受多次短时霜冻而不枯萎，但不能长期经受连续严寒；耐热性也强，长势强，栽培容易；要求土壤深厚肥沃、疏松和湿润的生态环境，耐盐碱。

【品种概况】园艺品种多样，按高度可分高型和矮型；按叶的形态分皱叶、不皱叶及深裂叶品种；按颜色，边缘叶有翠绿色、深绿色、灰绿色、黄绿色，中心叶则有纯白、淡黄、肉、玫瑰红、紫红色等品种。一般分为红叶系统和白叶系统。红叶系统的顶生叶紫红、淡紫红或雪青色，茎紫红色；白叶系统的顶生叶乳白、淡黄或黄色，茎绿色。

【繁殖方法】播种繁殖。

【观赏特性及园林用途】羽衣甘蓝类型繁多，叶色、叶形丰富多变，叶缘有紫红、绿、红、粉等颜色，叶面有淡黄、绿等颜色，五彩缤纷，整个植株形如牡丹，所以被形象地称为"叶牡丹"，观赏期长，是冬、春露地栽培的重要观叶花卉，适宜布置花坛、花台，可组成各种美丽的图案，也是盆栽观叶的佳品。

【同属种类】40 种，多分布在地中海地区；我国有 14 个栽培种、11 个变种及 1 个变型。本属植物为重要蔬菜，少数种类的种子可榨油，某些种类供药用。

(二十一) 桂竹香

【学名】*Cheiranthus cheiri* L.

【别名】香紫罗兰、黄紫罗兰

【科属】十字花科，桂竹香属

【形态特征】多年生草本，常作二年生栽培。全株有贴生长柔毛。茎直立或斜伸，高 20～60cm，有棱角。基生叶莲座状，倒披针形、披针形至线形，长 1.5～7cm，宽 5～15mm，先端急尖，基部渐狭，全缘或稍有小齿，叶柄长 7～10mm；茎生叶较小，近无柄。总状花序在果期伸长；花橘黄色或黄褐色，直径 2～2.5cm，芳香，花梗长 4～7mm；萼片长圆形，长 0.6～1cm；花瓣倒卵形，长约 1.5cm，有长爪；雄蕊 6 枚，近等长。长角果条形，长约 4～7.5cm，宽 3～5mm，具扁 4 棱，直立，果瓣有 1 明显中肋，花柱宿存；果梗长 1～1.5cm；种子 2 行，卵形，顶端有翅。花期 4～5 月，果期 5～6 月 (图 7-19)。

图 7-19 桂竹香

【分布与习性】原产欧洲南部，我国各地栽培观赏。耐寒，喜光，喜排水良好、疏松肥沃的土壤，畏涝忌热，雨水过多生长不良。在长江流域可露地越冬，在北方可在背风、阳畦稍加保温措施下过冬。

【繁殖方法】播种或扦插繁殖。

【观赏特性及园林用途】桂竹香花色金黄，为草花中较少见的，可布置花坛、花境，又可作盆花。

【同属种类】近 10 种，欧洲及亚洲有分布；我国有 3 种，常见栽培的为本种。

(二十二) 紫罗兰

【学名】*Matthila incana* (L.)R. Br.

【科属】十字花科，紫罗兰属

【形态特征】多年生草本，常作一、二年生栽培。全株密生灰白色分枝柔毛。茎直立，高达 60cm，多分枝，基部稍木质化。叶片长圆形、倒披针形或匙形，连叶柄长 6～14cm，宽 1～3cm，全缘或微波状，先端钝圆或稀有短尖头，基部渐狭成柄。

总状花序顶生或腋生；花多数，花序轴在果期伸长；花梗粗壮；萼片直立，长椭圆形，长约 15mm，内轮萼片基部呈囊状，边缘膜质，白色透明；花瓣紫红、淡红或白色，近卵形，长约

图 7-20　紫罗兰

1.2cm，先端浅 2 裂或微凹，边缘波状，下部有长爪；花丝间基部逐渐扩大；子房圆柱形，柱头微 2 裂。长角果圆柱形，长 7～8cm，直径约 3mm，果瓣中脉明显，顶端浅裂；果梗粗壮，长 1～1.5cm；种子近圆形，直径约 2mm，边缘有白色膜质的翅。

花期依不同类型而异：夏紫罗兰 6～8 月开花，为典型的一年生植物；冬紫罗兰 4～5 月开花；秋紫罗兰为前二者的杂交种，花期 7～9 月（图 7-20）。

【品种概况】品种甚多，单瓣或重瓣，重瓣品系观赏价值高；花色有粉红、深红、浅紫、深紫、纯白、淡黄、鲜黄、蓝紫等，如白色的 'Aida'、淡黄的 'Carmen'、红色的 'Francesca'、紫色的 'Arabella' 和淡紫红的 'Incana' 等；依株高分有高、中、矮 3 类；依花期不同分有夏紫罗兰、秋紫罗兰及冬紫罗兰等品种；依栽培习性不同分一年生及二年生类型。

【分布与习性】原产欧洲南部地中海沿岸，我国广泛栽培，供观赏。喜冷凉气候，冬季耐 -5℃ 低温，忌燥热；要求肥沃湿润及深厚之壤土；喜阳光充足，但也稍耐半阴；施肥不宜过多，否则对开花不利。

【繁殖方法】播种繁殖。

【观赏特性及园林用途】是春季花坛的主要花卉。又是重要的切花，水养持久，矮生品种可用于盆栽观赏。

【同属种类】约 50 种，分布欧洲、亚洲和非洲东北部。我国 2 种，除引入栽培的本种外，尚有野生种类新疆紫罗兰（*M. stoddarti*）。

（二十三）诸葛菜

【学名】*Orychophragmus violaceus* (L.) O. E. Schulz

【别名】二月兰

【科属】十字花科，诸葛菜属

图 7-21　诸葛菜

【形态特征】二年生草本，高 10～50cm。茎单一或多分枝，直立，具白色粉霜。基生叶及下部茎生叶大头羽状全裂，顶裂片近圆形或短卵形，长 3～7cm，宽 2～4cm，先端钝，基部心形，有钝齿，侧裂片 2～6 对，卵形或三角状卵形，长 3～10mm，向下渐小，稀在叶轴上杂有极小裂片，全缘或有牙齿，叶柄长 2～4cm；上部叶长圆形或窄卵形，长 4～9cm，先端急尖，边缘有不整齐牙齿，基部耳状，抱茎。花大而美丽，疏松总状花序；花紫色、浅红色或褪成白色，直径 2～4cm；花梗长 5～10mm；花萼筒状，紫色，萼片长约 3mm；花瓣宽倒卵形，长 1～1.5cm，宽 0.7～1.5cm，密生细脉纹，爪长 3～6mm。长角果条形，长 7～10cm，有 4 棱，裂瓣有一凸出中脊，喙长 1～3cm；果梗长 8～15mm；种子卵形至长圆形，长约 2mm，稍扁平，黑棕色，有纵条纹。花期 3～5 月，果期 5～6 月（图 7-21）。

【分布与习性】原产我国，分布于东北南部、华北、西北东部至长江流域等地。耐寒性强，较耐阴。对土壤要求不严，但以中性或弱碱性土壤为好。有自播能力。

【繁殖方法】播种繁殖，能自播繁衍。

【观赏特性及园林用途】诸葛菜冬季绿叶葱葱，早春花开成片。为良好的园林阴处或林下地被植物，也可用作花境栽培。

【同属种类】2 种，分布亚洲中部和东部，我国 2 种均产。

(二十四）凤仙花

【学名】*Impatiens balsamina* L.

【别名】指甲草

【科属】凤仙花科，凤仙花属

【形态特征】一年生草本；高达 80cm。茎直立，肉质，粗壮，节部常带红色。叶狭披针形或阔披针形，长 4～12cm，宽 1.5～3cm，先端渐尖，基部楔形，边缘有尖锐锯齿；叶柄两侧有数枚腺体。花梗短，单生或数花簇生叶腋；花大，通常粉红色或杂色，单瓣或重瓣；花萼距向下弯曲，2 侧片阔卵形，疏生柔毛；旗瓣圆，先端凹，有小尖头，背面中肋有龙骨状突起，翼瓣宽大，长约 2.5cm，各为 2 片圆裂片，基部相连。蒴果椭圆形，密生茸毛，熟时弹裂；种子多数，椭圆形，深褐色，有毛。花期 7～9 月；果期 8～10 月 (图 7-22)。

图 7-22 凤仙花

【变种】平顶凤仙 (var. *nana*)，植株较小，花大，多为红色，重瓣。

【分布与习性】分布于热带亚洲，我国各地普遍栽培。喜光，不耐寒。喜在深厚、排水良好、疏松、肥沃的、沙壤土中生长，但瘠薄土壤、黏土中也可生长，不耐水淹，易自播繁衍。

【繁殖方法】播种繁殖。

【观赏特性及园林用途】凤仙花的花朵如飞凤，色彩艳丽，迎夏盛开，花期长。可供公园花坛、花境、庭院地栽或盆栽等，茎、叶可入药。

【同属种类】约 900 余种，分布于旧大陆热带、亚热带山区和非洲，少数种类也产于亚洲和欧洲温带及北美洲。我国 225 种，引入栽培 2 种。常见的还有水金凤 (*I. noil-tangere*)，一年生草本，茎光滑、柔软，叶长椭圆形至卵形，长 3～10cm，宽 1.5～5cm，总花梗腋生，有 2～3 花，花梗纤细下垂，中部有披针形苞片；花大，黄色，喉部常有红色斑点。花期 6～7 月。分布于东北、华北、西北、华中。近年来常见栽培的还有苏丹凤仙花 (玻璃翠) (*I. wallerana*) 和引种栽培的赞比亚凤仙花 (*I. usambarensis*)。

(二十五）地肤

【学名】*Kochia scoparia* (L.) Schrad.

【别名】扫帚苗

【科属】藜科，地肤属

【形态特征】一年生草本，高 50～100cm。茎直立，淡绿色或带紫红色，有多数条棱，稍有短柔毛或几无毛。叶扁平，披针形或条状披针形，长 2～5cm，宽 3～7cm，先端短渐尖，基部渐狭成短柄，通常有 3 条明显主脉，边缘疏生锈色绢状缘毛。茎上部叶较小，无柄，1 脉。花两性或兼有雌

图 7-23 地肤

性，通常 1～3 朵生于上部叶腋，构成疏穗状圆锥花序；花被裂片近三角形，无毛或先端稍有毛，基部合生，黄绿色，果期自背部生出横翅，翅端附属物三角形至倒卵形，有时近扇形，脉不很明显，边缘微波状或有缺刻；雄蕊 5 枚；花柱极短，柱头 2。胞果扁球形，果皮膜质，与种子离生；种子卵形，黑褐色，胚环形，胚乳块状（图 7-23）。

【分布与习性】分布遍及全国，生于荒野、田边、海滩荒地，也有栽培。喜光，在荫蔽处生长不良；不耐寒，极耐炎热气候，耐干旱及瘠薄地，不耐涝，对土壤要求不严。能自播繁衍。

【变种和变型】扫帚菜（f. *trichophylla*），分枝繁多，植株呈卵形或倒卵形，叶较狭；细叶扫帚草（var. *cucta*），株形小，叶柔软，初嫩绿，秋转红紫色。

【繁殖方法】播种繁殖。

【观赏特性及园林用途】植株为粉绿色，秋季叶色变红，宜于坡地草坪自然式栽植，也可作花坛中心材料、短期绿篱，还可修剪成各种几何造型进行布置。幼苗时嫩叶可食用，老株割下压扁晒干后作扫帚用。

【同属种类】约 10～15 种，分布于北非、亚洲、欧洲和美洲西北部；我国 7 种。

（二十六）醉蝶花

【学名】*Tarenaya hassleriana*（Chodat）Iltis

【科属】白花菜科，醉蝶花属

图 7-24 醉蝶花

【形态特征】一年生强壮草本，高 1～1.5m，全株被黏质腺毛，有特殊臭味，有长达 4mm 的弯曲托叶刺。掌状复叶互生；小叶 5～7 枚，椭圆状披针形或倒披针形，中央小叶最大，长 6～8cm，宽 1.5～2.5cm，外侧的最小，长约 2cm，宽约 5mm，狭延成小叶柄，与叶柄相连接处稍呈蹼状；两面被毛，侧脉 10～15 对；叶柄长 2～8cm，常有淡黄色皮刺。花瓣粉红色或稀白色；总状花序长达 40cm，密被黏质腺毛；苞片 1 枚，叶状，长 5～20mm；花蕾圆筒形，长约 2.5cm；花梗长 2～3cm，被短腺毛，单生于苞片腋内；萼片 4 枚，长圆状椭圆形，被腺毛；花瓣无毛，爪长 5～12mm，瓣片倒卵状匙形，长 10～15mm，顶端圆形；雄蕊 6 枚，花丝长 3.5～4cm；雌蕊柄长 4cm，果时略有增长。果圆柱形，长 5.5～6.5cm，中部直径约 4mm，表面近平坦或念珠状。花期 7～9 月；果期 9～10 月（图 7-24）。

【分布与习性】原产南美热带，现世界各地广泛栽培。我国各大城市常栽培。喜光、喜温暖干燥环境，略能耐阴，不耐寒，要求土壤疏松、肥沃。能自播。

【繁殖方法】播种繁殖。

【观赏特性及园林用途】醉蝶花花色颇为美丽，适于布置花境或在路边、林缘成片栽植。也是极好的蜜源植物。醉蝶花还是非常优良的抗污花卉，对二氧化硫、氯气的抗性都很强。

【同属种类】约 33 种，分布于非洲西部和南美洲。我国引入栽培 1 种。

（二十七）半支莲

【学名】*Portulaca grandifloa* Hook.

【别名】太阳花、松叶牡丹、洋马齿苋

【科属】马齿苋科，马齿苋属

【形态特征】一年生肉质草本，高 10～30cm。茎平卧或斜伸，紫红色，多分枝，节上丛生毛。叶散生或略集生，细圆柱形，有时微弯，长 1～2.5cm，直径 2～3mm，顶端圆钝，无毛；叶柄极短或近无柄，叶腋常生一撮白色长柔毛。花单生或数朵簇生枝端，直径 2.5～4cm，日开夜闭；总苞8～9片，叶状，轮生，具白色长柔毛；萼片 2 枚，淡黄绿色，卵状三角形，长 5～7mm，顶端急尖，多少具龙骨状凸起，两面无毛；花瓣 5 枚或重瓣，倒卵形，顶端微凹，长 12～30mm，红色、紫色或黄白色；雄蕊多数，长 5～8mm，花丝紫色，基部合生；柱头 5～9 裂，线形。蒴果近椭圆形，盖裂；种子细小，圆肾形，有珍珠光泽，表面有小瘤状凸起。花期 6～9 月，果期 8～11 月 (图 7-25)。

图 7-25 大花马齿苋

【分布与习性】原产巴西，我国各地有栽培。喜强光和温暖环境，耐旱、耐炎热，不耐寒。对土壤的适应性强，贫瘠、石灰质的土壤中也能生长，能自播繁殖。

【繁殖方法】繁殖容易，扦插或播种繁殖均可。

【观赏特性及园林用途】植株适应性强，生长健壮，花色丰富，是布置夏、秋季花坛的良好材料，可布置岩石园，还可盆栽观赏。

【同属种类】约 150 种，广布热带、亚热带至温带地区，主产非洲和南美洲。我国 6 种。

（二十八）蜀葵

【学名】*Althaea rosea* (L.) Cavan

【科属】锦葵科，蜀葵属

【形态特征】多年生草本，通常作二年生栽培。茎直立，分枝少，株高可达 2～3m，全株被刺毛。叶大，单叶互生；叶片近圆形或长圆形，叶面粗糙而皱，两面被星状毛，5～7 浅裂；叶柄粗壮，托叶 2～3 枚，离生。基生叶片较大。花 1～3 朵生于叶腋，于茎顶端排成总状，花径约 10cm。花萼 5 裂，绿色。花色艳丽，有粉红、红、紫、墨紫、白、黄、水红、乳黄、复色等，花瓣 5 枚或重瓣，或更多，短圆形或扇形，边缘波状而皱或齿状浅裂。花色有红、紫、褐、粉、黄、白等色。单瓣、半重瓣或重瓣。雄蕊多数，花丝连合或筒状包围花柱。蒴果扁球形，种子肾形。花期 5～9 月；果期 7～10 月 (图 7-26)。

【分布与习性】原产中国，广泛分布于华东、华中、华北等地区。耐寒性强，在华北地区可以安全露地越冬；喜光，耐半阴；忌涝，耐盐碱能力强，在含盐 0.6% 的土壤中仍能生长。多年生草本多作二年生栽培，生长迅速，管理粗放。

【繁殖方法】通常采用播种繁殖，也可分株和扦插繁殖。

图 7-26 蜀葵

【观赏特性及园林用途】蜀葵植株高大，花色鲜亮，盛开时繁花似锦，花期很长，是我国重要的传统花卉。《群芳谱》赞曰："五月繁花莫过于此……花开最久，至七月中尚蕃。"蜀葵适于在墙边、水边、篱笆前列植，也是夏秋季优秀的花境背景材料，可与蒲苇、斑叶芒等观赏草搭配，形成叶形、叶色及季相的对比。矮生品种可作盆花栽培，陈列于门前，不宜久置室内。也可剪取作切花，供瓶插或作花篮、花束等用。

【同属种类】本属约40种，分布于亚洲中、西部各温带地。我国3种，除蜀葵外，还有裸花蜀葵(A. nudiflora)、药蜀葵(A. officinalis)2种，产于新疆及西南各省。

(二十九) 月见草

【学名】Oenothera biennis L.

【科属】柳叶菜科，月见草属

【形态特征】二年生粗壮草本，基生莲座叶丛紧贴地面；茎高可达1(2)m，被柔毛，上端混有腺毛。叶两面被曲柔毛与长毛，疏生钝齿；基生叶倒披针形，长10~25cm，宽2~4.5cm，侧脉12~15对，叶柄长1.5~3cm；茎生叶椭圆形至倒披针形，长7~20cm，宽1~5cm，侧脉6~12对，叶柄长达15mm至几无柄。花黄色，径2.5~5cm；穗状花序，苞片叶状，自下向上变小，果时宿存；花蕾锥状长圆形；花管长2.5~3.5cm，黄绿色或开花时带红色；萼片4枚，长圆状披针形，花后反折；花瓣宽倒卵形，长2.5~3cm，宽2~2.8cm；雄蕊8枚；子房下位，4室，花柱长3.5~5cm，柱头4裂。蒴果长圆形，向上变狭，长2~3.5cm，径4~5mm，疏生细长毛，成熟时4瓣裂。花、果期6~9月(图7-27)。

图7-27　月见草

【分布与习性】原产北美，早期引入欧洲，后迅速传播世界温带与亚热带地区，我国东北、华北、华东(含台湾)、西南(四川、贵州)有栽培，并逸生。适应性强，喜光，对土壤要求不严，耐瘠、抗旱、耐寒。自播能力强，经一次种植，其自播苗即可每年自生，开花不绝。

【繁殖方法】播种繁殖。

【观赏特性及园林用途】花色金黄、芳香，盛开于夏季，是一种优良的观赏花卉，适于花境、花丛。

【同属种类】约120种，分布北美洲、南美洲及中美洲温带至亚热带地区。我国引用数种作花卉园艺及药用植物，部分地区逸生。

(1) 海边月见草 Oenothera drummondii Hook.：直立或平铺一年生至多年生草本。叶狭倒披针形至椭圆形，疏生浅齿至全缘，基生叶两面被曲柔毛与长柔毛。花序穗状，疏生枝顶，有时下部分枝；苞片狭椭圆形至狭倒披针形，长1~5cm；花管长2.5~5cm；花瓣黄色，宽倒卵形，长2~4cm，宽2.5~4.5cm；花丝长1~2.2cm。蒴果圆柱状。花期5~8月；果期8~11月。原产美国大西洋海岸与墨西哥湾海岸，秘鲁、智利、澳大利亚、英国、西班牙、以色列、伊拉克、埃及、南非等国有栽培与野化。我国福建、广东等有栽培，并在沿海海滨野化。

(2) 待宵草 Oenothera stricta Ledeb. et Link：一、二年生草本。基生叶狭椭圆形至倒线状披针形，长10~15cm，宽0.8~1.2cm；茎生叶无柄，长6~10cm，由下向上渐小，侧脉不明显。花黄色，花序穗状；苞片卵状披针形至狭卵形，长2~3cm，宽4~7mm；花蕾长圆形或披针形，长1.5~3cm，径达 7mm；花管长 2.5～4.5cm；花瓣黄色，基部具红斑。花期 4～10 月；果期 6～11 月。原产南美、北美、欧洲、亚洲、澳大利亚与南非引种并常逸为野化。我国各地栽培并逸生。花香美丽，可提制芳香油。

(3) 黄花月见草 Oenothera glazioviana Mich.：二年生至多年生草本。基生叶莲座状，倒披针形，长 15～25cm，宽 4～5cm，侧脉 5～8 对，叶柄长 3～4cm；茎生叶螺旋状互生，狭椭圆形至披针形，向上变小，长 5～13cm，宽 2.5～3.5cm，叶柄长 2～15mm。花序穗状；苞片卵形至披针形，无柄，长 1～3.5cm，花蕾锥状披针形；花管长 3.5～5cm；萼片黄绿色，狭披针形，长 3～4cm；花瓣黄色，宽倒卵形，长 4～5cm，宽 4～5.2cm。花期 5～10 月；果期 8～12 月。源于栽培或野化于欧洲的杂交种，1860 年由英国传布至各国园艺栽培。我国东北、华北、华东(含台湾)、西南常见栽培，并逸为野生。花大美丽，花期长，栽培观赏。

(4) 粉花月见草 Oenothera rosea L. Her. ex Ait.：多年生，具粗大主根；基生叶倒披针形，长 1.5～4cm，宽 1～1.5cm，不规则羽状深裂，开花时枯萎。茎生叶披针形(轮廓)或长圆状卵形，长 3～6cm，基部羽状裂，侧脉 6～8 对。花粉红至紫红色，近日出开放；花管淡红色，长 5～8mm；花瓣宽倒卵形，长 6～9mm；花柱白色，长 8～12mm。花期 4～11 月；果期 9～12 月。原产美国至墨西哥，欧亚大陆、南非等栽培并逸生。我国浙江、江西、云南、贵州逸为野生。

(三十) 高雪轮

【学名】*Silene armeria* L.

【别名】大蔓樱草

【科属】石竹科，蝇子草属

【形态特征】一年生草本，高 30～50cm，常带粉绿色。茎直立，无毛或被疏柔毛，上部具黏液。基生叶匙形，花期枯萎；茎生叶卵状心形至披针形，长 2.5～7cm，宽 7～35mm，基部半抱茎，两面无毛。红色或白色，径约 1.8cm；复伞房花序较紧密；花梗长 5～10mm；苞片披针形，膜质，长 3～5(7)mm；花萼筒状棒形，长 12～15mm，纵脉紫色；瓣爪倒披针形，瓣片倒卵形，微凹缺或全缘；副花冠披针形，长约 3mm；雄蕊 10 枚；花柱 3。蒴果长圆形，长 6～7mm，比宿存萼短；种子圆肾形，长约 0.5mm，红褐色。花期 5～6 月；果期 6～7 月(图 7-28)。

图 7-28 高雪轮

【分布与习性】原产欧洲南部，国内各地常见栽培。耐寒，耐旱，喜凉爽环境，忌高温多湿，要求疏松、排水良好的土壤。

【繁殖方法】播种繁殖。

【观赏特性及园林用途】我国城市庭园栽培供观赏。适宜布置花境，也可作切花材料，矮生品种适宜布置整形花坛。

【同属种类】约 600 种，主要分布于北温带，其次是非洲和南美洲。我国 110 种，广布于长江流域和北方各省区，以西南和西北最多，引入栽培数种，供观赏。

(1) 大蔓樱草(矮雪轮)*Silene pendula* L.：一、二年生，全株被柔毛和腺毛。茎多分枝，长 20～40cm。叶片卵状披针形或椭圆状倒披针形，长 3～5cm，宽 5～15(20)mm，两面被伏柔毛。单歧式聚伞花序，苞片披针形，花萼倒卵形，花瓣淡红色至白色，爪狭楔形，瓣片倒心形，副花冠片长圆形。花期5～6月；果期6～7月。原产欧洲南部。我国城市庭园有栽培。

(2) 蝇子草 *Silene galliea* L.：一年生，高15～45cm，全株被柔毛。茎被短柔毛和腺毛。叶片长圆状匙形或披针形，长1.5～3cm，宽5～10mm，两面被柔毛和腺毛。单歧式总状花序，苞片披针形，花萼卵形，花瓣淡红色至白色，爪倒披针形，瓣片露出花萼，卵形或倒卵形，全缘，副花冠小，线状披针形。花期5～6月；果期6～7月。原产欧洲西部。我国城市公园、花圃栽培供观赏。

(三十一) 牵牛

【学名】*Ipomoea nil* (L.)Roth

图7-29　牵牛

【别名】牵牛花、喇叭花

【科属】旋花科，番薯属

【形态特征】一年生缠绕草本；全株有长硬毛。叶互生，宽卵形或近圆形，深或浅3裂，偶5裂，长4～15cm，宽4.5～14cm，基部心形，中裂片长圆形或卵圆形，侧裂片较短，三角形；叶柄长2～15cm。花腋生，单一或2朵生于花序梗顶，花序梗长短不一，通常短于叶柄；苞片线形或叶状，花梗长2～7mm；小苞片线形；萼片近等长，长2～2.5cm，披针状线形，内面2片稍狭；花冠漏斗状，长5～8(10)cm，蓝紫色或紫红色，花冠管色淡；雄蕊5枚，不等长，内藏；子房3室，每室2胚珠。蒴果近球形，直径0.8～1.3cm，3瓣裂。种子卵状三棱形，长约6mm，黑褐色或米黄色。花期6～9月；果期9～10月(图7-29)。

【分布与习性】原产美洲，我国各地有逸生，生于山坡、路边、村头荒地草丛。性强健，喜气候温和、光照充足、通风适度，对土壤适应性强，较耐干旱盐碱，不怕高温酷暑，属深根性植物，好生肥沃、排水良好的土壤，忌积水。

【繁殖方法】播种繁殖。

【观赏特性及园林用途】牵牛花不仅是篱垣栅架垂直绿化的良好材料，也适宜盆栽观赏。种子为常用中药，名黑丑、白丑。

【同属种类】约500种，广布于热带至温带，尤其以南北美洲最多。我国29种。按现在的分类观点，一般将牵牛属(*Pharbitis*)、茑萝属(*Quamoclit*)、月光花属(*Calonyction*)均归入本属。常见的还有圆叶牵牛(*I. purpurea*)，一年生缠绕草本，叶圆心形或宽卵状心形，长4～18cm，宽3.5～16.5cm，基部圆，心形，通常全缘，偶有3裂，两面疏或密被刚伏毛。花冠漏斗状，长4～6cm，紫红色、红色或白色，花冠管通常白色。花期6～9月；果期9～10月。原产热带美洲，广泛引植于世界各地或归化。我国各地逸生或栽培。

(三十二) 茑萝

【学名】*Ipomoea quamoclit* L.

【科属】旋花科，番薯属

【形态特征】一年生柔弱缠绕性草本，全株无毛。叶片卵形或长圆形，长2～10cm，宽1～6cm，羽状深裂至中脉，有10～18对条形至丝状的平展细裂片；叶柄长0.8～4cm，基部常有假托叶。花序腋生，由少数花组成聚伞花序；总花梗大多长于叶；花直立，花梗长 0.9～2cm，果时增厚成棒状；萼片绿色，稍不等长，椭圆形至长圆状匙形，先端钝而有小凸尖；花冠高脚碟状，长约 2.5cm 以上，深红色，管上部稍膨大，冠檐开展，直径 1.7～2cm，5 浅裂，雄蕊及花柱伸出花冠外；雄蕊 5 枚，不等长，花丝基部有毛；子房无毛，4 室，柱头头状。蒴果卵形，长 7～8mm；种子 4 枚，黑褐色，卵状长圆形，长 5～6cm。花期 7～9 月；果期 8～10 月（图 7-30）。

图 7-30 茑萝

【分布与习性】原产南美洲热带。我国广泛栽培，供观赏。喜温暖，忌寒冷，怕霜冻，种子发芽适宜温度 20～25℃。要求阳光充足的环境，对土壤要求不严，但在肥沃疏松的土壤上生长好。

【繁殖方法】播种繁殖。

【观赏特性及园林用途】茑萝叶纤细秀丽，为美丽的庭园观赏植物，适于庭院花架、花篱美化，也可盆栽陈设于室内。花开时节，其花形虽小，但星星点点散布在绿叶丛中，活泼动人。

【同属种类】参阅牵牛。此外，常见的还有橙红茑萝（*I. coccinea*），又名圆叶茑萝，叶心形，长 3～5cm，宽 2.5～4cm，全缘或边缘为多角形，叶脉掌状；叶柄细弱，几与叶片等长。花冠高脚碟状，橙红色，喉部黄色，长 8～25mm，管细长，于喉部突然展开。

（三十三）红蓼

【学名】*Polygonum orientale* L.

【别名】荭草

【科属】蓼科，蓼属

【形态特征】一年生高大草本；茎直立，粗壮，高 1～2m，上部多分枝；全株密被粗长毛。叶互生，宽卵形、宽椭圆形或卵状披针形，长 10～20cm，宽 5～12cm，基部圆形，全缘，密生缘毛，两面疏生长毛；叶柄长 2～10cm，具开展的长柔毛；托叶鞘筒状，长 1～2cm，下部膜质褐色，上部革质，常呈绿色，向外呈环状开展，或为干膜质裂片。总状花序呈穗状，顶生或腋生，长 3～8cm，花紧密，微下垂，通常数个再组成圆锥状；苞片鞘状，宽卵形，内有 3～5 朵花；花被 5 深裂，淡红色或白色，花被片椭圆形；雄蕊 7 枚，长于花被；花柱 2，合生，稍露出花被外。瘦果近圆形，扁平，直径约 3mm，黑色，有光泽，包于宿存花被内。花期 6～9 月；果期 8～10 月（图 7-31）。

图 7-31 红蓼

【分布与习性】分布于全国各省区，生于路旁和水边湿地，也常栽培。朝鲜、日本、俄罗斯、菲律宾、印度、欧洲和大洋洲也有。喜温暖湿润的环境，喜光照充足；宜植于肥沃、湿润之地，也耐瘠薄，适应性强。

【繁殖方法】播种繁殖，能自播繁衍。

【观赏特性及园林用途】枝叶高大，疏散洒脱，花开时一片粉红，十分动人，是颇富野趣的庭园观赏植物，最适于花境、水边、湖畔、林缘种植，可作背景花卉，也可作插花材料。唐·杜牧《歙州卢中丞见惠名酝》诗："犹念悲秋更分赐，夹溪红蓼映风蒲"说的就是该种植物。

【同属种类】约 230 种，广布于全世界，主要分布于北温带。我国有 113 种，南北各省区均有，常栽培观赏的为本种。

（三十四）花菱草

【学名】*Eschscholzia californica* Cham.

图 7-32　花菱草

【别名】金英花

【科属】罂粟科，花菱草属

【形态特征】多年生草本植物，常作一、二年生栽培。株形铺散或直立，株高 40～50cm，全株被白粉，呈灰绿色。叶基生，茎上叶互生，多回 3 出羽状深裂，裂片线形至长圆形。花单生枝顶，具长梗。萼片 2 枚成盔状，后分离，随花瓣展开或脱落。花瓣 4 枚，狭扇形，亮黄色，基部深橙黄色，栽培品种的花色有乳白、淡黄、橙、橘红等，单瓣或重瓣。雄蕊多数，花药线形；心皮 2 枚，合生，胚珠多数。蒴果细长，种子椭圆状球形。花期春季到夏初(图 7-32)。

【分布与习性】原产美国加利福尼亚州，华北、华东各地常见栽培。喜日光充足，耐干旱瘠薄。耐寒力较强，喜冷凉干燥气候，不耐湿热，炎热的夏季处于半休眠状态。直根系，须深厚疏松的土壤，要求排水良好，大苗移栽不易成活。

【繁殖方法】播种繁殖，属于直根系，宜直播。

【观赏特性及园林用途】花菱草茎叶嫩绿带灰色，花色绚丽，花朵繁密，是良好的花坛、花境和盆栽材料，也可用于草坪丛植，成片植于坡地也极为壮观。

【同属种类】约 12 种，产北美洲。我国引入栽培 1 种。

（三十五）其他一、二年生花卉

1. 麦秆菊(蜡菊)*Helichrysum bracteatum*（Vent.）Andr.

菊科，蜡菊属。多年生草本，常作一、二年生栽培。株高 40～100cm，全株被微毛，茎直立、多分枝，深黄色。叶互生，条状披针形，全缘，无叶柄。头状花序单生枝顶，径约 3～6cm；总苞多层、膜质、覆瓦状排列，外层较短，内部各层伸长，酷似舌状花，有白、粉、红、紫等色，干燥、具光泽，常被误认为花瓣；黄色小型管状花聚生在花盘中央。瘦果灰褐色，光滑。花期 7～9 月。

原产澳大利亚，常栽培，主要作干花，供冬季室内装饰用。园林中可用来布置花坛、花境，亦常用作盆栽观赏和切花。

2. 银边翠(高山积雪)*Euphorbia marginata* Pursh

大戟科，大戟属。一年生，高 40～60cm，叉状分枝；叶互生，卵形至长圆状披针形，长 2～6cm，宽 1～2cm。顶端的叶轮生，边缘白色或全部白色，近无柄。杯状聚伞花序顶生或腋生；总苞杯状，4 裂，裂片间有腺体；子房 3 室，密生短柔毛，花柱 3，顶端 2 裂。蒴果三棱状扁球形，直径 5～7mm，密被白色短柔毛。花、果期 6～9 月。

原产北美，我国各地引种栽培。顶叶银白色，与下部绿叶相映，犹如青山积雪，可用于风景区、公园及庭园等处布置花坛、花境、花丛，亦可作切花材料。

3. 雁来红 *Amaranthus tricolor* L.

苋科，苋属。一年生，高 80～150cm，茎粗壮。叶互生，卵形、菱状卵形或披针形，长 4～10cm，宽 2～7cm，绿、红、紫或黄色，或绿色衬以他色，全缘或波状。花单性，雄花、雌花混生集成花簇，花簇球形，腋生或由下部腋生向上延续成穗状；苞片及小苞片卵状披针形，先端有 1 长芒尖；花被片 3 枚，长圆形，绿色或黄绿色；雄蕊 3 枚；柱头 3。胞果卵状长圆形。

原产亚洲热带，现广泛栽培或逸为野生。优良的观叶植物，观赏期长，6～10 月皆可观赏其鲜艳叶片，其中 8～10 月为最佳观赏期。作花坛背景、篱垣或在路边丛植，也可大片种植于草坪之中。

4. 花烟草 *Nicotiana alata* Link et Otto

茄科，烟草属。一年生草本，高 0.8～1.6m，全株有黏毛。茎下部叶铲形或阔圆形，向上卵形或卵状长圆形，接近花序成披针形。花序顶生，疏生成总状花序；花冠高脚碟状，筒部细长，黄绿色，为萼长的 4～5 倍，喉部稍膨大，5 裂，裂片卵形；雄蕊 5 枚，不等长，其中 1 枚较短。蒴果卵球形，长 1.5～2cm。花期 6～10 月；果期 9～11 月。

原产阿根廷和巴西，东北、华北、华东各地常见栽培。植株紧凑、连续开花、花量大，群体与个体表现都较好，是优美的花坛、花境材料，又可丛植或大面积栽植，适于草坪、庭院、路边及林带边缘，也可作盆栽。

5. 红叶甜菜 *Beta vulgaris* L. var. *cicla* L.

藜科，甜菜属。多年生草本，多作二年生栽培。根不肥大，有分枝。营养生长期无地上茎，叶在根颈处丛生。基生叶长圆形，长 20～30cm，宽 10～15cm，有长叶柄，上面皱缩不平，略有光泽，全缘或略成波状，叶柄粗壮。花茎自叶丛中间抽生，高约 80cm，茎生叶互生，较小，卵形或长圆状披针形。花 2～3 朵簇生，花被裂片条形或狭长圆形。胞果下部陷在硬化的花被内，上部稍肉质。花、果期 5～7 月。

原产欧洲。早年引入我国，长江流域地区栽培广泛。植株生长健壮，叶片整齐美观、鲜艳有光泽，可作冬季花坛、花境、路边、花园、庭院观赏，也可作盆景观赏。

6. 香雪球 *Lobularia maritima* (L.)Desv.

十字花科，香雪球属。多年生，作二年生栽培，高 15～30cm，多分枝而匍生，有灰白色毛。叶互生，披针形或条形，全缘。总状花序顶生，小花密集成球状，花白、淡紫、深紫、紫红等色，亦有大花及白缘和斑叶等品种，微香。花期 3～6 月，秋季也能开花。

原产欧洲地中海地区。匍匐生长，幽香宜人，是花坛、花境壤边的优良材料，宜于岩石园墙缘栽种，也可盆栽和作地被等。

7. 屈曲花 *Iberis amara* L.

一年生草木，高 10～40cm；茎直立，稍分枝。茎下部叶匙形，上部叶披针形或长圆状楔形，长 1.5～2.5cm，顶端圆钝，上部疏生牙齿，下部全缘，两面无毛。总状花序顶生；花瓣白色或浅紫色，倒卵形，外轮长约 6mm，内轮长约 3mm。短角果圆形，直径 4～5mm。花期 5 月；果期 6 月。

原产西欧；我国各地栽培供观赏。

8. 天人菊 *Gaillardia pulchella* Foug.

一年生草本，高 20～60cm。下部叶匙形或倒披针形，长 5～10cm，宽 1～2cm，边缘波状钝齿，浅裂至琴状分裂，先端急尖，近无柄；上部叶长椭圆形，倒披针形或匙形，全缘或上部有疏齿或 3 浅裂，两面被伏毛。头状花序径 5cm；舌状花黄色，基部带紫色，舌片宽楔形，长 1cm，顶端 2～3 裂；管状花裂片三角形。花、果期 6～8 月。庭园栽培，供观赏。

变种矢车天人菊(var. *picta*)，叶多肉质，舌状花顶端 5 裂，红紫色，栽培更普遍。

9. 蛇目菊 *Sanvitalia procumbens* Lam.

一年生草本，高达 50cm，茎平卧或斜伸，多少被毛；叶菱状卵形或长圆状卵形，长 1.2～2.5cm，全缘，少有具齿，两面被疏贴短毛。头状花序单生茎枝顶端，径约 1cm；雌花约 10～12 个，舌状，黄色或橙黄色，具 3 齿；两性花暗紫色，5 齿裂；托片膜质，长圆状披针形，麦秆黄色。雌花瘦果扁压，三棱形，顶端具 3 芒刺；两性花瘦果三棱形至扁，顶端有 2 刺芒或无刺芒，边缘有狭翅，外面有白色瘤状突起或无小瘤而成细纵肋。

原产墨西哥，我国有栽培或逸为野生。

第二节 宿根花卉

宿根花卉具有存活多年的地下部分，一次种植可多年开花，管理比较简便、经济，可以节省大量人力、物力。常用于花境、花坛、地被等，有些种类是重要的切花。宿根花卉大多采用无性繁殖，即利用其特化的营养器官如萌蘖、葡匐茎、吸芽等进行分株和扦插繁殖，有利于保持种的优良性状，维持商品苗的一致性和花的品质。此外，多数宿根花卉也可播种繁殖。

（一）菊花

【学名】*Chrysanthemum grandiflorum* (Desf.)Dum. de Cours.

【科属】菊科，菊属

【形态特征】多年生宿根草本，茎直立，被柔毛，基部半木质化。株高 30～150cm。单叶互生，卵形至宽卵形，长 4～8cm，宽 2.5～4cm，羽状浅裂或深裂，有锯齿，先端圆钝或尖圆；上面深绿色，下面略淡，两面均有细柔毛。头状花序，单生或数个聚生于枝顶，微香。花径因品种不同而异，2～40cm；总苞半球形，总苞片 3～4 层，外层绿色，边缘膜质；舌状花着生于花序边缘，雌性，多层，白色、雪青色、黄色、浅红色或紫红色及复色等；管状花两性，多数，黄色，基部带有膜质鳞片，柱头 2 裂，围绕花柱着生 5 枚聚药雄蕊。瘦果无冠毛。花期 9～12 月，也有夏季、冬季及四季开花的类型；瘦熟期 12 月至翌年 2 月(图 7-33)。

【分布与习性】原产我国，世界各地广泛栽培。喜凉爽、耐寒；有较强的抗旱能力，土壤含水量 60% 的情况下生长最好，忌涝，喜疏松肥沃、富含腐殖质、通气透水良好的沙壤土，在 pH 值 6.0～8.0 的微酸性、中性和微碱性土中都能生长。阳性植物，但不同发育阶段对光的要求不同，营养生长和发育阶段都需要充足的阳光，花蕾

图 7-33 菊花

展开以后可以遮荫或半遮荫。秋菊和寒菊是典型的短日照植物。萌芽力强。

【品种概况】菊花栽培历史悠久，品种繁多，世界上已达数万个品种。

1）依自然花期：可分为春菊(4月下旬至5月下旬开花)、夏菊(6月上旬至8月中下旬开花)、早秋菊(9月上旬至10月上旬开花)、秋菊(10月中下旬至11月下旬开花)、寒菊(12月上旬至翌年1月开花)。

2）依花径大小：可分为小菊(花径小于6cm)、中菊(花径6～10cm)、大菊(花径10～20cm)、特大菊(花径20cm以上)。

3）按瓣型和花型：1982年全国园艺学会在上海召开的全国菊花品种分类学术讨论会，将秋菊中的大菊分为5个瓣类、30个花型和13个亚型。

(1) 平瓣类：宽带型、荷花型、芍药型、平盘型、翻卷型、叠球型。

(2) 匙瓣类：匙荷型、雀舌型、蜂窝型、莲座型、卷散型、匙球型。

(3) 管瓣类：单管型、翎管型、管盘型、松针型、疏管型、管球型、丝发型、飞舞型、钩环型、璎珞型、贯珠型。

(4) 桂瓣类：平桂型、匙桂型、管桂型、全桂型。

(5) 畸瓣类：龙爪型、毛刺型、剪绒型。

【繁殖方法】扦插、分株、嫁接及组织培养等方法繁殖均可。嫁接多用黄蒿或青蒿作砧木。菊花的栽培和应用方式上常用的有盆栽菊、造型艺菊、切花菊和花坛菊等。

(1) 盆栽菊：普通盆栽菊按培养枝数不同可分为以下几种。①独本菊：又称标本菊或品种菊。一株只开一朵花，养分集中，能充分表现品种优良性状。②案头菊：一株仅开一朵花，株形矮小，高仅20cm左右，花朵大，常陈列几案上欣赏。③立菊：一株着生数花，又称多头菊。

(2) 造型艺菊：一般也作盆栽，但常做成特殊艺术造型。包括：①大立菊：一株着花数百朵乃至数千朵以上的巨型菊花，用生长强健、分枝性强、枝条易于整形的大、中菊品种培育而成。②悬崖菊：用分枝多、开花繁密的小菊品种经整形呈悬垂的自然姿态，花枝倒垂，花期一致。③嫁接菊：以白蒿或黄蒿嫁接的菊花，一株上可以嫁接多种花色、花型的品种，常做成塔状或各种动物造型，故又称塔菊或什锦菊。▌菊艺盆景：由菊花制作的桩景或菊石相配的盆景。

(3) 切花菊：供剪切下来插花或制作花束、花篮、花圈等的菊花品种。此类品种多花型圆整、花色纯一，花颈短而粗壮，枝杆高，叶挺直。按整枝方式有标准菊和射散菊两种。标准菊每茎端着生一朵花，常用大、中花品种；射散菊每茎着花多朵，常用小花型品种。

(4) 花坛菊：布置花坛和岩石园的菊花，常用株矮枝密的多头型小菊。

【观赏特性及园林用途】菊花在我国有3000多年的栽培历史。清雅飘逸，华润多姿，瓣形变化多样，色彩丰富各异，花期长，可造型观赏，是经长期人工选择培育出的名贵观赏花卉，也是我国十大传统名菊之一、世界四大切花之一。菊花具有深厚的文化内涵，世人爱菊，不仅因为它高洁、韵逸、形质兼美，更由于它开放在深秋季节，傲霜而立，凌寒不凋，常被文人誉为"花中君子"，象征坚贞不屈的意志和坚定顽强的精神。菊花品种繁多，花型、花色丰富多彩，可作花坛、花境、盆花、切花、花束、花环、花篮等多种用途，菊花造型更能提高观赏价值，可作楼堂馆所、会场布置观赏。此外，菊花还可茶用、入药。

【同属种类】共37种，主要分布于东亚。我国22种，常见的还有：

(1) 野菊 Chrysanthemum indicum L.：茎生叶片卵形或长卵形，长4～7cm，羽状深裂或浅裂，有大小不等的锯齿或缺刻，上面疏生、下面密生柔毛。头状花序在枝端排成疏散的伞房圆锥花序，总苞片约5层；舌状花1层，黄色，舌片长椭圆形，长9～12mm，先端全缘或2～3浅齿；管状花多数，基部无鳞片。花、果期10～11月。本种和小红菊(C. chanetii)是形成现代菊花的两个直接杂交亲本。

(2) 甘菊 Chrysanthemum lavandulifolium (Fisch. ex Trautv.)Mak.：茎中部叶片卵形，长3～7cm，2回羽状分裂(1回深裂至全裂，2回深裂至浅裂)。头状花序径约1～2cm，排成复伞房状；总苞径3～5mm,总苞片4～5层；舌状花1层，黄色，舌片长4～7mm；管状花多数，黄色。花、果期10～11月。

(二) 芍药

【学名】Paeonia lactiflora Pall.

【别名】将离、殿春

【科属】芍药科，芍药属

【形态特征】多年生宿根草本。主根肉质，粗壮，纺锤形或圆柱形。茎高40～70cm，无毛。下部茎生叶为2回3出复叶，上部茎生叶为3出复叶；小叶狭卵形、椭圆形或披针形，先端渐尖，基部楔形或偏斜，边缘有白色骨质细齿，两面无毛，或背面沿叶脉疏生短柔毛。花数朵，生于茎顶和叶腋，有时仅顶端1花开放；苞片4～5枚，披针形，大小不等；萼片4枚，宽卵形或近圆形，长1～1.5cm，宽1～1.7cm；单瓣或重瓣，有白、黄、绿、红、紫、紫黑、混合色等多种；花丝长0.7～1.2cm，黄色；花盘浅杯状，包被雌蕊基部，顶端裂片钝圆；心皮4～5枚，无毛。蓇葖果长2.5～3cm，直径1.2～1.5cm，顶端有喙；种子黑色。花期4～5月；果期8～9月(图7-34)。

图7-34 芍药

【分布与习性】原产我国，分布于东北、华北、陕西及甘肃南部。朝鲜、日本、蒙古及西伯利亚等地区也有分布。喜光，耐寒，萌芽力强。喜向阳处，但忌烈日直晒，稍有遮荫开花尚好。在土壤深厚、地势平坦、排水良好、疏松肥沃的壤土或沙壤土中生长良好，忌积水和盐碱。

【品种概况】芍药品种繁多，常根据花色、花期、花型、用途等进行分类。

1) 按照花色：可分为白色、黄色、粉色、红色、紫色、墨紫色和复色等类型。

2) 按照花期：可分为早花品种(花期5月上旬)、中花品种(花期5月中旬)、晚花品种(花期5月下旬)。

3) 按照用途：可分为切花品种和园林栽培品种等。

4) 按花型：有多种方案，一般分为单瓣、千层、楼子和台阁等类别。

(1) 单瓣类：花瓣1～3轮，宽大，有发育正常的雄蕊和雌蕊。有单瓣型，如'紫双玉'。

(2) 千层类：花瓣多轮，宽大，内层花瓣和外层花瓣无明显区别。① 荷花型：花瓣3～5轮，宽大、相似，雌、雄蕊发育正常。② 菊花型：花瓣6轮以上，外轮宽大，向内逐渐变小，雄蕊减少，雌蕊退化变小。③ 蔷薇型：花瓣极度增多，由外向内渐小，雄蕊消失，雌蕊正常至完全消失。

(3) 楼子类：外瓣宽大，1～3轮；花心由雌、雄蕊瓣化而成，雌蕊部分瓣化或正常，花形隆起或高耸(金蕊型除外)。① 金蕊型：外瓣正常，花药增大、花丝伸长，雄蕊群呈鲜丽的金黄色。② 托桂型：外瓣正常，雄蕊完全瓣化成须状、针状或披针状细长花瓣。■ 金环型：外瓣正常，雄蕊大都瓣化，瓣化瓣高耸，但雄蕊变瓣与外瓣间残留一圈正常雄蕊。■ 皇冠型：外瓣正常，多数雄蕊瓣化成宽大花，内层花瓣高起，并散存部分未瓣化的雄蕊。⑤ 绣球型：雄蕊瓣化程度高，花瓣宽大，内外瓣无明显区别，盛开时全花丰满、形如绣球。

(4) 台阁类：开花时，花朵中心或者花间之生长点经再次分化花芽开花，全花分为上下两层，中间由退化雌蕊或雄蕊隔开。① 千层台阁型：下方花具千层类的特征，无明显的内外瓣之分。② 楼子亚类：下方花具2～3轮宽大外瓣，全花高耸。

【繁殖方法】分株和播种繁殖，前者较常用，后者主要用于新品种选育。分株在秋季进行，春季分根对植株生长不利，古有"春分分芍药，到老不开花"的说法。

【观赏特性及园林用途】芍药是我国十大传统名花之一，早在3000多年前就有栽培，花朵硕大，花容俏丽，被奉为"花相"；又因殿春而开，故有"婪尾春"的别名。芍药栽培早于牡丹，历史悠久，据考证汉时长安地区就有栽培，隋唐后至宋，扬州芍药闻名天下。到了明朝，芍药、牡丹栽培中心转移到了安徽亳州，清朝又转到山东曹州(今菏泽)，后又转至北京丰台一带。各地园林普遍栽培，常作专类园观赏，或用于花境、花坛及林缘自然式丛植。此外，芍药作为切花栽培也较普遍。

【同属种类】约35种，分为牡丹组、芍药组和北美芍药组3组，其中木本的牡丹特产我国，北美芍药组特产北美。原产我国的芍药类共有7种2变种。常见的还有草芍药(*P. obovata*)，下部叶为2回3出复叶，上部叶为3出复叶或单叶；顶生小叶倒卵形或宽椭圆形，长11～18cm，宽6～10cm，下面无毛或沿脉疏生柔毛，侧生小叶小，椭圆形。花径5～9cm；萼片3～5枚；花瓣6枚，白色，倒卵形，长2.5～4cm；雄蕊多数；心皮2～4枚，无毛。蓇葖果长2～3cm。分布于东亚，我国产于东北、华北、华东至四川、贵州和陕西等地，可栽培观赏。根药用。

(三) 石竹

【学名】*Dianthus chinensis* L.

【科属】石竹科，石竹属

【形态特征】多年生宿根草本，有时作一、二年生栽培。株高30～50cm，茎簇生而细弱，直立，上部分枝。茎有节，膨大似竹，故名"石竹"。叶对生，条形或线状披针形，主脉明显，基部抱茎。花单朵或数朵簇生于茎顶，花径2～3cm；苞片4～6枚，卵形，顶端长渐尖，长达花萼的1/2以上。花萼筒圆形，上有纵向条纹。花瓣5枚，花瓣边缘具明显的三角形小齿，或重瓣，颜色有红、紫、粉、白等色，也有杂色和复色。蒴果长圆形，4瓣裂，种子扁圆形，黑褐色，着生在柱状的胎上，呈覆瓦状排列。花、果期5～9月(图7-35)。

【分布与习性】原产我国，南北均有分布，俄罗斯西伯利亚和朝鲜也有。生于草原和山坡草地。喜阳光充足、高燥凉爽的环境。性耐寒，可忍受－15℃的低温，不耐酷暑，夏季多生长不良或枯萎，

图7-35 石竹

栽培时应注意遮荫降温；耐干旱，适于偏碱性土壤，忌湿涝和黏土。

【繁殖方法】以播种繁殖为主，也可利用基部萌生的丛生芽分株或扦插繁殖。

【观赏特性及园林用途】石竹枝叶浓绿而密集，低矮且高度一致，花色鲜艳，花朵繁密而且花期一致，群体景观效果好，能形成良好的地被景观。唐代司空曙在《云阳寺石竹花》中曾描述其"谁怜芳最久，春露到秋风"。此外，还可用于花坛、花境、花台或盆栽，也可用于岩石园和草坪边缘。

【同属种类】约600种，广布北温带，大部分产欧洲和亚洲，特别是地中海地区，少数产非洲和美洲。我国16种，多分布于北方草原和山区草地。常见栽培的还有：

(1) 须苞石竹 Dianthus barbatus L.：株高60~70cm，茎粗壮。叶片狭披针形至卵状披针形，长3~8cm，宽0.7~1.5cm，闭合叶鞘长0.3~0.7cm，抱茎；叶脉3~5条，中脉明显。聚伞花序密集成头状；苞片披针状线形，长1.5~2.3cm，小苞片卵形或长圆形，花萼圆筒形；花瓣紫红、粉红或白色，顶端具多数不整齐的齿裂。花、果期3~7月。原产欧洲及亚洲，我国各地均有栽培。

(2) 常夏石竹 Dianthus plumarius L.：株高15~30cm，植株丛生，茎叶较细，被白粉；花2~3朵顶生，粉红、红、白等色，有香气。枝叶浓绿而密集，低矮且高度一致，花朵繁密而且花期一致，群体景观效果好，能形成良好的地被景观，可丛栽或成片栽植作花境观赏。

(3) 瞿麦 Dianthus superbus L.：高30~60cm。茎丛生，上部分枝。叶条状披针形或条形，长5~10cm，宽4~5mm，两面无毛，边缘有缘毛。花单生或数朵成疏聚伞圆锥花序；萼下苞片2~3对，倒卵形或阔卵形，长为萼的1/4；萼圆筒形，长2.5~3.5cm，绿色或带紫红色；花瓣淡红色，先端流苏状，深裂达中部或更深。

(4) 香石竹(康乃馨) Dianthus caryophyllus L.：常绿亚灌木，作多年生栽培。高40~80cm，茎基部常木质化。叶线状披针形，全缘，灰绿色。花单生或2~5朵簇生枝顶，径约8cm，芳香；花色有红、粉红、大红、紫红、黄、白色等。苞片2~3层，紧贴萼筒。花期5~10月，若温室栽培可四季有花，1~2月为盛花期。

(四) 玉簪

【学名】Hosta plantaginea (Lam.)Aschers.

【科属】百合科，玉簪属

【形态特征】多年生宿根草本，株高30~50cm。根状茎粗厚，直径约达3cm。叶基生成丛；叶片卵状心形或卵圆形，长5~17cm，宽3.5~12cm，叶缘微波状，先端渐尖，基部心形；叶脉呈弧状；叶柄长5~26cm。总状花序，花葶高约40~60cm，有花数朵至10余朵；花白色，芳香，未开时犹如簪头；花被漏斗状，先端6裂，长10~14cm；雄蕊与花被近等长或稍短，花丝基部贴生于花被管。蒴果圆柱形，3棱，长约6cm。花期8~9月；果期9~10月。

【分布与习性】分布于我国长江流域及以南各省，日本也有分布。性强健，耐寒，我国大部分地区均能在露地越冬，地上部分经霜后枯萎，翌春萌发新芽；喜阴湿，忌阳光直射，曝晒后叶色变黄，叶缘焦枯；不择土壤，但以排水良好、肥沃湿润处生长繁茂。栽培时要注意保持湿润及庇荫条件。

【品种概况】目前世界已命名的玉簪属园艺品种超过4000个，其中花叶玉簪为目前应用最广泛的一类，常见的品种有 Hosta 'Frances Williams'、Hosta fortunei 'Aurea'、Hosta 'Sagae'、Hosta 'Sum and Substance' 等。

【繁殖方法】播种繁殖，实生苗第3年开花。也可于春、秋季进行分株繁殖。

【观赏特性及园林用途】玉簪叶形优美，花色素雅，花叶共赏，清香宜人，以香、翠、素、雅著称，是中国古典园林中重要的花卉之一。玉簪耐阴，在园林中可作为林下地被、花境、花坛材料，也可于岩石园或水边孤植、丛植，或植于建筑物北侧，还可盆栽观赏。此外，玉簪可吸硫，对二氧化硫抗性强；对氟化物很敏感，在氟化氢日平均浓度为 0.034mg/g 的环境中出现受害症状，可作为大气氟污染的指示和监测植物。

图 7-36 紫萼

【同属种类】约 45 种，产于亚洲温带和亚热带，主产日本。我国4 种，另引入栽培多种。常见栽培的还有：

(1) 紫萼 *Hosta ventricosa* (Salisb.)Stearn. ：根状茎粗 0.3～1cm。叶卵状心形或卵圆形，长 10～19cm，宽 6～12cm，基部下延至叶柄呈翅状；侧脉 7～11 对。花葶高 60～100cm。苞片长圆状披针形，白色，膜质；花较小，紫色，长 4～6cm；花梗长约 1cm；雄蕊离生，伸出花被之外。蒴果圆柱形，有三棱，长约 3～4cm。花期 7 月；果期 8～9月。分布于长江以南各省区及陕西秦岭以南地区，常见栽培 (图 7-36)。

(2) 紫玉簪 *Hosta albo-marginata* (Hook.)Ohwi：叶片狭椭圆形或卵状椭圆形，长 6～13cm，宽2～6cm，叶缘白色或否；侧脉 4～5 对。花葶高 30～60cm，苞片宽披针形，长 7～10mm；花紫色，长约 4cm。花期 8～9 月。原产日本，我国东部栽培观赏。

(五) 萱草

【学名】*Hemerocallis fulva* L.

【别名】忘忧草

【科属】百合科，萱草属

【形态特征】多年生草本，地下具粗短的根状茎，根系肉质，根先端膨大呈纺锤状。叶基生，排成 2 列，长带状，长 40～60cm，宽 2～3.5cm。花葶自叶丛中抽出，高 60～100cm，顶端分枝，有花 6～12 朵或更多，排列为总状或圆锥状，花梗短；苞片卵状披针形；花冠漏斗形，橘黄色，花被管较粗短，长 2～3cm，花被裂片 6枚，每轮 3 枚，内轮花被片宽 2～3cm，一般有褐红色的倒 V 字形彩斑。花无香味，早开晚凋，花、果期 5～7 月 (图 7-37)。

图 7-37 萱草

【分布与习性】分布于中欧至东亚，我国产于秦岭以南各省区，生于山沟、草丛或岩缝中，广泛栽培。阳性植物，耐半阴；耐旱；喜温暖，有一定的耐寒性，在我国华东地区可露地越冬，东北地区需埋土防寒；对土壤要求不严，以土层深厚、肥沃、湿润而排水良好的土壤最为适宜。

【变种】长管萱草 (var. *disticha*)，花橘红色至淡红色，花被管较细长，长 2～4cm；内轮花被裂片宽 1～1.5cm，极少达 2cm。江西栽培。重瓣萱草 (var. *kwanso*)，花橘黄色，花被裂片多数，雌雄蕊发育不全。北京等地栽培。常绿萱草 (var. *aurantiaca*)，常绿性，花单瓣，橙色至橙红色。分布于广东、广西、台湾。日本和朝鲜也有分布。目前流行的园艺杂交种如大花萱草 (*Hemerocallis hybri-*

da），花大而美丽，花茎挺拔，花期极长，群植非常壮观。

【繁殖方法】以分株繁殖为主，也可用扦插繁殖或播种繁殖。

【观赏特性及园林用途】萱草绿叶成丛，花色鲜艳，观叶与观花效果俱佳，一直是我国传统的庭院花卉，关于其记载最早可见于两千多年前的《诗经》。萱草是常用的观花地被植物，园林中常于疏林下丛植或自然配置，富有野趣。也是很好的花境材料，若与薰衣草、蓝香芥等蓝紫色系的花卉搭配则构成良好的对比色效果。

【同属种类】约 15 种，分布于亚洲温带至亚热带，少数种类产欧洲。我国 11 种，有些种类被广泛栽培，供食用和观赏。常见的还有：

(1) 黄花菜 *Hemerocallis citrina* Baroni：植株高可达 1m。根稍肥厚，中下部常有纺锤状膨大。叶长 20～130cm，宽 6～25mm。花葶长短不一，一般稍长于叶，分枝；花淡黄色，清香，有时花蕾顶端带紫黑色；花被管长 3～5cm，花被裂片长 6～12cm。蒴果钝三棱状椭圆形。花、果期 5～9 月。产秦岭以南各省区以及河北、山东、山西。本种是干菜食品金针菜的主要来源，也栽培观赏。

(2) 北黄花菜 *Hemerocallis lilio-asphodelus* L.：根稍肉质，多少呈绳索状，直径 2～4mm。叶较狭，长 20～70cm，宽 3～12mm。花序分枝，以假二歧状的总状花序较为常见，4 至多花；花淡黄色，花被管长 1.5～2.5cm，决不超过 3cm，花被裂片长 5～7cm。花、果期 6～9 月。产东北、华北和西北地区。

(六) 鸢尾

鸢尾科，鸢尾属植物的统称。多年生草本，根状茎长条形或块状，横走或斜伸，纤细或肥厚。叶多基生，相互套叠，排成 2 列，叶剑形、条形或丝状，基部鞘状。多数种类无明显的地上茎。花蓝紫色、紫色、红紫色、黄色、白色；花被裂片 6 枚，2 轮排列，外 3 枚常较大，反折下垂，无附属物或具有鸡冠状及须毛状的附属物，内 3 枚直立或外倾；雄蕊 3 枚；花柱 3 分枝，分枝扁平，拱形弯曲，鲜艳，呈花瓣状。蒴果室背开裂。

【常见种类】约 250 种，我国约 58 种，另引入栽培多种。

(1) 鸢尾（蓝蝴蝶）*Iris tectorum* Maxim.

多年生草本；株高约 40～60cm。根状茎短粗，匍匐多节，直径约 1cm，淡黄色。叶片质薄，淡绿色；剑形、稍弯曲，中部略宽，长 15～50cm，宽 1.5～3.5cm；基部重叠互抱成 2 列。花茎与叶近于等长，单一或 2 分枝，通常有花 1～4 朵；苞片 2～3 枚，草质，边缘膜质；花蓝紫色，径约 10cm；花被管细长；花被裂片 6 枚，外轮花被裂片较大，倒卵形，内面中央有鸡冠状附属物，反折；内轮花被裂片稍小，倒卵状椭圆形，斜开展；花柱分枝扁平，淡蓝色。蒴果长椭圆形，有 6 条明显的肋，成熟时自上而下 3 瓣裂。花期 4～5 月；果期 6～8 月（图 7-38）。

原产于我国中部，云南、四川及江苏、浙江一带有分布，缅甸、日本也有分布。

图 7-38 鸢尾

(2) 德国鸢尾 *Iris germanica* L.

与鸢尾相似，不同的是：根状茎粗壮而肥厚，扁圆形，有环纹。叶片深绿色，质较厚，短于花茎。花茎高 60～90cm；花较大，直径约 12cm，紫色、黄色或白色，有芳香气味；外轮花被裂片内面中脉上密生黄色的须毛状附属物。花期 4～5 月；果期 6～8 月。原产于欧洲。我国各地栽培观赏，品种甚多。

香根鸢尾(*Iris pallid*)与德国鸢尾易混淆，不同点是本种的苞片为膜质，银白色，而德国鸢尾的苞片下半部草质，绿色，边缘膜质，带红紫色。原产欧洲，我国各地庭园常见栽培。根状茎可提取香料，用于制造化妆品或作为药品的矫味剂和日用化工品的调香、定香剂。

(3) 马蔺 *Iris lacteal* Pall. var. *chinensis* (Fisch.)Koidz.

株丛密集，根状茎短粗。叶条形，长 20～40cm，宽 2～6mm，基部带红褐色。花茎高 3～10cm，花浅蓝色、蓝色或蓝紫色，花被管长 2～5mm；外轮花被片匙形，内面中部有黄色条纹；内轮花被片倒披针形。花期 4～5 月；果期 5～6 月。

广泛分布于东北、华北、西北等地，以草原区分布较为普遍。抗逆性强，耐盐碱。

(4) 蝴蝶花(扁竹) *Iris japonica* Thunb.

根状茎可分为较粗的直立根状茎和纤细的横走根状茎，直立根状茎扁圆形、棕褐色，横走根状茎节间长、黄白色。叶暗绿色，近地面处带红紫色，剑形，长 25～60cm，宽 1.5～3cm。花茎高于叶，顶生稀疏总状聚伞花序，分枝 5～12 个；花淡蓝色或蓝紫色，直径 4.5～5cm，花梗伸出苞片之外，花被管长 1.1～1.5cm，外花被裂片倒卵形或椭圆形，有隆起的黄色鸡冠状附属物；花柱分枝较内花被裂片略短，中肋处淡蓝色。花期 3～4 月；果期 5～6 月。

产长江流域、华南、西南至陕西、甘肃。生于山坡较荫蔽而湿润的草地、疏林下或林缘草地。

(5) 玉蝉花(花菖蒲) *Iris ensata* Thunb.

根状茎粗壮，斜伸，外有棕褐色叶鞘残留的纤维。叶条形，长 30～80cm，宽 0.5～1.2cm，基部鞘状，两面中脉明显。花茎圆柱形，高 40～100cm，有茎生叶 1～3 枚；苞片 3 枚，近革质，披针形，长 4.5～7.5cm；花深紫色，直径 9～10cm；花被管漏斗形，长 1.5～2cm；外花被裂片倒卵形，长 7～8.5cm，宽 3～3.5cm，中脉上有黄色斑纹，内花被裂片小，直立，狭披针形或宽条形，长约 5cm，宽约 5～6mm；花柱分枝长约 5cm，紫色。花期 6～7 月；果期 8～9 月。

产黑龙江、吉林、辽宁、山东、浙江(昌化)。生于沼泽地或河岸的水湿地。也产于朝鲜、日本及前苏联地区。

变种花菖蒲(var. *hortensis*)，叶宽条形，长 50～80cm，宽 1～1.8cm，中脉明显而突出。花茎高约 1m，直径 5～8mm；苞片近革质，脉平行，明显而突出，顶端钝或短渐尖；花的颜色由白色至暗紫色，斑点及花纹变化甚大，单瓣以至重瓣。品种甚多，植物的营养体、花型及颜色因品种而异。性喜潮湿，多栽于河、湖、池塘边或盆栽。

(6) 燕子花 *Iris laevigata* Fisch.

叶灰绿色，剑形或宽条形，长 40～100cm，宽 0.8～1.5cm，无明显的中脉。花茎光滑，高 40～60cm，有不明显的纵棱，中、下部有 2～3 枚茎生叶；苞片 3～5 枚，膜质，披针形，长 6～9cm，宽 1～1.5cm，中脉明显，内含有 2～4 朵花；花大，蓝紫色，直径 9～10cm；花梗长 1.5～3.5cm；花被管上部稍膨大，似喇叭形，长约 2cm，直径 5～7mm；外花被裂片倒卵形或椭圆形，长 7.5～9cm，宽 4～4.5cm，鲜黄色，无附属物，内花被裂片直立，倒披针形，长 5～6.5cm；花柱分枝拱形弯曲，长 5～6cm，宽约 1.2cm。花期 5～6 月；果期 7～8 月。

产黑龙江、吉林、辽宁及云南。生于沼泽地、河岸边的水湿地，云南生于海拔 1890～3200m 的高山湿地。也产于日本、朝鲜及前苏联地区。为著名的观赏花卉，世界各地植物园广泛栽培。

(7) 溪荪（东方鸢属）*Iris sanguinea* Donn ex Horn.

叶条形，长 20～60cm，宽 0.5～1.3cm，中脉不明显。花茎高 40～60cm，具 1～2 枚茎生叶；苞片 3 枚，膜质，绿色，披针形，长 5～7cm，宽约 1cm，内含 2 朵花；花天蓝色，直径 6～7cm；花被管短而粗，长 0.8～1cm，径约 4mm，外花被裂片倒卵形，长 4.5～5cm，宽约 1.8cm，基部有黑褐色的网纹及黄色的斑纹，无附属物，内花被裂片直立，狭倒卵形，长约 4.5cm，宽约 1.5cm；花柱分枝长约 3.5cm，宽约 5mm。花期 5～6 月；果期 7～9 月。

产黑龙江、吉林、辽宁、内蒙古。生于沼泽地、湿草地或向阳坡地。也产于日本、朝鲜及前苏联地区。

(8) 扁竹兰 *Iris confusa* Sealy

根状茎横走，黄褐色。地上茎直立，高 80～120cm，扁圆柱形，节明显，节上常残留有老叶的叶鞘。叶密集于茎顶，基部鞘状，互相嵌迭，排列成扇状；叶片宽剑形，长 28～80cm，宽 3～6cm。花浅蓝色或白色，直径 5～5.5cm；外花被裂片椭圆形，长约 3cm，宽约 2cm，边缘波状皱褶；内花被裂片倒宽披针形，长约 2.5cm，宽约 1cm；花柱分枝淡蓝色，长约 2cm。蒴果椭圆形，长 2.5～3.5cm。花期 4 月；果期 5～7 月。

产广西、四川、云南。生于林缘、疏林下、沟谷湿地或山坡草地。

(9) 野鸢尾 *Iris dichotoma* Pall.

叶剑形，蓝绿色，先端外弯，呈镰刀形，无明显中脉；花茎上部二歧状分枝，分枝处有披针形的茎生叶；花蓝紫色、浅蓝色或白色；花梗细，长 2～3.5cm，常超出苞外；花被管甚短。花期 7～8 月；果期 8～9 月。

此外，鸢尾属中具有球茎的一类称为球根鸢尾，包括西班牙鸢尾（*I. xiphium*）、荷兰鸢尾（*I. hollandica*）、英国鸢尾（*I. xiphioides*）、网脉鸢尾（*I. reticulata*）等，主要作切花、盆花，可促成栽培，大多数原产地中海地区。其中，西班牙鸢尾球茎细长、较小，株高 30～60cm，叶线形，长约 30cm，被白粉，表面有纵沟，每茎着花 1～2 朵，花径约 7cm，紫色，垂瓣喉部有黄斑。花期 5～6 月。

【分布与习性】鸢尾属植物主要分布于北半球温带，我国各地均产，主产西南、西北和东北地区，常野生于向阳坡地和水边湿地。鸢尾喜阳光充足，也耐阴；耐寒性强，在我国大部分地区可安全越冬；要求适度湿润，排水良好，富含腐殖质、略带碱性的沙壤土。本种对氟化氢敏感，可作监测大气污染植物。

鸢尾属种类和品种较多，对生态环境的要求相差甚大。主要根据对水分和土壤的要求可分为以下 4 类：第 1 类喜排水良好而适度湿润、含石灰质的偏碱性土壤，其根状茎一般比较粗壮、肥大。如鸢尾、矮鸢尾、香根鸢尾、银苞鸢尾（*I. pallida*）、德国鸢尾等。第 2 类较喜欢水湿和酸性土壤，不少种类可生长于沼泽和浅水环境中。如蝴蝶花、花菖蒲、燕子花、黄菖蒲、西伯利亚鸢尾、溪荪等。第 3 类极耐干旱，对土壤要求不严，在沙土和黏重土壤中均能生长，有些种类耐盐碱。如野鸢尾、马蔺、拟鸢尾（*I. spuria*）等。第 4 类喜沙质壤土和充足光照，喜凉爽，忌炎热，秋冬生长，早春开花，夏季休眠。包括西班牙鸢尾（*I. xiphium*）、网脉鸢尾（*I. reticulata*）等球根鸢尾类，主要作切花、盆花，可促成栽培，大多数原产地中海地区。

【品种概况】在世界园艺界，除了不少鸢尾属原种栽培观赏以外，近百年来，鸢尾类的品种也以惊人的速度发展。现在，全球约有 20000 个以上的品种，而且每年以近千个的速度增加。鸢尾的观赏品种以有髯毛附属物类鸢尾最为丰富，是近代发展最迅速、花朵变化最惊人的一类，从园林观赏和应用的角度，一般将其分为高生、中生、中矮生和矮生四类。

高生有髯鸢尾一般株高 70～120cm，冠幅 30～40cm，花冠直径可达 10～18cm，花期初夏。由于花大且花葶高，多用棍支撑以防倒伏。花色丰富，著名品种如纯黄色的 'Glazed Gold'、纯粉色的 'Ovation'、洁白的 'Startler'、深墨色的 'Ravens Roost'、复色的 'Echode France'、花瓣边缘极皱的 'Ruffled Surprise'，其他如 'Blue Staccato'、'Chinadragon'、'Immortality'、'Wedding Candle' 等。

中生有髯鸢尾一般株高 40～70cm，冠幅 25～30cm，花径 10～12cm，品种如 'Vitality'、'AzAp'。

中矮生有髯鸢尾一般株高 20～40cm，花径 7.5～10cm，花葶多有分枝，与叶丛几乎等高，花期比矮生类略晚。品种如 'Making Eyes'、'Zowie'、'Golden Eyelet'。

矮生有髯鸢尾株高不超过 20cm，花葶不分枝(有花 1～2 朵)，大多高出叶丛，有时花也开在叶丛中；花径 5～7.5cm，花期最早，如 'Navydoll'。

无附属物鸢尾类中最著名的是花菖蒲，在日本栽培最盛，至少已培育出 2000 多个品种，我国各地常用引种栽培，用于水边造景。西伯利亚鸢尾类也有不少杂交品种，如 'Dark Circle'、'Butter and Sugar' 等。此外，鸢尾类也有花叶品种如香根鸢尾品种 'Variegata'、斑花品种如有髯鸢尾中的 'Batik'、'Finder's Keepers' 等。

【繁殖方法】多采用分株、播种法繁殖。

【观赏特性及园林用途】鸢尾叶片碧绿青翠，似剑若带；花型大而美丽，如鸢似蝶，属名 *Iris* 源自古希腊彩虹女神的名字"艾丽斯"，是园艺界久负盛名的花卉，极具观赏价值。鸢尾在我国常用以象征爱情和友谊，欧洲人认为鸢尾象征光明的自由，在古代埃及则是力量与雄辩的象征。鸢尾是重要的庭院花卉之一，也是优美的盆花、切花和花坛用花。园林中还可作地被植物片植于湿地、驳岸，花叶倒映水中极富野趣；或丛植于池边湖畔；矮生的鸢尾非常适合点缀岩石园，并可作为花境中的前景及镶边材料；还可建立鸢尾专类园，由不同的园艺品种构成靓丽的春夏景观。

(七) 大花金鸡菊

【学名】*Coreopsis grandiflora* Hogg.

【科属】菊科，金鸡菊属

【形态特征】多年生草本，高 30～100cm。茎直立，下部常有稀疏的糙毛，上部有分枝。叶对生；基部叶有长柄，披针形或匙形；下部叶羽状全裂，裂片长圆形；中部及上部叶 3～5 深裂，裂片线形或披针形，中裂片较大，两面及边缘有细毛。头状花序单生于枝端，径 4～5cm，具长花序梗。总苞片外层较短，披针形，长 6～8mm，顶端尖，有缘毛；内层卵形或卵状披针形，长 10～13mm；托片线状钻形。舌状花 6～10 个，舌片宽大，黄色，长 1.5～2.5cm；管状花长 5mm，两性。瘦果广椭圆形或近圆形，长 2.5～3mm，边缘具膜质宽翅，顶端具 2 短鳞片。花期 5～9 月；果期 8～11 月。

【分布与习性】原产于美洲，我国各地常有栽培或逸为野生。耐寒，耐旱，对土壤要求不严，喜光，但耐半阴，适应性强，对二氧化硫有较强的抗性。

【繁殖方法】播种繁殖或分株繁殖，能自行繁衍。

图 7-39　大金鸡菊

【观赏特性及园林用途】枝叶密集，花大色艳，花朵多，花期长，春夏之间常开不绝，且能自行繁衍，于疏林下或水边群植形成极好的观花覆地效果；常作为花境的主景材料，可与花色淡雅的白晶菊、紫娇花、美女樱等配置。此外，在屋顶绿化中作覆盖材料效果极好。

【同属种类】约有 100 种，主要分布于美洲、非洲南部及夏威夷群岛等地。我国引种约 10 种，在山东东部等地逸生。除本种外，常见的还有：

（1）大金鸡菊（剑叶金鸡菊）*Coreopsis lanceolata* L.：多年生草本，下部的叶片全缘，匙形或条状披针形，长 3.5～7cm，宽 1.3～1.7cm，茎上部叶少数，全缘或 3 深裂，长 6～8cm，宽 1.5～2cm。头状花序单生，舌状花黄色。瘦果边缘有薄的膜质翅（图 7-39）。

（2）两色金鸡菊 *Coreopsis tinctoria* Nutt.：一年生草本，无毛，高 30～100cm。叶对生，下部及中部叶有长柄，2 回羽状全裂，裂片线形或线状披针形。头状花序多数，直径 2～4cm，花序梗细长；舌状花上部黄色，基部红紫色；筒状花红褐色。瘦果无翅。

（八）荷兰菊

【学名】*Aster novi-belgii* L.

图 7-40　荷兰菊

【别名】纽约紫菀、柳叶菊

【科属】菊科，紫菀属

【形态特征】宿根草本，高 50～80cm；茎直立，多分枝，被稀疏短柔毛；地下茎横走。叶互生，叶片线状披针形，长 1.5～1.2cm，宽 0.6～3cm，基部渐狭，略抱茎，全缘或有浅锯齿；上部叶无柄；花序下部叶较小。头状花序直径 2～2.5cm，密集成伞房状；花色有浅蓝、蓝、紫红、粉白色等。总苞钟形，总苞片条状披针形，绿色，微向外伸展，边缘有稀疏短纤毛。瘦果长圆形，冠毛毛状，淡黄褐色。花、果期 8～10 月（图 7-40）。

【分布与习性】荷兰菊是原产北美的新比紫菀与新英格兰紫菀的园艺杂交品种群在中国的统称，在国外称新比紫菀，因我国从欧洲引进，故称荷兰菊。耐寒性强，在我国东北地区可露地越冬，也耐炎热。喜温暖湿润和阳光充足的环境；喜肥，宜生长在肥沃、排水良好的沙壤土或腐叶土上。

【品种概况】常见的品种有蓝色的‘蓝袍’、‘蓝梦’、‘蓝夜’、‘尼里特’、‘查查’，淡紫色的‘董后’、‘紫莲’、‘米尔卡’，粉色的‘粉婴’、‘格洛里’、‘佩因特小姐’，玫瑰红的‘埃尔培’、‘苏珊’、‘利塞特’，白色的‘白小姐’、‘凯斯布兰卡’等，矮生品种有‘丁香红’、‘皇冠紫’、‘粉雀’等。

【繁殖方法】播种、扦插和分株繁殖。

【观赏特性及园林用途】荷兰菊植株较矮，自然成形，花繁色艳；花开于百花凋零的晚秋，花期较长，耐寒。多用作花坛、花境材料，也可片植于大面积隙地作地被植物，或与草坪搭配拼组图案并修剪造型，还可作盆花或切花。

【同属种类】约600~1000种，广泛分布于亚洲、欧洲及北美洲。中国100余种。除本种外，常见栽培的还有美国紫菀（*A. novae-angliae*），全株具柔毛，头状花序径约5cm，花紫、粉红、白等色。原产北美。

（九）蓍

【学名】*Achillea millefolia* L.

【别名】千叶蓍、西洋蓍

【科属】菊科，蓍属

【形态特征】多年生草本，有细的匍匐根状茎。茎直立，高40~100cm，有细条纹，通常被白色长柔毛，上部分枝或否，中部以上叶腋常有缩短的不育枝。叶无柄，叶片披针形，长圆状披针形或近条形，长5~7cm，宽1~1.5cm，2~3回羽状全裂，叶轴宽1.5~2mm，末回裂片披针形至条形，长0.5~1.5mm，宽0.3~0.5mm，先端有软骨质短尖，上面密生凹入的腺体，多少被毛，下面被较密的贴伏的长柔毛；下部叶和营养枝的叶长10~20cm，宽1~2.5cm。头状花序多数，密集成直径2~6cm的复伞房状；总苞片3层，椭圆形至矩圆形，长1.5~3mm，宽1~1.3mm；托片矩圆状椭圆形，膜质，背面散生黄色闪亮的腺点；边花5朵，舌状，舌片近圆形，白色、粉红色或淡紫红色；中央花两性，管状，黄色，外面有腺点。瘦果矩圆形，长约2mm，淡绿色，有狭的淡白色边肋；无冠状冠毛。花期6~9月；果期9~11月（图7-41）。

图7-41 蓍

【品种概况】黄蓍草（'Moonshine'），花色金黄，花簇顶部平整，并伴有芳香。

【分布与习性】广泛分布于欧洲和温带亚洲。生于山坡草丛、沟谷湿地或灌木丛中。全国各地公园及庭园常见栽培、归化。喜全光照环境，也耐半阴；耐寒，对土壤要求不严，能适应瘠薄土壤，但要求排水良好，湿度过高易造成倒伏，应及时修剪上部茎叶。

【繁殖方法】播种、扦插、分株繁殖。

【观赏特性及园林用途】花丛紧簇，花色丰富，有芳香，具有开花早、花期长、绿期长等特点，观赏价值高。可成片栽植作夏季花境主景，也可于疏林下或路缘的狭长地带栽植，丰富景观立面；也是布置庭院和香草园的理想材料，还适合作切花和干花。

【同属种类】约200种，广泛分布于北温带。我国产10余种，分布于北部和西南部。此外，银毛蓍草（*A. ageratifolia*），株高10~20cm，叶被银色柔毛；花白色。花期7月。原产希腊，适于布置岩石园。

（十）荷包牡丹

【学名】*Lamprocapnos spectabilis*（L.）Fuk.

【别名】荷包花

【科属】罂粟科，荷包牡丹属

【形态特征】宿根草本，株高40~90cm，茎紫红色，光滑无毛。地下茎水平生长，稍肉质。叶对生，长约20cm，2回3出羽状复叶，状似牡丹叶，具白粉，有长柄，裂片倒卵状。总状花序顶生、

图 7-42　荷包牡丹

弯垂，长达 50cm，花同向下垂、偏居一侧，形似荷包。萼片 2 枚，早落；花瓣 4 枚，外两瓣较大，桃红色，连合成心脏形囊状物，内层 2 枚狭长突出，外部白色，内部紫红色；雄蕊 6 枚。子房上位，1 室，花柱细长，盾状柱头 2 裂。蒴果细长，长圆形。种子细小。花期 4～6 月(图 7-42)。

【分布与习性】原产我国东北地区、俄罗斯西伯利亚及朝鲜北部，生于海拔 800～2800m 的湿润草地和山坡。耐寒性强，忌高温。喜全光或半阴环境，喜湿润，不耐干旱，宜生长于富含有机质的壤土或沙壤土中。

【繁殖方法】以分株繁殖和扦插繁殖为主，也可播种繁殖。

【观赏特性及园林用途】荷包牡丹叶丛美丽，花朵玲珑、奇特，形似荷包，色彩绚丽，是一优美的观赏花卉，最宜布置花境、花坛、适于草地边缘、林缘等稍阴处，还可点缀岩石园或大面积种植，景观效果极好。也是盆栽和切花的好材料。

【同属种类】本属仅此 1 种，分布于东北亚地区。

(十一) 山桃草

【学名】*Gaura lindheimeri* Engelm. et Gray

【别名】千鸟花、白桃花、白蝶花

【科属】柳叶菜科，山桃草属

【形态特征】多年生粗壮草本，常丛生；茎直立，高 60～100cm，常多分枝，入秋变红色。叶无柄，椭圆状披针形或倒披针形，长 3～9cm，宽 5～11mm，向上渐变小，边缘具远离的齿突或波状齿。花序长穗状，生茎枝顶部，不分枝或有少数分枝，直立，长 20～50cm；花近拂晓开放；花管长 4～9mm，花开放时反折；花瓣白色，后变粉红色，排向一侧；花药带红色，柱头深 4 裂，伸出花药之上。蒴果坚果状，狭纺锤形，熟时褐色，具明显的棱。种子 1～4 粒，卵状，淡褐色。花期 5～8 月；果期 8～9 月。

【分布与习性】分布于北美洲温带。我国北方各地和华中、华东常见栽培，供观赏。喜凉爽及半湿润气候，耐−35℃低温，要求阳光充足、肥沃、疏松及排水良好的沙质壤土。宜生长在阳光充足的场所，耐半阴。土壤要求肥沃、湿润、排水良好，耐干旱。

【繁殖方法】播种或分枝法繁殖。

【观赏特性及园林用途】山桃草花形奇特，花色优美，观赏价值高，常用于花境、地被、盆栽、草坪点缀，适合群栽，也可作插花。

【同属种类】21 种，产北美洲中部至东部以及墨西哥中部。我国引入 3 种，本种作观赏栽培。

(十二) 落新妇

【学名】*Astilbe chinensis* (Maxim.)Maxim. ex Franch. et Sav.

【科属】虎耳草科，落新妇属

【形态特征】多年生直立草本，高 50～90cm。根状茎粗壮，须根多数。基生叶为 2～3 回 3 出复叶，小叶片卵状长圆形、菱状卵形或卵形，长 2～8.5cm，宽 1.5～5cm，顶生小叶比侧生小叶大，基部楔形或微心形，先端渐尖，边缘有重锯齿，两面沿叶脉疏生硬毛；茎生叶 2～3 枚，比基生叶

小。顶生圆锥花序，较狭，长 15～30cm，小花密集；花序轴密被褐色
细长的卷曲柔毛。花萼 5 深裂，裂片卵形，长1～1.5mm；花瓣 5 枚，
紫色，线形，长约 5mm；宽约 0.5mm；雄蕊 10 枚，花丝长约 3mm，
花药紫色；心皮 2 枚，基部合生。蒴果长约 3mm，成熟时橘黄色。种
子褐色，长约 1.5mm，两头尖。花、果期8～10月(图 7-43)。

【分布与习性】原产中国，在长江中下游及东北地区均有野生。
生于海拔 390～3600m 的山谷、溪边、林下、林缘及草甸处。极耐寒，
喜半阴和湿润的环境。对土壤适应性较强，喜微酸、中性排水良好的
沙质壤土，也耐轻碱土壤。

【繁殖方法】播种或分株繁殖。

【观赏特性及园林用途】落新妇花序如火，美丽绚烂，枝叶繁密，
能迅速覆盖地面，有一定的耐阴能力，适宜种植在疏林下及林缘墙垣

图 7-43 落新妇

半阴处的花坛、花境、花带内，也可植于溪边和湖畔，矮生类型可布置岩石园。此外，亦可作切花
或盆栽观赏。

【同属种类】18 种，大多起源于东亚，北美洲也有。我国 7 种，主要分布在华东、华中和西南。
园艺品种主要由一些生长在高山地区和温带的种类经人工杂交选育而来，北美和欧洲各国应用广泛。

(十三) 肥皂草

【学名】*Saponaria officinalis* L.

【别名】石碱花

【科属】石竹科，肥皂草属

【形态特征】多年生草本，高 30～60cm；主根肥厚，肉质；根茎
细，多分枝。茎直立，不分枝或上部分枝，节稍膨大。叶片椭圆形或椭
圆状披针形，长 3～9cm，宽 1～3cm，两面近无毛，具 3(5) 条主脉，基
部渐狭成短柄状，微合生，半抱茎。聚伞状圆锥花序生于茎顶及上部叶
腋，有花 3～7 朵。花萼筒状，有纵脉。花瓣白色或淡红色，楔状倒卵
形，顶端微凹缺，喉部具 2 枚线形副花冠；雄蕊 10 枚；子房长圆状圆
筒形，花柱 2，细长。蒴果长圆状卵形。花期 5～10 月；果期 7～11 月
(图 7-44)。

【分布与习性】原产于土耳其、俄罗斯及其他欧洲国家。我国北方
栽培。性强健，耐寒；喜湿润环境，也耐旱，对土壤及环境条件要求不
严。有自播繁衍能力。

图 7-44 肥皂草

【繁殖方法】播种、分株或扦插繁殖。播种一般秋季进行。分株春、秋季均可。

【观赏特性及园林用途】肥皂草花型奇特，花色素雅，花期长。适合群植、片植或作自然式花境
的背景，远看如绒毯般壮观，与大多数春花类植物搭配均宜，以带状自然式种植于路缘，颇具野趣，
也可与岩石、墙垣、砾石相配，形成独具特色的岩石园景观。

【同属种类】约 30 种，产温带亚洲和欧洲，主产地中海地区。我国仅肥皂草 1 种，为引进或栽
培逸生种。此外，岩石碱花(*S. ocymoides*)，茎蔓生，多分枝，叶片椭圆状披针形，叶长约 1cm，花

瓣粉红色，花萼红紫色，产欧洲中部和南部，变种红岩生石碱花（var. rubra-compacta），花紫红色，可作岩石园布置材料。

（十四）宿根福禄考

【学名】*Phlox paniculata* L.

【别名】天蓝绣球、锥花福禄考

【科属】花葱科，福禄考属（天蓝绣球属）

图 7-45　宿根福禄考

【形态特征】多年生草本，茎直立，高 60～100cm，单一或上部分枝，粗壮，无毛或上部散生柔毛。叶交互对生，有时 3 叶轮生，长圆形或卵状披针形，长 7.5～12cm，宽 1.5～3.5cm，顶端渐尖，基部渐狭成楔形，全缘，两面疏生短柔毛；无叶柄或有短柄。多花密集成顶生伞房状圆锥花序，花梗和花萼近等长；花萼筒状，萼裂片钻状，比萼管短，被微柔毛或腺毛；花冠高脚碟状，淡红、红、白、紫等色，花冠筒长达 3cm，有柔毛，裂片倒卵形，全缘，比花冠管短，平展；雄蕊与花柱和花冠等长或稍长。蒴果卵形，3 瓣裂。种子卵球形，有粗糙皱纹。花期 6～9 月（图 7-45）。

【分布与习性】原产北美洲东部，我国各地庭园常见栽培。喜温暖、阳光充足环境，喜冷凉气候，忌酷热，尤忌高温多雨气候。在排水良好、疏松肥沃的中性土壤中生长良好。

【品种概况】园艺品种较多，色彩丰富，从白色、红色至蓝色，也有复色；有株高 30～50cm 的矮型品种，也有株高 50～70cm 的高型品种。常见的如 'Brigadier'，叶深绿，花粉色带橙色；'Bright Eyes'，花粉色并具红色花心。红色系品种常见的有 '红艳'（花深粉红色）、'猩红'（花鲜红色）、'茜草红'（花茜草红色）、'胭脂红'。复色系品种有 '粉眼'（花瓣深粉色，花被管喉部有红圈）、'泰尔红紫'（花瓣泰尔红紫色，花被管喉部有深红色圈）、'粉晕'（花瓣白色，花被管喉部红圈逐渐向花瓣边缘浸染）。紫色系有 '石竹紫'（花紫色，花期早，持续时间长）、'堇紫'（花堇紫色）。白色系有 '白雪'（花色洁白）。

【繁殖方法】播种、分株及扦插繁殖。

【观赏特性及园林用途】宿根福禄考花姿优美，花色丰富，具有亮丽多彩的景观效果，花期从初夏延续到仲秋，是夏季花园不可缺少的材料，在欧美冷凉地区有着"夏季花园的脊梁"之称，常用于布置花坛、花境，亦可点缀于草坪，还可盆栽或作切花。

【同属种类】约 66 种，产北美，仅 1 种产西伯利亚。我国引入栽培的有 3 种，供观赏。常见栽培的还有：

（1）小天蓝绣球（福禄考）*Phlox drummondii* Hook.：一年生，株高 15～45cm，茎有腺毛。下部叶对生，上部叶互生，宽卵形、长圆形和披针形，长 2～7.5cm。圆锥状聚伞花序顶生，花冠高脚碟状，直径 1～2.5cm，淡红、深红、紫、白、淡黄等色，花冠裂片圆形。蒴果椭圆形，长约 5mm，花萼宿存。花期 5～6 月。原产墨西哥。可用于布置春季、初夏季的花坛、花境及岩石园。

（2）丛生福禄考（针叶天蓝绣球）*Phlox subulata* L.：矮小草本，茎丛生，多分枝，铺散；叶对生或簇生于节上，钻状线形或线状披针形，长 1～1.5cm，锐尖；无叶柄。聚伞花序简单，花梗纤细，长 0.7～1cm，花冠高脚碟状，淡红、紫或白色，长约 2cm。产北美东部，华东地区栽培。

（十五）宿根亚麻

【学名】*Linum perenne* L.

【别名】多年生亚麻

【科属】亚麻科，亚麻属

【形态特征】多年生草本，高 50～70cm。根较粗壮。茎直立，分枝较多，基部木质，光滑。单叶互生，无柄，叶片线形或线状披针形，长 0.5～1.6cm，宽 1～3mm，先端锐尖，基部平截，全缘。聚伞花序生于茎的上部或枝端；花较大，直径 2.3～2.6cm；萼片 5 枚，匙状、卵圆形，先端尖，具白色膜质边缘，背部具突起的 3 脉，宿存；花瓣 5 枚，淡蓝色，基部呈黄棕色，具明显的蓝色脉纹，倒卵圆形，长 1～1.5cm，宽 1cm，先端钝圆或微具细齿；腺体 5 个，着生在花丝基部；雄蕊 5 枚，退化的雄蕊线形；雌蕊 1 枚，子房圆形，5 室，而被假隔膜分成假 10 室，花柱 5，比花丝长，柱头头状。蒴果球形，纵裂，每室具种子 2 颗。种子扁平，长圆形，褐黑色，具光泽，腹面具不明显的白色边缘。花、果期 6～8 月（图 7-46）。

图 7-46 宿根亚麻

【分布与习性】原产欧洲，我国东北及华北常见栽培，有时逸为野生。喜阳光充足的环境和排水良好的土壤，性强健，耐寒，在北京地区可露地越冬。偏碱土壤生长不良。较耐干旱，自然野生于干燥草甸或河滩石砾质地间。须根长，不耐移植。

【繁殖方法】播种繁殖，春、秋两季进行。

【观赏特性及园林用途】可用于花坛、花境、岩石园，也可在草坪坡地上片植或点缀。

【同属种类】约 180 种，分布于温带和亚热带地区。我国 8 种，引入栽培 1 种。

（十六）锦绣苋

【学名】*Alternanthera bettzickiana* (Reg.)Nichols.

【别名】五色苋、法国苋、红绿草

【科属】苋科，莲子草属（虾钳草属）

【形态特征】多年生草本，茎直立或基部匍匐，多分枝，上部 4 棱形。叶片长圆形、长圆状倒卵形或匙形，长 1～6cm，宽 0.5～2cm，先端急尖或圆钝，有凸尖，基部渐狭，边缘皱波状，绿色或红色，或绿色并杂以红色或黄色斑纹，幼时有柔毛；叶柄长 1～4cm。头状花序顶生及腋生，无总梗；小苞片卵状披针形，长 1.5～3mm；花被片卵状长圆形，白色，外面 2 片长 3～4mm，背部下面密生柔毛，中间 1 片较短，稍凹或扁平，疏生柔毛或无毛，内面 2 片极凹；雄蕊 5 枚，花药条形，其中 1～2 枚较短且不育；子房无毛，花柱长约 0.5mm（图 7-47）。

【分布与习性】原产南美巴西，中国各地有栽培。夏季喜凉爽气候，高温高湿则生长不良，冬季要求温暖，不耐寒，宜在 15℃以上越冬，生长季节要求阳光充足、土壤湿润、排水良好。耐修剪。

图 7-47 锦绣苋

【品种概况】黄叶五色草('Aurea'),叶黄色而有光泽;花叶五色草('Tricolor'),叶具各色斑纹。

【繁殖方法】扦插繁殖。

【观赏特性及园林用途】植株低矮,耐修剪,枝叶繁茂,常用各色品种成片栽植拼成花纹、图案及文字样式。适用于布置模纹花坛,特别是立体花坛造型,或制作动物、花篮,别具一格。

【同属种类】约200种,主要分布于南北美洲。我国5种,其中4种为引入种类。常见栽培的为本种。

(十七) 四季海棠

【学名】*Begonia semperflorens* Link. et Otto

【别名】瓜子海棠、玻璃海棠

【科属】秋海棠科,秋海棠属

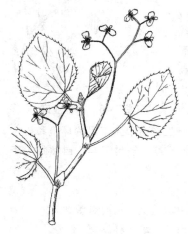

图 7-48 四季海棠

【形态特征】多年生常绿草本,茎直立、光滑,稍肉质,高25~40cm,有发达的须根。单叶互生,有光泽,叶片卵圆至广卵圆形,边缘有锯齿,基部歪斜,绿色或紫红色,或绿色而有紫晕。聚伞花序腋生,花单性,雌雄同株,花色有红、粉红和白等色。雄花较大,花瓣2片,宽大;萼片2枚,较狭小;雌花稍小,花被片5枚。也有重瓣类型。蒴果三棱形,种子细小,多数。花期长,可四季开放(图7-48)。

【地理分布】原产巴西低纬度高海拔地区林下。较耐阴,喜温暖,在稍阴湿的环境和湿润的土壤中生长最好。忌高温及盐碱、水涝。

【繁殖方法】播种、扦插或分株繁殖均可,以扦插繁殖为主。

【观赏特性及园林用途】四季海棠叶片变化多姿,花朵鲜艳美丽,花叶兼美,是世界著名的观赏植物,品种繁多,传统生产中作为温室盆花,由于具有株形圆整、花多而密集、易与其他花坛植物搭配、观赏期长等优点,近年广泛应用于花坛布置,效果极佳,成为重要花坛花卉之一。盆栽则常用以点缀客厅、橱窗或装点家庭窗台、阳台、茶几。

【同属种类】约900种,分布于热带和亚热带,尤以中、南美洲最多。我国80余种,分布长江流域以南各省区,极少数种广布到华北地区和甘肃、陕西南部,以云南东南部和广西西南部最集中。该类群植物花朵鲜艳美丽,体态多姿,花期较长,易于栽培,长期以来作园艺和美化庭院的观赏植物。一些引种栽培的秋海棠各地习见,如银星秋海棠(*B. argenteo - guttata*)、竹节秋海棠(*B. maculata*)、牛耳海棠(*B. sanguinea*)、蟆叶秋海棠(*B. rex*)等。

(十八) 美女樱

【学名】*Verbena hybrida* Voss

【科属】马鞭草科,马鞭草属

【形态特征】为多年生草本植物。茎四棱、横展、匍匐状,低矮粗壮,丛生而铺覆地面,全株具灰色柔毛,高30~50cm。叶对生有短柄,长圆形、卵圆形或披针状三角形,边缘具缺刻状粗齿或整齐的圆钝锯齿,叶基部常有裂刻。花序顶生,多数小花密集排列呈伞房状。苞片近披针形,花萼细长筒状，先端 5 裂，花冠漏斗状，长约为萼筒的 2 倍，先端 5 裂，裂片端凹入。花色多，有白、粉红、深红、紫、蓝等不同颜色，也有复色品种，略具芬芳，花期长。蒴果。4 月至霜降前开花陆续不断，果熟期 9～10 月。

【分布与习性】原产巴西、秘鲁、乌拉圭等地，现世界各地广泛栽培，中国各地也均有引种栽培。喜温暖湿润气候，喜阳光、不耐阴，较耐寒、耐阴差、不耐旱，对土壤要求不严，但以在疏松肥沃、较湿润的中性土壤能节节生根，生长健壮，开花繁茂。

【繁殖方法】用扦插、压条、分株或播种繁殖。

【观赏特性及园林用途】株丛矮密，花期长、花色丰富，适合盆栽和吊盆栽培，装饰窗台、阳台和走廊，鲜艳雅致，富有情趣。可成群摆放于公园入口处、广场花坛、街旁栽植槽、草坪边缘用作花坛、花境材料，也可作盆花成大面积栽植于园林隙地、树坛中。

【同属种类】约 250 种，主产美洲热带至温带，仅 2～3 种产东半球。我国 1 种，引入栽培 2 种。除本种外，细叶美女樱(*V. tenera*)也栽培供观赏。

（十九）佛甲草

【学名】*Sedum lineare* Thunb.

【科属】景天科，景天属

【形态特征】多年生肉质草本，全体无毛。茎纤细倾卧，高 10～25cm，着地部分节节生根。叶 3～4 片轮生，近无柄，线形至倒披针形，长 2～2.5cm，宽约 2mm，先端钝尖，近无柄。花黄色；聚伞花序顶生，中央有一朵短梗花，另有 2～3 分枝，分枝常有再 2 分枝，着生花无梗；萼片 5 枚，线状披针形；花瓣 5 枚，矩圆形，长 4～6mm；雄蕊 10 枚，心皮 5 个，成熟时分离，长 4～5mm，花柱短。蓇葖果略叉开，长 4～5mm。种子小。花期 4～6 月；果期 6～7 月(图 7-49)。

【分布与习性】原产我国东南部，野生生长于山坡或岩石上，日本也有。喜光，略耐阴。多浆植物，含水量高，其叶、茎表皮的角质层具有超常的防止水分蒸发的特性，极耐干旱，忌积水，耐寒性较强。

【繁殖方法】分株和扦插法繁殖。

图 7-49 佛甲草

【观赏特性及园林用途】佛甲草生长旺盛，四季郁郁葱葱、翠绿晶莹，十分惹人喜爱，是优良的地被植物。能生长在仅为 30mm 厚的特殊的生长基质上，种植成活后无须特殊的管理，常用于屋顶绿化，采用无土栽培，负荷极轻。

【同属种类】约 490 种，主要分布于北温带和热带的高山上，我国约 130 种，南北均产之，以西南高山为多，主供观赏和药用。我国园林中常见栽培的还有：

(1) 费菜(土三七) *Sedum aizoon* L.：全株肉质肥厚，高 20～50cm；块根胡萝卜状。叶互生，狭披针形、椭圆状披针形至卵状倒披针形，长 3.5～8cm，宽 1.2～2cm，先端渐尖，基部楔形，边缘有不整齐的锯齿；几无柄。聚伞花序，花黄色，花瓣长圆形至椭圆状披针形，长 6～10mm。花期 6～7 月。分布于东北、华北、西北和长江流域各地。

(2) 垂盆草 *Sedum sarmentosum* Bunge：茎细弱，常匍匐生长，节上有不定根。3 叶轮生，叶倒披针形至长圆形，长 1.5～2.8cm，宽 3～7mm，先端近急尖，基部急狭，有距。聚伞花序少花，花黄色，花瓣披针形至长圆形。蓇葖果近直立。花期 5～7 月。分布于东北、华北至华东各地，贵州、四川、甘肃、陕西也产。

（二十）天竺葵

【学名】*Pelargonium hortorum* Bailey

图 7-50　天竺葵

【别名】洋绣球、入腊红

【科属】牻牛儿苗科，天竺葵属

【形态特征】多年生草本或亚灌木，株高 30～60cm，全株被细毛和腺毛。茎基部木质化，上部肉质，具明显的节，密被短柔毛，具浓烈鱼腥味。单叶互生；叶片圆形或肾形，基部心形，直径 3～7cm，边缘波状浅裂，具圆齿，两面被透明短柔毛，表面有暗红色马蹄形环纹；叶柄长 3～10cm；托叶宽三角形或卵形，长 7～15mm。伞形花序，花蕾下垂，花期直立；花瓣 5 枚，宽倒卵形，长 12～15mm，宽 6～8mm，先端圆形，基部具短爪，下面 3 枚通常较大，花色有白、红、紫、粉红、橙等多种，单瓣、半重瓣或重瓣；子房密被短柔毛。蒴果长约 3cm，被柔毛（图 7-50）。

【分布与习性】该种为园艺杂交种，我国栽培极为普遍。适应性强，喜冷凉，忌高温，喜阳光充足、排水良好的肥沃壤土；不耐水湿，湿度过大易徒长，稍耐干旱。生长适温为白天 15℃左右，夜间不低于 5℃。夏季休眠或半休眠，应置半阴处，并控制水分。

【品种概况】常见的栽培品种有 'Amethyst'，花紫红色；'Lambada 98'，花粉红色；'Shany'，花半重瓣，深红色；'Penve'，花半重瓣，粉红色；'Tomado'，花单瓣，白色。另外，有四倍体天竺葵 'Freckles'，花粉红色；四倍红 'TetraScarlet'，大花种，花鲜红。

【繁殖方法】常用播种和扦插繁殖。

【观赏特性及园林用途】花期长，花色丰富、艳丽，是布置庭园、花坛和室内盆栽的理想材料，热带地区露地栽培，北方多盆栽。

【同属种类】约 250 种，分布于热带地区，主产非洲南部，我国引入栽培约 7 种，各大城市均有栽培供观赏用。常见栽培的还有：

（1）蝶瓣天竺葵（洋蝴蝶）*Pelargonium domesticum* Bailey：高 30～50cm，茎被开展长柔毛。叶圆肾形，叶面微皱，具不规则锐锯齿，有时 3～5 浅裂。伞形花序与叶对生或腋生，长于叶；花白色、淡红色、粉红色、深红色等，上面两花瓣较大且有黑紫色斑纹。花期 3～7 月（温室冬季亦开花）。我国北方常见栽培种。原产非洲南部。

（2）盾叶天竺葵 *Pelargonium peltatum* (L.) Ait.：茎蔓生。叶略肉质；托叶大，三角状心形，叶柄插生于叶缘以内；叶片近圆形，径 5～7cm，五角状浅裂或有时近全缘。伞房花序腋生，花冠洋红色，上面 2 瓣着深色条纹（栽培者常为同色），下面 3 瓣彼此分离。原产非洲南部，我国各地栽培。

（3）马蹄纹天竺葵 *Pelargonium zonale* Ait.：茎通常单生，仅幼时略被绒毛；叶片倒卵形，叶面有浓褐色蹄状斑纹，叶缘有钝锯齿；花较小；深红至白色，上面 2 花瓣较小。花期盛夏。

（二十一）非洲菊

【学名】*Gerbera jamesonii* Bolus ex Gard.

【别名】扶郎花

【科属】菊科，大丁草属

【形态特征】多年生草本，常绿性；具较粗的须根。全株被细毛，叶莲座状基生，长椭圆形至长圆形，长 10～14cm，宽 5～6cm，不规则羽状浅裂或深裂；叶柄长 7～15cm。花葶单生，或稀有数个丛生，高 25～60cm，有些品种高达 80cm；头状花序单生于花葶顶，于花期舌瓣展开时直径 6～10cm；总苞钟形，直径达 2cm；外层舌状雌花 1～2 轮，或多轮，淡红色、紫红色、白色或黄色，长圆形，长 2～4cm 或更长；内层雌花和中央两性花管状二唇形；管状花黄色、黄褐色。瘦果圆柱形，长 4～5mm，密被白色短柔毛。可四季开花，以春季和秋季为盛(图 7-51)。

图 7-51　非洲菊

【分布与习性】原产非洲南部，世界各地广为栽培。喜冬暖夏凉、空气流通、阳光充足的环境，可忍受短期的 0℃ 低温，不耐寒，忌炎热；对光周期的反应不敏感，自然日照的长短对花数和花朵质量无影响；喜肥沃疏松、排水良好、富含腐殖质的沙质壤土，忌黏重土壤，宜微酸性土壤，生长最适 pH 值为 6.0～7.0。

【繁殖方法】多采用组织培养快繁，也可采用分株或扦插法繁殖。播种繁殖用于矮生盆栽型品种或育种。

【观赏特性及园林用途】在华南地区四季常绿，主要作为切花，是世界重要切花之一。全年均可开花，观赏期较长，单花观赏期一周左右。非洲菊又称"扶郎花"，具有扶助新郎之寓意，在我国的一些婚礼仪式上广泛使用。

【同属种类】本属近 80 种，主要分布于非洲，其次为亚洲东部及东南部。我国有 20 种，集中分布于西南地区，以云南为主。

（二十二）山麦冬

【学名】*Liriope spicata*（Thunb.）Lour.

【别名】麦冬、土麦冬

【科属】百合科，麦冬属

【形态特征】常绿宿根草本，根状茎短粗，木质，具地下走茎；根末端常膨大成椭圆形或纺锤形的肉质小块根。叶丛生，线形，长 25～60cm，宽 4～6(8)mm，基部常包以褐色的叶鞘，上面深绿色，背面粉绿色，具 5 条脉，中脉较明显，边缘具细锯齿。花葶有棱，花葶通常长于或几等长于叶；总状花序长 6～15(20)cm，具多数花，花通常(2)3～5 朵簇生于苞片腋内，淡紫色或淡蓝色，小花梗弯曲向下，花被片 6 枚，矩圆形、矩圆状披针形；花药狭矩圆形；子房半下位。花期 5～7 月；果期 8～10 月(图 7-52)。

图 7-52　山麦冬

【分布与习性】分布于除东北及内蒙古、青海、新疆、西藏以外的其他各省区，生于山坡、山谷林下、路旁或湿地；为常见栽培的观赏植物。性喜温暖湿润、半阴及通风良好的环境，宜富含腐殖质、肥沃而排水良好的沙质壤土，黏重土壤生长不良。耐寒性颇强。

【繁殖方法】以分株为主，也可播种繁殖。

【园林应用】麦冬植株低矮，常年绿色，是优良的观叶植物。既可作为宿根花卉应用，栽于花坛边缘、路边、山石旁、台阶侧面、树下，又是良好的地被植物，适于成片栽植，可绿化美化、护坡保土。

【同属种类】约 8 种，分布于越南、菲律宾、日本和我国。我国 6 种，产华北至秦岭以南各地。常见栽培的还有：

(1) 阔叶山麦冬 Liriope muscari (Decaisne) I. H. Bailey：叶片宽条形，长 25~60cm，宽 1~3cm，有 9~11 条脉，有时有明显的横脉。花葶长于叶，长 45~100cm；总状花序长 25~40cm，花多而密，常 3~6 朵簇生于苞腋；花被片长约 3.5mm，淡紫色。花期 7~8 月；果期 9~10 月。产长江流域至华南，北达山东、河南，也常栽培。

(2) 禾叶山麦冬 Liriope graminifolia (L.) Baker：叶片条状披针形，长 20~50cm，宽 2~4mm，叶脉 5 条。花葶通常稍短于叶，长 15~40cm；总状花序长 5~12cm，花常 3~5 朵簇生于苞腋；花淡紫色或白色。花期 5~8 月；果期 8~10 月。产长江流域至华南、西北和华北南部。

(二十三) 吊兰

【学名】*Chlorophytum comosum* (Thunb.) Baker

【科属】百合科，吊兰属

图 7-53　吊兰

【形态特征】多年生宿根草本，具簇生的圆柱形肥大须根和根状茎。叶基生，条形至条状披针形，长 10~30cm，宽 1~2cm，柔韧似兰，顶端长、渐尖；基部抱茎，着生于短茎上。花葶细长，长于叶，弯垂，长 30~60cm，先端常形成叶簇或小植株。总状花序单一或分枝，花白色，数朵一簇，疏离地散生在花序轴。蒴果三棱状扁球形，花期 5 月，果期 8 月，室内冬季也可开花 (图 7-53)。

【分布与习性】原产非洲南部，各地习见栽培。喜温暖湿润、半阴的环境。它适应性强，较耐旱，不甚耐寒。不择土壤，在排水良好、疏松肥沃的沙质土壤中生长较佳。对光线的要求不严，一般适宜在中等光线条件下生长，亦耐弱光。

【繁殖方法】通常用分株法繁殖，也可剪取花茎上带根的小苗盆栽。

【观赏特性及园林用途】吊兰为传统的室内盆栽垂挂植物，叶片修长，带气生根的小植株从花盆上悬垂而下，舒展散垂，构成了独特的悬挂景观和立体美感，似一幅泼墨山水画，观赏效果极佳。同时，还是一种良好的室内空气净化花卉，有"绿色净化器"之美称。

【同属种类】约 100~150 种，主要分布于非洲和亚洲的热带地区，大洋洲和南美洲也产。我国产 4 种，分布于西南和广东、广西地区，引入栽培数种。除本种外，*C. capense* 也常被栽培，区别在于后者花葶通常直立，具多分枝的圆锥花序，花序末端不具叶簇或幼小植株。

目前，吊兰的园艺品种除了纯绿叶之外，还有'大叶吊兰'、'金心吊兰'、'金边吊兰'和'银边吊兰'等。前两者的叶缘绿色，叶的中间为黄白色；'金边吊兰'叶缘黄白色，叶片较宽；'银边吊兰'叶缘绿白色。其中，'大叶吊兰'的株形较大，叶片较宽大，叶色柔和，属于高雅的室内观赏植物。

（二十四）虎尾兰

【学名】*Sansevieria trifasciata* Prain.

【别名】虎皮兰

【科属】百合科(龙舌兰科)，虎尾兰属

【形态特征】多年生草本，株高 1.2m 以上。具匍匐的根状茎；叶基生，直立，硬革质，下部筒形，渐狭呈柄状，中上部扁平，长条状披针形，全缘，长30～120cm，宽 3～8cm，表面有白绿色和深绿色相间的横带斑纹，边缘绿色。花葶高 30～80cm，基部有淡褐色的膜质鞘；花淡绿色或白色，每 3～8 朵一簇，排成总状花序；花梗长 5～8mm；花被片长 1.6～2.8cm，管与裂片约等长。浆果，直径约 7～8mm。花期 11～12 月(图 7-54)。

【分布与习性】原产非洲西部，我国各地栽培观赏。喜温暖，不耐严寒；喜阳光充足环境，耐半阴，但不宜长期放在庇荫处和强阳光下；有很强的抗旱能力，忌水涝，在排水良好的沙质壤土中生长健壮。春夏生长速度快，应多浇一些有机液肥，晚秋和冬季保持盆土略干为好。

图 7-54 虎尾兰

【变种】金边虎尾兰(var. *laurentii*)，叶缘金黄色。

【繁殖方法】常用分株法和叶插法进行繁殖。

【观赏特性及园林用途】虎尾兰叶形坚挺，耸直似剑，叶面斑纹如虎尾，清秀别致，常用于室内盆栽，装饰窗台、阳台、书桌等，具有热带风情。也常用于布置沙漠植物景观。

【同属种类】本属约 60 种，主要产非洲，少数也见于亚洲南部。我国引种栽培，常见栽培的还有柱叶虎尾兰(*S. canaliculata*)，叶圆柱形并有纵槽。

（二十五）君子兰

【学名】*Clivia miniata* Regel.

【别名】大花君子兰、宽叶君子兰

【科属】石蒜科，君子兰属

【形态特征】多年生草本植物，常绿性；根肉质、纤维状。叶带状，排成 2 列，长可达 45cm，全缘，先端钝圆；叶基 2 列状交互叠生形成假鳞茎。花茎实心，自叶丛中伸出，伞形花序顶生，有花7～30 朵，多者可达 40 朵以上；花直立向上，有柄，花被宽漏斗状，花被片 6 枚，两轮，橙黄色至红色；雄蕊 6 枚，花柱细长，子房球形。浆果紫红色，近球形。可全年开花，以冬、春季为主；果实成熟期 10 月左右(图 7-55)。

【分布与习性】原产于非洲南部，生于林下，既怕炎热又不耐寒，生长的最佳温度在 18～22℃ 之间，5℃ 以下或 30℃ 以上则生长

图 7-55 君子兰

受抑制；喜半阴、湿润且通风的环境，畏强光直射；喜深厚、肥沃、疏松的土壤。

【繁殖方法】播种及分株繁殖。

【观赏特性及园林用途】君子兰叶片苍翠挺拔，花大色艳，果实红亮，花、叶、果并美，有"一季观花、三季观果、四季观叶"之称；植株文雅俊秀，有君子风姿，花如兰，而得名，从古至今一直被视为"花之君子"，象征坚强刚毅、威武不屈的高贵品质和富贵吉祥的美好祝愿。君子兰是我国重要的年宵花卉，也是布置会场、装饰宾馆环境的理想盆花。

【同属种类】本属共 3 种，主产非洲南部。我国常见栽培的有 2 种，另一种为垂笑君子兰（*C. nobilis*），叶较狭长，长 25～40cm，宽 3～3.5cm，叶缘粗糙；花茎高 30～45cm，开花时花稍下垂；花被狭漏斗形，橙红色，长 6～10cm，裂片披针形，先端尖；花梗长约 3cm，下垂。

（二十六）鹤望兰

【学名】*Strelitzia reginae* Aiton

【别名】极乐鸟花、天堂鸟花

【科属】旅人蕉科，鹤望兰属

【形态特征】常绿宿根草本，株高 1～2m。茎极短而不明显；根粗壮、肉质。叶基生，两侧排列；叶片革质，长椭圆形或长椭圆状卵形，长 25～45cm，宽约 10cm，背面有白粉；叶柄长为叶片的 2～3 倍，中央有纵槽沟。总花梗从叶腋抽出，与叶近等长。佛焰苞绿色，边缘有红晕，横生似船形，长 15～20cm；花序着花 3～9 朵，自下向上顺次开放。花高度两侧对称，花萼（外花被）3 枚，橙黄色；花瓣（内花被）3 枚，舌状，蓝紫色或天蓝色，中央的 1 枚较短，舟状，侧生的 2 枚结合成箭头状（园艺上称为花舌）；雄蕊 5 枚。秋冬开花，花期长达 100 天以上。

【分布与习性】原产非洲南部。喜温暖湿润，不耐寒，生长适温 23～25℃，也不耐热，超过 30℃休眠；喜光照充足，但要避免烈日曝晒；喜富含腐殖质、肥沃而排水良好的土壤，pH 值 5.5～6.5 为宜。

【繁殖方法】常用播种和分株繁殖。播种繁殖需借助人工授粉，才能结种子。

【观赏特性及园林用途】鹤望兰于 1773 年被引入英国，以其奇特的花姿很快成为世界普遍重视的室内花卉。叶大而挺秀，花形奇特，色彩夺目，宛如仙鹤翘首远望，又称天堂鸟、极乐鸟之花，被视为自由、吉祥、幸福的象征。可丛植院角，点缀花坛中心，或作花境的背景材料，景观效果极佳。亦为名贵切花。此外，鹤望兰也可盆栽，用于摆放宾馆、接待大厅和大型会议，具清新、高雅之感。

图 7-56 尼克拉鹤望兰

【同属种类】鹤望兰属共有 4 种，原产非洲南部。现热带地区广植。我国引种栽培 3 种。除鹤望兰外，见于栽培的还有：

（1）尼克拉鹤望兰（大鹤望兰）*Strelitzia nicolaii* Regel & Koern.：有明显的木质树干，高可达 5～8m。叶片长圆形，长 90～120cm，宽 45～60cm，基部圆形。花序腋生，总花梗短于叶柄，花序上通常有 2 个大型佛焰苞，长达 25～32cm。萼片白色，长 13～17cm，宽 1.5～3cm；箭头状花瓣天蓝色，长 10～12cm，基部戟形（图 7-56）。

（2）扇芭蕉 *Strelitzia alba*（L. f.）H. C. Skeels：树干高可达 6m，直径 15～20cm；落叶后残留有环状疤痕。叶 2 列于茎顶，外观似旅

人蕉；叶片长圆形，长 60～90cm，基部心形。花序只有 1 个佛焰苞。花之各部全为白色；箭头状花瓣边缘略弯曲，上部微呈波状，基部圆形。

（二十七）花烛

【学名】*Anthurium andraeanum* Linden

【别名】安祖花

【科属】天南星科，花烛属

【形态特征】多年生常绿草本，高达 1m 以上。茎短，具肉质根。叶鲜绿色，从根茎抽出，具长柄，长椭圆状心形，长 30～40cm，宽 10～12cm；叶脉凹陷。花梗自叶腋抽生，长可达 50cm，高于叶；佛焰苞阔心形，蜡质，有光泽，长 10～20cm，宽 8～10cm，朱红色、橙红色、白色等，表面有波皱；肉穗花序圆柱状，直立，黄色，长约 6cm。花两性。适宜条件下四季开花，花期可长达 6 周。

【分布与习性】原产于哥斯达黎加、哥伦比亚等热带雨林区，常附生在树上，有时附生在岩石上或直接生长在地上。性喜温暖、潮湿、半阴的环境，不耐寒，所能忍受的最高温和最低温为 35℃ 和 14℃；忌干旱和强光直射；最适 pH 值为 5.5～6.5。

【变种】可爱花烛（var. *amoenum*），又名白灯台花，佛焰苞粉红色，肉穗花序白色，先端黄色；克氏花烛（var. *closoniae*），佛焰苞大，先端白色，中央淡红色；大苞花烛（var. *grandiflorum*），佛焰苞大；粉绿花烛（var. *rhodochlorum*），佛焰苞粉红色，中央绿色，肉穗花序初开为黄色，后变为白色；莱氏花烛（var. *lebaubyanum*），佛焰苞宽大，红色；光泽花烛（var. *lucens*），佛焰苞血红色；单胚花烛（var. *monarchicum*），佛焰苞血红色，肉穗花序黄色带白色。

【繁殖方法】主要采用分株、扦插和组织培养进行繁殖。

【观赏特性及园林用途】于 19 世纪中叶传入欧洲，到 20 世纪初开始品种改良，培育了众多观花品种。我国约 20 世纪 80 年代较大规模引种栽培。属名 Anthurium 在希腊语中意为花序形似动物的尾巴，极有特点，佛焰苞颜色靓丽，花期长，叶片外形奇特，是目前国际花卉市场新兴的切花之一。除作切花、切叶材料外，亦常盆栽于室内的茶几、案头作装饰花卉。

【同属种类】约 550 种，产热带美洲，我国引种栽培多种，常见栽培的还有：

（1）深裂花烛 *Anthurium variabile* Kunth：攀缘植物，幼枝纤细。叶柄长 30～45cm，关节短；叶片 7～9 裂，裂片分离，长披针形或披针状长圆形，长约 20cm，宽 2～4cm。花序柄长 3～10cm。佛焰苞披针形，渐尖，深绿色，长 6cm。肉穗花序无梗，青紫色，长约 10cm，下部粗 6～8mm。花瓣宽胜于长。浆果倒卵圆形，深绿色，顶部紫色。原产巴西。我国福建、广东栽培供观赏。

（2）掌叶花烛 *Anthurium pedato-radiatum* Schott：茎上升，长 1m 以上，粗 5cm。叶柄长达 1m，具浅槽，关节长。叶片轮廓圆形，直径 40～50cm，亮绿色，具光泽，7～13 深裂，裂片披针形或线状披针形，最外侧的镰状，各裂片基部连合 1/5～1/4。花序柄长 40～60cm。佛焰苞长 15cm，披针形，淡红色，后期反折。肉穗花序长 10cm，具长 3mm 的短梗。浆果长 1.5cm，倒卵形，橙黄色。花期 7～8 月（昆明）。原产墨西哥。我国广东、云南栽培供观赏。

（二十八）花叶山姜

【学名】*Alpinia pumila* J. D. Hook.

【科属】姜科，山姜属

【形态特征】无地上茎；根状茎平卧。叶 2～3 片一丛自根茎生出；叶片椭圆形，长圆形或长圆状披针形，长达 15cm，宽约 7cm，顶端渐尖，基部急尖，叶面绿色，叶脉处颜色较深，余较浅，叶背浅绿；两面均无毛；叶鞘红褐色。总状花序自叶鞘间抽出，总花梗长约 3cm；花成对生于苞片内；花萼紫红色；花冠白色；唇瓣卵形，顶端短 2 裂，反折，边缘具粗锯齿，白色，有红色脉纹。果球形，径约 1cm。花期 4～6 月；果期 6～11 月。

【分布与习性】产云南、广东、广西；喜高温多湿环境，不耐寒，怕霜雪。喜阳光，又耐阴。生长适温为 22～28℃，冬季温度不低于 5℃。对光照比较敏感，光照不足，叶片则呈黄色，不鲜艳；光线过暗，叶色又会变深；土壤宜肥沃而保湿性好的壤土。

【繁殖方法】常用分株繁殖。

【观赏特性及园林用途】植株矮小，花姿雅致，花香诱人，是一种极好的观叶兼观花植物。种植在溪水旁或树荫下，又能给人回归自然、享受野趣的快乐。也可盆栽，适宜厅堂摆设。

【同属种类】本属约 230 种，分布于热带亚洲、大洋洲和太平洋岛屿。我国 51 种，产西南部至台湾。常见栽培的还有艳山姜（A. zerumbet），高 2～3m，叶片深绿色，披针形，长 30～60cm，宽 5～10cm。圆锥花序下垂，长达 30cm；苞片白色，基部和顶端粉红色；花萼钟状，长约 2cm；花冠管较萼管为短，裂片矩圆形，长约 3cm，乳白色，顶端粉红色；唇瓣黄色而有紫红色条纹。蒴果球形，直径 2cm。分布于我国东南部至西南部（图 7-57）。

图 7-57　艳山姜

（二十九）竹芋

【学名】*Maranta arundinacea* L.

【科属】竹芋科，竹芋属

【形态特征】多年生直立草本，高 0.4～1m，具分枝。根状茎肉质，白色，末端纺锤形，长 5～7cm，具宽三角状鳞片。叶片卵状矩圆形或卵状披针形，长 10～20cm，宽 4～10cm，绿色，顶端渐尖，基部圆形；叶柄基部鞘状，顶端的叶枕圆柱形，长 5～10mm，被长柔毛。总状花序顶生，长 15～20cm，疏散，有花数朵；苞片线状披针形，内卷，长 3～4cm；花小，白色，长 1～2cm；萼片卵状披针形；花冠筒约与萼片等长，裂片 3 枚；外轮的 2 枚退化雄蕊呈花瓣状，长约 1cm。果褐色，长约 7mm。花期夏秋季（图 7-58）。

【分布与习性】分布于美洲热带地区，现广植于各热带地区；我国广东、广西、云南常见栽培。喜温暖湿润和光线明亮的环境，不耐寒，也不耐旱，怕烈日曝晒，喜疏松肥沃、排水透气性良好并含有丰富腐殖质的微酸性土壤。

【变种】斑叶竹芋（var. variegata），叶片具白斑。

【繁殖方法】以分株繁殖为主。

【观赏特性及园林用途】枝叶生长茂密、株形丰满；叶面浓绿亮泽，是优良的室内喜阴观叶植物，常用来布置卧室、客厅、办公室等场所，显得安静、庄重，可长期放置于室内。

图 7-58　竹芋

【同属种类】约 32 种，分布于美洲热带，我国引入栽培 2

种、1 变种。常见栽培的还有花叶竹芋（*M. bicolor*），又名双色竹芋。植株矮小，高 25～40cm，基部有块状茎。叶基生，叶面粉绿色，中脉两侧有暗褐色的斑块，背面紫色，叶缘稍具波状。原产巴西。叶美丽，常栽培观赏。

（三十）芭蕉

【学名】*Musa basjoo* Sieb. et Zucc.

【别名】甘蕉

【科属】芭蕉科，芭蕉属

【形态特征】多年生大型草本植物，无明显主干，叶鞘覆叠成直立假茎，高达 2.5～4m。宽大的叶轮生于茎顶，新叶由地下茎抽出。叶片长圆形，长 2～3m，宽 25～30cm，先端钝，基部圆形或不对称，表面鲜绿色有光泽，背面粉白色，两侧具与主脉垂直之平行脉；叶柄粗壮，长达 30cm。花序顶生，下垂；苞片红褐色或紫色。雄花生于花序上部，雌花生于下部；雌花在每一苞片内 10～16 朵，排成 2 列；合生花被片长 4～4.5cm，具 5 齿，离生花被片几与合生花被片等长，顶端有小尖头。浆果长圆形，长 5～7cm，具 3～5 棱，肉质，形似香蕉。花期夏、秋季，果实 12 月成熟，但不可食用。

【分布与习性】原产日本和我国台湾，秦岭淮河以南各地常露地栽培。芭蕉茎分生能力强，生长较快，栽后一两个月即可成荫。性喜温暖湿润环境，耐半阴，适当的遮光有利于植株生长，更利于提高品质；喜土层深厚、疏松肥沃和排水良好的土壤。但耐寒力较弱，耐短时间的 0℃低温；忌积水，若土壤持续积水很容易烂根。此外，由于其叶片为平行脉，结构疏松，极易被大风吹裂，故应选择避风的地方种植。

【繁殖方法】春季芭蕉根际生出新株，可通过分株进行繁殖，一般在休眠期间进行。

【观赏特性及园林用途】芭蕉株形高大，古人赞曰"扶疏似树，质则非木，高舒垂荫，异秀延瞩"。蕉叶碧翠似绢，宽大如扇，有孕风贮凉之功，自古就有"芭蕉孕凉南国风"之说。"雨打芭蕉"也常被用来表达自然之美的意境。芭蕉可栽植在庭院中作为观赏，不仅美观，具有屏障和分割作用，还常与太湖石、石笋、黄石等配置一处，装点墙拐、院角、路侧等角落；芭蕉幼株亦可制作盆景。古典园林中常植于窗前，绿荫覆盖，蕉窗夜雨，诗情画意。

【同属种类】约 30 种，主产亚洲东南部。我国连栽培在内约 11 种，主要产于西南部至台湾。本属植物为热带、亚热带重要的资源，栽培的香蕉为热带著名水果；蕉麻的假茎纤维可制作耐海水浸泡的绳缆。

（三十一）水塔花

【学名】*Billbergia pyramidalis*（Sims）Lindl.

【科属】凤梨科，水塔花属

【形态特征】多年生常绿草本，茎极短。叶 6～15 片，莲座状排列，中心呈筒状，叶筒内可以贮水，因状似水塔而得名"水塔花"；叶片阔披针形，长 30～45cm，宽达 6cm，直立至稍外弯，顶端钝而有小锐尖，基部阔，边缘至少在上半部有棕色小刺，上面绿色，背面粉绿色，常有横纹。花葶从筒中抽生，穗状花序直立，略长于叶，被白粉；苞片披针形至椭圆状披针形，长 5～7cm，粉红色；萼片有粉被，暗红色，长约为花瓣的 1/3，裂片钝至短尖；花瓣红色，长约 4cm，开花时旋扭；雄蕊比花瓣短；子房有粉被。多于冬春季开花。

【分布与习性】原产巴西，我国温室多有栽培。附生在热带森林的树上或腐殖质中，喜温暖、湿润、半阴环境，不耐寒，稍耐旱。要求空气湿度较大，忌强光直射，生长适温为20～28℃。对土质要求不高，以含腐殖质丰富、排水透气良好的微酸性沙质壤土为好，忌钙质土。

【繁殖方法】分株繁殖，分株时间以早春为佳。

【观赏特性及园林用途】叶的基部常保持相当量的水分，株丛青翠，花色艳丽，叶筒中抽出独特的红色火把状花序，是点缀阳台、厅室、庭院、假山、池畔等场所的良好盆栽花卉。

【同属种类】约60种，产热带美洲。我国温室常栽培2种。另一种垂花水塔花(B. nutans)，茎极短，叶莲座状丛生，长达50cm，宽15mm，先端下垂，叶缘有疏小刺；花葶先端下垂，花序轴膝状折曲，总苞片狭、紧贴花葶，粉红色到淡红色，花萼橙红色、边缘蓝紫色，花瓣绿色、边缘蓝紫色。

(三十二) 其他宿根花卉

1. 耧斗菜 *Aquilegia viridiflora* Pall.

毛茛科，耧斗菜属。茎直立，被柔毛及腺毛。基生叶2回3出复叶；叶柄基部有鞘；叶片宽4～10cm，中央小叶楔状倒卵形，上部3裂，裂片具2～3圆齿，下面粉绿色。茎生1～2回3出复叶。聚伞花序，花微下垂；萼片5枚，花瓣状，黄绿色；花瓣5枚，黄绿色，倒卵形，有长1.2～1.8cm的直或微弯的距。蓇葖果长1.5cm。花期5～7月；果期6～8月。

分布于东北、华北及西北各地，喜凉爽气候。花大而美丽，花形独特，叶态优美，可用于观赏，丛植于花坛、花境及岩石园中、林缘或疏林下。

2. 白头翁 *Pulsatilla chinensis* (Bunge) Regel

毛茛科，白头翁属。高10～40cm，全株密被白色绒毛。基生叶4～5片，花期较小，后增大，密被白色长柔毛。3出复叶，小叶再分裂；中生小叶常有柄，3深裂，裂片倒卵形，侧生小叶近无柄。花单生，径约3～4cm；花被片6枚，蓝紫色，瓣状，花药鲜黄色。瘦果密集成头状，花柱宿存伸长，密被白色毛。花期3～4月；果期4～5月。

华北、东北、西北等地均有分布，性喜凉爽气候，耐寒。花期早，植株矮小，是理想的地被植物品种，果期羽毛状花柱宿存，形如头状，极为别致。在园林中可作自然栽植，布置花坛、道路两旁，或点缀于林间空地。

3. 剪秋罗 *Lychnis fulgens* Fisch.

石竹科，剪秋罗属。高50～80cm，全株被柔毛。叶卵状长圆形或卵状披针形，长4～10cm，宽2～4cm。二歧聚伞花序紧缩呈伞房状；花直径3.5～5cm，花瓣深红色，狭披针形，具缘毛，瓣片轮廓倒卵形，深2裂达瓣片的1/2，裂片椭圆状条形，副花冠片长椭圆形，暗红色，呈流苏状。花期6～7月；果期8～9月。

产黑龙江、吉林、辽宁、河北、山西、内蒙古、云南、四川及其他省偶有栽培。生于低山疏林下、灌丛草甸阴湿地。日本、朝鲜和俄罗斯(西伯利亚和远东地区)也有。

4. 满天星(圆锥石头花)*Gypsophila paniculata* L.

石竹科，石头花属。多年生草本，高30～80cm。叶片披针形或线状披针形，长2～5cm，宽2.5～7mm。圆锥状聚伞花序多分枝，疏散，花小而多，白色或淡红色。花期6～8月；果期8～9月。

产于新疆阿尔泰山区和塔什库尔干，生于河滩、草地、固定沙丘、石质山坡。哈萨克斯坦、俄罗斯西伯利亚、蒙古西部、欧洲、北美也有。根、茎可供药用，栽培可供观赏。

5. 二色补血草 *Limonium bicolor* (Bunge) Kuntze

白花丹科，补血草属。多年生草本，高 20～50cm，全株(除萼外)无毛。叶基生，偶可花序轴下部 1～3 节上有叶，花期叶常存在，匙形至长圆状匙形，长 3～15cm，宽 0.5～3cm，基部渐狭成平扁的柄。花序圆锥状；花萼长 6～7mm，漏斗状，萼檐初时淡紫红或粉红色，后来变白；花冠黄色。花期 5(下旬)～7 月；果期 6～8 月。

产东北、黄河流域各省区和江苏北部，主要生于平原地区，也见于丘陵和海滨，喜生于含盐的钙质土上或沙地。蒙古也有。

6. 美国薄荷(马薄荷) *Monarda didyma* L.

唇形科，美国薄荷属。茎四棱形，节上或沿棱被长柔毛。叶片卵状披针形，长达 10cm，宽达4.5cm，侧脉 9～10 对；茎中部叶柄长 2.5cm，向上渐短。轮伞花序在茎顶密集成径达 6cm 的头状；苞片叶状，染红色，小苞片线状钻形，长约 1cm。花冠紫红色，能育雄蕊 2 枚。花期 7 月。

原产北美洲，我国各地栽培。植株高大，开花整齐，园林中常作背景材料，也可供花境、坡地、林下、水边栽植。

7. 假龙头花(随意草) *Physostegia virginiana* Benth.

唇形科，假龙头花属。株高 60～120cm，茎四方形、丛生而直立。单叶对生，披针形，亮绿色，边缘具锯齿。轮伞花序长 20～30cm，花冠唇形，花筒长约 2.5cm，唇瓣短，花色淡紫红，其花朵排列在花序上酷似芝麻的花。花期 7～9 月。

分布于北美洲，我国各地常见栽培。叶秀花艳，成株丛生，盛开的花穗迎风摇曳，婀娜多姿，宜布置花境、花坛背景或野趣园中丛植，也适合大型盆栽或切花。

8. 薰衣草 *Lavandula angustifolia* Mill.

半灌木，被星状绒毛。叶线形或披针状线形，花枝上的叶较大，疏离，长 3～5cm，宽 0.3～0.5cm，被密的或疏的灰色星状绒毛，全缘，边缘外卷。轮伞花序通常具 6～10 花，在枝顶聚集成间断或近连续的穗状花序；花具短梗，蓝色。花萼卵状管形或近管形；花冠具 13 条脉纹，冠檐二唇形，上唇直伸，2 裂，下唇开展，3 裂。雄蕊 4 枚。小坚果 4 枚，光滑。花期 6 月。

原产地中海地区；我国栽培，为观赏及芳香油植物。

9. 大吴风草 *Farfugium japonicum* (L.) Kitam.

菊科，吴风草属。多年生草本，根状茎粗壮。叶互生，基生叶有长柄，长 4～15cm，宽 6～30cm，上面绿色。花茎直立，高 30～70cm；花黄色，头状花序在顶端排成疏伞房状，直径 4～6cm，总苞圆筒状，长 12～15mm。舌状花长 3～4cm，宽 5～6mm。瘦果圆柱形，长 5～6.5mm。

分布于中国东部各省，日本和朝鲜也有分布。华东地区常见栽培。

10. 瓜叶菊 *Pericallis hybrida* B. Nord.

茎直立，高 30～70cm，被密白色长柔毛。叶片肾形至宽心形，长 10～15cm，宽 10～20cm，基部深心形，边缘不规则三角状浅裂或具钝锯齿，下面被密绒毛；叶脉掌状；叶柄基部扩大抱茎。上部叶较小，近无柄。头状花序直径 3～5cm，在茎端排成宽伞房状；总苞钟状，长 5～10mm，宽 7～15mm；总苞片 1 层，披针形。小花紫红色、淡蓝色、粉红色或近白色，舌片开展，长椭圆形，长2.5～3.5cm，宽 1～1.5cm，顶端 3 小齿；管状花黄色，长约 6mm。花、果期 3～7 月。

原产大西洋加那利群岛。我国各地公园或庭院广泛栽培。花色美丽鲜艳，色彩多样，是一种常见的盆景花卉和装点庭院居室的观赏植物。

11. 春黄菊 *Anthemis tinctoria* L.

菊科，春黄菊属。多年生草本，茎直立，高30～60cm，带红色，被白色疏绵毛。叶矩圆形，羽状全裂，裂片矩圆形，有三角状披针形、顶端具小硬尖的篦齿状小裂片，叶轴有锯齿，下面被白色长柔毛。头状花序单生枝端，直径达3(4)cm，有长梗；总苞半球形；总苞片被柔毛或渐脱毛，外层披针形，顶端尖，内层矩圆状条形，顶端钝，边缘干膜质；雌花舌片金黄色；两性花花冠管状，5齿裂。瘦果四棱形，稍扁，有沟纹；冠状冠毛极短。花、果期7～10月。

原产欧洲。我国各地公园常有栽培。

12. 滨菊 *Leucanthemum vulgate* Lam.

菊科，滨菊属。多年生草本，高15～80cm。茎通常不分枝，被绒毛或卷毛至无毛。叶两面无毛。基生叶花期生存，长椭圆形、倒披针形、倒卵形或卵形，长3～8cm，宽1.5～2.5cm，基部渐狭成长柄，柄长于叶片，有圆钝锯齿；茎中下部叶长椭圆形或线状长椭圆形，基部耳状扩大半抱茎，有时羽状浅裂；上部叶渐小，有时羽状全裂。头状花序单生茎顶，或2～5个排成疏松伞房状；总苞径10～20mm，边缘白色或褐色膜质；舌片长10～25mm。花、果期5～10月。

我国各地栽培观赏，河南、江西、甘肃有归化野生。另外，见于栽培的还有大滨菊(*Leucanthemum maximum*)，植株高大，叶边缘有细尖锯齿，头状花序大，直径达7cm。

13. 毛地黄 *Digitalis purpurea* L.

玄参科，毛地黄属。二年生或多年生草本，高60～120cm，全株被灰白色短柔毛和腺毛。叶基生呈莲座状，卵圆形或卵状披针形，皱缩，有圆锯齿，由下至上渐小。顶生总状花序，长50～80cm，花冠钟状，长约7.5cm，蜡紫红色，内面有浅白斑点，品种有白、粉和深红等色。蒴果卵形。花期6～8月，果熟期8～10月，种子极小。

欧洲原产，我国各地栽培。花序花形优美，可用于花境、花坛、岩石园，作自然式布置。也可盆栽，温室中促成栽培可在早春开花。

14. 万年青 *Rohdea japonica* (L.) Roth.

百合科，万年青属。常绿草本，无地上茎。根状茎粗短，黄白色。叶基生，3～6枚，披针形、矩圆形或倒披针形，长15～50cm，宽2.5～7cm，基部渐窄呈柄状，直出平行脉多条，主脉粗壮。花葶短于叶，长2.5～4cm；穗状花序肉质，长3～4cm，花密生，淡黄色。浆果球形，橘红色，直径约8mm。花期5～6月；果期9～11月。

分布于我国和日本，我国产于华东、广西、贵州、四川等地，生于林下潮湿处或草地。性喜半阴、湿润环境，忌阳光直射。叶片宽大苍绿，浆果殷红圆润，是优美的观叶兼观果花卉，栽培历史悠久。

15. 一叶兰(蜘蛛抱蛋) *Aspidistra elatior* Blume

百合科，蜘蛛抱蛋属。多年生常绿草本，叶自根状茎上丛生而出；叶柄明显，粗壮；叶片浓绿有光泽，有时稍具黄白色斑点或条纹，长椭圆形，先端急尖，具有明显的平行脉。花葶极短，位于叶下并紧贴地面开放，花紫色。果皮油亮，恰似蜘蛛卵，故又名蜘蛛抱蛋。花期4～5月；果期6～8月。

原产我国南方各省区，日本也有分布，现广泛栽培。喜温暖、阴湿环境。四季常青，叶色浓绿光亮，叶形挺拔整齐，姿态秀美，性耐阴，适于成片植于林下、林缘，也可三五株丛植配置于庭院墙隅及建筑物背面，并可作为现代插花中极佳的配叶材料。

16. 吉祥草 *Reineckia carnea* (Andr.) Kunth.

百合科，吉祥草属。多年生草本，根状茎匍匐。叶 3～8 枚，簇生于根状茎顶端，条形或披针形，长 10～38cm，宽 0.5～3.5cm，深绿色。花葶短于叶，长 5～15cm，穗状花序长 2～6.5cm，花芳香，粉红色，花被片合生成短管状，上部 6 裂，裂片开花时反卷，矩圆形，稍肉质；雄蕊 6 枚。浆果球形，鲜红色。

分布于西南、华中、华南和陕西、江西、浙江、安徽、江苏；日本也有。生于阴湿山坡、山谷及密林下。华东各地常栽培观赏，作地被植物。

17. 麦冬(沿阶草) *Ophiopogon japonica* (L. f.) Ker.-Gawl.

百合科，沿阶草属。多年生常绿草本。根较粗，常膨大成椭圆形、纺锤形的小块根，块根长约 1～1.5cm 或更长，宽 5～10mm。地下匍匐茎细长。叶基生成密丛，禾叶状，长 10～50cm，宽 1.5～3.5mm，具 3～7 条脉。花葶长 6～15(27)cm；总状花序轴长 2～5cm，具 8～10 朵花或更多；花白色或淡紫色，1～2 朵生于苞片腋；苞片披针形；花梗关节位于中部以上或近中部；花被片 6 枚，披针形，长约 5mm。

除华北、东北和西北外，我国其他各省区均有分布。越南、印度、日本也产。生于海拔 2 000m 以下的山坡林下或溪边等。常作为地被植物，北方盆栽观赏。块根为常用中药"麦冬"。

18. 花叶万年青 *Dieffenbachia picta* (Lodd.) Schott.

天南星科，花叶万年青属。茎高 1m，粗厚，直立或下部伏地；下部的叶柄具长鞘，叶片长椭圆形或卵形，全缘，有白色或黄白色密集的不规则斑点，有的为金黄色镶有绿色边缘；花序柄自叶柄鞘内抽出，短于叶柄；佛焰苞长圆披针形，狭长，骤尖；肉穗花序隐藏于佛焰苞内，直立。浆果橙黄绿色。

原产南美，广东、福建等地普遍栽培或逸生。叶片宽大，色彩明亮强烈，观赏价值高，是著名的观叶植物，南方地区用作路缘、林下地被，北方常盆栽作室内观赏。

19. 广东万年青 *Aglaonema modestum* Schott ex Engler

天南星科，广东万年青属。多年生常绿草本，高 40～70cm。叶片深绿色，卵形或卵状披针形，长 15～25cm，宽 10～13cm，不等侧。花序柄纤细，长 10～12cm，佛焰苞长圆披针形，肉穗花序长为佛焰苞的 2/3，圆柱形，雌花序长 5～8mm，雄花序长 2～3cm。浆果绿色至黄红色，长圆形。花期 5 月，果 10～11 月成熟。

产热带亚洲，我国分布于广东、广西至云南，南北各省常盆栽置室内观赏。

20. 吊竹梅 *Zebrina pendula* Schnizl.

鸭跖草科，吊竹梅属。多年生草本，茎肉质，稍柔弱，幼株半直立，成株呈匍匐状，节上生根。叶互生，狭披针形，全缘，基部抱茎，叶面紫绿色而杂以银白色，中部边缘有紫色条纹，叶背紫红色。小花顶生或腋生，花瓣 3 枚，淡紫色或桃红色，果为蒴果。花期 5～11 月。

原产墨西哥等地，我国南方广泛栽培。植株匍匐状，叶色鲜艳，群植或丛植效果好，可作林下、林缘、草坪地被，也可作花坛的主体植物或镶边材料，组建平面图案或立体造型，或布置于建筑物窗台外，自然下垂形成绿帘般的垂直绿化效果。

第三节　球根花卉

　　球根花卉的地下部分具肥大的变态根或变态茎。植物学上称球茎、块茎、鳞茎、块根、根茎等，观赏植物生产中总称为球根。

　　栽植深度一般为球高的 3 倍。但晚香玉及葱兰以覆土到球根顶部为宜，朱顶红需要将球根的 1/4～1/3 露出土面，百合类中的多数种类要求栽植深度为球高的 4 倍以上。栽植的株行距依球根种类及植株体量大小而异，如大丽花为 60～100cm，风信子、水仙为 20～30cm，葱兰、番红花等仅为 5～8cm。球根花卉停止生长进入休眠后，大部分的种类需要采收并进行贮藏，休眠期过后再进行栽植。有些种类的球根虽然可留在地中生长多年，但如果作为专业栽培，仍然需要每年采收。

(一) 百合

　　百合科，百合属植物的统称。多年生草本，地下具鳞茎，由多数肥厚肉质的鳞片抱合而成，无膜质鳞皮包被，大小因种类而异。地上茎直立，叶互生或轮生，平行脉。花单生、簇生或总状花序；花大而美丽，漏斗状、喇叭形、杯状等，花被片 6 枚，2 轮，也有重瓣品种。雄蕊 6 枚，花药丁字形着生；柱头 3 裂。蒴果。花期初夏至初秋。

　　【常见种类】约 115 种，分布于北温带，主产东亚。我国约 55 种，全国均有分布，尤以西南和华中最多，大部分供观赏用，有些种类的鳞茎的鳞叶供食用。百合属一般分为四个组。百合组：花朵喇叭形，横生于花梗上，花瓣先端略外弯，雄蕊上部向上弯曲；叶互生。钟花组：花瓣较短，花朵向上、倾斜或下垂，雄蕊向中心靠拢；叶互生。卷瓣组：花朵下垂，花瓣向外反卷，雄蕊上端向外张开；叶互生。轮叶组：叶片轮生或近轮生，花朵向上(如青岛百合)或下垂(新疆百合)。

图 7-59　百合

　　(1) 野百合 Lilium brownii F. E. Brown ex Miell.

　　百合组。高 0.8～1.5m；鳞茎近球形，直径 3～4.5cm，鳞片白色，披针形或卵状披针形，长 2～4cm，宽 0.8～1.2cm。茎绿色，带紫色条纹，下部有小乳头状突起。叶片披针形、狭披针形至条形，通常自下向上渐小，长 7～15cm，宽(0.6)1～2cm，全缘。花单生或 2 至数朵排成近伞形；花大，喇叭形，乳白色，中肋稍带紫色条纹，有香气；花被片倒披针形，长 12～16cm，外轮花被片宽 2～3cm，内轮花被片宽 2.5～3.5cm，蜜腺两边有小乳头状突起；花丝中部以下被柔毛。花期 6～7 月；果期 9～10 月。分布于华东、华中、华南、西南等地，北达陕西、甘肃。

　　变种百合(var. viridulum)，叶片倒披针形至倒卵形。分布于河北、山西、河南、陕西、湖北、湖南、江西、安徽和浙江等地(图 7-59)。

　　(2) 王百合(岷江百合) Lilium regale Wils.

　　百合组。鳞茎宽卵圆形，高约 5cm，直径 3.5cm；鳞片披针形，长 4～5cm。叶狭条形，长 6～8cm，宽 2～3mm。花大，径约 12cm，喇叭形，花冠白色，喉部黄色，外侧具淡紫色晕，芳香。蒴果长卵形，黄褐色。花期 6～7 月；果期 9～10 月。产四川省。

(3) 糙茎百合 *Lilium longiflorum* Thunb. var. *scabrum* Masam.

百合组。株高50～100cm，茎基部淡红色。鳞茎近球形，高约2.5～5cm，鳞片白色。叶片披针形或矩圆状披针形，长8～15cm，宽1～1.8cm。花单生或2～3朵簇生，喇叭形，白色，筒外略带绿色，长达19cm，极香。花丝长达15cm，无毛。花期6～7月；果熟期8～9月。产我国台湾省。原种特产于日本。

(4) 渥丹 *Lilium concolor* Salisb.

钟花组。鳞茎卵球形，高2～3.5cm。茎高30～50cm，近基部有时带紫色，有小乳头状突起。叶散生，条形，长3.5～7cm，宽3～6mm，脉3～7条。花1～5朵排成近伞形或总状花序；花直立，星状开展，深红色，花被片矩圆状披针形，长2.2～4cm，宽4～7mm。花期6～7月；果期8～9月。分布于河南、河北、山东、陕西、山西和吉林。

变种有斑百合(var. *pulchellum*)，花被片有斑点。分布于东北、华北。

(5) 毛百合(兴安百合) *Lilium dauricum* Ker-Gawl.

钟花组。鳞茎卵球形，高约1.5cm，直径约2cm；鳞片宽披针形，长1～1.4cm。叶散生，在茎顶端有4～5枚叶片轮生，基部有一簇白色绵毛。苞片叶状，长4cm；花1～2朵顶生，橙红或红色，有紫红色斑点，外轮花被片倒披针形，长7～9cm，宽1.5～2.3cm，外面有白色绵毛。花期6～7月；果期8～9月。产东北、内蒙古、河北。

(6) 卷丹 *Lilium tigrinum* Ker-Gawl.

卷瓣组。鳞茎卵状球形，直径4～6cm，鳞片白色，宽卵形，长2～3cm，宽1.2～2cm。茎直立，绿色或带淡紫色，有白色绵毛。叶片卵状披针形或披针形，长6～16cm，宽1.2～1.8cm，先端渐尖，边缘有乳头状突起，有5～7条脉；上部叶腋有珠芽。花3～10朵，排成总状花序，橘红色，下垂；花梗有白色绵毛；花被片披针形，反卷，长6～10cm，宽1.2～2cm，内侧有紫黑色斑点。蒴果狭长倒卵形，长3～4cm；种子多数。花期6～7月；果期8～9月。

(7) 湖北百合 *Lilium henryi* Baker

卷瓣组。茎高1～2m，有紫色条纹。鳞茎近球形，直径约5cm。叶2型：中下部叶矩圆状披针形，长7.5～15cm，宽2～2.7cm，有短柄；上部的叶卵圆形，长2～4cm，宽1.5～2.5cm，无柄。花瓣橙色，具稀疏的黑色斑点，蜜腺两边有流苏状突起，花药深橘红色。花期6～7月。中国特有种，产湖北、贵州、江西。

(8) 青岛百合(崂山百合) *Lilium tsingtauense* Gilg.

轮叶组。鳞茎近球形，高和直径2.5～4cm。叶轮生，1～2轮，每轮5～14枚，矩圆状倒披针形、倒披针形至椭圆形，长10～15cm，宽2～4cm，两面无毛。除轮生叶外还有少数散生叶，较小而狭，披针形。花单生或2～7朵排成总状花序，橙红或橙黄色，带紫色斑点，花朵星状。花期6月；果期8月。产山东和安徽。具有很高的观赏价值，因分布范围狭窄，已被列入国家稀有濒危植物名录(图7-60)。

【园艺分类】百合的园艺品种众多，1982年，国际百合学会根据亲本的产地、亲缘关系、花色和花姿等特征，将百合的园艺品种分为9大类，即亚洲百合(Asiatic hybrids)、麝香百合(Longiflorum hy-

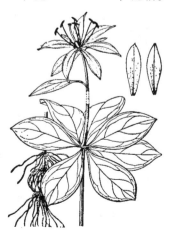

图7-60 青岛百合

brids)、东方百合(Oriental hybrids)、星叶百合(Martegon hybrids)、白花百合(Candidum hybrids)、美洲百合(American hybrids)、喇叭形百合(Trumpet hybrids)、其他类型(Miscellaneous hybrids)和原种(包括所有种类和变种、变型)。这个分类系统已被普遍认可,并在所有的百合展览中采用。常见栽培的主要属于以下3类。亚洲百合杂种系:亲本包括卷丹、山丹、川百合、毛百合等,花直立向上,瓣缘光滑,花瓣不反卷。麝香百合杂种系:又称复活节百合。花色洁白,花横生,花被筒长,呈喇叭状。主要是麝香百合、台湾百合(L. formosanum)衍生的杂种或杂交品种。其中该两种的杂种新铁炮百合(L. formolongo)花直立向上,可播种繁殖。目前应用较多的是日本培育的'雷山'系列品种。东方百合杂交系:包括鹿子百合(L. speciosum)、天香百合(L. auratum)、日本百合、红花百合及其与湖北百合的杂种。花斜上或横生,花瓣反卷或瓣缘呈波浪状,花被片上往往有彩色斑点。

【生态习性】喜冷凉湿润气候,要求肥沃、腐殖质丰富、排水良好的微酸性土壤及半阴环境。不耐寒,抗病能力强,不耐涝。

【繁殖方法】分球、播种繁殖,以前者为主。母球在生长过程中,于茎轴旁不断形成新的籽球并逐渐增大,与母球自然分裂,将这些籽球与母球分离,另行栽植。每个母球经1年栽培后,可产生新鳞茎,同样可把它们分离,作为繁殖材料另行栽植。

【观赏特性及园林用途】百合花姿雅致,叶片青翠娟秀,茎干亭亭玉立,色泽鲜艳,是盆栽、切花和点缀庭院的名贵花卉。鲜花含芳香油,可作食品、香料,鳞茎可作蔬菜食用,也可入药。

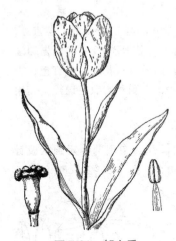

图7-61 郁金香

(二)郁金香

【学名】*Tulipa gesneriana* L.

【科属】百合科,郁金香属

【形态特征】多年生草本;高20～50cm;鳞茎卵圆形,直径约2cm,鳞茎皮纸质、棕褐色,内侧顶端和基部有少数伏贴毛。茎叶光滑,具白粉。叶3～5枚,叶片条状披针形至卵状披针形,长10～20cm,宽1～6cm,先端尖,有少数毛,全缘或稍波状,基部抱茎。花大,单生茎顶,花冠杯状或盘状;花色丰富,花被片内侧基部常有黑紫色或黄色色斑。花被片6枚,2轮,倒卵形或椭圆形,长5～7cm,宽2～4cm,先端尖或钝圆,有微毛;雄蕊6枚,等长,花丝向基部渐扩大,无毛,花药长卵圆形;柱头3裂,增大呈鸡冠状,无花柱。蒴果。花期4～5月(图7-61)。

【分布与习性】原产地中海沿岸及亚洲中部和西部,欧洲广泛栽培,以荷兰最盛。我国均有栽培,主要以新疆、广东、云南、上海、北京为主。郁金香适应冬季湿冷和夏季干热的特点,具有夏季休眠、秋冬生根并萌发新芽但不出土,需经冬季低温后第2年温度在5℃以上开始伸展生长形成茎叶,3～4月开花的特性。喜光、喜冬暖夏凉的气候。耐寒力强,冬季球根能耐-35℃的低温;生根需5℃以上。要求疏松、富含腐殖质、排水良好的土壤。最适pH值6.5～7.5。

【品种概况】郁金香的品种繁多,约有万余种。花形有杯形、碗形、百合花形(高脚杯形)、流苏花形、鹦鹉形、星形等;花色有白、粉红、紫、褐、黄、橙、黑等,深浅不一,单色或复色,唯缺蓝色;花期有早、中、晚3类。1981年,在荷兰举行的世界品种登录大会郁金香分会上,将郁金香根据花期、花形、花色等性状，分为 15 个品种群(Group, Gp)：单瓣早花品种群(Single Early Gp)、重瓣早花品种群(Double Early Gp)属于早花类；凯旋品种群(Triumph Gp)、达尔文杂交品种群(Darwin Hybrids Gp)属于中花类；单瓣晚花品种群(Single Late Gp)、百合花形品种群(Lily-flowered Gp)、流苏品种群(Fringed Gp)、绿斑品种群(Viridiflora Gp)、伦布朗品种群(Rembrandt Gp)、鹦鹉品种群(Parrot Group)、重瓣晚花品种群(Double Late Gp)属于晚花类。此外，还有考夫曼品种群(Kouf-maniana Gp)、佛氏品种群(Forsteriana Gp)、格里氏品种群(Greigii Gp)和其他混杂品种群(Miscella-neous Gp)。

【繁殖方法】分球、播种和组织培养繁殖，以分球繁殖为主。在秋季 9～10 月分栽子鳞茎，大者 1 年、小者 2～3 年可培育成开花球。

【观赏特性及园林用途】花期较早，花色鲜艳，花形端庄，品种繁多，是世界名花，适宜花坛、花境。也常作切花栽培，矮生品种可盆栽观赏。在我国，郁金香的主要用途是景观展览布置。郁金香的特点是同一个品种在同一地段上栽培时，花茎长短、开花早晚、花色花形非常整齐；其次是花色丰富艳丽；其三是花大而形状奇特；其四是品种繁多，不同品种其花色、花形、花姿、植株的高低、叶形、叶色均有不同。

在园林应用上，郁金香可以满足多种多样的要求和艺术手法。从丛林深处到开阔草地，无论是池边湖畔，还是岩石亭榭；不论是西欧式的几何图形花坛，还是中国式的小桥流水，曲栏幽径，都可以选择布置出与自然界十分协调的风景。另外，还用于春节期间供应切花和盆花。

【同属种类】约 150 种，产亚洲、欧洲和北非，以地中海至中亚地区最为丰富。我国 13 种，主要产于新疆，另引入栽培 1 种。常见的还有：

(1) 老鸦瓣(山慈姑) *Tulipa edulis* (Miq.) Baker：叶 2 枚，长条形或条形，长 10～25cm，宽 3～12mm，基部鞘状抱茎。花茎细弱，苞片 2 片对生或 3 片轮生，狭条形或条状披针形，长 2～3cm；花单朵顶生；花被片 6 枚，狭椭圆状披针形或条状披针形，白色，有紫色条纹。分布于东北南部至长江流域。

(2) 伊犁郁金香 *Tulipa iliensis* Regel：鳞茎卵形，直径 1～2cm，外皮黑褐色，内面上部和基部有伏毛。花茎高 10～20cm，上部通常有毛。叶 3～4 枚，彼此疏离或紧靠而似轮生，条形或条状披针形，宽窄变化大，狭者仅 2mm，阔者达 15mm。花单生，花被片 6 枚，黄色或上部边缘略带淡紫色，长 2.5～3.5cm，宽 4～20mm。产新疆天山一带；前苏联中亚地区也有。生长于山坡草地、戈壁。

(三) 石蒜

【学名】*Lycoris radiata* (L'Her) Herb.

【别名】彼岸花

【科属】石蒜科，石蒜属

【形态特征】多年生草本；鳞茎宽椭圆形至近球形，长 4～5cm，直径 2～4cm，外被紫褐色的膜质鳞茎皮。叶于花后发出、夏季枯萎，基生，条形，深绿色，中间有粉绿色带，长约 15cm，宽 0.5～0.7cm，先端钝。花茎单一，直立，实心，高约 30cm；总苞片 2 枚，膜质；伞形花序有 5～7 花，花鲜红色，无香气；花被管极短，绿色，长 0.5～0.7cm；花被裂片狭倒披针形，长约 3cm，宽约 5mm，强度皱缩和反卷；雌、雄蕊显著伸出花被片外。花期 8～9 月；果期 10 月(图 7-62)。

图 7-62 石蒜

【分布与习性】分布于长江流域及西南、华南，广泛栽培。耐寒，喜阴，能忍受的高温极限为日平均温度 24℃；喜湿润，也耐干旱，喜偏酸性土壤，以疏松、肥沃的腐殖质土最好。有夏季休眠习性。球根含有生物碱。

【繁殖方法】用分球、播种、鳞块基底切割和组织培养等方法繁殖，以分球法为主。

【观赏特性及园林用途】石蒜素有中国的郁金香之称。冬春叶色翠绿，夏秋红花怒放，极为艳丽，是优良的园林地被，适于林下自然式片植、布置花境或点缀草坪，也可作切花。石蒜又名彼岸花，源于其夏季休眠的特性，夏初其叶片枯萎，地下的鳞茎进入休眠，而秋季花茎破土而出，花色红艳，花瓣反卷，叶萎花开，花谢叶出，花、叶永远不会同时出现。

【同属种类】约有 20 余种，主产我国和日本，少数产缅甸和朝鲜。我国 16 种，常见的还有：

(1) 鹿葱 Lycoris squamigera Maxim.：鳞茎宽卵形，直径 4～5cm。叶条形，较柔软，宽 1.5～2.5cm，先端钝。花葶 7～8 月抽出，高 50～70cm；花淡紫红色，喇叭状，长 9～10cm，花被管长约 2.5cm，裂片长圆状倒披针形，宽约 1.5cm；雄蕊与花被裂片近等长；花柱略伸出花被外。花期 7～8 月。分布于华东。

(2) 忽地笑 Lycoris aurea (L'Herit)Herb.：叶宽条形，长达 60cm，宽约 1.5cm，叶脉及叶片基部带紫红色。花黄色或橙色，稍两侧对称，长约 7cm，花被筒长不及 2cm，花被裂片边缘稍皱曲。分布于我国中南部，生于阴湿环境，花期 9～10 月。

(四) 水仙

【学名】*Narcissus tazetta* L. var. *chinensis* M. Roem.

图 7-63 水仙

【科属】石蒜科，水仙属

【形态特征】多年生草本，鳞茎卵球形。叶与花茎同时抽出，基生，宽线形，长 20～40cm，宽 8～15mm，顶端钝，全缘，粉绿色。花葶实心，约与叶等长；总苞片佛焰苞状，膜质；伞形花序由 4～8(10) 朵花组成，花芳香，平伸或下垂；花梗长于总苞片；花被高脚碟状，筒部近三棱，灰绿色，长 1.5～2cm，裂片 6 枚，卵圆形至阔椭圆形，白色；副花冠浅杯状，淡黄色，不皱缩，长不及花被的一半；雄蕊 6 枚，着生于花被管内；子房 3 室，每室有胚珠多数，花柱长，柱头 3 裂。蒴果，室背开裂(图 7-63)。

原种多花水仙(法国水仙)(*Narcissus tazetta* L.)，分布广，自地中海到亚洲东南部。鳞茎大，一葶多花，3～8 朵，花径 3～5cm，花被片白色，倒卵形，副花冠短杯状，黄色，芳香。

【品种概况】从瓣型看，中国水仙有 2 个栽培品种，一为单瓣，花被裂片 6 枚，称为'金盏银台'，香味浓郁；另一个是重瓣花，花被片通常 12 枚，称为'玉玲珑'或百叶花，香味稍逊。从产地分，有福建漳州水仙、上海崇明水仙、浙江舟山水仙。漳州水仙鳞茎形美，具有两个均匀的侧鳞茎，呈山字形，鳞片肥厚疏松，花葶多，花香浓，为我国水仙花中的佳品。

【分布与习性】原产亚洲东部的温暖海滨地区，我国浙江和福建沿海岛屿，以上海崇明县和福建漳州水仙最为有名，各地常见栽培。

【繁殖方法】自然分球繁殖。将母球上自然分生的小鳞茎瓣下来作为种球，另行栽植培养，从种球到开花球需培养3～4年。

【观赏特性及园林用途】水仙株丛清秀、花色淡雅、芳香馥郁，花期正值春节，深受人们喜爱，是我国十大传统名花之一，被誉为"凌波仙子"，早在1300多年前的唐代即有栽培。既适于盆中水养，置于室内案头、窗台点缀，也适于园林中布置花坛、花境，也宜于在疏林、草坪成丛成片种植。鳞茎多液汁，含有石蒜碱、多花水仙碱，有毒，药用。

【同属种类】约60种，分布于地中海、中欧和亚洲。我国1种，引入栽培数种。常见栽培的还有喇叭水仙(*N. pseudo-narcissus*)，又名洋水仙、黄水仙。鳞茎球形，直径2.5～4cm。叶4～6枚，直立向上，宽线形，扁平，长25～40cm，宽8～15mm。花被淡黄色，副花冠略短于花被或者近相等。原产南欧地中海地区。植株高大，花色艳丽但无香气，生长势强，常用于疏林草地、河滨绿地，也是良好的切花材料。此外，丁香水仙(*N. jonquilla*)，叶2～4枚，深绿色，狭线形，横断面半圆形，长20～30cm；副花冠短小，长不及花被的一半。明星水仙(*N. incomparabilis*)，叶扁平状线形，灰绿色，被白粉，花葶有棱，与叶同高，花平伸或稍下垂，大形，黄或白色，副冠为花被片长度的一半。花期4月。红口水仙(口红水仙)(*N. poeticus*)，株高30～45cm，叶片线形或披针形，长约30cm，宽0.8～1cm。花常单生，花被纯白，副花冠浅杯状，橙黄色，边缘为橙红色皱边，3雄蕊外伸。

(五) 葱兰

【学名】*Zephyranthes candida* (Lindl.)Herb.

【别名】玉帘、葱莲

【科属】石蒜科，葱兰属

【形态特征】为多年生草本。株高20～30cm，鳞茎纺锤形，直径约2.5cm，外被褐色皮膜，鳞茎上部具长达2.5～5cm的细长颈。叶狭线形，肥厚，亮绿色，长20～30cm，宽2～4mm。花茎中空，从叶丛中抽生，顶端着生一朵花，下有带褐红色的佛焰苞状总苞，总苞片顶端2裂。花梗长约1cm，花白色，略带红晕，直径3～4cm；花被片6枚，长约3～5cm，宽约1cm，近等大，近喉部有很小的鳞片，几乎无花被管；雄蕊6枚，长为花被片的1/2；花柱细长，柱头微三裂。蒴果三角状球形，直径约1.2cm，3瓣裂。种子黑色，扁平。花期7～10月；果期8～11月(图7-64)。

图7-64 葱兰

【分布与习性】原产南美；在我国南北各地庭园有引种栽培。喜光，但也耐半阴。喜温暖环境，但也较耐寒。土层深厚、地势平坦、排水良好的壤土或沙壤土。喜湿润，怕水淹。适应性强，抗病虫能力强，球茎萌发力也强，易繁殖。

【繁殖方法】分球和播种繁殖。一般以分球繁殖为主。

【观赏特性及园林用途】葱兰亮绿色的叶丛点缀着白色的花朵，美丽幽雅，宜在花坛、花境、公园、绿地、庭院地栽或盆栽观赏。

【同属种类】约40种，分布于西半球温暖地区。我国引种栽培2种。另一种为韭兰（风雨花）（*Z. grandiflora*），鳞茎卵形，直径2～3cm，颈较短。叶线形，长15～30cm，宽6～8mm。花梗长2～3cm，花玫瑰红色或粉红色，花被管明显，长1～2.5cm，花被裂片倒卵形；雄蕊长约为花被的2/3～4/5。原产南美洲，我国各地庭园栽培。

图7-65　晚香玉

（六）晚香玉

【学名】*Polianthes tuberosa* L.

【别名】夜来香

【科属】石蒜科，晚香玉属

【形态特征】多年生草本，株高可达1m。根状茎粗厚，块茎状。地上茎直立，不分枝。基生叶6～9枚簇生，线形，长40～60cm，宽约1cm，深绿色；花茎上的叶散生，向上渐小呈苞片状。花葶直立，高40～90cm；穗状花序顶生，花常成对着生于苞片内，苞片绿色；每序着花12～20朵。花乳白色，浓香，长3.5～7cm；花被管长2.5～4.5cm，基部稍弯曲，花被裂片6枚，相似，长圆状披针形；雄蕊6枚，生于花被管中。蒴果卵球形，顶端有宿存花被。花期7～10月（图7-65）。

【品种概况】栽培品种有白花和淡紫花两类，白花者多为单瓣，香味较浓，淡紫花者多为重瓣，每花序着花可达40朵左右。另有叶面具斑纹的类型。

【分布与习性】原产墨西哥，我国各地引种栽培，供观赏，花可提取芳香油。喜温暖湿润、阳光充足的环境，不耐霜冻，喜肥沃、湿润的黏质壤土或壤土。在原产地为常绿草本，四季开花，但以夏季最盛，我国大部分地区作春植球根栽培，长江流域可露地过冬。

【繁殖方法】多采用分球繁殖。

【观赏特性及园林用途】清人徐珂《清稗类钞》记载："晚香玉，草木之花也，京师有之。种自西洋至，西名'土必盈斯'。康熙时植于上苑，圣祖爱之，赐以此名，后且及于江、浙矣。"晚香玉花香浓郁，清雅宜人，至夜晚香气更浓，因而得名。为夏季切花种类，也可布置花坛、花境或盆栽。

【同属种类】约13种，产南美。我国常见栽培的仅此1种，且品种不多。

（七）文殊兰

【学名】*Crinum asiaticum* L. var. *sinicum*（Roxb. ex Herb.）Baker

【别名】十八学士

【科属】石蒜科，文殊兰属

【形态特征】多年生草本，植株粗壮。鳞茎球形，直径约10～15cm。叶片条状披针形，肥厚，浓绿色，长可达1m以上，宽7～12cm，先端渐尖，边缘波状。花葶直立，高约与叶片相等；花10～24朵组成伞形花序；总苞片2枚，披针形，外折，长6～10cm，白色，膜质；苞片多数，狭条形，长3～7cm。花梗长0.5～2.5cm；花被高脚碟状，白色，芳香，筒部纤细，伸直，长7～10cm，直径1.5～2mm；花被裂片条形，长4.5～9cm，宽6～9mm；花丝上部淡红色，花药黄色。蒴果，近球形，直径3～5cm。盛花期夏秋季（图7-66）。

原种叶片边缘不呈波状,花被裂片和花被筒均较短,产印度。

【分布与习性】分布于广东、福建和台湾,常生于海滨地区或河边沙地。喜温暖、湿润,生长适温 15～20℃,不耐寒,冬季需在不低于 5℃ 的室内越冬。略耐阴,不耐烈日曝晒。耐盐碱。

【繁殖方法】分球繁殖。

【观赏特性及园林用途】文殊兰花叶并美,具有较高的观赏价值,适于丛植观赏,可用于各类园林绿地、草坪点缀,还可作建筑周围的绿篱。盆栽则可用于布置大型厅堂、会议室,雅丽大方,满堂生香,令人赏心悦目。在我国西南地区,文殊兰被作为佛教寺院的"五树六花"之一而广泛种植于寺院。

图 7-66　文殊兰和西南文殊兰

1-2 文殊兰　3 西南文殊兰

【同属种类】约 100 种,分布于热带和亚热带。我国 1 种 1 变种。除文殊兰外,尚有西南文殊兰(*C. latifolium*),叶片长约 70cm,宽 3.5～6cm;花被裂片较宽,披针形或长圆状披针形,长约 7.5cm,宽 1.5cm,花被管常稍弯曲。分布于云南、广西和贵州(图 7-66)。

(八)朱顶红

【学名】*Hippeastrum rutilum* (Ker-Gwal.)Herb.

【科属】石蒜科,朱顶红属

【形态特征】多年生草本,鳞茎肥大,近球形,直径 5～10cm,外皮淡绿色或黄褐色,并有匍匐枝。叶片 6～8 枚,花后抽出,鲜绿色,带状,长约 30cm,基部宽约 2.5cm。花茎中空,稍扁,高约 40cm,宽约 2cm,有白粉;花 2～4 朵,喇叭形,花被管绿色,圆筒状,长约 2cm;花被裂片长圆形,长约 12cm,宽约 5cm,洋红色并稍带绿色;花丝红色。蒴果,室背 3 瓣裂。花期夏季。

目前栽培的朱顶红多为杂交品种,花期深秋及春季到初夏,有的品种初秋到春节开花(白肋朱顶红),花色艳丽,有大红、玫红、橙红、淡红、白、蓝紫、绿、粉中带白、红中带黄等色;花径大者可达 20cm 以上,而且有重瓣品种。

【分布与习性】原产秘鲁和巴西一带,广泛栽培。喜温暖湿润气候,生长适温为 18～25℃,忌酷热,阳光不宜过于强烈。怕水涝。冬季休眠期要求冷凉的气候,以 10～12℃ 为宜,不宜低于 5℃。喜富含腐殖质、排水良好的沙壤土。

【繁殖方法】分球繁殖。

【观赏特性及园林用途】朱顶红叶厚,有光泽,花色柔和艳丽,花朵硕大肥厚,适于盆栽陈设于客厅、书房和窗台。

【同属种类】约 75 种,分布于美洲和亚洲热带地区,我国引种栽培 2 种。除本种外,还有花朱顶红(*H. vittatum*),花序有花 3～6 朵,花被裂片红色,中心及边缘有白色条纹,原产秘鲁(图 7-67)。

图 7-67　花朱顶红

（九）唐菖蒲

【学名】*Gladiolus gandavensis* Van Houtte

【别名】剑兰

图 7-68 唐菖蒲

【科属】鸢尾科，唐菖蒲属

【形态特征】多年生草本。球茎扁圆球形，直径 2.5～4.5cm，外包有棕色或黄棕色的膜质鳞片。叶基生或在花茎基部互生；基生叶剑形，通常 7～9 枚，长 40～60cm，宽 2～4cm，基部鞘状，顶端渐尖，嵌迭状排成 2 列，灰绿色，有数条纵脉及 1 条明显而突出的中脉。花茎直立，高 50～80cm，不分枝，花茎下部生有数枚互生的叶；顶生穗状花序长 25～35cm，每朵花下有苞片 2 枚，膜质，黄绿色，卵形或宽披针形，长 4～5cm，宽 1.8～3cm，中脉明显；无花梗；花两侧对称，有红、黄、白或粉红等色，直径 6～8cm；花被管长约 2.5cm，基部弯曲，花被裂片 6 枚，2 轮排列，卵圆形或椭圆形，上面 3 片略大(外花被裂片 2 枚，内花被裂片 1 枚)，最上面 1 片内花被裂片特别宽大，弯曲成盔状；雄蕊 3 枚，直立，花药条形，红紫色或深紫色，花丝白色，着生在花被管上；花柱长约 6cm，顶端 3 裂，子房椭圆形，3 室，中轴胎座，胚珠多数。蒴果椭圆形或倒卵形，室背开裂；种子扁而有翅。花期 7～9 月；果期 8～10 月(图 7-68)。

【分布与习性】本植物为一杂交种，可能是由非洲南部产的 *Gladiolus psittacinus* 与 *G. cardinalis* 杂交而成，或后来混入 *G. oppositiflorus*。我国各地广为栽培，贵州及云南部分地区逸为半野生。主要为春植球根，夏季开花，冬季球根休眠。我国北方栽培时秋末将球茎自地中挖出室内贮存。阳性植物，对二氧化硫抗性较强，但对氯化氢敏感，微量即可致害。

【品种概况】现在唐菖蒲品种逾万，形态多样，园艺上通常按照生育习性、花期、花朵大小、花型、花色等进行分类。

(1) 按照生态习性分类：①春花类：多由欧洲、亚洲的亚种杂交而成。耐寒性强，在温和地区秋季栽植、春季开花。多数品种花朵较小，色淡株矮，有香气。现已少见栽培。②夏花类：多由南非的和印度洋沿岸的原种杂交而成。耐寒力弱，春种夏花。花型、花色、花径、香气富于变化，目前栽培最广泛。

(2) 按照生育期长短分类：①早花类：种植种球后 70～80 天开花。生育期要求温度较低，宜早春温室栽种，夏季开花。也可夏植秋花。②中花类：种植种球后 80～90 天开花，如经催芽、早栽，则生长快，花大，新球茎成熟早。③晚花类：种植种球后 90～100 天开花。植株高大，叶片多，花序长，产生的子球多，种球耐夏季贮藏，可用于晚期栽培以延长切花供应期。

(3) 按照花型分类：①大花型：花径大，排列紧凑，花期较晚。新球与子球发育均较缓慢。②小蝶型：花朵稍小，花瓣有皱褶，常有彩斑。③报春花型：花形似报春，花序上花朵少而排列稀疏。■鸢尾型：花序短，花朵少而密集，向上开展，呈辐射状对称。子球增殖能力强。

(4) 按照花朵大小分类：①微型花：花径<6.4cm；②小型花：6.4cm≤花径<8.9cm；③中型花：8.9cm≤花径<11.4cm；■大花型：11.4cm≤花径<14.0cm；⑤特大花型：花径≥14cm。

(5) 按照花色分类：一般分为 12 个色系，即白、绿、黄、橙、橙红、粉红、红、玫瑰红、淡紫、蓝、烟、黄褐等色系。

【繁殖方法】通常以自然分球法繁殖，小球茎多数，经栽种 1～2 年可开花。

【观赏特性及园林用途】世界著名的四大切花之一，花色繁多，广泛应用于花篮、花束和艺术插花，也可用于庭园栽培。球茎入药，味苦，性凉，有清热解毒的功效。

【同属种类】约 250 种，产地中海沿岸、非洲热带、亚洲西南部及中部。我国常见栽培 1 种。

(十) 小苍兰

【学名】*Freesia refracta* Klatt

【别名】香雪兰

【科属】鸢尾科，香雪兰属

【形态特征】多年生草本，球茎狭卵形或卵圆形，直径约 1cm，外包有薄膜质的包被，包被上有网纹及暗红色斑点。叶基生，2 列，嵌叠状排列，剑形或条形，长 15～40cm，宽 0.5～1.4cm，中脉明显。花茎细弱，上部有 2～3 个弯曲的分枝，下部有数枚叶；穗状花序顶生，花无梗，排列疏松；苞片宽卵形或卵圆形，长 0.6～1cm。花排列于花序的一侧，淡黄色或黄绿色，有香味，直径 2～3cm；花被管喇叭形，长约 4cm，直径约 1cm，基部变细；花被裂片 6 枚，2 轮，内轮较小。花期 4～5 月；果期 6～9 月 (图 7-69)。

图 7-69　小苍兰

【分布与习性】原产非洲南部。我国各地栽培。喜凉爽湿润和阳光充足环境，秋凉生长，春天开花，入夏休眠。适宜生长温度为 15～25℃，不耐寒，长江流域以南露地越冬，北方多盆栽。宜生长于肥沃疏松、排水良好的土壤中。

【品种概况】品种繁多，花色丰富。目前栽培的品种多为杂交来源，亲本除本种外，尚有红花小苍兰 (*F. armstrongii*)，株形高大，花有红紫等色，4～5 月。花型有单瓣、重瓣类型，花径大小各异，花期早晚不同。我国常见栽培的品种有：黄色的 'Aurora'、'Yellow Ballet'，白色的 'Ballerina'，蓝色的 'Blue Heaven'、'Uchida'，红色的 'Oberon'，粉色的 'Pandora'，橙红色的 'Red Lion'、'Rosemarie' 等。

【繁殖方法】分球繁殖。

【观赏特性及园林用途】香气浓郁醇正，形态绮丽，花色鲜艳，有鲜黄、洁白、橙红、粉红、雪青、紫、大红等色，是人们喜爱的冬季室内盆栽花卉，也是重要的切花材料。在温暖地区可栽于庭院中作为地栽观赏花卉，用作花坛或自然片植。

【同属种类】共约 20 种，主要分布于非洲南部。我国常见栽培的只有本种。

(十一) **大花美人蕉**

【学名】*Canna × generalis* Bail.

【科属】美人蕉科，美人蕉属

【形态特征】多年生草本；株高约 1.5m。茎、叶和花序均被白粉。茎绿色或紫红色，有黏液。叶片椭圆形，长达 40cm，宽达 20cm，叶缘、叶鞘紫色。总状花序顶生，长 15～30cm (连总花梗)；

花大，比较密集，每一苞片内有花 1～2 朵；萼片 3 枚，绿色或紫红色，披针形，长 1.5～3cm；花冠管长 5～10mm，花冠裂片披针形，长 4.5～6.5cm；外轮退化雄蕊 3 枚，倒卵状匙形，长 5～10cm，宽 2～5cm，颜色多种，通常鲜艳，红、橘红、淡黄、白色均有；唇瓣倒卵状匙形，长约 4.5cm，宽 1.2～4cm；发育雄蕊披针形，长约 4cm，宽 2.5cm。蒴果近球形，有小瘤状突起；种子黑色而坚硬。花、果期 7～10 月(图 7-70)。

【分布与习性】为一园艺杂交种，我国各地均有栽培。喜光，耐旱。对水肥要求不严，萌芽率高。性强健，适应性强，几乎不择土壤，具有一定的耐寒力。可耐短期水涝，繁殖适温约 25～30℃，抗病能力强。

【繁殖方法】以分株繁殖为主。也可播种繁殖。

【观赏特性及园林用途】因其叶片硕大，花苞鲜艳美丽，花期长久，宜作花坛背景或在花坛中心栽植，也可丛植。

图 7-70　大花美人蕉

【同属种类】约 55 种，产美洲的热带和亚热带。中国常见引入栽培约 6 种。

(1) 美人蕉 *Canna indica* L.：全株绿色，叶卵状长圆形，长 10～30cm，宽达 10cm。总状花序略超出于叶；花红色，苞片卵形，绿色；萼片 3 枚，披针形，有时染红；花冠管长不及 1cm，花冠裂片披针形，长 3～3.5cm，绿或红色；外轮退化雄蕊 3～2 枚，鲜红色，其中 2 枚倒披针形，长 3.5～4cm，宽 5～7mm，另 1 枚如存在则特别小；唇瓣披针形，弯曲。蒴果长卵形，有软刺。花、果期 3～12 月。我国南北各地普遍栽培。变种黄花美人蕉(var. *flava*)，花冠、退化雄蕊杏黄色。

(2) 柔瓣美人蕉(黄花美人蕉) *Canna flaccida* Salisb.：茎绿色。叶长圆状披针形，长 25～60cm，宽 10～12cm，顶端具线形尖头。苞片极小；花黄色，质柔而脆；萼片披针形，长 2～2.5cm，绿色；花冠管明显，长达萼的 2 倍；花冠裂片线状披针形，长达 8cm，宽达 1.5cm，花后反折；外轮退化雄蕊 3 枚，圆形，长 5～7cm，宽 3～4cm；唇瓣圆形；发育雄蕊半倒卵形。花期夏秋。

(3) 粉美人蕉 *Canna glauca* L.：叶片披针形，长达 50cm，宽 10～15cm，顶端急尖，被白粉；苞片圆形，褐色；花冠管长 1～2cm；花冠裂片线状披针形，长 2.5～5cm，宽 1cm，直立；外轮退化雄蕊 3 枚，倒卵状长圆形，长 6～7.5cm，宽 2～3cm，全缘；唇瓣狭，倒卵状长圆形，顶端 2 裂，中部卷曲，淡黄色；发育雄蕊倒卵状近镰形，内卷。花期夏秋。原产南美洲及西印度群岛，我国南北均栽培供观赏。

(4) 紫叶美人蕉 *Canna warscewiezii* A. Dietr.：茎粗壮，紫红色，被蜡质白粉。叶卵形或卵状长圆形，基部心形，叶脉多少染紫或古铜色。总状花序长 15cm，超出于叶之上；苞片紫色，卵形，被天蓝色粉霜；萼披针形，紫色，长 1.2～1.5cm；花冠裂片披针形，长 4～5cm，深红色，外稍染蓝色；外轮退化雄蕊 2 枚，倒披针形，背面的 1 枚长约 5.5cm，宽 8～9mm，红染紫，侧面的 1 枚较小；唇瓣舌状或线状长圆形，红色；发育雄蕊披针形。花期秋季。原产南美洲，华南各地常有栽培。

(5) 兰花美人蕉 *Canna orchioides* Bailey：叶椭圆形至椭圆状披针形，长 30～40cm，宽 8～16cm，顶端具短尖头，基部下延。花径 10～15cm；花萼长圆形，花冠裂片披针形，浅紫色，在开花后一日内即反卷下向；外轮退化雄蕊 3 枚，倒卵状披针形，长达 10cm，宽达 5cm，质薄而柔，似皱纸，鲜黄至深红，具红色条纹或斑点；发育雄蕊与退化雄蕊相似，唯稍小，花药室着生于中部边缘；子房长圆形，宽约6mm，密被疣状突起，花柱狭带形，分离部分长4cm。花期夏、秋。

（十二）大丽花

【学名】*Dahlia pinnata* Cav.

【别名】大理花、大丽菊、天竺牡丹

【科属】菊科，大丽花属

【形态特征】多年生草本，有肥大块根。茎直立，多分枝，高1.5～2m，粗壮。叶1～3回羽状全裂，上部叶有时不分裂，裂片卵形或长圆状卵形，上面绿色，下面灰绿色，两面无毛。头状花序大，有长花序梗，常下垂，宽6～12cm，总苞片外层约5片，卵状椭圆形，叶质，内层膜质，椭圆状披针形；舌状花1层，白色、红色或紫色，常卵形，先端有不明显的3齿，或全缘；管状花黄色。有时在栽培种上全部为舌状花。瘦果长圆形，长0.9～1.2cm，宽3～4mm，黑色，扁平，有2不明显的齿。花期6～12月（图7-71）。

图7-71 大丽花

【品种概况】约3000个栽培品种，分为单瓣、细瓣、菊花状、牡丹花状、球状等类型。

【分布与习性】原产墨西哥，是全世界栽培最广的观赏植物之一。我国各地广泛栽培，在云南，有时变野生。喜凉爽气候，喜水，喜光和通风良好的环境，不耐低温，在0℃以下将受冻害。抗病能力强，对土壤要求不严。

【繁殖方法】主要以分株为主。

【观赏特性及园林用途】大丽花花大、形美、色彩鲜艳，花期长，适于布置花坛、花境，栽植庭院或盆栽。也可作切花，是制作花篮、花环、花束的理想材料。全草可入药。根内含菊糖，在医药上有与葡萄糖同样的功效。

【同属种类】约15种，原产南美洲、墨西哥和美洲中部。我国栽培1种。

（十三）仙客来

【学名】*Cyclamen persicum* Mill

【别名】兔子花、兔耳花、一品冠

【科属】报春花科，仙客来属

【形态特征】多年生草本，块茎扁球形、肉质，直径通常4～5cm，具木栓质的表皮，棕褐色。叶和花葶同时自块茎顶部抽出；叶柄长5～18cm；叶片心状卵圆形，直径3～14cm，先端稍锐尖，边缘有细圆齿，质地稍厚，上面深绿色，常有浅色的斑纹，背面绿色或暗红色。花葶高15～20cm，花单生于花葶顶端，下垂；花萼通常分裂达基部，裂片三角形或长圆状三角形，全缘；花冠白色或玫瑰红色，喉部深紫色，筒部近半球形，裂片长圆状披针形，比筒部长3.5～5倍，向上反卷犹如兔耳，边缘多样，全缘、缺刻、皱褶和波浪等。花期10月至翌年4月（图7-72）。

【品种概况】现栽培的均为杂交种，花白色、红色、紫色和重瓣等。花型分为以下几类：

(1) 大花型：花大，花瓣全缘、平展、反卷，有单瓣、重瓣、芳香等品种。

(2) 平瓣型：花瓣平展、反卷，边缘具细缺刻和波皱，花蕾较尖，花瓣较窄。

图 7-72　仙客来

(3) 洛可可型：花半开、下垂；花瓣不反卷，较宽，边缘有波皱和细缺刻。花蕾顶部圆形，花具香气。叶缘锯齿显著。

(4) 皱边型：花大，花瓣边缘有细缺刻和波皱，花瓣反卷。

【分布与习性】原产希腊、叙利亚、黎巴嫩等地；现已广为栽培。我国各地多栽培于温室。喜凉爽、湿润及阳光充足的环境。生长和花芽分化适温为 15～20℃；冬季花期温度不得低于 10℃；夏季温度若达到 28～30℃则植株休眠，达到 35℃ 以上则块茎易于腐烂。幼苗较老株耐热性稍强。要求疏松、肥沃、富含腐殖质、排水良好的微酸性沙壤土。

【繁殖方法】播种繁殖。

【观赏特性及园林用途】仙客来已有 300 多年的栽培历史，在 18 世纪时曾以德国为栽培中心，后来风靡欧美，并逐渐成为世界性的观赏花卉，被推为盆花女王。花期长达数月，深受人们喜爱，多盆栽观赏。

【同属种类】约有 20 种，主产地中海区域。我国栽培 1 种。

（十四）马蹄莲

天南星科，马蹄莲属。多年生草本，佛焰苞绿白色、白色、黄绿色或硫黄色、稀玫瑰红色，有时内面基部紫红色。性喜温暖气候，不耐寒，不耐高温。

图 7-73　马蹄莲

【常见种类】约 8～9 种，均产非洲南部至东北部，各热带地区常引种栽培。

1. 马蹄莲 Zantedeschia aethiopica (L.) Spreng.

多年生粗壮草本，具块茎。叶基生，叶柄长 0.4～1(1.5)m，下部具鞘；叶片较厚，绿色，心状箭形或箭形，基部心形或戟形，全缘，长 15～45cm，宽 10～25cm，无斑块，后裂片长 6～7cm。花序柄长 40～50cm，光滑。佛焰苞长 10～25cm，亮白色，有时带绿色，管部短，黄色。肉穗花序圆柱形，长 6～9cm，粗 4～7mm，黄色；雌花序长 1～2.5cm；雄序长 5～6.5cm。浆果短卵圆形，淡黄色，直径 1～1.2cm，有宿存花柱；种子倒卵状球形，直径 3mm。花期 2～3 月；果 8～9 月成熟(图 7-73)。

2. 白马蹄莲 Zantedeschia albo-maculata (Hook. f.) Baill

叶片长 20～40cm，宽 7.5～10cm，绿色，具白色斑块，侧脉细弱，极多数，表面略下凹。佛焰苞长 10cm，白色，有时绿色，管部比檐部短 V 2，斜漏斗状，内面基部深紫色。肉穗花序：雌花序长 1.5～2cm，粗 4～5mm，雄花序与雌花序近等长，但稍细。浆果扁球形，绿色，直径 1.3cm。果期 8 月(昆明)。

3. 红马蹄莲 Zantedeschia rehmannii Engl.

叶柄光滑，长 15～20cm，先于花序出现，全长具鞘；叶绿色，饰以透明的线形斑纹，线状披针形，不等侧，长 20～30cm，中部宽 3cm，侧脉与中肋成 15°锐角上举。佛焰苞长 7～11cm，玫瑰红紫色，内面绿白色，向基部过渡为紫色或白色，仅边缘玫瑰红色。肉穗花序长 3～5cm；雌花序比雄序短。花期 5～6 月；果期 7～8 月。

4. 紫心黄马蹄莲 Zantedeschia melanoleuca（Hook. f. ）Engl.

叶柄下部具小刚毛，长 20～50cm。叶片戟形，散布长圆形的白色透明斑块，前裂片长三角形，长 10～15cm，宽 5～9cm，长渐尖，后裂片披针形，长 7～9cm，侧脉极多，密集，表面稍下陷，背面不显。佛焰苞长圆形，长 8～9cm，稻黄色，内面基部深紫色；管部长 6～7cm，喉部开扩。肉穗花序长 3.2cm：雌花序绿色，长 1.2cm，粗 5mm，上部雄花序橙黄色，长 2cm，圆柱形。花期 8 月（昆明）。

【繁殖方法】分球繁殖。

【观赏特性及园林用途】叶片翠绿，花苞片洁白硕大，宛如马蹄，形状奇特，花期长，是国内外重要的切花花卉，用途十分广泛。也是装饰客厅、书房的良好盆栽花卉。在热带、亚热带地区是花坛的好材料。

（十五）球根秋海棠

【学名】Begonia tuberhybrida Voss.

【科属】秋海棠科，秋海棠属

【形态特征】多年生球根花卉，地下具有肉质扁圆的块茎，株高达 30cm，茎直立，肉质，绿色或暗红色，被毛。单叶互生，叶片斜卵形，先端锐尖，基部偏斜，叶缘有粗齿及纤毛。聚伞花序腋生，花单性同株，雄花大而美丽，花径 5～15cm；雌花小。品种极多，有单瓣、半重瓣、重瓣、花瓣皱边等，花色有红、白、粉红、复色等。花期 5～9 月。

【品种概况】品种繁多，常分为以下几类。大花类：花梗腋生，顶生 1 朵，大而鲜艳，径 10～20cm，一侧或两侧着生雌花。多花类：茎直立或悬垂，多分枝，叶小，花量多。垂枝类：枝条细长下垂，花梗也下垂，宜作吊挂栽植。

【分布与习性】原产秘鲁和玻利维亚，由原种秋海棠经杂交育成，各地普遍引种栽培。性喜温暖湿润、夏季凉爽的气候和半阴环境，通常夏秋季开花而冬季休眠，要求富含腐殖质、排水良好的微酸性土壤。

【繁殖方法】播种、扦插或分株繁殖。

【观赏特性及园林用途】植株秀丽、优美，花形大，色彩丰富，着花多，兼具牡丹、月季、山茶、香石竹等名花的色、香、姿、韵，是珍贵的观赏花卉，常盆栽观赏、布置花坛。盆栽常用于布置厅堂、会客室、窗前，娇媚动人。

【同属种类】参阅四季海棠。

第四节 水生花卉

水生花卉泛指生长于水中或沼泽地的观赏植物，与其他花卉明显不同的是对水分的要求和依赖远远大于其他各类花卉，因此也构成了其独特的习性。

水生花卉按其生活方式可以分为 4 类：①挺水型：植株高大，根或地下茎扎入泥中生长发育，上部植株挺出水面。如荷花、黄花鸢尾、千屈菜、菖蒲、香蒲、慈姑、再力花等。有些湿生和沼生植物也常作为挺水花卉栽培。②浮叶型：根状茎发达，无明显的地上茎或茎细弱不能直立，它们的体内通常贮藏有大量的气体，使叶片或植株漂浮于水面。如睡莲、王莲、萍蓬草、芡实、荇菜等。③漂浮型：根不生于泥中，植株漂浮于水面之上，随水流、风浪四处漂泊。如凤眼莲、满江红、水罂粟等。▎沉水型：根茎生于泥中，整个植株沉入水体之中，通气组织发达。如金鱼藻、狐尾藻之类。

水生花卉的根、茎、叶中多有相互贯穿的通气组织，以利于在水生环境下满足植株对氧的需要。栽培水生花卉的水池应具有丰富、肥沃的塘泥，并且要求土质黏重。盆栽水生花卉的土壤也必须是富含腐殖质的黏土。由于水生花卉一旦定植，追肥比较困难，因此应在栽植前施足基肥，尤其是新开挖的池塘必须在栽植前加入塘泥并施入大量的有机肥料。

有地下根茎的水生花卉一旦在池塘中栽植时间较长，便会四处扩散，以致与设计意图相悖。因此，一般在池塘内需建种植池，以保证不四处蔓延。漂浮类水生花卉常随风而动，应根据当地情况确定是否需要固定位置。除某些沼生植物可在潮湿地生长外，大多要求水深相对稳定的水体条件，一般是缓慢流动的水体有利生长。

水生花卉是布置水景园的重要材料。可采用多种，也可仅取一种，与亭、榭、堂、馆等园林建筑物构成具有独特情趣的景区、景点。大湖可种苦草等沉水种类；湖边、沼泽地可栽沼生植物；中、小型池塘宜栽中、小体形品种的莲或睡莲等。凡堆山叠石的池塘，宜在塘角池畔配植香蒲、菖蒲；而假山、瀑布的岩缝或溪边石隙间，则宜栽种水生鸢尾、灯心草等。但布置水景用的水生花卉数量不宜过多，要求疏密有致，水秀花繁，勿使植物全部覆盖水面。

（一）荷花

【学名】*Nelumbo nucifera* Gaertn.

【别名】莲花、水芙蓉

【科属】睡莲科(莲科)，莲属

【形态特征】多年生水生植物，地下根茎肥大、多节、长圆柱形，横生于水底泥中，有大小不一的中空纵管。叶与花在节上着生。顶芽最初产生的叶，形小柄细，浮于水面，称为钱叶；最早从藕带上长的叶略大，也浮于水面，称为浮叶；后来从藕带上长的挺出水面的叶称为立叶，出水前均内卷成棱条状。立叶大，直径可达70cm，呈盾状圆形，全缘或波状，具14～21条辐射状叶脉；叶面深绿色，具蜡质白粉；背面淡绿，叶脉隆起；叶柄圆柱状，密生小刺，与地下茎相连处呈白色，水中及水上部分绿色。花单生于花梗顶端，高托水面之上，两性；萼片4～5枚，绿色，花后脱落；花有单瓣、复瓣、重台、千瓣之分，深红、粉红、白、淡绿及间色等花色变化；花径最大可达30cm，小者不足10cm；雄蕊多数，或瓣化；子房上位，心皮多数，分离，埋藏于倒圆锥状海绵质花托内。花谢后膨大的花托称莲蓬，上有多个莲室，发育正常时，每个心皮形成一个椭圆形坚果。果实俗称莲子，熟时变为深蓝色。花期6～9月，单朵花期3～4天；果期9～10月(图7-74)。

图7-74 荷花

【分布与习性】原产亚洲热带、温带地区以及大洋洲，性喜相对平静的浅水。喜温暖，也较耐寒，抗病力强，对土壤要求不严。对光照要求高，在强光下生长快，开花早，但凋萎也早。通常8～10℃开始萌芽，14℃藕鞭开始伸长。

【品种概况】荷花栽培品种很多，依用途不同可分为藕莲、子莲和花莲3大系统。根据《中国荷花品种图志》的分类标准共分为3系、50群、23类及28组。即：

A. 中国莲系：大中花群，包括单瓣类（单瓣红莲组、单瓣粉莲组、单瓣白莲组）、复瓣类（复瓣粉莲组）、重瓣类（重瓣红莲组、重瓣粉莲组、重瓣白莲组、重瓣洒锦组）、重台类（红台莲组）、千瓣类（千瓣莲组）；小花群，包括单瓣类（单瓣红碗莲组、单瓣粉碗莲组、单瓣白碗莲组）、复瓣类（复瓣红碗莲组、复瓣粉碗莲组、复瓣白碗莲组）、重瓣类（重瓣红碗莲组、重瓣粉碗莲组、重瓣白碗莲组）。

B. 美国莲系：大中花群，包括单瓣类（单瓣黄莲组）。

C. 中美杂种莲系：大中花群，包括单瓣类（杂种单瓣红莲组、杂种单瓣粉莲组、杂种单瓣黄莲组、杂种单瓣复色莲组）、复瓣类（杂种复瓣白莲组、杂种复瓣黄莲组）；小花群，包括单瓣类（杂种单瓣黄碗莲组）、复瓣类（杂种复瓣白碗莲组）。

【繁殖方法】一般采用分株法（无性繁殖）繁殖为主，但也可用播种法繁殖。

【观赏特性及园林用途】荷花又称莲花，在我国已有3000多年的栽培历史，古称芙蓉、菡萏、芙蕖。荷花是我国十大传统名花之一，不仅花叶清香，花香四溢，更有迎骄阳而不惧，出淤泥而不染的气质，是良好的美化水面、点缀亭榭或盆栽观赏的材料。可广植湖泊，蔚为壮观，常配置成荷花专类园或者作为主题水景植物，也可盆栽观赏。荷花又是重要的经济植物，地下根茎（莲藕）、莲籽可食用。荷叶可作包装材料。

【同属种类】2种，分布于亚洲、大洋洲和美洲。我国1种。另外一种黄莲花（*N. lutea*），叶暗绿色，中部凹入如杯，花黄色，产北美，我国武汉等地偶见栽培。

（二）睡莲

【学名】*Nymphaea tetragona* Georgi

【科属】睡莲科，睡莲属

【形态特征】多年生水生花卉，根状茎粗短。叶丛生，叶柄长达60cm，浮于水面；叶片纸质或近革质，心状卵形或卵状椭圆形，长5～12cm，宽3.5～9cm；基部具深弯缺，约占叶片全长的1/3，裂片急尖，稍开展或几重合；全缘，两面皆无毛，上面浓绿光亮，下面带红色或紫色，幼叶有褐色斑纹。花单生于细长的花梗顶端，多白色，漂浮于水面，直径3～6cm；花萼基部四棱形，萼片革质，宽披针形或窄卵形，宿存；雄蕊多数，雌蕊的柱头具6～8个辐射状裂片。浆果球形，直径2～2.5cm，为宿存萼片包裹；种子椭圆形，长2～3mm，黑色。花期5月中旬至9月；果期7～10月（图7-75）。

图7-75 睡莲

【分布与习性】在我国广泛分布，生在池沼中。前苏联地区、朝鲜、日本、印度、越南、美国均有。阳性植物，要求光照充足，在荫蔽环境中叶片薄弱，开花不佳。喜空气流通清新，温暖而平静的水体，适生温度15～30℃。特别要求水质清洁，否则叶片易染病腐烂。对土质要求不严，pH值6～8情况下均生长正常，但喜富含有机质的壤土。生长季节池水深度以不超过80cm为宜，因而在深水中栽植，株距宜小，浅水中株距宜大。地下茎可在水下不结冻的泥土中越冬。

【繁殖方法】以分株繁殖为主，也可播种繁殖。

【观赏特性及园林用途】睡莲是花、叶俱美的观赏植物，花朵硕大，盛开于夏季，有"水中皇后"的雅称。多用于公园装饰水景、喷泉池或点缀厅堂外景。

【同属种类】约 50 种，广布于温带和热带。我国 5 种，广布，另引入栽培多种，供观赏。我国常见栽培的还有：

(1) 白睡莲 Nymphaea alba L.：根状茎匍匐；叶近圆形，径 10～25cm，基部具深弯缺，裂片尖锐，全缘或波状，无毛。花直径 10～20cm，芳香；萼片披针形，长 3～5cm，脱落或花期后腐烂；花瓣 20～25 枚，白色，卵状矩圆形，长 3～5.5cm；花托圆柱形；柱头具 14～20 条辐射线，扁平。浆果扁平至半球形。花期 6～8 月；果期 8～10 月。产亚洲和欧洲。

(2) 雪白睡莲 Nymphaea candida C. Presl：和白睡莲相近，但根状茎直立或斜伸；叶的基部裂片邻接或重叠；花托略四角形；内轮花丝披针形；柱头具 6～14 条辐射线，深凹；种子长 3～4mm。花期 6 月；果期 8 月。产新疆。生在池沼中。西伯利亚、中亚、欧洲有分布。

此外，重要的种类还有：黄睡莲(N. mexicana)，根状茎直立，叶圆形，背面有紫褐色斑点，花鲜黄色，产墨西哥；香睡莲(N. odorata)，萼褐色，花白色，芳香，午前开放，产北美；块茎睡莲(N. tuberosa)，植株高大，花白色，径约 10～18cm，产美国东南部；埃及睡莲(N. lotus)，根肥厚，叶深绿，花淡紫色，径约 15～20cm，外瓣平展，内瓣直立，野外开放，产埃及。

(三) 慈姑

【学名】*Sagittaria trifolia* L.

图 7-76　慈姑

【科属】泽泻科，慈姑属

【形态特征】多年生水生或沼生草本，植株高矮、叶片大小及其形状等变化复杂。根状茎横走，末端膨大或否。挺水叶箭形，叶片长短、宽窄变异很大，通常顶裂片短于侧裂片，顶裂片与侧裂片之间缢缩或否；叶柄基部鞘状，边缘膜质。花葶直立，高 20～70cm 或更高，常粗壮。花序总状或圆锥状，长 5～20cm，具花多轮，每轮 2～3 花。外轮花被片椭圆形或广卵形，长 3～5mm；内轮花被片白色或淡黄色，长 6～10mm，宽 5～7mm，基部收缩。雌花通常 1～3 轮，雄花多轮。瘦果倒卵形，长约 4mm，宽约 3mm。花、果期 5～10 月(图 7-76)。

【分布与习性】产东北、华北、西北、华东、华南、四川、贵州、云南等省区，除西藏等少数地区未见到标本外，几乎全国各地均有分布。生于湖泊、池塘、沼泽、沟渠、水田等水域，亦见栽培。适应性很强，在陆地上各种水面的浅水区均能生长，要求光照充足、气候温和、较背风的环境和肥沃、土层较浅的黏土。

【繁殖方法】用播种或分球茎繁殖。

【观赏特性及园林用途】叶形奇特，适应能力较强，可作水边、岸边的绿化材料，也可作为盆栽观赏。地下茎可作蔬食。

【同属种类】约 30 种，广布于世界各地，多数种类集中于北温带，少数种类分布在热带或近于北极圈。我国 7 种，除西藏等少数地区外，其他各省区均有分布。是重要的水生经济植物之一，有些种类全草入药，有些可供花卉观赏，有的球茎可食用。常见的还有：

(1) 欧洲慈姑 Sagittaria sagittifolia L.：根状茎匍匐，末端多少膨大呈球茎。叶沉水、浮水、挺水，沉水叶条形或叶柄状；浮水叶长圆状披针形或卵状椭圆形，基部深裂，长 3～10cm，宽 2～7cm；挺水叶箭形，长 6～15cm，宽 4～10cm；叶柄长短随水深而异，基部鞘状。花葶高 20～90cm；花序总状或圆锥状，分枝少。外轮花被片广卵形，内轮花被片大于外轮，有时长达 1.2～1.5cm，白色，基部具紫色斑点，花药紫色。欧洲广泛分布，我国产新疆。与慈姑十分相近，但具沉水叶、浮水叶、挺水叶，挺水叶顶裂片与侧裂片近等长，内轮花被片基部具紫色斑点，花药紫色。

(2) 矮慈姑（瓜皮草）Sagittaria pygmaea Miq.：植株矮小，高约 10～20cm。叶基生，无柄。沼生或沉水。叶条形，稀披针形，长 2～30cm，宽 0.2～1cm，基部鞘状。花葶高 5～35cm，通常挺水。花序总状，长 2～10cm，具花 2～3 轮；外轮花被片绿色，倒卵形，内轮花被片白色，长 1～1.5cm，宽 1～1.6cm，圆形或扁圆形。花、果期 5～11 月。产陕西、山东、河南、江苏至华南、西南各地。

（四）菖蒲

【学名】*Acorus calamus* L.

【科属】天南星科，菖蒲属

【形态特征】多年水生草本；高 50～120cm，有香气。根状茎横走，粗壮，节明显，直径 0.5～2cm，芳香。叶基生，2 列，叶片剑状线形，长 50～120cm，或更长，中部宽 1～3cm，叶基部鞘状，抱茎，中部以下渐尖，中脉明显，两侧均隆起。花茎基生，扁三棱形，长 40～50cm，叶状佛焰苞长 20～40cm。肉穗花序直立或斜向上生长，棒状，黄绿色，长 4～9cm，直径 6～12mm；花两性，密集生长，淡黄绿色；花被片 6 枚，倒卵形，先端钝。浆果红色，长圆形，有种子 1～4 粒。花期 6～9 月；果期 8～10 月（图 7-77）。

【分布与习性】广布世界温带、亚热带，我国南北各地均有野生，并常有栽培。常生于池塘、湖泊岸边浅水沼泽地。最适宜生长的温度为 20～25℃，10℃ 以下停止生长。冬季以地下茎潜入泥中越冬。性喜水湿、半阳或光线充足，也能耐阴，对土壤要求不严。

【繁殖方法】分株和播种繁殖，前者常用。

【观赏特性及园林用途】叶丛翠绿，端庄秀丽，具有香气，适宜水景岸边及水体绿化。也可盆栽观赏或作布景用。叶、花序还可以作插花材料。可栽于浅水中，或作湿地植物。是水景园中主要的观叶植物。全株芳香，可作香料或用于驱蚊虫；茎、叶可入药。

图 7-77　菖蒲

【同属种类】共 2 种，分布于亚洲温带和亚热带以及北美洲，欧洲归化；我国均产。石菖蒲（金钱蒲）（A. gramineus），根状茎节间短，长 1～5mm，根状茎上部分枝密，植株呈丛生状。叶线形，较狭而短，长 20～30(50)cm，宽 (3)5～13mm，无中肋，平行脉多数。花序梗长 (2.5)4～15cm；佛焰苞叶状，长 3～13(25)cm。叶常绿，常盆栽观赏。品种金线蒲（'Pusillus'），叶片中有黄色条斑，是美丽的观赏草，可作为林下地被、花境或盆栽观赏。

（五）千屈菜

【学名】*Lythrum salicaria* L.

【科属】千屈菜科，千屈菜属

【形态特征】多年生草本，高达 1m；多分枝，枝条四棱形；幼时全体具柔毛。叶对生或 3 枚轮生，无柄；叶片狭披针形，长 4～6cm，宽 8～15mm，先端稍钝或短尖，基部圆或心形，有时稍抱茎。总状花序顶生；花紫色，两性，数朵簇生于叶状苞片腋内，苞片阔披针形至三角状卵形；花萼筒状，长 6～8mm；花瓣 6 枚，长椭圆形，有短爪，稍皱缩；雄蕊 12 枚，6 长 6 短。蒴果椭圆形，全包于宿萼内，成熟时 2 瓣裂，裂瓣上部再 2 裂；种子多数，细小。花期 7～9 月(图 7-78)。

图 7-78　千屈菜

【分布与习性】原产欧洲和亚洲暖温带，我国西南部至北部有野生，现各地广泛栽培。喜温暖及光照充足环境，喜水湿，多生长在沼泽地、水旁湿地和河边、沟边，比较耐寒，在我国南北各地均可露地越冬。在浅水中栽培长势最好，也可旱地栽培。对土壤要求不严，在土质肥沃的塘泥基质中花艳，长势强壮。

【繁殖方法】播种、扦插、分株等方法繁殖，但以分株繁殖为主，多在春季进行。

【观赏特性及园林用途】姿态娟秀整齐，花色鲜丽醒目，可成片布置于湖岸河旁的浅水处。如在规则式石岸边种植，可遮挡单调枯燥的岸线。其花期长，色彩艳丽，片植具有很强的渲染力，与荷花、睡莲等水生花卉配植极具烘托效果，是极好的水景园林造景植物。也可盆栽摆放于庭院中观赏，亦可作切花用。

【同属种类】约 35 种，广布于全球。我国 2 种，供观赏用。

（六）香蒲

【学名】*Typha orientalis* Presl.

【别名】蒲草、东方香蒲

【科属】香蒲科，香蒲属

【形态特征】多年生水生或沼生草本，直立，高 1～2m；根状茎乳白色。叶片条形，扁平，下部腹面微凹，长 40～70cm，宽 0.5～1.0cm，光滑无毛；基部扩大成鞘，抱茎，叶鞘边缘白色膜质。穗状花序圆柱形，雌雄花序紧密连接，基部具 1 枚叶状苞片，花后脱落；雄花序在上，长 3～5cm，雄花由 2～4 枚雄蕊组成，基部有一柄；雌花序在下，长 6～15cm。小坚果长 1mm，有一纵沟。花期 6～7 月；果期 7～8 月(图 7-79)。

图 7-79　香蒲

【分布与习性】广布于东北、华北、华东地区及湖南、陕西、广东、云南等省，俄罗斯、日本、菲律宾等地也产。生于池塘、河滩、渠旁、潮湿多水处，常成丛、成片生长。喜温暖湿润气候及潮湿环境。对土壤要求不严，以含丰富有机质的塘泥最好，较耐寒。以选择向阳、肥沃的池塘边或浅水处栽培为宜。

【繁殖方法】可用播种和分株繁殖，一般用分株繁殖。

【观赏特性及园林用途】叶片挺拔，花序粗壮、奇特，常栽培观赏，用于点缀园林水池、湖畔。叶片、花序可用作切花材料。此外，嫩芽为有名的水生蔬菜"蒲菜"，味鲜美，叶称蒲草，可用于编织，花粉入药称蒲黄。

【同属种类】约 16 种，除南非外，世界各地均产。我国约 12 种，大部分产北部和东北部，常栽培观赏，叶供织席。常见的还有：

(1) 狭叶香蒲(水烛) *Typha angustifolia* L.：叶片狭条形，宽 5～8mm，基部鞘状抱茎；叶鞘常有耳，边缘膜质。穗状花序，雌雄花序之间相隔 1～10cm，雄花序长 20～30cm，雄花由 2～3 枚雄蕊组成，雌花序长 10～30cm，成熟时直径 1～2.5cm；雌花基部叶状苞片早落。坚果长 1mm，宽 0.5mm，无沟。花、果期 5～8 月。

(2) 小香蒲 *Typhaminima* Funk.：茎叶细弱。基部叶细条形，宽不及 2mm；茎生叶仅有叶鞘，无叶片或退化成刺状。穗状花序；雌雄花序之间相距 1～1.5cm；雄花序长 5～9cm；雄蕊单一；雌花序长 1.5～4cm。花、果期 5～10 月。

(3) 长苞香蒲 *Typha angustata* Bory. et Chaub.：叶条形，长约 100cm，宽 6～15mm，基部鞘状抱茎；鞘边缘膜质，开裂而相叠。穗状花序，雌雄花序之间相隔 2～7cm；雄花序长达 20～30cm，直径 1cm；雄花有雄蕊 3 枚；雌花序长 10～20cm，径约 1cm；雌花有小苞片，与柱头近等长，果期花各部增长。果实长 1.5～2mm，无沟；在同一花序轴上有时出现 2 节相连的果序。

(七) 黄菖蒲

【学名】*Iris pseudacorus* L.

【科属】鸢尾科，鸢尾属

【形态特征】多年生水生草本，具粗壮根状茎，直径可达 2.5cm，黄褐色；须根黄白色。基生叶灰绿色，宽剑形，长 40～60cm，宽 1.5～3cm，顶端渐尖，基部鞘状，中脉较明显。花茎粗壮，高 60～70cm，直径 4～6mm，上部分枝，茎生叶比基生叶短而窄；苞片 3～4 枚，绿色，披针形，长 6.5～8.5cm，宽 1.5～2cm，顶端渐尖；花黄色，直径 10～11cm；花梗长 5～5.5cm；花管长 1.5cm，外花被裂片卵圆形或倒卵形，中央下陷呈沟状，有黑褐色的条纹，内花被裂片较小，倒披针形，直立；子房绿色，三棱状柱形。蒴果长形，内有种子多数，种子褐色，有棱角。花期 5 月；果期 6～8 月(图 7-80)。

图 7-80 黄菖蒲

【分布与习性】原产欧洲，现在世界各地都有引种。我国各地引种栽培，喜生于河湖沿岸的湿地或沼泽地上。适应性强，喜光、耐半阴、耐旱、也耐湿，沙壤土及黏土都能生长，在水边栽植生长更好。生长适温 15～30℃，温度降至 10℃ 以下停止生长。冬季地上部分枯死，根茎地下越冬，极其耐寒。

【繁殖方法】播种和分株繁殖。

【观赏特性及园林用途】叶片碧绿青翠，花色黄艳，且大型，花姿秀美，极富情趣，如金蝶飞舞于花丛中，观赏价值极高，是庭园中的重要花卉之一。适应范围广泛，可布置于园林中的池畔河边的水湿处或浅水区，既可观叶，亦可观花，是观赏价值很高的水生植物。如点缀在水边的石旁岩边，更是风韵优雅，清新自然。也是优美的盆花、切花和花坛用花。

【同属种类】参阅鸢尾。

（八）芦苇

【学名】*Phragmites australis* (Cav.) Trin. ex Steud

【科属】禾本科，芦苇属

【形态特征】多年生高大草本；有粗壮的匍匐根状茎。秆高 1～3m，径 2～10mm，节下常有白粉。叶鞘圆筒形；叶舌极短，截平，或成一圈纤毛；叶片扁平，长 15～45cm，宽 1～3.5cm。圆锥花序顶生，疏散，长 10～40cm，稍下垂，下部分枝腋部有白柔毛；小穗通常含 4～7 朵小花，长 12～16mm；颖 3 脉，第一颖长 3～7mm，第二颖长 5～11mm；第一小花常为雄性，其外稃长 9～16mm；基盘细长，有长 6～12mm 的柔毛；内稃长约 3.5mm。颖果长圆形。花、果期 7～11 月（图 7-81）。

图 7-81　芦苇

【分布与习性】为全球广泛分布的多型种，我国各地均产，生于江河湖泽、池塘沟渠沿岸和低湿地或浅水中。东北辽河三角洲、松嫩平原、三江平原，内蒙古呼伦贝尔和锡林郭勒草原，新疆博斯腾湖、伊犁河谷及塔城额敏河谷，华北平原的白洋淀等苇区是大面积芦苇集中的分布地区。生态幅极广，适生于多种生境类型。

【繁殖方法】在自然生境中，以根状茎繁殖为主。生产上可用播种、分株繁殖，一般用分株法繁殖。

【观赏特性及园林用途】植株优美，开花季节特别美观，诗经中的"蒹葭苍苍，白露为霜，所谓伊人，在水一方"中的蒹葭，指的就是芦苇。芦苇可用于水景园背景材料，也可点缀于桥、亭、榭四周、公园的湖边，在水深 20～50cm，流速缓慢的水域可形成高大的群落。芦苇还是优良的保土固堤植物，苇秆可作造纸和人造丝、人造棉原料，也供编织席、帘等用；嫩时含大量蛋白质和糖分，为优良饲料；嫩芽也可食用；根状茎叫做芦根，入药。

【同属种类】4 种，广布全球；我国 3 种，常见栽培的为本种。

（九）水葱

【学名】*Schoenoplectus tabernaemontani* (C. C. Gmelin) Palla

图 7-82　水葱

【科属】莎草科，水葱属

【形态特征】多年生挺水草本，秆高 1～2m，圆柱状，中空，平滑。匍匐根状茎粗壮，具许多须根，基部具 3～4 个管状、膜质叶鞘，最上面一个叶鞘具叶片。叶片线形，长 2～11cm。苞片 1 枚，为秆的延长，直立，钻状，常短于花序，极少数稍长于花序。圆锥状聚伞花序假侧生，具 4～13 个或更多个辐射枝；小穗椭圆形或卵形，单生或 2～3 个簇生于辐射枝顶端，长 5～15mm，宽 2～4mm，具多数花。雄蕊 3 条，柱头 2 裂，略长于花柱。小坚果倒卵形或椭圆形，双凸状，长约 2～3mm。花、果期 6～9 月（图 7-82）。

【分布与习性】分布于我国东北、西北、西南各省，各地栽培。朝鲜、日本、大洋洲等也有分布。生于湖边、水边、浅水塘、沼泽地或湿地草丛中。适应性强，喜生于温暖潮湿的环境，对土壤要求不严；喜光，耐半阴，较耐寒，在北方大部分地区地下根状茎在水下可自然越冬。

【品种概况】花叶水葱（'Zebrinus'），株丛挺立，圆柱形茎秆上有黄色环状条斑，色泽美丽奇特，飘洒俊逸，观赏价值尤胜于绿叶水葱。最适宜作湖、池水景点。是上好的水景花卉，也可盆栽观赏。剪取茎秆可用作插花材料。

【繁殖方法】播种或分株繁殖，以分株繁殖为主。

【观赏特性及园林用途】水葱株形奇趣，茎秆挺拔翠绿，富有特别的韵味，在水景园中主要作背景材料，使水景园朴实自然，富有野趣。茎秆可作插花线条材料，也用作造纸或编织草席、草包材料。

【同属种类】约77种，广布；我国22种，栽培观赏的为本种。

（十）王莲

【学名】*Victoria amazonica* Sowerby

【科属】睡莲科，王莲属

【形态特征】多年生宿根水生草本，根状茎直立粗短，具刺，下有粗壮发达的侧根。叶基生、硕大，初生叶呈针状，长到2～3片叶呈矛状，4～5片叶时呈戟形，6～10片叶时呈椭圆形至圆形，到11片叶后叶缘上翘呈盘状，叶缘直立，叶片圆形，像圆盘浮在水面；幼叶呈内卷曲锥状，成熟叶片平展于水面，直径120～250cm；叶缘向上折起7～10cm，叶脉放射网状，绿色略带微红，有皱褶，背面紫红色；叶柄绿色，长2～4m，叶背及叶柄具浅褐色尖皮刺。花单生叶腋，直径15～35cm，芳香，通常午后开放，次日上午闭合，傍晚又重开，颜色由白变粉至深红；萼片4枚，绿褐色，卵状三角形；花瓣多，狭长倒卵形，长10～22cm；雄蕊多数；子房密生粗刺。浆果球形，在水中成熟。花期夏或秋季，9月前后结果。

【分布与习性】自然生长于南美洲亚马逊河、圭亚那、马拉那河流域以及乌拉圭一带的河流缓流区和回水地带，为典型的热带植物。我国华南南部可露地安全越冬并结种子，华南北部以至华中、华北地区需在专用温室内建立栽培水池。喜阳光充足、肥沃深厚的土壤和大量的肥料，喜高温高湿，耐寒力差，气温下降到20℃时，生长停滞。气温下降到14℃左右时有冷害。喜肥沃深厚的污泥，但不喜过深的水，水深以不超出1m较为适宜。

【繁殖方法】播种繁殖，播种当年可开花结实。

【观赏特性及园林用途】叶片巨型似盘而肥厚，十分壮观，花大型而奇特、芳香，花色娇艳多变，一般傍晚伸出水面开放，次日渐闭合，傍晚再开放，花瓣变为淡红色至深红色，第3天闭合而凋谢沉入水中。为著名的水生观赏花卉，世界各大植物园、公园温室引种栽培。在大型水体中多株形成群体，气势恢弘。

【同属种类】约3种，分布于热带美洲，我国云南、广东及各地温室亦有引种。除王莲外，还有克鲁兹王莲（*V. cruziana*），产巴拉圭，叶片绿色，背面密生柔毛，叶缘直立较高，达15～20cm，花色略淡。

（十一）芡实

【学名】*Euryale ferox* Salisb. ex Konig & Sims

【别名】鸡头米、鸡头莲

【科属】睡莲科，芡实属

【形态特征】一年生大型水生植物，多刺；根状茎粗短。叶 2 型：沉水叶箭形或椭圆形，长 4～10cm，两面无刺；浮水叶革质，圆肾形至圆形，直径 10～130cm，盾状，全缘，边缘上折，上面绿色多皱，下面紫色，叶柄和花梗有刺。花紫红色，单生于花梗顶端，长约 5cm，直径 3～5cm，萼片 4 枚，披针形，宿存，外面绿色而密生钩状刺，内面紫色；花瓣多数，矩圆状披针形或披针形，长 1.5～2cm，紫红色，成数轮排列，向内渐变成雄蕊；雄蕊多数；柱头红色，成凹入的柱头盘。浆果球形，直径 3～5cm，海绵质，紫红色，外面密生硬刺；种子球形，直径约 1cm，黑色。花期 6～7 月；果期 8～9 月（图 7-83）。

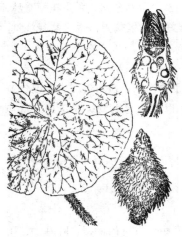

图 7-83　芡实

　　【分布与习性】产我国南北各省，生在池塘、湖沼中。喜温暖水湿，不耐霜寒，生长的适宜温度为 20～30℃，温度低于 15℃ 时果实不能成熟。生长期间需要全光照，水深以 80～120cm 为宜，最深不可超过 2m。喜轻黏壤土，在含有机质丰富的肥沃水域，生长尤为茂盛。

【繁殖方法】种子繁殖，春、秋均可播种。

【观赏特性及园林用途】芡实叶大肥厚，浓绿皱褶，花色紫红、明丽，花形奇特，可以栽培观赏，为美丽的水景植物。在中国式园林中，与荷花、睡莲、香蒲等配植水景，尤多野趣。种仁可供食用；根、茎、叶、果均入药。

【同属种类】仅 1 种，产中国、前苏联地区、朝鲜、日本及印度，第三纪孑遗植物。

（十二）萍蓬草

【学名】*Nuphar pumilum*（Hoffm）DC.

【科属】睡莲科，萍蓬草属

【形态特征】多年生浮叶型水生草本。根状茎肥厚块状，横卧。叶 2 型，浮水叶纸质或近革质，圆形至卵形，长 8～17cm，全缘，基部开裂呈深心形，叶面绿而光亮，叶背隆凸，叶柄圆柱形；沉水叶薄而柔软，边缘波浪状。花单生，圆柱状花柄挺出水面，花蕾球形；萼片 5 枚，倒卵形或楔形，黄色，花瓣状；花瓣 10～20 枚，狭楔形，似不育雄蕊，脱落；雄蕊多数，生于花瓣以内；子房基部花托上，脱落。心皮 12～15 枚，合生成上位子房，心皮界线明显，各在先端成 1 柱头，使雌蕊的柱头呈放射形盘状。浆果卵形，长 3cm；种子矩圆形，黄褐色，光亮。花期 5～7 月；果期 7～9 月（图 7-84）。

　　【分布与习性】分布于华东各省及四川、吉林、黑龙江、新疆等地，西伯利亚地区和欧洲也有分布。性喜温暖、湿润、阳光充足的环境；对土壤选择不严，以土质肥沃、略带黏性为好；适宜生在水深 30～60cm，最深不宜超过 1m；生长适温 15～32℃。

　　【繁殖方法】播种和分株繁殖均可。

　　【观赏特性及园林用途】花开时朵朵金黄色的花朵挺出水面，如金色阳光铺洒于水面，非常美丽，花叶俱佳，多用于池塘水景布

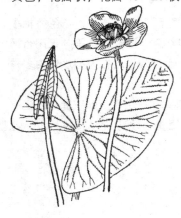

图 7-84　萍蓬草

置，与睡莲、莲花、荇菜、香蒲、黄花鸢尾等植物配植，形成绚丽多彩的景观；又可盆栽于庭院、建筑物、假山石前，或在居室前向阳处摆放。根具有净化水体的功能。

【同属种类】约 10 种，分布于亚洲、欧洲及北美洲。我国 2 种，常见栽培的为本种。

(十三) 旱伞草

【学名】*Cyperus involucratus* Rottboll.

【科属】莎草科，莎草属

【形态特征】多年生挺水型常绿湿生草本，高 40～160cm。茎干直立丛生，三棱形，不分枝。叶退化成鞘状，棕色，包裹茎干基部。叶状总苞约 20 枚，近等长，长为花序的两倍以上，呈螺旋状排列在茎秆的顶端，向四面辐射开展，扩散呈伞状。聚伞花序，有多数辐射枝，每个辐射枝端常有 4～10 个 2 级分枝；小穗多个，密生于 2 级分枝的顶端，小穗椭圆形压扁，具 6 朵至多朵小花；花两性。果实为小坚果。花期 6～7 月；果期 9～10 月 (图 7-85)。

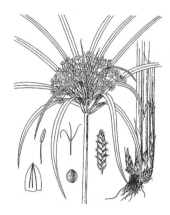

图 7-85 旱伞草

【分布与习性】原产于非洲东部和亚洲西南部，我国南北各地均有栽培，有时逸生。性喜温暖、阴湿及通风良好的环境，适应性强，对土壤要求不严格，以保水强的肥沃土壤最适宜。沼泽地及长期积水地也能生长良好。生长适宜温度为 15～25℃，不耐寒冷，冬季室温应保持 5～10℃。

【繁殖方法】种子播种、分株或扦插繁殖。

【观赏特性及园林用途】干净雅致，清隽潇洒，株丛繁密，叶形奇特，是室内良好的观叶植物，除盆栽观赏外，还是制作盆景的材料，也可水培或作插花材料。长江流域以南可露地栽培，常配置于溪流岸边假山石的缝隙作点缀，别具天然景趣。

【同属种类】共有 600 种，广布于温带、亚热带和热带地区。我国 62 种，其中引入栽培 4 种，多为湿生和水生种类。常见栽培的还有纸莎草(*C. papyrus*)，总苞叶带状披针形，淡紫色。

(十四) 菰

【学名】*Zizania latifolia* (Grisebach) Turcz. ex Stapf

【科属】禾本科，菰属

【形态特征】多年生挺水植物，秆高大直立，高 1～2m，径约 1cm；具匍匐根状茎。须根粗壮，茎基部的节上有不定根。叶片扁平，带状披针形，长 50～90cm，宽 15～30mm，先端芒状渐尖，边缘粗糙。圆锥花序大，长 30～60cm，多分枝，上升，果期开展。雄小穗长 10～15mm，两侧压扁，着生于花序下部或分枝之上部，带紫色，雄蕊 6 枚；雌小穗圆筒形，长 18～25mm，着生于花序上部和分枝下方与主轴贴生处，芒长 20～30mm。颖果圆柱形，长约 12mm(图 7-86)。

图 7-86 菰

【分布与习性】产东北、华北、西北东部、长江流域至华南，生于池塘及沼泽地中，常见栽培。萌芽生长的适宜温度为 10～25℃。

【繁殖方法】分蘖或播种繁殖。

【观赏特性及园林用途】叶丛茂密，端庄秀丽，主要用于园林水体的浅水区绿化布置，各地广为栽培，为良好的固堤防浪材料。菰的经济价值大，秆基嫩茎为真菌 *Ustilago edulis* 寄生后粗大肥嫩，称茭笋，是美味蔬菜；颖果称菰米，供食用，有保健价值。全草为优良饲料，为鱼类的越冬场所。

【同属种类】4 种，分布于东亚和北美地区。我国 1 种。

(十五) 泽泻

【学名】*Alisma plantago-aquatica* L.

【科属】泽泻科，泽泻属

【形态特征】多年生沼生植物，高 50～100cm。地下茎球形，直径可达 4.5cm。叶基生，叶柄长达 50cm，基部扩延成中鞘状，叶片宽椭圆形至卵形，长 5～18cm，宽 2～10cm，先端急尖或短尖，基部广楔形、圆形或稍心形，全缘，两面光滑；叶脉 5～7 条。花茎由叶丛中抽出，长 10～100cm，花序通常有 3～5 轮分枝，分枝下有披针形或线形苞片，组成圆锥状复伞形花序，花瓣倒卵形，白色；雄蕊 6 枚；雌蕊心皮离生。瘦果多数，扁平，花柱宿存。花期 6～8 月；果期 7～9 月。

图 7-87　东方泽泻

【分布与习性】我国广布，前苏联地区、日本、欧洲、北美洲、大洋洲等均有分布。生于沼泽中或栽培。喜温暖湿润的气候，幼苗喜荫蔽，成株喜阳光。宜选阳光充足，腐殖质丰富，而稍带黏性的土壤栽培。

【繁殖方法】播种或块根繁殖。

【观赏特性及园林用途】株形优美，夏季开白花，排成大型轮状分枝的圆锥花序，整体观赏效果甚佳。用于园林沼泽浅水区的水景，在水景中既可观叶、又可观花。

【同属种类】约 11 种，分布于温带和亚热带；我国约有 6 种。常见的还有东方泽泻(*A. orientale*)，挺水叶宽披针形、椭圆形，长 3.5～11.5cm，宽 1.3～6.8cm，基部近圆形或浅心形，叶脉 5～7 条。花葶高 35～90cm。花果较小。花序长 20～70cm，具 3～9 轮分枝，每轮分枝 3～9 枚；外轮花被片卵形；内轮花被片近圆形，白色、淡红色，稀黄绿色；心皮排列不整齐。瘦果椭圆形，种子紫红色。广布全国 (图 7-87)。

(十六) 荇菜

【学名】*Nymphoides peltatum* (Gmel.) O. Kuntze

【别名】莕菜

【科属】龙胆科(睡菜科)，荇菜属

【形态特征】多年生水生草本。茎圆柱形，多分枝，密生褐色斑点，在水中有不定根，又于水底泥中生地下茎，匍匐状。叶漂浮，圆形，近革质，长 2～8cm，宽 2～7cm，基部心形，下面紫褐色，密生腺体，粗糙，上部的叶对生，其他的互生，叶柄长 5～10cm，基部变宽，抱茎。花序束生于叶腋；花金黄色，花梗圆柱形，不等长，花萼 5 深裂，裂片椭圆状披针形；花冠直径 2.5～3cm，分裂至近基部，喉部有 5 束长柔毛，裂片阔倒卵形，先端圆形，边缘宽膜质，近透明，有不整齐的细条裂齿；雄蕊花丝基部疏被长柔毛。蒴果无柄，椭圆形，花柱宿存。花、果期 7～10 月 (图 7-88)。

【分布与习性】我国除西北外，其余各省区均有分布；朝鲜、日本、前苏联地区及欧洲一些国家以及北美各国均有分布。通常群生于池沼、湖泊，呈单优势群落。适宜水深 20～100cm，喜腐殖质丰富的微酸性至中性土壤。自播能力强，果实成熟后自行开裂，种子借助水流传播。

【繁殖方法】分株、扦插或播种繁殖。

【观赏特性及园林用途】叶片小巧别致，花大而鲜黄色，挺出水面，花期长达 4 个多月，是一种美丽的水生观赏植物，宜用于水流较缓的静水区，适于大片种植。

【同属种类】约 40 种，广布于温带和热带。我国 6 种。常见的还有金银莲花(*N. indica*)，茎不分枝，形似叶柄，顶生单叶。叶漂浮，宽卵圆形或近圆形，下面密生腺体，具不甚明显的掌状叶脉，叶柄短。花多数，簇生节上，花冠白色，基部黄色。花、果期 8～10 月。产东北、华东、华南以及河北、云南。广布于世界的热带至温带。

图 7-88　荇菜

（十七）凤眼莲

【学名】 *Eichhornia crassipes* (Martius) Solms

【别名】水浮莲、水葫芦

【科属】雨久花科，凤眼莲属

【形态特征】多年生浮水草本，高 30～60cm；须根悬垂水中，棕黑色，长达 30cm。单叶，丛生于短缩茎的基部，莲座状排列，每株 6～12 枚叶片，叶片圆形、宽卵形或宽菱形，长 4.5～14.5cm，宽 5～14cm，基部宽楔形或幼时浅心形，全缘，具弧形脉，表面深绿色，光亮；叶柄长短不等，中部膨大成囊状或纺锤形，内有许多多边形柱状细胞组成的气室，叶柄基部有鞘状苞片。花葶从叶柄基部的鞘状苞片腋内伸出，多棱；穗状花序长 17～20cm，通常具 9～12 朵花；花紫蓝色，花被裂片 6 枚，上方 1 枚较大，长约 3.5cm，中央有一鲜黄色圆斑，下方 1 枚较狭；雄蕊 6 枚，3 长 3 短。花期 7～10 月，果期 8～11 月 (图 7-89)。

【分布与习性】原产于南美洲亚马逊河流域，我国长江、黄河流域及华南各省均有栽培。喜阳光充足、较平静的水面，喜高温湿润的气候。

图 7-89　凤眼莲

【繁殖方法】分株或播种繁殖，以分株繁殖为主。

【观赏特性及园林用途】花期长，自夏至秋开花不绝，花为浅蓝色，呈多棱喇叭状，花瓣上生有黄色斑点，形如凤眼，也如孔雀羽翎尾端的花点，非常耀眼、靓丽。凤眼莲还具有很强的净化污水能力，但大量的水葫芦覆盖河面，容易造成水质恶化，影响水底生物的生长，应用中应注意控制。

【同属种类】7 种，主要分布于美洲，1 种产非洲。我国引入栽培 1 种，在南方逸生。

（十八）黄花蔺

【学名】*Limnocharis flava* (L.) Buch.

【科属】泽泻科，黄花蔺属

【形态特征】多年生挺水草本植物，具肉质须根。叶基部丛生，叶片挺水生长，叶色亮绿；叶片卵形至近圆形，长6～28cm，宽4.5～20cm，亮绿色，先端圆形或微凹，基部钝圆或浅心形，背面近顶部具1个排水器；叶脉9～13条，横脉极多数，平行，几与中肋垂直；叶柄粗壮，长20～65cm。花葶基部稍扁，上部三棱形，长20～90cm；伞形花序有花2～15朵；苞片3枚，绿色，具平行细脉；花梗长2～7cm。花两性，径3～4cm，花瓣6枚，浅黄色。雄蕊多数，短于花瓣，假雄蕊黄绿色。果圆锥形，直径1.5～2cm，由多数半圆形离生心皮组成，为宿存萼片状花被片所包。花期7月下旬至9月；果期9～10月(图7-90)。

图7-90 黄花蔺

【分布与习性】产云南(西双版纳)和广东沿海岛屿，生于沼泽地或浅水中，常成片。分布于缅甸南部、泰国、斯里兰卡、马来半岛、印度尼西亚(苏门答腊、爪哇)、亚南巴斯群岛、加里曼丹岛，在美洲热带较为普遍。喜温暖、湿润，气温低于15℃时停止生长。

【繁殖方法】播种繁殖和用花茎分生新株进行繁殖。于7～8月份从花茎上分生新的幼苗，初期靠吸收母株的营养供幼苗生长，当幼苗长出数片叶，其下生根，便可独立生长。

【观赏特性及园林用途】株形奇特，叶黄绿色，花朵黄绿色繁多、开花时间长，整个夏季开花不断，黄色花朵灼灼耀眼，深受人们喜爱。在园林绿化中是盛夏水景绿化的优良材料，单株种植或3～5株丛植，也可成片布置，效果均好。也用盆、缸栽，摆放到庭院供观赏。

【同属种类】本属仅1种，产美洲热带和亚热带地区，在南亚和东南亚归化。

（十九）轮叶狐尾藻

【学名】*Myriophyllum verticillatum* L.

图7-91 轮叶狐尾藻

【科属】小二仙草科，狐尾藻属

【形态特征】多年生粗壮沉水草本。根状茎发达，在水底泥中蔓延，节部生根。茎圆柱形，长20～40cm，多分枝。叶通常4片轮生，或3～5片轮生，水中叶较长，长4～5cm，丝状全裂，无叶柄；裂片8～13对，互生，长0.7～1.5cm；水上叶互生，披针形，较强壮，鲜绿色，长约1.5cm，裂片较宽。秋季于叶腋中生出棍棒状冬芽而越冬。夏末初秋开花；花单生于水上叶叶腋，4枚轮生，略呈十字排列，一般水上叶的上部为雄花，下部为雌花；苞片羽状篦齿形分裂；雄花萼片4枚，倒披针形，雄蕊8枚，花药淡黄色；雌花萼片4枚，极小，舟状，开花时即脱落。果实广卵形，长3mm，具4条宽而浅的槽(图7-91)。

【分布与习性】世界广布种，中国南北各地池塘、河沟、沼泽中常有生长。喜阳光充足的环境，为光敏性植物，叶片到傍晚并拢、翌日清晨重新展开。适应性强，对水体要求不严格。

【繁殖方法】扦插和分株繁殖，以扦插为主。

【观赏特性及园林用途】叶片青翠，富于质感，是观赏价值很高的水生植物。观赏时段自种苗定植后可达 3~5 个月，在不更新植株的情况下，连续栽培不宜超过 6 个月。可用于湖泊、水体的生态修复工程中作为净水工具种和植被恢复先锋物种，鱼虾蟹塘养殖过程中作为饵料、避难和产卵场所，也能作为室内观赏水族养殖过程中的布景材料。

【同属种类】共 35 种，广布全球，主产澳大利亚。中国 10 种，引入栽培 1 种。常见的还有穗花狐尾藻（*M. spicatum*），叶通常 4~6 枚轮生，羽状深裂，长 2.5~3.5cm，裂片长约 1~1.5cm。穗状花序顶生或腋生；苞片矩圆形或卵形，全缘；花两性或单性，雌雄同株，常 4 朵轮生于花序轴上；若单性花则雄花生于花序上部，雌花生于下部；雄蕊 8 枚。果球形，直径 1.5~3mm，有 4 条纵裂隙。世界广布种，我国南北各地也有。

（二十）金鱼藻

【学名】*Ceratophyllum demersum* L.

【科属】金鱼藻科，金鱼藻属

【形态特征】多年生沉水草本；茎长 40~150cm，平滑，具分枝。叶 4~12 枚轮生，1~2 次二叉状分歧，裂片丝状，或丝状条形，长 1.5~2cm，宽 0.1~0.5mm，先端带白色软骨质，边缘仅一侧有数细齿。花直径约 2mm；苞片 9~12 枚，条形，长 1.5~2mm，浅绿色，透明，先端有 3 齿及带紫色毛；雄蕊 10~16 枚，微密集；子房卵形，花柱钻状。坚果宽椭圆形，长 4~5mm，黑色，边缘无翅，有 3 刺，顶生刺长 8~10mm。花期 6~7 月；果期 8~10 月（图 7-92）。

【分布与习性】分布于热带、亚热带以及潮湿温暖的地区，为世界广布种，中国南北各地均有，群生于淡水池塘、水沟、稳水小河、温泉流水及水库中。适应性强，喜光，生长与光照关系密切，在 2%~3% 的光强下生长较慢，5%~10% 的光强下生长迅速，强烈光照会使其死亡。在 pH 值 7.1~9.2 的水中均可正常生长，但以 pH 值 7.6~8.8 最为适宜。对水温要求较宽，冬季在不结冰水中即可过冬。喜氮植物，水中无机氮含量高生长较好。

【繁殖方法】分株繁殖或用营养体分割繁殖，即将植株切断部分枝叶后投入水中，不需多加管理。

图 7-92 金鱼藻

【观赏特性及园林用途】姿态优美，水体中种植有净化作用，可提高水质，也常用于人工养殖鱼缸布景，可为金鱼等提供产卵附着物。

【同属种类】约 6 种，分布于全世界，我国 3 种，产各地水塘或浅水沟中，常见栽培的为本种。

第五节 草坪草和地被植物

草坪草主要指园林中覆盖地面的低矮的禾草类植物，可形成较大面积的平整或稍有起伏的草地。

草坪草大多是禾本科和莎草科植物，也有少数豆科、旋花科等其他科的。

依据草坪草不同的耐热性和耐寒性分为适宜于暖热地区生长的暖地型与适宜于冷凉地区生长的冷地型两大类，暖地型草种的生长适温为 25～30℃，受低温及其持续低温积温的制约，冷地型草种的生长适温为 15～25℃，其生长发育受高温强度制约。另外，还有适应性广，既可以在暖热的亚热带乃至热带生长良好的，也可在温冷的中温带生长良好的草种，称之为过渡型草坪。

（一）草地早熟禾

【学名】*Poa pratensis* L.

【科属】禾本科，早熟禾属

【形态特征】多年生，具发达的匍匐根状茎。秆疏丛生，高 50～90cm，具 2～4 节。叶鞘平滑或糙涩，长于节间，并较叶片为长；叶片线形，扁平或内卷，长约 30cm，宽 3～5mm，渐尖，平滑或边缘与上面微粗糙，蘖生叶片较狭长。圆锥花序金字塔形或卵圆形，长 10～20cm，宽 3～5cm；分枝开展，每节 3～5 枚，2 次分枝，小枝上着生 3～6 枚小穗，基部主枝长 5～10cm，中部以下裸露；小穗柄较短；小穗卵圆形，绿色至草黄色，含 3～4 朵小花，长 4～6mm；颖卵圆状披针形，第一颖长 2.5～3mm，具 1 脉，第二颖长 3～4mm，具 3 脉；外稃膜质，脊与边脉在中部以下密生柔毛；花药长 1.5～2mm。颖果纺锤形，3 棱，长约 2mm。种子细小，千粒重 0.39 g。花期 5～6 月；果期 7～9 月。

【分布与习性】广泛分布于欧亚大陆温带和北美，为重要牧草和草坪水土保持资源，世界各地普遍引种栽植。我国东北、华北、华东、西北至西南各地均产。喜光，耐阴，喜温暖湿润，又具有很强的耐寒能力，－9℃下叶不枯萎，各地均能安全越冬。抗旱性较差，在缺水或炎热夏季时生长缓慢或停滞，春秋季生长繁茂。在排水良好、土壤肥沃的湿地生长良好。根茎繁殖力强，再生性好，较耐践踏。

【繁殖方法】以播种繁殖为主。

【观赏特性及园林用途】草地早熟禾具有根茎，有较强的伸展根茎，较长的生活周期，较强的适应性，种子的混合播种极好，是较好的硬质草坪草。

【同属种类】500 种以上，广布于南北温带并延伸到亚热带和热带高山地区。我国约 80 种，引入栽培数种。常见的还有：

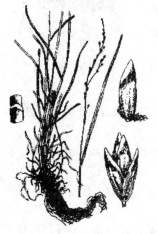

（1）细叶早熟禾 *Poa angustifolia* L.：秆直立，高 30～60cm，平滑无毛。叶鞘稍短于节间而数倍长于叶片；叶片狭线形，对折或扁平，茎生叶长 3～9cm，宽约 2mm；分蘖叶片内卷，长达 20cm，宽约 1mm。圆锥花序长圆形，长 5～10cm，宽约 2cm；分枝直立或上升；小穗卵圆形，长 4～5mm，含 2～5 朵小花，绿色或带紫色。北半球温带广布。优良牧草和草坪绿化环保植物。

（2）林地早熟禾 *Poa nemoralis* L.：疏丛，不具根状茎。叶鞘平滑或糙涩，基部者带紫色，顶生叶鞘长约 10cm；叶片扁平，柔软，长 5～12cm，宽 1～3mm，平滑无毛。圆锥花序狭窄柔弱，长 5～15cm，分枝开展；小穗披针形，多含 3 朵小花。广泛分布于全球温带地区（图 7-93）。

图 7-93 林地早熟禾

（3）加拿大早熟禾 *Poa compressa* L.：叶长 5～12cm，宽 2～4mm，平滑或上面微粗糙。圆锥花序狭窄，长 4～11cm，宽 0.5～1cm，分枝直立或贴生；小穗有短柄或无柄，卵圆状披针形，排列较紧密，长 3～5mm，含 2～4 朵花。花、果期 5～8 月。欧洲、亚洲和北美广泛分布。山东、江西、新疆、河北、天津等地均有引种。

（4）早熟禾 *Poa annua* L.：1 或 2 年生草本。秆柔软，高 8～30cm。叶鞘无毛，中部以下闭合，上部叶的叶鞘短于节间，下部者长于节间；叶片柔软，先端船形，长 2～10cm，宽 1～5mm。圆锥花序开展，分枝光滑；小穗含 3～5 朵小花，长 3～6mm；颖质薄，边缘宽膜质，第一颖长 1.5～2mm，1 脉；第二颖长 2～3mm，3 脉；外稃先端及边缘宽膜质，卵圆形，脊下部有长柔毛；基盘无毛；内稃与外稃近等长或稍短，2 脊上有长柔毛。颖果纺锤形。花、果期 4～5 月。

（二）结缕草

【学名】*Zoysia japonica* Steud.

【别名】老虎皮，锥子草

【科属】禾本科，结缕草属

【形态特征】多年生草本，具横走根茎，须根细弱。秆直立，高 15～20cm，基部常有宿存枯萎的叶鞘。叶鞘无毛，下部者松弛而互相跨覆，上部者紧密裹茎；叶舌纤毛状，长约 1.5mm；叶片扁平或稍内卷，长 2.5～5cm，宽 2～4mm，表面疏生柔毛，背面近无毛。总状花序呈穗状，长 2～4cm，宽 3～5mm；小穗柄通常弯曲，长达 5mm；小穗长 2.5～3.5mm，宽 1～1.5mm，卵形，淡黄绿色或带紫褐色，第一颖退化，第二颖质硬，略有光泽，具 1 脉，于近顶端处由背部中脉延伸成小刺芒；外稃膜质，长圆形；雄蕊 3 枚，花丝短；花柱 2，柱头帚状。颖果卵形，长 1.5～2mm。花、果期 5～8 月（图 7-94）。

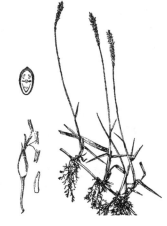

图 7-94 结缕

【分布与习性】产东北、华北、华东至台湾，生于平原、山坡或海滨草地上。适应性强，喜光、抗旱、抗寒、耐高温、耐瘠薄，但不耐阴。喜土层深厚、肥沃、排水良好的沙质土壤，在微碱性土壤中亦能正常生长。入冬后在－20℃ 左右能安全越冬，气温 20～25℃ 生长最盛，30～32℃ 生长速度减弱，36℃ 以上生长缓慢或停止，但极少出现夏枯现象。属深根性，须根一般可深入土层 30cm 以下。与杂草竞争力强，容易形成单一连片、平整美观的草坪，耐磨、耐践踏，并具有一定的韧度和弹性。抗病性较强。

【繁殖方法】种子繁殖和无性繁殖均可。

【观赏特性及园林用途】结缕草是优良的暖季型草种，植株低矮，坚韧耐磨，耐践踏，弹性好，色泽嫩绿，草丛密集，杂草少。可作为各类公共绿地、水土保持草坪的材料。

【同属种类】约 9 种，分布于非洲、亚洲和大洋洲的热带和亚热带地区；美洲有引种。我国 5 种。本属植物多用作固沙保土、铺建草坪或运动场。常见的还有：

（1）中华结缕草 *Zoysia sinica* Hance：秆高 13～30cm。叶鞘鞘口具长柔毛；叶片淡绿或灰绿色，长达 10cm，宽 1～3mm，质地稍坚硬，扁平或边缘内卷。花序长 2～4cm，宽 4～5mm，小穗排列稍疏、披针形或卵状披针形，长 4～5mm，宽 1～1.5mm，具长约 3mm 的小穗柄；颖光滑无毛,中脉近顶端延伸成小芒尖。花、果期 5～10 月。产东北南部、华北至华南。叶片质硬,耐践踏。

(2) 细叶结缕草(天鹅绒) *Zoysia tenuifolla* Willd exTrin:呈密集丛状生长;秆纤细,高 5～10cm。叶鞘无毛,紧密裹茎;叶舌膜质,顶端碎裂为纤毛状,鞘口具丝状长毛。叶片丝状内卷,长 2～6cm,宽 0.5mm。小穗窄狭,长约 3mm,宽约 0.6mm;第一颖退化,第二颖革质,顶端及边缘膜质,具不明显的 5 脉。颖果卵形、细小,成熟时易脱落,采收困难。花、果期 6～7 月。产我国南部至热带亚洲,欧美各国普遍引种。是铺建草坪的优良禾草,因草质柔软,尤宜铺建儿童公园。

(3) 沟叶结缕草(马尼拉) *Zoysiamatrella* (L.) Merr.:与结缕草相似,但小穗略小,卵状披针形,小穗柄亦较短,且叶片内卷,上面具沟,质地亦较坚硬。秆高 12～20cm,叶鞘长于节间;叶片质硬,内卷,上面具沟,长达 3cm,宽 1～2mm,顶端尖锐。总状花序呈细柱形,长 2～3cm,宽 2mm;小穗长 2～3mm,宽约 1mm,卵状披针形,沿中脉两侧压扁。花、果期 7～10 月。产华南,生于海岸沙地上,现广泛栽培。

(4) 大穗结缕草 *Zoysia macrostachya* Franch. et Sav.:与中华结缕草相似,但小穗较长且宽,小穗柄的顶端宽而倾斜,且具细柔毛,花序基部常为叶鞘所包藏。叶片线状披针形,质地较硬,常内卷,长 1.5～4cm,宽 1～4mm。总状花序紧缩呈穗状,基部常包藏于叶鞘内,长 3～4cm,宽 5～10mm,小穗柄粗短,顶端扁宽而倾斜,具细柔毛。花、果期 6～9 月。产华东,生于山坡或平地的沙质土壤或海滨沙地上。耐盐碱。

(三)黑麦草

【学名】*Lolium parenne* L.

【别名】宿根黑麦草、多年生黑麦草

【科属】禾本科,黑麦草属

【形态特征】多年生草本,具有细弱的根状茎,须根稠密。茎直立、秆丛生,高 30～90cm,具 3～4 节,质软,基部倾斜。叶舌长约 2mm;叶片线形,长 5～20cm,宽 3～6mm,柔软,具微毛,有时具叶耳。穗状花序直立或稍弯,长 10～20cm,宽 5～8mm;小穗轴节间长约 1mm,平滑无毛;小穗扁平无柄,互生于主轴两侧,每穗含 3～10 朵花。颖披针形,为其小穗长的 1/3,具 5 脉,边缘狭膜质。颖果长约为宽的 3 倍。花、果期 5～7 月。

【分布与习性】广泛分布于克什米尔地区、巴基斯坦、欧洲、亚洲暖温带、非洲北部,各地普遍引种栽培的优良牧草。喜温暖湿润、夏季较凉爽的环境;喜光、不耐阴,在肥沃、排水良好的黏土中生长较好,在瘠薄的沙土中生长不良;春秋季生长快,炎热的夏季呈休眠状态。耐践踏性强,但不耐低修剪,一般修剪高度 4～6cm。

【繁殖方法】播种繁殖。

【观赏特性及园林用途】我国早年从英国引进,现广泛栽培,是一种很好的草坪草。该草种粒大,发芽容易,生长较快,通常适用于混播,作"先锋草种",建立混合草坪,起到保护和提高成坪速度的作用。与草地早熟禾、紫羊茅等草种混播,一般混合比例占 10%～20%。

【同属种类】约 8 种,分布于亚洲、欧洲和北非温带地区,尤其是地中海地区,现被广泛引种到全球。我国 6 种。常见的还有多花黑麦草(*L. multiflorum*),一年生、越年生或短期多年生;秆直立或基部偃卧节上生根，高 50～130cm，具 4～5 节。叶鞘疏松；叶舌长达 4mm；叶片扁平，长 10～20cm，宽 3～8mm，无毛，上面微粗糙。花序长 15～30cm；穗轴柔软，节间长 10～15mm。花、果期 7～8 月。产西北、华北至长江流域，大多作优良牧草普遍引种栽培。分布于非洲、欧洲、西南亚洲，引入世界各地种植(图 7-95)。

图 7-95 多花黑麦草

（四）狗牙根

【学名】*Cynodon dactylon* (L.) Pers.

【科属】禾本科，狗牙根属

【形态特征】多年生低矮草本，具根状茎和匍匐枝，节间长短不一。秆细而坚韧，下部匍匐地面蔓延甚长，节上常生不定根；直立部分高 10～30cm，秆壁厚，光滑无毛，有时略两侧压扁。叶片扁平线形，长 1～12cm，宽 1～3mm，常两面无毛，叶色浓绿；叶舌短小，具小纤毛。穗状花序3～6 枚指状排列于茎顶，分枝长 3～4cm；小穗排列于穗轴一侧，灰绿色或带紫色，长 2～2.5mm，仅含朵 1 小花；颖近等长，长 1.5～2mm，均具 1 脉，背部成脊而边缘膜质，短于外稃；外稃舟形，具 3 脉，背部明显成脊，脊上被柔毛，内稃具 2 脉；花药淡紫色，柱头紫红色。颖果长圆柱形。种子成熟易脱落，具一定的自播能力。花、果期 5～10 月 (图 7-96)。

【分布与习性】广布于我国黄河以南各省，多生长于村庄附近、道旁河岸、荒地山坡，其根茎蔓延力很强，广铺地面，为良好的固堤保土植物，常用以铺建草坪或球场。喜光，稍耐阴，喜于排水良好的肥沃土壤中生长。耐旱，但根系浅，遇夏季干旱气候易出现匍匐枝嫩尖成片枯头；耐热，不耐寒；耐践踏。在微量盐滩地上亦能生长良好。

【繁殖方法】该草种子不易采收，目前多采用分株繁殖。

【观赏特性及园林用途】狗牙根是应用较广泛的草坪植物，除铺建草坪及运动场外，还可用以护沟、固坡、护岸、固堤。也是良好的饲料。

【同属种类】10 种，分布于热带和亚热带，1 种延伸至温带。我国 2 种，常见栽培的为本种。

图 7-96 狗牙根

（五）高羊茅

【学名】*Festuca arundinacea* Schreb

【别名】苇状羊茅

【科属】禾本科，羊茅属

【形态特征】多年生草本，植株较粗壮，秆直立，高 80～100cm，呈疏丛状。叶鞘常平滑无毛，稀基部粗糙；叶片扁平，边缘内卷，上面粗糙，下面平滑，长 10～30cm，基生者长达 60cm，宽 4～8mm，基部具披针形且镰形弯曲而边缘无纤毛的叶耳。圆锥花序疏松开展，长 20～30cm，每节具 2 个稀 4～5 个分枝，长 4～9(13)cm，中上部着生多数小穗；小穗绿色带紫色，成熟后呈麦秆黄色，长 10～13mm, 含 4～5 朵小花; 颖片披针形, 顶边缘宽膜质, 第一颖具 1 脉, 第二颖具 3 脉; 外稃背部上部及边缘粗糙, 顶端无芒或具短尖, 第一外稃长 8～9mm; 内稃稍短于外稃, 两脊具纤毛。颖果长约 3.5mm。花期 7～9 月(图 7-97)。

图 7-97　高羊茅

【分布与习性】分布于欧亚大陆温带。我国产于新疆, 北方各地常见栽培。具有广泛的适应性, 喜温耐热, 较抗寒, 耐刈割, 耐践踏, 践踏后再生力强。对土壤酸碱度适应能力强, 在 pH 值为 4.7～9.0 的土壤中均可生长; 较耐高温炎热, 夏季基本不休眠。

【繁殖方法】一般采用播种繁殖。

【观赏特性及园林用途】高羊茅是优良的草坪植物, 植株丛生型, 叶较宽, 须根发达, 入土甚深, 根系强健和粗糙, 有能力穿透下层土壤, 适宜广泛的土壤类型。可广泛应用于园林绿化、水土保持。利用其生命力强、生长迅速等优点, 可与草地早熟禾、紫羊茅等混播。

【同属种类】约 450 种, 广布于全球温带, 并延伸到热带高山地区。我国约 55 种。常见栽培的还有:

(1) 紫羊茅(红狐茅) Festuca rubra L.: 秆平滑无毛, 高 30～60(70)cm, 具 2 节。叶鞘粗糙, 基部者长于而上部者短于节间; 叶舌平截; 叶片对折或边缘内卷, 两面平滑或上面被短毛, 长 5～20cm, 宽 1～2mm。圆锥花序狭窄、疏松, 花期开展, 长 7～13cm; 分枝长 2～4cm, 基部者长可达 5cm; 小穗淡绿色或深紫色, 长 7～10mm; 颖片背部平滑或微粗糙, 第一颖窄披针形, 具 1 脉, 第二颖宽披针形, 具 3 脉。花、果期 6～9 月。分布于北半球温带。较耐阴, 不耐炎热干旱。是优良的观赏性草坪草, 也可与早熟禾、剪股颖等混播。

(2) 羊茅 Festuca ovina L.: 秆密丛生, 鞘内分枝, 高 15～35cm。叶鞘开口直达基部, 秆上部叶鞘远长于叶片; 叶舌长约 0.2mm; 叶片内卷成针状, 长(2)4～10cm, 宽 0.3～0.6mm, 分蘖叶片长可达 20cm。圆锥花序紧缩呈穗状, 长 2.5～5cm, 宽 4～8mm, 花序基部主枝长 1～2cm; 小穗绿色或带紫色, 含 3～6 朵小花, 长 4～6mm; 颖披针形, 先端尖或渐尖, 先端以下稍涩。颖果红棕色。花、果期 5～8 月。广布于欧亚大陆的温带地区, 生于干燥山坡、草地, 也常栽培。

(六) 匍茎剪股颖

【学名】*Agrostis stolonifera* L.

【别名】匍匐剪股颖、本特草

【科属】禾本科, 剪股颖属

【形态特征】多年生草本植物。秆的茎部偃卧地面, 具长达 8cm 左右的匍匐枝, 有 3～6 节, 节上着生不定根, 直立部分 20～50cm, 叶梢无毛, 稍带紫色; 叶舌膜质, 长圆形, 长 2.5～3.5mm, 背面微粗糙; 叶片扁平线形, 先端尖, 具小刺毛, 长 5.5～8.5cm, 宽 3～4mm; 圆锥花序, 卵状长圆形, 绿紫色, 老后呈紫铜色, 长 11～20cm, 宽 2～5cm, 每节具 5 分枝; 小穗长 2～2.2mm, 二颖等长, 先端尖; 外稃顶端钝圆, 基盘两侧无毛, 内稃较外稃短; 颖果长 1mm, 宽 0.4mm, 黄褐色。

【分布与习性】原产欧洲, 我国各地栽培。喜冷凉湿润气候, 耐寒, 耐热, 耐瘠薄, 耐低修剪,耐阴性也较好。匍匐枝蔓延能力强，能迅速覆盖地面，形成密度很大的草坪。但茎枝上不定根扎土较浅，因而耐旱性稍差。剪割后再生能力强，耐低剪。在肥沃湿润、排水良好的土壤上生长旺盛，在质地较黏的重黏土上也能生长。

【繁殖方法】繁殖容易，种子或播茎繁殖均可，以后者为主。

【观赏特性及园林用途】匍茎剪股颖是优良的草坪草，由于生长繁殖快，可用作急需绿化的种植材料。

【同属种类】约 200 种，多分布于寒温地带，尤以北半球多，也见于热带高山。我国产 25 种，常栽培观赏的为本种。

（七）野牛草

【学名】*Buchloe dactyloides*（Nutt）Engelm

【科属】禾本科，野牛草属

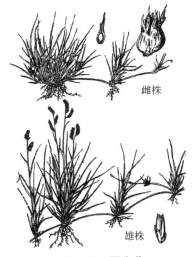

图 7-98 野牛草

【形态特征】多年生草本，秆高 5～25cm，细弱；具匍匐茎。叶鞘疏生柔毛；叶舌短小，具细柔毛；叶片线形，粗糙，长 3～10(20)cm，宽 1～2mm，两面疏生白柔毛。雌雄同株或异株，雄花序 2～3 枚，长 5～15cm，宽约 5mm，排成总状，草黄色，雄小穗含 2 花，无柄，成 2 行覆瓦状排列于穗轴的一侧，形似一把刷子；雌花序一般 4～5 枚簇生呈头状，长 6～9mm，宽 3～4mm，雌小穗含 1 花(图 7-98)。

【分布与习性】原产北美洲，1950 年年初由中国科学院植物研究所引种至北京，现北方各地常见栽培。适应性较强，性喜阳光，也耐半阴，耐瘠薄土壤。耐寒性强，在 -39℃ 的低温情况下，仍能安全越冬，但返青较迟，绿期短。抗旱性强，生长蔓延快，覆盖地面好。抗二氧化硫、氟化氢等气体污染，抗粉尘。

【繁殖方法】野牛草因种子结实率不高，种子不饱满，因此均采用匍匐枝及根系进行营养繁殖。

【观赏特性及园林用途】野牛草是细叶型草坪草，很适合建植管理粗放的开放性绿地草坪。在含氯化钠 0.8%～1%，pH 值 8.2～8.4 的盐碱地上仍能正常生长，可用作盐碱地区的绿化覆盖材料。也是良好的水土保持植物和饲料。

【同属种类】仅 1 种，产墨西哥和美国，我国引种栽培。

（八）马蹄金

【学名】*Dichondra repens* Forst.

【科属】旋花科，马蹄金属

【形态特征】多年生匍匐性草本植物。植株低矮，茎纤细，匍匐，被白色柔毛，节上生根。叶小，肾形至圆形，直径 4～25mm，先端宽圆形或微缺，基部阔心形，背面被贴生短柔毛；叶柄细长，长(1.5)3～6cm。花单生叶腋；花梗纤细，短于叶柄。花冠阔钟状，淡黄色，5 深裂，裂片长圆状披针形；雄蕊 5 枚，着生于花冠 2 裂片间弯缺处；子房被白色柔毛。蒴果，近球形，短于花萼，直径约 1.5mm，果皮膜质；种子 1～2 粒，近球形，光滑，黄色至褐色(图 7-99)。

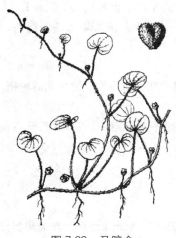

图 7-99 马蹄金

【分布与习性】广布于两半球热带、亚热带地区。我国长江以南各省区均有分布，生于山坡草地和沟边阴湿处。喜光，喜温暖湿润气候，对土壤要求不严。能耐一定低温，在 -8℃ 的低温条件下，虽有部分叶片表面变褐色，但仍能安全越冬；又能耐一定的炎热及高温，在 42℃ 的气温下，仍能安全越夏。耐干旱能力较强，在土壤含水量仅为 4.8% ，叶片出现垂萎的情况下，进行浇水养护，一周后即可恢复正常生长。

【繁殖方法】播种繁殖或用匍匐茎繁殖。

【观赏特性及园林用途】马蹄金植株低矮，根、茎发达，四季常青，抗性强，覆盖率高，是优良的观赏草坪和地被材料，多用于多种草坪花坛内最低层的覆盖，也可作盆栽花卉或盆景的盆面覆盖材料。

【同属种类】约 14 种，主要分布于美洲，3 种分布于大洋洲，1 种广布于热带和亚热带。我国仅此 1 种。

（九）白三叶

【学名】*Trifolium repens* L.

【别名】白花车轴草

【科属】豆科，三叶草属

【形态特征】短期多年生草本，生长期达 5 年，高 10～30cm。主根短，侧根和须根发达。茎匍匐蔓生，上部稍上升，节上生根，全株无毛。掌状 3 出复叶；托叶卵状披针形，膜质，基部抱茎成鞘状，离生部分锐尖；叶柄较长，长 10～30cm；小叶倒卵形至近圆形，长 8～20(30)mm，宽 8～16(25)mm，先端凹头至钝圆，基部楔形渐窄至小叶柄，侧脉约 13 对，与中脉作 50°角展开，两面均隆起；小叶柄长 1.5mm。花序球形，顶生，直径 15～40mm；总花梗甚长，比叶柄长近 1 倍，具花 20～50(80)朵，密集；花长 7～12mm；花梗比花萼稍长或等长，开花即下垂；萼钟形，具脉纹 10 条；花冠白色、乳黄色或淡红色，具香气。旗瓣椭圆形。荚果长圆形；种子通常 3 粒，阔卵形。花、果期 5～10 月（图 7-100）。

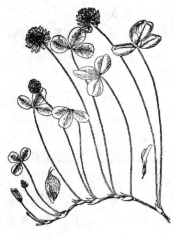

图 7-100 白三叶

【分布与习性】原产欧洲和北非，世界各地均有栽培。我国常见种植，并在湿润草地、河岸、路边呈半自生状态。喜温凉湿润气候，生长适宜的温度为 19～24℃，但适应性强，耐热、抗寒、耐阴、耐瘠、耐酸，绿期和花期长。

【繁殖方法】繁殖容易，既可种子繁殖又可营养繁殖。

【观赏特性及园林用途】白三叶绿期和花期长，适应性强，是优良的观赏型地被植物，也是重要的牧草，在酸性和碱性土壤上均能适应。

【同属种类】约 250 种，分布于非洲、美洲、亚洲和欧洲温带、亚热带地区。我国 13 种，其中 9 种为引进种类。常见栽培的还有：

（1）红车轴草（红三叶）*Trifolium pratense* L.：茎粗壮，直立或

平卧上升。托叶膜质，基部抱茎；叶柄较长；小叶卵状椭圆形至倒卵形，两面疏生褐色长柔毛，叶面上常有 V 字形白斑。花序球状或卵状，无总梗或甚短，具花 30～70 朵，密集；花长 12～14(18) mm，几无梗，花冠紫红色至淡红色，旗瓣匙形。荚果卵形。花、果期 5～9 月。原产欧洲中部，我国南北各省区均有，并见逸生于林缘、路边、草地等湿润处。

(2) 杂种车轴草 *Trifolium hybridum* L.：茎直立或上升。托叶卵形至卵状披针形，草质，合生部分短；小叶阔椭圆形，有时卵状椭圆形或倒卵形，具不整齐细锯齿，近叶片基部锯齿呈尖刺状，无毛或下面被疏毛。花序径 1～2cm，总花梗长 4～7cm，具花 12～20(30) 朵；花长 7～9mm，花冠淡红色至白色，旗瓣椭圆形。荚果椭圆形。花、果期 6～10 月。原产欧洲，世界各温带地区广泛栽培。我国东北有引种，也见逸生于林缘、河旁草地等处。

（十）蛇莓

【学名】*Duchesnea indica* (Andr.) Focke

【科属】蔷薇科，蛇莓属

【形态特征】多年生草本，具长匍匐茎，长 30～100cm，有柔毛。3 出复叶，小叶片近无柄，菱状卵形或倒卵形，长 1.5～3cm，宽 1.2～2cm，边缘具钝锯齿，两面散生柔毛或上面近于无毛；叶柄长 1～5cm；托叶卵状披针形，长 5～8mm，有时 3 裂。花单生于叶腋，直径 1.5～2.5cm；花梗长 3～6cm，有柔毛；花托扁平，果期膨大成半圆形，海绵质，鲜红色；副萼片 5 枚，先端 3～5 裂；萼裂片卵状披针形，比副萼片小，均有柔毛；花瓣倒卵形，黄色；雄蕊 20～30 枚；心皮多数，离生。果期膨大的花托直径 1～2cm，外面有长柔毛；瘦果小，矩圆状卵形，暗红色。花期 6～8 月；果期 8～10 月（图 7-101）。

【分布与习性】从阿富汗东达日本，南达印度、印度尼西亚均有分布，我国产辽宁以南各省区，生于山坡、河岸、草地、路旁或田埂。性耐寒，喜生于阴湿环境，不择土壤，但在富含腐殖质、排水良好的土壤上生长良好。也能在全光下生长。

图 7-101 蛇莓

【繁殖方法】播种和分株繁殖。

【观赏特性及园林用途】蛇莓植株低矮，枝叶茂密，花色金黄，点缀于绿色叶丛中非常优美，花期过后还可观赏红色的果实，是优良的地被植物。全草药用。

【同属种类】2 种，分布于亚洲，并在欧洲、北美洲和非洲归化，我国 2 种均产，常见的为本种。

第六节　观赏蕨类

蕨类植物又称羊齿植物，在植物进化系统中蕨类植物是介于苔藓植物和种子植物之间的一大类群。蕨类植物与其他孢子植物最重要的区别是有明显的维管组织分化，维管组织聚集为维管束，构成维管系统。

生活史中有明显的世代交替现象，孢子体世代占优势。配子体弱小，生活期较短，称原叶体。习见植物体为孢子体，大多数为多年生草本植物，少数一年生，极少数为木本。除少数原始种类仅具假根外，通常为须状不定根。茎多为地下横卧的根状茎，少数种类具有地上直立或匍匐的气生茎。叶有小型叶和大型叶2类，小型叶如松叶蕨（*Psilotum nudum*）的叶，没有叶隙和叶柄，只具单条不分枝的叶脉；大型叶有叶柄，叶脉多分叉。仅进行光合作用的叶，称为营养叶，产生孢子囊和孢子的叶称为孢子叶。有些蕨类的营养叶和孢子叶是不分的，且形状相同，称同型叶，否则为异型叶。小型叶蕨类植物的孢子叶通常集生在枝顶形成球状或穗状，称孢子叶球或称孢子叶穗，较进化的真蕨类，其孢子囊通常生在孢子叶的背面、边缘或集生在一个特化的孢子叶上，往往聚集成群，称为孢子囊群，水生蕨类的孢子囊群生在特化的孢子果内。

　　蕨类植物在分类系统中被归为蕨类植物门（Pteridophyta），根据秦仁昌1978年的分类系统，现代蕨类植物门分为5个亚门：松叶蕨亚门（Psilophytina）、石松亚门（Lycophytina）、水韭亚门（Isoephytina）、楔叶蕨亚门（Sphenophytina）和真蕨亚门（Filicophytina）。通常，前4个亚门的种类称为拟蕨类植物，真蕨亚门的称为真蕨类植物。蕨类植物生态类型多样，多为土生、石生或附生，少数为水生或湿生，一般表现为喜阴湿和温暖的特性。全世界约有71科381属12000种，以热带、亚热带种类为最丰富。中国有63科224属约2600种，主要分布在西南、长江流域及其以南各省区，仅云南就有1500多种，有"蕨类王国"之称。蕨类植物极富观赏价值，株形、叶形、叶姿独特，是观叶植物的重要组成部分。

（一）桫椤

【学名】*Alsophila spinulosa*（Wall. ex Hook.）Tryon

【科属】桫椤科，桫椤属

【形态特征】大型乔木状蕨，茎直立，不分枝，高1~6m，偶达9~12m，胸径10~20cm，上部有残存的叶柄基部及鳞片。叶螺旋状排列于茎顶端，蜷卷叶和叶柄基部密被暗棕色鳞片和糠秕状鳞毛；叶柄长30~50cm，连同叶轴和羽轴有刺状突起。叶片长矩圆形，长1~2m，宽0.4~0.5(1)m，3回羽状深裂；羽片17~20对，互生，长矩圆形，中部的长40~50cm；小羽片18~20对，披针形，中部的长9~12cm，宽1.2~1.6cm；裂片18~20对，镰状披针形，长约7mm，宽约4mm。孢子囊群生于侧脉分叉处，靠近中脉，有隔丝，囊托突起；囊群盖球形，膜质(图7-102)。

【分布与习性】分布于热带亚洲，我国福建、台湾、广东、海南、广西、云南、四川、贵州、重庆、湖南(通道县)、西藏等地均产，但数量较少。常生于林下沟谷、溪边或林缘，为半阴性树种。喜热带、亚热带温暖湿润的季风气候，不耐空气干燥，喜肥沃湿润的酸性土。孢子体生长缓慢。

图7-102　桫椤

【繁殖方法】孢子繁殖。孢子萌发、配子体发育以及配子结合都需要温暖和湿润的环境。

【观赏特性及园林用途】桫椤是地球上最古老的植物之一，主干直立，叶片大型而呈3回羽状，鲜绿色，集生干顶呈放射状斜展，极具潇洒之姿，因而树形优美、独特，富热带特色，宜植于庭园水边、林下等阴湿环境，以丛植为宜。桫椤为渐危种、国家一级保护植物，应注意保护。

【同属植物】共约230种，分布于世界热带和亚热带地区；我国约15种，主产福建、广东、海南、广西、湖南、四川、贵州、云南和西藏等省区，常见的还有黑桫椤（*A. podophylla*）、大黑桫椤（*A. gigantean*）等。

（二）肾蕨

【学名】*Nephrolepis auriculata*（L.）Trimen

【别名】蜈蚣草、篦子草

【科属】骨碎补科，肾蕨属

【形态特征】多年生常绿草本，附生或土生。株高 40～60cm，根状茎直立，被淡棕色长钻形鳞片，下部有粗铁丝状的匍匐茎向四方横展，匍匐茎棕褐色，长达 30cm，不分枝；匍匐茎上生有近圆形的块茎，直径 1～1.5cm。叶簇生，柄长 6～11cm，密被淡棕色线形鳞片。叶片线状披针形或狭披针形，长 30～70cm，宽 3～5cm，叶轴两侧被纤维状鳞片，1 回羽状；羽状叶约 45～120 对，互生，常密集而呈覆瓦状，披针形，中部的长约 2cm，宽 6～7mm，基部不对称，下侧为圆楔形或圆形，上侧为三角状耳形，叶缘有疏钝锯齿；叶脉明显，侧脉纤细，小脉直达叶边附近，顶端具纺锤形水囊。孢子囊群成 1 行位于主脉两侧，肾形，少近圆形；囊群盖肾形，褐棕色，无毛（图 7-103）。

图 7-103　肾蕨

【分布与习性】产浙江、福建、台湾、湖南南部、广东、海南、广西、贵州、云南和西藏，生溪边林下。广布于全世界热带及亚热带地区。喜温暖湿润和半阴的环境，天然分布在林冠下，稍耐寒，要求肥沃的微酸性土壤。

【繁殖方法】以分株繁殖为主，也可孢子播种和组培繁殖。

【观赏特性及园林用途】肾蕨是目前国内外广泛应用的观赏蕨类。枝叶纤细，婀娜婆娑，叶色翠绿，四季常青，是良好的盆栽观叶花卉，用中小型花盆栽植摆放于花架、书桌、几柜等处，绿意浓郁，也是优良的地被植物，世界各地普遍栽培。此外，叶片可用于插花，块茎富含淀粉，可食，亦可供药用。

【同属种类】约有在形体上颇为相似的 30 种，广布于全世界热带各地和邻近热带的地区，南到新西兰，北达日本。我国 6 种，产于西南、华南及华东。本属的大多数种的形体清雅秀丽，为主要的观叶植物，常见栽培的还有高大肾蕨（*N. exaltata*），品种繁多，其中最著名的是波士顿蕨（'Bostoniensis'），以及皱叶波士顿蕨（'Teddy Junior'）、细叶波士顿蕨（'Crispa'）、密叶波士顿蕨（'Bostoniensis Compacta'）、迷你皱叶肾蕨（'Mini Ruffle'）、佛罗里达皱叶肾蕨（'Florida Ruffle'）、万舞肾蕨（'Fandance'）、皱叶肾蕨（'Fluffy Ruffles'）、科迪塔斯肾蕨（'Corditas'）等。

（三）鹿角蕨

【学名】*Platycerium bifurcatum*（Cav.）C. Chr.

【别名】二歧鹿角蕨、蝙蝠蕨、蝙蝠兰

【科属】鹿角蕨科，鹿角蕨属

【形态特征】奇特的大型附生植物，附生树上或岩石上。根状茎短而横卧，粗肥；鳞片基部着生到盾状着生，长 1.5～11mm，宽 0.3～1.3mm，基部截形或心形，顶端尖头或渐尖，红棕色，中肋

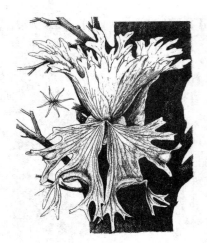

图 7-104　鹿角蕨

线形或狭三角形。叶近生，2 型。基生不育叶无柄，直立或贴生，长 18~60cm，宽 8~45cm；边缘全缘，浅裂直到 4 回分叉，裂片不等长，叶脉下陷，具贮水组织。正常能育叶（生孢子囊或不生孢子囊），直立，伸展或下垂，通常不对称到多少对称，楔形，长 25~100cm，2~5 回叉裂，宛如鹿角状分枝；孢子囊群斑块 1~10 个，位于裂片先端，狭长，长 1~22cm，宽 0.5~7.5cm。隔丝呈毛状。孢子囊环带加原细胞（16）18~22 个，孢子囊柄 2~3 裂细胞，每孢子囊有 64 个孢子。孢子黄色（图 7-104）。

【品种概况】本种广为栽培，常见的品种有 'Netherlands'、'Sandiego'、'Robert'、'Majus'、'Ziesenhenne' 等。

【分布与习性】原产澳大利亚东北部沿海地区的亚热带森林中，以及新几内亚岛、小異他群岛及爪哇等地。我国各地温室常见栽培。喜温暖阴湿环境，怕强光直射，以散射光为好，土壤以疏松的腐叶土为宜。

【繁殖方法】以分株繁殖为主。

【观赏特性及园林用途】鹿角蕨属于附生性观赏蕨，株形繁茂、姿态优美，是著名的观赏蕨类，富热带雨林气息。在欧美栽培较为普遍，常用于吊盆或篮架装饰观赏。热带地区可于林下贴附树干栽培。

【同属种类】15 种，分化中心在非洲马达加斯加（6 种）和东南亚（8 种），有 1 种产于南美洲的安第斯山脉。我国 1 种，即瓦氏鹿角蕨（*P. wallichii*），仅产于云南盈江县铜壁关自然保护区。

（四）铁线蕨

【学名】*Adiantum capillus-veneris* L.

【科属】铁线蕨科，铁线蕨属

【形态特征】株高 15~40cm，根状茎细长横走，密被棕色披针形鳞片。叶柄长 5~20cm，纤细，有光泽；叶片卵状三角形，长 10~25cm，宽 8~16cm，中下部为 2 回羽状、上部 1 回羽状；羽片 3~5 对，互生，有柄，基部 1 对较大，长 4.5~9cm，长圆状卵形；侧生末回小羽片 2~4 对，斜扇形或近斜方形，长 1.2~2cm，上缘 2~4 浅裂或深裂成条状，不育裂片先端钝圆形，具小锯齿，能育裂片先端截形，全缘或两侧有啮蚀状小齿；顶生小羽片扇形，较大，柄可长达 1cm。叶脉二歧分叉，直达边缘。孢子囊群每羽片 3~10 枚，横生于能育的末回小羽片上缘；囊群盖肾形成圆肾形，膜质，全缘（图 7-105）。

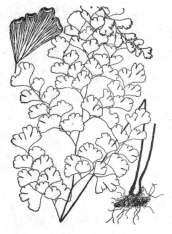

图 7-105　铁线蕨

【分布与习性】世界种，我国广布于长江以南各省区，向北到陕西、甘肃和河北，常生于石灰岩上，为钙质土指示植物。喜温暖、湿润和半阴环境，忌阳光直射；喜疏松、肥沃和含石灰质的沙质壤土。

【繁殖方法】以分株繁殖为主。孢子成熟后散落在温暖湿润的环境中可自行繁殖生长，待其长到一定时移栽也可。

【观赏特性及园林用途】铁线蕨株形矮小，纤细的叶柄如同铁丝状，着生多数扇形、淡绿色薄质叶片，显得格外清雅别致。适应性强，栽培容易，可供山石阴湿处配置，也是优良的室内盆栽观叶植物。叶片还是良好的切叶材料及干花材料。

【同属种类】本属 200 多种，广布于世界各地，尤以南美洲为最多。我国 30 种 5 变种和 4 变型，主要分布于温暖地区。大部分种类外形优美雅致，可栽培观赏。常见的还有：

(1) 掌叶铁线蕨 Adiantum pedatum L.：根状茎斜伸，叶片阔扇形，下面灰绿色，长约 30cm，宽达 40cm，二叉分枝，每枝上侧生有 4～6 片 1 回羽状的条状披针形羽片，小羽片多少呈三角形，顶端钝圆，并有钝齿，上缘浅裂。囊群盖肾形或矩圆形。广布于东北、华北、西南。

(2) 团羽铁线蕨 Adiantum capillus-junonis Rupr.：根状茎直立，叶片披针形，长 8～15cm，宽 2.5～3.5cm，1 回羽状，叶轴顶部常延伸成鞭状，顶端着地生根；羽片团扇形，基部有关节和柄相连，外缘 2～5 浅裂。囊群盖条状矩圆形或近肾形。分布于河北、山东、甘肃至西南、华南，生于潮湿石灰岩脚或墙缝中。

(3) 荷叶铁线蕨 Adiantum reniforme L. var. sinense Y. X. Lin：高 5～20cm，根状茎短而直立。单叶，圆形或圆肾形，径 2～6cm，叶面围绕叶柄处有 1～3 个同心圆圈，下面疏被棕色长柔毛；叶脉由基部向四周辐射，二歧分枝。囊群盖圆形或近长方形。特产于重庆。叶片奇特，是稀有观赏植物，可盆栽观赏。民间称之为荷叶金钱草，全草入药(图 7-106)。

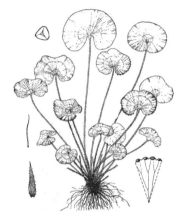

图 7-106 荷叶铁线蕨

(五) 翠云草

【学名】Selaginella uncinata (Desv.)Spring

【科属】卷柏科，卷柏属

【形态特征】主茎先直立而后攀缘状，长 50～100cm 或更长，分枝处有根托。主茎自近基部羽状分枝，侧枝 5～8 对，2 回羽状，小枝排列紧密。主茎上的叶同形，2 列，疏生，卵形或卵状椭圆形，短尖头，基部近心形；分枝上的叶 2 形，背腹各 2 列，侧叶平展，卵状长圆形，短尖头，基部心形，全缘，有白边；中叶疏生，指向枝顶，长卵形，先端渐尖，基部圆楔形，全缘，有白边；叶薄草质，在蔽荫的生活环境中上面蓝绿色，下面淡绿色，在裸露的生活环境中上面往往呈红褐色。孢子叶穗生于小枝顶端，四棱柱形，长 6～12mm；孢子叶卵状三角形或卵状披针形，先端长渐尖，全缘，背部呈龙骨状隆起；孢子囊卵形；孢子 2型。大孢子灰白色或暗褐色；小孢子淡黄色(图 7-107)。

【分布与习性】中国特有，分布西南、华东、华南地区及台湾省，生于林下。喜温暖湿润的环境和疏松而富含腐殖质的壤土，喜阴，光线强其叶片的蓝绿色易消失而影响观赏性。不耐寒，越冬温度需高于 5℃ 以上。

【繁殖方法】以分株繁殖为主。

【观赏特性及园林用途】叶色蓝绿，主茎很纤细、褐黄色，羽叶

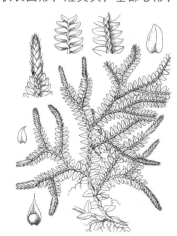

图 7-107 翠云草

细密，并会发出蓝宝石般的光泽，别具一格，十分可爱。适合作暖地阴湿处地被，也可盆栽或点缀假山石。由于茎枝具匍匐性，做吊盆亦能展现其柔软悬垂的美感。

【同属种类】全属约 700 种，世界广布，主产热带地区。中国约有 60～70 种，各地均有分布。见于栽培观赏的还有卷柏(*S. tamariscina*)，又名万年青、还魂草。常绿草本，高 5～20cm，主茎粗短直立，丛生小枝呈莲座状，叶密生、浓绿，为优良的小型盆栽植物。

(六) 鸟巢蕨

【学名】*Neottopteris nidus*（L.）J. Sm.

【科属】铁角蕨科，巢蕨属

【形态特征】植株高 1～1.2m。根状茎直立，粗短，粗 2～3cm，先端密被鳞片；鳞片蓬松，线形，长 1～1.7cm，先端纤维状并卷曲，边缘有长纤毛。叶厚纸质或薄革质，干后灰绿色，两面均无毛；辐射状丛生于根状茎顶部，中空如鸟巢；叶柄长 5cm，近圆棒形，上面有阔纵沟，两侧无翅，基部密被线形棕色鳞片，向上光滑；叶片阔披针形，革质，长 90～120cm，中部最宽处宽 9～15cm，全缘并有软骨质的狭边，干后反卷。主脉在下面几全部隆起为半圆形，上面有阔纵沟，向上稍隆起；小脉两面均稍隆起，分叉或单一。孢子囊群线形，长 3～5cm，生于小脉上侧，彼此接近，叶片下部通常不育；囊群盖线形，浅棕色，厚膜质，全缘，宿存(图 7-108)。

图 7-108　鸟巢蕨

【分布与习性】产台湾、广东、海南、广西、贵州、云南和西藏，成大丛附生于雨林中树干或石岩上。分布于亚洲热带。在自然状态下，其团集成丛的鸟巢状能承接大量枯枝落叶、飞鸟粪便和雨水，转化为腐殖质作为养分。喜温暖、潮湿和较强散射光的半阴条件，在高温多湿条件下终年可以生长，一般空气湿度以保持 70%～80% 较适宜。不耐寒。

【繁殖方法】孢子播种和分株繁殖。孢子繁殖作为商品化批量生产已得到广泛应用。

【观赏特性及园林用途】鸟巢蕨为较大型的阴生观叶植物，株形丰满，叶色葱绿光亮，潇洒大方，深得人们青睐。植于热带园林树木下或假山岩石上可增添野趣；盆栽的小型植株用于布置明亮的客厅、会议室及书房、卧室，别具热带情调。

【同属种类】约有 30 个形体相近的种，分布于热带亚洲的雨林中，有 1 种向西南到非洲，向东南达大洋洲。中国 11 种，主产华南及西南，尤以桂、滇、黔三省区交界处的石灰岩地区为分布中心。多为广泛栽培的观赏蕨类，有些种类已培育出系列的品种。我国常见栽培的仅此 1 种，主要品种有皱叶巢蕨('Plicatum')、圆叶巢蕨('Avis')、波叶巢蕨('Crispafoliu')、卷叶巢蕨('Volulum')和锯齿巢蕨('Fimbariatum')等。

(七) 荚果蕨

【学名】*Matteuccia struthiopteris*（L.）Todaro

【科属】球子蕨科，荚果蕨属

【形态特征】大中型陆生蕨，高 50～100cm。根状茎短而粗壮，密被叶柄残基及棕色、披针形的膜质鳞片。叶簇生，2 型。营养叶草质，披针形至倒披针形，或广长圆形，长 45～90cm，宽 14～

15cm，无毛或仅沿叶轴、羽轴及主脉被柔毛；叶柄上面有 1 深纵沟；2 回深羽裂，羽片 40～60 对，披针形或三角状披针形；中部羽片宽 1～2cm，裂片边缘浅波状或顶端具圆齿；下部羽片向下逐渐缩短成耳形；叶脉羽状，分离，伸达叶边。孢子叶较短，夏季从叶丛中间生出，初时绿色，后变深褐色，直立，有粗硬而较长的柄，1 回羽状，狭倒披针形，长 15～25cm，宽 5～7cm；羽片向下反卷成有节的荚果状，包被囊群；孢子囊群圆形，生于侧脉分枝的中部，成熟时汇合成条形；囊群盖白色膜质，熟后破裂消失(图 7-109)。

【分布与习性】分布于东北、华北及陕西、四川、西藏等地。喜凉爽湿润及半阴的环境，如湿度能保证也能耐受一定的强光照。对土壤要求不严，但以疏松肥沃的微酸性土壤为宜。

【繁殖方法】以分株繁殖为主，也可用孢子繁殖。

【观赏特性及园林用途】荚果蕨株形美观，秀丽典雅，新生叶直立向上生长，展开后则成鸟巢状，是北方地区非常理想的地被植物，可植于疏林下或小区的背阴处，成片栽植有利于造成适生环境。也可盆栽观赏，叶片可作切花。荚果蕨还是优良的山野菜。

【同属种类】约 5 种，分布于北半球温带。我国有 3 种，广布于南岭山脉以北各省区。此外，中华荚果蕨(*M. intermedia*)极近本种，但叶轴和羽轴有狭披针形鳞片，下部数对羽片略缩短，孢子囊群无盖。产河北、山西、陕西、湖北、甘肃、四川、云南。

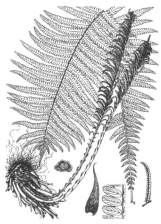

图 7-109　荚果蕨

(八) 凤尾蕨

【学名】*Pteris multifida* Poir.

【别名】凤尾草、井栏边草

【科属】凤尾蕨科，凤尾蕨属

【形态特征】高 30～45cm。根状茎短而直立，粗 1～1.5cm，先端被黑褐色鳞片。叶簇生，2 型。不育叶柄长 15～25cm，光滑；叶片卵状长圆形，长 20～40cm，宽 15～20cm，1 回羽状，羽片常 3 对，无柄，线状披针形，长 8～15cm，宽 6～10mm，叶缘有不整齐的尖锯齿并有软骨质边，下部 1～2 对通常分叉，有时近羽状，顶生及上部羽片的基部下延，在叶轴两侧形成宽 3～5mm 的狭翅。能育叶有较长柄，羽片 4～6 对，狭线形，长 10～15cm，宽 4～7mm，仅不育部分具锯齿，余全缘，基部一对有时近羽状、有柄，余无柄，下部 2～3 对通常 2～3 叉。主脉两面隆起，侧脉明显，单一或分叉。孢子囊群沿叶边缘呈连续性细线状排列(图 7-110)。

【分布与习性】产华北南部至华东、西南、华南，生墙壁、井边及石灰岩缝隙或灌丛下。喜温暖湿润和半阴环境，为钙质土指示植物。在无日光直晒和土壤湿润、肥沃、排水良好的处所生长最盛。

【繁殖方法】以分株繁殖为主，也可用孢子繁殖。

【观赏特性及园林用途】叶丛细柔、色泽鲜绿，是优美的观叶

图 7-110　凤尾蕨

植物，可植为林下地被，也可布置在阴湿的岸堤或山石间。华北盆栽，是布置厅堂内阴暗处的优良盆花。叶片可作切花。全株入药。

【同属种类】约有300种，产世界热带和亚热带地区，南达新西兰、澳大利亚(塔斯马尼亚)及南非洲，北至日本及北美洲。我国66种，主要分布于华南及西南，少数种类向北到达华东及秦岭南坡。

(九) 槐叶苹

【学名】*Salvinia natans* (L.) All.

【科属】槐叶苹科，槐叶苹属

【形态特征】小型漂浮植物。根状茎细长而横走，被褐色节状毛。3叶轮生，上面2叶漂浮水面，

形如槐叶，长圆形或椭圆形，长0.8～1.4cm，宽5～8mm，顶端钝圆，基部圆形或稍呈心形，全缘，上面密布乳头状突起；叶脉斜出，在主脉两侧有小脉15～20对，每条小脉上面有5～8束白色刚毛；上面深绿色，下面密被棕色茸毛。下面一叶特化为细裂的须根状，悬垂水中，被细毛，起着根的作用，又叫假根。孢子果4～8个簇生于沉水叶的基部，表面疏生成束的短毛，小孢子果表面淡黄色，大孢子果表面淡棕色(图7-111)。

【分布与习性】广布长江流域和华北、东北及新疆等地，多生于水田、池沼或缓流的溪河中。为多年生根退化型的浮水性蕨类植物，喜温暖、光照充足的环境。

【繁殖方法】分株繁殖，将其根状茎切断即可。或以孢子繁殖，秋末冬初产生孢子果，第2年春季萌发。

【观赏特性及园林用途】槐叶苹叶排成羽状，似槐叶，夏秋

图7-111 槐叶苹

时叶片为绿紫色，漂浮水面，小巧可爱，富有情趣，颇具观赏价值。多用于水景园水面绿化，也可置于水族箱内，起到净化水质、点缀景观的作用。

【同属种类】约10种，广布各大洲，其中以美洲和非洲热带地区为主。中国只有1种。

(十) 苹

【学名】*Marsilea quadrifolia* L.

【别名】田字草

【科属】苹科，苹属

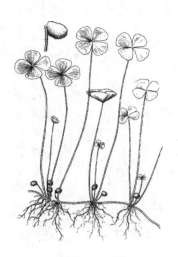

【形态特征】浅水生蕨类，植株高5～20cm。根状茎细长横走，分枝，顶端被有淡棕色毛，茎节远离，向上发出一至数枚叶。叶柄长5～20cm；叶片由4片倒三角形的小叶组成，呈十字形，长宽各1～2.5cm，外缘半圆形，基部楔形，全缘，幼时被毛，草质。叶脉从小叶基部向上呈放射状分叉，组成狭长网眼，伸向叶边，无内藏小脉。孢子果双生或单生于短柄上，而柄着生于叶柄基部，长椭圆形，幼时被毛，褐色，木质，坚硬。每个孢子果内含多数孢子囊，大小孢子囊同生于孢子囊托上，一个大孢子囊内只有一个大孢子，而小孢子囊内有多数小孢子(图7-112)。

图7-112 苹

【分布与习性】广布长江以南各省区，北达华北和辽宁，西到新疆。世界温热两带其他地区也有。生水田或沟塘中，是水田中的有害杂草，可作饲料。

【繁殖方法】繁殖能力强，多用根状茎繁殖。

【观赏特性及园林用途】幼年期沉水，成熟时浮水、挺水或陆生，在孢子果发育阶段需要挺水。生长快，成片种植整体形态美观，可在水景园林浅水、沼泽地中成片种植，也可与香菇草、狐尾藻混植于盆中，作为新奇植物观赏。

【同属种类】约70种，遍布世界各地，尤以大洋洲及南部非洲为最多。中国有3种。

第七节 兰科花卉

兰科是单子叶植物中的第一大科，全世界约有1000属20000种，除两极和沙漠外均有分布，但85%集中分布在热带和亚热带。我国有166属1019种，南北均产，以云南、台湾、海南最多。

兰花的花常美丽且带有香味，一般两侧对称；花被片6枚，均花瓣状；外轮3枚称萼片，有中萼片与侧萼片之分；中央花瓣常变态而成唇瓣，唇瓣由于花序的下垂或花梗的扭转而经常处于下方即远轴的位置，基部常有囊或距；雄蕊与花柱(包括柱头)完全愈合而成一柱状体，称合蕊柱。通常具1枚雄蕊，前方有1个柱头凹穴；有些种类的蕊柱基部延伸成足，侧萼片与唇瓣围绕合蕊柱足而生，形成囊状物，称萼囊；在柱头与雄蕊之间有一个舌状器官，称蕊喙，它通常是由柱头上的裂片变态而来，能分泌黏液；花粉多半粘合成团块，有时一部分变成柄状物，称花粉块柄；蕊喙上的黏液常常变成固态的黏块，称黏盘，有时黏盘还有种种柄状或片状的延伸附属物，称蕊喙柄；花粉团与花粉块柄是雄蕊来源的，而黏盘与蕊喙柄则是柱头来源的，两者合生在一起叫花粉块，但花粉块也并非都由这4个部分组成，尤其是蕊喙柄，只在很进化的类群中才有。兰科植物凭借这种特殊构造的花，十分巧妙地适应于昆虫传粉。

兰花栽培始于何时已不可考，但从古籍记载中可知在我国至少有2000多年历史。《易经》中"同心之言，其臭如兰"是最早的记载，而世界上最早的兰花专著当推南宋赵时庚的《金漳兰谱》(1233年)。但兰科花卉的广泛栽培观赏应是始于英国。19世纪以来，大量兰花被从美洲和亚洲引入到英国，受到大众的喜爱，刺激了大批人员到世界各地采集兰花，使英国成为近代兰花栽培的先驱。

一、兰科花卉的分类

(一) 按进化系统分类

兰科是一个进化而复杂的科，至今对科内各类群间亲缘关系的了解仍然是十分初步的。植物分类学家依兰科植物发育雄蕊的数目及花粉分合的性状作为高阶层分类的主要特征，在科以下再分亚科、族及亚族，但不同学者对亚科、族及亚族的划分不尽一致。

《中国植物志》将兰科分为3个亚科，即拟兰亚科(Apostosioideae)、杓兰亚科(Cyprepedioideae)及兰亚科(Orichidoideae)，在兰亚科之下分4个族，兰族(Orchideae)、万代兰族(Vandeae)、鸟巢兰族(Neottieae)与树兰族(Epidendreae)，也有的分类系统将以上的族均作亚科处理，或者有的系统仅分为多蕊亚科(Pleonandrae)及单蕊亚科(Monandrae)2亚科。

(二) 按生态习性分类

1. 地生兰类

根生于土中，通常有块茎或根茎，部分有假鳞茎。多产于温带、亚热带及热带高山，种类繁多，如杓兰属、兜兰属大部分为地生。

2. 附生兰及石生兰类

附着于树干、树枝、枯木或岩石表面生长。通常具假鳞茎，贮存水分与养料，适应短期干旱，以特殊的吸收根从湿润空气中吸收水分维持生活。主产于热带，少数产亚热带，适于热带雨林的气候，如甲兰属、蜘蛛兰属、石斛属、万带兰属、火焰兰属等。

3. 腐生兰类

不含叶绿素，营腐生生活，常有块茎或粗壮的根茎，叶退化为鳞片状，如天麻属。

(三) 按对温度的要求分类

栽培上习惯按兰花生长所需的最低温度将兰花分为 3 类。不同的属、种、品种都有不同的温度要求，这种划分比较粗略，仅供栽培参考。

1. 喜凉兰类

多原产于高海拔山区冷凉环境，如喜马拉雅地区、安第斯山高海拔地带及北婆罗湖的最高峰基纳巴洛山。不耐热，需一定低温，适宜温度一般为：冬季最冷月夜温 4.5℃，日温 10℃；夏季夜温 14℃，日温 18℃。如董兰花属(产哥伦比亚)、齿瓣兰属、兜兰属的某些种、杓兰属、毛唇贝母兰、福比文心兰、鸟嘴文心兰等。

2. 喜温兰类

或称中温性兰类，原产于温带地区，种类很多，栽培的多数属都是该类。适宜温度一般为：冬季夜温 10℃，日温 13℃；夏季夜温 16℃，日温 22℃。如兰属、石斛属、燕子兰属、多数卡特兰、兜兰属某些种及杂种、万带兰属某些种等。

3. 喜热兰类

或称热带兰，多原产于热带雨林中。不耐低温，适宜温度：冬季夜温 14℃，日温 16～18℃；夏季夜温 22℃，日温 27℃。该类兰花大多花朵美丽，目前广泛栽培。如蝴蝶兰属、万带兰属的许多种及杂种、兜兰属的某些种、卡特兰属。

二、兰科花卉的常见种类

(一) 兰属 *Cymbidium*

附生或地生，常具卵球形、椭圆形假鳞茎，包藏于叶基的鞘内。叶生于假鳞茎基部或下部节上，2 列，带状或罕有倒披针形至狭椭圆形，基部有鞘并围抱假鳞茎。花葶侧生或发自假鳞茎基部，总状花序具数花或多花，少为单花；花萼片与花瓣离生，相似；唇瓣 3 裂，基部有时与蕊柱合生达 3～6mm；侧裂片直立，常多少围抱蕊柱，中裂片一般外弯；唇盘上有 2 条纵褶片，通常从基部延伸到中裂片基部，有时末端膨大或中部断开，较少合而为一；蕊柱较长，常多少向前弯曲，两侧有翅，腹面凹陷或有时具短毛，花粉团 2 个，有深裂隙，或 4 个而形成不等大的 2 对，蜡质，以很短的、弹性的花粉团柄连接于近三角形的黏盘上。

【常见种类】约 55 种，分布于亚洲热带与亚热带地区，向南到达新几内亚岛和澳大利亚。我国

49 种，广泛分布于秦岭山脉以南地区。

(1) 春兰 *Cymbidium goeringii* (Rchb. f.)Rchb. f.

假鳞茎卵球形，长 1～2.5cm。叶 4～7 枚，带形，长 20～40 (60)cm，宽 5～9mm，下部呈 V 形。花葶长 3～15(20)cm，短于叶；花序具单花，罕 2 朵；苞片长 4～5cm；花梗和子房长 2～4cm；花色泽变化较大，常为绿色而有紫褐色脉纹，有香气；萼片近长圆形至长圆状倒卵形，长 2.5～4cm，宽 8～12mm；花瓣倒卵状椭圆形至长圆状卵形，长 1.7～3cm；唇瓣近卵形，长 1.4～2.8cm，不明显 3 裂，中裂片较大、外弯。蒴果狭椭圆形，长 6～8cm，宽 2～3cm。花期 1～3 月。产陕西南部、河南南部、甘肃南部、长江流域至华南、西南，生于山坡、林缘、林中透光处（图 7-113）。

变种春剑(var. *longibracteatum*)，叶长 50～70cm，宽 1.2～1.5cm，坚挺；花 3～5(7)朵，萼片与花瓣不扭曲。产西南。

变种线叶春兰(var. *serratum*)，叶宽 2～4(5)mm，具细齿，质地较硬；花单朵，常无香气。

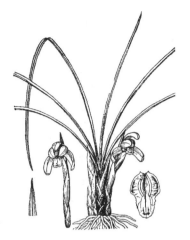

图 7-113 春兰

(2) 蕙兰 *Cymbidium faberi* Rolfe

假鳞茎不明显。叶带形，长 25～80cm，宽 (4)7～12mm，基部对折呈 V 形，叶脉透亮，边缘有粗锯齿。花葶长 35～50(80)cm，被多枚长鞘；总状花序具花 5～11 朵或更多；苞片线状披针形，中上部的长 1～2cm；花浅黄绿色，唇瓣有紫红色斑；萼片近披针状长圆形或狭倒卵形，长 2.5～3.5cm，宽 6～8mm；花瓣与萼片相似，略短而宽；唇瓣长圆状卵形，长 2～2.5cm，3 裂，侧裂片直立，中裂片强烈外弯，边缘皱波状。花期 3～5 月。产甘肃南部、陕西南部、河南南部、长江流域至华南、西南，生于湿润但排水良好的透光处（图 7-114）。

变种送春(var. *szechuanicum*)，叶 8～13 枚，质软、下弯，叶脉不透明；花苞片长于花梗和子房，萼片常多少扭曲。花期 2～3 月。产四川邛崃山，成都广为栽培。

图 7-114 蕙兰

(3) 建兰(四季兰) *Cymbidium ensifolium* (L.)Sw.

假鳞茎卵球形，长 1.5～2.5cm。叶 2～4(6) 枚，长 30～60cm，宽 1～1.5(2.5)cm，前部边缘有时有细齿。花葶一般短于叶，总状花序具 3～9(13)朵花；花苞片除最下面 1 枚长可达1.5～2cm 外，其余长 5～8mm，花有香气，色泽变化较大，通常浅黄绿色而具紫斑；萼片近狭长圆形或狭椭圆形，长 2.3～2.8cm，宽 5～8mm；花瓣狭椭圆形或狭卵状椭圆形，长 1.5～2.4cm，宽 5～8mm，近平展；唇瓣近卵形，长 1.5～2.3cm，略 3 裂。花期 6～10 月(图 7-115)。

图 7-115 建兰

图 7-116　墨兰

图 7-117　寒兰

图 7-118　虎头兰

产长江流域至华南、西南，生于疏林下、灌丛中、山谷旁或草丛中。

（4）墨兰　Cymbidium sinense（Jacks. ex Andr. ）Willd.

假鳞茎卵球形，长 2.5～6cm，宽 1.5～2.5cm。叶 3～5 枚，暗绿色，长 45～80（110）cm，宽（1.5）2～3cm。花葶较粗壮，长（40）50～90cm，略长于叶；总状花序具花 10～20 朵或更多；花常暗紫色或紫褐色而具浅色唇瓣，也有黄绿色、桃红色或白色的，香气较浓；萼片狭长圆形或狭椭圆形，长 2.2～3（3.5）cm，宽 5～7mm；花瓣近狭卵形，长 2～2.7cm，宽 6～10mm；唇瓣近卵状长圆形，宽 1.7～2.5（3）cm，不明显 3 裂；中裂片较大，外弯，边缘略波状。花期 10 月至次年 3 月（图 7-116）。

产华东至华南、西南，生林下、灌木林中或溪谷旁湿润但排水良好的荫蔽处。

（5）寒兰　Cymbidium kanran Mak.

假鳞茎狭卵球形，长 2～4cm，宽 1～1.5cm。叶 3～5（7）枚，薄革质，长 40～70cm，宽 9～17mm，前部边缘有细齿。花葶长 25～60（80）cm；总状花序疏生 5～12 朵花；花苞片狭披针形，最下 1 枚长可达 4cm，中上部的长 1.5～2.6cm，一般与花梗和子房近等长；花常为淡黄绿色而具淡黄色唇瓣，也有其他色泽，有浓烈香气；萼片近线形或线状狭披针形，长 3～5（6）cm；花瓣狭卵形或卵状披针形，长 2～3cm，宽 5～10mm；唇瓣近卵形，不明显 3 裂，长 2～3cm。蒴果狭椭圆形，长约 4.5cm，宽约 1.8cm。花期 8～12 月（图 7-117）。

产华东至华南、西南，生于林下、溪谷旁或稍荫蔽、湿润、多石之土壤上。

（6）虎头兰　Cymbidium hookerianum Rchb. f.

附生；假鳞茎长 3～8cm，宽 1.5～3cm。叶 4～6（8）枚，长 35～60（80）cm，宽 1.4～2.3cm。花葶外弯或近直，总状花序具 7～14 朵花；花苞片卵状三角形，长 3～4mm；花径达 11～12cm，有香气；萼片与花瓣苹果绿或黄绿色，基部有少数深红色斑点或偶有淡红褐色晕，唇瓣白色至奶油黄色，侧裂片与中裂片上有栗色斑点与斑纹，在授粉后整个唇瓣变为紫红色；唇瓣近椭圆形。花期 1～4 月（图 7-118）。

产西南，生于林中树上或溪谷旁岩石上。

（7）多花兰　Cymbidium floribundum Lindl.

附生；假鳞茎卵球形，长 2.5～3.5cm，宽 2～3cm。叶 5～6 枚，长 22～50cm，宽 8～18mm。花序具 10～40 朵花；花苞片小；花密集，径 3～4cm，无香气；萼片与花瓣红褐色或偶见绿黄色，唇瓣白色而在侧裂片与中裂片上有紫红色斑，褶片黄色；唇瓣近卵形。花期 4～8 月。

产华东、华南至西南，生于林中或林缘树上，或溪谷旁透光的岩石上或岩壁上。

【生态习性】地生兰常见原种主要分布在中国，性喜凉爽、湿润和通风透气，忌酷热、干燥和阳光直晒。要求土壤排水良好、含腐殖质丰富、呈微酸性。北方冬季应在温室栽培，最低温度不低于 5℃。

【繁殖方法】分株和播种繁殖。

【观赏特性及园林用途】本属的地生类，如春兰、蕙兰、寒兰、建兰、墨兰等，在我国有 2000 余年的栽培历史。近年来，大花附生种类，如虎头兰、黄蝉兰、独占春等也受到重视，大花蕙兰品种系列有很高的观赏价值，是当今花卉市场上最受欢迎的品种之一。兰属植物既是名贵的盆花，也是优良的切花，我国以盆花为主，品种甚多，以浓香、素心品种为珍品，国外喜花多、花大、瓣宽、色艳的品种，目前栽培的多为一些杂交种。

（二）蝴蝶兰属 *Phalaenopsis*

常绿草本，附生。气生根粗壮、肉质，从茎基或下部的节上发出，长而扁。茎短，具少数近基生的叶。叶质地厚，椭圆形、长圆状披针形至倒卵状披针形，较宽，具关节和抱茎的鞘。总状花序侧生，分枝或否，花数朵至数十朵，长者可达 1～2m。花色艳丽，白、红、黄或具斑点、条纹，花期长；萼片近等大，离生；花瓣较宽阔，基部收狭或具爪；唇瓣基部具爪，3 裂，侧裂片直立，中裂片较厚，伸展。

【常见种类】约 40 种，分布于热带亚洲至澳大利亚。我国有 6 种，产南方诸省区。现在栽培的蝴蝶兰多为原生种的属内、属间杂交种。

（1）蝴蝶兰 *Phalaenopsis aphrodite* Rchb. f.

叶片稍肉质，常 3～4 枚，上面绿色，背面紫色，长 10～20cm，宽 3～6cm，基部楔形或有时歪斜，具短而宽的鞘。花序侧生，长达 50cm，常不分枝；花序轴紫绿色，多少回折状，花数朵，由基部向顶端逐朵开放；花梗纤细，长 2.5～4.5cm；花白色，美丽；唇瓣侧裂片具红色斑点或细条纹，中裂片先端具 2 条卷须。花期 4～6 月。

产我国台湾和菲律宾，附生于低海拔的热带或亚热带丛林中的树干上。

（2）小兰屿蝴蝶兰 *Phalaenopsis equestris* (Schauer) Rchb. f.

叶 3～4 枚，稍肉质，长圆形或近长椭圆形，长 10～24cm，先端钝或稍不等侧 2 裂，基部楔形并扩大为抱茎的鞘。花序斜立，长达 30cm；花序轴曲折，疏生多数花；花淡粉红色带玫瑰色。唇瓣中裂片宽卵形，在两侧裂片基部之间和中裂片基部相交处具 1 个盾形的肉突。花期 4～5 月。

产我国台湾省小兰屿岛和菲律宾，附生于近海滨的林中树上。

（3）华西蝴蝶兰（小蝶兰）*Phalaenopsis wilsonii* Rolfe

气生根发达，簇生，长而弯曲，表面密生疣状突起。叶 4～5 枚，稍肉质，幼时背面紫红色，长圆形或近椭圆形，通常长 6.5～8cm，先端钝并且一侧稍钩转，旱季常落叶，花时无叶或具 1～2 枚存留的小叶。花序斜立，长 4～8.5cm，轴疏生 2～5 朵花；萼片和花瓣淡粉红色或浅白色带淡粉红色的中肋；唇瓣紫色，中裂片边缘强烈下弯，先端钝并且稍 2 裂，上面中央具 1 条粗厚而向先端逐渐增高并且变厚的脊突。花期 4～7 月（图 7-119）。

产广西西部、贵州西南部、四川西南部至中部、云南东南部至中部、西藏东南部。本种在良好

图 7-119 华西蝴蝶兰

图 7-120 版纳蝴蝶兰

的栽种条件下，花期叶仍茂盛，不出现落叶现象。

(4) 滇西蝴蝶兰 Phalaenopsis stobariana Rchb. f.

叶卵状披针形，斜长圆形或椭圆形，长 7~11cm，宽 3~3.4cm，先端钝并且一侧稍钩转，旱季常凋落，花期具叶。花序常斜立，长 7~37cm，不分枝，疏生 2~4 朵花；萼片和花瓣褐黄绿色；唇瓣紫色，中裂片边缘下弯而先端呈喙状下弯，不裂，上面中央具 1 条，中部以下较粗而不向先端增粗的脊突。花期 5~6 月。

产云南西部(盈江)，生于山地林中树干上。

(5) 版纳蝴蝶兰 Phalaenopsis mannii Rchb. f.

茎粗厚，长 1.5~7cm。叶长圆状倒披针形或近长圆形，长达 23cm，宽 5~6cm；花序侧生，斜出或下垂，长 5.5~30cm，疏生少数至多数花；花序柄粗壮，长达 11cm，粗 3~5mm；萼片和花瓣橘红色带紫褐色横纹斑块；唇瓣白色，中裂片厚肉质，锚状，边缘具不整齐的齿，上面被乳突状毛。花粉团半裂(图 7-120)。

产云南南部(勐腊)，生于常绿阔叶林中树干上。

【生态习性】蝴蝶兰为附生兰，气生根多附生于热带雨林下层的树干或树杈上，喜高温多湿，喜阴，忌烈日直射，全光照的 30%~50% 有利开花。生长适温 25~35℃，夜间高于 18℃ 或低于 10℃ 的环境出现落叶、寒害。生长期喜通风，忌闷热，根系具较强的耐旱性。

【繁殖方法】大量繁育以组织培养最为常用。少量繁殖可采用人工辅助催芽法，花后选取一枝壮实的花梗，从基部第三节处剪去残花，其余花枝全部从基部剪除以集中养分。剥去节上的苞衣，在节上芽眼位置涂抹催芽激素，30~40 天后可见新芽萌出，待气生根长出后可切取上盆。

【观赏特性及园林用途】蝴蝶兰是世界著名的盆栽花卉，亦作切花栽培。花朵美丽动人，是室内装饰和各种花艺装饰的高档用花，为花中珍品。

(三) 兜兰属 *Paphiopedilum*

地生、半附生或附生；根状茎不明显或罕有细长而横走，具稍肉质而被毛的纤维根。茎短，包藏于 2 列的叶基内。叶基生，2 列，对折；叶片带形、狭长圆形或狭椭圆形，两面绿色或上面有深浅绿色方格斑块或不规则斑纹，背面有时有淡红紫色斑点或浓密至完全淡紫红色，基部叶鞘互相套叠。花葶从叶丛中长出，具单花或较少有数花或多花；花苞片非叶状；子房顶端常收狭成喙状；花大而艳丽，色泽种种，美丽；中萼片较大，常直立，边缘有时后卷；2 枚侧萼片合生成合萼片；花瓣匙形、长圆形至带形，向两侧伸展或下垂；唇瓣深囊状，球形、椭圆形至倒盔状，基部有宽阔而具内弯边缘的柄或较少无柄，囊口常较宽大，口的两侧常有直立而呈耳状并多少有内折的侧裂片，囊内一般有毛；蕊柱短，常下弯，具 2 枚侧生的能育雄蕊、1 枚位于上方的退化雄蕊和 1 个位于下方的柱头。

【常见种类】共约 66 种，分布于亚洲热带地区至太平洋岛屿，主产东南亚。我国有 18 种，产西南至华南，全部可供观赏。

(1) 杏黄兜兰 Paphiopedilum armeniacum S. C. Chen et F. Y. Liu

根状茎细长横走。叶长圆形，坚革质，长 6～12cm，宽 1.8～2.3cm，上面有深浅绿色相间的网格斑，背面有密集的紫色斑点并具龙骨状突起，边缘有细齿。花葶长 15～28cm，顶生 1 花；花大，直径 7～9cm，纯黄色，唇瓣近椭圆状球形或宽椭圆形，长 4～5cm，宽 3.5～4cm。花期 2～4 月（图 7-121）。

产云南西部，生于石灰岩壁积土处或多石而排水良好的草坡上。

(2) 同色兜兰 Paphiopedilum concolor (Bat.) Pfitz.

根状茎粗短。叶狭椭圆形至椭圆状长圆形，长 7～18cm，宽 3.5～4.5cm，上面有深浅绿色（或略带灰色）相间的网格斑，背面具极密集的紫点或几乎完全紫色，中脉在背面呈龙骨状突起。花葶长 5～12cm，顶端具 1～2 花，罕 3 花；花直径 5～6cm，淡黄色，唇瓣狭椭圆形至圆锥状椭圆形，长 2.5～3cm，宽约 1.5cm，囊口宽阔。花期 6～8 月（图 7-121）。

产广西西部、贵州和云南东南部至西南部，生于石灰岩地区多腐殖质土壤上或岩壁缝隙或积土处。

(3) 麻栗坡兜兰 Paphiopedilum malipoense S. C. Chen et Z. H. Tsi

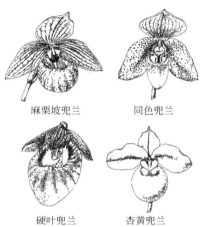

麻栗坡兜兰　　　同色兜兰

硬叶兜兰　　　杏黄兜兰

图 7-121　几种兜兰的花

具短的根状茎。叶长圆形或狭椭圆形，革质，长 10～23cm，宽 2.5～4cm，上面有深浅绿色相间的网格斑，背面紫色或具紫斑，中脉在背面龙骨状突起。花葶长 30～40cm，紫色，具锈色长柔毛，顶生 1 花；花直径 8～9cm，黄绿色或淡绿色，花瓣上有紫褐色条纹或多少由斑点组成的条纹；唇瓣近球形，长宽各 4～4.5cm，有时有不明显的紫褐色斑点，囊口近圆形。花期 12 月至次年 3 月（图 7-121）。

产广西西部、贵州西南部和云南东南部，生于石灰岩山坡林下多石处或积土岩壁上。

(4) 麦氏兜兰 (虎斑兜兰) Paphiopedilum markianum Fowlie

叶 2～3 枚，狭长圆形，长 15～25cm，宽 2～3.5cm，绿色。花葶长 20～25cm，顶端生 1 花；花大，中萼片黄绿色而有 3 条紫褐色粗纵条纹，合萼片淡黄绿色并在基部有紫褐色细纹，花瓣基部至中部黄绿色并在中央有 2 条紫褐色粗纵条纹，上部淡紫红色；唇瓣倒盔状，淡黄绿色而有淡褐色晕，基部有宽阔的、长 1.5～2cm 的柄。花期 6～8 月。

产云南西部，生于林下荫蔽多石处或山谷旁灌丛边缘。

(5) 硬叶兜兰 Paphiopedilum micranthum T. Tang et F. T. Wang

根状茎细长横走。叶长圆形或舌状，坚革质，长 5～15cm，宽 1.5～2cm，上面有深浅绿色相间的网格斑，背面有密集的紫斑点并具龙骨状突起。花葶长 10～26cm，1 花；花大，艳丽，中萼片与花瓣通常白色而有黄色晕和淡紫红色粗脉纹，唇瓣白色至淡粉红色，退化雄蕊黄色并有淡紫红色斑点和短纹；唇瓣深囊状，卵状椭圆形至近球形，长 4.5～6.5cm，宽 4.5～5.5cm。花期 3～5 月（图 7-121）。

产广西西南部、贵州西南部和云南东南部，生于石灰岩山坡草丛中或石壁缝隙或积土处。

(6) 巨瓣兜兰 *Paphiopedilum bellatulum* (Rchb. f.) Stein

较矮小。叶狭椭圆形或长圆状椭圆形，长 14～18cm，宽 5～6cm，上面有深浅绿色相间的网格斑，背面密布紫色斑点，中脉在背面略呈龙骨状突起。花葶很短，长一般不超过 10cm，1 花；花径 6～7cm，白色或带淡黄色，具紫红色或紫褐色粗斑点；花瓣巨大，宽椭圆形或宽卵状椭圆形，长 5～6cm，宽 3～4.5cm；唇瓣椭圆形，囊口宽阔。花期 4～6 月。

产广西西部和云南东南部至西南部，生于石灰岩岩隙积土处或多石土壤上。

(7) 白花兜兰 *Paphiopedilum emersonii* Koop. et Cribb

较矮小。叶狭长圆形，长 13～17cm，宽 3～3.7cm，上面深绿色，几无网格斑。花葶长 11～12cm 或更短，1 花；花大，直径 8～9cm，白色，有时带极淡的紫蓝色晕，花瓣基部有少量栗色或红色细斑点，唇瓣上有时有淡黄色晕，具不明显的淡紫蓝色斑点；唇瓣近卵形或卵球形，长达 3.5cm，宽约 3cm。花期 4～5 月。

产广西北部和贵州南部，生于石灰岩灌丛中覆有腐殖土的岩壁上或岩石缝隙中。

(8) 带叶兜兰 *Paphiopedilum hirsutissimum* (Lindl. ex Hook.) Stein

叶带形，长 16～45cm，宽 1.5～3cm，上面深绿色，背面淡绿色并稍有紫色斑点，中脉在背面略呈龙骨状突起。花葶长 20～30cm，被深紫色长柔毛，1 花；花较大，中萼片和合萼片除边缘淡绿黄色外，中央至基部有浓密的紫褐色斑点或甚至连成一片，花瓣下半部黄绿色而有浓密的紫褐色斑点，上半部玫瑰紫色并有白色晕，唇瓣淡绿黄色而有紫褐斑点，退化雄蕊有 2 个白色"眼斑"；唇瓣倒盔状，基部具宽阔的、长约 1.5cm 的柄。花期 4-5 月(图 7-122)。

产广西西部至北部、贵州西南部和云南东南部，生于海拔 700～1500m 的林下或林缘岩石缝中或多石湿润土壤上。

图 7-122 带叶兜兰

【生态习性】兜兰属为地生或半附生兰科植物，生于林下涧边肥沃的石隙中，喜半阴、温暖、湿润环境。耐寒性不强，冬季仅耐 5～12℃ 的温度，种间有差异，少数原种可耐 0℃ 左右的低温，生长温度 18～25℃。根喜水，不耐涝，好肥。

【繁殖方法】分株繁殖。商业栽培需要大量种苗时采用组织培养，培育新品种时用播种法。

【观赏特性及园林用途】兜兰属以单花种居多，花姿奇妙动人，以盆栽观赏为主。众多野生种很早就被广泛引种栽培，通过长期栽培和人工育种现已育出许多园艺品种。

（四）石斛兰属 *Dendrobium*

附生，茎丛生，圆柱状或棒状，节间膨大，少有疏生在匍匐茎上的。叶互生，扁平、圆柱状或两侧压扁，先端不裂或 2 浅裂，基部有关节和通常抱茎的鞘。总状花序或有时伞形，直立、斜出或下垂，花少数至多数，稀为单花；萼片近相似，离生；唇瓣着生于蕊柱足末端，3 裂或不裂，基部收狭为短爪或否，有时具距；蕊柱粗短，顶端两侧各具 1 枚蕊柱齿，基部具蕊柱足；蕊喙很小；花粉团蜡质，几无附属物。花色鲜艳，花期长，春、秋开花种甚多。

【常见种类】约 1000 种，广布于亚洲热带和亚热带至大洋洲。我国 74 种和 2 变种，产秦岭以南诸省区，尤其以云南南部为多。国产种中具细茎而花小的类群，如细茎石斛（*D. moniliforme*）、铁皮石斛（*D. officinale*）、梳唇石斛（*D. strongylanthum*）、美花石斛（*D. loddigesii*）、钩状石斛（*D. aduncum*）、霍山石斛（*D. huoshanense*）等是中药"石斛"的原植物；茎粗而花大的种类均可作花卉供观赏。

（1）石斛 *Dendrobium nobile* Lindl.

植株高大，茎较粗壮，肉质肥厚，上部回折状弯曲，节间略呈倒圆锥形，干后金黄色。叶革质，长圆形，长6～11cm，宽1～3cm，先端钝并且不等侧2裂。花序从老茎中部以上发出，具1～4朵花；花大，白色带淡紫色先端，有时全体淡紫红色；萼片长圆形，花瓣斜宽卵形，唇瓣宽卵形，中央具1个紫红色大斑块。花期4～5月（图7-123）。

产湖北南部、华南至西南，生于山地林中树干上或山谷岩石上。本种是现代春石斛类盆栽品种的主要亲本，几乎所有春石斛的品种均有它的血统。

图 7-123 石斛

（2）密花石斛 *Dendrobium densiflorum* Lindl.

茎粗壮，棒状或纺锤形，长25～40cm，粗达2cm，不分枝；叶近顶生，长圆状披针形，长8～17cm，宽2.6～6cm，基部不下延为抱茎的鞘。总状花序从去年或2年生具叶的茎上端发出，下垂，密花；花开展，萼片和花瓣淡黄色；中萼片卵形，侧萼片卵状披针形，花瓣近圆形；唇瓣金黄色，圆状菱形，先端圆形，基部具短爪。花期4～5月（图7-124）。

产广东北部、海南、广西、西藏东南部，生于常绿阔叶林中树干上或山谷岩石上。

（3）细茎石斛 *Dendrobium moniliforme*（L.）Sw.

茎细圆柱形，粗3～5mm，干后金黄色或深灰色。叶常生于茎中上部，披针形或长圆形，长3～4.5cm，宽5～10mm，先端钝且稍不等侧2裂，基部下延为抱茎的鞘；总状花序2至数个，通常具1～3花；花黄绿色、白色或白色带淡紫红色，有时芳香；萼片和花瓣相似，卵状长圆形或卵状披针形；唇瓣白色、淡黄绿色或绿白色，带淡褐色或紫红色至浅黄色斑块，卵状披针形。花期通常3～5月（图7-125）。

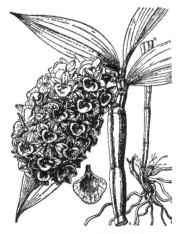

图 7-124 密花石斛

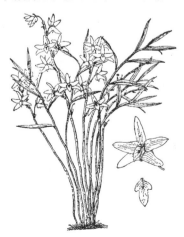

图 7-125 细茎石斛

本种广布，植株大小、花色常因地区而有变化。产陕西南部、甘肃南部、河南、华东各地至华南、西南。生于阔叶林中树干上或山谷岩壁上。

(4) 矩唇石斛 *Dendrobium linawianum* Rchb. f.

茎粗壮，稍扁圆柱形，长 25～30cm，粗 1～1.5cm，不分枝；节间稍呈倒圆锥形，干后黄褐色。叶长圆形，长 4～7 (10)cm，宽 2～2.5cm，先端钝并具不等侧 2 裂，基部扩大为抱茎的鞘。总状花序具 2～4 朵花；花大，白色，有时上部紫红色，开展；萼片长圆形，花瓣椭圆形；唇瓣白色，上部紫红色，宽长圆形。花期 4～5 月。

产台湾、广西东部，生于山地林中树干上。

(5) 美花石斛 *Dendrobium loddigesii* Rolfe

茎柔弱，常下垂，细圆柱形，有时分枝，干后金黄色。叶纸质，长圆状披针形或稍斜长圆形，长 2～4cm，宽 1～1.3cm，先端锐尖而稍钩转，基部具鞘。花白色或紫红色，每束 1～2 朵侧生于具叶的老茎上部；唇瓣近圆形，中央金黄色，周边淡紫红色，边缘具短流苏，两面密布短柔毛。花期 4～5 月 (图 7-126)。

产广西、广东南部、海南、贵州西南部、云南南部，生于山地林中树干上或林下岩石上。

(6) 肿节石斛 *Dendrobium pendulum* Roxb.

茎斜立或下垂，肉质状肥厚，圆柱形，不分枝，节肿大呈算盘珠状。叶纸质，长圆形，长 9～12cm，宽 1.7～2.7cm，先端急尖。总状花序具 1～3 朵花，花序柄粗短，长 2～5mm；花大，白色，上部紫红色，具香气，干后蜡质状；唇瓣白色，中部以下金黄色，上部紫红色，近圆形，长约 2.5cm。花期 3～4 月。

图 7-126 美花石斛

产云南南部，生于山地疏林中树干上。

(7) 流苏石斛 *Dendrobium fimbriatum* Hook.

茎粗壮，斜立或下垂。叶长圆形或长圆状披针形，长 8～15.5cm，宽 2～3.6cm，先端急尖，有时稍 2 裂，基部具紧抱于茎的革质鞘。总状花序疏生 6～12 朵花；花金黄色，质地薄，开展，稍具香气；唇瓣比萼片和花瓣的颜色深，近圆形，长 15～20mm，基部两侧具紫红色条纹并且收狭为长约 3mm 的爪，边缘具复流苏，唇盘具 1 个新月形横生的深紫色斑块。花期 4～6 月。

产广西、贵州、云南，生于密林中树干上或山谷阴湿岩石上。

(8) 鼓槌石斛 *Dendrobium chrysotoxum* Lindl.

茎直立，肉质，纺锤形，干后金黄色。叶长圆形，长达 19cm，先端急尖而钩转，基部收狭，但不下延为抱茎的鞘。总状花序斜出或稍下垂，长达 20cm；花序轴粗壮，疏生多花；花质地厚，金黄色，稍带香气；唇瓣的颜色比萼片和花瓣深，近肾状圆形，长约 2cm，先端浅 2 裂，基部具红色条纹，边缘波状。花期 3～5 月。

产云南南部至西部，生于阳光充足的常绿阔叶林中树干上或疏林下岩石上。

(9) 报春石斛 *Dendrobium primulinum* Lindl.

茎下垂，厚肉质，圆柱形。叶披针形或卵状披针形，长 8～10.5cm，宽 2～3cm，先端钝且不等侧 2 裂。总状花序具 1～3 朵花；花开展，下垂，萼片和花瓣淡玫瑰色，萼片狭披针形，花瓣狭长圆形；唇瓣淡黄色带淡玫瑰色先端，宽倒卵形，长小于宽，宽约 3.5cm，边缘具不整齐细齿。花期 3～4 月。

产云南东南部至西南部，生于山地疏林中树干上。

(10) 束花石斛 Dendrobium chrysanthum Lindl.

茎粗厚，肉质，下垂或弯垂。叶长圆状披针形，通常长 13～19cm，宽 1.5～4.5cm，先端渐尖。伞状花序近无柄，每 2～6 朵花为一束，侧生于具叶的茎上部；花黄色，中萼片凹，长圆形或椭圆形，侧萼片为稍凹的斜卵状三角形，花瓣为稍凹的倒卵形；唇瓣凹的，不裂，肾形或横长圆形，先端近圆形，基部骤然收狭为短爪。花期 9～10 月(图 7-127)。

产广西、贵州、云南至西藏东南部(墨脱)，生于山地密林中树干上或山谷阴湿的岩石上。

图 7-127 束花石斛

【生态习性】石斛兰属分布范围广，原产于高原山区的种类稍耐低温，冬季落叶或休眠，低温通过春花阶段，气温回升后开花，花期春季，喜半阴，为春石斛类。原产于低海拔热带雨林的种类为附生性热带兰花，无明显休眠期，喜温暖湿润，不耐寒，光照充足有利于生长开花，为秋石斛类。本属植物均喜通风、空气温度 60%～80%、排水好的栽培环境，较喜肥。

【繁殖方法】常用分株、扦插和组培繁殖。

【观赏特性及园林用途】多为重要的盆花和切花，亦可作室内垂吊植物悬挂装饰。

(五) 万代兰属 *Vanda*

附生草本。茎直立或斜立，少弧曲上举。叶扁平，常狭带状，2 列，彼此紧靠，先端具不整齐的缺刻或啮蚀状，中部以下常多少对折呈"V"字形，基部具关节和抱茎的鞘。总状花序从叶腋发出，斜立或近直立，疏生少数至多数花，花大或中等大，艳丽，通常质地较厚；萼片和花瓣近似，或萼片较大，基部常收狭而扭曲，边缘多少内弯或皱波状，有时伸展，多数具方格斑纹；唇瓣贴生在不明显的蕊柱足末端，3 裂，侧裂片基部下延并与中裂片基部共同形成短距或囊状。

【常见种类】约 40 种，分布于我国和亚洲其他热带地区。我国有 9 种，产南方热带地区。

(1) 大花万代兰 *Vanda coerulea* Griff. ex Lindl.

茎粗壮，具多数 2 列的叶。叶厚革质，长 17～18cm，宽 1.7～2cm，先端近斜截并具 2～3 个尖齿状的缺刻。花序 1～3 个，近直立，长达 37cm，不分枝，疏生数花；花大，质地薄，天蓝色；萼片、花瓣宽倒卵形；唇瓣 3 裂，侧裂片白色，内具黄色斑点，狭镰刀状，中裂片深蓝色，舌形，前伸，距圆筒状，中部稍弯曲。花期 10～11 月。

产云南南部，生于河岸或山地疏林中树干上。花十分美丽，在属中最大，持续开放可达 1 个多月，是属内杂交育种的重要亲本植物。

(2) 垂头万代兰 *Vanda alpina* Lindl.

茎直立，长约 5cm，粗约 1cm。叶稍肉质或厚革质，多数，向外弯垂，长 10～11cm，宽约 1cm。花序 2～3 个，长约 1.5cm，具 1～2 朵花；花点垂，不甚张开，具香气，萼片和花瓣黄绿色，质厚，稍靠合；唇瓣肉质，前伸，3裂，侧裂片背面黄绿色、内面紫色，无距。花期6月。

产云南南部。本种在体态上十分相似于矮万代兰（*V. pumila*），但2列的叶更加紧密，花序很短，花点垂，唇瓣无距。

(3) 白柱万代兰 *Vanda brunnea* Rchb. f.

茎长约15cm，粗1～1.8cm。叶长22～25cm，宽约2.5cm，先端具2～3个不整齐的尖齿状缺刻。花序1～3个，不分枝，长13～25cm，疏生3～5朵花；花质地厚，萼片和花瓣多少反折，背面白色，内面黄绿色或黄褐色带紫褐色网格纹，边缘多少波状；唇瓣3裂，侧裂片白色，圆耳状或半圆形，中裂片除基部白色和基部两侧具2条褐红色条纹外，其余黄绿色或浅褐色，提琴形，距白色，短圆锥形。花期3月。

产云南东南部至西南部，生于疏林中或林缘树干上。

(4) 纯色万代兰 *Vanda subconcolor* T. Tang et F. T. Wang

茎粗壮，长15～18cm或更长，粗约1cm，叶长14～20cm，宽约2cm。花序长约17cm，不分枝，疏生3～6朵花；花质地厚，伸展，萼片和花瓣在背面白色，内面黄褐色，具明显的网格状脉纹；中萼片倒卵状匙形，侧萼片菱状椭圆形，花瓣相似于中萼片但较小；唇瓣白色，3裂，侧裂片内面密被紫色斑点，距圆锥形。花期2～3月（图7-128）。

产海南、云南西部，生于疏林中树干上。

(5) 琴唇万代兰 *Vanda concolor* Bl.

叶革质，带状，长20～30cm，宽1～3cm。花序1～3个，长13～17cm，不分枝，通常疏生4朵以上的花；花中等大，具香气，萼片和花瓣在背面白色，内面黄褐色带黄色花纹，但不呈网格状；萼片相似，长圆状倒卵形，花瓣近匙形；唇瓣3裂，侧裂片白色，内具紫色斑点，近镰刀状或披针形，中裂片中部以上黄褐色，中部以下黄色，提琴形，距白色，细圆筒状。花期4～5月（图7-129）。

图7-128　纯色万代兰

图7-129　琴唇万代兰

产广东北部、广西北部和西南部、贵州西南部、云南南部至西北部，生于山地林缘树干上或岩壁上。

(6) 鸡冠万代兰（叉唇万代兰）*Vanda cristata* Lindl.

茎直立，长达 6cm，连叶鞘粗 8mm。叶厚革质，长达 12cm，宽约 1.3cm，先端斜截且具 3 个细尖齿。花序腋生，直立，2~3 个，长约 3cm，具 1~2 朵花；花无香气，开展，质地厚；萼片和花瓣黄绿色，前伸；中萼片长圆状匙形，侧萼片披针形，花瓣镰状长圆形；唇瓣 3 裂，侧裂片卵状三角形，背面黄绿色，内面具污紫色斑纹，中裂片近琴形，长约 2cm。花期 5 月。

产云南西南部、西藏东南部，生于海拔 700~1 650m 的常绿阔叶林中树干上。

（7）矮万代兰 *Vanda pumila* Hook. f.

茎短或伸长，常弧曲上举，长 5~23cm，粗约 1cm。叶稍肉质或厚革质，外弯，长 8~18cm，宽 1~1.9cm。花序 1~2 个，比叶短，长 2~7cm，不分枝；花向外伸展，具香气，萼片和花瓣奶黄色，无明显的网格纹；唇瓣厚肉质，3 裂，侧裂片背面奶黄色，内面紫红色，卵形，中裂片舌形或卵形，上面奶黄色带 8~9 条紫红色纵条纹，距圆锥形。花期 3~5 月。

产海南、广西西部、云南南部和西南部，生于山地林中树干上。

（8）雅美万代兰 *Vanda lamellata* Lindl.

茎粗壮，短或伸长。叶厚革质，下弯，长 15~20cm，宽 2cm。花序直立或近直立，不分枝，长约 20cm，具 5~15 朵花；花质地厚，伸展，具香气，颜色多变，常黄绿色并且多少具褐色斑块和不规则的纵条纹，径约 3cm；中萼片倒卵形至倒卵状匙形，侧萼片斜倒卵形，花瓣匙形；唇瓣白色带黄色。花期 4 月。

产台湾兰屿。常生于低海拔的林中树干上或岩石上。

（9）小蓝万代兰 *Vanda coerulescens* Griff.

茎长 2~8cm 或更长，基部具许多长而分枝的气根。叶多少肉质，长 7~12cm，宽约 1cm，先端斜截形并且具不整齐的缺刻。花序近直立，长达 36cm，不分枝；花中等大，伸展，萼片和花瓣淡蓝色或白色带淡蓝色晕；萼片近相似，倒卵形或匙形，花瓣倒卵形；唇瓣深蓝色，3 裂，侧裂片近长圆形，中裂片楔状倒卵形，先端扩大呈长圆形，距短而狭，伸直或稍向前弯。花期 3~4 月。

产云南南部和西南部，生于疏林中树干上。

【生态习性】万代兰属现有栽培种绝大多数为杂交种，是热带附生兰，原生种多附生于林中树干或石壁上，喜光喜湿，不耐寒。气生根粗壮发达，好气好肥，环境适宜时栽培管理容易。

【繁殖方法】分株或组织培养。

【观赏特性及园林用途】花较大，通常色泽鲜艳，有粉红色、黄色、紫红色、纯白色，也有其他兰花很少见的茶褐色、天蓝色等。既可作盆栽花卉，又能作切花。新加坡国花。

（六）卡特兰属 *Cattleya*

多年生常绿草本，附生植物，茎合轴型，假鳞茎粗大，棍棒状或圆柱状，顶生叶 1~3 枚，厚革质，长椭圆形，长 20~40cm，宽 2~3.5cm，中脉下凹。花梗从叶基抽生，顶生花，单生或数朵，花硕大，颜色鲜艳，唇瓣大而醒目，边缘多有波状褶皱。

【常见种类】约 65 种，产热带美洲，分布于危地马拉、洪都拉斯、哥斯达黎加、哥伦比亚、委内瑞拉至巴西的热带森林中。19 世纪被发现并引种栽培。

（1）秀丽卡特兰（*C. dowiana*）产哥斯达黎加和哥伦比亚，生于雨林中树上。假鳞茎纺锤状，长约 20cm，顶生叶厚革质，长约 20cm；花 2~6 朵，花大，直径可达 16cm，花瓣黄色，唇瓣黄色，满布红色条纹，边缘强烈褶皱。花期夏季。

(2) 硕花卡特兰(*C. gigas*) 产哥伦比亚，生于雨林中。植株高大，假鳞茎纺锤状，长达 25cm，叶长椭圆形，革质，长约 25cm；花序有花 2～3 朵，花大，花瓣白色，唇瓣红色，喉部浅黄色，边缘有白色镶边。花期夏季。

(3) 卡特兰(*C. labiata*) 产巴西东部，是卡特兰建属模式种，自 1818 年发现以来，园艺家以其为亲本，与其他种或属杂交，产生了许多优秀杂交品种，成为现在卡特兰用得最多的亲本之一。假鳞茎扁平，棍棒状，长 15～25cm；叶与假鳞茎等长，长椭圆形，厚革质；花序具短梗，有花 2～5 朵，花白色或淡粉色，唇瓣白色，中间有一个红色大斑块，边缘强烈褶皱。花期秋季。

(4) 瓦氏卡特兰(*C. warneri*) 产哥伦比亚，生于海拔 500～1 000m 的山地雨林中。假鳞茎棍棒状，长约 25cm；叶革质，与假鳞茎等长，椭圆形；花序有花 2～5 朵，花大，直径大约 15cm，浅紫色，唇瓣有红褐色斑块，边缘强烈皱曲。花期夏季。

(5) 中型卡特兰(*C. intermadia*) 产巴西，多生于溪旁树上或石壁上，由于过量采集，已濒临绝种。植株丛生；假鳞茎圆柱状，长 25～40cm，稍肉质；叶两片，卵形，长 7～15cm；花序有花 3～5 朵或更多，长达 25cm，花中等大，直径约 10cm，淡紫色或浅红色，唇瓣舌状，深红色。花期夏秋季。

目前栽培的大多为杂交种，包括属内杂交的品种，如'红蜡'，也有卡特兰属与其他近缘属间杂交的品种，如'粉极'、'美丽'、'小木'、'金比利'、'世袭'、'雪莉'。不同品种的花期有较大区别。冬花及早春花品种，花期多在 1～3 月间，如'大眼睛'、'三色'、'加州小姐'、'柠檬树'、'洋港'、'红玫瑰'等；晚春花品种，花期在 4～5 月间，有'红宝石'、'闺女'、'三阳'、'大哥大'、'留兰香'、'梦想成真'等；夏花品种花期在 6～9 月之间，如'大帅'、'阿基芬'、'海伦布朗'、'中国美女'、'黄雀'等；秋冬花品种花期在 10～12 月之间，如'金超群'、'蓝宝石'、'红巴土'、'黄钻石'、'格林'、'秋翁'、'秋光'、'明之星'、'绿处女'等。也有的品种花期不受季节限制，如'胜利'、'金蝴蝶'、'洋娃娃'等。

【生态习性】为热带附生兰类，多附生于林中大树干上，喜光照，夏季遮荫 40%～50%，过于荫蔽不利于开花。喜温，生长适温 25～32℃，冬季宜在不低于 16℃ 的环境中越冬，不耐寒。喜空气潮湿，空气湿度可长年保持 60%～80%，花后有数周休眠期。

【繁殖方法】常用分株繁殖，花后萌芽前进行。

【观赏特性及园林用途】卡特兰因花大而美丽、色泽鲜艳、花期长深受人们喜爱，素有"洋兰之王"的美誉，是国际上最著名的兰花之一。为巴西、阿根廷、哥伦比亚等国国花。品种在数千个以上，颜色有白、黄、绿、红紫等，是高档盆花和切花材料。与石斛、蝴蝶兰、万代兰并列为观赏价值最高的四大观赏兰类，是插花、新娘捧花及头花中不可缺少的重要花材。

第八节　仙人掌类及多浆植物

多浆植物或称多肉植物，指茎、叶特别粗大或肥厚，含水量高，在干旱环境中有长期生存力的一类植物。大部分生长在干旱或者一年中有一段时间干旱的地区，具有发达的薄壁组织以贮存水分；表皮角质或被蜡被、毛或刺，表皮气孔少而且常关闭，以降低蒸腾强度，减少水分丧失。

多浆植物中的仙人掌科不但种类最多，而且具有其他科植物所没有的器官"刺座"，同时其形态多样、花形奇特都是其他科的多肉植物难以比及的，因而园艺上常常将它们单列出来称为仙人掌类，而将其他科的称为多浆植物。因此，多浆植物这个名词有广义和狭义之分，广义的包括仙人掌类，狭义的不包括仙人掌类。

这类植物在园林中的应用广泛，常以其为主设立专类园，向人们普及科学知识和增加游赏趣味性。不少种类可作篱笆应用，一些低矮的多浆植物用于地被或花坛中，不少仙人掌及多浆植物具有药用及经济价值，或作果实食用或制成酒类饮料。

一、仙人掌类

仙人掌科为多年生肉质植物，营养体肥厚多汁，体形奇形怪状，有的两面压扁成片状，有的如棱柱，有的如圆球；有些高达十几米，如树木林立，而有些体形微小，高度不足 1cm，犹如纽扣或珍珠。多数没有叶片，茎上有形态各异的刺或毛，具有仙人掌科特有的器官"刺座"，刺集中在刺座上长出，叶芽、花芽和不定芽也着生于刺座上。花大而艳丽，通常两性，整齐或因花被、雄蕊、雌蕊弯曲而呈两侧对称。花被片数目不定，分化或否；有或无花被管；雄蕊多数；子房 1 室，下位，胚珠多数，生于侧膜胎座上。浆果，常多汁而可食。

由于分类标准的不统一，不同人记载的属种数目差别很大，德国巴克伯的《仙人掌科》专著中记载 220 属 2700 种；稍后出版的《仙人掌词典》记载 236 属 3600 种；1967 年英国的亨特提出了 84 属的分类方案；日本的伊藤芳夫在 1981 年出版的《仙人掌科大图鉴》中认为有 243 属。不过，大部分植物学家倾向于仙人掌科有 80 余属 2000 多种。主要产于美洲(墨西哥就有 1300 种左右)，非洲有少数种类。观赏价值高，世界各地广泛引种栽培。在热带和亚热带地区，有些种类已经逸为野生，甚至一度蔓延成灾。

仙人掌科可分为 3 个亚科，即叶仙人掌亚科、仙人掌亚科和仙人柱亚科。叶仙人掌亚科只有 2 属，叶片宽而扁平(少数种类叶锥形)，种子不具假种皮，黑色。仙人掌亚科有 5 属，有叶和钩毛(芒刺)，叶有时很小，早落，钩毛通常宿存，种子包被于白色骨质的假种皮中，少数种类的种子具翅或被毛。仙人柱亚科有 80 多属，叶退化，通常不存在，种子不在骨质假种皮内，黑色或褐色。

（一）仙人掌

【学名】*Cactus dillenii* Ker-Gawl.

【科属】仙人掌科，仙人掌属

【形态特征】肉质灌木或乔木状，高 1.5～3m。上部分枝宽倒卵形、倒卵状椭圆形或近圆形，长 10～35cm，宽 7.5～20cm，厚达 1.2～2cm，绿色至蓝绿色；小窠疏生，直径 0.2～0.9cm，明显突出，成长后刺常增粗并增多，每小窠具 3～10(20)根刺，密生短绵毛和倒刺刚毛；刺黄色，有淡褐色横纹，基部扁，坚硬，长 1.2～4(6)cm；倒刺刚毛暗褐色，长 2～5mm，多少宿存；短绵毛灰色，宿存。叶钻形，长 4～6mm，绿色，早落。花辐状，径 5～6.5cm；花托倒卵形，长 3.3～3.5cm，绿色，疏生具短绵毛、倒刺刚毛和钻形刺的小窠；萼状花被片宽倒卵形至狭倒卵形，黄色，具绿色中肋；瓣状花被片倒卵形或匙状倒卵形，长 25～30mm，宽 12～23mm，黄色；柱头 5，黄白色。浆果倒卵球形，长 4～6cm，径 2.5～4cm，表面无毛，紫红色，小窠具短绵毛、倒刺刚毛和钻形刺。花期 6～10(12)月(图 7-130)。

【分布与习性】原产墨西哥东海岸、美国南部及东南部沿海地区、西印度群岛、百慕大群岛和南

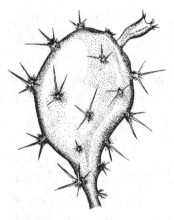

图 7-130　仙人掌

美洲北部；在加那利群岛、印度和澳大利亚东部逸生；我国于明末引种，南方沿海地区常见栽培，在广东、广西南部和海南沿海地区逸为野生。易于栽培，耐寒性强，可耐受－10℃的低温。

【繁殖方法】扦插繁殖易于发根。

【观赏特性及园林用途】墨西哥的国花，南方常栽作围篱，或于园林中丛植观赏，北方多盆栽。茎供药用，浆果酸甜可食。

【同属种类】约90种，原产美洲热带至温带地区，主产墨西哥、秘鲁和智利。大部分种被引种栽培。我国引种栽培约30种，其中4种在南部及西南部归化。常见的还有：

(1) 梨果仙人掌(仙桃) Opuntia ficusindica (L.) Mill.：分枝淡绿色至灰绿色，无光泽，宽椭圆形至倒卵状椭圆形；小窠略呈垫状，具早落的短绵毛和少数倒刺刚毛，无刺或有时具1~6根开展的白刺。花径7~8(10)cm，萼状花被深黄色或橙黄色，瓣状花被片深黄色、橙黄色或橙红色。浆果椭圆球形至梨形，橙黄色(有些品种紫红、白或黄色，或兼有黄或淡红色条纹)。花期5~6月。

(2) 单刺仙人掌 Opuntia monacantha (Willd.) Haw.：分枝开展，倒卵形或倒披针形，先端圆形，全缘或波状，嫩时薄而波皱，有光泽；小窠具短绵毛、倒刺刚毛和刺，刺单生或2(3)根聚生，具黑褐色尖头。主干上小窠可具10~12根刺，长达7.5cm。花径5~7.5cm；萼状花被片深黄色，外具红色中肋；瓣状花被片深黄色。花期4~8月。

(3) 胭脂掌 Opuntia cochinellifera (L.) Mill.：分枝椭圆形至狭倒卵形，厚而平坦，无毛，暗绿色至淡蓝绿色；小窠不突出，具灰白色的短绵毛和倒刺刚毛，常无刺，偶于老枝边缘小窠出现1~3根刺。花近圆柱状，径1.3~1.5cm；花被片直立，红色，萼状花被鳞片状，瓣状花被卵形至倒卵形。浆果椭圆球形，长3~5cm，直径2.5~3cm，红色。花期7月至翌年2月。

(二) 昙花

【学名】Epiphyllum oxypetalum (DC.) Haw.

图 7-131　昙花

【科属】仙人掌科，昙花属

【形态特征】多年生灌木状无叶肉质性植物，高可达5m。老茎绿色，圆柱形棒状，木质化；分枝多数，叶状侧扁，披针形至长圆状披针形，长15~100cm，宽5~12cm，边缘波状。全株平滑；小窠排列于齿间凹陷处，无刺，初具少数绵毛。花单生于枝侧的小窠，漏斗状，夜间开放，芳香，长25~30cm，径10~12cm；花托绿色，被三角形短鳞片；花托筒长13~18cm，多少弯曲；萼状花被片绿白色、淡琥珀色或带红晕，线形至倒披针形，长8~10cm，宽3~4mm，常反曲；瓣状花被片白色，倒卵状披针形至倒卵形，长7~10cm，宽3~4.5cm；花丝白色；花柱白色，长20~22cm；柱头15~20，狭线形，黄白色。浆果长球形，具纵棱脊，无毛，紫红色。花期夏季，晚8~9点开放，约7h凋谢 (图7-131)。

【分布与习性】原产墨西哥、危地马拉、洪都拉斯、尼加拉瓜、苏里南和哥斯达黎加,世界各地区广泛栽培;我国各省区常见栽培,在云南南部逸生,生长地海拔 1000～1200m。喜温暖、湿润及半阴的环境条件,生长季应充分浇水及喷水,夏日应有遮荫设施,冬季处于半休眠状态,应有充足的光照,盆土稍干燥些,维持在 10℃ 左右即可。

【繁殖方法】扦插变态茎繁殖,约 20 天可生根。

【观赏特性及园林用途】本种为著名的观赏花卉,常盆栽观赏。

【同属种类】约 13 种,原产热带美洲;我国栽培 4 种,归化 1 种。

(三) 量天尺

【学名】*Hylocereus undatus* (Haw.)Britt. et Rose

【别名】三棱箭

【科属】仙人掌科,量天尺属

【形态特征】攀缘肉质灌木,长 3～15m,具气根。分枝多数,延伸,具 3 角或棱,棱常翅状,边缘波状或圆齿状;老枝边缘常胼胀状,淡褐色;小窠沿棱排列,径约 2mm,具 1～3根开展的硬刺,刺锥形,长 2～5(10)mm。花漏斗状,长 25～30cm,径 15～25cm,花托及花托筒密被淡绿色或黄绿色鳞片;萼状花被片黄绿色,线形至线状披针形,长 10～15cm,宽 0.3～0.7cm,先端渐尖,全缘,常反曲;瓣状花被片白色,长圆状倒披针形,长 12～15cm,宽 4～5.5cm,具芒尖,开展;花丝、花柱黄白色;柱头 20～24,线形,黄白色。浆果红色,长球形,长 7～12cm,直径5～10cm,果脐小,果肉白色。种子倒卵形,长 2mm,宽 1mm,厚 0.8mm,黑色,种脐小。花期 7～12 月(图 7-132)。

图 7-132　量天尺

【分布与习性】分布中美洲至南美洲北部,世界各地广泛栽培,我国引种历史悠久,在福建南部、广东南部、海南、台湾以及广西西南部逸为野生。喜温暖湿润和半阴环境,耐干旱,怕低温霜冻,土壤以富含腐殖质丰富的沙质壤土为好。

【繁殖方法】扦插繁殖。

【观赏特性及园林用途】浆果红色、可食,名"火龙果",也可供观赏,具攀缘习性,借气生根可攀缘于树干、岩石或墙上。扦插容易成活,常用作嫁接其他仙人掌科植物的砧木。

【同属种类】约 15 种,分布于中美洲、西印度群岛以及委内瑞拉、圭亚那、哥伦比亚及秘鲁北部。我国引种栽培 4 种,其中本种常见栽培并归化。

(四) 令箭荷花

【学名】*Nopalxochia ackermannii* Kunth.

【科属】仙人掌科,令箭荷花属

【形态特征】多年生附生仙人掌类,高约 1m,全株鲜绿色。茎扁平,多分枝,分枝叶状,披针形或线状披针形,基部细圆呈叶柄状,边缘有波状粗锯齿。花单生,钟状,花被张开并翻卷,花丝、花柱弯曲,玫瑰红色,也有粉红色、黄色和白色的品种。子房狭长棍状、弯曲,被红色鳞片。花期

6～8月，白天开花。

【分布与习性】原产墨西哥及哥伦比亚，喜温暖湿润、光照通风良好的环境，要求肥沃、疏松、排水良好的中性或微酸性的沙质壤土，炎热、高温、干燥的条件下适当遮荫，怕雨水。花开时忌阳光直射，耐半阴。生长期最适温度20～25℃，花芽分化的最适温度在10～15℃之间，冬季温度不能低于5℃。

【繁殖方法】扦插或嫁接繁殖。此外，多年生老株下部萌生形成的枝丛多，也可分株。

【观赏特性及园林用途】花色品种繁多，以其娇丽轻盈的姿态，艳丽的色彩和幽郁的香气，深受人们喜爱。以盆栽观赏为主，在温室中多采用品种搭配，可提高观赏效果。用来点缀客厅、书房的窗前、阳台、门廊，为色彩、姿态、香气俱佳的室内优良盆花。

【同属种类】该属2种，另一种小花令箭荷花（*N. phyllanthoides*），叶带状和分枝，深绿色，植物基部圆形；花小，着花繁密，红色、粉红色或白色，果实红色、卵形。

（五）金琥

【学名】*Echinocactus grusonii* Hildm.

【科属】仙人掌科，金琥属

【形态特征】茎圆球形，单生或成丛，球体大，可高达30～120cm，径30～100cm，浅黄色，茎顶密被金黄色绵毛；有棱20～37条，显著，棱上距1.5～2cm着生1簇刺座。刺座大，密生硬刺，黄色硬刺4枚，长达3cm，有光泽，后变褐色，周围着生8～10枚黄色短毛刺。花单生茎顶部绵毛丛中，钟形，外瓣黄褐色，内瓣鲜黄色并有光泽，长4～6cm，喇叭状，花筒短而具鳞片。花期6～10月，日中开花。

【变种】一般分为白刺金琥（var. *albispinus*）、怒琥（var. *horridus*）、狂刺金琥（var. *intertextus*）、短刺金琥（var. *subinermis*）、金琥锦（f. *aureovariegata*）、金琥冠（f. *cristata*）等几个变种、变型，球体颜色、刺的大小、颜色和排列不同。

【分布与习性】原产墨西哥中部干燥、炎热地区。我国各地温室栽培。虽然在观赏植物市场中很普遍，但野生的金琥却是极度濒危的稀有植物。植株强健，喜阳光充足，但夏季仍需适当遮荫，宜肥沃并含石灰质的沙壤土。

【繁殖方法】播种繁殖和仔球嫁接法繁殖。

【观赏特性及园林用途】金琥是仙人掌类中最具魅力的植物，球体大，绿茎黄刺，寿命很长，可活上百年，成年金琥花繁球壮，花色鲜丽，金碧辉煌，非常珍贵，热带、亚热带地区多成片栽培于岩石园中，极为壮观；北方盆栽，可布置厅堂、书房。

【同属种类】同属约500种，产中北美洲，常见栽培的还有弁庆球（*E. grandis*）等，球体直径可达1m。

二、多浆植物

除了仙人掌科以外，还有50多科具有多浆植物，南非是最重要的分布中心，有"多浆植物宝库"之称，仅少数分布于其他各洲的热带、亚热带地区。原产热带、亚热带的高山干旱地区的多浆植物植株矮小，叶片多呈莲座状或密被蜡层及绒毛，以减弱高山的大风及强光危害和减少过分蒸腾。很多具粗壮肉质茎的种类不具叶或者叶早落，而马齿苋科的马齿苋树和景天科的燕子掌等既有粗壮的肉质茎又有肉质的叶，而且这种叶始终存在。

根据贮水组织的部位不同，可以分为 3 类：叶多肉植物、茎多肉植物和茎基多肉植物。①叶多肉植物的叶片高度肉质化，而茎的肉质化程度很低，部分种类的茎具有一定程度的木质化，如番杏科、景天科、百合科、龙舌兰科的种类。②茎多肉植物的贮水组织主要分布在茎部，茎常常为直立柱状，也有球形或细长下垂的，部分种类茎分节、有棱和疣状突起，少数种类具稍带肉质的叶，但一般早落，如大戟科、萝藦科的种类。③茎基多肉植物的肉质部分集中在茎基部，外形上特别膨大，一般近球形，有时半埋于土中，无节、无棱、无疣突，有叶或叶早落，叶直接从膨大的茎基顶端或从突然变细的、几乎不带肉质的细长枝条上长出，有时这种细长的枝条也早落，如薯蓣科、葫芦科、西番莲科的种类。

1. 生石花 *Lithops pseudotruncatella*

番杏科、生石花属。全株肉质，茎很短。肉质叶对生连接，形似倒圆锥体，淡灰棕、蓝灰、灰绿、灰褐等色，顶部近卵圆，平或凸起，上有树枝状凹纹，半透明。依品种不同，其顶面色彩和花纹各异，但外形很像卵石。3～4 年生的生石花秋季从对生叶的中间缝隙中开出黄、白、红、粉、紫等色花朵，状似小菊花，一株通常只开 1 朵花(少有开 2～3 朵)，花径 3～5cm。多在下午开放，傍晚闭合，次日午后又开，单朵花可开 7～10 天。开花时花朵几乎将整个植株都盖住，非常娇美。

原产南非开普省极度干旱少雨的沙漠砾石地带，干季休眠，球体渐次萎缩埋入土中，仅留顶面露出地表而似砂砾。在干旱季节植株萎缩并埋覆于砾石沙土之中或仅露出植株顶面，光线仅从透光的顶面进入体内。当雨季来临，又快速恢复原来的株形并长大。性喜温暖、干燥及阳光充足。常用播种繁殖。

本属约 75 种，原产南非及西南非洲的干旱地区。品种较多，各具特色，形如彩石，色彩丰富，娇小玲珑，享有"有生命的石头"的美称。因其形态独特、色彩斑斓，成为很受欢迎的观赏植物。

2. 四海波 *Faucaria tigrina*

番杏科，肉黄菊属。又名肉黄菊、虎颚花。植株常密集成丛，叶肉质，偏菱形，常 2～3 对交互对生，长约 5cm，宽 2～3cm，叶面扁平，叶背凸起，灰绿色，有细小白点，叶缘有 9～10 对反曲具纤毛的齿尖。花大，直径 5cm，黄色，中午开放，近无柄，无苞片。

原产南非。喜温暖及阳光充足，甚耐干旱。夏季高温时休眠，栽培要求排水良好的沙壤土。可采用分株繁殖，大量繁殖时用播种繁殖。四海波叶色碧绿，肉质叶缘齿毛极似虎颚，非常奇特有趣。秋、冬开大型花，为室内小型盆栽佳品。

本属约 30 种，均肉质叶十字形交互对生，腹面常有齿或颚状突起，叶缘常具粗毛，花大而黄色，常栽培观赏。

3. 鹿角海棠 *Astridia velutina*

番杏科，鹿角海棠属。又名熏波菊。肉质灌木，高约 30cm，分枝具明显节间，老枝褐色。叶交互对生，基部稍连合；半月形肉质叶具三棱，长 3～3.5cm，宽 0.3～0.4cm，先端稍狭，光滑，被很细的短茸毛。冬季开花，花顶生，单叶或数朵同生，有短梗，直径 4cm，白或粉色。

喜温暖，耐干旱，喜生于沙质壤土，夏季高温时呈休眠或半休眠状态。播种或扦插繁殖。本种枝繁叶茂，冬季开花，盆栽点缀室内更显生机盎然，亦可作吊挂悬篮栽培，观赏效果更佳。

4. 龙须海棠 *Lampranthus spectabilis*

番杏科，日中花属。又名松叶菊。多年生肉质草本，分枝稍木质，平卧。叶簇生，线形，肉质具三棱，龙骨状，长5～8cm，宽0.4～0.6cm，绿色，被白粉。花单生，花梗长8～15cm，紫红或粉红色，有金属光泽。

原产南非。喜阳光充足，要求肥沃的沙壤土，春季至初夏及秋季为生长旺盛期，盛夏时节处于半休眠状态。多用扦插繁殖，也可用种子播种繁殖。

番杏科是多肉植物中最重要的科，共有120属2000多种，大部分产于南非，许多种类株形很小。常见栽培的还有露草属(*Aptenia*)、银叶花属(*Argyroderma*)、虾蚶花属(*Cheiridopsis*)、肉锥花属(*Conophytum*)、露子花属(*Delosperma*)、棒叶花属(*Fenestraria*)、光玉属(*Frithia*)、驼峰花属(*Gibbaeum*)、舌叶花属(*Glottiphyllum*)、龙骨角属(*Hereroa*)、快刀乱麻属(*Rhombophyllum*)、天女属(*Titanopsis*)、仙宝属(*Trichodiadema*)等。

5. 虎刺梅 *Euphorbia milii*

大戟科，大戟属。又名麒麟刺、麒麟花。灌木，高约2m，多分枝，粗1cm左右，体内有白色乳汁。茎和枝有棱，棱沟浅，具黑刺，长约2cm。叶片长在新枝顶端，倒卵形，长4～5cm，宽约2cm，光滑，绿色。聚伞花序有长柄，有2枚红色苞片，直径1cm。花期主要在冬季。

原产非洲马达加斯加岛西部。喜阳光充足，适生于沙质壤土。扦插繁殖，以5～6月进行最好。

本属约有350种多浆植物，产非洲、阿拉伯至印度等地，灌木或草本，多数种类的茎有棱，有的为球形或扁平，酷似仙人掌类，但无刺座，如蛇皮掌(*E. lactea*)、霸王鞭(*E. neriifolia*)及其带化变型玉麒麟(*f. cristata*)、孔雀球(*E. caput-medusae*)、布纹球(*E. obesa*)、光棍树等。

6. 神刀 *Crassula falcata*

景天科，青锁龙属。肉质半灌木，茎直立，高可达1m，分枝较少。叶长圆斜镰刀状，灰绿色，肉质，互生，基部连合，长7～10cm，宽3～4cm。夏季开花，伞房状聚伞花序，花深红或橘红色。

性强健，耐干旱，在室内条件下生长良好。喜肥沃沙壤土，可用草炭、腐叶土、粗沙等混合配成。播种繁殖，也可叶片扦插繁殖。本种株形奇特，开花美丽，栽培繁殖容易，是一种理想的室内盆栽花卉。

本属约200种，主产南非，灌木或亚灌木，叶对生或排成莲座状，稀互生，无叶柄。常见的还有燕子掌(*C. portulacea*)、青锁龙(*C. lycopodioides*)等。

7. 长寿花 *Kalanchoe blossfeldiana* 'Tom Thumb'

景天科，伽蓝菜属。多年生肉质草本，茎直立，株高10～30cm，株幅15～30cm，全株光滑无毛。叶肉质，交互对生，卵圆形，亮绿色，叶缘略带红色，上部具波状钝齿，下部全缘。圆锥状聚伞花序，挺直，花序长7～10cm，每株有花序5～7个，着花60～250朵，花小，高脚碟状，花径1.2～1.6cm，花瓣4片，花粉红、绯红或橙红色，花期1～4月。

原产非洲马达加斯加岛阳光充足的热带地区，为短日照植物。扦插繁殖。长寿花植株矮小，柱形紧凑，花朵细密、拥簇成团，整体观赏效果极佳。花期又在新年与春节前后，为大众化的冬季室内盆花，布置窗台、书桌、几案都很相宜。如进行短日照处理，提前开花，则可作露地花坛布置用。

本属约200种，分布于非洲和亚洲热带、亚热带。草本至亚灌木，有些种类叶缘常有不定芽。常见栽培的还有落地生根(*K. pinnata*)、伽蓝菜(*K. laciniata*)等。

8. 美丽石莲花 *Echeveria elegans*

景天科，石莲花属。多年生肉质草本，无茎。叶倒卵形，紧密排列成莲座状，叶端圆，但有明显叶尖，长 3～6cm，宽 2.5～5cm，蓝绿色，被白粉，叶缘红色并稍透明，叶上部扁平或稍凹。总状花序长 10～25cm，花序顶端弯；花铃状，径约 1.2cm。

原产墨西哥。可播种、扦插繁殖。本种株形圆整、叶色美丽，是一种栽培普遍的室内花卉。在气候适宜地区亦可作岩石园植物。

石莲花属约 100 种，产中南美洲，均为草本，匙形叶排成莲座状，被白粉，常见栽培的还有石莲花(*E. glauca*)、绒毛掌(*E. pulvinata*)等。

景天科约 35 属 1600 种，大多为多肉植物。常见的还有莲花掌属(*Aeonium*)、景天属(*Sedum*)、天锦章属(*Adromischus*)、银波锦属(*Cotyledon*)、仙女杯属(*Dudleya*)、厚叶草属(*Pachyphytum*)、风车草属(*Graptopetalum*)、瓦松属(*Orostachys*)等。

9. 大花犀角 *Stapelia grandiflora*

萝藦科，国章属。多年生肉质草本。茎粗，四角棱状，棱边有齿状突起及很短的软毛，灰绿色，直立向上，高 20～30cm，粗 3～4cm，基部分枝。花 1～3 朵从嫩茎基部长出，大型，直径 15～16cm，花冠 5 裂、星形，淡黄色并具暗紫色横纹，边缘密生细长毛。

原产南非干旱的热带和亚热带地区，性强健，生长快，新栽苗当年就可长成密丛。多用分株及扦插繁殖，也可播种。大花犀角肉质茎挺拔刚健，形如犀牛角，夏、秋开花，花大绮丽，很像海星，是一种常见的室内花卉。同属的豹皮花(*Stapelia pulchella*)，茎簇生，亮绿色，高约 10cm，花径 3～5cm(图 7-133)。

萝藦科共有 180 属 2200 种，约 35 属有多肉植物。常见的还有水牛角属(*Caralluma*)、吊金钱属(*Ceropegia*)、玉牛角属(*Duvalia*)、苦瓜掌属(*Echidnopsis*)、丽杯角属(*Hoodia*)、剑龙角属(*Huernia*)、丽钟角属(*Tavaresia*)、佛头玉属(*Trichocaulon*)等。

10. 墨牟 *Gasteria maculata*

百合科，鲨鱼掌属。叶多数，排成 2 列，长 16～20cm，宽 4.5～5cm，叶缘角质化，表面深绿色，有光泽，有直径 0.4～0.5cm 的白色斑点。总状花序，花下垂，粉红色，先端绿色，花瓣连合成略弯曲的筒状，两端细，封闭，中空，形如动物的胃。

本种叶色美丽，花形别致，较耐阴，是栽培较为普遍的室内盆栽佳品。原产南非南部。可用基部蘖芽扦插繁殖，花序梗有时也会出芽，可取下扦插。

图 7-133　豹皮花

鲨鱼掌属约 100 种，产西南非，叶舌形，叠生成两列或呈不整齐的莲座状，深绿色，常有白色小疣，见于栽培的还有鲨鱼掌(*G. verrucosa*)等。

11. 芦荟 *Aloe vera*

百合科，芦荟属。多年生草本，具短茎。叶在幼苗期呈 2 列状排列，在植株长大后呈莲座状，肥厚，多汁，披针形，先端长渐尖，长 15～36cm，基部宽 3.5～6cm，厚约 1.5cm，粉绿色，两面具近长矩圆形的白色斑纹，边缘疏生三角形齿状刺，刺黄色，下部的平伸，上部的上弯。花葶单一，连同花序高 60~90cm，具少数疏离的三角形苞片；总状花序长 9.5~20cm，花疏散，黄色或具红色斑点，花梗长 4~6mm，位于花序下部、下弯；花被片 6 枚，长约 2.5cm，下部合生成筒；裂片披针形，顶端稍外弯，近与花被筒等长；雄蕊 6 枚；花柱略伸出花被（图 7-134）。

本属约 300~400 种，主要分布于非洲，特别是非洲南部干旱地区，亚洲南部也有。多为草本，但有的种类高达 10m，叶肥厚，莲座状排列，叶肉具黏液，花序高大。除本种外，栽培的还有芦木锉芦荟（*A. aristata*）、大芦荟（*A. arborescens var. natalensis*）等。

图 7-134　芦荟

12. 条纹十二卷 *Haworthia fasciata*

百合科，十二卷属。肉质叶排成莲座状，茎极短，株幅 5~7cm。叶多数，长 3~4cm，宽约 1.3cm，三角状披针形，渐尖，稍直立，上部内弯，叶面扁平，叶背凸起呈龙骨状，绿色并具有大的白色疣状突起，排列成横条纹，非常美丽。株形小巧秀丽，深绿叶上的白色条纹对比强烈。耐阴，是非常理想的小型室内盆栽花卉。

原产南非亚热带地区。喜温暖，栽培宜半阴条件，冬季则要阳光充足，但光线太强时，叶子会变红。要求排水良好的沙壤土。多用分株繁殖。

十二卷属约 150 种，产南非。常见栽培的还有水晶掌（*H. cymbiformis*）、点纹十二卷（*H. margaritifera*）等，其中，水晶掌肉质叶呈半透明，有 8~12 条暗褐红色的条纹，并有一条明显的案褐红中线，叶缘有细齿。

百合科约 14 属为多肉植物，常见的还有松塔掌属（*Astroloba*）、苍角殿属（*Bowiea*）、元宝掌属（×*Gastrolea*）等，其中元宝掌属是鲨鱼掌属和芦荟属的杂交属，约有 20 个杂交种。

13. 龙舌兰 *Agave americana* L.

龙舌兰科，龙舌兰属。叶呈莲座式排列，通常 30~40 枚，大型，肉质，倒披针状线形，长 1~2m，中部宽 15~20cm，基部宽 10~12cm，叶缘具有疏刺，顶端有 1 硬尖刺，刺暗褐色，长 1.5~2.5cm。圆锥花序大型，长达 6~12m，多分枝；花黄绿色；花被管长约 1.2cm，花被裂片长 2.5~3cm。蒴果长圆形，长约 5cm。花期 5~6 月，多在 10 年左右开花，为一次开花植物。

原产美洲热带；我国华南及西南各省区常引种栽培，在云南已逸生多年，且目前在红河、怒江、金沙江等的干热河谷地区以至昆明均能正常开花结实。性强健。多采用分生吸芽繁殖。

本属约 200 种，产西半球干旱和半干旱的热带地区，尤以墨西哥的种类最多。我国引种栽培多种，常见栽培的还有狭叶龙舌兰（*A. angustifolia*）、雷神（*A. potatorum* var. *verschaffeltii*）、剑麻（*A. sisalana*）、鬼脚掌（*A. victoriae-reginae*）等。

参 考 文 献

［1］ 包满珠. 花卉学［M］. 第二版. 北京：中国农业出版社，2003.

［2］ 陈有民. 园林树木学［M］. 北京：中国林业出版社，1990.

［3］ 傅立国. 中国珍稀濒危植物［M］. 上海：上海教育出版社，1989.

［4］ 楼炉焕. 观赏树木学［M］. 北京：中国农业出版社，2003.

［5］ 路安民. 种子植物科属地理［M］. 北京：科学出版社，1999.

［6］ 马炜良. 植物学［M］. 北京：高等教育出版社，2007.

［7］ 潘志刚. 中国主要外来树种引种栽培［M］. 北京：北京科学技术出版社，1994.

［8］ 强胜. 植物学［M］. 北京：高等教育出版社，2006.

［9］ 向其柏，臧德奎译. 国际栽培植物命名法规（ICNCP）［M］. 北京：中国林业出版社，2004.

［10］ 臧德奎. 园林树木学［M］. 北京：中国建筑工业出版社，2007.

［11］ 张宪省，贺学礼. 植物学［M］. 北京：中国农业出版社，2003.

［12］ 郑万钧. 中国树木志(1-4 卷)［M］. 北京：中国林业出版社，1983-2004.

［13］ 中国科学院植物研究所. 中国高等植物图鉴(第 1-5 册)［M］. 北京：科学出版社，1976-1985.

［14］ 中国科学院中国植物志编委会. 中国植物志(第 7-72 卷)［M］. 北京：科学出版社，1961-2002.

［15］ 中国农业百科全书编辑部. 中国农业百科全书(观赏园艺卷). 北京：中国农业出版社，1996.

［16］ Flora of China. http：//hua. huh. harvard.

［17］ Hereman S. Paxton's Botanical Dictionary，Periodical Experts Book Agency，1980.

［18］ Huxley A，Griffith. The New Royal Horticultural Society dictionary of Gardening［M］. The Stockton Press，1992.